JN208056

x86系コンピュータを動かす理論と実装

作って理解するOS

林高勲 著
川合秀実 監修

技術評論社

発刊によせて

みなさんこんにちは！　私は「30日でできる！OS自作入門」の川合秀実です。

私が文章を書くとき、何を読者に伝えたいのかを検討して、それを決めたら、そこへ一直線に進むような書き方をすることが多いです。スタートから始めてゴールを説明しきるまでに、最短のコースは何かを考えて、それ以外の記述はどんどん削ってしまいます。それが私の美学で、私の持ち味なのだと思っています。

本書の校正をお手伝いするために初めて原稿を手にしたとき、私のスタイルとの大きな違いにかなり面くらいました。本書ではたくさんのことを丁寧に説明していますが、しかし「これは本当に後で必要になる知識なんだろうか？」と感じることが何度もありました。物語を読んでいるときに、伏線がたくさん張られていてワクワクする一方、本当にこのすべての伏線は完結までに回収してもらえるんだろうか、というのと似たような気分です。……それは、最後まで読んでわかりました。伏線はほとんど回収されないのです。私は正直がっかりしました。

しかし同時に、違う満足感も味わいました。それはたくさんのことをとても丁寧に説明してもらえたからです。そもそも本書の書き方は「ゴールまでの最短コースを示すこと」ではないのです。そうではなくてできるだけ効率よくたくさんの知識を教えてくれることなのです。だからあることを説明するときに、ついでだからこれも説明しておこう、という流れで説明するように心がけているのだと思います。だからたくさんの知識を効率よく学ぶことができるようになっているのです。

それに気づいてからは、私は本書のスタイルが好きになりました。つまりこれは脱線の多い冗長な文章なのではなく、限られた紙面でどれだけ多くの知識を紹介できるかという目的における理想形になっている文章だからです。私は理想や究極の追及は、なんでも大好きです！

さて「本書はOSの作り方を紹介した本なのか」ということを私は長く悩みました。正直なことを書けば、本書はOSの作り方を紹介した本ではないような気がします。しかしそれでも、本書を読んでOSを作れるようになるかといわれれば、それはyesだと思います。本書は何の本なのか。それはPCの仕組みを深く説明している本だと思います。その説明がとても深いので、OSすら作れるようになっているだけなのです。

これはすごいことです。OSの作り方の本ではないのに、OSが作れるくらいの知識が得られるなんて。そんな本は世の中で唯一無二であるとまでは言いませんが、しかし相当に希少であることは間違いないでしょう。それだけの説明力は、正直とてもうらやましいです。

本書には別の特徴もあります。それは、最後までアセンブラで押し通したことです。これは私が自著でやりたかったけどできなかったことです。私は、自分が本を書くときは、「今どきの読者はアセンブラ全開で説明してしまったら、きっとそっぽを向いてしまうだろう」と弱気なことを考えてしまい、C言語をメインにして開発工程を説明してしまいました。今もそれを後悔しているわけではなく、私の説明能力を考えたらそれしかなかったと思っています。しかし本書はそういうことはしないで、NASMのマクロをうまく活用して、最初から最後までアセンブラでやりきってしまったのです。ああなんと美しい。そしてわかりやすい。ああそうか、こう説明すればいいのか！……私が、どれほどこの成果をくやしがってうらやんだか、そして感服したか、それはちょっと説明できません。まあ私とは格が違うということなのでしょう。

本書は、実装編では基本的にx86の32ビットモードについて説明しています。今は64ビットモードでのプログラミングが主流になりつつあるのに、それでも32ビットまでの説明にとどまっています。また近年ではマルチコアCPUも当たり前になっていると思いますが、それについてもほとんど説明されていません。……それは本質的ではないと考えて、むやみに本書の難易度を上げることを嫌って、それでこの内容にしたのか、それとも別のこだわりがあったのか、それは私にはまだわかりません。でも機会があったら是非一度聞いてみたいと思っています。……ということで、もしそれらの内容を期待しているのでしたら、他の書籍を当たったほうがいいです。しかしそれ以外の内容であれば、本書はほぼ一通りを網羅できているといっていいでしょう。きっと期待を裏切られることはありません！

私は最初にゴールを決めたら、そのゴールに至る最低限の説明をするのが、私のスタイルだと書きました。これはゴールへ至るための効率は良いはずですが、しかしその知識は本当に必要最低限度で、とても細くて弱々しいものだとも言えます。一方、本書の説明スタイルは、最低限の説明にこだわらずに、周辺の知識を同時に学べるので、本書で示されたやり方以外をやってみようと思ったときに他にどういう選択肢がありそうなのかを理解する余裕があり、つまり太くて丈夫な知識だともいえるでしょう。……具体的な例を示せば、本書ではアセンブラのコメントの中にC言語風の記述があるのですが、そのコメントを理解しやすくするために、わざわざC言語の説明をしている部分があるのです（私だったらたかがコメントのためにそこまでしようとは絶対に思いつきません！）。さらにその長さは30ページ以上にもなります（！）。そこではいろいろな構文が紹介されていますが、「あれ？この構文、コメント中に一度でも出てきただろうか」と思い返すと、該当しないものも当然あり、この妥協のないやりすぎ感が本書の懐の深さというか、余裕につながっているのです。しかもC言語の説明のはずなのに、最初は二進数の原理から紹介しているのです（え、そこからやってくれるの？！）。……いやもう、本当に徹底しているのです！……そしてこれはこの部分だけではなく、全体を通して貫かれている基本方針なのです。

私は残念ながら情報科学の専門教育は少ししか受けておらず、ほとんどは独学で身につけました。だから良い大学で一流の講義を受けたらどんな感じなのか、想像することしかできないのですが、本書の内容はきっとそれに近いものなんだろうなと勝手に思っています。

さて私の感想などは蛇足でしかないのでこのくらいにして、どうか読者自身の目で、本書が自分に合っているのかどうかを確認してみてください。きっと多くの人は期待以上の内容に満足されることと思います。……それでは、私はこのへんで、さようなら！

2019年9月　川合秀実

はじめに

本書は、オペレーティングシステム(OS)の入門書として書かれました。

何をもって入門書とするかは人それぞれなのですが、本書では、OSの理論からマルチタスクで動作するプログラムの実装までの、入門書としては、とても広い範囲を扱っています。その理由は、理論と実践は表裏一体であり、入門書でこそ同時に扱うべき内容であるとの考えからです。

今では、実際に運用されているOSのコードを見ることもできますが、これらのコードには、多くの改良が施されています。いくつかは経験則によるものであったり統計的なものであったりするので、十分な背景知識がなければコードの意味を理解することさえできません。特定の機能を実現するためのコードと運用に耐えうるコードとの間には、見えない壁が存在します。つまり、初学者がこれらのコードを、OSを学ぶ上での参考とするには難しすぎるのです。また、OSを理解するためには、ある程度コンピュータに関する知識が必要であることも事実です。具体的にどのような知識であるかを見る前に、コンピュータとは何かを考えてみたいと思います。

コンピュータとは、人間が行いたい計算をサポートするための道具です。その概念や呼び名は時代とともに変わりますが、常に人間の要求に応じて作られ、利用されてきました。このような道具が必要となる最も大きな理由は、高度な解析能力を持つ人間の脳が、物事を正確に記憶しておくことを苦手とするからです。先達たちは、その英知を結集し、時代に合った外部記憶装置であるハードウェアを開発してきました。紐の結び目やそろばんなどです。

そろばんは、数値を記憶することができる外部記憶装置で、珠の位置により数を表現します。そろばんは、一つの珠の重みが1であったり5であったりと数の表現方法が特徴的ですが、それこそが、そろばんというハードウェアに関する知識と言えます。そろばんというハードウェアを理解しなければ、本来の目的である計算ができないのです。

そろばんというハードウェアを理解していると、計算速度の限界が珠を動かすスピードにあることが分かります。これを解決したのが、電気的に数を表現することができる現代のハードウェアです。そろばんのように、物理的に珠の位置を動かす必要がないので、ハードウェア自身が値を書き換えることができるようになりました。これは、単なる記憶装置であるハードウェアが計算機と呼ばれる契機となる、とても大きな出来事でした。そして、現在のコンピュータは、この延長線上にあるのです。

人間は、コンピュータ内部で扱われている数値を、そろばんの珠のように見ることはできません。それでも、コンピュータがどのように数を表現しているかを知ることは、コンピュータの基礎を学ぶ上でとても大切なことです。OSを学ぶ上でハードウェアの知識が必要かどうかは読者の判断にゆだねるとして、本書では、スイッチのオンとオフしかできないハードウェアの基礎から解説しています。これが、そろばんの珠に相当する概念であるからです。このため、本書はOSの入門書であると同時にコンピュータの入門書でもあります。本書では、コンピュータの基礎からOSの基礎までを体系的に理解することを一つの目標としています。

本書は、3部で構成されています。第1部では、OSの概念を解説しています。この中では、ハードウェアの基礎からマルチタスクの概念、複数のプロセスが動作するときに解決すべき問題点などについて検討します。また、OSを理解するうえで必要となる用語の説明なども行っています。

第2部では、OSが動作する環境について解説しています。対象とするのは、x86系CPUを実装したPCです。OSが制御する周辺機器は多岐に及びますが、ここでは、第3部で作成するサンプルプログラムを動かすために必要となる周辺機器の解説を行っています。

第3部では、実際に動作するサンプルプログラムを0から作成します。本書では、すべてのサンプルプログラムをアセンブラで作成しますが、それでも、最初に作成するプログラムは3行程度です。その後、徐々に必要な機能を追加していき、最終的には複数のタスクがバラ曲線を描画するマルチタスクを実現します。

本書の解説には、C言語による擬似コードが使用されています。そのため、イントロダクションとして、C言語の解説を設けています。ここでは、コンピュータ内部で行われている計算の基礎となるビットや2進数の考え方についても解説しています。本書を読み終えたとき、C言語がシステム記述言語と呼ばれる理由が見えてくるかもしれません。

本書は、最初から順に読んでいくことを想定していますが、ある程度の経験を積んだ読者であれば、必要な情報にのみアクセスすることも可能です。例えば、プロテクトモードに移行する方法、システムコールを実装する方法、ソフトウェアでPCの電源を切る方法などを知りたいのであれば当該の章を読むとよいでしょう。本書のサンプルプログラムで動作を確認することもできます。先に、いろいろなサンプルプログラムを実行してみて、本書に書かれた内容で何ができるかを確認してみるのも良いでしょう。

本書は、コンピュータに関する基礎的な知識を体系的に説明してはいますが、その一つ一つの詳細は専門書に遠く及びません。本書の実行環境として使用した32ビットCPUも徐々にその役目を終えつつあります。ではありますが、本書で得られた知識が無駄になることは決してありません。それこそが基礎を学ぶべき意味であり、理由でもあります。本書を読み終えた読者が、さらなる技術を習得するための礎を築くことができれば、本書もその役目を終えることができるでしょう。

2019年9月　林高勲

作って理解するOS　x86系コンピュータを動かす理論と実装　目次

第 3 部 OSを実装する

付録 693

本書に掲載しているコードについて

動作環境について

本書に掲載しているコードは、仮想環境またはx86系CPUを搭載したPC（実機）で実行することが可能です。

本書では、x86系PCの動作環境を提供する仮想環境として、QEMUとBochsというソフトウェアを使用しました。これにより、x86系CPUを実装していないPCでも、実際にプログラムの動作を確認することできます。QEMUとBochsの使い方については、付録の「仮想環境を構築する方法」で、ダウンロード方法から順に紹介しています。

また実機で動作確認をしたい場合は、既存のOSがインストールされているハードディスクに影響しないように、USBメモリを利用してください。その方法の1つとして、Rufusというソフトウェアを用いることができます。Rufusの使い方も、付録の「実機での確認方法」で紹介しておきました。必要に応じて参照してください。

サンプルファイルについて

本書に掲載しているコードの多くはサンプルファイルがあり、以下のサイトからダウンロードすることができます。

URL **https://gihyo.jp/book/2019/978-4-297-10847-2**

第3部では、作成するコードを以下のように掲載しています。

例

prog/src/00_boot_only/**boot.s**

```
        jmp     $                                   ; while (1) ; // 無限ループ

        times   510 - ($ - $$) db 0x00
        db  0x55, 0xAA
```

囲みをつけた部分は、実際に作成するコードの保存場所とファイル名を示しています。サンプルファイルも同じディレクトリ構造にまとめていますので、同じコードを探す場合は目印にしてください。

イントロダクション

コンピュータが数を数える しくみとC言語への応用

イントロダクションでは、OSの基礎を学ぶ上で必要となる、数の表現方法とコンピュータの制御方法について、前半と後半に分けて解説します。前半では、人間が扱う10進数をコンピュータがどのように認識しているかを確認します。後半では、コンピュータに計算させる具体的な方法の1つとして、C言語の基礎を学びます。本書では、コンピュータの動作を抽象的に表現する道具として、C言語を採用しています。すでにC言語の基礎を習得している読者であれば、このイントロダクションを読み飛ばしても問題ありません。

0.1 コンピュータが数を数えるしくみ

C言語に限らず、コンピュータ上で動作するプログラムを作成する場合は、対象となるコンピュータに関する知識が必要となります。コンピュータには、ビットやメモリといったコンピュータに特有な考え方があります。まずは、プログラムを作成する前に知っておくべき事柄の1つとして、2進数について見て行くことにします。これは、コンピュータで行う算術演算やアルゴリズムを理解する上での基礎となります。

天秤の問題

問題です。天秤を使って、15gまでの重さを量るために必要となる分銅の数は、最小でいくつでしょうか？　また、そのときに必要となる分銅の重さはそれぞれ何gになるでしょうか？ ただし、分銅は片方の皿にのみ載せるものとし、対象となる物質および分銅の重さはともに1g単位であるとします。

極端な例を挙げるのであれば、1gの分銅が15個あると15gまでの重さを量ることができますが、分銅の数をこれよりも少なくできることは明らかです。仮に、適当に決めた3g、5g、12gの3つの分銅であれば、0gから20gまでの全8種類の重さを量ることができます。量ることができる重さとそのときに使用される分銅をまとめると、次のようになります。

表 0-1　12g、5g、3gの分銅で量ることのできる重さ

量ることのできる重さ(g)	使用する分銅(g)
0	0 + 0 + 0
3	0 + 0 + 3
5	0 + 5 + 0
12	12 + 0 + 0
8	0 + 5 + 3
15	12 + 0 + 3
17	12 + 5 + 0
20	12 + 5 + 3

困ったことに、これら3つの分銅の組み合わせでは1gや2gの重さを量ることができませんし、17gや20gは量る必要さえありません。この組み合わせでは上手く行きませんでしたが、ここでは「量ることができる重さは、分銅の組み合わせで決まる」ということが確認できれば十分です。次に、問題の答えを考えます。

まず、必ず必要となるのは1gの分銅です。なぜなら、この分銅がなければ、1gの重さを測ることができないからです。これは、分解能とも呼ばれるもので、これより小さな値は直接扱えないことを意味してます。

1gの分銅が1つあると、奇数gの重さを量ることができます。つまり、1gの分銅を乗せると奇数g、乗せなければ偶数gを量ることができるという訳です。このため、1gの分銅以外に奇数gの分銅があると、量ることができる重さが重複してしまいます。

表 0-2　1gの分銅があれば量ることのできる重さ

量ることのできる重さ(g)	使用する分銅(g)
偶数	その他の分銅 + 0
奇数	その他の分銅 + 1

1gの次に必要となるのは、2gの分銅です。なぜなら、1gの分銅だけでは量ることができない最小の重さだからです。先ほどの例と同じように、この2つの分銅だけで量ることができる重さと、そのときに使用される分銅をまとめると次のようになります。

表 0-3　2g、1gの分銅で量ることのできる重さ

量ることのできる重さ(g)	使用する分銅(g)
0	0 + 0
1	0 + 1
2	2 + 0
3	2 + 1

この表から、1gと2gの分銅があれば、0～3gまでの重さを量れることが分かります。同時に、3gの分銅は不要であることも分かります。ここまでくると、後は、同じ考え方を推し進

めることで、次に必要な分銅の重さを知ることができます。次に必要なのは、4gの分銅です。なぜなら、すべての分銅を合わせても量ることができない最小の重さだからです。次の表からも分かるとおり、これら3つの分銅で0〜7gまでの重さを量ることができます。

表0-4 4g、2g、1gの分銅で量ることのできる重さ

量ることのできる重さ(g)	使用する分銅(g)
0	0 + 0 + 0
1	0 + 0 + 1
2	0 + 2 + 0
3	0 + 2 + 1
4	4 + 0 + 0
5	4 + 0 + 1
6	4 + 2 + 0
7	4 + 2 + 1

注目すべきは、使用する分銅の組み合わせの変化に規則性があるということ、そして量ることができる重さに重複がないということです。次の表に、最終的に必要となる分銅の数と重さを示します。

表0-5 8g、4g、2g、1gの分銅で量ることのできる重さ

量ることのできる重さ(g)	使用する分銅(g)
0	0 + 0 + 0 + 0
1	0 + 0 + 0 + 1
2	0 + 0 + 2 + 0
3	0 + 0 + 2 + 1
4	0 + 4 + 0 + 0
5	0 + 4 + 0 + 1
6	0 + 4 + 2 + 0
7	0 + 4 + 2 + 1
8	8 + 0 + 0 + 0
9	8 + 0 + 0 + 1
10	8 + 0 + 2 + 0
11	8 + 0 + 2 + 1
12	8 + 4 + 0 + 0
13	8 + 4 + 0 + 1
14	8 + 4 + 2 + 0
15	8 + 4 + 2 + 1

この表から、15gまでの重さを量るために必要な分銅の数は4つで、それぞれの重さは8g、4g、2g、1gであることが分かります。これが問題の答えとなりますが、同時に、2進数の基本となる考え方でもあります。

2進数と10進数と16進数（基数）

コンピュータ側から見ると、10進数は人間に特有な考え方です。ここでは、コンピュータに特有の考え方へと歩み寄るために、10進数について少し整理してみます。たとえば、10進数の101という値は、次のように書き直すことができます。

$$
\begin{aligned}
101 &= 1\times100 + 0\times10 + 1\times1 \\
&= 1\times10^2 + 0\times10^1 + 1\times10^0
\end{aligned}
$$

100の位の値が1つ「あり」、10の位の値が「なし」、1の位の値が1つ「あり」となって、全体として101という値を表現しています。そして、位にはその桁の重みを表す値が10のべき乗で表現されています。この桁の重みは、表記している値が10進数であることが明らかであるため、省略されていた訳です。

では、前述の、4g、2g、1gの分銅を使ったときに使用した、量ることができる重さの表を、もう一度見てみます。ただし、分銅が「ある」ときは1、「ない」ときは0と置き換えています。このような、2つの状態のみを扱う情報量の単位を**ビット**（Bit）といいます。

表 0-6 各分銅の有無と量ることのできる重さ

量ることのできる重さ（g）	使用する分銅（g）		
	4g	2g	1g
0	0	0	0
1	0	0	1
2	0	1	0
3	0	1	1
4	1	0	0
5	1	0	1
6	1	1	0
7	1	1	1

この表には、分銅の組み合わせが3ビットで表現されています。実のところ、この表は10進数と2進数の対応表にもなっています。「量ることのできる重さ」列が10進数、「使用する分銅」列が2進数に対応します。使用する分銅である4g、2g、1gそれぞれが、2進数における各桁の重みに相当します。例えば、5gの重さと釣り合う分銅の組み合わせは、4gと1gになります。これを、式として書き表すと次のようになります。

$$
\begin{aligned}
101 &= 1\times4 + 0\times2 + 1\times1 \\
&= 1\times2^2 + 0\times2^1 + 1\times2^0
\end{aligned}
$$

この式は、先ほど10進数で表した101の表記方法とほとんど同じものです。違いは、べき乗で表現される各桁の重みだけです。2進数の場合、各桁が1ビット分の情報量（分銅の有無）を表しています。

2進数では各桁の位置を、ビットの頭文字から取った1文字の「B」と0始まりの添え字で表します。1gの分銅の有無を表す最下位の桁であればB[0]、4gの分銅の有無を表す最上位の桁であればB[2]で表します。「[]」は冗長であるため、単にB0などと表記する場合もあります。複数の桁を表すときは、添え字を「:」で区切り、B[2:0]のように表記します。

複数のビットが連続する場合、一番大きな桁位置にある最上位ビットを**MSB**(Most Significant Bit)、最下位のビットを**LSB**(Least Significant Bit)といいます。MSBは、表現可能なビット数によって桁の位置が変わりますが、LSBは必ずB[0]になります。

複数ビットを1つのデータとして表示する方法は、0と1が連続して並ぶことになるので、見づらく間違えやすいものです。また、すぐに桁上がりが発生するので、大きな値を表現するには少々不便な方法です。そこで、慣例的に、3ビットまたは4ビットごとにまとめて1桁の数値を割り当てる手法がとられています。3ビットごとにまとめる場合は表現可能なビットパターンが8種類であることから8進数で、4ビットごとにまとめる場合は表現可能なビットパターンが16種類であることから16進数で表記されます。このとき、1桁の値を表現するために使用される文字の数を**基数**といい、何進数であるかを示しています。次の表は、4ビットで表すことができる整数を2進数、8進数、10進数、16進数で表したものです。16進数の場合は、1桁で値を表現するために、1文字のアルファベットが割り当てられています。

表 0-7 2進数と他の基数との対応表

2進数	8進数	10進数	16進数
0000	0	0	0
0001	1	1	1
0010	2	2	2
0011	3	3	3
0100	4	4	4
0101	5	5	5
0110	6	6	6
0111	7	7	7
1000	10	8	8
1001	11	9	9
1010	12	10	A
1011	13	11	B
1100	14	12	C
1101	15	13	D
1110	16	14	E
1111	17	15	F

では、101は、何gでしょう？もはや、10進数と2進数の区別なくしては、正しく判断することができません。このため、何進数かを明示する必要があるときは、数値とともに何進数かを示す基数を併記します。

表 0-8 基数の表記例

基数	C言語での表記		文章などでの表記
2	不可	(2進数以外で表記する)	～(2)、～(B)
8	`0123`	(先頭に「`0`」を付加する)	～(8)、～(O)
10	`123`	(先頭は「`0`」以外の数値で始まる)	～(10)、～(D)
16	`0x123`	(先頭に「`0x`」を付加する)	～(16)、～(H)

一例として、101(2)は2進数表記であることを示し、5(10)と同じ値です。このような例は、コンピュータのなかだけではなく、人間の世界にも単位として存在しています。例えば、日時を表記するときの12日や34時間などです。「日」という単位は「時間」に変換すると12進数(または、24進数)、「時」という単位は「分」に変換すると60進数で表現されます。同じような例は、角度にも見られます。人間は、コンピュータが行っているよりも、もっと複雑なN進数変換を日常的に行っているのです。N進法の表記は、あくまでも表現方法が異なるだけで、絶対的な重さや長さが異なる訳ではありません。つまり、1時間も60分も同じ時間の長さを表しています。

2進数の加算

2進数の加算は、10進数と同じ方法で行われます。次の例は、コンピュータ内部で2進数の加算演算が行われる様子を示したものです。ここでは、有効なビット数を4ビットとしています。

```
       0101(2)   :    5(10)
  +    1011(2)   :   11(10)
  ------------
     1 0000(2)       16(10)
```

加算される2つの整数は、それぞれが4ビットで表現可能な値ですが、最下位ビットからの桁上がりが波及し、最終的には4ビットでは表現することができなくなっています。最上位で発生した桁上がりのことを**キャリー**(Carry)と呼び、このビットがセットされたときは、有効なビット数だけでは演算結果を表現できなかったことを表しています。このような状態を、**オーバーフロー**(Overflow)といいます。プログラム内で行われる演算では、常に有効なビット数での演算が行われるようにしなければなりません。そして、何ビットで計算を行うかを決めるのは、人間であるプログラマの役割です。

2進数の加算ができれば、減算を行うこともできます。減算は、符号反転した値を「加算」することで実現できます。

$$x-y=x+(-y)$$

この方法は、加算回路だけで減算処理を実現することができますが、前処理として、符号を反転させる必要があります。次は、2進数で負の数を表現する方法について考えます。

負の数

実社会で負の数を表す場合、数値の前に「-(マイナス)」記号をつけて表現しますが、コンピュータの内部では、すべてのデータが0か1で表現されるので記号を付けようがありません。2進数を使って負の数を表す方法には、0となる基準をずらす方法と特定のビットを符号として扱う方法の2通りがあります。また、符号ビットを付加する方法には、単純に符号として用いる方法と加算演算が行える補数による表現方法があります。

基準をずらす方法(バイアス表現)

0となる基準をずらす方法は、ものさしをずらして使う方法に似ています。次の図のように、0～20cmまで測ることができるものさしを-10～10cmまで測ることができるとみなすものです。

図0-1 マイナスを測るものさし

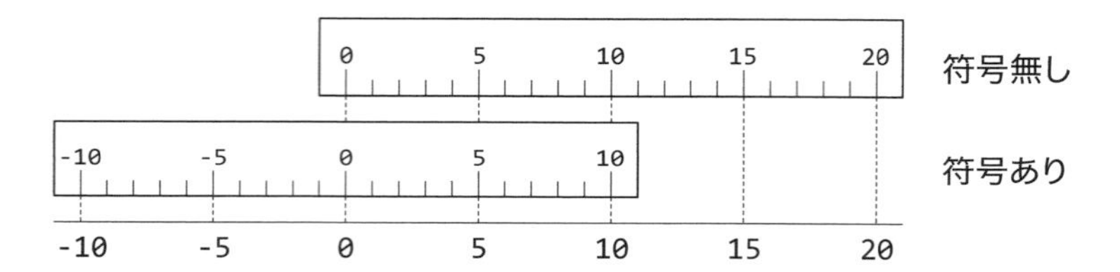

基準をずらすために加算される値はバイアス(Bias)値といいます。この例の場合、バイアス値を-10cmとしたので表現可能な負の数は全体の約半分になります。

次の表は、バイアス値を-3に設定したとき、3ビットで表現可能なすべての符号付き整数を表したものです。

表0-9 負数のバイアス表現(バイアス値＝-3)

2進数	符号なし10進数	バイアス表現
000	0	-3
001	1	-2
010	2	-1
011	3	0
100	4	1
101	5	2
110	6	3
111	7	4

負数のバイアス表現は、値の増減方向が2進数の増減と同じであるため、任意の2つの値が与えられた場合、大小の比較を簡単に行うことができます。

図 0-2 値の増加方向(バイアス)

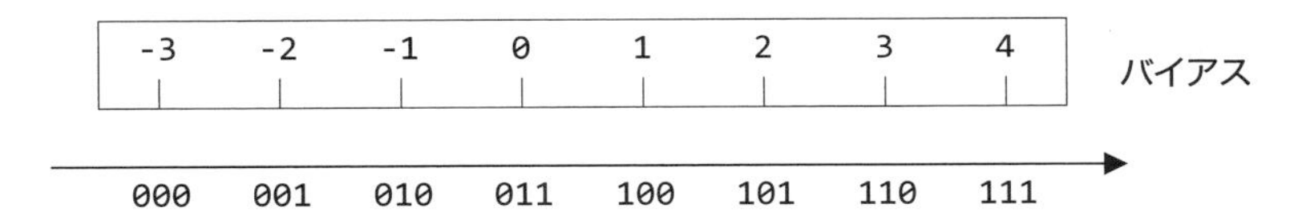

しかしながら、バイアス表現では、加算演算を簡単には行うことはできません。次の例は、2+(-1)を行った例ですが、期待した結果を得ることはできません。

```
    101(2)  :   2(10)
+   010(2)  :  -1(10)
-----------
    111(2)      4(10)
```

「符号ビット」を使用する方法

符号ビットを使用する方法は、数値を表現するために与えられたビット列の最上位ビット(MSB)を符号として使用するものです。このときに使用される符号用のビットは、サインフラグとも呼ばれます。次の表は、10進数と符号ビットを使用した負数の対応を示しています。

表 0-10 符号ビットを使用した負数の表現(絶対値)

2進数	符号なし10進数	符号ビット
000	0	0
001	1	1
010	2	2
011	3	3
100	4	-0
101	5	-1
110	6	-2
111	7	-3

符号ビットを使用する方法は、符号ビットを追加しただけなので、2進数の加減算を満足するものではありません。次の例は、2+(-1)を行った例ですが、期待した結果を得ることはできません。

```
    010(2)  :   2(10)
+   101(2)  :  -1(10)
-----------
    111(2)     -3(10)
```

これは、符号と整数、2つの情報が独立して存在しているためです。つまり、1ビットを符号に割り当て、残りのビットで絶対値を表しているのです。また、この表現方法では、値の増減方向が2進数とは異なり、プラス側とマイナス側に2つのゼロ(+0と-0)が存在することにもなります。

図 0-3 値の増加方向（バイアス、符号ビット）

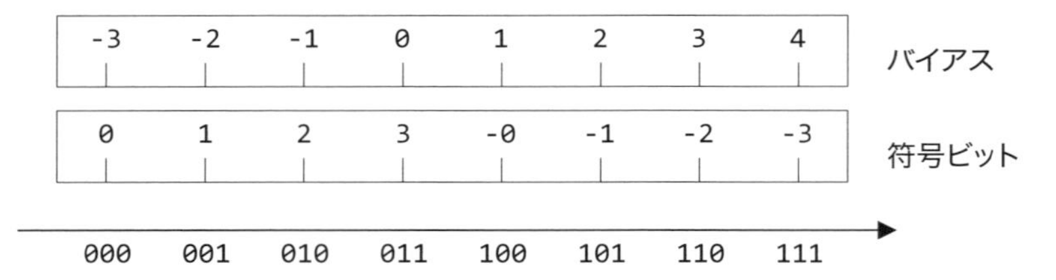

「1の補数」を使用する方法

1の補数とは、加算により桁上がりが発生しない最大数を表します。この定義から、1の補数は有効なビットをすべて反転すると得られます。例えば、001に対する1の補数は110です。1の補数は、符号と数値を1つの情報としてまとめた表現方法といえます。これにより、負数を含めた、整数の加減算を実現することが可能となります。

表 0-11 符号ビットを使用した負数の表現（1の補数）

2進数	符号なし10進数	符号ビット	1の補数
000	0	0	0
001	1	1	1
010	2	2	2
011	3	3	3
100	4	-0	-3
101	5	-1	-2
110	6	-2	-1
111	7	-3	-0

次の図に、各方法で負数を表現したときの増減方向を示します。

図 0-4 値の増加方向（バイアス、符号ビット、1の補数）

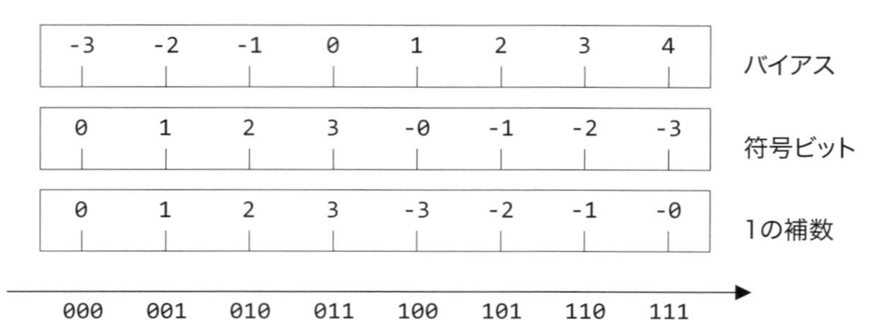

1の補数でも、相変わらず、+0と-0が存在します。このため、1の補数で表現された2つの値を加算する場合、最終的に発生した桁上がりビットを最下位ビット(LSB)に加算するという2段階の演算が行われます。このビットは、**循環桁上げ(End-around carry)ビット**といいます。次に、具体的な計算例を示します。

図0-5 1の補数での加算

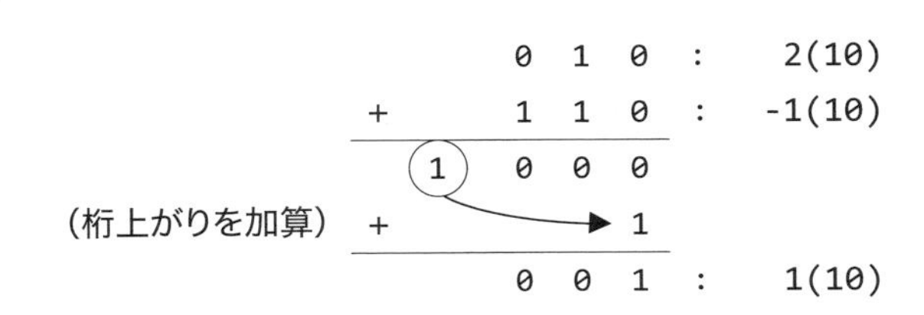

1の補数では、最終的な桁上がりを有効な値として使用するため、オーバーフローの発生を知ることができません。1の補数は、初期のコンピュータで一般的に採用されていた負数の表現方式でしたが、現在では、ほとんどのコンピュータで2の補数が採用されています。

「2の補数」を使用する方法

1の補数では、加算時に発生するキャリーを最下位ビットに加算していました。これは、2つある0の一方を飛び越えるための処理です。そこで、補数を定義する時点で1加算しておき、0の定義を1つだけにしたのが2の補数です。この考え方からも分かるとおり、1の補数に1加算することで得られる2の補数は、加算により桁上がりが発生する最小数となります。例えば、001に対する2の補数は111です。

表0-12 符号ビットを使用した負数の表現(2の補数)

2進数	符号なし10進数	符号ビット	1の補数	2の補数
000	0	0	0	0
001	1	1	1	1
010	2	2	2	2
011	3	3	3	3
100	4	-0	-3	-4
101	5	-1	-2	-3
110	6	-2	-1	-2
111	7	-3	-0	-1

次の図に、各方法で負数を表現したときの増減方向を示します。

図0-6 値の増加方向(バイアス、符号ビット、1の補数、2の補数)

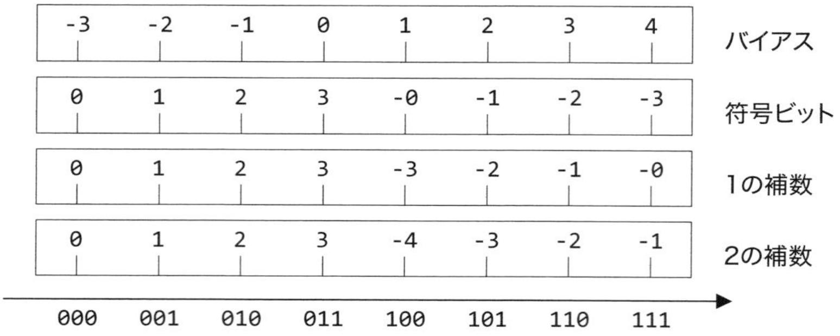

	000	001	010	011	100	101	110	111
バイアス	-3	-2	-1	0	1	2	3	4
符号ビット	0	1	2	3	-0	-1	-2	-3
1の補数	0	1	2	3	-3	-2	-1	-0
2の補数	0	1	2	3	-4	-3	-2	-1

次に、2の補数を使った計算例を示します。

```
       010(2)   :    2(10)
+      111(2)   :   -1(10)
---------------
     1 001(2)        1(10)
```

この場合、演算結果が2進数で表現可能な3ビットを超えてしまいましたが、有効桁数内で意図した結果を得ることができるので、無視しても問題ありません。

演算範囲の指定

2の補数では、符号が異なる2つの値を加算すると、演算結果が2進数で表現可能な桁数を超えてしまいましたが、意図した動作なので無視することにしました。しかし、有効なビット数を4ビットとしたときの、5(10)+5(10)の場合はどうでしょう?

```
      0101(2)   :    5(10)
+     0101(2)   :    5(10)
---------------
      1010(2)       10(10)  or -6(10)
```

結果は、1010(2)なのですが、最上位の桁(MSB)が1なので、2通りの解釈が可能です。1つは、符号なしの演算をしたと考えるものです。この場合、負の数を扱わないので、すべてのビットが有効桁数として使用されます。このことから、10(10)は正しい演算結果と見ることができます。

もう1つは、符号付き演算と考えるものです。符号があろうとなかろうと、正解は10(10)とならなくてはいけないのですが、この場合は-6(10)となってしまいました。これは、4ビット中の1ビットをサインフラグとして使用したので、残りの3ビットでは10(10)を表現することができなくなったために発生した現象です。このため、-6(10)は正しい演算結果とみなすことはできません。このような事態を避けるためには、演算に使用するビット数、つまり演算の結果取りうる値の範囲を事前に決めておかなくてはなりません。これは、コンピュータが勝手にやってくれるのではなく、人間が決めることです。

0.2 C言語の基礎

C言語は、CPUごとに固有の命令である機械語に変わって、人間が行いたい演算を抽象的に表現することができる、システム記述言語です。しかしながら、C言語は、機械語の代替となるものではありません。C言語で記述された命令は、コンパイラ(Compiler:翻訳プログラム)によってCPUごとに異なる命令に翻訳されます。これを**コンパイル**といいます。コンパイラが出力したCPU命令は、アセンブラにより、CPU固有の機械語に変換されます。

図0-7 C言語の役割

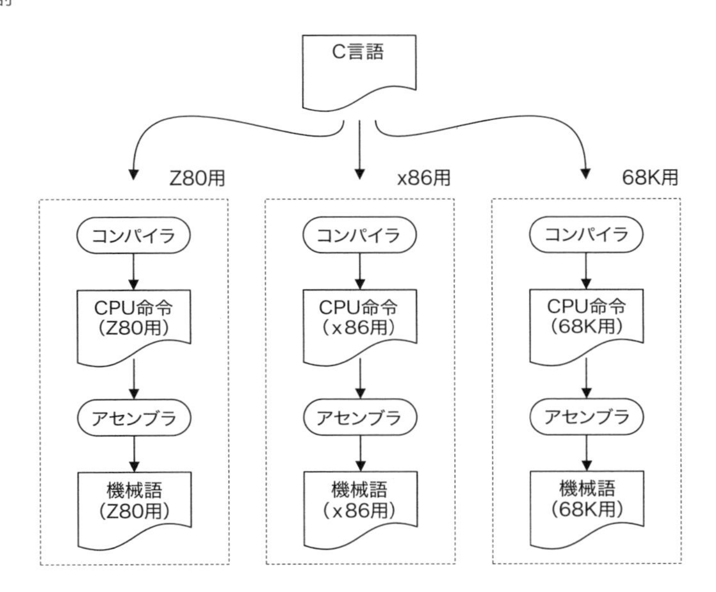

C言語の仕様は、各CPUで矛盾することなく動作するように、広範囲の内容をカバーしています。そのなかには、今では使用されなくなったCPUも含まれています。ここでは、x86系CPUを使用することを前提とした解説を行っています。

コンピュータの指は何本か?(型)

先週の火曜日から今日までの日数を教えてほしいと言われたとしましょう。すると私たちは多くの場合、無意識に指を折ったり、心のなかで数を唱えながら、何日あるかを考えます。なぜなら人間は、「先週」というキーワードから、簡単に数えられる範囲で答えがでることを直感的に判断することができるからです。しかし同じことを言われたコンピュータは、情報が足りないと不満を漏らすことでしょう。コンピュータは人間のように、おおよその結果を予想してから計算をはじめるということができないのです。

したがって、コンピュータに計算をさせるときは、扱う値に関する情報を明確に指定する必要があります。そうでなければ、扱える値の範囲を超えてしまうオーバーフローが発生し、間違った計算結果を出力してしまうからです。必要な情報の例は、最小値と最大値です。また、負の数を扱うかどうかも情報として必要です。これにより、最小値と最大値も変わるためです。

C言語では、これらの情報を「型」と呼びます。型には、計算で使用する値の最小値、最大値、符号の有無が含まれています。次に、C言語で定義されている型の例を示します。

表0-13 C言語の型

型		符号	ビット数	最小値	最大値
(signed)	char	あり	8	-127	127
(signed)	int		16	-32767	32767
(signed)	long		32	-2147483647	2147483647
unsigned	char	なし	8	0	255
unsigned	int		16	0	65535
unsigned	long		32	0	4294967295

符号なし演算で使用するときは、型の前に「unsigned」プレフィクスを指定します。このプレフィクスが指定されなければ符号付きとみなされますが、「signed」を使用して符号付きと明示することもできます。

この表は、定義された型で扱うことができる、最小範囲を示しています。8086などの16ビットCPUでの実行環境が該当します。これ以降は、具体的なビット数やメモリの内部状態を示しながら説明するので、char型は8ビット(1バイト)、int型は16ビット(2バイト)、long型は32ビット(4バイト)で表現されるシステムを前提とします。

さて、この表にある負数の最小値を見て、違和感を覚える人がいるかもしれません。例えば、int型の最小値が-32768ではなく、-32767となっているからです。これは、負数の表現方法として、1の補数を採用したシステムとの互換性のためにあります。古くからあるC言語にとっては、2の補数表現を行うシステムの方が新参者といえます。そのため、新しいシステムで開発したプログラムが古いシステムでも正しく動作するためには、「-32768をint型(16ビット)で表現できる」と仮定してはいけないことを意味しています。

また、int型には、CPUが余計な手間をかけずに計算できる、最適なビット数が割り当てられます。実際のコンピュータでint型整数の最小値を調べてみると、-2147483648はおろか、より小さな値を扱うことができるかもしれません。ですが、C言語では-32767まで扱えればよいので、これで問題ありません。このように、具体的な実装が機種によって異なることを**機種依存性**といいます。

コメント

C言語のソースファイルには、プログラム以外にも、コードに一切影響を与えない**コメント**を記載することができます。コメントは、「/*」で始まり「*/」で終了します。コメントは、複数行に渡って記載することができますが、「//」で始まるコメントは、行末までがコメントの対象となります。コメントには、プログラムの注釈や履歴などが記載されます。以下に、コメントの記載例を示します。

C言語

```
/*
        複数行に渡る、
        コメントの例。
*/
        // 行末まで続く、1行コメント
```

文(宣言文と実行可能文)

C言語は、「;」(セミコロン)で終了する「文」で構成されます。そして、プログラムの実行は「文を評価」することで行われます。次の例は、「実行文」または「実行可能文」と呼ばれるC言語プログラムの一部です。

図 0-8 実行文の例

```
2 + 3 ;
```

} 実行文

この文には、数式が記載されているので、最終的には1つの値を得ることができます。C言語では、これを「評価する」といいます。この文は、計算結果である「5」と評価されますが、その値は保存していないので、破棄されることになります。もし、この値を保存しておきたいのであれば、事前に、データを保存する領域を確保しておかなくてはなりません。

C言語では、いくつものデータ保存領域を確保することができますが、それらはすべて名前で区別されます。これを**変数名**といいます。次の例は、int型の変数「x」を宣言する例ですが、これも文として記載します。ですが、この文は計算できないので値を持たず、評価することができません。これを**宣言文**といいます。

図 0-9 宣言文の例

```
int  x ;
```

} 宣言文

ここで示した宣言文は、以下の内容を指示するものです。

表 0-14 変数を定義する意味

指示内容	意味
データを保存する領域を確保すること	確保した領域は独占的に使用する
少なくとも-32767から 32767まで計算できること	より大きな値を扱えても良い
データには変数名「x」でアクセスできること	アドレスやCPUに依存する レジスタ名は使用しない

確保された領域に値を保存するためには、代入演算子「=」を使用します。代入演算子は、評価された右辺値（右側の値）を左辺値（左側の値）にコピーします。

図0-10 左辺値に値を設定できる例

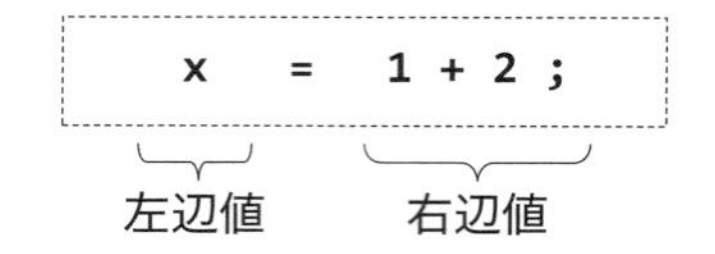

このため、左辺値には、値を書き換えることができない定数を書くことはできません。

図0-11 左辺値に値を設定できない例

```
1 = x - 2 ;
```

不可

算術演算

次の表に、基本的な算術演算子を示します。

表0-15 C言語の四則演算

演算	C言語での表記
乗算	*
除算	/
剰余（モジュロ）	%
加算	+
減算	-
代入演算子	=

1つの評価式に複数の演算子が含まれる場合、優先順位が高いものから先に評価されます。優先順位は、一般的な四則演算と同じく、加減算よりも乗除算の方が高くなっています。また、同じ優先順位が並んだ場合は、左から計算されます。優先的に行いたい演算がある場合は、一般的な記法と同じように、「()」でくくります。あまり見慣れないモジュロ演算（剰余算）とは、除算後の余りを得るもので、曜日などを計算するときに利用されます。モジュロ演算の優先順位は、乗除算と同じです。

ビット演算

ハードウェアを制御するプログラムでは、ビット単位の演算が必要不可欠です。C言語でも、次の表に示すビット演算子が用意されています。

表 0-16 C言語のビット演算

演算	C言語での表記
ビット反転	~
左ビットシフト	<<
右ビットシフト	>>
ビットAND	&
ビットOR	|
ビットXOR	^

ビット反転は、すべてのビットを反転します。次の例は、有効なビット数を4ビットとしたときの演算結果を、2進数と16進数でコメントに記載しています。

```
C言語
int a;

              // ビット反転
   a = ~0;    //  1111 F
   a = ~1;    //  1110 E
   a = ~-1;   //  0000 0
```

シフト演算は、指定した回数だけビット全体の桁位置をずらします。シフトする回数は、演算子の右側に記載します。このとき、有効ビットからはみ出たビットは破棄されます。10進数で桁をずらすと10倍や1/10になりますが、2進数で桁をずらすと、2倍や1/2になります。

```
C言語
              // 左ビットシフト
   a = 1 << 0; //  0001 1
   a = 1 << 2; //  0100 4
   a = 1 << 4; //  0000 0

              // 右ビットシフト
   a = 4 >> 0; //  0100 4
   a = 4 >> 2; //  0001 1
   a = 4 >> 4; //  0000 0
```

ビットAND（論理積）演算は、同じ桁位置にあるビットがともに1のときに1、それ以外のときは0となります。ビットOR（論理和）演算は、どちらかのビットが1のときに1、それ以外のときは0となります。ビットXOR（排他的論理和）演算は、異なる値のときに1、それ以外のときは0となります。

C言語

```
              // ビットAND
a = 1 & 1;    //  0001 1
a = 1 & 0;    //  0000 0
a = 0 & 1;    //  0000 0
a = 0 & 0;    //  0000 0

              // ビットOR
a = 1 | 1;    //  0001 1
a = 1 | 0;    //  0001 1
a = 0 | 1;    //  0001 1
a = 0 | 0;    //  0000 0

              // ビットXOR
a = 1 ^ 1;    //  0000 0
a = 1 ^ 0;    //  0001 1
a = 0 ^ 1;    //  0001 1
a = 0 ^ 0;    //  0000 0
```

論理演算

論理演算は、「真」と「偽」、2つの値のみを扱う演算です。前述のビット演算も、ビット単位で行われる論理演算です。C言語では、値を評価した結果が0以外であれば「真」、0であれば「偽」と評価します。真か偽かは、比較演算子により生成され、条件分岐などで利用されます。

表0-17 C言語の比較演算

演算	C言語での表記
等値比較	==
非等値比較	!=
小さい	<
小さいか等しい	<=
大きい	>
大きいか等しい	>=
論理反転	!
論理AND	&&
論理OR	||

次の例は、2つの値が等しいかどうかを評価し、結果を変数aに代入します。この例の場合、1と2は等しくないので評価結果は偽となり、変数aには必ず0が代入されます。

C言語

```
a = (1 == 2);
```

同様に、次に示すすべての演算でも、評価結果が偽となり、変数aには0が代入されます。

C言語
```
a = !(1 == 1);
a =  (1 == 1) && (1 == 2);
a =  (1 == 1) && (0);
```

C言語に特有の演算式

C言語に特有の書き方として、左辺値と右辺値に同じ変数が使用されるとき、右辺値の変数を省略した書き方が可能です。

表 0-18 インクリメント／ディクリメント演算

演算	C言語での表記
インクリメント	++
ディクリメント	--

次の例は、変数の値を1つ加算および減算する例です。この例は、コメントに記載された内容と同じ結果をもたらします。

C言語
```
a++;      /* a = a + 1; */
a--;      /* a = a - 1; */
```

これ以外にも、演算子に代入演算子を連結した書き方が可能です。次の例でも、コメント内に記載された内容と同じ演算を行います。

C言語
```
a  *= 2;  // a = a *  2;
a  += 2;  // a = a +  2;
a  &= 2;  // a = a &  2;
a >>= 2;  // a = a >> 2;
```

関数

文は、C言語のソースファイル内であればどこにでも記載することができますが、決まった順序で評価したい場合は、「関数」のなかに書かなくてはいけません。数学で用いるときと同じく、「関数」とは、0個以上の引数を受け取り、評価結果を返すことができる一連の文の集まりです。関数は、次のように定義します。

図 0-12 関数の定義方法

```
戻り値  関数名 ( 引数 )
{
    return  値 ;
}
```
戻り値がある場合

```
void  関数名 ( 引数 )
{

}
```
戻り値が無い場合

関数の定義

戻り値がある関数は、文と同様、評価することができます。評価される値は、関数内でのみ使用することができるキーワード、「return」の直後に記載します。このとき、「return」も1つの文として評価されるので、「;」で終了します。関数に引数が不要な場合、または結果を返す必要がない場合、キーワード「void」により、これらの記載が不要であることを明示します。次の例は、引数を取らず、int型の値を返す関数を定義する例です。関数名は自由に決めることができますが、数値や「_」から始まる名前を付けることは禁止されています。

図 0-13 引数がない関数の例

```
int    foo (  void  )
{
   return  5 ;
}
```

関数を評価するときは、関数名を「()」とともに記載します。「()」のなかには引数を書きますが、引数がなければ、何も記載する必要はありません。次の例は、関数を評価し、その結果を変数aに代入するものです。

C言語
```
a = foo();
```

次の例は、2つのint型変数を加算し、int型の加算結果を返す関数を定義する例です。

図 0-14 引数がある関数の例

```
int    add ( int x,  int y )
{
   return  x + y ;
}
```

この関数を評価するときは2つの引数が必要なので、関数内に定義された順番で記載します。評価した結果は、変数aに代入されます。

C言語
```
a = add(2, 3);
```

関数は、計算を行うためだけに使用されるとは限りません。次の例は、C言語で一般的に使用されるputchar関数を使用して、画面に文字を出力する例です。

C言語
```
    putchar('A');
```

この例のように、システムが標準で用意している関数を使えば、具体的な実現方法を知らなくても、必要最低限の機能を利用することができます。

ここまで見てきたとおり、C言語は、文で構成されます。連続した文を評価（実行）するには、関数内に記載しなくてはなりませんが、関数を評価（実行）するには文が必要です。文が先か、関数が先かということなのですが、C言語では関数が先です。C言語の約束事の1つとして、プログラムは必ず「main」という名の関数から始まります。また、main関数は、プログラムの実行結果をシステムに返す必要があります。このため、最低限のC言語プログラムは、次のようになります。

C言語
```
int main(void)
{
  return 0;
}
```

main関数を評価した結果をどのように使用するかは、システムごとに異なります。一般的には、0で正常終了、正の値で警告、負の値でエラーが発生したことをシステムに通知します。

データの保存場所

次に、コンピュータが使用するメモリの例を示します。

```
..............................................................
1011001011001100110111100011101001011101010110111100101011011111
1011110101011101000011010000101001000011010010000100010001001001
0101001001011011001011100010111001011101000011010000101001010001
0100001101000100001000000101101100110100000000000111100100010010 0
..............................................................
```

さっぱり、分かりません。しかし、コンピュータはデータを8ビット単位で読み書きします。これを、1バイトいいます。コンピュータから見ると、メモリはバイトデータの配列です。実際に、コンピュータがアクセスする8ビットごとに区切ってメモリを表示すると、次のようになります。

```
........ ........ ........ ........ ........ ........ ........ ........
10110010 11001100 11011110 00111010 01011101 01011011 11001010 11011111
10111101 01011101 00001101 00001010 01000011 01001000 01000100 01001001
01010010 01011011 00101110 00101110 01011101 00001101 00001010 01010001
01000011 01000100 00100000 01011011 00110100 00000000 11110010 00100100
........ ........ ........ ........ ........ ........ ........ ........
```

コンピュータには分かりやすくても、人間にとっては分かりにくいので、1バイトのデータを16進数で表現します。これは、**メモリダンプ**と呼ばれています。メモリダンプでは、配列の何番目であるかも同時に記載しますが、この添え字(インデックス)のことを**アドレス**と呼びます。アドレスは、特に明示しない限り、16進数で表記されます。

表 0-19 メモリダンプの例

アドレス	オフセット							
	+0	+1	+2	+3	+4	+5	+6	+7
0x00F8:	..	..	..	..	..	..	..	..
0x0100:	B2	CC	DE	3A	5D	5B	CA	DF
0x0108:	BD	5D	0D	0A	43	48	44	49
0x0110:	52	5B	2E	2E	5D	0D	0A	51
0x0118:	43	44	20	5B	34	00	F2	24
0x0120:	..	..	..	..	..	..	..	..

C言語では、プログラマがデータの保存場所を指定することは稀で、計算結果を保存する領域はシステムに確保してもらいます。具体的に、char型とint型の変数を確保する例を示します。この例の場合、1バイトと2バイトの領域がメモリ上に確保されることになります。

C言語
```
char a;
int  b;
```

この2つの宣言文により、メモリの一部がデータの保存場所として確保されます。ここでは、メモリ配列の0x0000_0100番地に変数aが、0x0000_0102番地に変数bが、それぞれ1バイトと2バイトの領域として確保されたものとします。しかし、領域を確保しただけなので、メモリの内容が変更されることはありません。

表0-20 変数として使用される領域

アドレス	オフセット							
	+0	+1	+2	+3	+4	+5	+6	+7
0x0000_00F8:	..	..	..	..	..	..	..	..
0x0000_0100:	B2	CC	DE	3A	5D	5B	CA	DF
0x0000_0108:	BD	5D	0D	0A	43	48	44	49
0x0000_0110:	52	5B	2E	2E	5D	0D	0A	51
0x0000_0118:	43	44	20	5B	34	00	F2	24
0x0000_0120:	..	..	..	..	..	..	..	..

もちろん、プログラマは、メモリのどこにデータ領域が確保されたかを知る必要はありません。それぞれの変数には、変数名aとbで値を保存することができれば十分だからです。しかし、型が異なる2つの変数は、プログラムの動作に少なからず影響を与えます。次のプログラムは、変数aとbに0を代入する例です。

C言語
```
a = 0;
b = 0;
```

この例では、同じ代入演算子を使って同じ値を代入していますが、変数aには1バイトで、変数bには2バイトで書き込まれます。この違いは、演算に必要とする領域を異なる型で宣言したからに他なりません。

表0-21 変数に値が代入された例

アドレス	オフセット							
	+0	+1	+2	+3	+4	+5	+6	+7
0x0000_00F8:	..	..	..	..	..	..	..	..
0x0000_0100:	00	CC	00	00	5D	5B	CA	DF
0x0000_0108:	BD	5D	0D	0A	43	48	44	49
0x0000_0110:	52	5B	2E	2E	5D	0D	0A	51
0x0000_0118:	43	44	20	5B	34	00	F2	24
0x0000_0120:	..	..	..	..	..	..	..	..

同じ理由により、次のプログラムは、表現可能なデータ範囲が異なるので、コンパイル時に警告が発生します。

C言語
```
a = b;
```

人間であれば、それぞれの変数の値が0なので問題ないと判断します。しかし、コンパイラは変数bに0x1234などの、1バイトで表現できない値が存在する可能性を指摘するのです。

アドレスとポインタ

アドレスとは、メモリ配列のインデックスのことで、配列の何番目であるかを示す以外、何の意味もありません。前述の例であれば、変数aはアドレスの0x0000_0100番地に、変数bはアドレスの0x0000_0102番地に配置されている、ただそれだけです。

アドレスは位置を示しているだけなので、「指定されたアドレスの変数に値を代入する」ことはできません。情報が足りないのです。すでに見てきたとおり、1バイトなのか2バイトなのかで書き込むデータが異なるのです。このため、C言語では、型情報を含んだアドレスのことをポインタと呼び、単なるアドレスとは区別しています。

図 0-15 アドレスとポインタの違い

C言語では、ポインタを扱うために、以下の演算子を定義しています。

表 0-22 C言語のポインタ演算

演算	C言語での表記
間接演算子	*
アドレス演算子	&

間接演算子は、ポインタが示す変数を表し、アドレス演算子は変数のポインタを取得する演算子です。間接演算子には、乗算と同じ記号が使用されます。ポインタを使用するときは、型とアドレスが含まれることを明示する必要があります。具体的に、int型の変数を示すポインタ変数を宣言する例を次に示します。

C言語
```
int* pb;
```

ポインタ変数が宣言されたので、メモリ上には、ポインタを保存するための領域が確保されます。ただし、領域を確保しただけなので、メモリの内容が書き換えられることはありません。

表0-23 ポインタとして使用される領域

アドレス	オフセット							
	+0	+1	+2	+3	+4	+5	+6	+7
0x0000_00F8:	..	..	..	..	..	..	..	..
0x0000_0100:	00	CC	00	00	5D	5B	CA	DF
0x0000_0108:	BD	5D	0D	0A	43	48	44	49
0x0000_0110:	52	5B	2E	2E	5D	0D	0A	51
0x0000_0118:	43	44	20	5B	34	00	F2	24
0x0000_0120:	..	..	..	..	..	..	..	..

ポインタは、すべてのメモリ空間を示すことができるように、アドレスの最大値を保存できるだけの領域が確保されます。ここでは、アドレスの0x0000_0110番地に4バイトの領域が確保されたものとしています。次のプログラムは、int型のポインタ変数pbに変数bのポインタを代入する例です。

C言語
```
pb = &b;
```

ポインタには、アドレス演算子で取得した、変数bへのポインタを代入しているので、メモリ上のポインタ変数は次のように変化します。

表0-24 ポインタ変数に値を設定した例

アドレス	オフセット							
	+0	+1	+2	+3	+4	+5	+6	+7
0x0000_00F8:	..	..	..	..	..	..	..	..
0x0000_0100:	00	CC	00	00	5D	5B	CA	DF
0x0000_0108:	BD	5D	0D	0A	43	48	44	49
0x0000_0110:	02	01	00	00	5D	0D	0A	51
0x0000_0118:	43	44	20	5B	34	00	F2	24
0x0000_0120:	..	..	..	..	..	..	..	..

ポインタ変数pbには、変数bのアドレス0x0000_0102が下位バイトから順に保存されます。ポインタ変数pbで示された変数bに値を代入するためには、間接演算子を使用します。

C言語
```
*pb = 0x1234;
```

この命令により、ポインタ変数pbが示す変数bの内容が書き換わります。ポインタ変数pb自体は、変数bのアドレスを示すだけなので、書き変わることはありません。

表0-25 ポインタが示す変数を書き換えた例

アドレス	オフセット							
	+0	+1	+2	+3	+4	+5	+6	+7
0x0000_00F8:	..	..	..	..	..	..	..	..
0x0000_0100:	00	CC	34	12	5D	5B	CA	DF
0x0000_0108:	BD	5D	0D	0A	43	48	44	49
0x0000_0110:	02	01	00	00	5D	0D	0A	51
0x0000_0118:	43	44	20	5B	34	00	F2	24
0x0000_0120:	..	..	..	..	..	..	..	..

ポインタ変数を介した変数へのアクセスは、ポインタにアドレスと型情報が含まれていることにより可能となります。つまり、アドレスの0x0000_0102番地にある変数はint型であることを知っているのです。このため、次のプログラムは、型情報が異なるためコンパイルできません。

C言語
```
pb = &a;    /* コンパイルエラー */
```

仮に、この代入を許してしまうと、ポインタを介して、1バイトの領域に2バイトのデータが書き込まれることになるためです。

次のプログラムは、指定したポインタ変数に2つの整数の加算結果を代入する関数を定義する例です。

C言語
```
void add(int* p, int x, int y)
{
    *p = x + y;
}
```

作成した関数を使用して変数の値を書き換えるには、次のように関数を呼び出します。

C言語
```
add(pb, 1, 2);
```

ポインタ変数を上手く利用することで、より柔軟性のあるプログラムを作成することが可能となります。

0.3 C言語の構造とフローチャート

フローチャート（流れ図）とは、処理が行われる順序やその条件などを図で示したものです。

フローチャートを使うと、プログラム言語を知らない人でも、どういった内容の処理がどのような条件で行われているかを理解することができるので、プログラム内部で行われている処理を説明するときによく利用されます。

フローチャートは、分かりやすい半面、プログラムに依存した書き方を行わないので、細かい処理をすべて記述すると煩雑で見難いものになってしまいます。そのため、複数のフローチャートに分けたり、処理を分割することで、大まかな内容を理解することができるように作成されます。以下に、フローチャートで使用される主な記号を示します。

図 0-16 フローチャートで使用される記号の例

記号	説明
	端子 （処理の開始／終了位置などを示す）
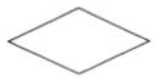	条件 （条件判断が行われる位置を示す）
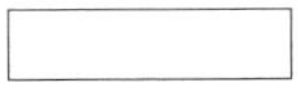	処理 （処理内容を記載する）
	事前定義処理 （関数など）

フローチャートに使われる記号は、上記以外にもいくつか存在しますが、順次処理が行われることと分岐条件さえ押さえておけば、構造化プログラミングを説明するのに十分です。次の図は、休日の過ごし方をフローチャートで示した例です。

図 0-17 フローチャートの例

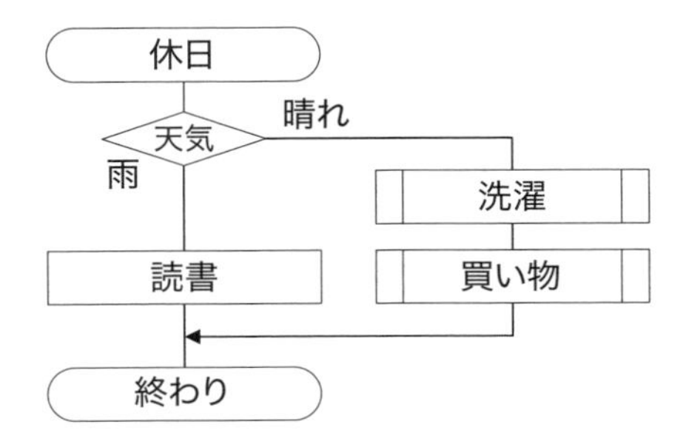

このフローチャートからは、天気が良ければ、買い物よりも先に洗濯を済ませることが読み取れます。このとおりにプログラムされたコンピュータであれば、洗濯が終わるまで買い物には行きません。このように、決まった順序で行われる処理を逐次処理といいます。しかし、洗濯と一言でいっても、やるべきことはたくさんあります。洗濯物を色や素材ごとに分け、洗剤の分量や洗濯時間を調整しなくてはなりません。このような一連の処理は、基本的な処理内

容に変わりはないので、事前に定義された関数に例えられます。同様に、天気が悪いときに行われる読書は、簡単な処理として扱われていることも読み取れます。

制御構文

ここでは、C言語の制御構文を、フローチャートを使って説明します。

if文

「if文」は、条件式を評価した結果により、異なる処理を行うときに使用されます。if文のフローチャートは次のとおりです。

図 0-18 if文のフローチャート

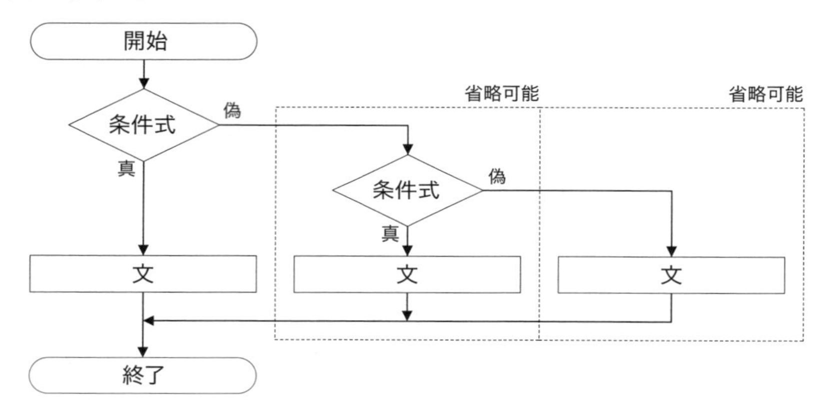

C言語で使用されるif文の書式は、次のとおりです。

図 0-19 if文の書式（1つの文を実行する場合）

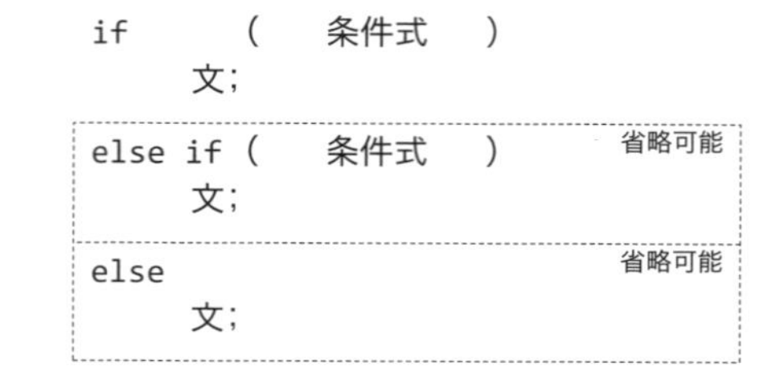

if文は、「if」に続く「()」内に記述された「条件式」が真なら、直後に続く1つの文を実行します。もし、条件式が偽で実行文の直後に「else if」が続き、「()」内に記述された「条件式」が真なら、同様に、直後に続く1つの文を実行します。「else if」は、いくつも書くことができますし、省略することも可能です。そして、すべての条件が満たされなかった場合は、「else」に続く1つの文を実行します。「else」も、「else if」同様に省略することができます。

C言語では、複数の文を「{」と「}」でくくることで、1つの文として扱うことができます。この範囲を、**ブロック**といいます。このため、if文の書式は、次のように記述されることが一般的です。

図 0-20 if文の書式（複数の文を実行する場合）

```
if      (    条件式    )
{
        処理
}
else if (    条件式    )          省略可能
{
        処理
}
else                              省略可能
{
        処理
}
```

if文を使った具体的なプログラム例を次に示します。最初の行では、システムが標準で用意している文字出力関数、putchar関数の使用を宣言しています。

C言語

```c
int putchar(int c);

int main(void)
{
    int i = 1;

    if (0 == i)
    {
        putchar('A');
    }
    else if (1 == i)
    {
        putchar('B');
    }
    else
    {
        putchar('C');
    }

    return 0;
}
```

この例では、変数iを1に初期化しているので、画面には「B」が表示されます。

switch～case文

if文は、条件判断の回数が少ないときや、毎回異なる値を評価するときに便利です。これに対し、1つの値を評価して複数ある選択肢の1つに分岐するときには、「switch～case文」が便利です。以下に、そのフローチャートを示します。

図 0-21 switch～case文のフローチャート

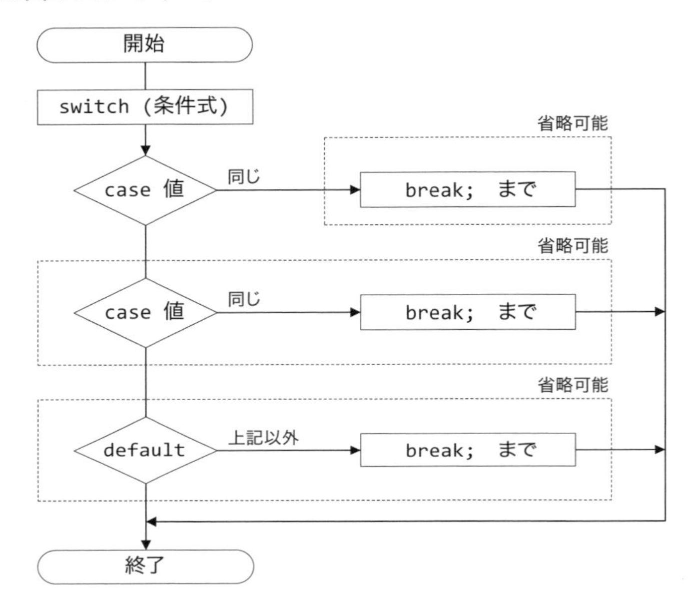

C言語で使用されるswitch～case文の書式は、以下のとおりです。

図 0-22 switch～case文の書式

「{」と「}」でくくられたブロックのなかには、「case 値：」と記載された行が存在します。この行はラベルと呼ばれ、処理の分岐先として使用されます。switch～case文は、switchの直

後にある「()」内の条件式を評価した結果がcase直後に記載された値と等しい場合、そこから処理を開始します。「default」ラベルは、すべての条件に合致しなかったときの分岐先として使用されますが、省略することも可能です。いずれかのラベルに分岐した後は、文を順次評価していきますが、その過程で「break」文が実行されると、「}」(ブロックの終端)までジャンプし、switch〜case文を終了します。

前述の、if文の例をswitch〜case文で書き直したプログラム例を次に示します。

C言語
```
int putchar(int c);

int main(void)
{
    int i = 1;

    switch (i)
    {
    case 0:
        putchar('A');
        break;

    case 1:
        putchar('B');
        break;

    default:
        putchar('C');
        break;
    }

    return 0;
}
```

このプログラムを実行すると、if文の例と同様、画面上には「B」が表示されます。

for文

for文は、特定の処理を指定した回数だけ繰り返すときなどに使用されます。for文のフローチャートを次に示します。

図 0-23 for文のフローチャート

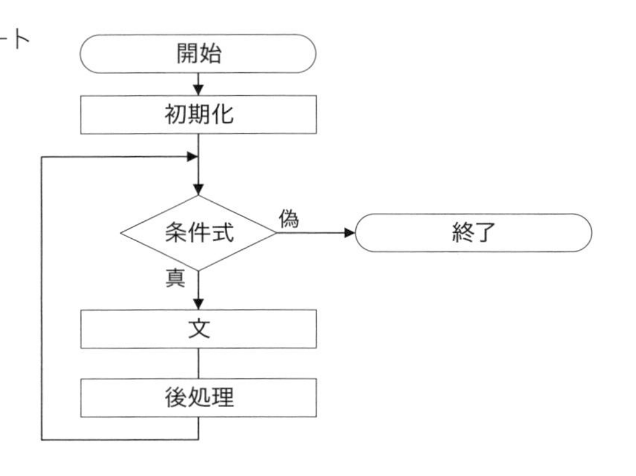

C言語で使用されるfor文の書式は、次のとおりです。

図0-24 for文の書式

```
for (   初期化   ;   条件式   ;   後処理   )
{
    文;
}
```

for文は、始めに「初期化」を実行します。次に、「条件式」を評価し、結果が真であれば後続の1文を実行します。複数の文を評価したい場合は、「{」と「}」でくくり、1つのブロックとします。「後処理」は、文を実行した後に必ず行われる処理で、一般的には、カウンターの加減算などを行います。for文は、文の実行よりも条件式の評価を先に行うので、条件式によっては、一度も文を実行することなく終了することがあります。

次の例は、for文を使ってアルファベットを出力するプログラム例です。

C言語

```c
int putchar(int c);

int main(void)
{
    int i = 0;

    for (i = 'A'; i <= 'Z'; i++)
    {
        putchar(i);
    }

    return 0;
}
```

while文

for文は、繰り返し行われる回数が事前に分かっている場合などに便利ですが、終了条件を回数で表すことが難しい場合、while文を使用します。次の図に、while文のフローチャートを示します。

図0-25 while文のフローチャート

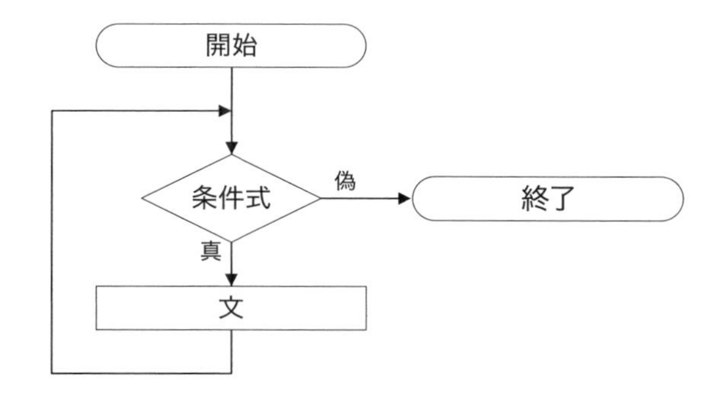

C言語で使用されるwhile文の書式は次のとおりです。

図0-26 while文の書式

```
while  (   条件式   )
{
      文;
}
```

while文は、条件式が真である限り、文を繰り返し実行するので、一般的には、繰り返し処理のなかで条件式が変更されるようにプログラムされます。while文は、for文と同じく、一度も文を実行することがなく終了することがあります。

次の例は、while文を使ってアルファベットを出力するプログラム例です。

C言語
```
int putchar(int c);

int main(void)
{
    int i = 'A';

    while (i <= 'Z')
    {
      putchar(i);
      i++;
    }

    return 0;
}
```

do〜while文

do〜while文とwhile文は、条件式の判断を先に行うか後に行うかだけが異なります。do〜while文のフローチャートは次のとおりです。

図0-27 do～while文のフローチャート

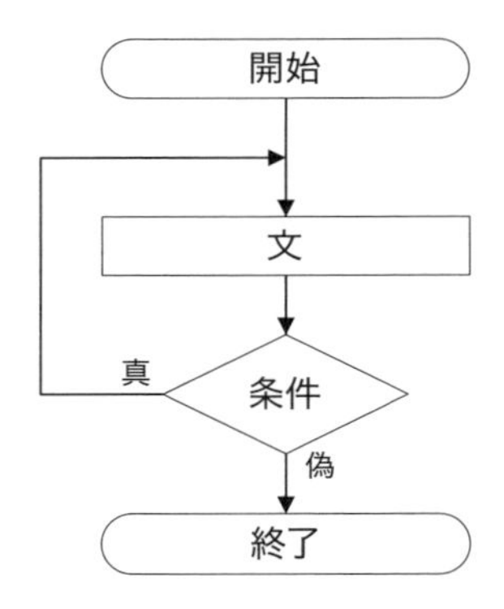

C言語で使用されるdo～while文の書式を次に示します。

図0-28 do～while文の書式

```
do
{
      文 ;
} while ( 条件式 );
```

do～while文は、他の繰り返し処理と異なり、必ず一度はブロック内の文を評価します。次の例は、do～while文を使ってアルファベットを出力するプログラム例です。

C言語

```
int putchar(int c);

int main(void)
{
    int i = 'A';

    do
    {
      putchar(i);
      i++;

    } while (i <= 'Z');

    return 0;
}
```

break文とcotinue文

switch～case文で使われるbreak文は、繰り返し処理を強制的に終了するために使用することができます。この場合、break以降の文は評価されず、一番内側の繰り返し処理({}内のブロック)を終了します。ただし、繰り返し処理ではないif文は、break文を使ってブロックを終了することはできません。

次の例は、for文の条件式を常に真(数値の1)を設定して無限ループを作り、すべてのアルファベットを出力し終わったらbreak文で繰り返し処理を終了するプログラム例です。

C言語

```
int putchar(int c);

int main(void)
{
    int i = 0;

    for (i = 'A'; 1; i++)
    {
        putchar(i);
        if ('Z' == i)
        {
            break;
        }
    }

    return 0;
}
```

continue文は、break文と同様、ブロックの終端にジャンプしますが、繰り返し処理を終了するかどうかは条件式によります。次の例は、前述のプログラムをcontinue文を使って書き直したものです。

C言語

```
int putchar(int c);

int main(void)
{
    int i = 0;

    for (i = 'A'; 1; i++)
    {
        putchar(i);
        if ('Z' != i)
        {
            continue;
        }
        break;
    }

    return 0;
}
```

第1部

コンピュータの基礎を理解する

第1章 ハードウェアの基礎

トピックス
- ハードウェアにできること
- 論理演算から算術演算へ
- CPUは何をしているのか？　など

ハードウェアと聞くと、ちょっと難しそうなイメージを持たれるかもしれませんが、その動作原理を理解することは、それほど難しくはありません。本来、OSを含めたすべてのプログラムはハードウェアを制御するためにあるので、その概要を知っておくだけでも十分に役立つことでしょう。

1.1 ハードウェアで何ができるのか

コンピュータの根本的な動作は、「電圧を上げたり下げたり」することだけです。人間が行う動作に例えると、部屋の明かりを点けたり消したりすることに相当します。ただ、明かりを点けるとはいっても、小さな部屋と大きな体育館とでは使用する照明機器の違いにより必要とする電圧が異なります。同様に、コンピュータにおいても種類によって扱う電圧は異なりますが「電圧を上げたり下げたり」しているだけなので、それほど大きな違いはありません。

スイッチング動作

照明での点灯と消灯のように、2つの状態だけを行き来する動作を**スイッチング動作**といいます。単純にスイッチのONとOFFだけを行い、「もう少し暗くする」などといった中間的な状態を扱わないことで、機器固有のアナログ的な誤差を無視しようとする考え方です。

図1-1 スイッチング動作（照明）

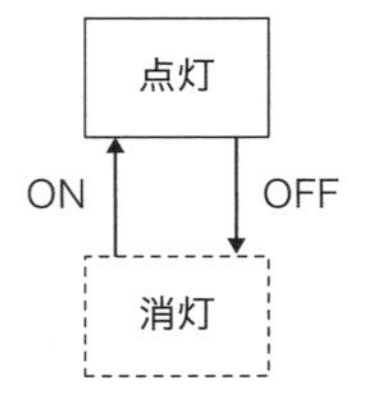

コンピュータ内部では、実際に使用されている電圧にかかわらず、電圧が高い状態を「1」、

低い状態を「0」として扱います。扱うことができる値が1と0だけですが、これが、コンピュータ内部で使用される論理演算に都合が良いわけです。

タイミングチャートとクロック信号

映画館を例にとってみましょう。観客は、劇場の照明が明るいうちは自由に出入りできますが、上映が始まると、外からの光が入らないように出入り口が閉ざされ、入場が制限されます。その後、上映が終了し劇場内の照明が点灯すると、再度、場内への出入りが自由に行えるようになります。劇場内で照明が点灯または消灯するタイミングは、時間軸をつかって次の図のように表すことができます。

図1-2 スイッチング動作（劇場内の照明）

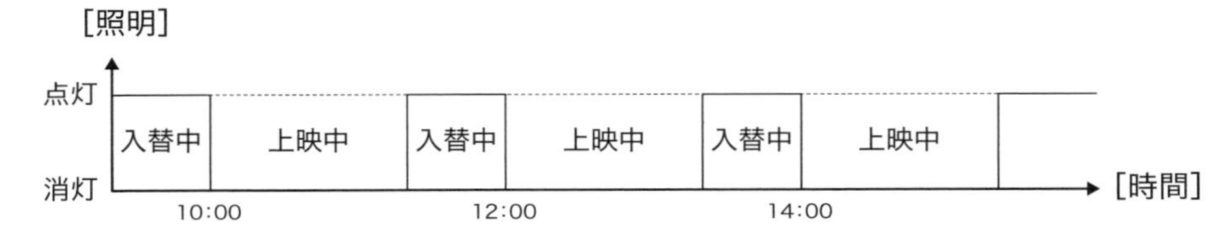

映画館では、上映スケジュールがあらかじめ決められているので、何時までに劇場へ足を運べばいいのかが一目で分かるようになっています。この上映スケジュールを、照明の電圧変化だけに着目して作成した図を**タイミングチャート**といいます。これは、注目する信号が時間的に変化する様子を一目で分かるように表したものです。

図1-3 タイミングチャート

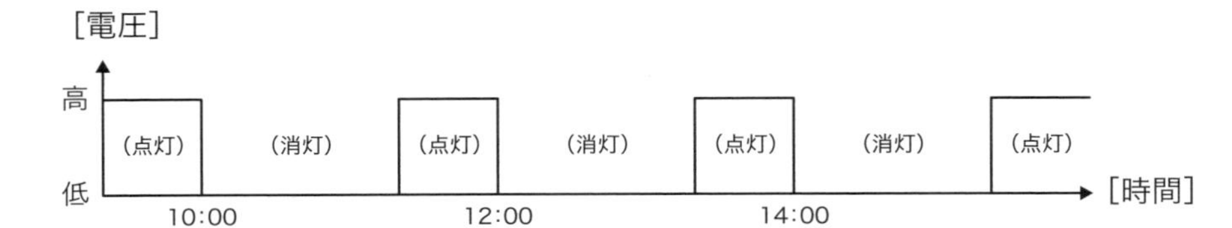

タイミングチャートは、多くの場合、複数の信号がどのように関連しているかを確認する目的で使用されます。簡単な例として、映画館の照明と映写機の作動タイミングを、タイミングチャートを使って表したのが次の図です。この図から、映写機が動作するタイミングは照明が消された後であること、照明が点灯するのは映写機が停止した後であることが分かります。

図1-4 タイミングチャートの例

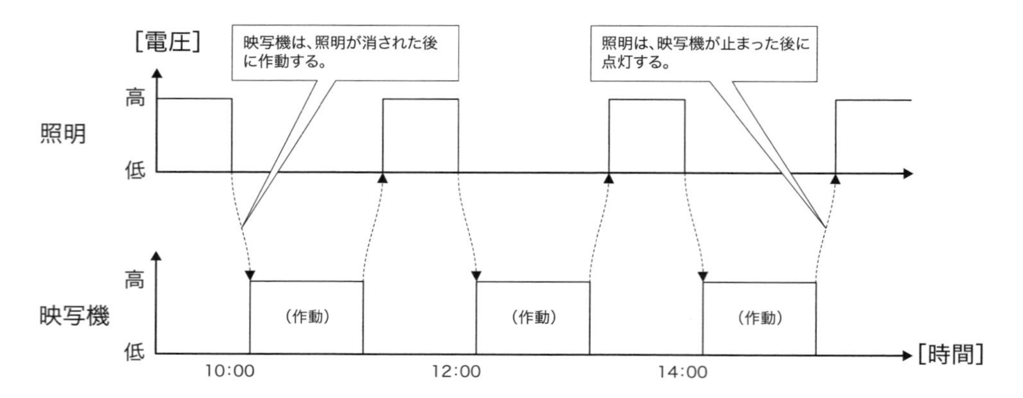

映画館では、映写機の作動以外に、開始ブザーやスクリーンの調整などが行われるかもしれません。それらの動作は照明のON／OFFを基準と考えることができます。そして、特定のシステム内で、動作の基準となる信号を**クロック信号**と呼びます。クロック信号の変化を契機として、システム内にあるすべての信号が関連して変化するのです。

クロック信号はコンピュータ内部でも使用されています。コンピュータは大量のデータを高速に処理することを目的としているので、基準となるクロック信号が高速に動作することが求められます。コンピュータの処理能力に大きな影響を与えるクロック信号の速さは、周期的な信号が繰り返されることから、周波数で表されます。たとえば、1秒ごとにONとOFFを繰り返すのであれば、2秒ごとに同じ波形が現れることになるので、クロック周波数は0.5Hz(ヘルツ)となります。

図1-5 スイッチング動作(コンピュータ内部のクロック信号)

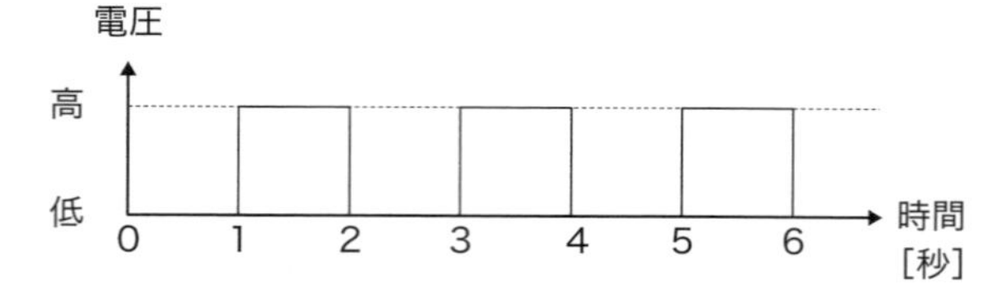

デューティ比

劇場内の照明が点灯している間は、観客の移動時間なので、映画の上映時間に比べるといくぶん短く設定されます。たとえば、1時間30分の映画が2時間ごとの上映スケジュールで組まれていた場合、照明が点灯している時間は全体の1/4となります。**デューティ比**とは、1つの周期内で電圧が高い割合を示したものです。この例の場合、デューティ比は25% (30分/120分) であるといいます。

図1-6 デューティ比

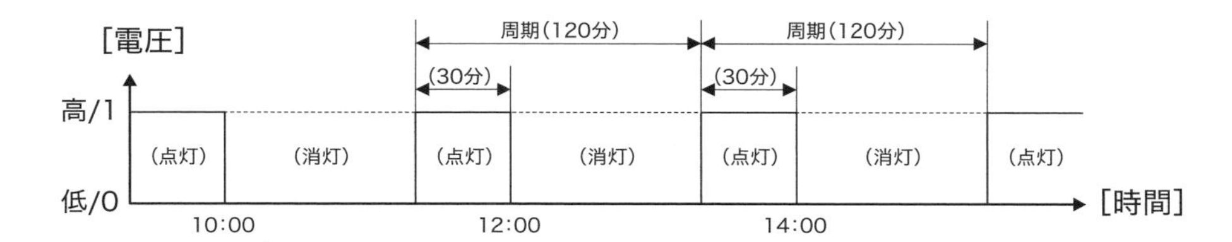

正論理と負論理

映画館での照明の使い方は、例えば食堂での一般的な照明の使い方とは反対に、上映中は消灯することになります。映画館という情報がなく、タイミングチャートで見られるような照明の状態だけでは、その部屋が「使われている」かどうかを判断することはできません。そこで、照明の状態ではなく、部屋が使われているかいないかを基準とした考え方を取り入れます。この考え方では、部屋が使用されている状態を有効(イネーブル:Enable)、そうでない状態を無効(ディスエーブル:Disable)として定義します。

表1-1 照明の使われ方

状態	映画館	食堂
有効(Enable)	消灯	点灯
無効(Disable)	点灯	消灯

これにより、照明の状態で部屋の使用状況を判断するのではなく、部屋の使用状況から照明の状態をどのようにすべきか、と考え方を変えることができます。具体的には、部屋を使用するまたは有効とするためには、食堂であれば点灯、映画館であれば消灯すべきであるといえます。

一般的な部屋の照明のように、照明が点灯している(電圧が高い)ときに有効となるものを**正論理**、映画館での照明のように、照明が消灯している(電圧が低い)ときに有効となるものを**負論理**といいます。正論理または負論理のどちらの場合においても、信号が有効な状態のことを**アクティブ**(Active:活動的な)、有効でない状態のことを非アクティブまたはインアクティブといいます。また、電圧が高いときにアクティブになるものをアクティブハイ、低いときにアクティブになるものをアクティブローといいます。

表1-2 正論理と負論理

電圧	正論理	負論理
高	アクティブ	非アクティブ
低	非アクティブ	アクティブ

照明用のスイッチは、部屋を有効化するために必要な信号を出力する装置と考えることがで

きます。部屋の種類に関係なく、有効化するためにはアクティブとなる電圧を設定しなければなりませんが、その電圧は、部屋に設定された論理によって決まります。このため、食堂は正論理なので点灯、映画館は負論理なので消灯と判断することができるのです。

1つのシステム内では、論理の異なる機能が混在しています。映画館の例では、劇場内の照明は負論理、映写機は正論理として解釈することができます。これらは、論理は異なりますが有効なときにアクティブにすることに変わりはありません。また､劇場内の照明に注目すると、この信号がアクティブになったことを契機として他の機器もアクティブになり、映写機やスクリーン調整などが開始されることになります。

処理能力

処理能力とは映画館であれば、どれだけ多くの人に映画を見てもらえるか、と言い換えることができます。同じ劇場で、より多くの人に見てもらうためには、劇場の収容人数を増やす方法と上映回数を増やす方法の、2通りが考えられます。映画館の収容人数を増やすためには、座席数を増やすなどの改築が必要です。映画館に限らず、物理的な装置はハードウェアと呼ばれ、一度作成されると簡単には変更することができません。これに対し、上映される映画自体はソフトウェアと呼ばれ、新作映画が製作されるたびに入れ替えることが可能なものです。映画館というハードウェアがあってこその映画ではありますが、映像というソフトウェアがなければ映画館はただの暗い部屋でしかありません。ハードウェアに注目すると、処理能力を向上させるためには、物理的な変更しかありませんが、ソフトウェアに着目すると、いかにハードウェアの能力を引き出せるかが鍵となります。

1.2 ハードウェアに計算させる方法

コンピュータの基本動作は、電圧の上げ下げにあることを説明してきました。ここからは、コンピュータが、本来の目的である「計算」をどのように実現しているのかを見ていくのですが、実のところ、コンピュータは人間が思っているような計算を行っている訳ではありません。そのかわり、決まった入力に対して決まった出力を行っているだけなのです。このとき、コンピュータが行うすべての演算の基本となるのが論理演算です。

論理演算

論理演算とは、「真」か「偽」のどちらかの値だけを使って行われる演算のことです。論理演算は、電圧が「高い」か「低い」かの2つの状態しか認識することができないコンピュータにとって、とても都合のいい考え方です。コンピュータ内部では電圧が高い状態を「真」または「1」、低い状態を「偽」または「0」に割り当てることで論理演算を実現できるためです。

コンピュータ内部で使用される論理演算は、AND（論理積）演算、OR（論理和）演算、XOR（排他的論理和：Exclusive OR）演算、NOT（否定）演算の4つだけです。**AND演算**は、すべての入力が真であるときに真を、それ以外の場合は偽を出力します。**OR演算**は、1つ以上の入力が真であれば真を、それ以外の場合は偽を出力します。**XOR演算**は、入力された2つの値が異なるときに真を、それ以外の場合は偽を出力します。NOT演算は入力を反転して出力します。**NOT演算**は1つの入力に対して1つの出力を行いますが、それ以外の論理演算は複数の入力に対して1つの出力を行います。

論理演算は、言葉で説明するよりも表にしたほうが分かりやすく表現できます。そして、論理演算の入出力結果に着目して記載した表を真理値表といいます。次に示すのは、NOT演算の真理値表です。

表1-3 真理値表(NOT演算)

入力	出力
X	NOT
0	1
1	0

NOT演算の真理値表は、Xに0が入力されると1が出力されること、反対に1が入力されると0が出力されることが記載されています。次に示すのは、AND演算、OR演算、XOR演算の真理値表を1つにまとめたものです。

表1-4 真理値表(AND、OR、XOR演算)

入力		出力		
X	Y	AND	OR	XOR
0	0	0	0	0
0	1	0	1	1
1	0	0	1	1
1	1	1	1	0

この表からは、2つの入力パターンに対する1つの出力を一目で読み取ることができます。例えば、2つの入力が1のときに1を出力する論理演算はAND演算とOR演算であること、2つの入力が異なるときに1を出力するのはXOR演算であることが分かります。

算術演算

コンピュータ内部での**算術演算**は、論理演算をもとに実現されています。論理演算だけで算術演算を実現していることを示すために、1ビット(1桁の2進数)の加算演算の結果を表に示します。

表1-5 1ビットの加算（算術演算）

加算演算	結果
0 + 0	0 0
0 + 1	0 1
1 + 0	0 1
1 + 1	1 0

この表から、1ビット同士の加算であったとしても、桁上がりを考慮すると、結果は2ビットで表現されることが分かります。これは、演算結果が隣の桁に影響をおよぼしていることに他なりません。入力に対して影響を受けた出力ビットを明確にするために、演算結果の各ビットに注目します。

表1-6 1ビットの加算（出力ビットを分離）

加算演算	結果	
	B1	B0
0 + 0	0	0
0 + 1	0	1
1 + 0	0	1
1 + 1	1	0

この表は、算術演算の結果を表したものですが、入力に対する論理演算の結果として見ることもできます。実際に2入力1出力の論理演算を使って加算演算を書き表したものが次の表になります。

表1-7 1ビットの加算（論理演算で実現）

加算演算	結果	
	B1	B0
0 + 0	AND(0, 0)	XOR(0, 0)
0 + 1	AND(0, 1)	XOR(0, 1)
1 + 0	AND(1, 0)	XOR(1, 0)
1 + 1	AND(1, 1)	XOR(1, 1)

繰り返しますが、コンピュータは計算を行っていません。ただ、与えられた入力に対する出力を高速に行うことができるだけなのです。算術演算は論理回路の組み合わせで実現され、その組み合わせ方によって、色々な計算が行われているかのごとく動作しているのです。1ビットの加算演算を、表ではなく、図で表すと次のようになります。

図1-7 1ビットの加算回路のブロック図

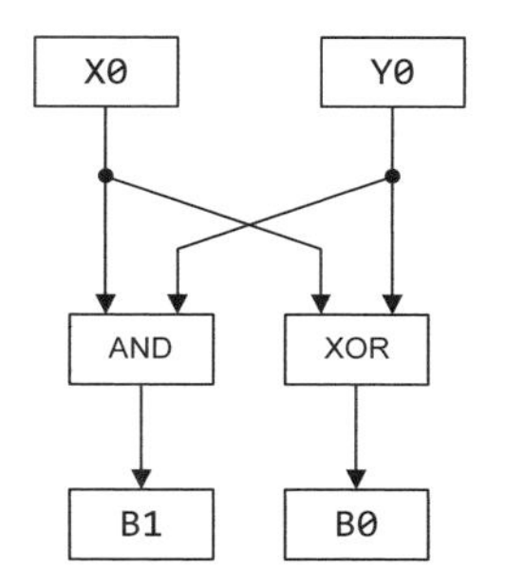

この図は、AND演算の結果がB1、XOR演算の結果がB0であることを信号の流れとともに示したものです。すでにAND演算やXOR演算の定義を知っているのであれば、すべての入出力に対するすべての出力を示すより、それぞれの機能と入出力信号の接続を図で表したほうが直感的に理解しやすいものになります。このような図は、**ブロック図**と呼ばれています。

ブロック図では、1つの機能を1つの箱で表現します。そして、詳細な内部構成を省いて、入出力だけに着目した箱を**ブラックボックス**といいます。ブラックボックスは入れ子状態で構成されることも珍しくはありません。例えば、1ビットの加算回路のブロック図は、内部のAND演算とXOR演算を省いて、1つのブラックボックスで表現することができます。

図1-8 加算回路

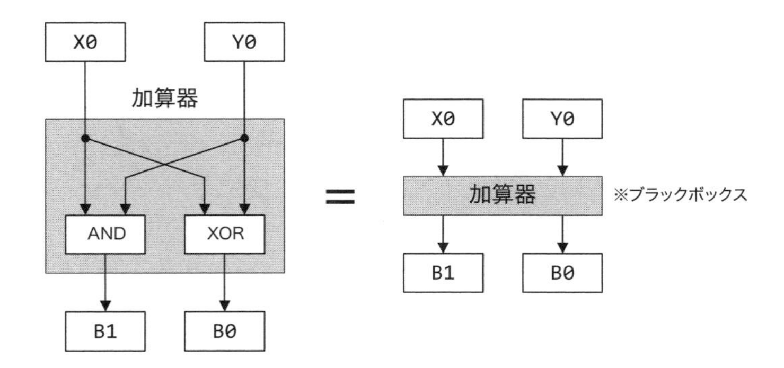

1ビットの加算器をブラックボックスで表すと、論理演算などの、内部で行われている具体的な処理が見えなくなってしまいますが、これは、ブラックボックス内での具体的な実現方法にはこだわらず、より上位で要求される機能の実現方法を表現するときに使用することができます。

次に、計算機の最小機能である1ビットの加算器ができあがったので、加算演算を行うコンピュータを作ってみましょう。次の図は、使用可能な乾電池の数を計算する「コンピュータ」のブロック図です。

図1-9 使用可能な乾電池の数を計算する「コンピュータ」

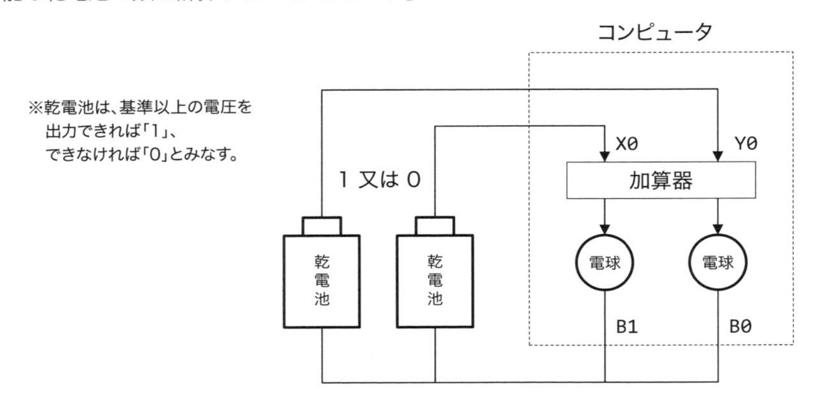

使用可能な乾電池は1.5V程度の電圧を発生しますが、使えなくなった乾電池は0.5Vを下回ることでしょう。実際に測定してみると、その電圧にはばらつきがあることが分かります。論理演算では、乾電池の具体的な出力電圧ではなく、一定の基準以上の電圧を出力することができるかできないかに着目します。そして、基準電圧よりも高い電圧を出力できる乾電池を使用可能と判断し、論理演算での真、2進数での1に割り当てます。同様に、基準となる電圧を出力できない乾電池は使用できないものと判断し、論理演算での偽、2進数での0に割り当てます。

このコンピュータに2つの乾電池が接続されると、電球が光ることで、使用可能な乾電池の数が2進数で表示されます。この回路は、乾電池の出力電圧を考慮してはいませんが、正論理の加算回路で構成されています。

この回路を実際に作成すると、電球が薄暗く光ったり一瞬点灯するだけといった、予想外の動作を行うかもしれません。このような動作は、乾電池の出力が弱まり、安定した電圧を供給できないときに起こり得ます。このことからも分かるとおり、コンピュータの演算が正しく行われる前提として、入力信号はONかOFFのどちらかに安定している必要があります。

コンピュータ内部では、「電圧がON」であるための下限値が決められています。たとえば、1.5Vの電圧を出力する乾電池が0.7V以上の電圧を出力できなくなればOFFであると判断します。このような閾値は**スレッショルド（Threshold）電圧**と呼ばれています。

ですが、スレッショルド電圧が1つの値だと、わずかな入力の変化により出力信号がON／OFFを高速で繰り返してしまいます。このような動作は、**チャタリング**（Chattering）と呼ばれています。

図1-10 チャタリングの例

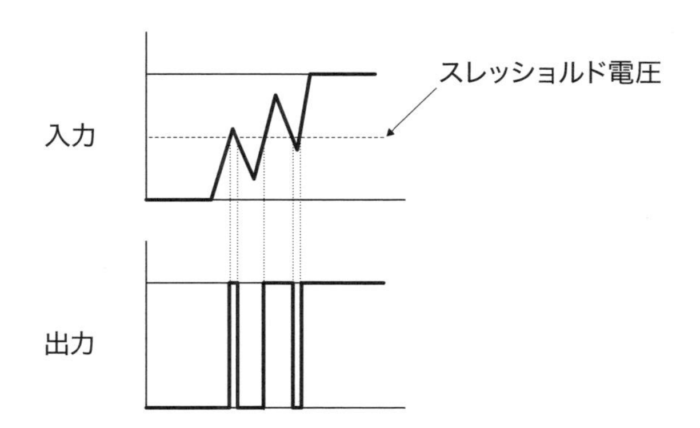

チャタリングは、スイッチやリレーなどの電気的な接点で多く発生します。このため、多くの入力回路には、チャタリングの影響を受けにくくなるような工夫が施されています。具体的には、2つのスレッショルド電圧を事前に決めておき、高いスレッショルド電圧を超えたときにON、低いスレッショルド電圧以下に下がったときにOFFとするものです。これにより、異なる状態への閾が高くなるので、チャタリングによる影響を抑えることができます。

図1-11 チャタリング除去の例

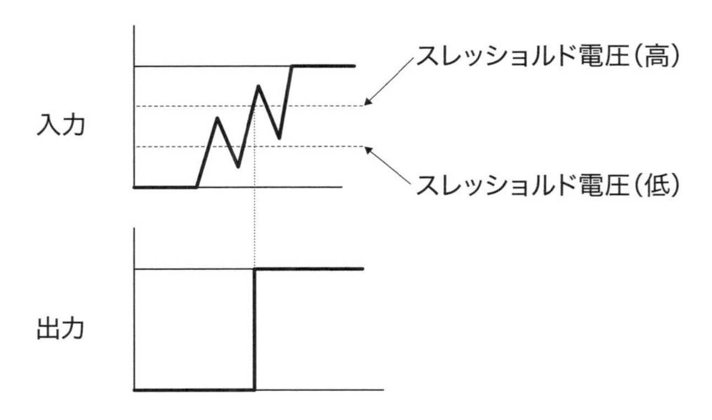

ビットの拡張

前述の加算器は、1ビットの加算しか行うことができませんでした。これを拡張して、4ビット同士の加算演算ができるように修正したブロック図を次に示します。

図1-12 4ビットの加算器（すべての信号線を記載）

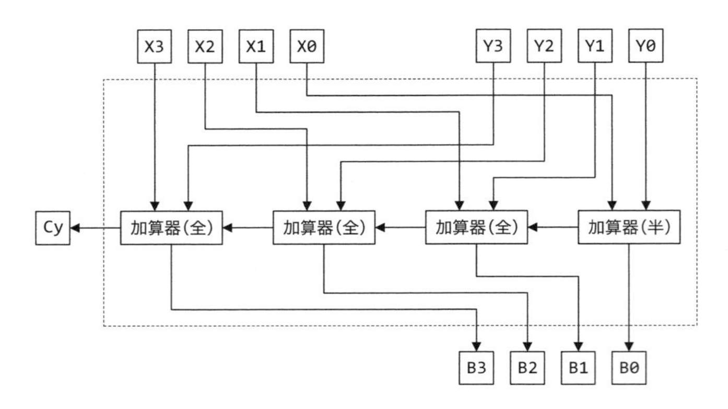

この図は、愚直に1ビットの入出力を線でつなげた記載方法です。この方法はこの方法で、配線パターンの確認などを行うときには便利なのですが、機能や動作概要を知りたいときには細かすぎて分かりづらくなってしまうので、関連する複数の信号を1つにまとめて表現することがあります。一般的には、関連する信号線の本数を斜線とともに記載します。この方法を用いて、前述の図を書き直したのが次の図です。

図1-13 4ビットの加算器（関連する信号線をまとめて記載）

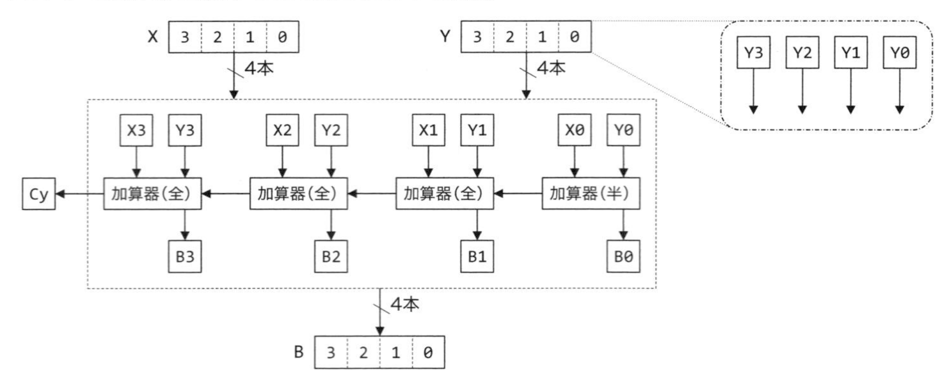

2つの入力XとYは、それぞれビットごとに分けられ、同じ桁にあるビット同士での加算が行われます。全体的には、通常の加算演算と同じなのですが、最下位ビット以外の加算器では、下位の桁からの桁上がりを含めた、実質的な3ビット入力の加算器となっています。

多ビットの加算器で使われる、下位からの桁上がりを考慮した加算器は**全加算器**（フルアダー：Full Adder）、桁上がりを考慮しない加算器を**半加算器**（ハーフアダー：Half Adder）といいます。つまり、前述の加算器は、半加算器だったことになります。また、最上位での桁上がりは**キャリー**（Carry）と呼ばれる桁上がり信号で、加算器で扱うことが可能なビット数を超えたことを知らせるフラグとして使用されます。

全加算器は、半加算器を使って作成することができます。次の図は、半加算器を使って作成された全加算器の例です。図中の「Ci」入力は、下位からの桁上がりを意味しています。

図1-14 全加算器

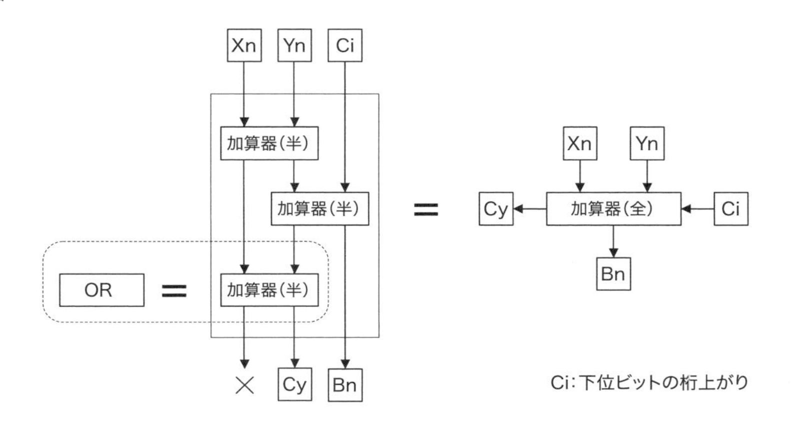

全加算器を表すブロック図の左下最終段にある半加算器は、本来2ビットの出力を行いますが、下位ビットの出力しか使用していません。それは、この加算器への入力は同時に1となることがないので、上位ビットが0以外に変化することがないためです。このため、この半加算器はOR演算回路と入れ替えても問題ありません。これにより、半加算器内にある2つの論理演算(AND演算とXOR演算)を1つの論理演算で置き換えることができるので、回路規模を小さくすることが可能です。このような作業は、回路の論理圧縮と呼ばれ、現代のIC設計にとって必要不可欠な技術となっています。

算術演算—乗算(2倍)

加算器ができたので、乗算器も作成してみましょう。乗算器も加算器を基本として作成することができますが、少し複雑になるので、まずは任意の数値を2倍にする「×2演算器」を作成します。とはいっても、コンピュータ内部で扱う値はすべて2進数で表現されるので、任意の数値の×2演算は、1ビット左にずらせば得ることができます。このことを、実際の数値を用いて確認してみます。次の表は、10進数と2進数(4ビット)の対応を表したものです。

表1-8 10進数と2進数の対応表

10進数	2進数
0	0000
1	0001
2	0010
3	0011
4	0100

10進数	2進数
5	0101
6	0110
7	0111
8	1000

この表で、1つのビットだけが1となっている2進数に注目してください。10進数の1、2、4、8に対応していることが分かります。また、これらの値が各2倍または1/2になっていることも分かります。これは、「N進数は桁上がりでN倍となる」と考えれば分かりやすいと思います。つまり、桁上がりにより10進数は10倍、2進数は2倍となるのです。

2進数の桁に対応する、ビットの位置をずらすことを**シフト**(Shift)といいます。左にずらす場合は左シフト、右にずらす場合は右シフトといいます。左シフトで空いたビット位置には0を代入させます。具体的な、×2演算器のブロック図を次に示します。

図1-15 4ビットの乗算(×2)

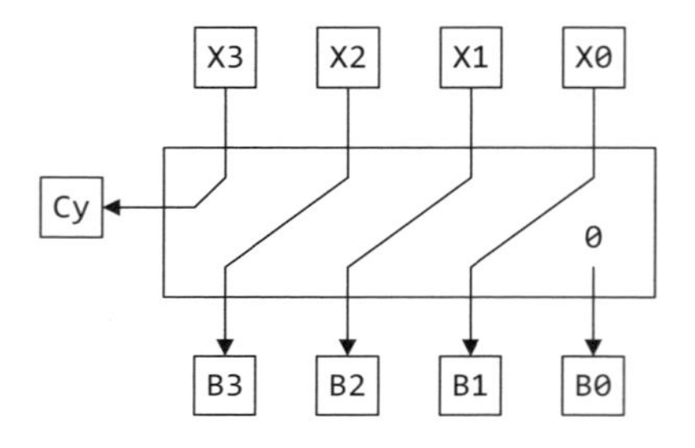

同様の考え方から、×4演算は2ビット左シフト、÷2演算は1ビット右シフトで得ることができます。ただし、右シフト命令を使用するときは対象となる値の符号に留意する必要があります。仮に、4ビット幅の符号付き整数を対象とするのであれば、÷2演算を行うときに最上位ビットに0を埋めるのは誤りです。この場合、最上位ビットはフラグとして使用されるので、シフトにより空いたビット位置には、再度、最上位ビットを設定します。

図1-16 4ビットの除算(÷2)

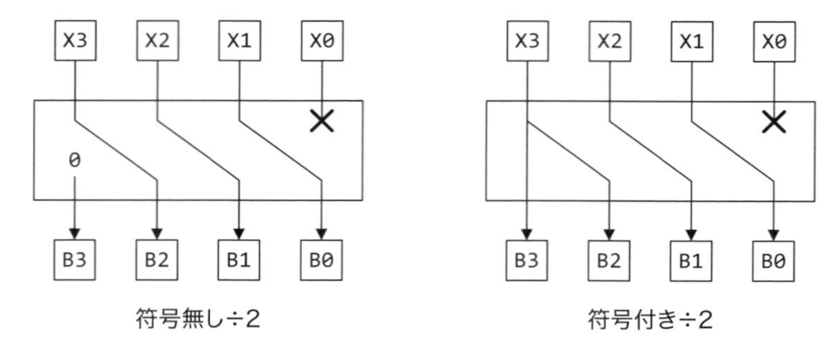

このため、最上位ビットに0を設定するシフトは**論理シフト**(Logical Shift)、最上位ビットを保持するシフトは**算術シフト**(Arithmetic Shift)と呼ばれます。

イネーブル信号

これまで見てきたとおり、コンピュータの内部には、特定の役割を持った回路がいくつも存在しています。これらの回路は、結果の出力先が同じなので、データを出力する信号線を共有しています。このため、必要となる回路の出力だけを、正しいタイミングで取り出さなくてはいけません。これを実現するために、多くの回路には、機能や出力信号をアクティブにするための**イネーブル信号**が用意されています。出力イネーブル信号は、回路からの出力を許可するための信号で、この信号が有効であれば演算結果を出力しますが、そうでなければ演算結果を出力しません。次の図は、前述の乗算回路に出力イネーブル信号(E)を追加したときのブロック図です。

図 1-17 イネーブル信号付きの乗算器(x2)

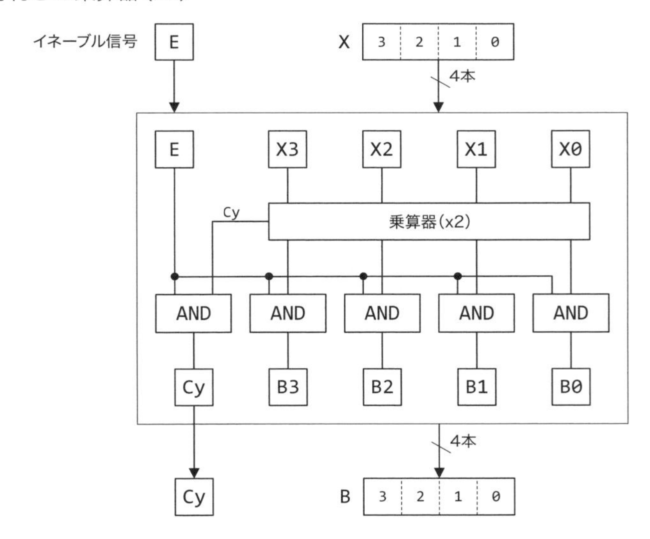

このブロック図で分かるとおり、乗算回路のすべての出力ビットはイネーブル信号とAND演算が行わた結果が出力されています。これにより、イネーブル信号がアクティブのときには、乗算演算の結果がそのまま出力されますが、イネーブル信号が非アクティブのときには、すべての出力ビットを0にすることで演算結果を無効としています。ただし、イネーブル信号と出力信号がともに正論理であることが条件となります。

算術演算—乗算(整数倍)

前述の乗算器は、2^Nの演算だけを実現するものでしたが、これらの回路を組み合わせると、整数倍の乗算器を実現することができます。たとえば、任意の整数を6倍にしたいのであれば、4倍した値と2倍した値を加算すればよいのです。このことから、4ビットの値Xを Y倍する乗算は、次の回路で実現することができます。

図1-18 4ビットの乗算器

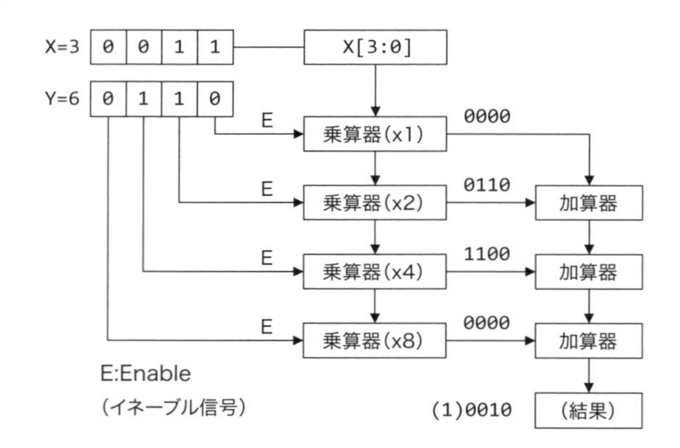

この図中、Eで示されている信号が乗算器を有効化するためのイネーブル信号で、1で有効、0で無効とするものです。この例の場合、回路が有効であれば$\times 2^N$に対応した値を出力しますが、無効であれば0を出力するので、Yのビットが0に対する桁の乗算結果が加算されることはありません。

具体的な例としてX=3、Y=6を入力値とした場合、演算結果が4ビットで収まりません。乗算の演算結果を正しく受け取るには、入力ビット数の2倍のビット数が必要です。

ワイヤードプログラミング

次の図は、今までに作成した加算器と乗算器を1つにまとめた演算装置のブロック図です。

図1-19 演算装置

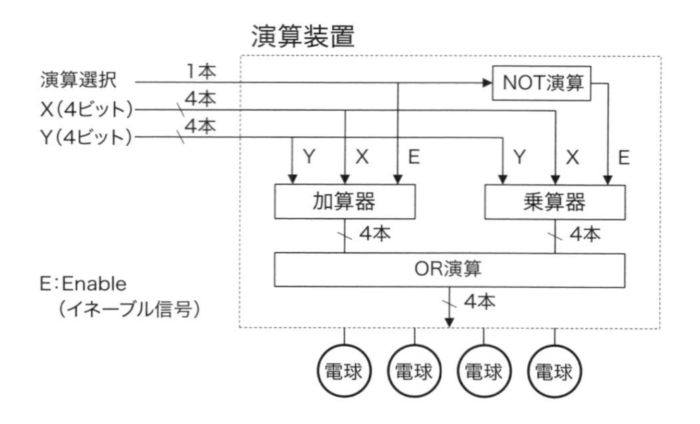

この演算装置には1ビットの演算選択信号と4ビットの演算データXとYが入力されています。図中では、ビットの数が信号線の本数として記載されています。演算装置から出力される4ビットの演算結果は、各ビットに対応する電球に接続されています。この演算装置がどのように動作するか確認してみます。

まずは、どのような演算を行うかを人間が決めます。ここでは「2×3」演算を行うものとします。この数式から演算装置内の乗算器を使うことが決まるので、乗算回路へのイネーブル信号が1となるように、演算選択入力には0を入力する必要があります。加算器は、イネーブル信号が0なので、どのような値が入力されたとしても4ビットの0を出力します。その結果、OR演算回路は加算器の出力結果が反映されず、乗算器のみが有効な演算装置として働きます。具体的な値を入れて表現したのが次の図になります。

図1-20 演算装置の内部動作

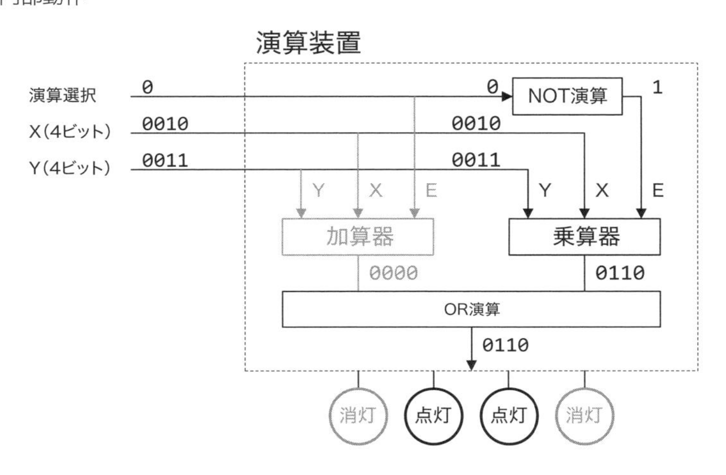

次に、どのようにして演算装置に計算の指示を与えるかを考えてみます。もちろん、0か1で指定するしかないのですが、仮に、乾電池で「2×3」の指示を行うのであれば、次の図のようになります。

図1-21 演算指示器

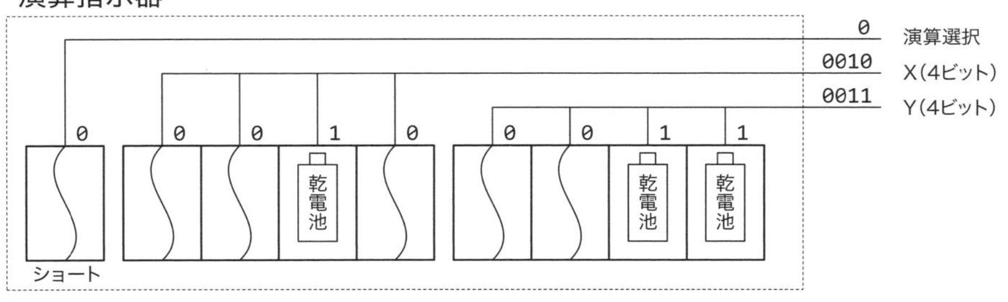

この図は、電池ケースに乾電池がセットされている場合、電圧が発生するので1を出力するものとしています。また、電池ケースの＋と－をショートさせると電圧が発生しないので0を出力するものとしています。次の図に「2×3」を行うコンピュータの構成を示します。

図1-22 コンピュータの構成

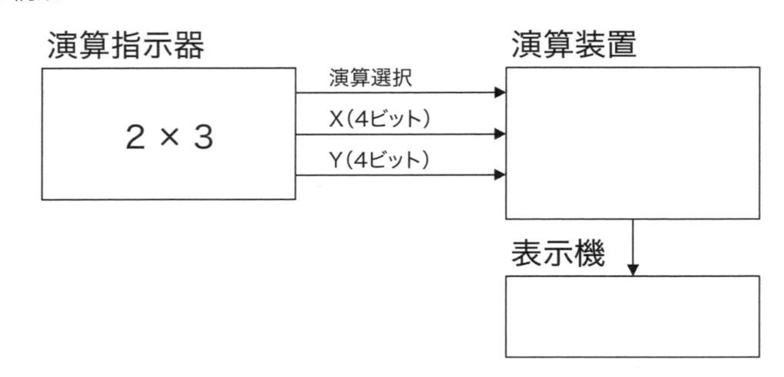

このコンピュータは「2×3」の演算しか行うことができませんが、これは演算装置の制限ではなく、そのような演算指示を行ったからに他なりません。このとき演算装置に入力した指示のことを**プログラム**といいます。言い換えると、演算指示器には、演算装置を制御するためのプログラムが保存されているのです。このことは、演算指示器を作成することでコンピュータの制御が可能であることを示しています。これがプログラムの原点です。

コンピュータの構成図からは、演算指示器の出力を変えれば、異なる演算が可能であることが分かります。次の例として、「3＋4」を計算するためのプログラミングを行います。つまり、演算指示器を作成します。演算指示器の内部構成を知っていれば、出力ビットが1の数だけ乾電池が必要であると予想できますが、効率的ではありません。ブラックボックスである演算指示器の出力結果が意図した値であれば良いので、出力信号線と電池ケースをワイヤーでつなげば、乾電池を1つで済ませることができます。

図1-23 演算指示器(「3＋4」)

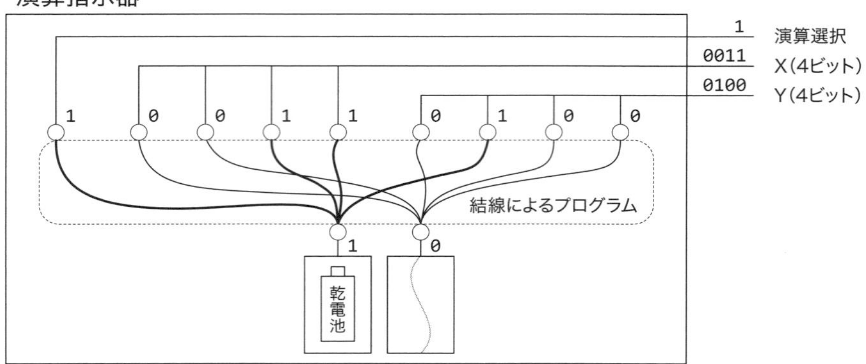

このように、結線により行うプログラミング方式を**ワイヤード(Wired)プログラミング方式**といいます。このときプログラムを記録した演算指示器は、演算装置への指示を記憶しているので、広義のメモリと解釈できます。ただし、メモリの書き換えに相当するプログラミング

にはハードウェア的な変更が必要です。ワイヤードプログラミング方式に対して、物理的な変更を必要としない、書き換え可能なメモリにプログラムを記録する方式は**ストアード（Stored）プログラミング方式**と呼ばれています。

メモリの必要性

前述までのコンピュータでは、計算の開始は電線が接続された瞬間で、計算の終了は演算結果を人間が目視により確認したときとなります。実際には電線を接続した次の一瞬で結果が出力されますが、人間が認識できるのは、コンピュータの演算速度とは比較にならないくらいの多くの時間が経過した後になります。

図1-24 計算時間

コンピュータに連続した処理を行わせる場合、人間が介在する余地が少なければ少ないほど、処理速度は向上します。コンピュータにとっては、人間の判断を待っているときほど無駄な時間はありません。そこで、コンピュータが読み取ることが可能な記憶装置に、複数の処理手順を事前に記録しておくことで、連続した処理を自動で行わせることを考えます。

次の図は、コンピュータに連続した処理を行わせる場合の動作例をタイミングチャートで表したものです。コンピュータは、クロックの立ち上がり時に何も処理が行われていなければ、処理Aを開始します。処理Aを行っている間に、次のクロックが発生したとしても、現在の処理が行われている間は、次の処理に移りません。処理Aの終了後、クロックが立ち上がった時点で何も処理が行われていない場合にのみ、次の処理Bを開始します。

図1-25 連続処理の概念図

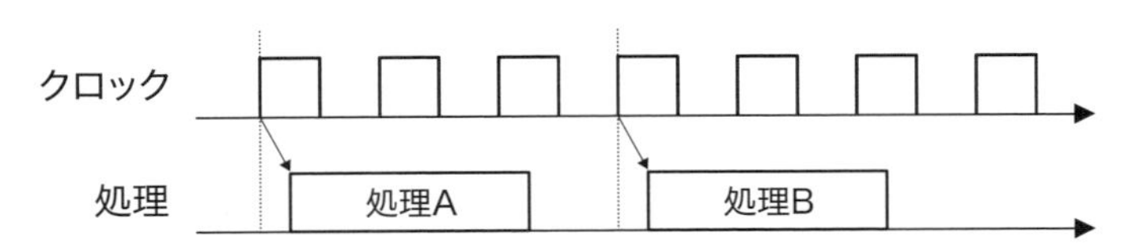

メモリとも呼ばれる記憶装置には、コンピュータが行うべき処理だけでなく、演算に使用されるデータも保存されます。連続した処理を実行するのであれば、1つ1つの処理結果を保存しておくことも必要です。また、自然な流れとして、メモリには演算の途中結果も保存することができると便利です。しかし、乾電池などで構成された記憶装置では、読み取ることはできても書き込むことはできません。書き換え可能な記憶装置は、電荷を蓄えられる**コンデンサ**で作成することができます。

ただし、コンデンサには、いくつか不便な点があります。

コンデンサで構成されたメモリは、値を読み取ることは電荷の放電に等しく、保持していた値を失ってしまうので、読み取りと同時に再充電し、本来の値を維持できるような制御が必要です。また、値を読み出さなくても、自然放電によりコンデンサ自体の電荷が失われてしまうので、定期的な再充電が必要です。このような動作は、**リフレッシュ**と呼ばれています。

図1-26 コンピュータとメモリの関係

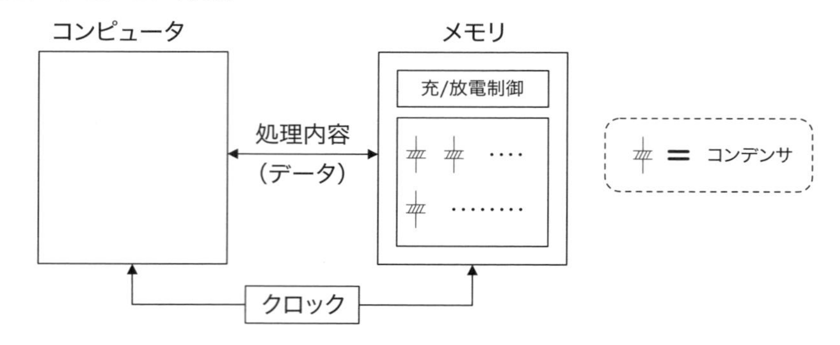

読み書き可能なメモリを利用すると、連続した異なる処理が可能なコンピュータを作成することができます。コンピュータの基本動作は、とても単純で、次のとおりです

1. メモリから処理内容を読み込む
2. 指定された処理を実行する
3. 次の処理内容を選択する
4. 1に戻る

コンピュータの基本動作は、これがすべてです。

バッチ処理

初期のコンピュータは、パンチカードからデータを読み込んでいました。**パンチカード**とは、決まった位置に穴を開けることで情報を記録する、データ記録用の厚紙のことをいいます。1枚のパンチカードに記録できる情報量はそれほど多くなかったので、1つの処理で数百枚のパンチカードが使われることもありました。このため、パンチカードの束はデッキと呼ばれ、これが1つの処理またはプログラムの実行単位でした。

コンピュータは、入力されたプログラムを1つずつ実行していきます。複数のプログラムで1つの処理を実現することもあったので、コンピュータで実行される一連の処理は**ジョブ**(Job)と呼ばれていました。この頃のコンピュータは、1つのジョブを行っている間に他のジョブを実行することができませんでした。また、1つのジョブが行う処理のなかには、パンチカードの読み取りと処理結果の印刷も含まれていました。

パンチカードの読み取りや処理結果の印刷には多くの時間が掛かりますが、高度な演算機能を必要とする訳ではありません。高価なコンピュータを入出力処理に使うのはもったいないので、安価な入出力専用装置が開発されるようになりました。入力装置は、時間のかかる大量のパンチカードの読取を行い、結果を磁気テープに書き込みます。このとき、1つのテープには複数のジョブが記録されました。コンピュータ側では、磁気テープに記録された複数のジョブを順次メモリにコピーし、実行します。このときに行われる、プログラムやデータをCPUが直接アクセス可能なメモリ領域にコピーすることをロードまたは展開といいます。実行を終了したジョブは、結果を異なる磁気テープに書き込みます。磁気テープに記録された処理結果は、出力装置が用紙に印刷することになります。このような、磁気テープに記録された複数のジョブを連続して実行する制御処理は**バッチ処理**またはバッチシステムと呼ばれ、OSの起源にもなりました。

最初は、すべてのメモリを使って実行されていたジョブも、後になってからは、分割されたメモリ空間で並列実行されるようになります。また、適切なメモリ管理を行うことで、終了したジョブが使用していたメモリ領域に次のジョブをロードして実行することもできるようになりました。これにより、1つのジョブが入出力処理の終了を待っている間にも、他のジョブを実行することができるようになります。これは、**スプーリング**(SPOOL : Simultaneous Peripheral Operation On Line)と呼ばれ、今では、処理速度の異なる入出力装置間で行われる、バッファリング処理(データを一時的に蓄えること)の代名詞として使われています。

1.3 計算に必要なハードウェア

CPU(中央演算装置)

これまでに、加算器と乗算器について見てきましたが、実用に耐えうるものとするには、それ以外にも、いくつかの演算機能を追加する必要があります。実際、コンピュータの頭脳である**CPU**(Central Processing Unit : 中央演算装置)内部には、論理演算や四則演算を行うために**ALU**(Arithmetic Logic Unit : 算術論理演算装置)と呼ばれる演算回路が組み込まれています。

図1-27 論理演算回路

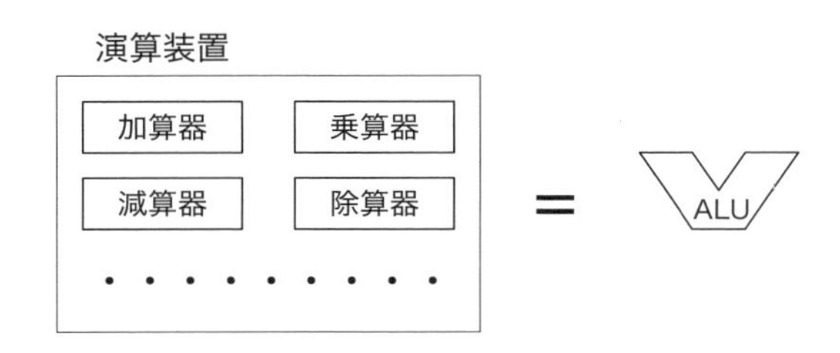

ALUは演算に特化したハードウェアで、その処理能力はCPUの処理能力に直結するもので

す。ALUに入力されるデータは、「XとYの加算」のように、同時に複数の記憶領域を必要とすることがあります。このような目的のために、CPUの内部にはALUと直接接続された、**レジスタ**(Register)と呼ばれる専用の記憶領域があります。これは、演算を行うためには演算対象となる値をレジスタに設定する必要があり、演算結果はレジスタに反映されるということを意味しています。

図1-28 CPUの演算処理部

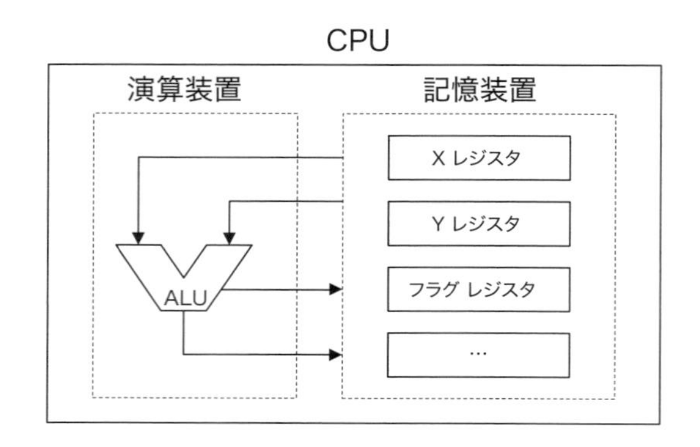

また、演算などの結果により発生する状態の変化はフラグレジスタと呼ばれる専用のレジスタに設定されます。設定される内容には、桁上がりが発生したことを示すキャリーフラグ、演算結果がゼロになったことを示すゼロフラグ、演算結果のビット偶奇性を示すパリティフラグなどがあります。フラグは1ビットで表すことができるので、フラグレジスタの特定のビットに割り当てられ、条件判断や分岐処理で参照されます。

CPU内部の記憶装置であるレジスタは、一般的な演算に使用可能な汎用レジスタと使用目的が限定された特殊レジスタに分けることができます。例えば、一般的な演算に使用されるレジスタは汎用レジスタですが、フラグレジスタは特殊レジスタに分類されます。

レジスタはALUに直接接続されるので、高速アクセスが可能です。より多くのレジスタを使うことで複雑な演算を効率的に処理することができますが、CPUに内蔵されているレジスタの数はそれほど多くはありません。また、レジスタのビット幅はALUに入力可能なビット幅と同じです。レジスタのビット幅が増えるとハードウェアの処理能力が飛躍的に向上するので、CPUの計算能力を表すものさしとしても使用されます。

CPU(中央演算装置)は、ALU(演算装置)、レジスタ群(記憶装置)、制御回路などを1つのICチップにまとめたものです。現在では、集積化技術の発展により、1つのICチップに複数のCPUを実装することが可能です。このときALUとレジスタで構成される1組のセットを**コア**、複数のコアを内蔵したCPUを**マルチコアCPU**と呼んでいます。これにより、従来の、1つのICチップに1つのコアが実装されたCPUのことをシングルコアCPUと呼ぶようになりました。

マルチコアCPUは、CPUのクロック数を上げる以外の方法で性能向上を図る、1つの手段として開発されました。マルチコアCPUは、内部的に複数のコアがありますが、外部へ接続される信号線は共有されるので、コアの数に比例して性能が向上するわけではありません。また、その性能を最大限に引き出すためには、ソフトウェア側でのサポートが必要です。

メモリ

CPU内のレジスタは、電源が入っていなければ値を保持することができません。このため、CPUが実行する命令や演算に使用されるデータは、CPUの外部に設けられたメモリに保持されます。同じ記憶装置ではありますが、CPU内部の記憶装置はレジスタ、CPU外部の記憶装置はメモリとして区別されるのです。

図1-29 レジスタとメモリの関係

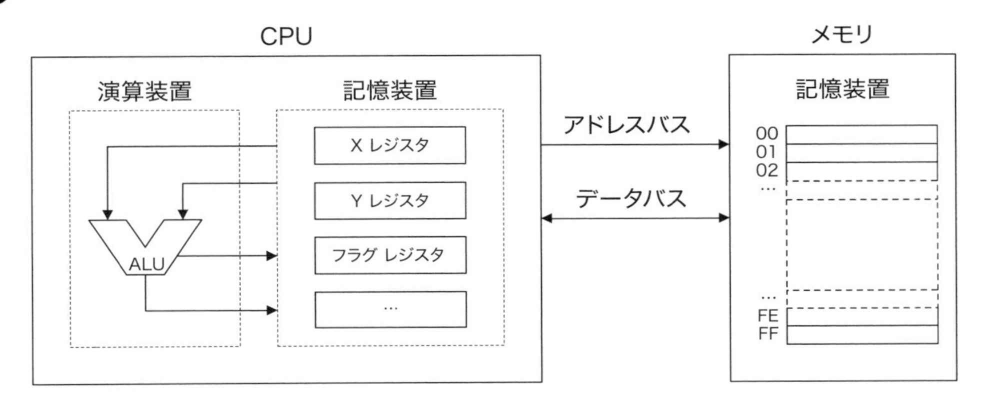

メモリは、レジスタに対するアクセスよりは低速ですが、レジスタよりも多くの記憶領域を提供できます。レジスタはCPU内部に作り込まれるので、CPUごとに決められた名前でアクセスしますが、メモリはCPU外部に接続されるので、1バイト単位で記憶位置を指定する必要があります。このときに指定する記憶位置のことを**アドレス**といい、CPUから出力されるアドレス信号で指定されます。

アドレス信号は、複数の信号線で構成されることから、**アドレスバス**と呼ばれます。同じ理由により、データを読み書きするための信号線も**データバス**と呼ばれます。メモリのどこにアクセスするかを決めるのはCPUなので、アドレスバスはCPUからメモリへの一方向性の信号です。これに対し、データバスは、データの読み書きができるように、双方向性の信号となっています。

メモリの内部は、アドレスバスで指定可能な位置にデータバスのビット幅分の記憶素子を配した行列で構成されます。メモリ内にある**セレクタ**は、入力されたアドレスバスから1つの行だけを選択する回路です。これにより、アドレスバスで指定された1行分のメモリだけがデータバスと接続されるので、外部からアクセスすることができます。

図1-30 メモリの内部構成図

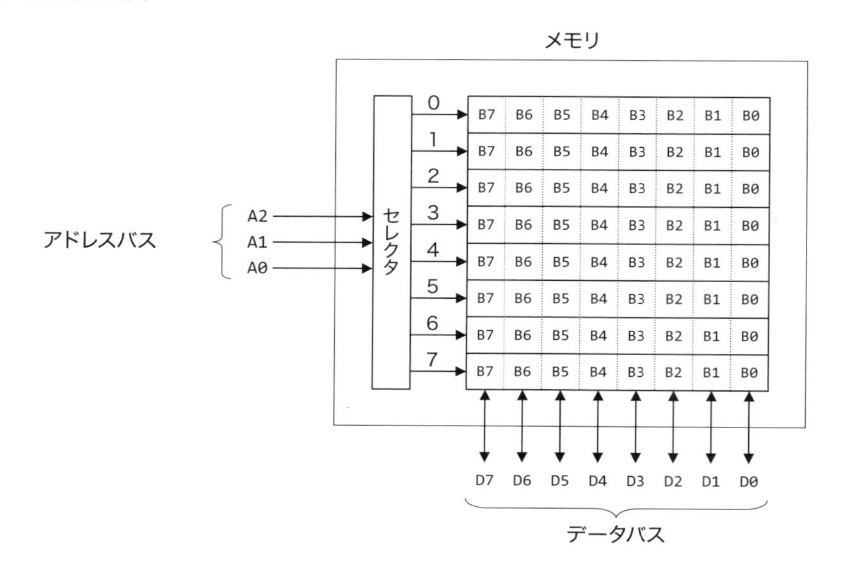

メモリは、レジスタのビット幅が異なるCPUに接続されることもあるので、記憶容量はビットで表現されることが一般的です。メモリの容量は、1行に保存することが可能なビット数と選択することが可能なアドレスの行数で決まります。例えば、3本のアドレスバス、8本のデータバスを有するメモリの場合、選択可能なアドレスは0から7までの8行分となるので、8行×8ビットの64ビットがこのメモリの全容量となります。

命令とデータ

ここからは、メモリを使った、ストアードプログラミング ➡P.071参照 を実現する方法を検討します。例題として、CPUに「変数の値を＋1」するプログラムを実行させることにします。しかし、この要求のままだと、CPUの動作としては少し大雑把すぎます。CPUに命令として実行させるには、もう少し具体的に指示する必要があります。

CPUで例題の処理を実現するためには、まず、対象となる変数をレジスタにコピーする必要があります。演算処理は、レジスタが対象となるためです。次に、ALUを使ってレジスタの加算演算を行います。その後、レジスタに反映された演算結果をメモリ上に書き戻し、「変数の値を＋1」する処理は終了となります。対象となる変数がメモリの7番地に保存され、演算に使用するレジスタをXレジスタとすると、次のような動作になります。

1. メモリ上の値をXレジスタに読み込む
2. Xレジスタの値を＋1する
3. Xレジスタの値をメモリ上に書き込む

図1-31 メモリ上の値を変更するときの処理

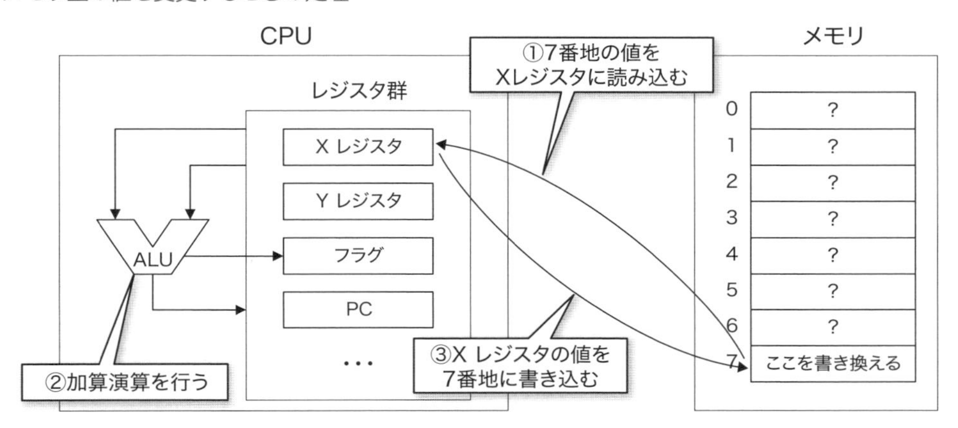

これらの処理はすべてCPUにより実行されます。そのため、CPUには、少なくともレジスタとメモリ間でデータをコピーする命令とレジスタ値を＋1する命令が必要となります。

表1-9 必要となる命令の種類

命令の種類	動作概要
コピー命令	メモリの内容をレジスタにコピーまたはその逆の動作をする
演算命令	レジスタの値を＋1する

コピー命令は、コピー元とコピー先を指定する必要があります。対象がレジスタの場合は、レジスタがCPUに依存するので、対象となるレジスタは命令に含まれることになります。しかし、対象がメモリの場合、コマンドとは別にアドレスを指定する必要があります。CPUは、命令を解析し、必要であれば後続の命令も読み込んで情報を補完します。これは、命令の種類によって全体のバイト数が変化しうることを示しています。

次の表は、具体的な命令を、その対象とともに表したものです。命令の横にある機械語とは、CPU命令に割り当てられた固有の数値です。CPUは、人間の言葉を理解することができないので、命令と1対1で対応する機械語を読み込み、命令として解釈・実行します。

表1-10 定義したCPU命令（その1）

命令	機械語	動作	付加情報
LOAD_X	1	Xレジスタ ← メモリ	コピー元アドレス
LOAD_Y	2	Yレジスタ ← メモリ	コピー元アドレス
SAVE_X	3	メモリ ← Xレジスタ	コピー先アドレス
SAVE_Y	4	メモリ ← Yレジスタ	コピー先アドレス
INC_X	5	Xレジスタの値を＋1	なし
INC_Y	6	Yレジスタの値を＋1	なし

この例では、CPUにXとY、2つのレジスタが存在し、命令とアドレスは1バイトで構成されるものとします。これらの命令を使って、作成したプログラム例を次に示します。

図1-32 メモリ上のプログラム例

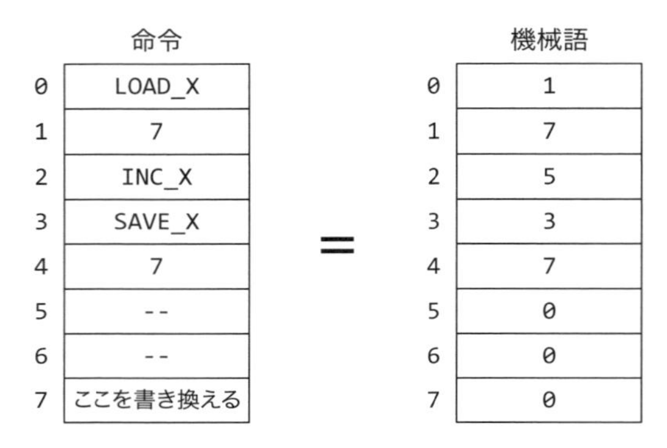

左の図には、人間が分かりやすいように命令で記載されていますが、メモリには数値でしか保存することができないので、実際には、右の図のように機械語で書き込まれることになります。命令と機械語は1対1で対応しているので、どちらも同じ動作を行うプログラムとなります。

次に、このメモリを接続したCPUの動作を確認してみます。前提として、CPUは前述の表に記載した機械語を解釈できるものとします。電源が投入された後、CPUは0番地のデータを読み取り、命令として解釈します。そして、CPUが読み取った数値は1でした。

図1-33 CPUの内部動作（0番地にある命令の解析）

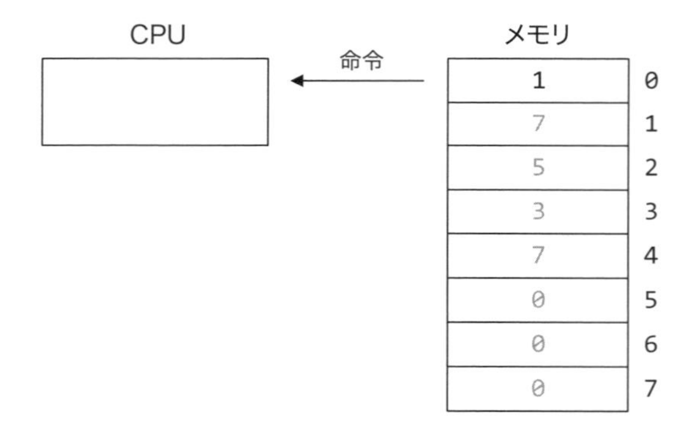

CPUは、メモリから読み取った数値の1を機械語の命令として解釈し、Xレジスタにメモリの内容をコピーすることとメモリのアドレスは命令の次に記載されていることを知ります。そのため、CPUは1番地のアドレスからデータを読み取り、数値の7を取得します。そして、得られた値のアドレス7番地にあるメモリの内容をXレジスタに保存します。これで1つの命令が終了しました。

図1-34 CPUの内部動作（付加情報の読み込み）

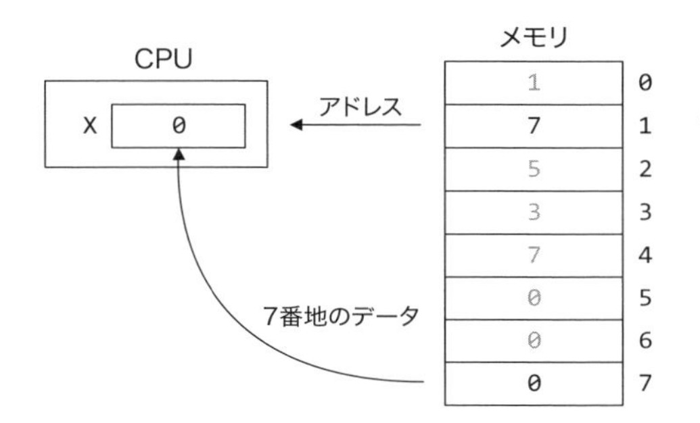

CPUは、実行した命令や読み込んだデータのバイト数を正確に記憶しているので、次の命令をメモリの2番地から読み取ります。CPUは、読み込んだ数値の5を機械語の命令として解釈し、Xレジスタの値を＋1する命令であることを知ります。CPUがXレジスタの値を変更すると、1つの命令が終了します。

図1-35 CPUの内部動作（5番地にある命令の解析と実行）

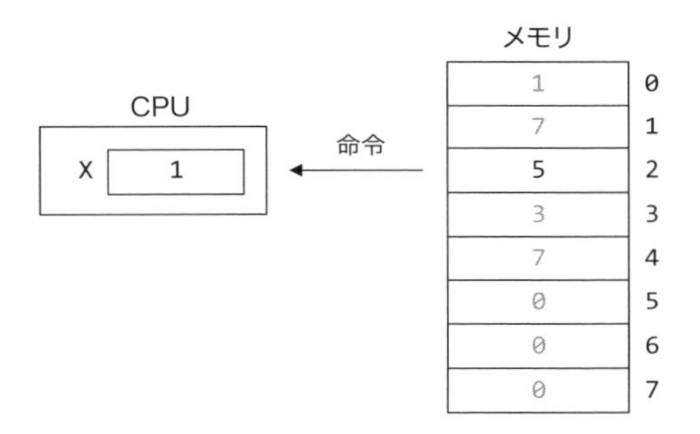

この後も、次のデータを読み取り、機械語命令として解釈する作業が続きます。CPUは、数値の3を機械語の命令として解釈し、Xレジスタの内容を7番地のアドレスに保存します。

図1-36 CPUの内部動作（SAVE_X命令の実行）

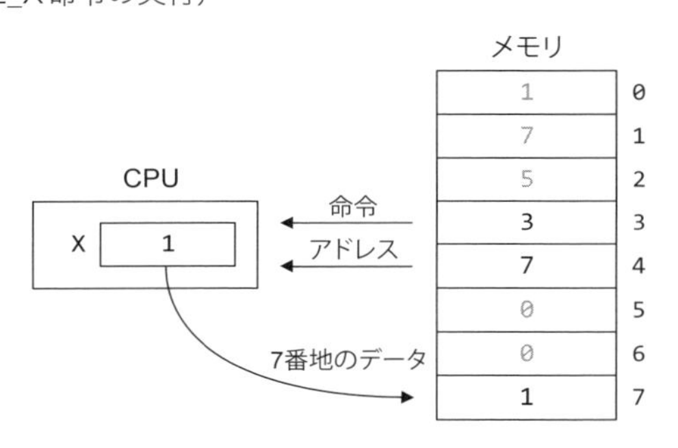

PC（プログラムカウンタ）

CPUはメモリに書き込まれた命令を順番に実行しますが、付加的な情報の有無により、次の命令を読み込む位置を調整する必要があります。そのためには、次に実行する命令がどこにあるのか、つまり現在実行中の命令が何バイトであるかを正確に知っておかなくてはなりません。実際に、CPUはその値を正確に把握しており、**PC（プログラムカウンタ）レジスタ**と呼ばれる特殊レジスタに保存しています。

CPUは、1つの命令を複数の内部動作で実現します。最初に、命令の読み込みと解析を行います。CPUは、命令を解析するまでは、命令全体のバイト数を知ることができないためです。このとき付加情報が必要と判断されれば、再度メモリアクセスを行い、命令全体をCPU内部に取り込みます。次の命令を読み込む位置は、付加情報を含めた命令全体のバイト数をPCに加算することで得ています。CPUは、常にこの動作を繰り返しています。

表1-11 命令実行時の内部動作

No	CPUの動作
1	PC番地から命令を読み込む
2	命令の解析と実行
3	PCの更新
4	1に戻る

前述のプログラムが実行される様子をPCの値と命令のバイト数を含めて表すと次のようになります。

表1-12 PC（プログラムカウンタ）の変化

PC	命令	付加情報	命令全体のバイト数
0	LOAD_X	コピー元	2
2	INC_X	なし	1
3	SAVE_X	コピー先	2
5	―	―	―

この例の場合、3番地にある最終命令を実行した後、PCの値は5に設定されます。しかし、5番地には有効な命令が書かれていないので、CPUの動作を予測することができません。このような事態を避けるには、次に実行すべき命令をプログラムで指定しなおす必要があります。これは、PCの値を書き換えることで実現でき、すべてのCPUでJUMP命令として実装されています。JUMP命令は、PCの値を変更するだけなので、CPUは、ジャンプ先に正しい命令が存在するか否かを判断することができません。JUMP命令でPCの値を適切に設定するのはプログラマの責任です。ここでは、JUMP命令を新たに定義します。

表1-13 定義したCPU命令(その2)

命令	機械語	動作	付加情報
JUMP	7	PCの値を設定	新しいPCの値

未定義の命令が保存されていた5番地のアドレスに、JUMP命令を配置したときのメモリの値は次のようになります。

図1-37 JUMP命令を追加したときのプログラム例

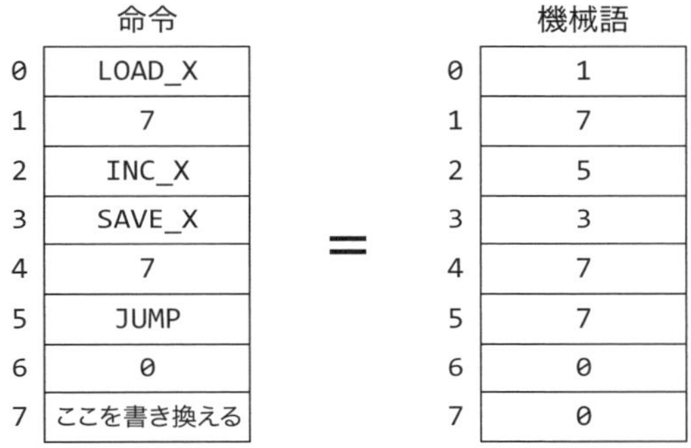

	命令			機械語
0	LOAD_X		0	1
1	7		1	7
2	INC_X		2	5
3	SAVE_X	=	3	3
4	7		4	7
5	JUMP		5	7
6	0		6	0
7	ここを書き換える		7	0

このプログラムは、7番地の値を加算後にPCの値を0に設定するので、0番地から処理が再開され、結果的に、同じ処理を永遠に繰り返すことになります。もし、一度だけ加算して終了したいのであれば、ジャンプ先を5番地に設定すれば良いでしょう。JUMP命令にジャンプする無限ループを構成することができます。

この例では、電源投入後の初期状態で、PCの値が0に設定されるものとしました。電源投入時にPCの値が初期化されることはすべてのCPUで同じですが、設定される値はCPUによって異なります。

メモリに書かれているCPU命令は、機械語と呼ばれる数値の羅列です。このなかには、命令とデータが混在しており、命令の開始アドレスを1バイトでも間違えると、それ以降、正しい動作を期待することはできません。今回の例のように、命令とデータが同じメモリ空間に混在する構成をノイマン型アーキテクチャ、異なるメモリ空間に存在する構成はハーバード型アーキテクチャと呼ばれています。

CPUによっては、1つの命令でメモリ上の値を直接変更可能なものが存在します。このような、複雑な命令を実行可能なCPUは**CISC**(Complex Instruction Set Computer)と呼ばれ、便利で使いやすい命令を数多く備えています。これとは異なり、単純な命令の組み合わせのみを提供して、回路の簡素化による消費電力の減少や高速化を狙ったCPUを**RISC**(Reduced Instruction Set Computer)といいます。この種のCPUでは、同じ機能を持った命令を複数用意することがありません。例えば、「Xレジスタの値を+1する」命令は「Xレジスタの値に数値を加算する」命令に含めることができるので、提供されないかもしれません。

複数タスクの実行

OSが存在しなかった頃は複数の処理を並列実行させることができなかったので、ジョブと呼ばれる一連の処理を連続実行させることが、高価なコンピュータを有効利用する唯一の方法でした。ジョブが実行中は、コンピュータに接続されたすべての周辺機器が占有された状態だったので、データの入出力さえ同時に行うことができませんでした。

現代のOSは、複数のユーザーが同時に複数のタスクを動作させることが可能な、マルチユーザー／マルチタスクが基本的な仕様となっています。**タスク**（Task）とは、プログラムと同じ意味で使用されることもありますが、ここではOSが管理する一連の処理とします。OSは、1つのプログラムから複数のタスクをメモリ上に展開し並列実行させます。一般的に、ジョブは連続処理、タスクは並列処理が行われるときに使用される概念ですが、実際にそうであるかは環境に依存します。

マルチタスクは、それぞれのタスクが少しずつ処理を行うことで実現されます。そして、実行中のタスクが他のタスクと入れ替わることを、**タスク切り替え**またはタスクスイッチングといいます。前述のプログラムから、2つのタスクを生成し並列処理を行わせてみましょう。それぞれのタスクが加算処理を実行後、他のタスクの開始アドレスにジャンプするだけで実現することができます。単純ですが、これが、タスク切り替えの原理となります。

図 1-38 タスク切り替えの原理

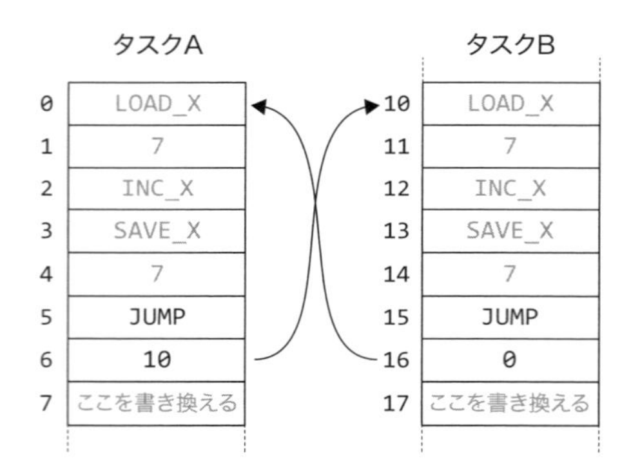

このような、実行中のタスクが自発的に自らの実行を中断し、他のタスクに制御権を渡す方法で実現されるマルチタスクは、**協調型マルチタスク**と呼ばれています。

簡単に実現できるマルチタスクではありますが、他のタスクにジャンプすることで実現するタスク切り替えは、現実的ではありません。理由の1つは、それぞれのタスクが他のタスクの開始アドレスを知る必要があるためです。これでは、数多くのタスクが起動していた場合、次にどのタスクに制御を移すかを実行中のタスク自身が決定することになってしまいます。

もう1つの理由は、前述の2つのタスクは、どちらのタスクも期待どおりの動作を行わないためです。本来であれば、7番地にあるタスクAの値と17番地にあるタスクBの値は、交互に加算され続けなければなりません。しかし、タスクは並列動作するにはするのですが、加算するデータの位置を直接指定しているので、タスクBの加算対象である17番地の値が参照されることがなく、両タスクともに7番地にあるタスクAの変数を加算してしまいます。

絶対アドレスと相対アドレス

複数のタスクが動作する環境を提供するのはOSの役割の1つです。OSは、1つのプログラムから複数のタスクをメモリ上に展開しますが、このときプログラムのジャンプ先や変数の参照先を書き換えるなどといったことは一切行いません。また、タスクがメモリ空間のどこに展開されるかは、タスクはもちろん、OSでさえ事前に知ることはできません。

タスクは、メモリのどこに展開されたとしても、正しくアドレスを指定できなければいけないのですが、システム内で一意となるアドレスを直接指定するとアドレスの重複を避けることができず、1つのプログラムから複数のタスクを生成することができなくなってしまいます。

プログラムがアドレス値を直接指定してメモリを参照する方法は、メモリの先頭アドレスを基準とした、**絶対アドレス指定**と呼ばれます。絶対アドレス指定は、システム内で使用する共通のアドレス指定方法なので、タスク内で使用することは避けなければいけません。タスクは、絶対アドレス指定のかわりに、OSが用意したアドレス値を基準とする**相対アドレス指定**を行うことで、展開されたタスクが独自のデータにアクセスできるようになります。

前述のプログラムでは、ジャンプ先のアドレスを絶対アドレス指定の0番地としていたので、複数のタスクとしてメモリに展開されたとしても、すべてのタスクが0番地のタスクを実行することになってしまいます。そこで、それぞれのタスクが独自のアドレスから開始できるように、現在実行中の命令を示すPCレジスタの値を基準とした、相対アドレス指定でジャンプ先を指定するように変更することにします。

図1-39 絶対アドレスと相対アドレス

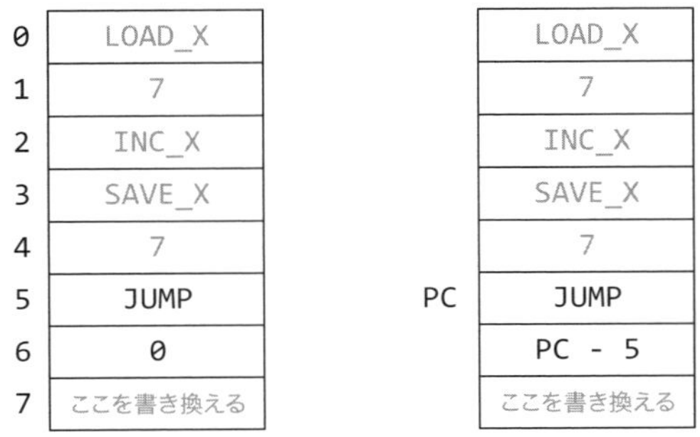

	絶対アドレス		相対アドレス
0	LOAD_X		LOAD_X
1	7		7
2	INC_X		INC_X
3	SAVE_X		SAVE_X
4	7		7
5	JUMP	PC	JUMP
6	0		PC - 5
7	ここを書き換える		ここを書き換える

相対アドレス指定でジャンプ先を指定すると、1つのプログラムから生成されたすべてのタスクが意図したとおりのアドレスにジャンプすることができますが、すべてのタスクが他のタスクに制御権を明け渡さないことになるので、マルチタスクが実現できなくなってしまいます。しかし、これで問題ありません。というのも、現代のOSは、タスクに制御権の放棄を要求することがないのです。

コード領域とデータ領域

OSが管理するタスクは、**コード領域**と**データ領域**に分けて配置されます。このとき、コード領域にはプログラムコードが、データ領域にはタスク用のデータが保存されます。どちらも、OSが管理するメモリ領域からタスクに分け与えられたものです。

図1-40 タスクのメモリ配置

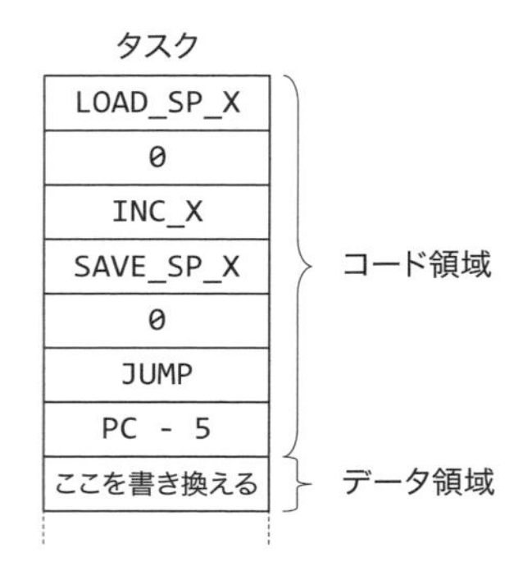

タスクが占有するコード領域の大きさは、プログラムサイズから知ることができます。OSは、この情報を元にメモリを確保しプログラムコードをコード領域にコピーします。しかし、タスクがどれくらいのデータ領域を必要としているかは、プログラムを実行してみなければ知ることができません。このため、OSはタスクをメモリに展開すると同時に、一定サイズのデータ領域を確保してタスクに渡します。タスクは、OSが用意したデータ領域内であれば、他のタスクからの影響を心配することなく、安全に使用することができます。

OSは、数多くのタスクを管理することになるので、必然的にメモリの管理も行う必要があります。このため、タスクのコード領域とデータ領域がメモリのどこに配置されるかは、OSに依存します。実際、OSが割り当てるコード領域とデータ領域は、連続して配置されるかもしれませんし、そうでないかもしれません。また、どちらがメモリの上位に配置されるかも決められてはいません。

図1-41 コード領域とデータ領域の配置例

タスクは、OSから割り当てられたメモリに、相対アドレス指定でアクセスします。このときに基準となる値は、OSがタスクごとに確保したメモリ空間のアドレスです。コード領域とデータ領域は別々に確保されるので、それぞれ異なる値となりますが、タスクにとってアドレス値それ自体に意味があるわけではありません。

SP（スタックポインタ）

OSは、タスクに割り当てたデータ領域を**SP**（スタックポインタ）と呼ばれる特殊レジスタに設定します。このため、タスクが起動した時点で、タスクのSPレジスタにはOSが用意したデータ領域のアドレスが設定されています。しかし、この領域へのアクセス方法については、いくつかの約束事があります。

OSは、タスク用に割り当てたデータ領域の最終アドレス＋1の値をSPレジスタに設定します。仮に、0x1000番地から0x100バイト分のデータ領域をタスクに割り当てるのであれば、SPレジスタには0x1100が設定されます。つまり、OSから初期値として渡されたSPレジスタが示すアドレスにアクセスしてはならず、SPレジスター1のアドレスから使い始めなければなりません。

図1-42 SPレジスタの初期値

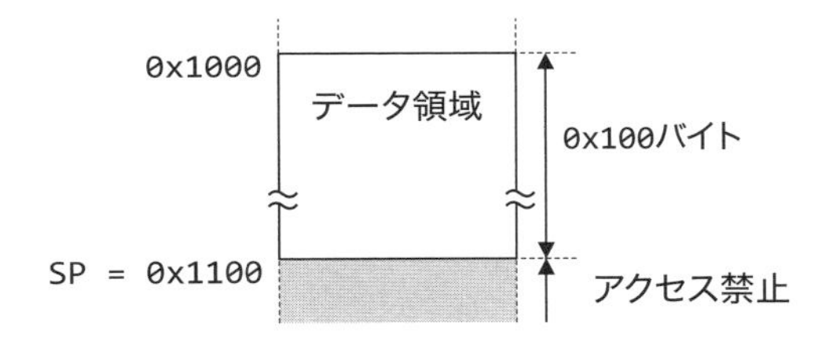

実際に、タスクがデータ領域に値を保存する場合は、使用するバイト数分だけSPレジスタの値を減算し、そのアドレスにデータを保存します。次の図は、タスクが1バイト分のデータを確保したときの例です。

図1-43 データの保存

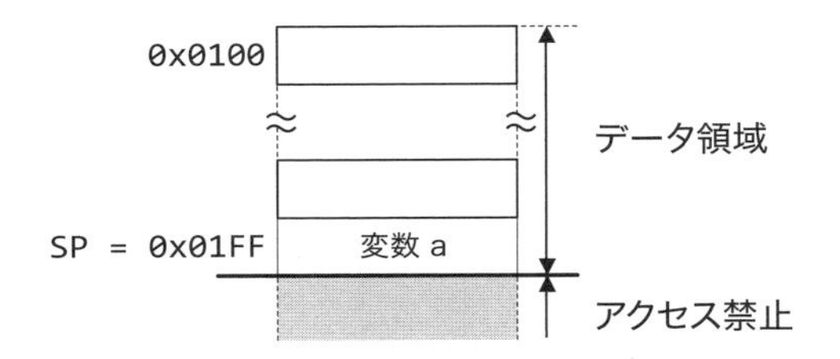

タスクは、SPレジスタを基準としてデータにアクセスするので、SPレジスタの具体的な値を知らなくても、OSが用意したデータ領域に、タスク専用のデータ領域を確保することがで

きます。このようにして確保した領域は、**ローカル変数**などと呼ばれます。また、この動作はテーブルに本などを積み上げる動作に似ていることから、データを「スタック（Stack：積み重ね）する」と表現され、SP（スタックポインタ）レジスタの語源にもなっています。SPレジスタの値はスタックするたびに変化します。次の図の左側は、2つの変数aとbをスタックに積み込んだ状態を表しています。このときSPの位置には変数bが存在しますが、さらに2つの変数cとdをスタックに積み込んだ右側の図では、SPの位置には、先ほどとは異なる変数dが存在することが分かります。そして、変数bには、新たにスタックに積み込んだ分のオフセットを加算して、SP+2（または、添え字を使ったSP[2]と表記）でアクセスしなければなりません。

図1-44 データの積み込み

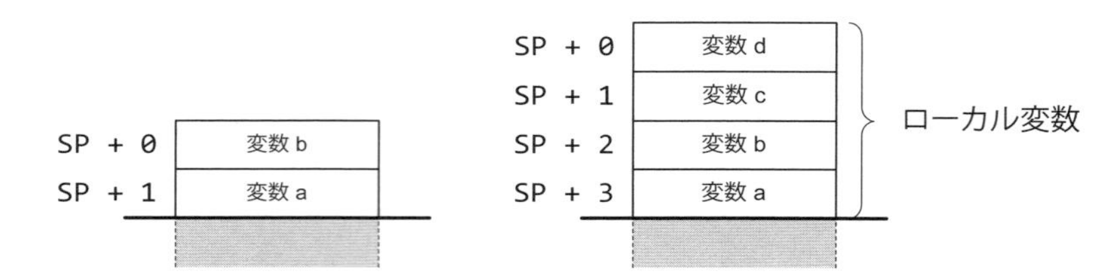

タスクは、スタックに積み込んだデータを把握しているので、SPを基準としたアドレス指定で、すべてのローカル変数にアクセスすることができます。SPレジスタを基準としたデータ領域の保存または取り出しは、一般的なCPUでサポートされており、それぞれ**プッシュ（PUSH）命令**または**ポップ（POP）命令**として実装されています。また、この2つの命令をまとめて、**スタック操作命令**ともいいます。

図1-45 スタック操作命令

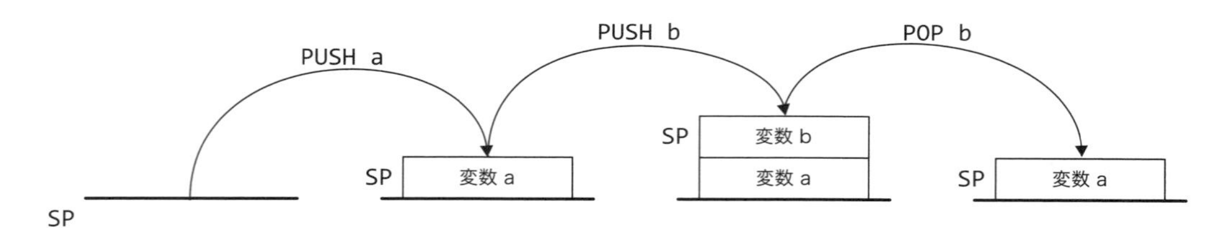

相対アドレス指定でデータにアクセスするために、新たに作成するスタック操作命令は、次のように定義します。

表1-14 定義したCPU命令(その3)

命令	機械語	動作	付加情報
PUSH_X	8	SPを減算、Xレジスタの値を保存	なし
PUSH_Y	9	SPを減算、Yレジスタの値を保存	なし
POP_X	10	Xレジスタに復帰、SPを加算	なし
POP_Y	11	Yレジスタに復帰、SPを加算	なし

次に、これまでに定義した命令を使用して書き換えたプログラム例を示します。

図1-46 加算対象となるデータを相対アドレス指定で書き直した例

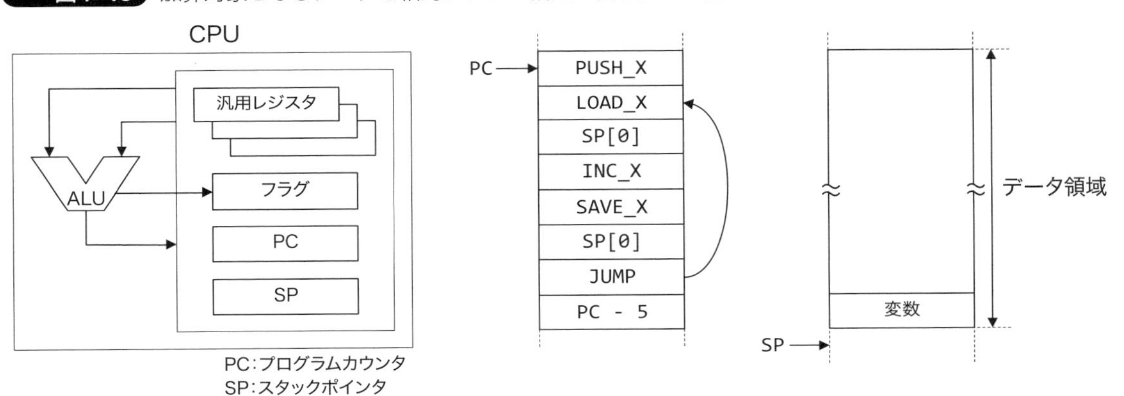

書き直したプログラムからは絶対アドレス指定が排除されています。これにより、このプログラムがメモリのどこに展開されたとしても正しく動作するようになりました。また、1つのプログラムから複数のタスクが作成された場合でも、お互いのタスクに影響をおよぼすことはありません。ただし、タスクが動き始める前にPCレジスタとSPレジスタの値を正しく設定する必要がありますし、タスクの切り替えも適切に行う必要がありますが、これらはすべてOSが行う作業なので、タスクが気にする必要はありません。

コード領域の共有

OSが管理するタスクは、PCおよびSPレジスタを介して、OSが用意したメモリ上で動作します。それぞれのタスクは、相対アドレス指定を行うことで、プログラムを変更することなくコード領域にコピーして実行することが可能です。このとき、コード領域の実行命令はCPUによって読み込まれるだけで、変更されることはありません。このため、1つのプログラムから生成された複数のタスクは、コード領域を共有することが可能です。

図1-47 コード領域の共有

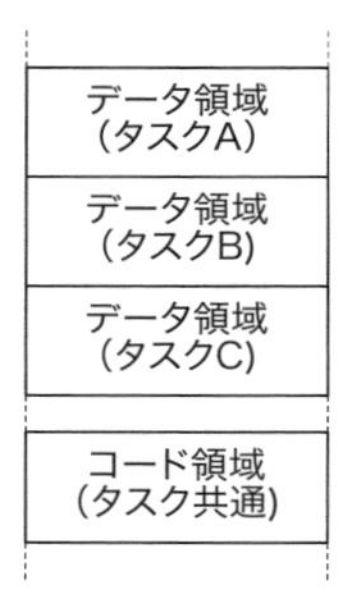

タスク切り替え

複数のタスクを切り替えるのは、OSの役割です。タスクは自分自身の動作に専念するので、自タスクが他のタスクと切り替わったことさえ知ることはありません。これは、自らタスクの制御権を手放す、協調型マルチタスク ➡P.082参照 との大きな違いです。

タスクが使用する記憶領域は、CPU内のレジスタとメモリ上のデータ領域に大別することができます。メモリ上のデータ領域は、OSがタスクごとに提供するので、他のタスクとの競合を考慮する必要はありません。しかし、CPU内のレジスタはすべてのタスクで共有されるので、タスクごとに個別に管理する必要があります。このときタスクが使用するすべてのレジスタのことを**コンテキスト**といいます。

タスクの実行状態はコンテキストに保存されているので、このデータを丸ごと他のタスクと入れ替えることで複数のタスクの実行状態を切り替えることができます。これを、**コンテキストスイッチング**(Context Switching)といいます。OSは、各タスクのコンテキスト保存領域を管理し、一定期間ごとにコンテキストを入れ替えることでタスク切り替えを実現しているのです。

図1-48 コンテキストスイッチング

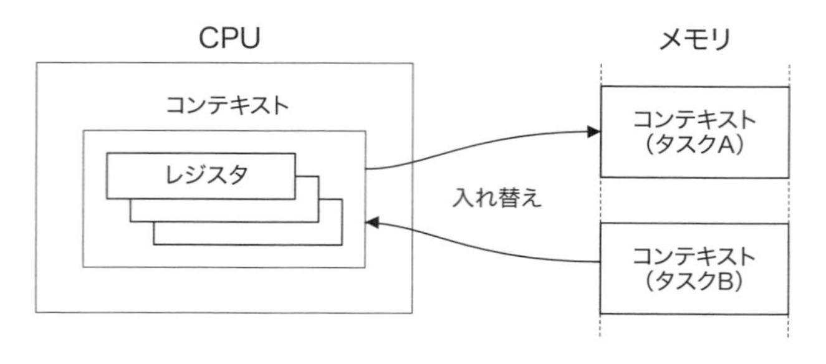

割り込み

OSが一定間隔で行うタスク切り替えは、割り込みによって実現されます。**割り込み**とは、何らかの出来事(イベント)を契機として、PCレジスタの値を事前に設定された値に変更することです。このとき、PCレジスタに設定される値は割り込みベクタまたは**ベクタアドレス**と呼ばれます。また、イベントには、割り込み番号またはベクタ番号と呼ばれる、固有の番号が割り振られています。

CPUは、割り込み要因として複数のイベントを受け付けることが可能で、イベントごとに異なるベクタアドレスを設定することが可能です。これらの設定は、割り込み発生時にCPUが参照する、割り込みベクタテーブルと呼ばれる配列に保存されます。

表1-15 割り込みベクタテーブルの例

割り込み番号（ベクタ番号）	PCに設定するアドレス（ベクタアドレス）	イベント
0	0x0100	リセット発生時
1	0x0200	電圧低下
2	0x0300	キーボード
3	0x0400	タイマー
⋮	⋮	⋮

タスクの実行中は、OSでさえ実行を停止した状態です。しかし、これでは、1つのタスクだけが永遠に動き続けることになってしまうので、一定時間で割り込みが発生するような仕掛けをしてあります。これが、**タイマー割り込み**です。タスクの実行中に眠っていたOSは、タイマー割り込みで呼び起こされます。タイマー割り込みが発生したときに設定されるベクタアドレスには、OSのプログラムの一部が書かれているのです。タイマー割り込みで行われる処理は、現在実行中のタスクのコンテキストを保存し、次に実行すべきタスクを選び出し、そのタスクのコンテキストをCPUのレジスタに設定することです。

割り込み処理が終了したら、もともと行われていたタスクの処理を継続しなくてはいけません。そのためには、割り込み発生時にタスクがどこまで実行していたかを保存しておく必要があります。実際に、CPUは、割り込みが発生すると、その時点でのフラグレジスタとPCレジスタの値をスタックに積み込み、割り込み要因で指定された割り込みベクタアドレスをPCレジスタに設定します。

図1-49 割り込み発生時のスタック

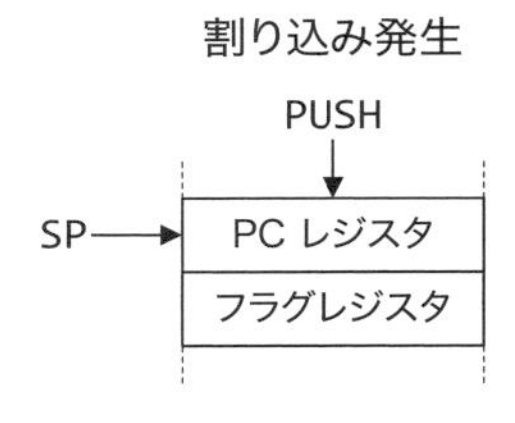

仮に、割り込み処理中に割り込みが発生したとしても、同じように実行中のアドレスをスタックに積み込むなどの処理を行えば、重複した割り込み処理を正しく行うことができます。

割り込み処理中に他の割り込み処理を実行することは**多重割り込み**と呼ばれています。多重割り込みであったとしても、割り込み処理が終了したら、スタックに保存してあるPCレジスタとフラグレジスタを復帰するだけで本来の処理に戻ることができます。

ポート

CPUに接続されているアドレスバスやデータバス➡P.075参照などの信号線は、常に変動しています。これは、CPUが動作している限り、命令の読み込みやデータアクセスが行われるためです。しかし、照明機器の制御などのように、明示的に変更するまで一定の出力を保持しておきたい場合があります。このようなときに使用される、入出力専用装置のことを**ポート**(Port)といいます。また、実際の装置ではなくても、ソフトウェアで構成されたデータ入出力の切り口となる概念のことをポートということもあります。

図1-50 入出力ポートの使用例

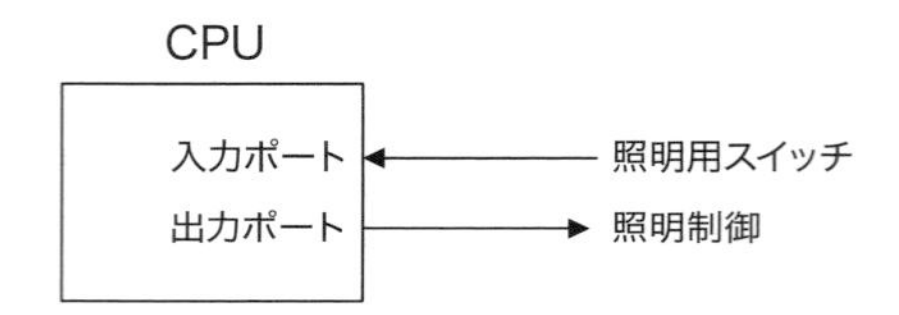

CPUは、任意のタイミングで出力ポートの信号を変化させることができます。これは、CPUに接続される周辺機器も同様なので、動作速度が異なる機器間での通信に利用することもできます。この場合、それぞれの通信機器は、相手側通信機器の出力ポートを入力ポートに接続して、信号の変化を監視することになります。

図1-51 入出力ポートを使った通信

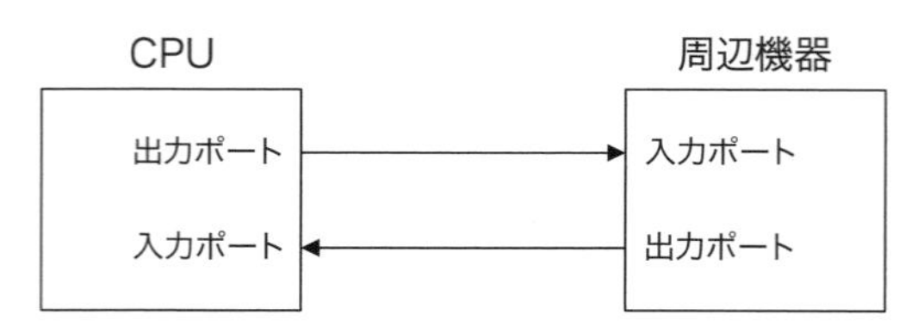

周辺機器は、入力ポートを定期的に読み出すことで信号の変化を検出することができます。このような方法は**ポーリング**と呼ばれ、信号が変化する周期が長い場合や緊急性が低い監視処理で行われます。一部の入力ポートは、信号の変化を契機として、割り込みを発生させることが可能です。

1.4 外部記憶装置のしくみ

コンピュータ構成要素としてのメモリは、電気的な信号を情報として扱うので、電源が投入されていなければ値を保持しておくことができません。これは、CPU自体がそうであることを考えると当たり前のことではありますが、大量のデータを長期間に渡って保存することを要求するユーザーに対しては、データを保持するための仕組みが必要となります。そして、電源が投入されていない状態でも、大量のデータを保持することが可能な記憶装置を、外部記憶装置といいます。

外部記憶装置の原理

電源を使用することなくデータを記憶する方法には、磁気を利用した方式が古くから利用されています。この方式では、電気的なデータを磁気に変換またはその逆の動作を行う磁気ヘッドと呼ばれる装置を利用します。磁気ヘッドを磁性体の表面にそって移動させ、特定の位置に磁気的な情報を記録するというものです。このとき実際にデータを保持することとなる、磁性体を塗布した物質のことを記憶媒体または**メディア**といいます。

初期の磁気記憶装置では、シリンダと呼ばれる、表面に磁性体を塗布した円筒状の物質を記憶媒体として使用していました。この記憶装置は、シリンダをモーターに接続して一定速度で回転させ、その外枠にヘッドを固定することでトラックと呼ばれる1周分の磁気データにアクセスします。このような方式の磁気記憶装置は、磁気ドラム型記憶装置と呼ばれています。

図1-52 ドラム型外部記憶装置の概念図

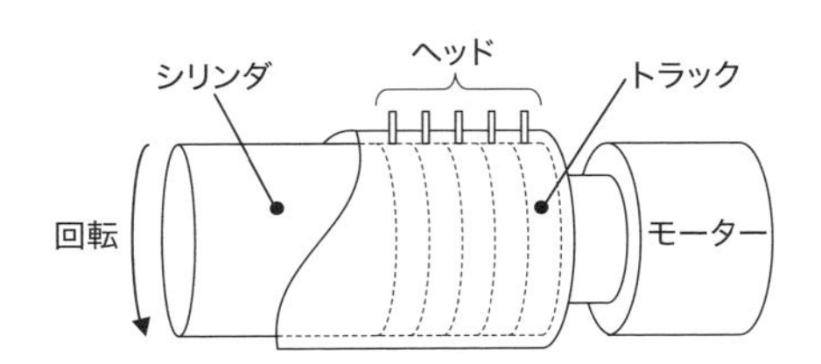

磁気ドラム型記憶装置は、その構造から、シリンダの大きさが記憶容量を反映したもので、記録媒体と磁気ヘッドを含む駆動装置は、高度に調整された一体型の記憶装置でした。

ディスク型磁気記憶装置

ディスク型磁気記憶装置は、円盤状の物体の表面に磁性体を塗布し、その磁気を変化させて記録媒体として使用するものです。この種類の記憶装置では、磁気ヘッドをディスクの表面全体に移動させることができるように、ディスクの回転と磁気ヘッドの移動の両方を同時に制御する必要があります。

図1-53 ディスク型磁気記憶装置の内部構成

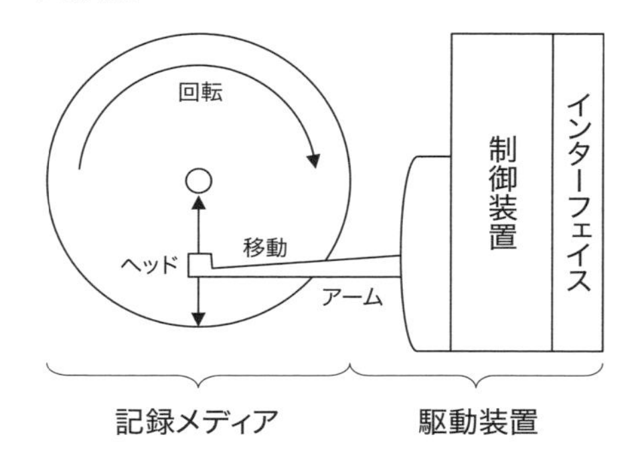

ディスク型記憶装置には、記録媒体と駆動装置が別々になったものと、一体になったものが存在します。これにより、複数のメーカーが、記録メディアと駆動装置を個別に開発することが可能となり、その互換性なども考慮する必要が出てきました。

記録媒体と駆動装置が別々になったものの代表例として、フロッピーディスク（FD：Floppy Disk）が挙げられます。フロッピーディスクとは、記録媒体として軟らかい円盤状の物体に磁性体を塗布し、保護ケースで覆ったものです。これを、フロッピーディスクドライブ（FDD：Floppy Disk Drive）と呼ばれる駆動装置に入れてデータの読み書きを行います。

記録媒体と駆動装置が一体となったものの代表例には、ハードディスクドライブ（HDD：Hard Disk Drive）が挙げられます。HDDは、プラッタと呼ばれる磁気ディスクを記録媒体としたもので、多くの場合、プラッタの両面それぞれに磁気ヘッドが用意されています。また、複数枚のプラッタを高速回転させることで大容量を実現した記憶装置でもあります。

ジオメトリ（位置情報）

ディスク型磁気記憶装置では、高速回転するディスク上のデータを1ビットごとに読み書きしていたのでは非効率的で、多くの場合4096ビット（512バイト）ごとにまとめて1つの領域に記録しています。このときディスク上の位置を特定するために使用される位置情報は、**ジオメトリ**と呼ばれるパラメータで表されます。

ディスク表面上にある特定の領域を示すために、まず、トラックと呼ばれる同心円状の線とセクタと呼ばれる、ディスクの中心から放射線状にのびる線を引きます。これに加え、複数のディスクが実装されたデバイスを考慮し、ディスクの記録面を指定する必要があります。ディスクの枚数やディスクの両面に記録できるか否かは製品ごとに異なるので、磁気ヘッドの数をディスクの表面数としてパラメータの1つとします。

図1-54 磁気ディスクの区画

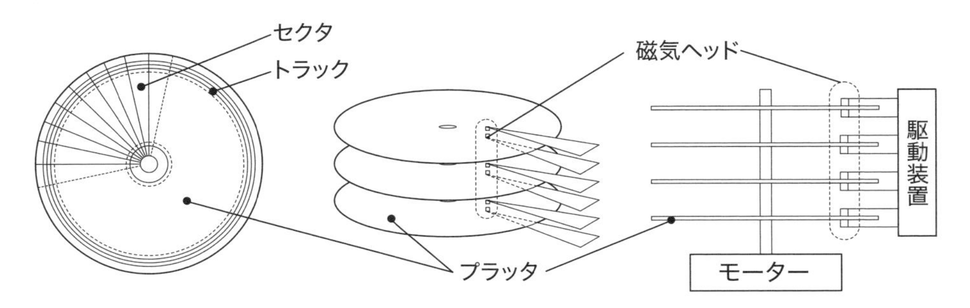

このような区分けをした場合、同じトラックで構成される筒状の区画のことをシリンダといいます。一体型の大容量記憶装置は、その物理的な構成により、ディスクの枚数に関係なく、ヘッドはどのディスクでも同じ位置を示すため、磁気ヘッドの数分だけの区画を一度に読み書きすることができます。

図1-55 シリンダ、ヘッド、セクタでの区画指定

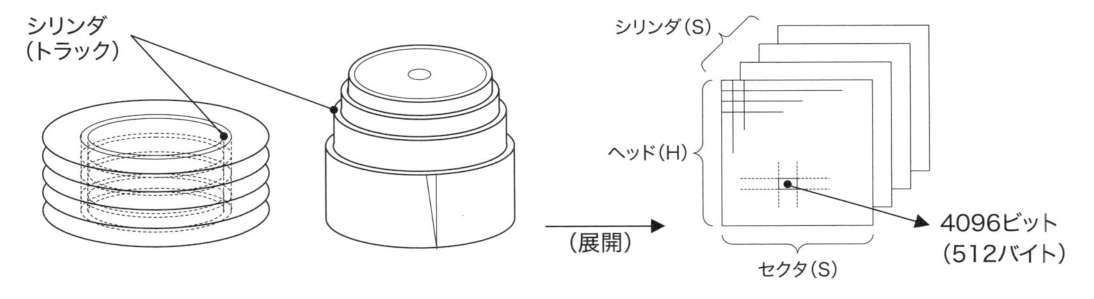

このように、ディスク型記憶装置であるHDDのジオメトリは、**シリンダ**(Cylinder)、**ヘッド**(Head)、**セクタ**(Sector)の3種類となり、このパラメータで指定できる最小記録単位はトラックセクタまたは単にセクタと呼ばれています。

記録位置の指定方法には、シリンダとヘッドはそれぞれ0から始まるインデックスが使用されますが、セクタは1から始まります。多くのコンピュータに実装されているBIOS(INT13)では、シリンダに10ビット、ヘッドに8ビット、セクタに6ビット(合計24ビット)を割り当てています。

表1-16 BIOSのジオメトリ

	ビット数	最小値	最大値
シリンダ	10	0	1023
ヘッド	8	0	255
セクタ	6	1	63

このような設定で利用可能な外部記憶装置の最大記録容量は、1024×255×63×512（約8G）バイトとなります。

インターフェイスの不整合

初期のコンピュータで使用されていたハードディスクには、**IDE**（Integrated Drive Electronics）と呼ばれる規格が広く採用されていました。その後、互換性などの問題から、**ATA**（AT Attachment）と呼ばれる規格に統一されていきましたが、この規格では、セクタの位置を特定するためのパラメータとして、シリンダに16ビット、ヘッドに4ビット、セクタに8ビット（合計28ビット）を割り当てていました。

一方、コンピュータのBIOSでは、古くからシリンダに10ビット、ヘッドに8ビット、セクタに6ビット（合計24ビット）を割り当てたので、それぞれの機器において、指定可能なパラメータの不整合が発生しました。

表1-17 BIOSとATAのジオメトリ

アクセス	シリンダ(bit)	ヘッド(bit)	セクタ(bit)	容量
BIOS	10	8	6	8064[MiB]
HDD/ATA	16	4	8	130560[MiB]
小さい方の値	10	4	6	504[MiB]

結果的には、それぞれの機器で接続可能な小さい方の値が使われることになり、その性能を最大限に生かすことができない組み合わせが発生しました。この不整合は、ハード的な構成であるジオメトリ情報が、ソフトウェアのインターフェイスに直接影響をおよぼしていることが原因です。その後、ハードディスクの内部構成に依存したパラメータの指定方法ではなく、最小記録単位であるセクタに通し番号を付けて指定する**LBA（Logical Block Addressing）方式**が使われるようになりました。LBA方式に対して、シリンダ（Cylinder）、ヘッド（Head）、セクタ（Sector）により位置を特定する従来の方式は、その頭文字から、**CHS方式**と呼ばれています。

LBA方式とCHS方式の変換は次の式で行われます。

LBA ＝ (C×ヘッド数＋H)×セクタ数＋(S－1)

ただし、この場合においても、セクタとヘッドの正しいジオメトリ情報を取得している必要があります。次の表は、CHSがそれぞれ、10ビット（0～1023）、4ビット（0～15）、6ビット（1～63）のときのLBAとの対応を表にしたものです。

表1-18 ジオメトリ変換（LBAとCHS）

開始アドレス	LBA	CHS		
		シリンダ（C）	ヘッド（H）	セクタ（S）
0x0000_0000	0	0	0	1
0x0000_0200	1	0	0	2
⋮	⋮	⋮	⋮	⋮
0x0000_7C00	62	0	0	63
0x0000_7E00	63	0	1	1
⋮	⋮	⋮	⋮	⋮
0x0007_DE00	1007	0	15	63
0x0007_E000	1008	1	0	1
⋮	⋮	⋮	⋮	⋮
0x000F_BE00	2015	1	15	63
0x000F_C000	2016	2	0	1
⋮	⋮	⋮	⋮	⋮

フラグメンテーション

ディスク型記憶装置は、その特性上、連続したセクタへアクセスするのが最も効率的です。しかし、データの書き込みと消去を繰り返していくうちに、ひとかたまりのデータを連続したセクタに配置することができなくなります。このような状態を、データの断片化または**フラグメンテーション**（Fragmentation）が発生している状態といいます。

フラグメンテーションが多く発生すると、磁気ヘッドを目的のトラックセクタに移動するまでの時間が余計にかかるため、本来の性能を発揮することができなくなってしまいます。このような、断片化したセクタを連続したセクタに並び変えることを**デフラグメンテーション**といいます。

図1-56 断片化の例

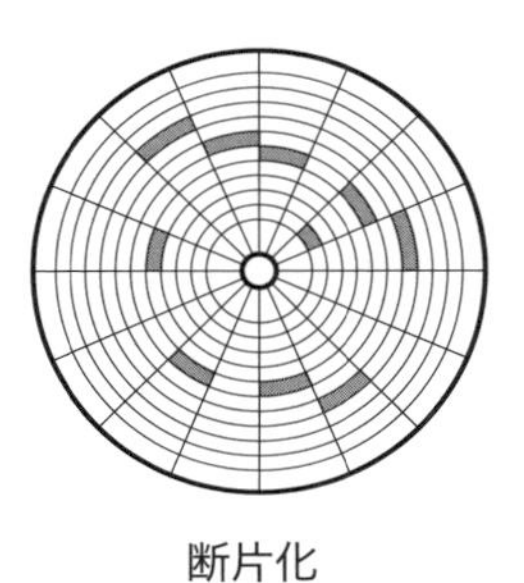

断片化

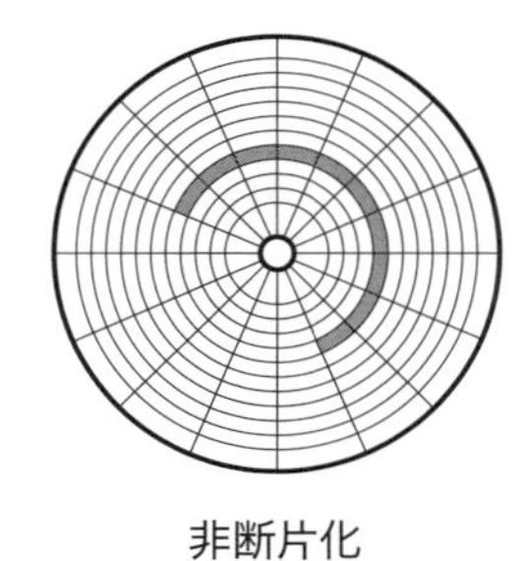

非断片化

第  章

トピックス
- 「計算ができる」とはどういうことか?
- 複数の処理を並行して行う方法
- 同期処理はなぜ必要か?　など

ソフトウェアの基礎

ただの機械にすぎないハードウェアを計算機たらしめるのがソフトウェアです。ソフトウェアの基礎として、まずは、計算の概念とアルゴリズムについて確認することにします。プログラムの本質が見えてくることでしょう。その後、1つのハードウェアに複数の処理を行わせるときに発生する問題点と解決方法を見ていきます。

2.1 チューリングマシン――問題解決の手順の考察

チューリングマシン(Turing Machine)とは、アラン・チューリング(Alan Mathison Turing)によって1937年に発表された、概念的な計算装置のことをいいます。計算可能性について研究する過程で導き出されたチューリングマシンは、あらかじめ定義された状態のみを遷移する**ステートマシン**(State Machine)で、その状態は、現在の状態と入力された値によってのみ変化します。このときに入力される値は入力シンボルと呼ばれ、この装置がいかなる入力シンボルにおいても状態が変化しなくなった場合を、装置が停止した状態と定義します。そして、計算機が停止した状態は計算が終了した状態だとみなし、計算可能と判断するものです。

チューリングマシンの概念を示すために、もう少し具体的な定義を行います。今回考察対象とするチューリングマシンは、テープの上を移動することが可能で、内部状態を保持するステートマシンであるとします。テープは、0または1に限定されたシンボルを保存できるだけのマスで区切られており、無限の長さを持ちます。チューリングマシンは、テープ上に保存されたシンボルの読み書きと1マス分の移動ができるものとします。

例として、連続するシンボル1の終端を検索するチューリングマシンを考えてみます。次の図は、S0の内部状態にあるチューリングマシンが右に移動しながら連続した1の終端を検索し、S2の内部状態で停止するまでの過程を示しています。

図 2-1 チューリングマシン

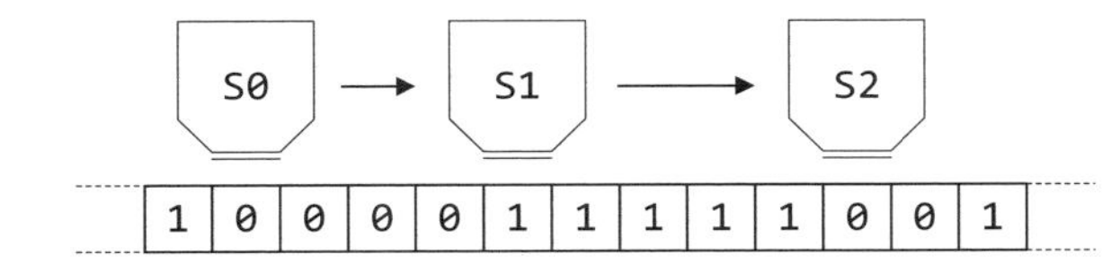

しかし、この図はチューリングマシンがテープ上を移動することに着目しているので、内部状態の説明が記載されていません。また、チューリングマシンがテープ上の移動を繰り返すような、複雑な処理を行う場合は簡潔に表現することができません。そこで、チューリングマシンの内部状態とテープ上のシンボルを読み込んだときの動作に着目したのが次の図です。この図を、**状態遷移図**またはステートダイアグラム（State Diagram）といいます。

図 2-2 状態遷移図

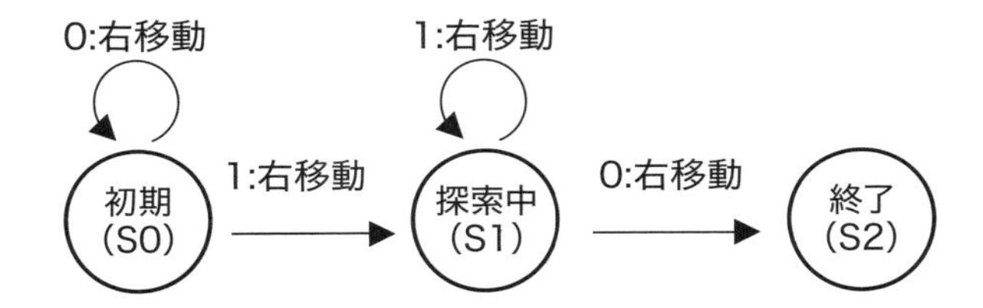

状態遷移図では、各状態を円で表し、その状態ごとに入力に対する動作を定義します。この例でいうと、初期状態（S0）のときに0が入力されるとテープの上を1マス右に移動し同じ内部状態を維持しますが、1が入力されると右に移動するとともに内部状態を検索中（S1）に変更します。言い換えると、初期状態（S0）とは1を検索している状態といえます。同じように、検索中状態（S1）とは0を検索している状態で、検索が終了した場合のみ終了状態（S2）に移行することになります。終了状態に移行したら、いかなる入力があったとしても状態が変化することがないので、計算が終了したものと考えます。つまり、検索処理の終了です。

チューリングマシンでは、状態遷移図がプログラムに、テープ上のシンボルが入力データに相当します。また、チューリングマシンはテープ上のシンボルを書き換えるので、出力データは装置が停止したときのテープ上に記録されることになります。

前出の状態遷移図は、現在の状態、入力シンボル、動作、次の状態の4つを、図で表したものです。この動作を表として表すと、次のようになります。これは**状態遷移表**と呼ばれます。

表2-1 状態遷移表（連続した1の終端を検索）

現在の状態	入力シンボル	動作	次の状態
S0	0	右（→）移動	ー
	1	右（→）移動	S1
S1	0	右（→）移動	S2
	1	右（→）移動	ー
S2	0	ー	ー
	1	ー	ー

（ー：変化しない）

加算

次に、チューリングマシンを使った加算処理をプログラムしてみます。入力シンボルは、先ほどと同じように、0と1のみで表します。加算する2つの値はテープ上に記録された整数で、それぞれ1つ以上の0で区切られた連続した1の個数で表現します。以下に、3と2を加算する場合の入力データを示します。

図2-3 テープ上での数値表現

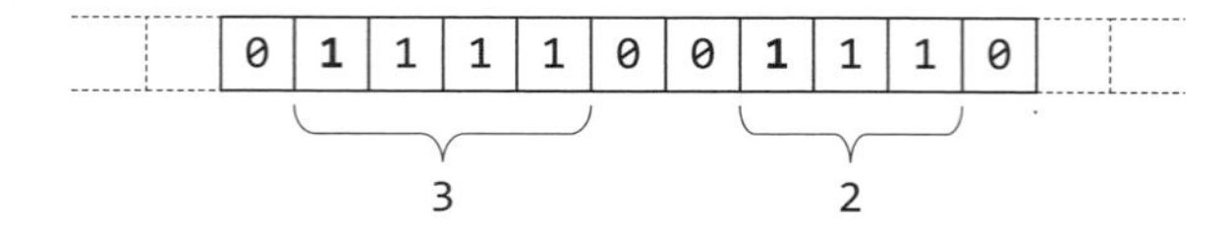

この例の場合、整数3は1が4個連続して、整数2は1が3個連続して記録されています。つまり、テープ上では、整数Nを1+N個の1で表現します。もし、最初の1がなければ、整数0が見えなくなってしまうためです。

この2つの整数を加算した結果は、次の図のように、テープ上で連続した6つの1で表現されます。

図2-4 テープ上に記録された計算結果

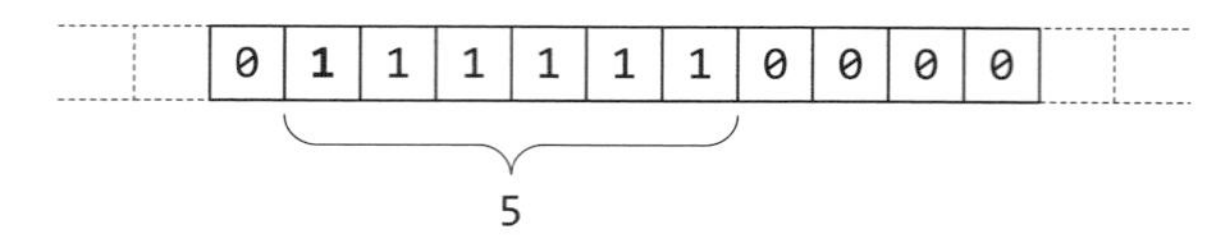

ここでは、右側の数値（第2引数）を左側（第1引数）にくっつける方法で加算することにします。状態遷移表を作成するために、チューリングマシンの動作を、その状態とあわせて、少し詳しく見てみます。初期状態として、チューリングマシンは、第1引数の左側に位置するものとします。

図 2-5 チューリングマシンの初期状態

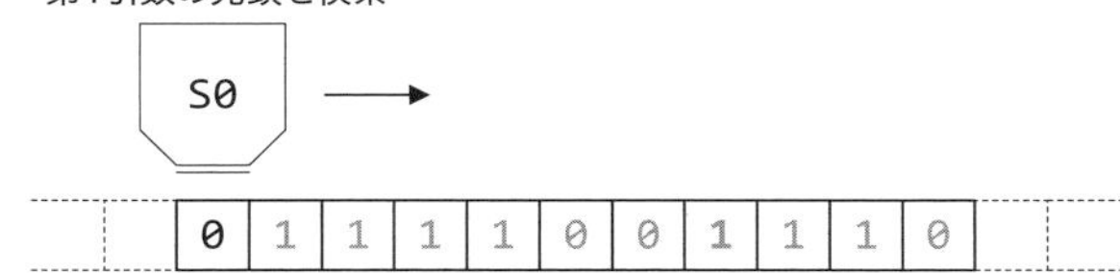

初期状態（S0）にあるチューリングマシンは、第1引数の先頭へ移動するために、テープ上のシンボルを読み込み、0であれば内部状態はそのままで1マス右に移動します。シンボルが1であれば、第1引数の先頭が見つかったものと判断して、状態を第1引数の終端を検索する状態（S1）に変更後、1マス右に移動します。

図 2-6 第1引数の終端を検索

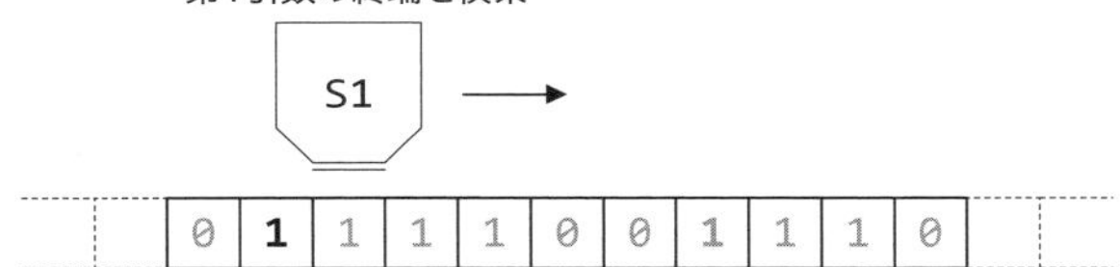

第1引数の終端を検索する状態（S1）のチューリングマシンは、テープ上のシンボルを読み込み、1であれば内部状態はそのままで、1マス右に移動します。シンボルが0の場合、第1引数の終端が見つかったものと判断し、状態を第2引数の先頭を検索する状態（S2）に変更し、1マス右に移動します。

図 2-7 第2引数の先頭を検索

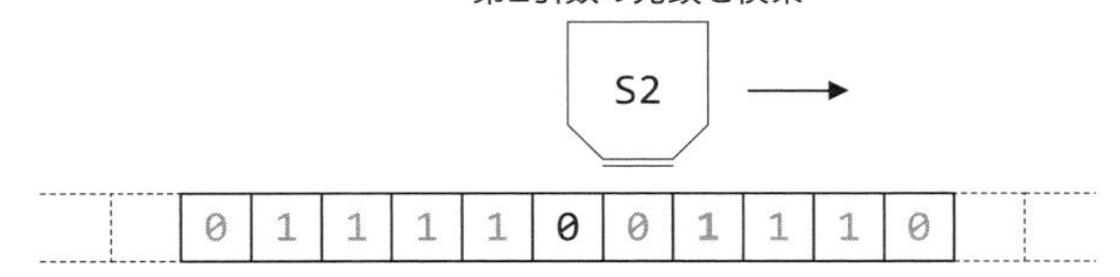

チューリングマシンは、同様の処理を繰り返し、第2引数の終端を検索する状態（S3）に遷移します。この状態のときにシンボル0を読み出した場合、右ではなく、左に1マス移動し、第2引数の終端を発見した状態（S4）へと遷移します。

図2-8 第2引数の終端を発見した状態

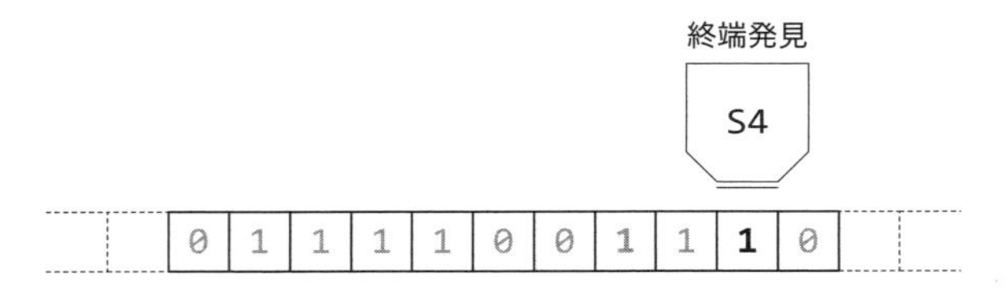

ここまでの動作を状態遷移表で表すと、次のようになります。

表2-2 第2引数を発見するまでの状態遷移表

現在の状態	入力	出力	動作	次の状態
S0 (第1引数の先頭を検索)	0	―	右(→)移動	―
	1	―	右(→)移動	S1
S1 (第1引数の終端を検索)	0	―	右(→)移動	S2
	1	―	右(→)移動	―
S2 (第2引数の先頭を検索)	0	―	右(→)移動	―
	1	―	右(→)移動	S3
S3 (第2引数の終端を検索)	0	―	左(←)移動	S4
	1	―	右(→)移動	―
S4 (第2引数の終端を発見)				

ここからは、第2引数の終端の1を先頭に移動する処理を繰り返します。まずは、終端の1を0に書き換えた後1マス左に移動し、第2引数の先頭を検索する状態(S5)に遷移します。

図2-9 第2引数の先頭を検索

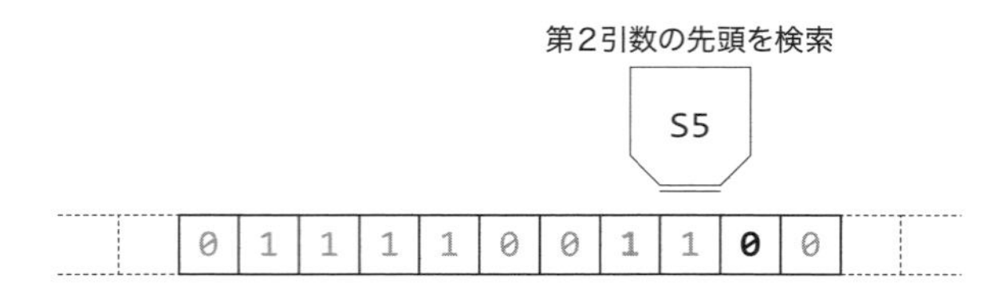

第2引数の先頭が見つかったら、0を1に書き換えて、1マス左に移動し、終了判定状態(S6)に遷移します。

図 2-10 加算処理の終了判定

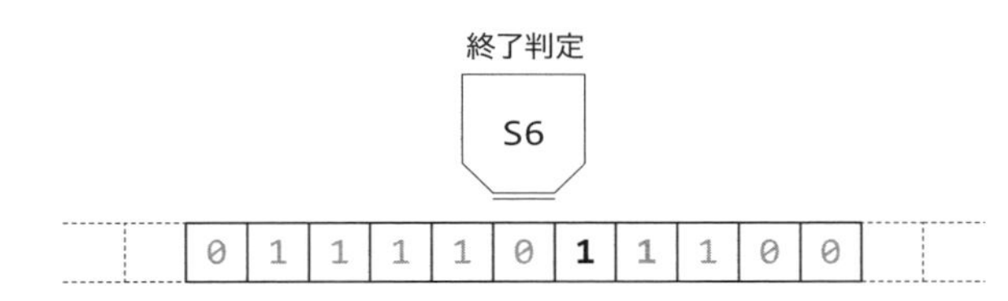

終了判定状態では、読み込んだシンボルが0であれば移動が完了していないと判断し、1マス右に移動して、第2引数の終端を検索する状態（S3）に遷移します。読み込んだシンボルが1であれば、移動が完了したと判断し、数値の始まりを示す、余分な1を削除します。削除する1は両端のどちら側でもいいのですが、ここでは、右端の1を削除することにします。このため、まずは、計算結果の終端を検索する状態（S7）に遷移します。

図 2-11 計算結果の終端を検索

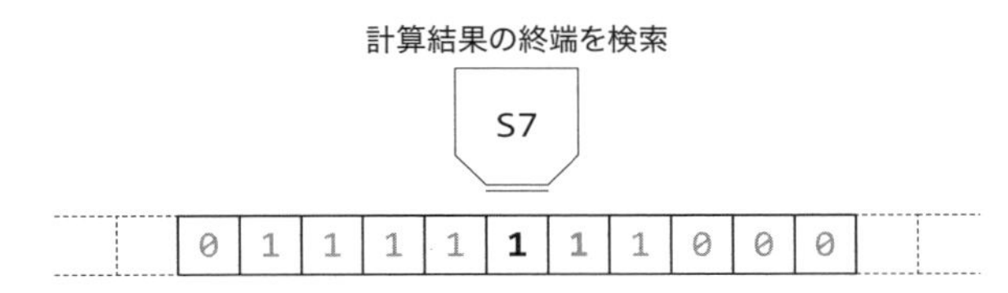

そして、第2引数の終端が見つかったら、1マス左に移動し、終端発見状態（S8）に遷移します。

図 2-12 計算結果の終端を発見

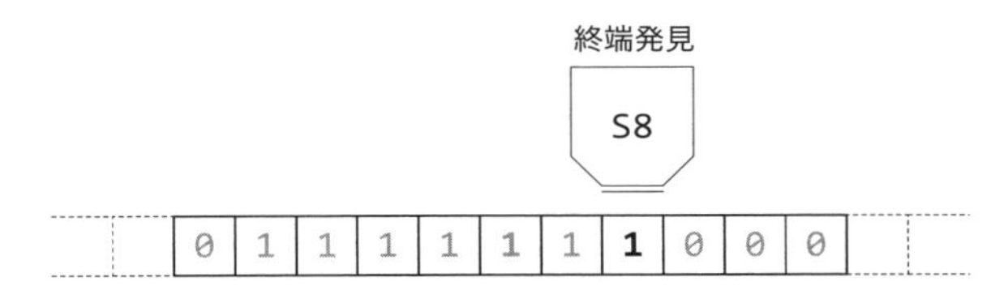

最後は、終端のシンボルを0に書き換え、加算終了状態（S9）に遷移します。第2引数の終端検索状態（S4）以降の状態遷移図を次に示します。

表2-3 加算終了までの状態遷移表

現在の状態	入力	出力	動作	次の状態
S4（第2引数の終端を発見）	0 / 1	0	左（←）移動	S5
S5（第2引数の先頭を検索）	0	1	左（←）移動	S6
	1	―	左（←）移動	―
S6（終了判定）	0	―	右（→）移動	S3
	1	―	右（→）移動	S7
S7（計算結果の終端を検索）	0	―	左（←）移動	S8
	1	―	右（→）移動	―
S8（終端発見）	0 / 1	0	―	S9
S9（終了）	0 / 1	―	―	―

この例は、第2引数の値を第1引数の後部に移動する愚直な方法ですが、第1引数を第2引数の前部に移動した方が簡素に記載することができます。または、加算する数値の最大数が分かっているのであれば、数値の両端を行ったり来たりする動作を削除することができます。このような、どのように問題を解決するかを示した手順は、**アルゴリズム**（Algorithm）といいます。これは、ソフトウェアであるアルゴリズムの違いがコンピュータの性能に影響を与えることを示しています。

この例では、シンボルは0と1のみで、1次元のテープを使用したものでした。他にも、多値シンボルを定義したり多次元のテープを使用したチューリングマシンが考えられますが、本質的にはすべて同じです。また、チューリングマシンは、計算可能性を示すためのものであり、実際に実現可能かどうかを示すものではありません。現実の世界では、テープの長さはメモリ容量に相当するので空間的な限度がありますし、計算可能だということと意味のある時間内に計算が終了するということは、同義ではありません。

2.2 OSの主な役割

初期のコンピュータはとても高価なハードウェアであったため、財力のある会社や研究機関しか購入することができませんでした。その価格は、コンピュータの稼働時間を上げるためのプログラム開発を促進させるに十分なもので、これらのプログラムが後のOSへと成長していくことになります。OSの主な役割は、リソース管理、プロセス管理、インターフェイスの管理です。いくつか新しい概念が出てきますが、それほど難しいものではありません。

リソース管理

OSは、接続されたすべてのデバイスを**リソース**（資源：Resource）として管理します。タスクは、OSが管理しないリソースを利用することはできません。OSが管理する物理的なリソースには、入出力デバイスとメモリが含まれます。OSは、これら物理的なリソースの電気的な仕様から通信方法に至る詳細な情報をもとに制御を行う必要があります。

OSが管理するリソースには、各プロセスによって使用される仮想的なリソースも含まれています。その代表的なものが**CPU時間**です。OSはCPUの実行時間をリソースとして管理し、各プロセスにCPU時間を割り当てます。このため、CPUリソースが1つの場合は、1本の時間軸をすべてのプロセスで分け合うことになります。

リソースには、使用中に解放可能なものとそうでないものがあります。CPU時間やメモリは解放可能なもので、任意の時点でプロセスが使い始めることができます。これに対してプリンターは、使用中に解放不可能なリソースです。一度印刷が開始されると、印刷が終了するまで他のプロセスが使い始めることができないためです。

プロセス管理

OSは、複数のプログラムを並行して動作させることで、コンピュータが効率的に利用されるように設計されています。しかし、これだけではOSの役割としては不十分です。例えば、作成中の巨大なファイルを保存するたびにユーザーからのキー入力が停止しては困りますし、会社の会計データなどの重要なファイルはどのユーザーからも読み書きできては困ります。このため、OSが管理するタスクは、その実行状態や権限も含めて管理する必要があります。そして、OSが管理するプログラムの実行単位を**プロセス**といいます。OSはプロセスを管理し、適切な権限をもつプロセスだけが制限されたリソースにアクセスできるように管理します。

インターフェイスの管理

OSは、様々なインターフェイスを管理します。ここでいうインターフェイスには、2つの側面があります。1つは、人間がコンピュータを扱うときのユーザーインターフェイス、もう1つは、様々な周辺機器を制御するためのソフトウェア／ハードウェアインターフェイスです。

ユーザーインターフェイスは、マンマシンインターフェイスとも呼ばれ、人間に対して共通の操作方法を提供します。例えば、マウスやキーボードの使い方、画面に表示されたボタンやアイコンの意味、入力操作に対する出力応答などです。これらの操作は人間が意識することなく行われることが多いため、ユーザーインターフェイスが変わればその使用感も大きく異なりますし、間違った操作を引き起こすことにもなりかねません。このため、多くのユーザーインターフェイスは、実物の動作を模倣したり、既存のインターフェイスを踏襲することが一般的です。

ソフトウェア／ハードウェアインターフェイスは、プロセスが利用可能なリソースにアクセスするための共通インターフェイスとなります。日々新しいハードウェアが開発されますが、その都度、計算機やOSも新しくなる訳ではありません。多くの場合、ハードウェアを制御するためのソフトウェアが提供され、OSは、これらを管理することで、プロセスに対して共通のインターフェイスを提供します。OSは、異なるハードウェアを抽象化することで、プロセスに対しては同一のインターフェイスを提供します。

2.3 プロセスとは何か

インスタンス

OSが実行する「プログラム」には、複数の意味が含まれています。例えば、電卓プログラムを実行するには、外部記憶装置に存在するプログラムを、CPUと直結したメモリ空間に展開する必要があります。これは、CPUがメモリ上にあるプログラムしか実行することができないためです。この場合、外部記憶装置に存在する「プログラム」は、プログラムが記録された実行ファイルを意味します。これに対して、メモリ上に展開された「プログラム」はプログラムの実行状態または**インスタンス**(Instance)と呼ばれます。

実行ファイルは、プログラムの雛形または設計図に例えられ、実際に動作するものではありません。インスタンスとは、実行ファイルからメモリに展開された、実行状態にあるコードとデータの集まりです。コードは、実行ファイルからコピーされるので、同じプログラムから生成されたすべてのインスタンスのコードは同じです。データには、インスタンス独自の内部状態や計算結果が保持されます。これにより、1つの電卓プログラム(実行ファイル)から生成された複数の電卓プログラム(インスタンス)で、それぞれ異なる計算を行うことが可能です。

図2-13 複数のインスタンス

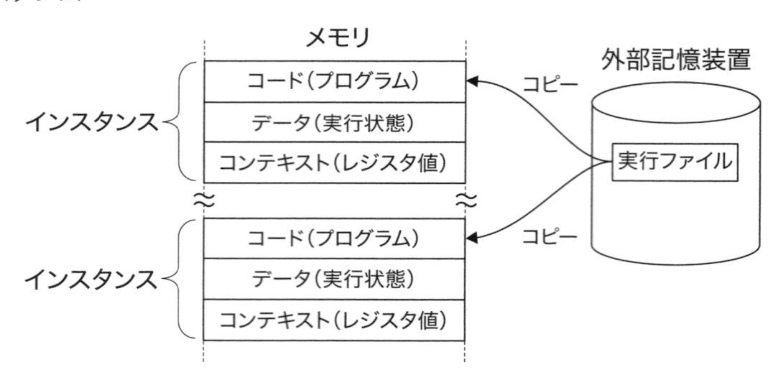

複数のインスタンスを管理するOSは、インスタンスのデータ領域だけではなく、CPUレジスタに保存されている実行状況も、インスタンスごとに保存しておく必要があります。このため、インスタンスにはコンテキスト(CPUレジスタの値)を含むことが一般的です。

プロセスの役割

OSは、複数のインスタンスを並列実行することだけが目的ではありません。すべてのインスタンスが公平に、または協調して、要求された処理を完了できるように調整を行います。仮に、1つのインスタンスが印刷中に他のインスタンスが印刷を開始してしまうと、どのインスタンスも意図した結果を得ることができません。各インスタンスは、このような調停をOSに依頼します。

各インスタンスは、適切な手続きでリソースへのアクセス権を取得した後で、リソースへのアクセスを開始します。仮に、他のインスタンスが使用しているリソースへのアクセスを要求したインスタンスは、そのリソースが使い終わるまで待たなくてはいけません。このような、インスタンスごとの状態を管理するのがプロセスの役割です。次の図に、インスタンスとプロセスが管理する情報の違いを示します。

図 2-14 複数のプロセス

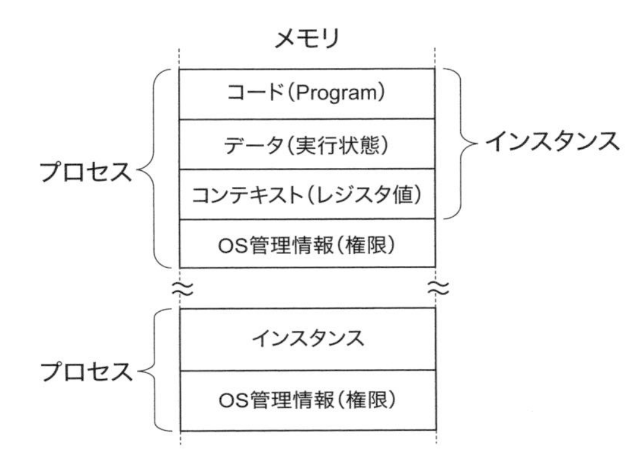

OSが管理するリソースは、すべてのプロセスからアクセス可能であるとは限りません。プロセスを管理するOSのデータ領域にはアクセスが制限されるべきですし、特定の権限を持ったプロセス(ユーザー)のみがアクセス可能な情報を設定したいときもあります。これらの制限は、プロセスの情報としてOSにより管理されます。

プロセスの状態遷移

OSは、プログラムのインスタンスや権限を管理するために、プロセスという概念を導入しました。プロセスはそれぞれ、生成(Created)、待機(Ready)、実行(Running)、ブロック(Blocked)、終了(Terminated)のうち1つの状態を取ります。

図 2-15 プロセスの状態遷移

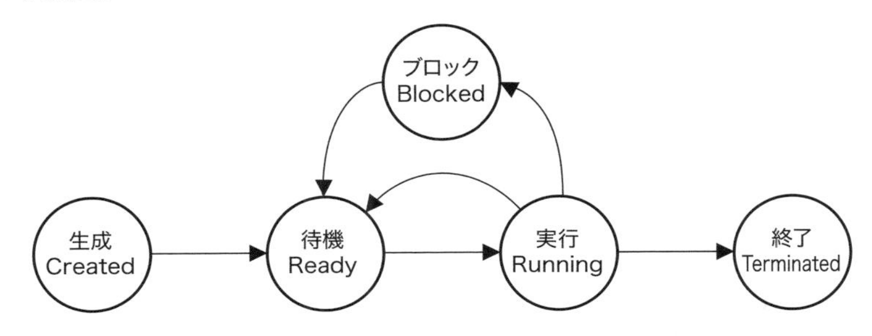

各プロセスは、自プロセスが生成/待機/実行/ブロック/終了のうちのどの状態にいるか

を判別することはできませんし、その必要もありません。プロセスの状態管理を行うのはOSの仕事です。

OSがプロセスを生成するためには、外部記憶装置にファイルとして保存されているプログラムをメモリ上に展開する必要があります。はじめに、コードとデータ用のメモリが確保され、プログラムカウンタやスタックポインタの設定などの初期化が終了するとプロセスは待機状態へと移行します。

待機状態にあるプロセスは1つだけではありません。しかし、待機状態から実行状態に移行できるプロセスは、1つのCPUリソースに対して1つだけです。また、実行中のプロセスは、処理が終了するまで実行し続けることができる訳ではありません。実行状態にあるプロセスが割り当てられた時間を使いきったときは、OSにより、待機状態に移行させられます。

実行状態にあるプロセスは、他のプロセスが使用中のリソースを要求した場合、リソースが解放されるのを待つだけの状態となります。このような場合、OSは、リソースを要求したプロセスをブロック状態へと移行させます。そして、要求されたリソースが解放されたら、プロセスの状態をブロック状態から待機状態へと移行させます。

実行状態にあるプロセスが処理を終えると、終了状態へと移行します。OSは、何らかの理由により、実行不可と判断したプロセスを、強制的に終了状態へ移行させることもあります。終了状態へと移行したプロセスは、他のプロセスにメモリを明け渡しますが、処理結果を必要とするプロセスが存在する場合は、その限りではありません。

プロセスの実行

OSは、メモリ上に展開された待機状態にあるプロセスのなかから、実行状態へと移行させるプロセスを1つだけ選び出します。どのプロセスを選択するかは、OSの性能や使いやすさに直結する重要な作業で、**スケジューリング**(Scheduling)と呼ばれます。次に実行すべきプロセスが決まると、OSは、現在実行中のプロセスのコンテキストを保存し、選択されたプロセスのコンテキスト(前回実行時のレジスタ値)をCPUのレジスタに設定し、プロセスを実効状態に移行させます。

実行状態に移行したプロセスは、OSから割り当てられた時間しか実行状態でいることができません。この時間のことを**クォンタム**(Quantum)といいます。プロセスがクォンタムを使い切ると、OSは、当該プロセスのコンテキスト(レジスタ値)をメモリに保存し、次に実行状態へ移行したときに備えます。OSは、再度スケジューリングを行い、選択されたプロセスのコンテキストに入れ替え、そのプロセスを実行状態へと移行させます。

ほとんどのOSは、クォンタムを使い切ったプロセスを定期的に切り替える方式を採用していますが、このような方式は**プリエンプティブ**(Preemptive:先取権のある)なマルチタスクと呼ばれています。これに対して、それぞれのプロセスが自発的に他のプロセスに実行権を譲る方式はノンプリエンプティブまたは協調型マルチタスク➡P.082参照と呼ばれています。

プロセスの逆木構造

プロセスを生成できるのは、プロセスだけです。そして、プロセスを生成するためには、

OSに対してプロセスの生成を要求する必要があります。これは、すべてのプロセスには「親」プロセスが存在することを意味しています。例外として、すべての親となる最初のプロセスはOSにより作成され、**ルートプロセス**と呼ばれます。このような親子関係はプロセスの逆木構造または**逆ツリー構造**(Reverse Tree Structure)といいます[*1]。親プロセスから生成された子プロセスは、親の権限と同じ権限を引き継ぐか、それ以下の権限でしか動作することができません。

図 2-16 プロセスの逆ツリー構造

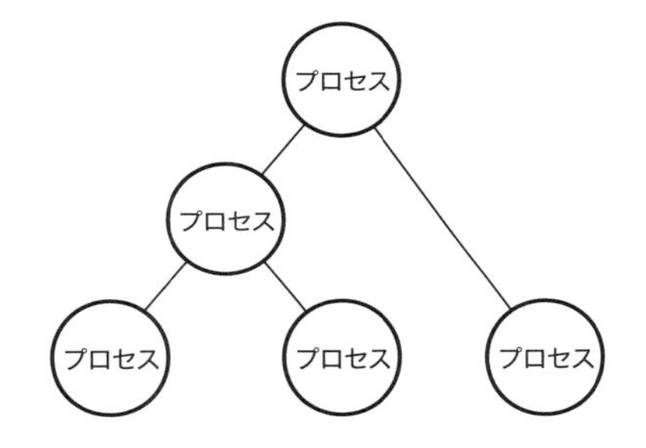

すべてのプロセスは親プロセスの権限を超えることがないので、リソースや権限の管理が楽になります。例えば、親プロセスが取得したメモリリソースを分割し、新たに作成した子プロセスで使用することが考えられます。子プロセスが要求する複数のリソース要求を親プロセスが一元管理するので、子プロセスは親プロセスから割り当てられたメモリリソースを利用し、使い終わったら親プロセスに返却するだけです。また、子プロセスの制御を親プロセスが一元管理することも可能です。

プロセス間通信

1つの処理を複数のプロセスに分割して行う場合、他のプロセスの進捗状況を知りたいときがあります。このような状況は、現実の世界でも、例えば生産者と消費者の間で見られます。生産者が生産する商品は消費者によって消費されますが、商品が生産されたことを消費者に知らせる必要があります。また、生産者は、倉庫がいっぱいになったら、一旦生産を停止し、倉庫のなかにある商品が消費されたら、再度、生産を再開します。

このような事態に対応するために、OSは、各プロセスに、他のプロセスとの通信機能を提供しています。これは**プロセス間通信**と呼ばれています。プロセス間通信は、通信とはいっても、メモリ上の共有データを読み書きすることに一般化することができます。

例として、共有バッファの管理方法を見てみましょう。生産者と消費者の例では、生産者は生産した商品を倉庫に保存し、消費者は、倉庫に商品があれば消費するという、簡素化したモデルです。これは、次の図のように表すことができます。

＊1　現在では単に、ツリー構造と呼ぶのが一般的になっているようです。

図 2-17 生産者と消費者

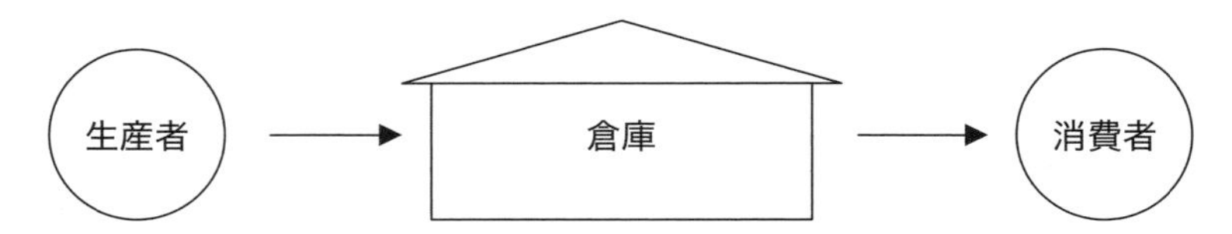

倉庫に保管される商品は、先に生産されたものを先に出荷すべきでしょう。このような動作を**FIFO**(First In, First Out)といいます。これに対して、最初に保管されたものが最後に得られる動作のことを**FILO**(First In, Last Out)といいますが、この場合はすでに説明したスタックというのが一般的です。前述の図をFIFOを使って書き直したものが以下の図です。

図 2-18 在庫管理をFIFOでモデル化した例

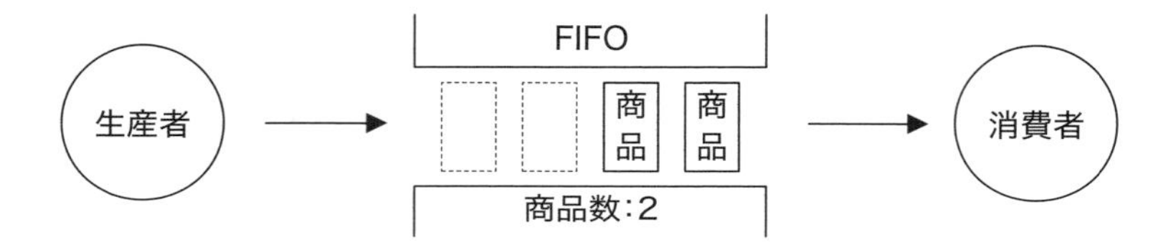

生産者は、商品を倉庫(FIFO)に保管したら、商品数を更新します。同じように消費者は、商品を倉庫から取り出したら、商品数を更新します。生産者も消費者も自由に行動するので、商品をいつ取り扱うかは不明です。例えば、生産者と消費者がともに在庫の確認を行い、2個の商品が倉庫にあると認識したとします。生産者は商品を1つ追加したので商品数を3に書き換えますが、消費者は商品を1つ取り出したので商品数を1に書き換えます。人間であれば気づくことかも知れませんが、自分以外のプロセスは停止しているので、他のプロセスが値を変更しようとしていることなど、知る由もありません。結果的に、どちらが先に商品数を更新したとしても、実際の商品数とは異なる値に書き換えられてしまいます。

図 2-19 間違った情報を書き込んでしまう例

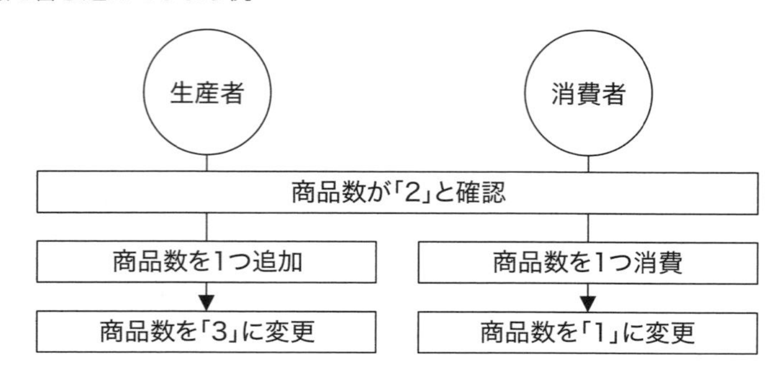

複数のプロセス間で正確な情報を交換することは、人間が思うほど簡単ではありません。こ

れについては同期処理➡P.112参照で検討します。

2.4 カーネルとは何か

OSの中心的な機能を持ったプログラムまたはその集まりのことを**カーネル**(Kernel)といいます。小さな規模のOSであれば、カーネルという言葉はOSとまったく同じ意味で使われることもあります。今まで見てきたとおり、OSはコンピュータの有効活用を目的としていますが、これを実現するためには、複数のタスクをメモリ上に配置する必要があります。ですが、何の制限もなく実行したのであれば、すべてのタスクが共有リソースに重複したアクセスができてしまいますし、OSが管理するデータを書き換えることさえできてしまいます。

特権状態

OSは、タスクの動作を管理したいと考えています。タスクが、許可されたメモリ空間以外にアクセスすることや割り込み周期を変えたりすることは禁止したいのです。OSは、ソフトウェア的な対応でタスクの動作に制限をかけることを試みてはきましたが、コストがかかる割には十分な成果を得ることができませんでした。実用的なタスクの制限を行うには、ハードウェア側でのサポートが必要不可欠です。

ハードウェアの性能向上に伴い、CPUでは、2つの動作モードを実現することができるようになりました。特権モードと非特権モードです。特権モードでは、すべてのCPU命令を使用することができますが、非特権モードでは、一部の命令を使用することができません。CPUによっては、複数の特権レベルを有するものや特権状態の呼び方に違いはありますが、プログラムの実行状態を分けて使用可能な命令を制限するという考え方に大きな違いはありません。

図 2-20 特権モードと非特権モード

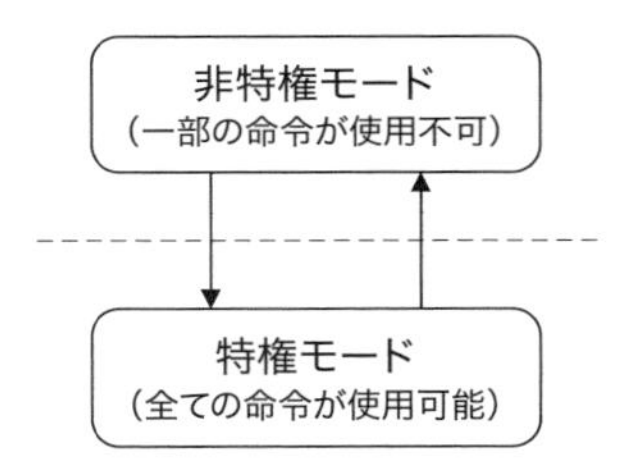

OSは、CPUの特権管理機能を利用して、タスクを非特権モードで動作させます。非特権モードでは、システムに影響を与える命令の実行が制限されているので、タスクがCPUの設定を変更したり、ハードウェアへのアクセスを禁止したりすることができます。仮に、非特権モードで動作するタスクが許可されない命令を実行したとしても、例外などにより、特権モードで動作するOSに制御を移すことができるので、不正なアクセスを行ったタスクを捕捉することができます。

図2-21 特権状態によるアクセス制限

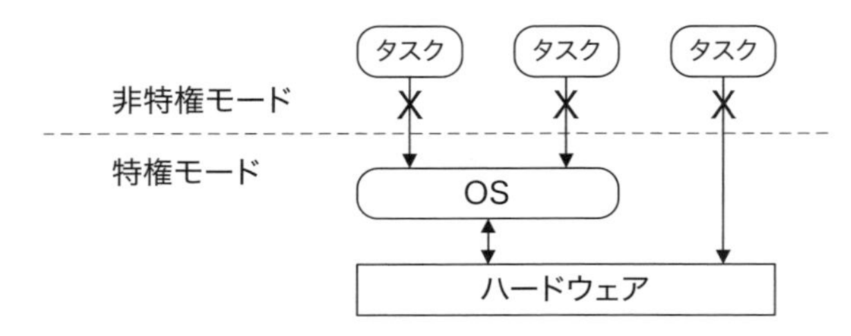

特権状態を分けることで、OSが管理するリソースをタスクから保護することができるようになりますが、OSが本当に行いたかったのは、リソースへのアクセスを禁止することではなく、正しく管理することです。これを実現するために、OSは、リソースに対するアクセス方法として、**システムコール**と呼ばれるインターフェイスを用意しています。

図2-22 システムコールの用途

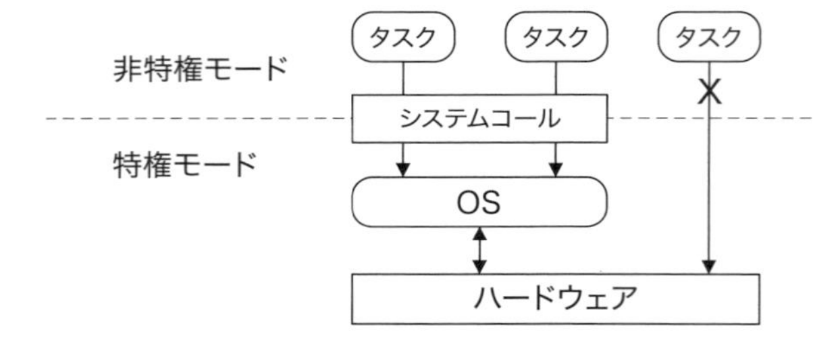

タスクは、OSにより動作が厳密に定義されたシステムコールを介してのみ、リソースへのアクセスが許可されます。ですが、システムコールは特権状態への移行をともなうので、もし不具合が発生するとOSに悪影響を与えてしまいます。このため、システムコールを実行するときには、非特権状態で指定された情報が正しいかどうかの判断が行われます。この処理は、本来行うべき処理とは直接関係がなく、システムの安全性を高めるために行われる処理です。このような、本来行う処理とは別に必要となる処理をオーバーヘッドといいます。システムコールは、すべてのタスクから高い頻度で呼び出されるので、少しのオーバーヘッドでもシステム全体の性能に大きな影響を与えます。

カーネルの種別

初期のOSでは、ハードウェアの制御プログラムもOSの一部として組み込まれていました。OSがハードウェアの制御を行うためには、対象となる機器の詳細な仕様を正しく理解しておく必要がありますが、新しいハードウェアが追加されるたびにOS本体を修正していたのでは、制御プログラムの不具合がOSの動作に大きな影響を与えることになります。そして、特権モードでの不具合はシステムの破壊へとつながります。

一部のOSでは、ハードウェアへのアクセスや時間的な制約が厳しい機能だけを特権モードに残し、それ以外を非特権モードに移行させることで、OS本体の肥大化と複雑化を抑制しようとする設計が行われました。これにより、OSは中心的な役割を持った1つのカーネルと複数のモジュールに分割されることになり、カーネルは特権モードで、他のモジュールは非特権モードで動作するように変更されました。このような、カーネル自体を小さく保つ設計は**マイクロカーネル**(Micro Kernel)と呼ばれています。マイクロカーネルに対して、それまでの、すべての機能をOS本体に含む設計は、**モノリシックカーネル**(Monolithic Kernel)と呼ばれることになります。

図 2-23 カーネルの種類

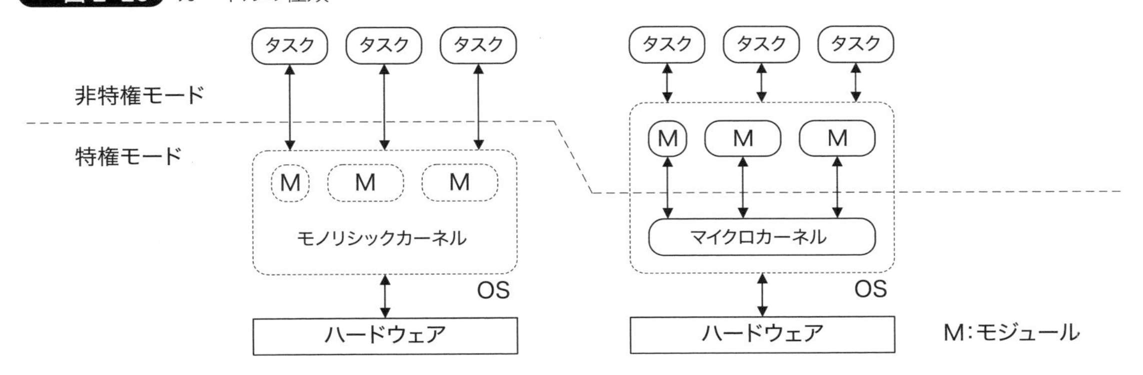

モジュールの不具合によるOSへの影響を最小限に留めようとするマイクロカーネルであっても、カーネルとモジュール間の密接な通信は必要不可欠です。しかしながら、マイクロカーネルで行われている内部的な通信はシステムコールを呼び出していることに等しく、特権状態の遷移を伴います。タスクと異なり、OSが使用するCPU時間は全体的なパフォーマンスを低下させるので、高い頻度で行われるモジュール間通信の影響は無視することができません。

非特権モードで動作するタスクは、自らの意思で特権状態へと移行することはできません。非特権モードから特権モードに移行する主な契機は、システムコールとタスクスイッチングによるものです。特権モードでの処理が終了したOSは、非特権モードでのタスクに制御を戻し、少し眠ることになります。OSは、受動的なプログラムなのです。

サブシステムとシェル

OSには、**サブシステム**と呼ばれる補助的なプログラムの集まりが存在します。サブシステムはプロセスからの要求を受け付けるので、OSを特徴付けるインターフェイスとしての役割もあります。OSは、複数のサブシステムを実装することで、異なるインターフェイスをプロセスに提供することもできます。

図2-24 サブシステム

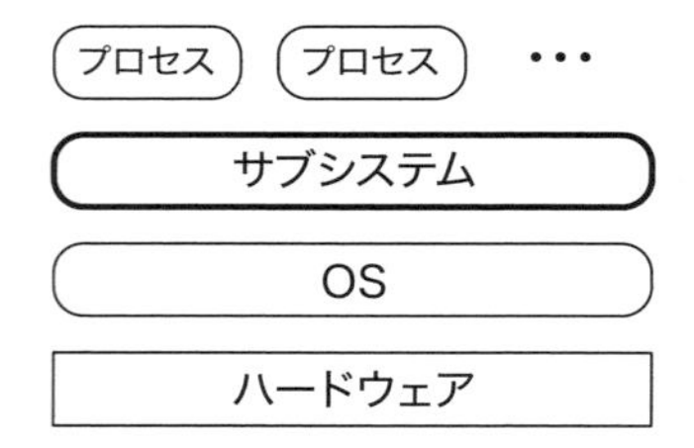

OSは、プロセスを管理しますが、プロセスからの要求はシステムコールを介してのみ受け付けます。システムコールは、厳密に定義されたインターフェイスなので、プログラムの実装を行うことなく呼び出すことはできません。しかしながら、すべてのユーザーがプログラムを作成することができる訳ではないので、ほとんどのOSでは、ユーザーとのインターフェイスのために、**シェル**と呼ばれるプログラムを実行します。

シェルは、OSとユーザー間での基本的な入出力機能を備えており、ユーザー自身がプログラムを作成しなくてもOSに処理を依頼することを可能とします。一般的なシェルは、ユーザーがログインするとともに実行され、ユーザーからの入力を解析し、必要であればプログラムの実行と結果の表示を行います。これを、ログインプロセスと呼ぶことがあります。ユーザーが実行したプログラムは、ログインプロセスの子プロセスとして生成され、逆ツリー構造が生成されます。ログインプロセスのリソースへのアクセス権限は、すべての子プロセスに引き継がれます。

2.5 同期処理の必要性とその実現方法

プロセス間通信で検討した生産者と消費者の問題では、生産者が商品を生産するまでの間、消費者は待機状態となります。生産者と消費者をそれぞれプロセスA、Bとした場合、プロセスBが動き出すのはプロセスAがデータを生成した後になります。このような、複数のプロセス間で必要となる実行制御のことを**同期処理**といいます。同期処理が正しく行われなければ、プロセスが無効なデータを参照したり、データの喪失が発生することになります。

排他制御

複数のプロセスから利用可能なリソースであっても、同時に利用可能であるとは限りません。このようなリソースは共有できないリソースと呼ばれますが、ほとんどのリソースは共有することができません。共有できないリソースは1つのプロセスだけが独占的に利用できるものとし、他のプロセスは、使用中のリソースにアクセスしないようにしなければいけません。

1つのプロセスが、共有できないリソースにアクセスしている期間を危険領域または**クリティカルセクション**（Critical Section）といいます。クリティカルセクション内で他のプロセスが同じリソースを利用できないように制御することを**排他制御**または相互排除（Mutual

Exclusion)といいます。

排他制御を実現する方法はソフトウェアのみで実現する方法とハードウェアのサポートを必要とするものに分けることができます。また、より効率的な制御のためにはOSが行うプロセスの管理も必要となりますが、この例はセマフォに見ることができます。次の表に示した実装例の詳細は、これから検討することにします。

表 2-4 排他制御の実現方法

実現方法	実装例
ソフトウェア	デッカーのアルゴリズム
ハードウェア	テストアンドセット
ハードウェア＋OS	セマフォ

プロセスは、排他制御の利用を強制されている訳ではありません。OSは、複数のプロセスが同時に印刷を開始することを防いではくれません。正しい手法でプリンタの制御権を獲得した後で印刷を開始し、印刷の終了後はプリンタの制御権を放棄することは、プロセス側の責任で行われます。OSは、複数のプロセスで、正しく制御権を獲得する手段を提供するのみです。

フラグによる排他制御の検討

最初に、ソフトウェアのみで排他制御を実現する方法を考えてみます。ここでは、排他制御を行うプロセスは2つのみとし、それぞれのプロセスはメモリを共有するものとします。フラグを使った排他制御では、それぞれのプロセスが、リソースを使用中であることを示すフラグを保持しており、フラグの値が1であればリソースを使用中であることを示しています。このときプロセスがリソースにアクセスする具体的な手順は次のようになります。

1. 相手側プロセスのフラグを確認する。
2. 相手のフラグが1なら、リソースを使用中なので前項に戻る。
3. 相手のフラグが0なら、自分のフラグに1を設定する。
4. リソースを使用する。
5. リソースを使い終わったら、自分のフラグを0に設定する。

フラグによる排他制御では、使用されるフラグの値とリソースの使用状況を次の表のように管理することを想定しています。ここでは、タスクがリソースを使用していることを示すフラグの名前を、それぞれswitch1、switch2としています。

表2-5 フラグの使い方

switch1	switch2	状態
0	0	リソース未使用
1	0	プロセス1がリソースを使用中
0	1	プロセス2がリソースを使用中
1	1	競合が発生

このような手順による排他制御はうまく機能するでしょうか？ 次に示すプログラム例を見てください。

フラグによる排他制御1

```
int switch1 = 0; // プロセス1が使用中フラグ
int switch2 = 0; // プロセス2が使用中フラグ


-- [Process 1]

 1 while (1)
 2 {
 3   while (switch2)
 4   {
 5     /* ビジーウェイト */
 6   }
 7
 8   switch1 = 1;
 9   /* クリティカルセクション */
10   switch1 = 0;
11 }

-- [Process 2]

 1 while (1)
 2 {
 3   while (switch1)
 4   {
 5     /* ビジーウェイト */
 6   }
 7
 8   switch2 = 1;
 9   /* クリティカルセクション */
10   switch2 = 0;
11 }
```

5行目にある**ビジーウェイト**（Busy Wait）とは、変数の値が変化することを検査するだけのためにCPU時間を使っている期間を示します。リソースの1つであるCPU時間を無駄遣いしている期間と考えられますが、この問題については後で考察します➡P.119参照。ここでは、この2つのプロセスが同時にクリティカルセクションに入ることなく動き続けられるかどうかを検討します。

このプログラムでは、2つのプロセスが同時にクリティカルセクションに立ち入る可能性があります。そのように考えられる根拠として、以下のような状況が起こりえるからです。

1. プロセス1は、相手のフラグが0のときにwhile文を抜け、7行目に到達する。（まだ自分のフラグを1にしていない）
2. コンテキストスイッチングが発生し、プロセス2が実行される。
3. プロセス2は、相手のフラグが0なのでwhile文を抜け、7行目に到達する。（まだ自分のフラグを1にしていない）

その後、両プロセスともに自分のプロセスだけがリソースの使用権を得たと判断し、クリティカルセクションに到達してしまいます。この例では、相手側プロセスが実行中であることを確認した後に、自プロセスの使用中フラグを1にセットしているので、先ほどの生産者と消費者のときと同じ問題が発生しています。つまり、それぞれのプロセスが、相手プロセスが非クリティカルセクションであることを確認した後から自プロセスの状態を変更するまでの間にコンテキストスイッチングが発生すると、他のプロセスに自プロセスの状態を正しく伝えることができないのです。

次の例は、自プロセスがリソースを使用中であることを早めに通知して、複数のプロセスが同時にクリティカルセクションに入らないように「工夫」したものです。

フラグによる排他制御2

```
-- [Process 1]                        -- [Process 2]

 1 while (1)                           1 while (1)
 2 {                                   2 {
 3   switch1 = 1;                      3   switch2 = 1;         /* 下の行から移動 */
 4                                     4
 5   while (switch2)                   5   while (switch1)
 6   {                                 6   {
 7     /* ビジーウェイト */              7     /* ビジーウェイト */
 8   }                                 8   }
 9                                     9
10   /* クリティカルセクション */        10   /* クリティカルセクション */
11   switch1 = 0;                     11   switch2 = 0;
12 }                                  12 }
```

しかし、先ほどとは別の問題が発生します。それは、クリティカルセクションを同時に実行することがなくなるかわりに、両プログラムともに永遠に待ち状態になってしまう現象が発生します。例えば、次のような状況が起こりえます。

1. プロセス1が、自分のフラグを1に設定し、4行目に到達する。
2. コンテキストスイッチングにより、プロセス2が実行される。
3. プロセス2が、自分のフラグを1に設定し、4行目に到達する。

これにより、両プロセスともに相手側プロセスがフラグを0に設定するまで待ち続けることになります。しかし、実際には、どちらのプロセスもクリティカルセクションに到達することができないので、フラグが0に設定されることはありません。

割り込み禁止についての検討

排他制御が期待したとおりに動作しないのは、割り込みが原因で、割り込みを禁止することが唯一の解決方法だと考えるかもしれません。実際、割り込みを禁止にして行われるべき処理が存在するのも確かです。しかし、排他制御は、これに該当しません。

OSは、CPU時間もリソースとして管理します。複数のCPUが存在するのであれば、それぞれのCPUでプロセスが実行されることになります。仮に、1つのCPUで割り込みを禁止したとしても、他のCPUでは継続して処理が実行されるので、リソースに対するアクセスが行われない訳ではありません。プロセス間のリソースアクセス制御はCPU間のリソースアクセス制御に置き換えても正しく動作する必要があります。

図2-25 リソースアクセス制御

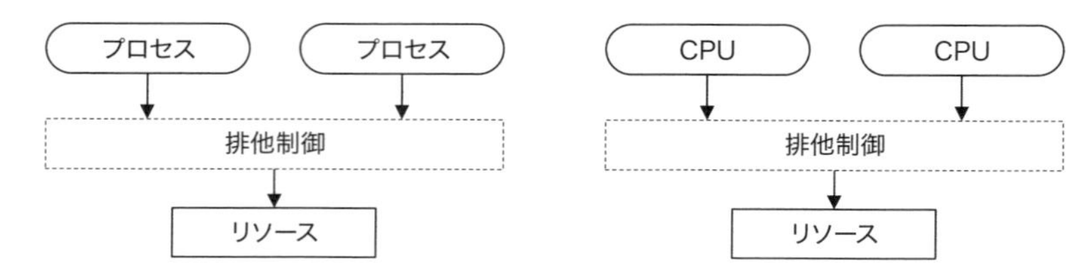

また、割り込みの禁止はシステム全体の動作にも影響を与えます。キーボードからの入力は割り込みを使って通知されますし、タスクスイッチングもタイマー割り込みによって行われます。タスクが割り込みの禁止を行えるということは、システムを停止させることができるということと等しく、排他制御のために割り込みを禁止することは適切ではありません。

共有変数の使用

次に、共有変数を使用して、2つのプロセスの同期制御が上手くいく例を示します。

交互実行

```
   int turn = 0;     // 次のプロセスは？

-- [Process 1]
 1 while (1)
 2 {
 3   while (1 == turn)
 4   {
 5     /* ビジーウェイト */
 6   }
 7
 8   /* クリティカルセクション */
 9   turn    = 1;
10 }

-- [Process 2]
 1 while (1)
 2 {
 3   while (0 == turn)
 4   {
 5     /* ビジーウェイト */
 6   }
 7
 8   /* クリティカルセクション */
 9   turn    = 0;           // 次に動作するプロセスを指定
10 }
```

このプログラムでは、それぞれのプロセスが、1つの共有変数turnによって同期処理を実現しています。この変数が0であれば次はプロセス1の番で、1であればプロセス2の番です。それぞれのプロセスは、共有変数turnを確認し、自プロセスの番であればクリティカルセクションを実行し、終了後には共有変数turnを相手側プロセスに設定します。このため、相手プロセスが一度クリティカルセクションをとおり、次のプロセスを自プロセスに設定してくれないことには、再度クリティカルセクションに到達することができないのです。例えば、プロセス2がリソースにアクセスする必要がないとしても、プロセス1のために変数の確認と設定を行う必要があるのです。この方法は、複数のプロセスでも機能しますが、プロセスの数が多くなるにつれ、リソースを要求しないプロセスがリソースを要求するプロセスに与える影響が大きくなります。

デッカー (Dekker) のアルゴリズム

次に示すのは、交互実行を必要としない同期処理で、**デッカー (Dekker) のアルゴリズム**

と呼ばれるものです。このアルゴリズムでは、双方のプロセスがクリティカルセクションに入ることを要求している場合にのみ、プロセスが交互に実行することが許可されます。

デッカーのアルゴリズム

```
   int switch1 = 0; // プロセス1が使用要求&使用中
   int switch2 = 0; // プロセス2が使用要求&使用中
   int turn = 0;    // 優先するプロセスは？

-- [Process 1]

 1 while (1)
 2 {
 3   switch1 = 1;
 4
 5   while (switch2)
 6   {
 7     if (1 == turn)
 8     {
 9       switch1 = 0;
10
11       while (1 == turn)
12       {
13         /* ビジーウェイト */
14       }
15       switch1 = 1;
16     }
17   }
18
19   /* クリティカルセクション */
20   switch1 = 0;
21   turn    = 1;
22 }

-- [Process 2]

 1 while (1)
 2 {
 3   switch2 = 1;           // 自プロセスが使用要求を出す
 4
 5   while (switch1)        // 相手プロセスの使用要求あり？
 6   {
 7     if (0 == turn)       // 次は相手プロセスが優先か？
 8     {
 9       switch2 = 0;       // 自プロセスの要求を取り下げる
10
11       while (0 == turn) // 相手プロセスが使用中か？
12       {
13         /* ビジーウェイト */
14       }
15       switch2 = 1;       // 自プロセスの使用要求を出す
16     }
17   }
18
19   /* クリティカルセクション */
20   switch2 = 0;           // 自プロセスの使用要求を下げる
21   turn    = 0;           // 次は相手プロセスが優先
22 }
```

このアルゴリズムは上手く動きますが、いくつか不都合な点があります。まず、プロセスが多くなった場合、それぞれのプロセスが互いに他のプロセスを認識する必要があるので、プロセスの数だけグローバル変数が必要です。また、各プロセスが次に動作するプロセスを指定する必要もあります。それぞれのプロセスが他のプロセスの変数を参照することになるので、プロセスの独立性が低くなってしまいます。また、静的な変数を参照するので、動的に生成または終了したプロセスを考慮してはいません。

排他制御をソフトウェアのみで実現するアルゴリズムは、他にもいくつか存在しますが、実際に使用されることはありません。前述の理由以外に、ハードウェアのサポートがなければ実用的でないことが大きな理由です。現代のCPUは、メモリに対するロックがハードウェアでサポートされたことにより、次に説明する、テストアンドセットを実現することができます。

テストアンドセット

デッカーのアルゴリズムとは異なる解決方法として、テストアンドセットによる方法があります。これまでの問題点の1つとして、各プロセスが、共有変数の「値の確認と更新」を「1つの命令」で行えなかったことが挙げられます。つまり、メモリから値を読み込み、値を変更し、書き戻すまでの間にコンテキストスイッチングが発生して、他のプロセスが値を変更してしまうことを防ぐ方法がなかった訳です。

OSの実装を想定したCPUのなかには、メモリアクセス時にロック信号を出力できるものがあります。**ロック信号**とは、メモリへのアクセスを継続中であることを示す信号で、対象となるメモリ空間への一連のアクセスが分割されないようにするものです。このような、分割されない一連の処理を**アトミック(Atomic)処理**といいます。

同期処理を実現するOSは、アトミック処理の実装として、TEST_AND_SET命令を用意しています。この命令は2つのパラメータ、localとglobalを引数に取り、次の動作をアトミックに実行します。

表2-6 TEST_AND_SET命令の動作

	動作
1	globalの値を取り出し、localにセットする
2	globalの値を1にセットする

ここで、localはプロセスごとの変数、globalはすべてのプロセスがアクセス可能な共有変数を指定します。制御権を得るのは、TEST_AND_SET命令を実行した結果、localの値が0だったプロセスのみです。それ以外のプロセスは、globalに設定された1がlocalに設定されるので、クリティカルセクションに入ることが拒否されたことになります。

図2-26 TEST_AND_SET命令の使用例

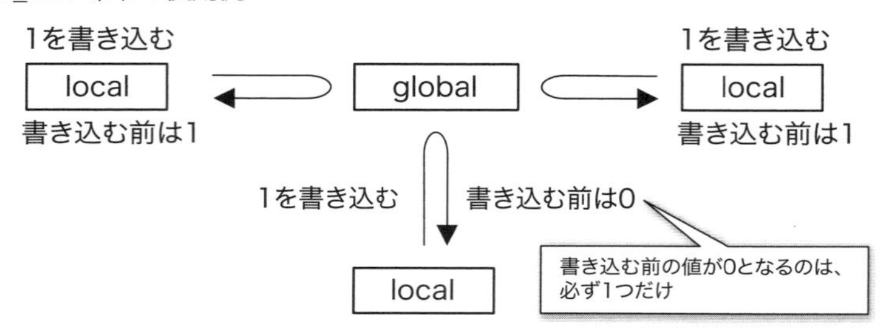

クリティカルセクションを終了するプロセスは、通常のアクセス方法で共有変数globalに0を設定します。この関数がTEST_AND_SET命令として提供された場合のプログラム例を次に示します。

TEST_AND_SET

```
   int global = 0;

-- [Process 1]                              -- [Process 2]

 1 int local1;                               1 int local2;                  // ローカル変数
 2                                           2
 3 while (1)                                 3 while (1)
 4 {                                         4 {
 5   do                                      5   do
 6   {                                       6   {
```

```
 7     TEST_AND_SET(local1, global);        7     TEST_AND_SET(local2, global);
 8     /* ビジーウェイト */                  8      /* ビジーウェイト */
 9   } while (local1);                      9   } while (local2);
10                                         10
11   /* クリティカルセクション */            11   /* クリティカルセクション */
12   global = 0;                           12   global = 0;   // 終了フラグ
13 }                                       13 }
```


デッカーのアルゴリズムにあった、プロセスが増えるにしたがってグローバル変数が増えていくことや他のタスクを認識する必要はなくなりましたが、依然としてビジーウェイトの問題は残ったままです。これは、プロセス自体がすべての同期処理を行っていることに原因があります。ビジーウェイト中のプロセスは、実行状態に移行したとしてもリソースの解放を確認するだけなので、コンテキストの切り替えさえも行いたくありません。ビジーウェイトを行うだけのプロセスには「眠った」ままの状態でいてもらうことにします。そして、この処理にはOSが介在します。

セマフォ

セマフォ(Semaphore)とは、P命令とV命令によってのみ値が変更される整数型変数Sを用いた同期処理のことをいいます。P命令とV命令はアトミックに行われ、その動作はそれぞれ以下のように定義されています。

あるプロセスがP命令を実行すると、Sの値が-1され、

1. 0≦Sなら、処理を継続する。
2. S<0なら、他のプロセスが発効したV命令により、0≦Sになるまでブロックされる。

あるプロセスがV命令を実行すると、Sの値が+1され、

1. 処理を継続する。
2. S≦0なら、ブロック状態にあるプロセスのなかから1つを、待機状態に移行させる。

OSは、プロセスの実行状態を管理しています。CPUリソースが1つであれば、待機状態にあるプロセスのなかから1つだけが実行状態へと遷移しますが、もし、ビジーウェイトを実行するだけのプロセスであれば、実効状態に遷移させるのは、CPUリソースの無駄遣いです。

セマフォでは、P命令によりリソースの解放を待つだけとなったプロセスを、ブロック状態に遷移させます。これにより、プロセスがビジーウェイトを実行することがなくなるので、プログラム上からも、ビジーウェイトを取り除くことが可能です。

プロセスの状態遷移を再掲します。

図2-27 プロセスの状態遷移(再掲)

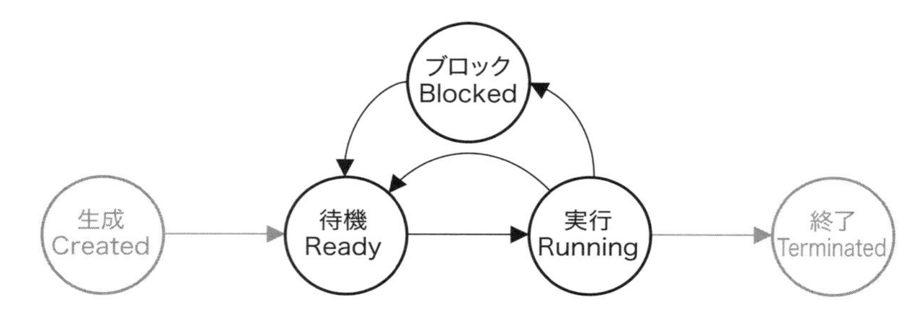

今までの排他制御を、セマフォを使って書き直すと次のようになります。

セマフォ

```
   int S = 1;

-- [Process 1]                          -- [Process 2]

 1 while (1)                             1 while (true)
 2 {                                     2 {
 3   P(S);                               3   P(S);
 4   /* クリティカルセクション */           4   /* クリティカルセクション */
 5   V(S);                               5   V(S);
 6 }                                     6 }
```

このプログラムでは、グローバル変数Sが1で初期化されています。この状態で、どちらかのプロセスがP命令を実行するとSの値が0になり、そのプロセスは動作を継続することができますが、もう一方のプロセスがP命令を実行すると、Sの値は-1となるので、そのプロセスはブロック状態に置かれることになります。この状態は、最初にP命令を実行したプロセスがV命令を実行することによりSの値が-1から0に更新され、ブロック状態にあったプロセスが待機状態となるまで継続します。

グローバル変数Sに初期値として設定された値は、クリティカルセクションを同時に実行することができるプロセス数となりますが、これをリソース管理に応用すると、利用可能なリソースの数と考えることもできます。グローバル変数Sの値を1で初期化したセマフォは、**バイナリセマフォ**と呼ばれることがあります。

具体的な同期処理の実装状況はOSに依存しますが、一般的なOSでは、同等の機能が提供されています。OSが管理するセマフォなどの同期処理を利用することで、プロセス間の確実な同期処理が可能となり、非効率的なビジージーウェイトを取り除くことができます。

2.6 デッドロックの発生要因とその回避方法

セマフォなどの同期処理が正しく行われることで、複数のプロセスが同時にクリティカルセクションに入ることを防ぐことができるようになりました。基本的な考え方としては、使用中のリソースを要求したプロセスをブロックし、リソースが解放されるまで待たせるというものでした。

1つのリソースだけを要求するプロセスであれば問題ありませんが、同時に複数のリソースを要求するプロセス間においては、同期処理とはまた別の問題が発生します。具体的なプログラム例を次に示します。

デッドロック

```
[Process 1]                        [Process 2]

  P(RESOURCE1);                    P(RESOURCE2);
  P(RESOURCE2);                    P(RESOURCE1);
    --処理--                         --処理--
  V(RESOURCE1);                    V(RESOURCE2);
  V(RESOURCE2);                    V(RESOURCE1);
     :                                :
```

2つのプロセスはリソースの取得順序が異なるだけですが、プロセス1がリソース1の使用権を取得した直後にコンテキストスイッチングが発生し、プロセス2がリソース2の使用権を取得してしまうと、それ以降、両プロセスとも必要なリソースが解放されるまで永遠に待ち続けることになってしまいます。このように、あるプロセスが解放される見込みのないリソースを待ち続けている状態を**デッドロック**(Deadlock)といいます。デッドロックは、明らかに、同期処理で発生した問題とは異なる問題です。

デッドロックを回避する方法は、事前に防止する方法、自動的に検出する方法、オペレータの操作によりデッドロックに陥ったプロセスを強制終了する方法などが挙げられます。しかし、デッドロックを事前に防止する方法や自動的に検出する方法は、各プロセスが要求するリソースの数とそのタイミングを事前に把握しておく必要があるので、現実的ではありません。

リソースには、優先取得可能なものとそうでないものが存在します。一般的に、優先取得不可能なリソースがデッドロックの要因になります。優先取得可能なリソースの代表例はメモリで、一時的にリソースを保存することが可能なものです。これにより、メモリリソースが不足している状態でも外部記憶装置に退避することができるので、新たなメモリリソースの要求に答えることができます。優先取得が不可能なリソースの代表例はプリンターなどの周辺機器です。一度開始した印刷を中断して他のプロセスが印刷を開始したとしても、双方の印刷が失敗に終わるだけです。

デッドロックが発生する条件は、次に挙げる4つだといわれています。これらの条件がすべて揃うとデッドロックが発生する可能性があり、条件が1つでも欠ければデッドロックを回避することができることを示しています。

表2-7 デッドロックが発生する条件

条件	状態
排他制御状態	リソースの取得に対して排他的なアクセス制御が行われている。
保有待機状態	リソースを保有しているプロセスが新しいリソースを要求できる。
優先取得権のない状態	プロセスが保有しているリソースを強制的に取り上げることができない。
循環待機状態	複数のプロセスが、異なる順序で複数のリソースを要求できる。

排他制御とは、リソースの取得に対して、排他的なアクセス制御が行われている状態をいいます。仮に、1つのプロセスからしか要求されないリソースであれば、デッドロックの要因になることはありません。このため、リソースを要求するプロセスを1つに限定し、他のプロセスからのリソースアクセスを代替することで排他制御を回避する方法もあります。このような例は、印刷を専門に行うスプーラに見ることができます。

保有待機とは、リソースを保有しているプロセスが他のリソースを要求することをいいます。すべてのプロセスが保有したリソースを解放することなくさらなるリソースの要求を行うことがなければデッドロックに陥ることはありません。

優先取得権のない状態とは、プロセスが使用権を得たリソースを強制的に取り上げることができないことをいいます。プリンターなどのような優先取得が不可能なリソースを取り上げた場合、出力結果をも破棄せざるをえないので、プロセス自らがリソースを解放する必要があります。OSが強制的に取り上げることができるリソースに、CPU時間があります。特定の条件下では、リソースを獲得したプロセスに多くのCPU時間を割り当てて処理を終了させることにより、プロセスが確保していたリソースを回収することが可能です。

循環待機状態とは、複数のリソースを要求する複数のプロセスが、異なる順番でリソースを要求することをいいます。仮に、すべてのリソースに番号が付与されているとして、リソースの取得を番号の若い順に行うなどのルールを設けることができれば、デッドロックを回避することができます。

Column 食事する哲学者の問題

食事する哲学者の問題とは、プロセスの実行を擬人化することで、同期処理やデッドロックに関する問題を分かりやすく表現したものです。この問題での登場人物は5人の哲学者たちです。円卓にはスパゲッティが盛られた5枚の皿と5本のフォークが交互に並べられており、それぞれの皿の前には哲学者たちが座っています。

哲学者たちは思考しますが、お腹が空いたら目の前にあるスパゲッティを食べます。しかし、不器用な彼らは皿の横にある2本のフォークを使わなければスパゲッティを口まで運ぶことができません。また、1本のフォークは2人の哲学者が共用するので、隣り合った2人の哲学者が同時に食事をすることもできません。

さて、ここからが本題なのですが、どのような行動を定義すればすべての哲学者が平等に食事をすることができるでしょうか？　ただし、哲学者たちはまったく同じ行動を取るものとします。

最も簡単な行動例として、哲学者は次のような行動を取るものと定義してみましょう。

1. 思考する
2. 右側のフォークを取る
3. 左側のフォークを取る
4. 食事をする
5. 右のフォークを置く
6. 左のフォークを置く

残念ながら、これでは餓死者が出てしまいます。もし、哲学者たち全員が一斉に空腹を感じたとすると、全員が右側のフォークを持ったまま左側のフォークを取る機会を失うことになり、誰も食事をすることができません。これは、デッドロックが発生したことを意味しています。仮に、デッドロックを回避するために、左側のフォークを取れなければ右側のフォークを一旦置いて思考から再開するとしても、すべての哲学者は永遠に同じ動作を繰り返すことになります。これは、解放される見込みがないリソースを待ち続けている状態ではないのでデッドロックとはいわず、**飢餓状態**（リソーススタベーション：Resource Starvation）といいます。

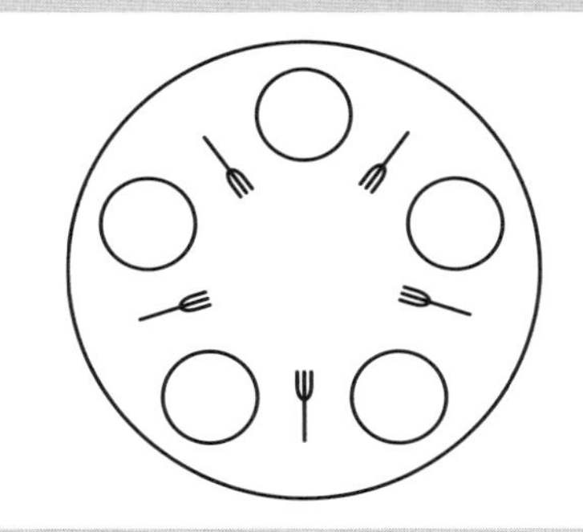

図 2-28 哲学者が食事する円卓

いくつかの解決方法がありますが、主に以下のような考え方で行われています。

1. 同時に食事する哲学者の人数を制限する
2. フォークの取得順を強制する
3. 哲学者の状態を管理する

最も簡単な解決方法は、同時に食事することができる哲学者の人数を1人に制限する方法でしょう。これは、バイナリセマフォなどの同期処理を行うことで簡単に実現することができます。しかし、条件から、食事可能な哲学者は2人まで許容されるので効率的な解決方法ではありません。または、給仕を置くことにより解決することができます。給仕は同時に食事する哲学者の人数を2までに制限します。給仕は、どのフォークが使われているかを知ることができるので、空腹の哲学者に対して食事の許可を与えることができます。

フォークの取得順を強制する方法は、フォークに番号を付け、番号の小さいフォークから取得することを強制するものです。この方法は、2つ目のフォークを待ち続ける状態を回避しようとするものです。

哲学者の状態を管理する方法は、哲学者同士がお互いの状態を確認しあう方法です。仮に、隣の哲学者が食事中であれば、獲得した片方のフォークをテーブルに置き、食事中の哲学者が食べ終わるのを待ちます。しかし、両隣の哲学者が食事中であることを確認する必要があり、自分が空腹であることを知らせる必要もあります。

2.7 スケジューリング——プロセスの実行を制御する手法

初期のバッチ処理システムは、連続するジョブを実行するだけの単純なものでした。そのため、計算機にジョブを投入する順番で優先順位が決定していました。必要であれば、オペレーターがコンピュータへの磁気テープの投入順序を変更して優先度の変更要求に対応するものです。しかし、現代のOSは多くのリソースを管理し複数のプロセスを効率よく実行させる必要があるので、プロセスの優先順位の変更が動的に行われています。

OSは、プロセスが使用するCPUの使用効率を高めながらも適切な応答速度を維持し、より多くのプロセスを並行して実行することが求められます。これらを考慮し、次に実行すべきプロセスを決定することを**スケジューリング**といいます。スケジューリングは、OS全体のパフォーマンスに影響をおよぼす、重要な処理です。

実行状態にあるプロセスが、自身に割り当てられたクォンタムを使い切るとコンテキストスイッチングが発生します。コンテキストスイッチングでは、レジスタの保存と復帰、メモリマップの保存と復帰、プロセス管理テーブルやリンクリストの更新などが行われます。一般的に、クォンタムが短ければ、プロセスの切り替え回数が多くなるので反応速度が速くなりますが、コンテキストスイッチングの頻度が多くなるので全体的なCPUの使用効率が低下します。

図2-29 クォンタムの長さによる処理時間の違い

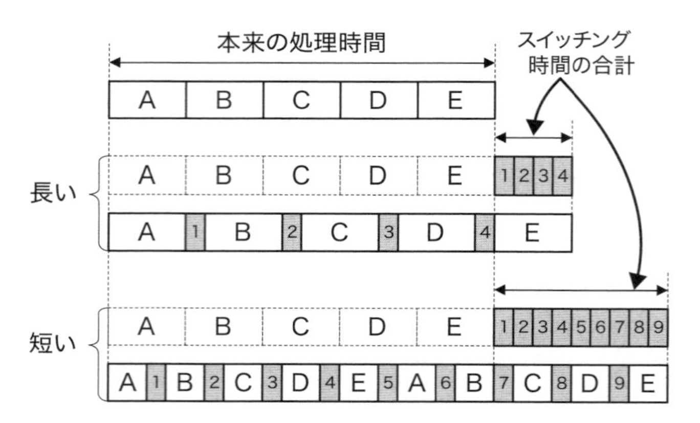

ラウンドロビンスケジューリング

ラウンドロビンスケジューリングは、最も基本的なスケジューリングアルゴリズムで、すべてのプロセスに対してクォンタムを均等に割り当てます。このアルゴリズムでは、すべてのプロセスが平等に扱われるため、外部イベントにより発生したプロセスやユーザーインターフェイスに関するプロセスなどを優先的に処理させることもありません。

図 2-30 ラウンドロビンスケジューリング

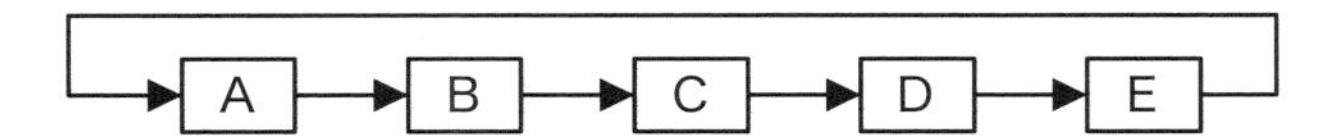

仮に、プロセスAを実行中に優先的に処理したい新たなプロセスEが生成された場合でも、B、C、Dのプロセスがそれぞれのクォンタムを使い切った後でなければプロセスEが実行されることはありませんし、他のプロセスと同等のクォンタムしか与えられません。

優先度付きスケジューリング

優先度付きスケジューリングを行うOSは、各プロセスの優先順位を動的に変更することができます。例えば、優先度の低いプロセスが保持するリソースを、優先度の高いプロセスが要求した場合、一時的にでも、低い優先度のプロセスに高い優先度が設定されるかも知れません。同様に、大量のデータを扱うプロセスは低い優先度が設定されるかも知れません。

一般的には、計算機の使用権限を得たユーザーとのインターフェイスを処理するプロセスと、それ以外のプロセスでは優先度が異なり、前者に多くのCPU時間が割り当てられます。前者を**フォアグラウンド（Foreground）プロセス**、後者を**バックグラウンド（Background）プロセス**といいます。

バックグラウンドプロセスで行われる処理は、印刷やメールの送受信など多岐におよびますが、多くはユーザーによって生成されるので、フォアグラウンドプロセスと同等またはそれよりも低い優先度が割り当てられます。ユーザーは新たなプロセスを生成することができるので、1つ1つの処理が終わるのを待つことなく、複数の処理を並行して行うことができます。

以下に、優先度付きラウンドロビンスケジューリングを行った場合の例を示します。

図 2-31 優先度付きラウンドロビンスケジューリング

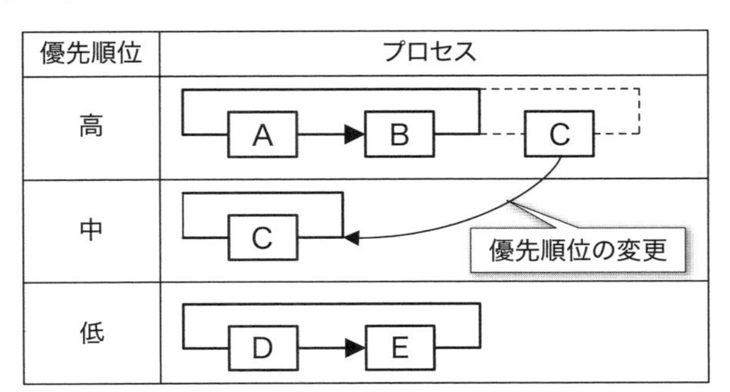

短いプロセスから実行

プロセスの実行が要求されてから終了するまでの時間を**ターンアラウンド（Turn Around）タイム**といいます。OSは各プロセスの計算量を事前に知ることができませんが、もし、知ることができるのであれば平均ターンアラウンドタイムを短くすることができます。

仮に、4つのプロセスが同時に生成され、それぞれのプロセスの処理が終了するまでの時間を8分、4分、4分、4分だとします。一番処理時間の長いプロセスAから実行した場合を以下の図に示します。

図2-32 長いプロセスから実行

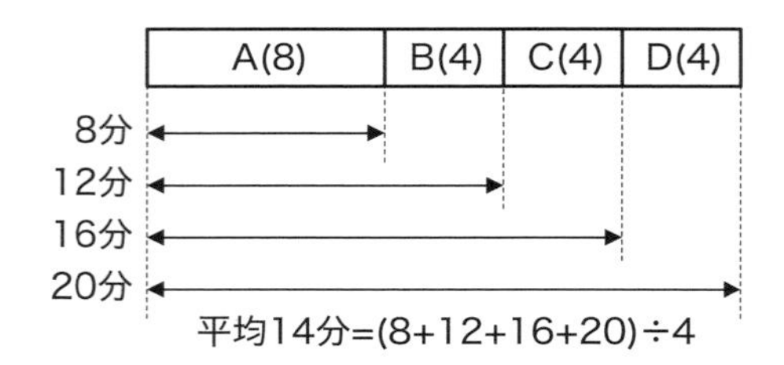

この場合の平均ターンアラウンドタイムは14分となりました。これとは逆に、プロセスAを最後に実行した場合の図を次に示します。

図2-33 短いプロセスから実行

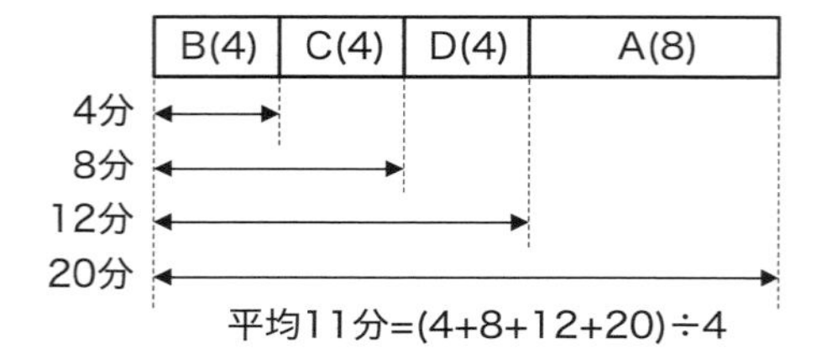

この場合の平均ターンアラウンドタイムは11分となります。全体での処理時間が変化する訳ではありませんが、各プロセスにとっては、短いプロセスから実行した方がターンアラウンドタイムが短くなります。また、入出力をともなうプロセスの効率を上げることにも繋がります。しかし、すでに述べたとおり、OSはプロセスの仕事量を事前に知ることができないので、プロセスの開始時や入出力操作時に高い優先度を設定し、時間の経過とともに優先度を下げていく方法があります。この方法なら、十分に短いプロセスであれば、高い優先順位のまま終了することも可能です。

リアルタイム

すべてのプロセスは、何らかの目的を持って動作しています。要求に対して何らかの結果を求められているのです。しかし、処理内容によって結果が得られるまでの時間は様々ですし、その許容時間も様々です。印刷が終了するまでに数十秒待つことができる人でも、キーボードからの入力がモニターに反映されるまでに同じくらい待てる人は少ないでしょう。

一般的に、決められた許容範囲内で処理が終了することを**リアルタイム**といいます。これは、体感的な速さではなく、システムで決められた具体的な時間内に処理が終了することをいいます。

第3章 メモリ管理のしくみ

トピックス
- より多くのメモリを扱うための工夫
- 異なるアドレス空間を扱う理由
- 外部記憶装置をも巻き込んだ仮想メモリ　など

メモリは、計算機が必要とする情報を記憶しておくためのハードウェアです。メモリに対しては、高速で不揮発性または低価格で大容量などといった相反する性能が要求されますが、これらを同時に満たすことができるメモリは存在しません。そのため、それぞれの用途にあった数多くのメモリが製造されることになり、OSは、これらのメモリをその特性に見合った方法で制御する必要があります。ここでは、メモリの種類とその特性から見ていくことにします。

3.1 メモリの種類と用途

プログラムは、データ処理などの手順を示すコード部と計算結果などを保持するためのデータ部に分けることができます。コードの内容は、プログラムが作成された後から変更されることがないので、読み込みだけが可能なメモリに保存されます。プログラムの不具合でコードが書き換えられることを防ぐことにもつながり、電断やリセット時に必ず元のプログラムが実行されるので好都合です。このようなメモリのことを**ROM**(Read Only Memory)といいます。一方、データは計算する過程で変化するので、その都度、値を更新する必要があります。このような用途で使用されるメモリを**RAM**(Random Access Memory)またはリード/ライトメモリ(RWM：Read-Write Memory)といいます。

ROM

ROMは、書き込みができないわけではなく、通常の使用では読み込みだけを行うことを前提としています。そのため、プログラムを書き込むとき、またはすでに書かれているプログラムを消去するためには特殊な処理を必要とします。ROMは、データの消去または書き込み方法により、次のように分類されます。

図3-1 ROMの種類

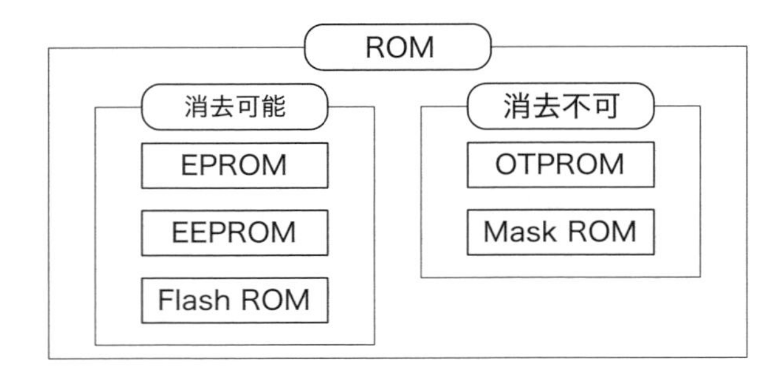

ROMは、主な目的が読み込みだけではありますが、実際には何度も書き換えなどを行って開発が行われます。このような、ユーザーがプログラムを書き込むことができるROMのことを**PROM**(Programmable ROM)といい、消去可能なPROMのことを**EPROM**(Erasable PROM)といいます。

初期のEPROMには、データを消去することを目的とした小窓がついていました。この小窓からチップの表面に紫外線を十分に当てると、データの消去が行えたのです。専用の機器を使えば、数十分ですべてのデータを消去できましたが、自然光のなかに長時間放置することでもデータが消去されてしまうので、小窓を塞ぐシールが別途販売されていました。EPROMは、電気的にデータを消去可能な**EEPROM**(Electrically Erasable PROM)が開発されたことにより徐々に使用されなくなりました。

PROMは、プログラムを書き込むために、通常の動作時に使用される以上の高い電圧を必要としました。また、書き込み手順もメーカーにより異なっていたため、ROMライターと呼ばれる、専用の書き込み機器が必要でした。ROMライターで書き込みを行うためには、基板からROMを取り外さなければいけなかったので、基板上のROMは、ソケットにより実装されることが一般的でした。

Flash ROMは基板上で使用する電圧を使い、データの消去および書き込みを行うことができるROMです。プログラムを書き込むために基板からROMを取り外す必要がないので、ソケットを実装するためのスペースが不要となり、機器の小型化に貢献することとなります。Flash ROMはページ単位での消去のみが行えるなどの条件がありますが、プログラムだけに留まらず設定データを保存することができるデバイスとして広く利用されています。

OTPROM(One Time PROM)はユーザーが一度だけ書き込みができるPROMで、**Mask ROM**は工場での製造段階で一度だけ書き込むことができるPROMです。Mask ROMは大量生産を前提として最大限にコストを抑えるための製品といえます。

RAM(RWM)

RAM(Random Access Memory)とは、大量のデータを一時的に保存することが可能なデバイスです。ですが、RAMという名称が「アドレスを指定してデータにアクセスできる」という意味で使用されることは多くありません。この意味ではROMも同じで、ROMは機能を、

RAMはアクセス方法を語源としているといえます。RAMは、データの書き換えが可能なデバイスとしての機能面からRWM (Read Write Memory) と呼ばれることもありますが、あまり多くはありません。

RAMは、ROMと異なり、電断時には値を保持しておくことができません。RAMは、その特性により、次のように分類されます。

図 3-2 RAMの種類

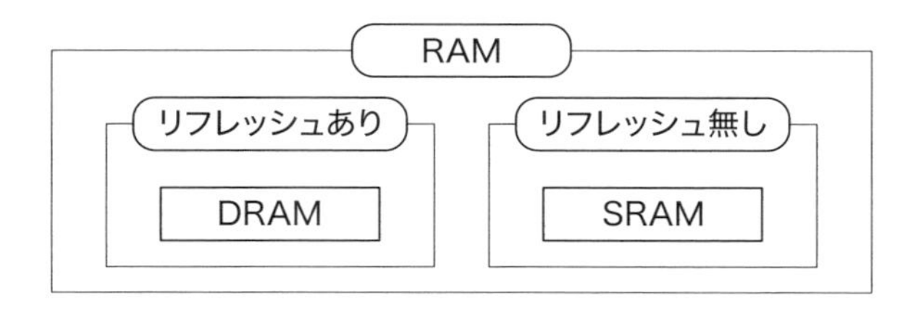

RAMは、データを保持する方法により**DRAM** (Dynamic RAM) と**SRAM** (Static RAM) に分類されます。DRAMは、コンデンサを使ってデータを保持するので、リフレッシュを行う必要があります。一部のDRAMには、自動的にリフレッシュを行う、オートリフレッシュ機能が付いています。

SRAMは、コンデンサではなく、複数の回路を使ってデータを保持するものです。このため、リフレッシュが不要となる反面、回路が複雑になるので、ビット当たりの面積などでは、DRAMよりも劣ることになります。同じ理由により、SRAMは、同容量のDRAMよりも高価になる傾向があります。

RAMは、アクセス方式によって非同期式と同期式に分けることができます。非同期式は古くから使われている方式で、データを取得するたびにアドレスやイネーブル信号を指定する必要があります。これに対して同期式は、1回のアドレス指定で連続した複数のデータを取得できるなど、高速動作のための工夫が施されています。

メモリの用途

CPUから直接アドレッシング可能なメモリのことを**メインメモリ**と呼びます。メインメモリには、OSの基本であるカーネルや実行中のプロセスが展開されるので高速にアクセスする必要がありますが、電源が供給されていないときに値を保持しておく必要はありません。

いくつかのアプリケーションでは、プログラム終了後にもデータを恒久的に保存しておく必要があります。このような目的では、外部記憶装置が利用されます。外部記憶装置は、電源が投入されていない状態でもデータを保持することができるメモリで、動作速度よりも大容量低価格であることが重要視されます。

図3-3 メモリの用途

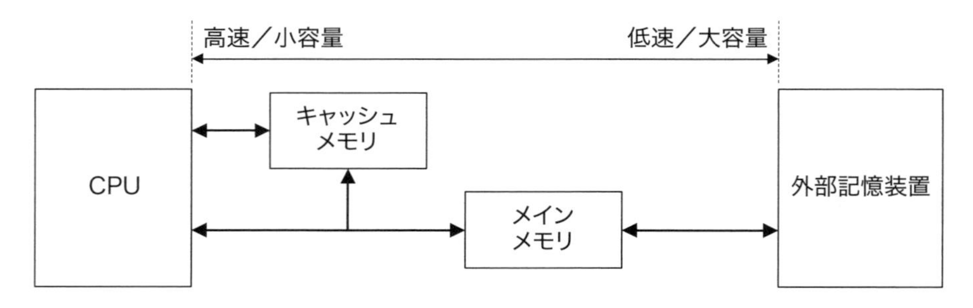

一部のCPUには、メインメモリよりも高速にアクセスできる、小容量のメモリを内蔵しているものがあります。これは、一度アクセスしたメモリの値を、より高速にアクセス可能なメモリに保持しておき、再度アクセス要求があった場合に、メインメモリよりも高速にデータを取得することを可能とします。このような用途で使われるメモリのことを**キャッシュ（Cache）メモリ**といいます。キャッシュメモリは、CPUだけでなく、外部記憶装置内で使用されることもあります。この場合、キャッシュにヒットすれば、実際の記憶媒体を駆動することなくデータを読み出すことができるので、高速アクセスが可能となります。

CPUの性能向上とともに、CPUがアクセス可能なメインメモリの容量は増大し続けています。そのため、CPUがアクセス可能なすべての領域に実メモリが配置されないこともあります。また、領域ごとに異なるメモリデバイスが実装されることもあります。このようなメモリの配置は**メモリマップ**で表されます。メモリマップの記載方法に決まりはありませんが、具体的な例として、64Kバイトのメモリ空間にROMとRAMを配置したときのメモリマップを示します。

図3-4 メモリマップの例

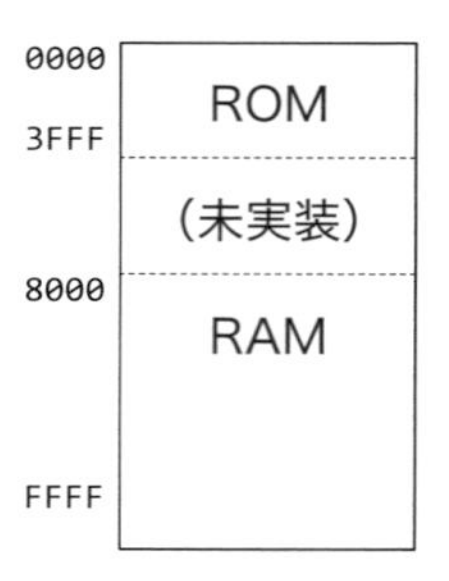

このメモリマップからは、16Kバイトの容量を持つROMがアドレスの0x0000番地から0x3FFFまで、32KバイトのRAMが0x8000番地から0xFFFF番地までの空間に配置されていることが分かります。0x4000から0x7FFFまでの16Kバイトは、デバイスが実装されていないことを示していますが、実際には、ROMやRAMの一部が割り当てられていることもあります。これは、ハードウェアでの実装に依存し、**ゴースト**などと呼ばれることがあります。いずれにせよ、この領域へのアクセスは保障されていません。

3.2 セクションとメモリの関係

プログラムは、プログラマがソースコードをコンパイル、リンクして得られたコードとデータの集合体です。プログラムには、CPU命令や演算に使用されるデータが含まれており、外部記憶装置にファイルとして保存されています。プログラムを実行するためには、CPU命令やデータをメモリに展開する必要がありますが、ファイルのどの部分にコードが存在するか、またはどの部分にデータが存在するのかを特定しなくてはなりません。これらのデータはセクションごとにまとめられています。

セクション

プログラムは、その内容により、セクションという単位でまとめられています。プログラムの一部をまとめたセクションは、どのメモリ空間に配置するかを決めるために使用されます。例えば、プログラムコードは、電断時にも保持される必要があるのでROMに配置する必要があり、カウンタなどの変数は、実行時に書き換える必要があるので、RAMに配置する必要があります。

セクションは、プログラムを作成するときの言語やコンパイラなどにより多少異なることもありますが、大きく分けてプログラム(PROGRAM)、定数(CONST)、初期化(DATA)、未初期化(BSS)セクションの4つに分類されます。一般的には、その頭文字をとって、それぞれをPセクション、Cセクション、Dセクション、BSS(Block Started by Symbol)セクションと呼ばれています。また、PセクションはTEXTセクションと呼ばれることがあります。

図3-5 プログラムのセクション

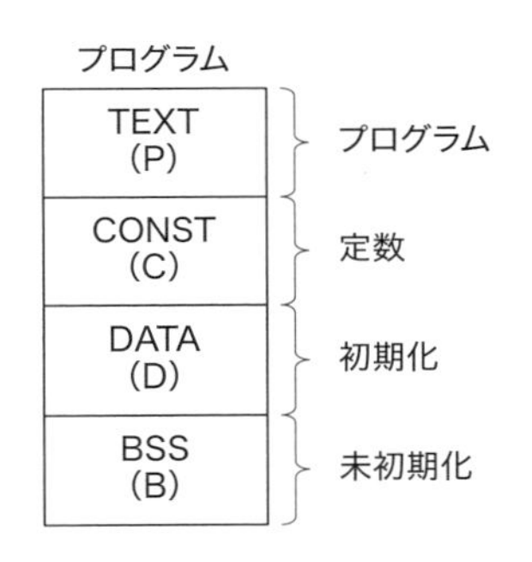

P(プログラム)セクションには、プログラムコードが格納されています。具体的な関数の実体や演算処理などはこのセクションに含まれます。Pセクションはプログラム実行中に命令が変更されることがないので、ROMに配置されます。

C(定数)セクションには、値の参照のみが行われる定数や文字列などの変更されないデータが格納されます。Cセクションは、Pセクションと同様、プログラム実行中に値が変更されることがないのでROMに配置されます。

D(初期化)セクションは、プログラム実行中に値を変更することが可能な変数が含まれます。ただし、このセクションのデータには初期値が設定されているので、プログラムの実行が開始される前に、C(定数)セクションから初期値をコピーします。一度初期化した後は、通常の変数として使用されます。このセクションには変数が割り当てられるので書き換え可能なRAMに配置されます。

BSS(未初期化)セクションには、初期値が設定されていない変数が含まれます。このセクションには、初期値が設定されていないので、どのような値となるかは不定です。しかし、多くのシステムでは、0で初期化されることが一般的です。このセクションもDセクション同様、書き換え可能な変数が格納されているのでRAMに配置されます。

3.3 メモリを効率的に利用する手法

CPUと直接接続されるメモリには、より高速でより大容量であることが求められ続けています。メモリのアクセススピードは、システムのパフォーマンスを決定付けるものですし、その容量が少なければ、多くの処理を並行して行うことができません。少ない容量で多くの処理を並行して実行させたとしても、不足したメモリの容量を補うために、より低速の外部記憶装置が利用されることになると、全体的な効率が下がることになります。

コンピュータシステム内において、メモリは高価な部品の1つです。実際、CPUがアクセス可能なすべてのアドレス空間にメモリが実装されているとは限りません。メモリは、OSも含めてたすべてのプログラムで使用される貴重なリソースで、メモリ不足は古くからある問題の1つです。ここでは、メモリを効率的に利用するいくつかの方法を見ていくことにします。

オーバーレイ

初期のコンピュータに搭載されたOSは、プロセス全体をメモリにロードしなければ実行することができませんでした。その上、メモリにロード可能なプログラムサイズにも限界がありました。このような環境下でも、より大きなプログラムを実行したい場合、プログラムの一部を書き換えながら実行する、**オーバーレイ**(Overlay)という手法が使われていました。

OSがロード可能なサイズを超えてしまった巨大なプログラムは、メモリに展開することができないので、そもそも実行することさえできません。最低限、OSにはプロセスとして実行してもらう必要があるので、プログラム全体をOSがロード可能な先頭部分とそれ以外の部分に分割します。そして、OSには、プログラムの先頭部分だけをロードしてもらい、残りの部分はプロセス自身でメモリにロードするのです。

次の図は、内部的に、プロセスとしてメモリにロード可能な大きさに分割された、プログラムの構成を示したものです。プログラムには、プログラムサイズが、OSがロード可能なサイズ以下であると記載しておきます。OSは、プログラムの実行が要求されると、プログラムに記載されたサイズでプロセスを作成しますが、この領域には、他のプログラムをロード可能な共通部分とプログラム(a)が含まれています。プログラム開始時にロードされなかった残りの部分は外部記憶装置に残されたままとなり、これ以降も、残された部分をOSがロードすることはありません。多くの場合、最初にロードされるプログラム (a) の部分には初期化処理が含まれています。

図 3-6 オーバーレイを行うプログラムの構成

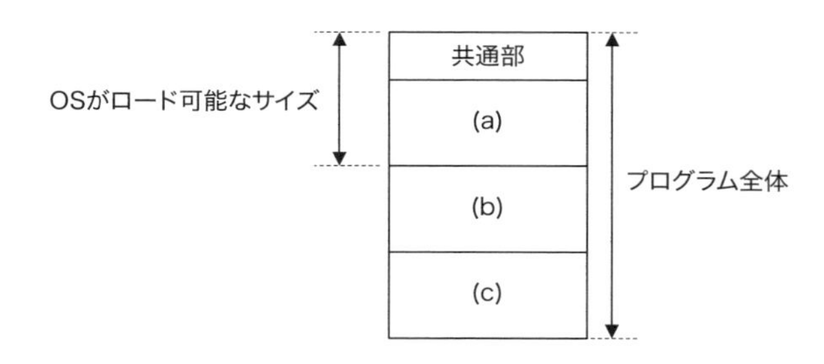

プロセスは、処理を行う過程において、メモリにロードされなかったプログラムの一部を実行する必要がありますが、これらの処理がプログラムのどこに存在しているのか、また、いつ必要になるかはプロセス自身にしか分かりません。そのため、OSがロードしなかったプログラムの一部は、プロセス自らが外部記憶装置からメモリにロードする必要があります。

しかし、外部記憶装置からプログラムを読み込むプロセスであったとしても、他のプロセスよりも多くのメモリ領域が割り当てられるわけではないので、自プロセスのメモリ領域に上書きする以外に方法がありません。この領域は、プロセス自身によって定義される、**オーバーレイ領域**と呼ばれます。

図 3-7 オーバーレイ領域

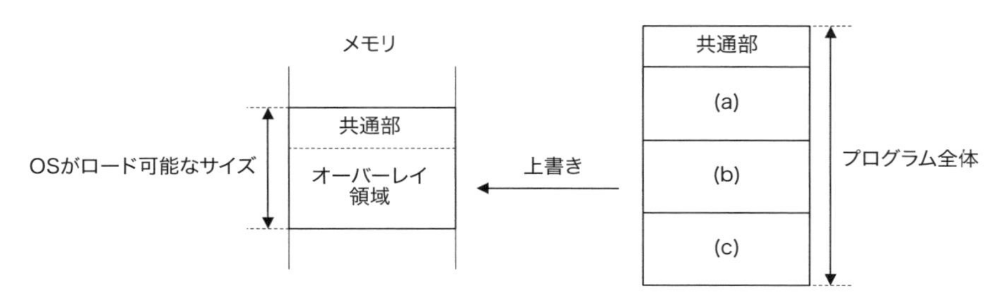

オーバーレイは、メモリに入りきらないプログラムコードを必要なときにだけロードして使用するので、常にプログラムの一部だけがオーバーレイ領域にロードされた状態となります。プロセスは、オーバーレイ領域にロードされているのが、プログラムのどの部分に当たるかを正しく管理し、ロードされていないプログラムコードを呼び出すことがないようにしなくてはいけません。

オーバーレイで行われること自体は、外部記憶装置からメモリへの単純なコピーなので、それほど難しいことではありません。しかし、これを実現するとなると、セクションの分割やアドレッシングなど、いくつかの問題を解決しなければなりません。
まず、オーバーレイでは、分割されたコードの一部だけが有効となるので、独立性を持ったグループごとにセクションを分ける必要があります。この例の場合、(a)の部分と(b)の部分は同時にメモリに存在することができないので、それぞれの領域にある関数が相互に呼び出すことがないようにしなければなりません。これは、プログラマの責任で行います。巨大化複雑化するプログラムのなかから、同時に使用可能なコードのみでセクションを分割する作業はとても手間のかかる作業です。
また、オーバーレイは、プログラム内でコードの位置が変更されることに等しいので、メモリにロードされたオフセットアドレスへの変換を行う必要があります。次の図は、関数のオフセットアドレスがメモリにロードされたときに変化する様子を示したものです。

図3-8 オーバーレイでのアドレス調整

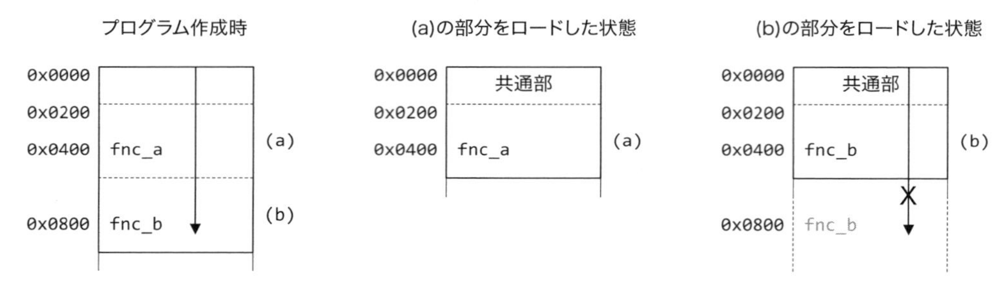

コンパイラは、プログラムコードを1つのセクションにまとめるので、func_b関数を呼び出す場合は先頭からのオフセットアドレスが0x0800の位置にジャンプするようにコードを生成します。しかし、オーバーレイ実行時には、func_b関数が含まれる(b)の部分はオフセットアドレスが0x0200の位置にロードされるので、結果的にオフセットアドレスが0x0400の位置にジャンプする必要があります。このようなアドレス変換作業はOSが行ってくれるものではなく、プログラム側で調整する必要があります。
プログラム単体で見れば、巨大なプログラム空間を取得可能なオーバーレイは、効率の良いメモリ管理方法ではありますが、セグメントやメモリ配置に関する知識を要求するので、すべてのプログラマが行えるわけではありません。オーバーレイでは、これら以外にもいくつか注意する点がありますが、すべてプログラム作成時の作業になり、OSが介在することはありません。

バンク切り替え

CPUがアクセス可能なアドレス範囲は、物理的なアドレス信号線の本数で決まります。**バンク切り替え**とは、CPUのアドレス信号を増やすことなく、アクセス可能なメモリ容量を拡張する手法です。バンク切り替えは、外部記憶装置を使用しないオーバーレイと考えることもできます。バンク切り替えでは、異なるメモリ範囲を選択するためにアドレス信号線に変わる物理的な信号線が必要となりますが、多くの場合、メモリアクセス時にも安定した信号を出力可能な、ポート出力信号が利用されます。これは、ハードウェアで特定のメモリを選択するときに使用される、イネーブル信号と同様の考え方です。

図3-9 バンク切り替えのハードウェア

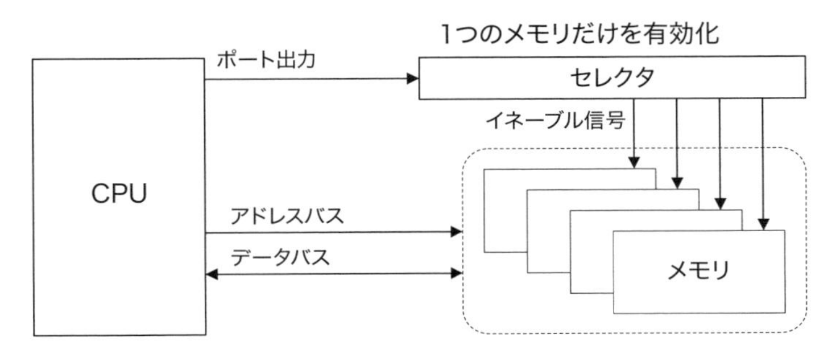

バンク切り替えでは、切り替えが行われるメモリ領域のことを**バンク領域**と呼びます。この領域には、ポート出力の値により異なる実メモリが割り当てられます。仮に、ポート出力として2本の信号線を使用しているのであれば、2ビットで表現可能な0から3までの4面のバンクを指定することができます。同じアドレス空間でありながら、ポート出力信号を変化させることで、拡張されたメモリ空間にアクセスすることができる訳です。ただし、異なるバンクには同時にアクセスできないので、オーバーレイと同じような考慮が必要です。

図3-10 バンク切り替えのソフトウェアイメージ

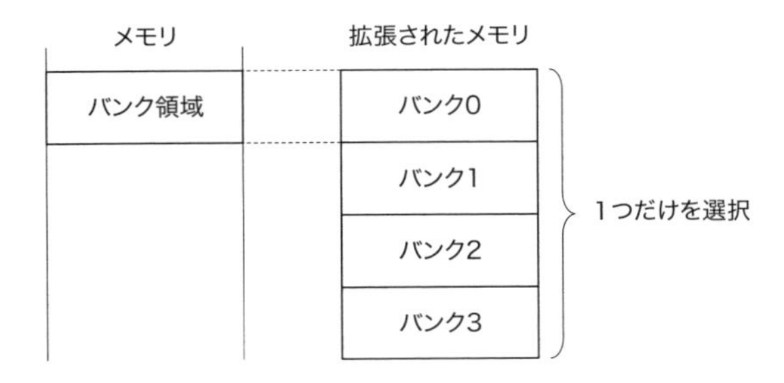

バンク切り替えは、有効なメモリ領域をポート出力信号で選択するだけなので、バンク切り替えによるオーバーヘッドがほとんどありません。しかし、バンク切り替えはハードウェアを直接制御するので、1つのプロセスが独自に行うオーバーレイとは異なり、どのプログラムが実行しても良い訳ではありません。ハードウェアの制御をともなうバンク切り替えは、特権を持ったプログラムのみが実行することができますし、OSとのメモリ空間の調整も必要となります。

バンク切り替えは、OSが管理しないメモリ空間を、プログラムが利用する手段として用いられることもありました。この場合、特別なハードウェアが存在するわけではないので、バンク領域とOS管理外のメモリ領域間でのメモリコピーをソフトウェアで行う必要があります。メモリのコピーが発生するので高速な手法ではありませんが、特別なハードウェアを必要とせずにアクセス可能なメモリ空間を拡張することができたので、広く使われた手法です。

図3-11 OS管理領域外のバンク利用

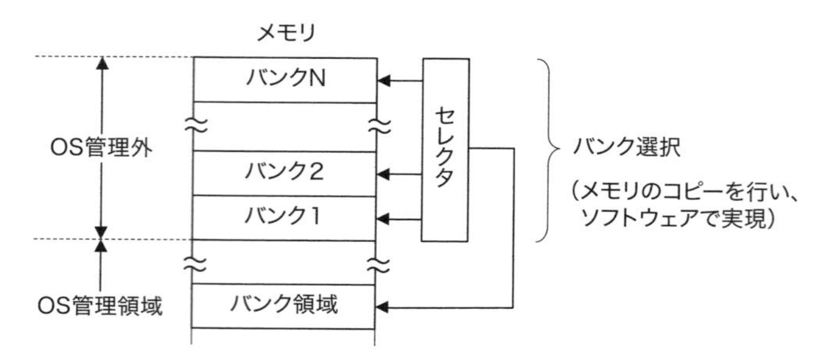

プロセスのロード

プロセスを実行するためには、外部記憶装置にあるファイルからCPU命令やデータをメモリ上の適切な位置にコピーする必要があります。プログラムにはCPU命令やデータが順番に記録されており、処理の分岐先やデータの参照先などがコンパイル時に決められているので、必ず、連続したメモリ領域に展開されなければいけません。

実行すべきプロセスが1つだけであれば、プロセスを実行するためのメモリ管理はとても簡単です。プロセス全体をメモリに読み込んで実行し、終了したら次のプロセスをロード、実行すればいいのです。これは、OSが開発される前に行われていた、ジョブを連続して実行する方法と同じ考え方です。しかし、複数のプロセスを並列動作させる現代のOSでは、複数のプロセスがメモリ上に展開されている必要があります。

メモリサイズによるロード

複数のプロセスをメモリに展開する場合、重複しない領域を割り当てますが、効率的にメモリを利用できるように配置する必要があります。簡単な方法としては、メモリ全体をいくつかの領域に分割し、その1つ1つにプロセスを展開する方法です。ここでは、分割された領域を区分と呼ぶことにします。

区分は、すべて同じ大きさで設定することも、プロセスの大きさを見越して、いくつかの大きさで設定することもあります。注意すべきは、区分の最大サイズは実行可能なプロセスの最大サイズでもあるということです。OSは、次にどのプログラムが実行されるかを知ることができないので、メモリに展開されるプロセスの大きさを事前に知ることができません。そのため、プログラムの実行が要求されたときに、プロセスを展開することができる一番小さな区分にプロセスを展開します。この場合、展開先の区分と実際のプロセスの差分が未使用領域となります。

図 3-12 プロセスを区分に展開する

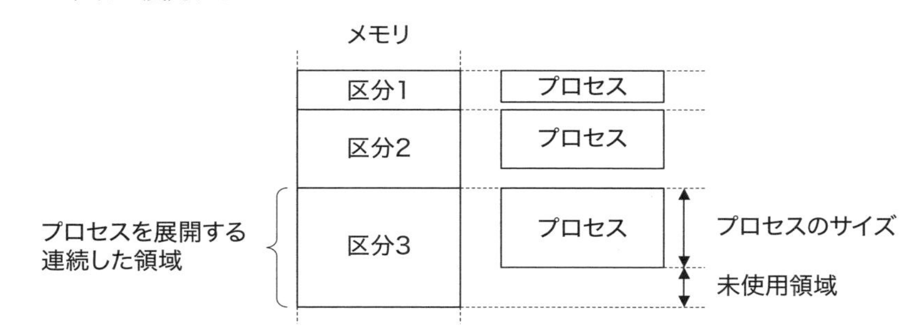

この方法では、1つの区分には1つのプロセスしか展開することができないので、小さなプロセスが連続して実行された場合、大きな区分を小さなプロセスが占有してしまい、未使用領域が大きくなってしまう問題があります。この場合、大きなプロセスは、小さなプロセスが占有する大きな区分を解放するまで待たされることになります。

プロセスサイズによるロード

プロセスが要求するメモリ領域は可変であるため、空いているメモリ領域に隙間なくプロセスを割り当てて行けば、未使用領域が生成されず、メモリを効率よく使用することができます。しかし、これは最初だけで、プロセスの起動と終了が繰り返し行われる過程で、十分なメモリ領域があるのにもかかわらず、メモリ領域が連続していないため、プロセスを起動することができない状態が発生します。

次の図は、プログラムC、A、B、Cの順で実行されたときのメモリの使用状況を表したものです。一見すると、すべてのプロセスに重複しないメモリ領域が割り当てられており、メモリが効率的に使用されているように見えます。

図 3-13 プロセスの展開

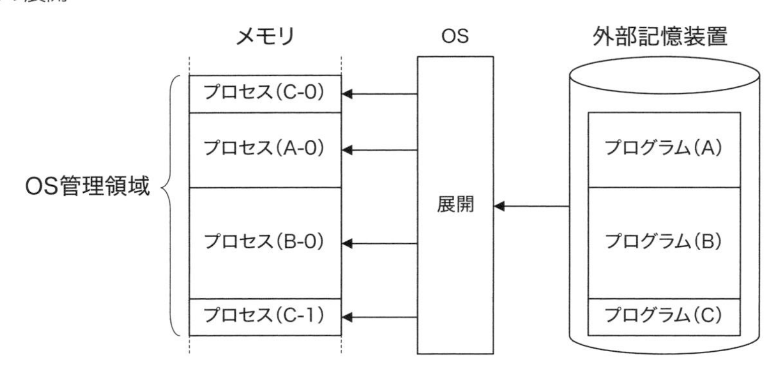

次の図で示される状態(b)は、OS管理領域のすべてにプロセスが展開された状態(a)から、

プロセス(B-0)が終了し、新しくプロセス(A-1)が展開された直後のメモリ状態を表したものです。この状態のときに、新しくプログラムの実行が要求された場合、空いているメモリ領域は、一番小さなプログラムCを実行する分しか残っていません。これは、仕方がない状況かもしれませんが、状態(c)は、少し異なります。

図3-14 メモリホール

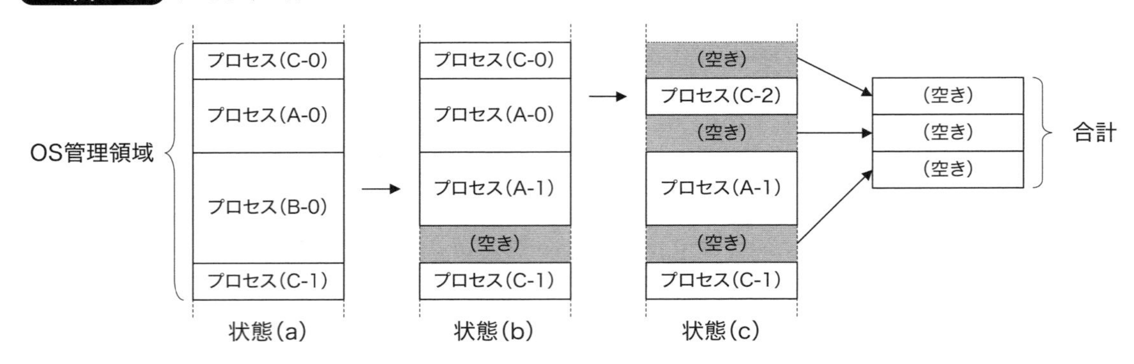

状態(c)は、状態(b)からプロセス(A-0)が終了し、新しくプロセス(C-2)が展開された後でプロセス(C-0)が終了したときの状態を表したものです。空き領域が3つに分割されてはいますが、合計すると、一番大きなプログラムBを実行することも可能なサイズになっています。しかし、プロセスは、連続したメモリ領域に展開されなければ実行することができないので、一番大きなプログラムBだけではなく、より小さなプログラムAも実行することができません。このような、未使用の小さなメモリ領域は**メモリホール**(Hole:穴)と呼ばれます。

メモリホールは、メモリ上に展開されているプロセスを移動することで、より大きなメモリ領域にまとめることができます。一見、簡単な解決方法に思われるプロセスの移動ですが、このときに行われるメモリのコピーはとてもコストのかかる処理です。また、何らかの方法で、移動したプロセスのアドレッシングを調整しなくてはなりません。

プロセスの入れ替え(スワップ)

メモリに展開されているプロセスのなかには、ブロック状態に遷移したものやクォンタムを使い切った優先順位の低いものが含まれていることがあります。これらのプロセスが占有するメモリ領域はしばらく使用されることがないので、一旦、外部記憶装置に移動させることができます。これにより、メモリに展開されてはいるものの、実質的に実行状態に遷移することがないプロセスが不必要にメモリを占有することがなくなるので、メモリを効率的に使用することができます。

このときに行われる、メモリ上のプロセス全体を外部記憶装置に移動することを**スワップアウト**、逆に外部記憶装置にあるプロセスイメージをメモリ上に移動することを**スワップイン**といいます。また、このときに作成される外部記憶装置上のファイルは、**スワップファイル**と呼ばれています。

メモリからスワップアウトされたプロセスは、次に実行状態になったときに、同じアドレスのメモリ上にスワップインされなければ困ったことになります。実行アドレスはもちろん、参照するデータのアドレスもずれてしまうためです。これは、メモリホールを解消するためにプロセスを移動するときの問題と似ています。

プロセスの保護に関する問題

メモリに展開された複数のプロセスは、それぞれが異なる領域に展開されてはいますが、プログラムの不具合または悪意のあるプロセスにより、他のプロセスのデータが書き換えられてしまうことを防いでいる訳ではありません。OSは、各プロセスが、提供されたメモリ範囲にのみアクセスすることを期待してはいますが、実際にそうであるとは限りません。単純なアドレス変換機能だけではメモリ空間の保護を実現することができないのです。

プロセスが展開されたメモリ領域を保護するために、プロセスがアクセス可能なアドレス範囲を制限する方法も考えられます。しかしながら、すべてのプロセスのすべてのメモリアクセスをソフトウェアだけで監視することは非効率的ですし、現実的に不可能です。このような機能を実現するためにはハードウェアによるサポートが必要不可欠です。

論理アドレスと物理アドレス

すべてのプロセスは異なるメモリ領域に展開されるので、それぞれ異なるデータ領域にアクセスする必要があります。ですが、複数のプロセスが1つのプログラムから生成された場合、プログラムのコード自体が同じなので、すべてのプロセスが同じアドレスにアクセスすることになります。これは、プログラムごとの相対的なアドレス指定にプロセスごとのベースアドレスを追加することで対応できます。ベースアドレスの設定は、プロセス自身が行う方法とOS側で行う方法に分けられます。

最初の方法は、OSとプロセスの双方でメモリのアクセス位置を調整します。OSは、プロセスごとのメモリ領域を管理し、プロセスはOSから割り当てられた領域だけにアクセス範囲を限定します。この方法では、プロセス自身が物理アドレスの調整を行うので、自プロセスがロードされたアドレス情報を知る必要があります。この情報は、プロセスごとのメモリ領域を管理しているOSによりもたらされるものです。

この方法を採用するOSは、プロセスが、割り当てられたメモリ領域だけにアクセスすることを期待しています。しかし、プロセスは、OSから割り当てられたメモリ領域が、アクセス可能なすべてのメモリ空間の一部であることを知っていますし、同じメモリ空間には他のプロセスやOSの管理領域が存在することも知っています。この方法は、すべてのプロセスがルールにしたがう限り上手く動作しますが、意図してまたはプログラムの不具合などで他のプロセスやOSの管理領域が書き換えてしまうことを防ぐことができません。

図3-15 ベースアドレスを参照するプロセス配置

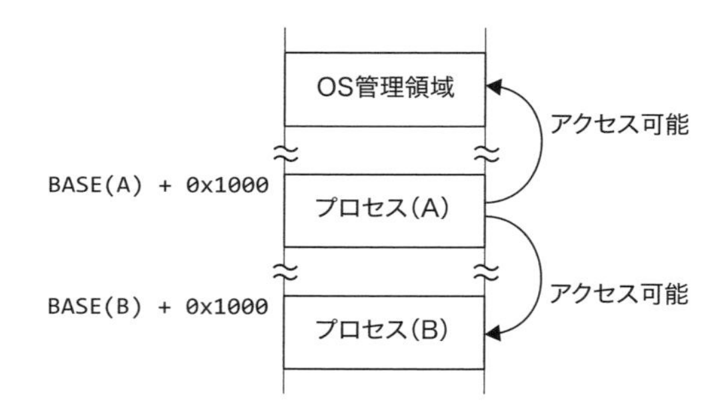

もう1つの方法は、プロセスがアクセスするメモリ領域が重ならないように、OSがアドレスを変換してしまうものです。例えば、プロセスAとBが0x1000番地にアクセスする場合、OSは、プロセスAのアドレスを0x2000番地に、プロセスBのアドレスを0x3000番地に変換してしまいます。それぞれのプロセスは、0x1000番地にアクセスしているつもりですが、実際には、OSがプロセスごとに用意した異なるメモリ領域にアクセスしていることになります。

この場合OSは、プロセスがアクセスしようとしたアドレスと、OSにより変換されたアドレスの2種類のアドレスを管理することになります。プロセスがアクセスしようとしたアドレスは、他のプロセスとの重複を気にすることなく、プロセス内で自由に使うことができますが、OSが変換した後のアドレスはどのプロセスとも重複することは許されません。このとき前者を**論理アドレス**、後者を**物理アドレス**と呼び、OSにより管理されます。

図3-16 アドレス変換

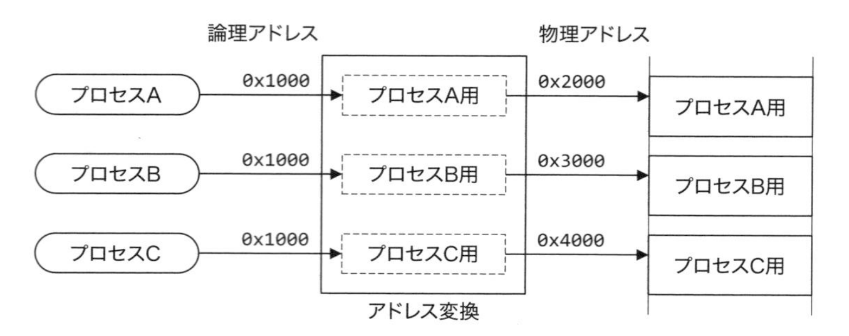

この方法は、アドレス変換作業がプロセスからOSにかわっただけで、単純なアドレス変換であることに変わりはありません。すべてのプロセスが同じメモリ空間を共有しているので、OSが行うアドレス変換を見越して論理アドレスを調整すれば、プロセスが意図した物理アドレスにアクセスすることができてしまいます。その上、すべてのアドレス変換をソフトウェアであるOSが行うのはとても負荷がかかるので、現実的ではありません。

MMU(メモリマネージメントユニット)

アドレス変換は、すべてのメモリアクセス時に行われるので、高速に動作する必要があります。アドレス変換を含め、メモリ管理に関する制御を専門に行うハードウェアは**MMU**(Memory Management Unit)と呼ばれます。MMUを利用するOSは、各プロセスに適用するアドレス変換テーブルを作成し、MMUに設定します。

図 3-17 MMUの役割

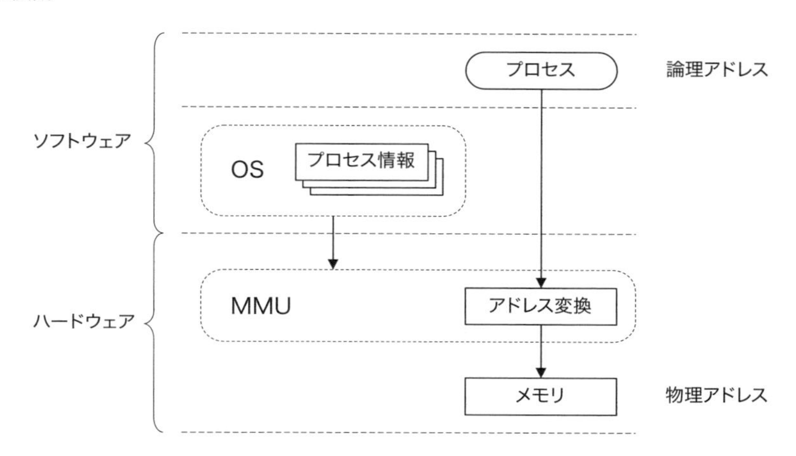

連続したメモリ領域を要求するプロセスに対して、1バイト単位でのアドレス変換を提供しても使いづらいだけです。MMUが行うアドレス変換は必ず2^Nバイト単位で行われます。これは、アドレス信号のビットを使ってアドレス範囲を特定するハードウェアの特徴です。

MMUが、アドレス変換を行う領域をどのように特定するかを、アドレス信号とメモリ範囲の関係から確認することにします。仮に、任意のアドレスが全メモリ空間の前半分と後ろ半分のどちらにあるかを確認するためには、アドレス信号が16ビットで表現される場合、最上位ビットであるB15を検査します。検査した結果が0であれば前半分、1であれば後ろ半分に存在することが分かります。

表 3-1 アドレス範囲の特定(上位1ビット)

範囲	B15	B[14:0]
0x0000 - 0x7FFF	0	-xxx xxxx xxxx xxxx
0x8000 - 0xFFFF	1	

同様に、上位2ビット(B[15:14])を検査すれば、任意のアドレスが4分割されたメモリのどの範囲に含まれているかが分かります。

表3-2 アドレス範囲の特定（上位2ビット）

範囲	B15	B14	B[13:0]
0x0000 - 0x3FFF	0	0	--xx xxxx xxxx xxxx
0x4000 - 0x7FFF	0	1	
0x8000 - 0xBFFF	1	0	
0xC000 - 0xFFFF	1	1	

さらに、上位4ビット(B[15:12])を検査すると、任意のアドレスが16分割されたメモリのどの範囲に含まれているかが分かるようになります。

表3-3 アドレス範囲の特定（上位4ビット）

範囲	B15	B14	B13	B12	B[11:0]
0x0000 - 0x0FFF	0	0	0	0	---- xxxx xxxx xxxx
0x1000 - 0x1FFF	0	0	0	1	
0x2000 - 0x2FFF	0	0	1	0	
0x3000 - 0x3FFF	0	0	1	1	
0x4000 - 0x4FFF	0	1	0	0	
0x5000 - 0x5FFF	0	1	0	1	
0x6000 - 0x6FFF	0	1	1	0	
0x7000 - 0x7FFF	0	1	1	1	
0x8000 - 0x8FFF	1	0	0	0	
0x9000 - 0x9FFF	1	0	0	1	
0xA000 - 0xAFFF	1	0	1	0	
0xB000 - 0xBFFF	1	0	1	1	
0xC000 - 0xCFFF	1	1	0	0	
0xD000 - 0xDFFF	1	1	0	1	
0xE000 - 0xEFFF	1	1	1	0	
0xF000 - 0xFFFF	1	1	1	1	

MMUは、アドレス変換を特定のメモリ範囲ごとに行います。MMUを含めたすべてのハードウェアでは、複数ビットに渡る算術演算よりも、特定のビットだけを対象とする論理演算を高速に行うことができるので、アドレス範囲の特定はアドレス信号のビット単位で行います。このため、アドレスの範囲は2^Nバイト単位となるのです。

MMUがアドレス変換を行う範囲のことを**ページ**と呼びます。そして、アドレス変換はページ単位で行われることから、**ページ変換**とも呼ばれています。仮に、1ページの大きさが12ビット(B[11:0])で表される場合、ページサイズは2^{12}の4096バイトになります。この範囲にあるアドレスは変換されることがなく、ページ内のオフセットを示すために使用されます。これらのことから、ページ変換の対象となる1つのアドレスには、ページとオフセットの2つの情報が含まれるとみなすことができます。

図 3-18 論理アドレスに含まれる2つの情報

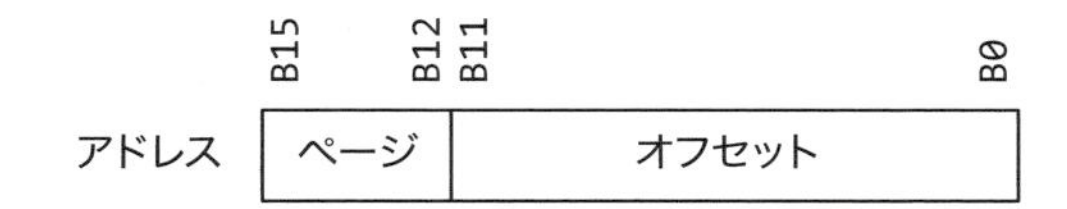

この例の場合、MMUは、プロセスがアクセスしたアドレスがどのページに含まれるかを検査するために、アドレスの上位4ビットに注目します。このとき、ページ内オフセットを表す下位12ビットはページを検査するときには不要な情報なので、0xF000でAND論理演算を行います。これは不要な情報を隠すことから**ビットマスク**と呼ばれます。同様に、上位4ビットをマスクするとページ内でのオフセットアドレスを得ることができます。

図 3-19 ページ変換の概念

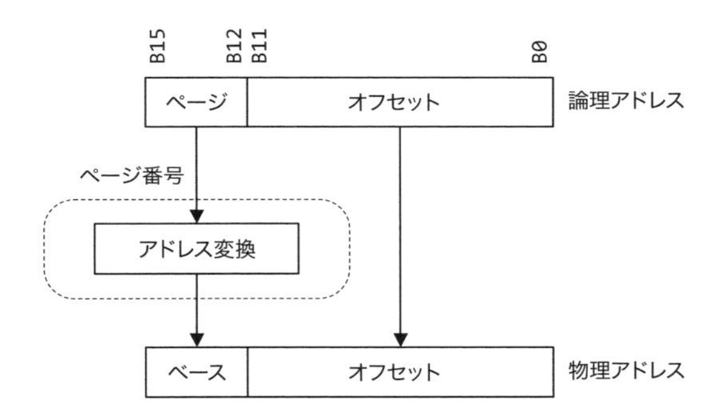

仮に、ページ変換の対象となる論理アドレスが0x1234であれば、0xF000とのAND演算でページ番号が1であることが分かり、0x0FFFとのAND演算でベースからのオフセットアドレスが0x0234であることが分かります

ページテーブル

ページ変換はMMUが行いますが、正しく変換されるように設定するのはOSの仕事です。OSは、プロセスごとにアドレス変換を行うためのページテーブルを作成して管理します。ページテーブルには、ページごとの変換情報が格納されており、これらの情報のなかには、変換後のベースアドレスと変換を行うかどうかなどの情報が含まれています。

次の表は、プロセス(A)が実行状態にあるときのページテーブルを表したものです。ここでは、ページサイズが12ビット(0x0000から0x0FFFまでの4Kバイト)で設定されていると仮定しています。

表3-4 プロセス(A)のページテーブル

ページ番号	論理ベースアドレス	物理ベースアドレス
0	0x0000	------
1	0x1000	0x3000
2	0x2000	------
3	0x3000	------
⋮	⋮	⋮
15	0xF000	-----

このページテーブルでは、プロセス(A)がアドレス0x1000から0x1FFFまでの4Kバイトにアクセスした場合、0x3000から始まるアドレスに変換されることが示されています。具体的には、プロセスが論理アドレスの0x1234番地にアクセスした場合、MMUは、上位4ビットから対応するページ番号1を選び出し、変換が有効であることを確認します。変換が有効であれば変換後の物理アドレス0x3000に下位12ビットのオフセットアドレスを加算した0x3234番地を変換後の物理アドレスとして使用します。

図3-20 ページ変換の手順

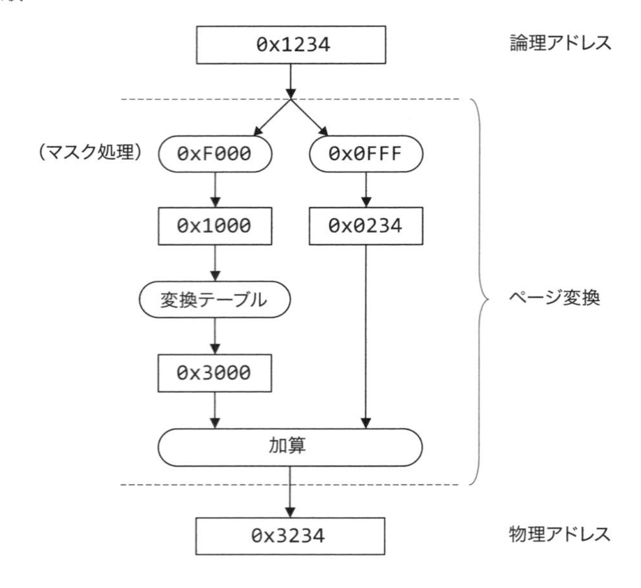

プロセスごとに作成されるページテーブルは、コンテキストスイッチングが発生し、プロセスが実行状態へと移行するときに、MMUに再設定されます。次の表は、プロセス(B)が実行状態にあるときのページテーブルを表したものです。

表 3-5 プロセス(B)のページテーブル

ページ番号	論理ベースアドレス	物理ベースアドレス
0	0x0000	------
1	0x1000	0x5000
2	0x2000	------
3	0x3000	------
⋮	⋮	⋮
15	0xF000	------

このページテーブルから、プロセス(B)がプロセス(A)と同じ論理アドレス0x1234番地にアクセスしたとしてもページ変換により物理アドレスの0x5234番地に変換されることが分かります。OSは、MMUのページ変換機能によりプロセスごとに異なるアドレス空間を提供することができます。

ここで重要なことは2つあります。

1つは、すべての論理アドレスにページ変換を適用できることです。これにより、許可されないメモリ領域へのアクセスを検出することが可能となります。この例に出てきたプロセスであれば、論理ベースアドレスの0x1000番地から始まる1ページにしかアクセスが許可されていません。もし、この範囲を超えた0x2000番地にアクセスしたとしても、変換先アドレスが設定されていないので、不正なアクセスであることがOSに通知されます。つまり、ページ単位ではありますが、アクセス可能なメモリ空間にリミットをかけることができるのです。

もう1つは、プロセスごとにページ変換テーブルを用意できることです。これは、プロセスごとに独自のメモリ空間を作成することを可能とし、任意のプロセスが異なるプロセスのメモリ空間にアクセスすることを禁止することができます。

ページフォルト

ページテーブルには、変換の有効／無効を示す属性が割り当てられています。これは、プロセスがアクセスするメモリ領域が実際に確保されているかどうかを示すものです。仮に、前述のプロセスが論理アドレス0x2000番地にアクセスしたとしても、ページテーブルには変換先の物理アドレスが登録されていません。これは、実際にメモリ上の領域が確保されていないことを示しています。プロセスがこの論理アドレスにアクセスした場合、MMUはアドレスを変換することができないので、無効アドレスにアクセスしたことを示す割り込みを発生し、OSを呼び起こします。この割り込みは、**ページフォルト**(Page Fault)と呼ばれています。

ページフォルトが発生すると、OSは、プロセス用のメモリを新たに確保しなければなりません。OSは、自身が管理するメモリ領域から、1ページ分の空き領域を割り当てます。仮に、0x1000番地からの領域が空いていたとすると、物理ベースアドレスとして0x1000を設定し、変換が有効であることをMMUに設定します。

表3-6 新たなページの割り当て

ページ番号	論理ベースアドレス	物理ベースアドレス
0	0x0000	------
1	0x1000	0x3000
2	0x2000	0x1000
3	0x3000	------
⋮	⋮	⋮
15	0xF000	------

OSは、MMUに新しいページテーブルを設定した後、ページフォルト例外が発生したプロセスのメモリアクセスから実行を再開させます。MMUは、再度アドレス変換テーブルを参照しますが、今度は変換先の物理アドレスが登録されているのでページフォルトが発生することはありません。プロセスは、ページフォルトが発生したことやメモリの割り当てが行われたことなど知る由もなく、何事もなかったように処理を継続します。

ページ変換は、特定のメモリ領域をプロセスから保護することにも利用できます。具体的には、プロセスから保護したいメモリ領域をページテーブルの物理ベースアドレスに指定しなければ良いのです。また、OSは保護したいメモリにアクセスしたプロセスをページフォルトにより補足することができるので、必要であれば、保護されたメモリ領域にアクセスしたプロセスを強制終了させることもできます。

ページングによるメモリ管理方法は、プロセスが展開される物理アドレスが連続していなくても、プロセスには連続した論理アドレスを提供することを可能とします。次の図は、2つのプロセスがそれぞれのメモリ領域にアクセスする様子を示したものです。

図3-21 プロセスごとのアドレス変換

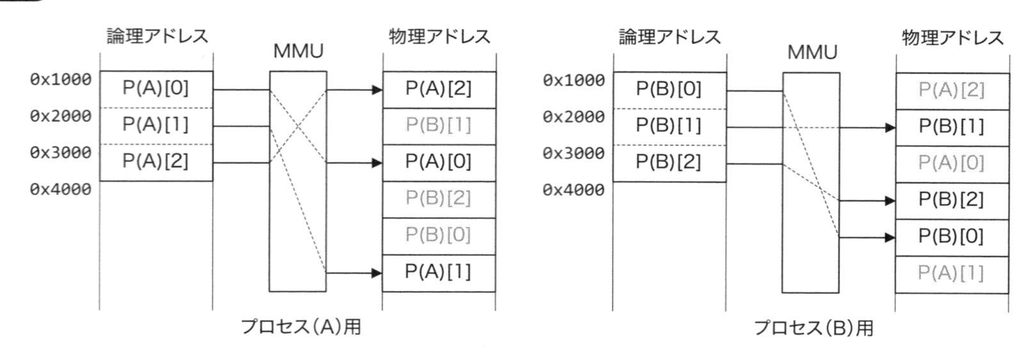

ページングは、ページ単位でのメモリ割り当てを行うので、ページサイズ以上のメモリホールが発生することがありません。また、実際にプロセスがメモリにアクセスするまでは、メモリ領域を確保する必要がないので、プロセス全体ではなく、その一部をメモリにロードするだけでプロセスを実行状態にもっていくことが可能です。

ページ変換機能は、すべてのプロセスに独立したメモリ空間を提供することを可能とします。これは、OSの管理領域もプロセスとは異なるメモリ空間に配置することを可能とするので、不正なアクセスからの影響を最小限に留めることができるようになります。また、ページ変換はページテーブルの設定を行うだけなので、メモリのコピーなど、余計なオーバーヘッドが発生しません。

図3-22 プロセスごとのアドレス空間

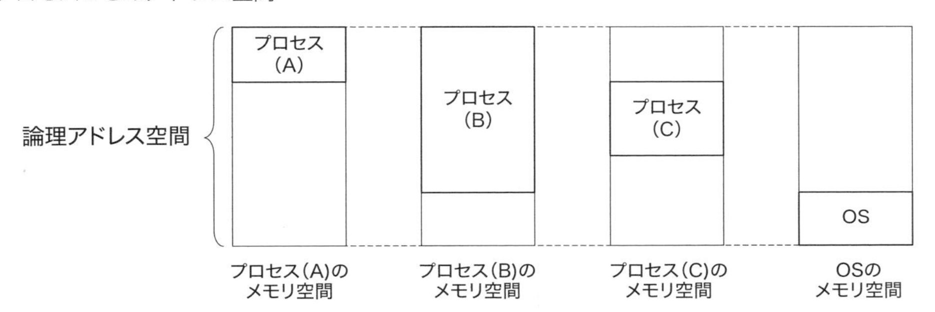

仮想メモリ

OSは、ページング機能を利用して、メモリホールを気にすることなく、プロセスごとに専用のアドレス空間を提供することができるようになりました。しかし、ページングで行われることは、ページ単位でのアドレス変換だけで、メモリ領域にはページを確保できるだけの十分な空き領域が存在することを前提としています。このため、すべてのメモリ領域にページを割り当ててしまえば、それ以上、できることはありません。仮想メモリとは、このような状況下でもプロセスに対してさらなるメモリを提供しようとするものです。

次の表は、プロセス(A)と(B)それぞれに3ページ分のメモリ領域が割り当てられている状況を示したものです。このとき、すべてのメモリ領域にはページが割り当てられており、空き領域がないものとします。

表3-7 すべてのメモリ領域を割り当てた状態のページテーブル

ページ番号	論理ベースアドレス	物理ベースアドレス	
		プロセス(A)	プロセス(B)
0	0x0000	------	------
1	0x1000	0x3000	0x5000
2	0x2000	0x6000	0x2000
3	0x3000	0x1000	0x4000
4	0x4000	------	------
⋮	⋮	⋮	⋮
15	0xF000	------	------

プロセスが使用するメモリは、実際にアクセスするまでメモリを割り当てる必要がありません。仮に、プロセス(A)が実行状態にあるときに0x4000番地にアクセスすると、MMUは、プロセス(A)のページテーブルには0x4000番地に対応するページの変換先アドレスが存在しないので、ページフォルトを発生させ、OSを呼び起こします。

メモリに空き領域がない状態でページフォルトが発生すると、OSは、メモリ上に空き領域を確保するため、使用中のページから使用頻度の低いいくつかのページを選択し、外部記憶装置に保存します。これを**ページアウト**といいます。OSは、ページアウトで得られた空き領域をプロセス用のページとして利用します。実際に、どのページをページアウトするかはOSに実装されたアルゴリズムに依存しますが、仮に、プロセス(B)のページ2をページアウトすることにしたとします。OSは、ページアウトが完了した物理アドレスの0x2000番地を、プロセス(A)の論理アドレス0x4000番地に割り当てます。この場合、OSは、それぞれのプロセスのページテーブルを次のように変更します。

表3-8 プロセス(B)の1ページをプロセス(A)に割り当て

ページ番号	論理ベースアドレス	物理ベースアドレス	
		プロセス(A)	プロセス(B)
0	0x0000	------	------
1	0x1000	0x3000	0x5000
2	0x2000	0x6000	(0x2000)
3	0x3000	0x1000	0x4000
4	0x4000	0x2000	------
⋮	⋮	⋮	⋮
15	0xF000	------	------

次の図は、プロセス(A)がアドレス0x4000番地にアクセスし、ページが割り当てられた後の状況を示したものです。

図3-23 ページアウト後のメモリ状態

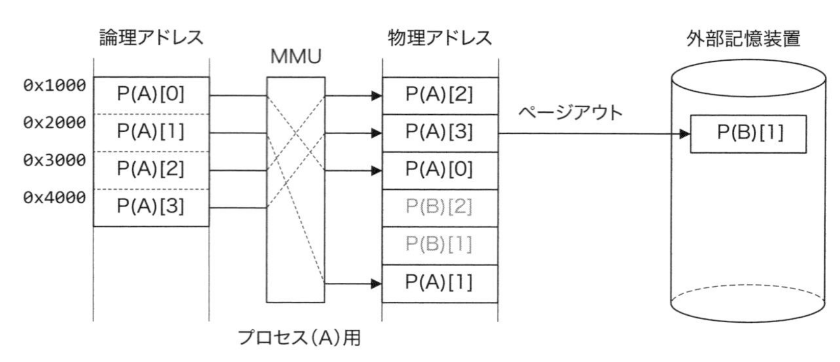

プロセス(A)は処理を継続できますが、プロセス(B)はページアウトされたメモリ領域に再度アクセスする可能性があります。仮に、プロセス(B)がページアウトされた0x2000番地のアドレスにアクセスした場合、ページテーブルには変換先アドレスが登録されていないので、MMUによりページフォルトが発生し、OSが呼び起こされます。

OSは、メモリに空き領域がないので、使用中のページからページアウトするページを選択します。今回は、プロセス(A)のページ1が選ばれたとします。OSは、物理アドレスの0x300番地から始まる1ページ分のデータをページアウトし、空いた領域に外部記憶装置からプロセス(B)のページを展開し、ページテーブルを更新します。ページアウトとは反対に、外部記憶装置からページデータをメモリにコピーすることは**ページイン**と呼びます。

図3-24 ページイン後のメモリ状態

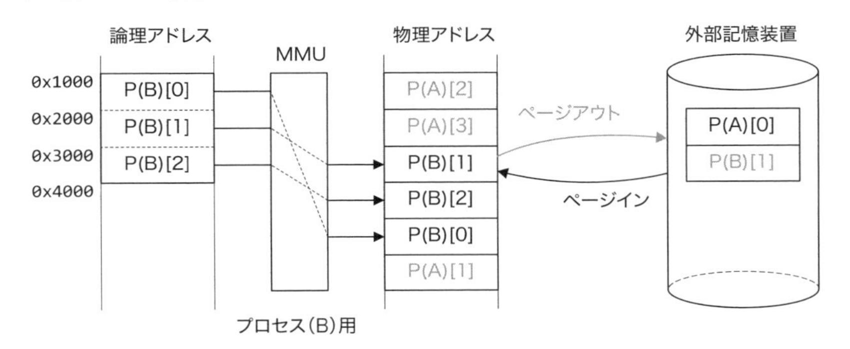

OSは、それぞれのプロセスのページテーブルを次のように変更します。

表3-9 プロセス(A)の1ページをプロセス(B)に割り当て

ページ番号	論理ベースアドレス	物理ベースアドレス	
		プロセス(A)	プロセス(B)
0	0x0000	------	------
1	0x1000	(0x3000)	0x5000
2	0x2000	0x6000	0x3000
3	0x3000	0x1000	0x4000
4	0x4000	0x2000	------
⋮	⋮	⋮	⋮
15	0xF000	------	------

プロセス(B)がアクセスするデータは、ページアウトされる前に存在したメモリ領域(0x2000番地)と異なる位置(0x3000番地)に移動したことになります。しかし、OSはプロセスに対して連続した論理アドレスを提供することができるので、プロセスは以前と同じ環境で処理を行うことが可能です。

これまでに見てきた、外部記憶装置をページイメージの一時的な保存領域として使用するメモリ管理技法は、**仮想メモリ**（Virtual Memory）と呼ばれています。仮想メモリは、ページングによるページ変換を利用して実現しているので、プロセスがアクセスするアドレス空間をページングでは論理アドレス、仮想メモリでは仮想アドレスと呼び、区別することがあります。

図3-25 仮想メモリの構成

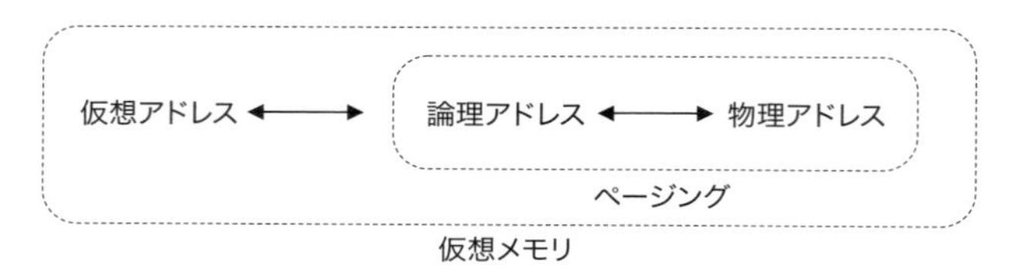

仮想メモリは、外部記憶装置をメモリの一時保存領域として使用するものです。広大なメモリ領域を得られるかわりに、ページイン／ページアウトによる処理速度の低下を招きます。また、多くのプロセスを並列動作させることによるメモリの取り合いが、全体の処理能力に影響をおよぼすこともあります。

ページアウト回数の削減

仮想メモリは、メモリと外部記憶装置間でのデータ転送を伴います。外部記憶装置へのアクセスは、メモリへのアクセスに比べると、桁違いに時間の掛かる処理です。このため、可能であればページイン、ページアウトとも行わないに越したことはありません。

実際、ページアウトする対象がプログラムコードである場合、書き換えられることがないので、わざわざ外部記憶装置に保存する必要がありません。そのまま破棄したとしても、必要であれば再度ファイルから読み出すことができるためです。これは、固定データにも同じことがいえます。同様に、可変データであったとしても、実際にデータの書き換えが行わなければページアウトによりデータを保存する必要がありません。

このように、データに変更がなければ、外部記憶装置に保存する必要がないのですが、データが変更されたかどうかをソフトウェア（OS）で判断するのは、すべてのメモリアクセスを監視することに等しく、現実的ではありません。実際、これらの処理はハードウェア（MMU）で実現されています。一部のMMUには、ページ単位でデータが書き換えられたかを検出する機能が備わっているので、OSは、これらの機能を利用して、ページアウトの回数を削減することができます。現代のメモリ管理は、ソフトウェアとハードウェア双方の機能を用いて実現されているのです。

セグメンテーション

ページングでは、すべてのプロセスに対して独自のアドレス空間を提供することができます。これは、他のプロセスからの影響を受けない、独立したメモリ空間を作成可能とするもので、メモリ保護の基本的な考え方でもあります。そして、プロセス間のメモリ領域の保護は、

1つのプロセス内でのメモリ空間の保護へと拡張することができます。

例えば、スタック領域はプロセスの実行状態により大きさが変化します。データ領域とスタック領域が同じアドレス空間にあると、スタックの成長によりデータ領域が上書きされる可能性があるので、異なるアドレス空間が提供されると便利です。また、同じアドレス空間でデータの配置を管理するよりも、独立したアドレス空間を利用するほうが管理が楽になります。

セグメンテーションとは、1つのプロセスが複数のアドレス空間を利用できる機能で、このときにプロセスが利用する論理的なアドレス空間を**セグメント**といいます。このため、プログラムコードを配置するセグメントは**テキストセグメント**またはコードセグメント、データを配置するセグメントは**データセグメント**などと呼ばれることがあります。

図 3-26 セグメントアドレス空間

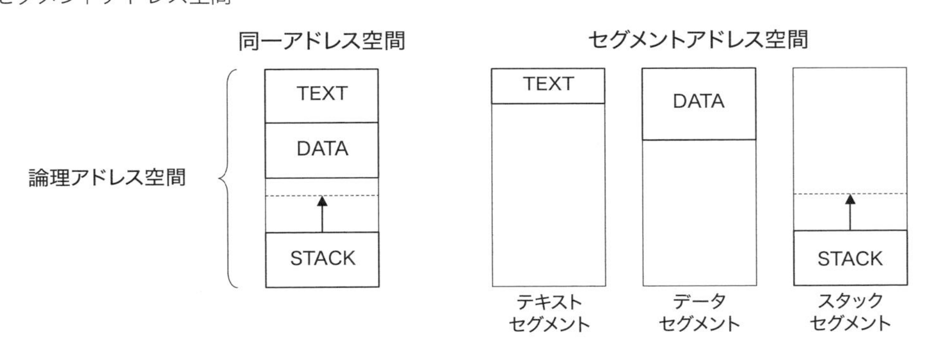

アドレス空間をセグメントで分けることができれば、セグメントごとに属性を定義することができるようになります。属性とは、メモリ領域へのアクセス方法を規定するもので、一般的なメモリアクセスでは、読み込み、書き込み、実行属性が定義されています。

例えば、テキストセグメントは書き換える必要がないので書き込み属性は不要です。また、スタックセグメントは実行する必要がないので実行属性は不要です。これらの属性に反するアクセスは、プログラムの不具合か悪意を持ったアクセスである可能性があります。

表 3-10 各セグメントの属性

セグメント	読み込み	書き込み	実行
テキスト(コード)	○		○
データ/スタック	○	○	
定数	○		

プロセスがセグメントを利用できるかどうかはCPUに依存します。また、セグメントは、プロセスが関与しない仮想メモリとは異なり、セグメントの使用を前提としたプログラミングが必要です。

第4章 ファイルシステムのしくみ

トピックス
- 永続的に情報を管理する方法
- ファイルによるデバイスの抽象化
- データの管理方法　など

プロセスが実行中にアクセス可能なメモリ領域は、CPUから直接アクセス可能なメモリに限られます。OSが適切なメモリ管理を行ってくれるので、プロセスは与えられたメモリ領域を自由に使うことができますが、これは、プロセスが起動している間に限られています。長期にわたってデータを蓄積していくプログラムやメモリに収まらないほど大量のデータを扱うプロセスには、永続的にデータを保存する方法が必要となります。

一般的なOSでは、プロセスが終了した後でもデータを保存しておく方法が提供されています。保存されたデータはファイルと呼ばれ、一度保存したファイルは明示的に削除しない限り失われることはありません。ファイルを使ってデータを管理するプログラムの集まりは**ファイルシステム**と呼ばれます。

4.1 ファイル情報——属性とデータの管理

ファイルシステムは、1つのファイルに対して2種類の情報を管理します。1つは保存すべきデータそのもので、もう1つはファイルの属性です。ファイルの属性には、ファイルサイズやデータ更新日時などが含まれます。これにより、実際に保存されているデータをすべて読み込むことなくファイルサイズを知ることができたり、ファイルの作成日時や更新日時などの付加的な情報を知ることができます。ファイルに保存されるデータはどのファイルシステムでも同じですが、属性はファイルシステムごとに異なります。このため、ファイルシステムを超えてファイルをコピーするときは、コピーされない、または失われる属性がないか注意する必要があります。

図 4-1 ファイルシステムが保存する2種類の情報

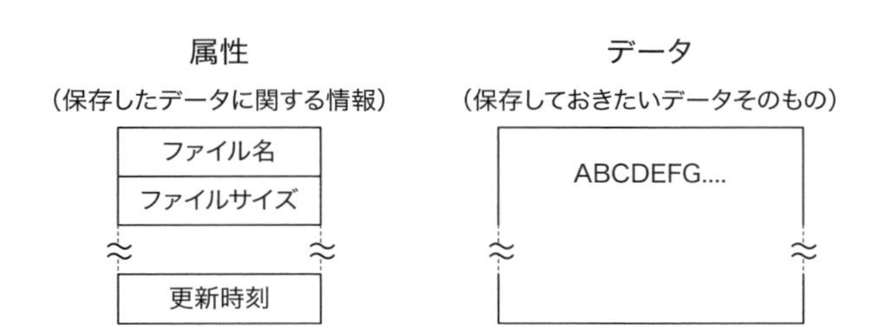

データへのアクセス方法は、シーケンシャルアクセスとランダムアクセスに分けられます。**シーケンシャルアクセス**とは、データの先頭から順次アクセスを行わなければ、任意のデータにたどり着くことができないアクセス方法です。例えば、100バイト目のデータを取得するためには99バイト分の読み込み動作が必要です。**ランダムアクセス**とは、アドレスを特定してデータへアクセスする方法です。ランダムアクセスの代表例はメモリで、アドレスを特定してバイト単位でのアクセスを可能とします。このため、データの位置を特定するためのアドレス管理は、アクセス側が行います。

ファイルシステムは、保存されるデータをバイトデータの並びとして管理し、そのデータへのシーケンシャルアクセスを提供しています。これは、ファイルシステムがデータのアクセス位置を管理していることを意味しています。ファイルに対するシーケンシャルアクセスにより、ファイルに書き込まれた複数バイトのデータは上書きされることなく保存されます。同様に、ファイルから複数バイトのデータを読み込んだ場合、保存されているデータを連続して読み出すことが可能となります。

プロセスは、ファイルシステムが管理する情報に直接アクセスすることはできません。ファイルを操作するには、ファイルシステムが提供するシステムコールを利用しなくてはなりませんが、このときプロセスがファイルを特定するために必要となる情報が**ファイルディスクリプタ** (File Descriptor) です。プロセスは、ファイルシステムから与えられたファイルディスクリプタを介して、対象となるファイルにアクセスします。

図 4-2 ファイルディスクリプタ

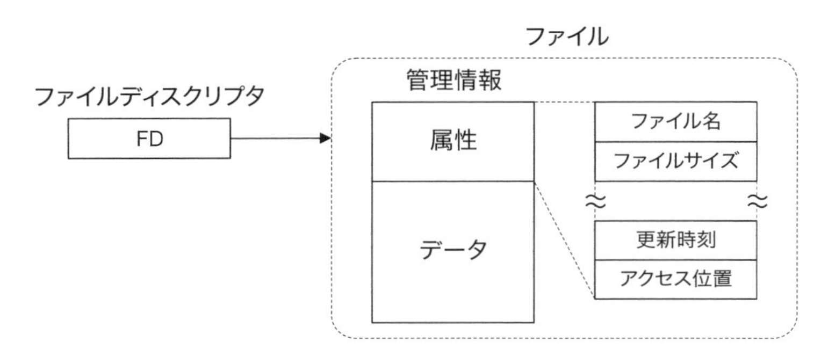

ファイルに書き込んだデータは、書き込んだときと同じデータとして読み出すことが可能ですが、これは、ファイルシステムが記録メディアへの保存形式などを強制している訳ではありません。たとえば、光学記録メディアに記録されるデータのビットパターンが、プロセスが書き込んだときと同じビットパターンである必要はありません。

ファイルシステムでは、実際にファイルを保存する物理的な媒体を**ボリューム**(Volume)と呼びます。ファイルシステムは、1つのボリュームを複数に分けて管理することがありますし、逆に、複数のボリュームをまとめて1つの論理ボリュームとして管理することもあります。物理的なボリュームには磁気テープ、ハードディスクや光学デバイスなどさまざまなものがありますが、使用するプロセス側が物理的な位置や記憶デバイスの具体的な制御方法などを知る必要はありません。ただ、ファイルシステムが提供するシステムコールを呼び出すだけで、簡単にファイルを操作することができるのです。

4.2 ファイル操作——汎用的なインターフェイス

プロセスはファイルシステムが提供したシステムコールをとおしてのみ、ファイルにアクセスすることができます。次の表に、ファイルシステムが提供する基本的なシステムコールを示します。

表 4-1 基本的なシステムコール

システムコール	意味
CREATE/DELETE	作成と削除
OPEN/CLOSE	オープンとクローズ
READ/WRITE	読み込みと書き込み
SEEK	アクセス位置の変更
GET/SET ATTRIBUTES	属性の取得と設定
RENAME	ファイル名の変更

ファイルの作成時には、ファイル名を指定してCREATEシステムコールを実行します。ファイルシステムは、ファイル名で指定されたデバイスに物理的な記憶媒体が存在することや書き込みが可能なことを検査した後、記憶領域を確保してファイルを作成し、その属性を設定します。

不要になったファイルはファイル名を指定してDELETEシステムコールで削除することができます。ファイルシステムは、ファイルが存在することや削除可能なことを検査した後、ファイルが占有していた記憶領域を未使用領域として解放します。

ファイルデータにアクセスするためには、事前に、ファイルデータが保存されている物理的な位置を特定する必要があります。OPENシステムコールは、ファイル名で指定されたファイルが存在するかを検査した後、ファイルに関連付けられるファイルディスクリプタを生成します。同時に、ファイルデータへのシーケンシャルアクセスを実現するために、データのアクセス位置を適切に設定します。これ以降に行われるファイル操作は、ファイル名ではなくファイルディスクリプタを指定してシステムコールを呼び出すことで行われます。

ファイルに対するアクセスが終了したときは、CLOSEシステムコールを使用して、ファイルシステムが管理するファイルディスクリプタを解放する必要があります。これは、一時的なバッファに蓄えられたデータが確実に記憶媒体に書き込まれることを保証するためにも必要な操作です。

ファイルにデータを書き込むときはWRITE、読み込むときはREADシステムコールを呼び出します。どちらのシステムコールでも、ファイルディスクリプタに設定されたアクセス位置が自動的に更新されることで、シーケンシャルアクセスが実現されています。ファイルデータの読み書きを伴わずにファイルデータのアクセス位置を変更したい場合は、SEEKシステムコールを呼び出します。一般的なファイルシステムでは、アクセス位置がファイルデータの終端に設定されているときに書き込みを行うことで、データの追加書き込みを実現しています。

ファイルシステムでは、ファイルの属性を取得または設定するためのシステムコールも用意しています。これらのシステムコールを使用することで、ファイル名を変更したりファイルが更新された日時を取得することができます。多くの場合、ファイルの属性を設定するためには、CREATEまたはOPEN システムコールを使用して、事前にファイルディスクリプタを取得しておく必要があります。

4.3 通常ファイルと特殊ファイル

ファイルシステムには、データを保存する機能以外に、ファイルと入出力デバイスを関連付けることでデバイスごとに異なるアクセス方法の差異を吸収するという役割もあります。このような目的で作成されるファイルは**特殊ファイル**と呼ばれ、デバイスへのアクセスは関連付けられたファイルへのアクセスで行うことが可能です。特殊ファイルに対して、データの保存を主な目的としたファイルのことを**通常ファイル**と呼びます。

特殊ファイルも、通常ファイルと同様、デバイスに対するアクセスはシステムコールを介して行います。また、ファイルに関連付けられた入出力デバイスの情報はファイル属性として管理します。これにより、同一のWRITEシステムコールを呼び出したとしても、ファイルディスクリプタに関連付けられているファイルが通常ファイルであれば記憶領域に書き込まれ、モニターに関連付けられているのであれば画面に表示され、プリンターに関連付けられているのであれば紙に印刷されることになります。

図4-3 ファイルによるデバイスの抽象化

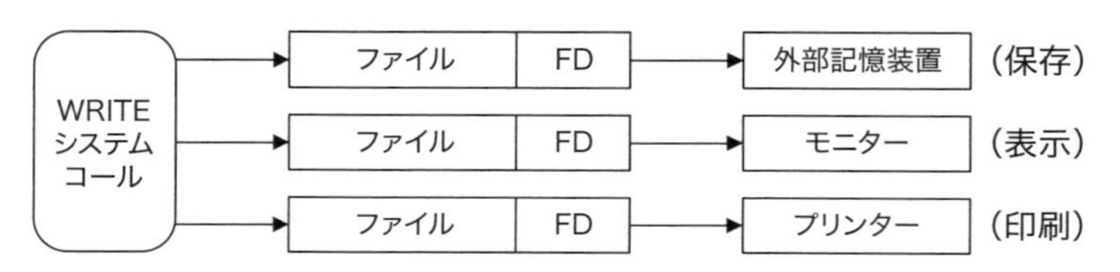

ファイルには、キャラクタ型とブロック型の2種類が存在します。**キャラクタ型**は、端末やプリンターなどで行われる文字単位でのシーケンシャルアクセスを実現するためのものです。**ブロック型**は、ディスクなどで行われるブロック単位でのアクセスをシーケンシャルアクセスに変換するためのものです。ファイルシステムが行う実デバイスへのアクセスには一時的なバッファが使用されるので、データにアクセスするためのシステムコールは、バッファ内のデータにアクセスすることになります。

4.4 シーケンシャルアクセスとランダムアクセス

ファイルシステムでは、共通インターフェイスとしてシーケンシャルアクセスが使用されます。しかし、人によっては異なる解釈をすることもあります。これは、対象となるデバイスやアクセス方法の違いによるものです。以下にその例を示します。

デバイスによる区別

ハードウェア側に近い見方をすると、外部記憶装置へのアクセス方法はシーケンシャルアクセスとランダムアクセスに分けられます。この違いはデバイスの特性によるもので、バックアップデータなどの可変長ファイルが複数保存されている磁気テープの場合、これらのファイルは**EOF** (End Of File) 記号で区切られることになります。

図4-4 シーケンシャルアクセスデバイス

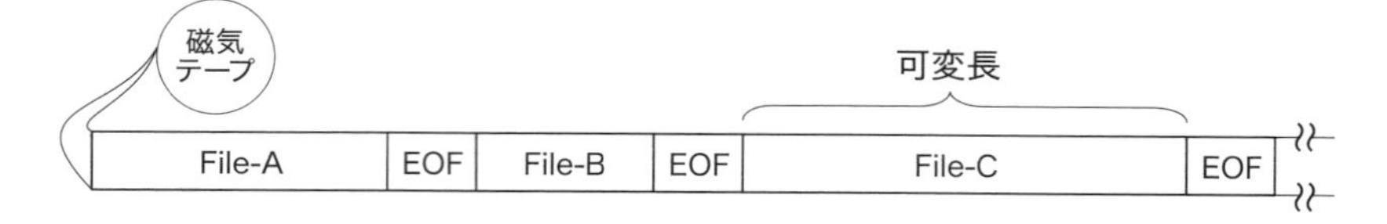

磁気テープに保存されたファイルを読み出すためには、磁気テープに書き込まれたデータからEOFを検索することになるのですが、これには、連続したすべてのデータを順番に比較する以外方法はありません。このようなシーケンシャルアクセスを行うデバイスをシーケンシャルアクセスデバイスといいます。実際の製品では、テープの巻き戻しやアクセス対象となる

ファイルの選択などを行う専用のコマンドが用意されていることもありますが、同等の内部動作が行われています。

ランダムアクセスデバイスとは、データの指定方法やアクセスサイズには違いはありますが、位置を指定することで一意にデータを特定することができるデバイスです。メモリであればアドレスを指定することでデータを特定することができますし、外部記憶装置であればセクタ番号を指定することでデータを特定することができます。外部記憶装置の例からも分かるとおり、ランダムアクセスデバイスであるということと、データへのアクセス時間が一定であるということは同義ではありません。

図 4-5 ランダムアクセスデバイス

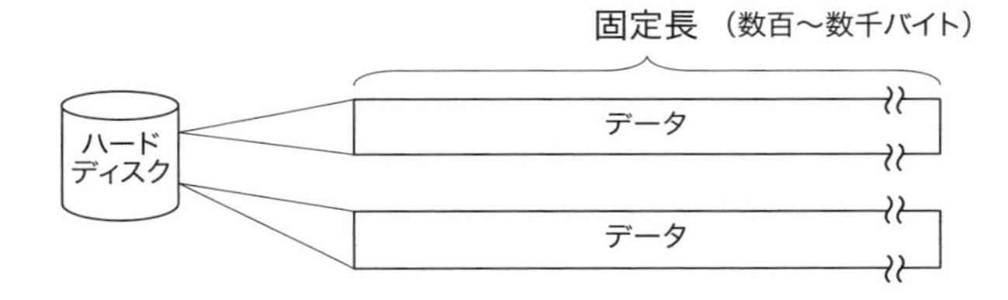

ファイルのデータ形式による区別

アプリケーション側に近い見方をすると、ファイルに保存されているデータ形式の違いにより、シーケンシャルアクセスファイルとランダムアクセスファイルに区別することがあります。

例えば、ユーザーに関する情報が1行ごとに記録されているファイルの場合、特定のユーザー情報を取得するには、ファイルの先頭からデータを読み込んでいく必要があります。何人目のユーザーであるかを確認することは改行コードを数えることと同じであるためです。このように、目的のデータにアクセスするために、1バイト単位のアクセスを必要とするファイルは、シーケンシャルアクセスファイルと呼ばれています。

データベースなどで使用されるファイルは、複数の情報を1つにまとめた、レコードと呼ばれる固定長のデータを配列としてファイルに保存しています。1つのレコードは、決まった大きさで格納されているので、特定のレコードにはレコード番号をインデックスとしてアクセスすることが可能です。このようなファイルは、ランダムアクセスファイルと呼ばれています。

図 4-6 シーケンシャル／ランダムアクセスファイル

シーケンシャルアクセスファイル
J u l y ↵ A u g u s t ↵ S e p t
e m b e r ↵ O c t o b e r ↵ N o
ランダムアクセスファイル
J u l y 0 0 0 0 0 0 0 0 0 0 0 0
A u g u s t 0 0 0 0 0 0 0 0 0 0
S e p t e m b e r 0 0 0 0 0 0 0

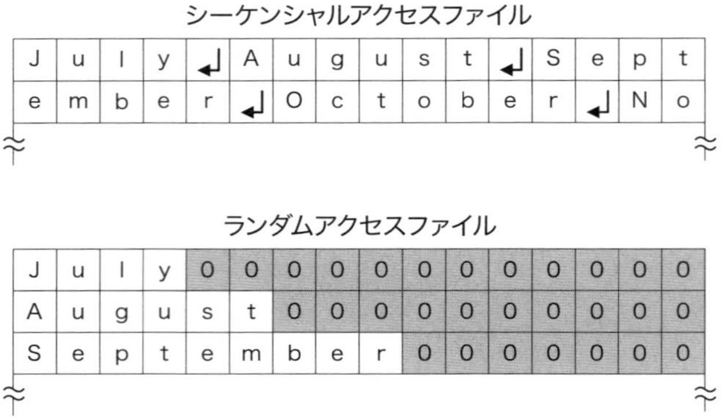

ファイルのデータ形式による区別はファイルシステムを利用するプロセス側が管理する内容で、OSやファイルシステムには一切関係ありません。このことは、OSが、ファイルに保存された内容には一切関知しないことからも明らかです。

ファイルバッファ

プロセスにとっては、デバイスの種類に関係なく、データの保存と復帰が行えることが重要です。一般的なファイルシステムには、決まった時間以内に処理が終了することまでは求められていません。それでもファイルシステムでは、デバイスに書き込む、または読み込むデータを一時的な内部バッファに蓄えて、表面的にはメモリアクセスと同程度の時間内に応答を返すことが可能です。これは、物理的なデバイスの操作には時間がかかるので、バッファの処理が完了した後でプロセスに通知することを目的としたものです。これにより、プロセスは、デバイスへのアクセスによる待ち時間を他の作業に割り当てることができます。

図 4-7 ファイルシステムのバッファ

プロセス
プロセス
システムコール
バッファ
バッファ
磁気テープ
ハードディスク

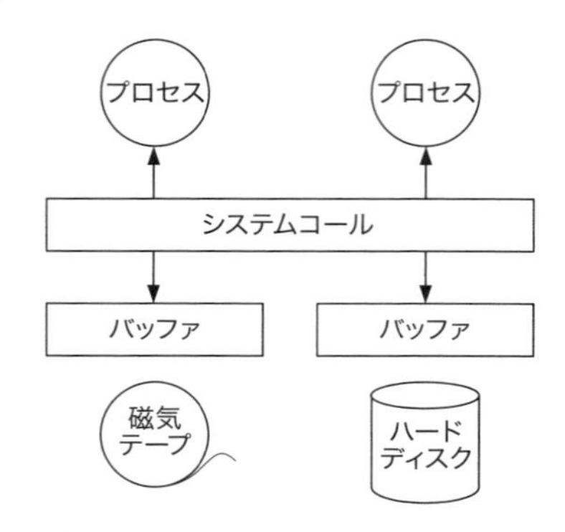

ファイルシステムは、ファイルに対する書き込み要求があったとしても、すぐに物理媒体へ

の書き込み処理を開始するとは限りません。外部記憶装置の多くはブロック型デバイスで構成されているので、数バイト程度の書き込みであれば内部バッファに保存しておき、ある程度のデータ量となったときに、物理媒体への書き込み処理を開始します。この動作は、物理媒体への効率的なアクセス管理を行うためですが、明示的に物理媒体への書き込みを終了させたい場合があります。一部のファイルシステムでは、バッファの内容を強制的に書き込む命令を提供しています。そうでない場合、ファイルのクローズ処理によりバッファの内容が物理媒体に書き込まれることになります。

4.5 ファイルシステムの階層構造

ファイルシステムが扱う記憶装置には多種多様なものがあり、その運用方法もさまざまです。1つのファイルが1つの物理媒体に収まらないこともありますし、ネットワーク越しに物理的に離れた複数の場所に保存されることもあります。

ファイルシステムは、複数の物理的なデバイスを管理するために、機能ごとに分かれたいくつかの階層で構成されています。最上位層では、プロセスに対して、システムコールを使った共通のファイル操作法を提供します。最下位層では、物理的な記憶装置に対して、データの読み書きを行うためのコマンドを発行し、その結果を割り込みまたは定期的な状態確認（ポーリング ➡P.090参照）により上位に通知します。

最下位の層は、記憶装置専用のデバイスドライバがその役割を担います。これは、入出力デバイスでのデバイスドライバと同じ構成になります。デバイスドライバは、記憶装置を製作したメーカーから提供されることが一般的です。しかし、古くから使われているデバイスや一般的に広く知られたアクセス方法で動作するデバイスに関しては、OS内部にデバイスドライバを用意している場合があります。このようなデバイスドライバを標準デバイスドライバといいます。

図 4-8 ファイルシステムのデバイスドライバ

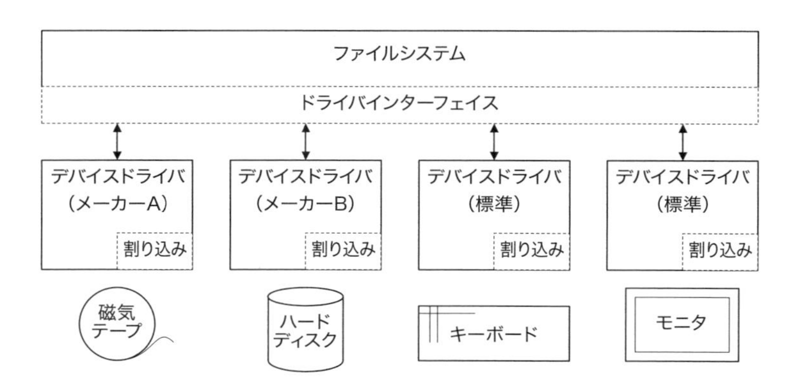

4.6 ファイル名——記録データの識別方法

ファイルシステムでは、ファイル名によって記録データを識別します。これは、対象となるファイルが通常ファイルでも特殊ファイルでも違いはありません。しかし、ファイル名に使用することが可能な文字の種類とその長さはファイルシステムによって異なります。同様に、どのような情報をファイルの属性として保存するかもファイルシステムによって異なります。

OSは、同時に複数のファイルシステムを利用することが可能であるため、ファイルシステムが管理するファイル属性の違いにより、意図しない処理が行われるかもしれません。具体的な例として、大文字と小文字を区別するファイルシステムからそうでないファイルシステムに対して「FILE」と「file」というファイル名の2つのファイルを続けてコピーした場合、前者のファイルは後者のもので上書きされてしまうでしょう。同様に、256文字までのファイル名を扱えるファイルシステムから15文字までのファイルを扱うことができるファイルシステムに対して「long_long_file_name_A」と「long_long_file_name_B」をコピーした場合、「long_long_file_」というファイルが1つだけがコピーされた状態になるかもしれません。

図4-9 正しくコピーされない例

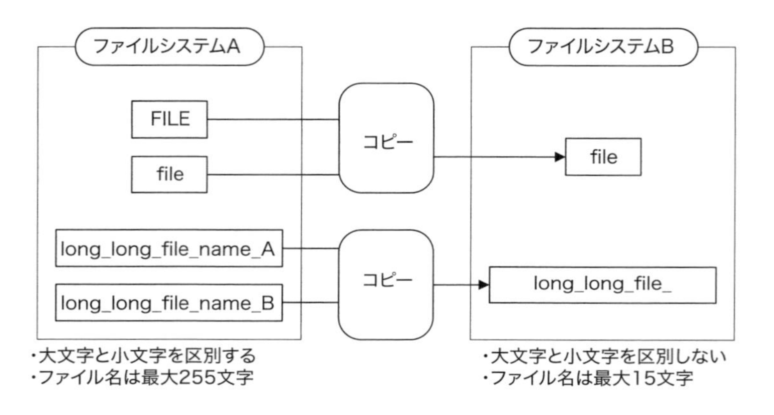

一部のOSでは、ファイル名の一部を、ファイルの種類を特定するために使用しています。具体的には、ファイル名を「.(ドット)」で区切り、それより後の部分を「拡張子」と呼び、アプリケーションがデータの内容を判別するための手段として利用するものです。しかし、これはユーザーの利便性のために「設定」されているだけであって、ファイルシステムの要求や制限ではありません。また、ファイルシステムがファイルにどのようなデータが保存されているかを関知することもありません。ファイル名には、保存されたデータを識別するための役割しかありません。

4.7 ディレクトリ――論理的グループによるデータ管理

ほとんどのファイルシステムでは、複数のファイルを論理的なグループに分けて管理することができます。この管理方法では、すべてのファイルはディレクトリというグループに含まれることになります。ディレクトリのなかには、ファイルの他に、ディレクトリを作成することができます。これにより、ディレクトリは逆ツリー構造と呼ばれる階層構造を構成することになります。ファイル名やディレクトリ名は、異なるディレクトリであれば、同じ名前を使用することができます。また、1つのファイルに対して複数のリンクを作成することができます。リンクとは、任意のファイルへの参照で、ショートカットと呼ばれることもあります。

図 4-10 ディレクトリの例

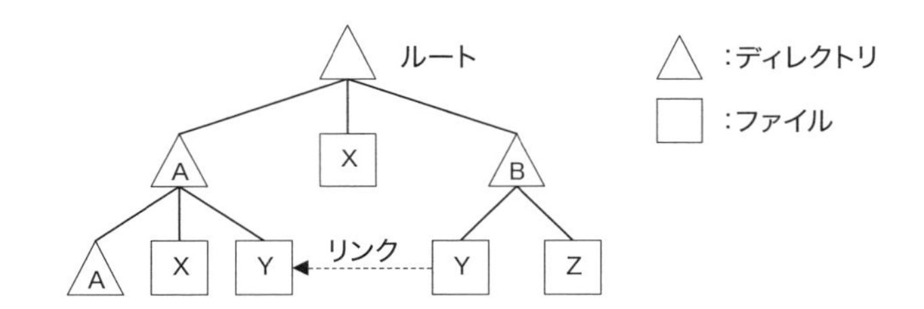

ディレクトリの実体は、ディレクトリに含まれるファイルやディレクトリの一覧がデータとして保存された通常ファイルです。ファイルシステムは、ファイルの属性がディレクトリと設定されたファイルを特別扱いし、ディレクトリのツリー構造を実現しています。ボリュームにはディレクトリが作成されていなくてもファイルを作成することができますが、これは、ファイルはディレクトリのなかに作成されるという考え方に反することになります。このことから、ボリュームの先頭にはルートディレクトリが存在するものと考えます。

ディレクトリ名を指定することなくファイルを作成したときに、ファイルが作成されるディレクトリのことを作業ディレクトリまたは**カレントディレクトリ**(Current Directory)といいます。ディレクトリを指定してファイルを特定する場合、ファイル名の前に複数のディレクトリ名を指定することができます。このような目的で使用されるディレクトリ名の並びは**パス**(Path)といい、各ディレクトリとファイル名は**セパレータ**(Separator)で区切って表記します。このとき、基準となるディレクトリがルートディレクトリであれば**絶対パス**、それ以外はカレントディレクトリを基準とした**相対パス**といいます。

4.8 ブロック単位でのデータ管理方法

大容量記憶装置では、メモリ領域の管理をブロック単位で行うことが一般的です。仮に、1ブロックが4Kバイトで構成された記憶装置の場合、1バイトのデータを保存するだけでも4Kバイトのメモリ領域を必要とします。また、複数のブロックで管理されたデータであれば、それらの保存位置と順序を正しく管理しなくてはいけません。

ファイルを複数のブロックで管理する場合、記憶装置に連続したブロックの確保を前提とするとすぐに行き詰ってしまいます。すでに、メモリ管理で見て来たように、次の図で示す管理方法は現実的ではありません。

図 4-11 連続割り当て

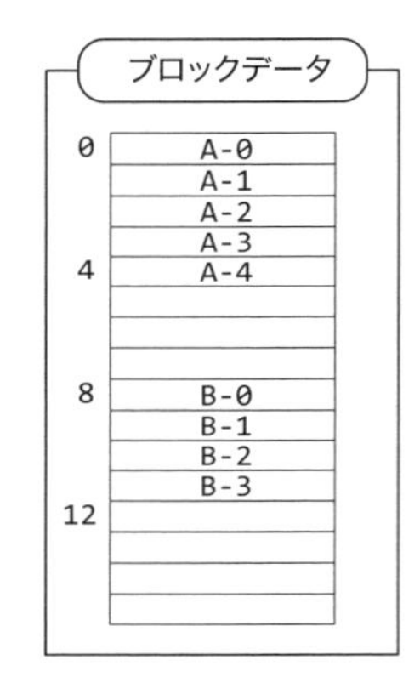

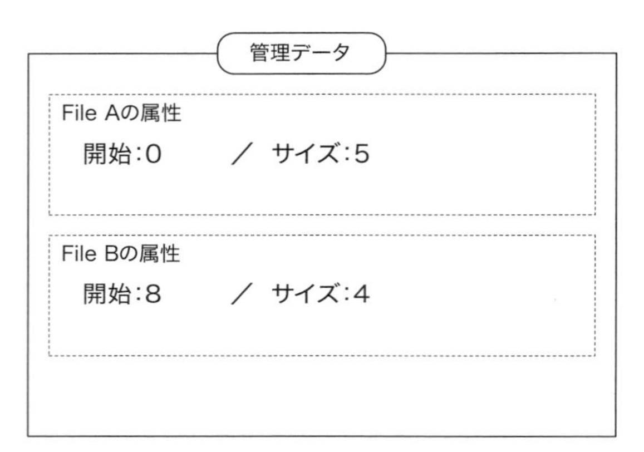

ファイルをブロック単位で管理する現実的な方法は、連結リストを使用する方法とインデックスを使用する方法に分けることができます。連結リストでは、ファイルシステムが管理する記憶エリアに、分割されたファイルのブロック番号とその順番を連結リストとして管理する方法です。この場合、ブロックをさかのぼって探索する必要がなければ、単方向リストで構成することができます。

図 4-12 連結リストでの管理

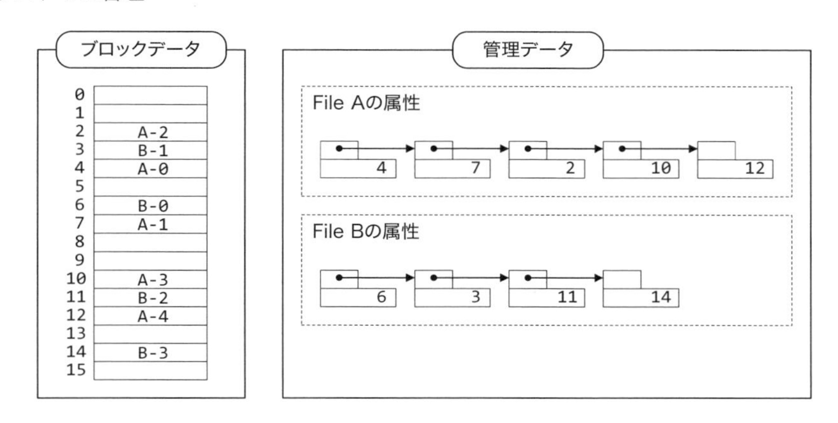

ブロックの位置を特定するもう1つの方法に、インデックスでの管理方法があります。インデックスでの管理方法は、分割されたファイルのブロック番号を配列として管理する方法です。連結リストでの管理方法と同様、すべてのブロックを管理するための配列を事前に確保する必要はありませんが、ファイルサイズが大きくなった場合でも、管理用配列は連続して配置される必要があります。

図 4-13 可変長インデックス配列での管理

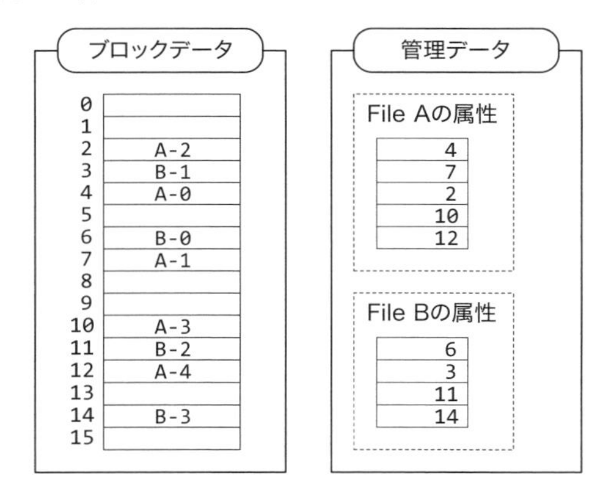

使用中のブロックは、ファイルシステムをとおして重複することがありません。このため、ファイルシステムが管理するブロックと同数の配列を、次ブロックへのインデックス用の配列として使用することができます。具体的な例として、5つに分割されたファイルAがブロックの4番、7番、2番、10番、12番に保存されていたと仮定すると、管理用配列の4番、7番、2番、10番目には後続のブロックのインデックスを保存し、12番には終端を示すインデックスを格納します。これにより、ファイルの先頭ブロックさえ分かれば、分割されたファイルのすべて

のブロックにアクセスすることが可能です。

図 4-14 固定長インデックス配列での管理

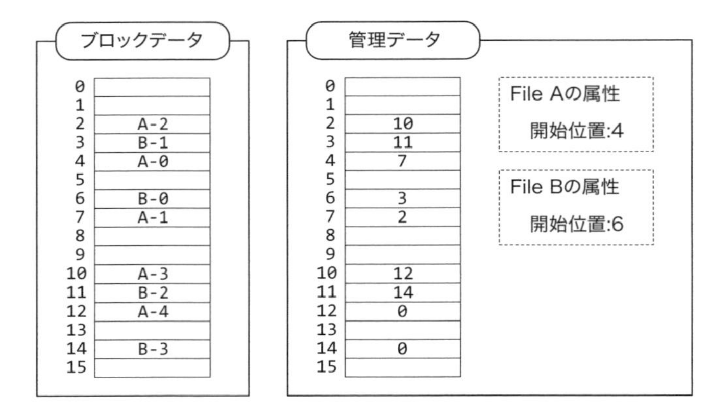

ただし、この方法ではすべてのブロックを管理するための配列を事前に用意する必要があり、そのサイズも記憶装置の大容量化により無視できない大きさになります。

第5章 入出力のしくみ

トピックス
・入出力デバイスの種類
・入出力ソフトウェアの階層構造
・入出力ハードウェア　など

OSは、リソースとして管理される、すべての入出力デバイスを制御する必要があります。コンピュータに接続される入出力デバイスには多種多様なものがあり、その種類も市場の要求に伴い増え続けています。しかし、OSは、ほとんどの入出力をファイルとして抽象化しています。これは、OSを利用するプロセスがハードウェアに対する詳しい知識がなくても、入出力デバイスを利用可能とするものです。プロセスは、OSが提供するシステムコールを呼び出すことで、ほとんどの入出力機器にアクセスすることができるのです。これは、OSの役割の1つである、ハードウェアインターフェイスの抽象化を実現するものです。

5.1 入出力デバイスの種類

入出力デバイスは、キーボードのように入力だけが可能なデバイス、画面表示などのように出力だけが可能なデバイス、外部記憶装置などのように入力と出力が可能なデバイスに分類されます。

入力デバイスの代表例であるキーボードは、キーが押されるかまたは離されたタイミングでデータを生成するデバイスなので、その順番を変えては正しいデータということができません。また、キーボードは任意のタイミングでデータを出力し続けるので、生成されるデータ量を計ることはできませんしアドレスも存在しません。このようなデバイスは、データを水の流れになぞらえてストリーム(Stream)型デバイスまたはキャラクタ型デバイスと呼ばれています。同じ理由で、モニターもストリーム型デバイスに含まれます。キーボード以外でも、ネットワーク上を流れるデータをデータストリームと呼ぶことがありますが、このような呼び方は、デバイスの種類ではなく、取り扱うデータの表現方法と設計思想によるものです。

磁気ディスクを利用した外部記憶装置などは、ブロック型デバイスと呼ばれます。ブロック型デバイスは、記録媒体へのアクセスを特定のブロック単位で行います。ブロック型デバイスの特徴の1つに、1バイトのデータを読み込むだけであっても、必ず、ブロック単位でのアクセスが行われることが挙げられます。このようなデバイスの分類は、デバイスドライバの動作に影響を与えます。

5.2 入出力ソフトウェアの階層構造

次の表に、一般的な入出力ソフトウェアの階層構造を示します。

表 5-1 入出力ソフトウェアの階層

階層	入出力	機能
上位層	プロセス	入出力要求
	デバイス非依存ソフトウェア	命令、保護、バッファリング
	デバイスドライバ	デバイスの設定管理
	割り込みハンドラ	ドライバの起動
下位層	ハードウェア	入出力処理の実行

入出力ソフトウェアの最上位には、プロセスからの入出力要求を管理するデバイス非依存ソフトウェアが存在します。このソフトウェアは、OSまたはファイルシステムの一部です。この階層では、上位および下位に対して共通のインターフェイスを提供することが目的なので、インターフェイスが変更されることはありません。プロセスは、このインターフェイスを利用して入出力アクセスすることにより、実際に接続されているデバイスの特性に関係なく、同じ手法でデバイスにアクセスできることが保証されます。また、下位層のデバイスドライバを管理し、上位層との橋渡しを行うための、データのバッファリングも行います。

デバイスドライバは、ハードウェアを直接制御するソフトウェアで、入出力機器を製造したメーカーから提供されることが一般的です。デバイスドライバは、上位層からの入出力要求をハードウェアの命令に置き換えたり、ハードウェア固有の設定や管理などを行います。また、割り込みハンドラの設定などを行うために、システムが管理するリソースにアクセスすることがあります。デバイスドライバはOSの一部ではありませんが、ハードウェアのアクセスなど、特定の権限を必要とすることもあるので、OSが要求する特殊な作法で正しく作成される必要があります。

割り込みハンドラとは、入出力機器からの要求があったときにどのような処理を行うかを示すものです。デバイスドライバは、システムに割り込みハンドラを登録し、入力データがハードウェア上のバッファに読み込まれたことや、出力データが正常に送信できなかったことなどを検出可能とします。割り込みハンドラは、短時間で処理が終了することを求められるので、イベントが検出された後の具体的な処理は、デバイスドライバで行われることが一般的です。割り込みハンドラはデバイスドライバの一部です。

次の図は、入出力ソフトウェアの階層を表したものです。

図 5-1 入出力ソフトウェアの階層

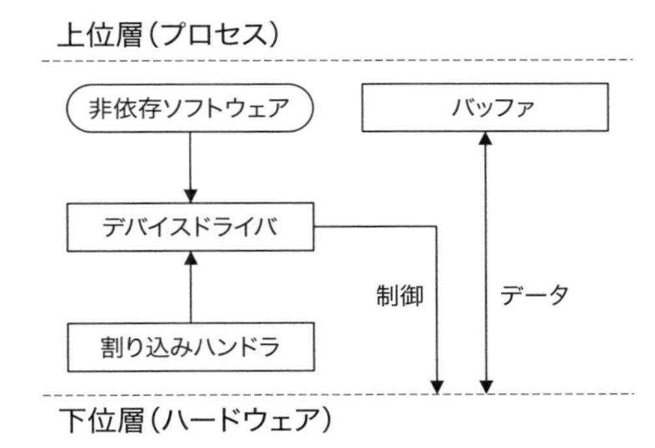

OSは、コンピュータに接続された個別のハードウェアを直接管理するのではなく、デバイスドライバを経由して管理するので、プロセスからのアクセス要求を適切なデバイスドライバに振り分けます。次の図は、プロセスがRead要求を出したときの入出力ソフトウェアの動作例を示したものです。

図 5-2 Read要求時の処理の流れ

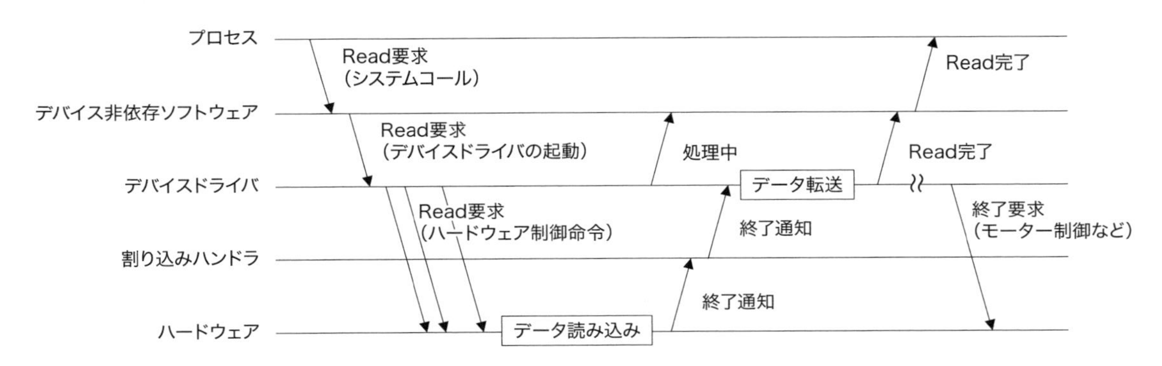

プロセスは、デバイス非依存ソフトウェアに対して、Read要求を出します。ファイルの読み出しであれば、ファイルシステムがデバイス非依存ソフトウェアに相当します。ファイルシステムは、データが保存されている外部記憶装置を特定し、対応するデバイスドライバに対してRead要求を出します。デバイスドライバは、外部記憶装置が利用可能であるかなどを検査し、利用可能であれば、ハードウェアに対してデータの読み込み命令を出力します。

Read要求を出したプロセスは、データの読み込みが終了するまで待たされることになります。このような動作はブロッキング処理といいます。OSによっては、要求に対する結果を後で受け取ることが可能で、プロセスが継続して動作することができるようにしています。このような動作はノンブロッキング処理といいます。

デバイスドライバが出力するハードウェア制御命令は、1回で終了することは稀で、タイミングを計りながら複数回出力されることが一般的です。外部記憶装置であれば、ディスクを回転させ、一定の回転数になるまで待たなくてはいけません。また、ディスクの磨耗や省電力化のために、一定期間アクセスがなければディスクの回転を止めるなどの、細かな制御を行う必要があります。

データの読み込み終了などのイベントが発生すると、割り込みハンドラが呼び出されます。その後、デバイスドライバは、デバイス非依存ソフトウェアにデータ読み出しの終了を通知します。

入出力ハードウェア

入出力デバイスには、コンピュータに接続するための物理的な接続部分が必要です。データを正しくやり取りするためには、物理的な接続方法が一致している必要があると同時に電気的な仕様も一致している必要があります。このような物理的な接続に関する仕様は、**ハードウェアインターフェイス**（HW I/F：HardWare InterFace）と呼ばれています。

図5-3 共通のハードウェアインターフェイス

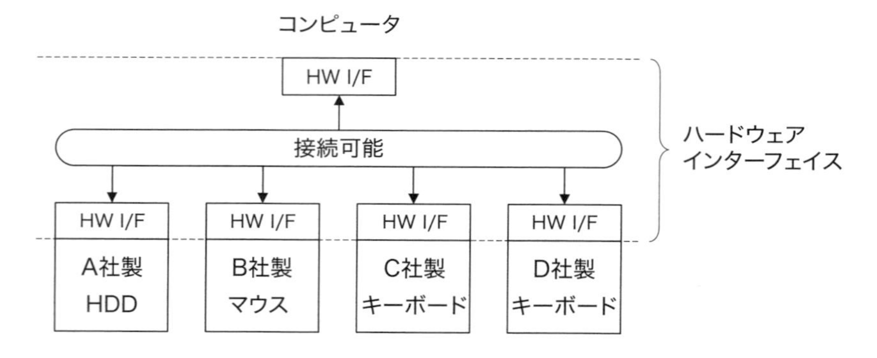

入出力機器は、通信機能を持った1つのコンピュータと考えることができます。それぞれの入出力機器は、制御プログラムによって動作し、コンピュータとの通信によりデータの転送を行います。例えば、外部記憶装置にデータ読み込みコマンドが送信されると、必要であればスピンドルモーターを回転させ、磁気ヘッドを移動しデータの位置を検索後、セクタ分のデータを読み込み、エラーチェックを行います。エラーがあれば指定回数のリトライを行い、エラーがなければバッファに転送して、データの読み込みが終了したことを上位ソフトウェアに通知します。

ソフトウェアとは異なり、ハードウェアは、簡単に変更することができません。そのため、市場に流通したハードウェアの規格はほとんど変更されることがありません。特に、古くから利用されている、マウスやキーボードまたは外部記憶装置などの汎用的な入出力機器を接続するためのインターフェイスは、下位互換性のために、多くのコンピュータに実装されています。

また、すでにサポートされなくなったハードウェアであっても、ソフトウェアインターフェイスは継続して利用されることもあります。

キーボードやマウスなどの一般的な入出力装置は、デバイスドライバにも互換性があります。これにより、同じメーカーの入出力機器なら、同じデバイスドライバで最低限の機能を使用することができます。また、異なるメーカーであっても基本的な機能は使用することができる場合もあります。現在、このような基本的な入出力インターフェイスには、ネットワークインターフェイスも含まれてきています。ネットワークに接続されないコンピュータはまれで、OSの機能としてネットワークをサポートしているものもあります。

第 2 部

x86系PCの
アーキテクチャを理解する

第6章 コンピュータの基本構成

トピックス
・コンピュータの構成要素
・電源投入時の処理
・入出力と割り込み　など

本書の第3部ではマルチタスクを実現するプログラムを作成しますが、そのためには、コンピュータに関する幅広い知識が必要です。特に、CPU（中央演算装置）、制御プログラムの作成方法、いくつかの周辺機器に関する知識も必要不可欠となります。たったこれだけかと思われるかもしれませんが、その情報量は膨大な量になります。コンピュータのなかで中心的な役割を担うCPUだけを見ても、そのマニュアルは数百ページにもおよびますし、ある程度の前提知識を必要としているので、決して読みやすいものではありません。

また、一口にCPUといっても、その設計思想や内部構造により、いくつかに分類することができます。仮に同じメーカーのCPUであっても市場の要求にしたがって常に進化し続けています。ですが幸いなことに、市場ではプログラムレベルでの互換性が保たれたCPUが生き残っているので、また、コンピュータの概念が大きく変わることはないので、一度習得した知識が無駄になることはありません。

ここからは、実際にプログラムを作成する上で必要となる前提知識を習得していきます。例えば、作成したプログラムの実行方法、ユーザーが押下したキーを検出する方法、画面に文字を表示する方法などです。しかし、具体的な周辺機器が定まっていなければ、作成したプログラムの動作を確認することができません。ここでは、市場で大きなシェアを誇るx86系CPUを搭載したPC（パーソナルコンピュータ）を対象として、具体的なCPUと周辺機器の制御方法を確認していきます。

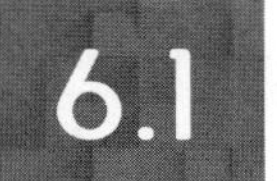

6.1 CPU、メモリ、外部記憶装置の関係

次の図は、コンピュータの構成要素を示したものです。

図 6-1 コンピュータの構成

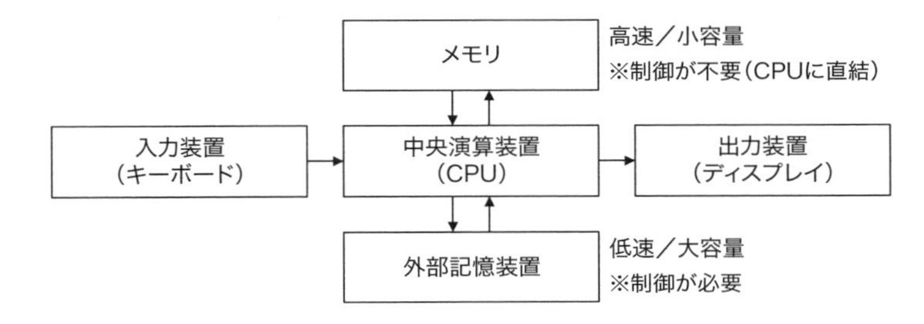

コンピュータは全体で1つの計算機として機能するように設計されていますが、その内部は専用の役割を持った複数の装置で構成されています。なかでも最も重要な装置がコンピュータ全体を制御するCPUで、それ以外の装置はすべて周辺機器に分類されます。周辺機器は入力装置、出力装置、その両方の機能を備えた入出力装置に分けることができます。次の図は、CPU、メモリ、外部記憶装置の関係を示しています。

図 6-2 メモリと外部記憶装置

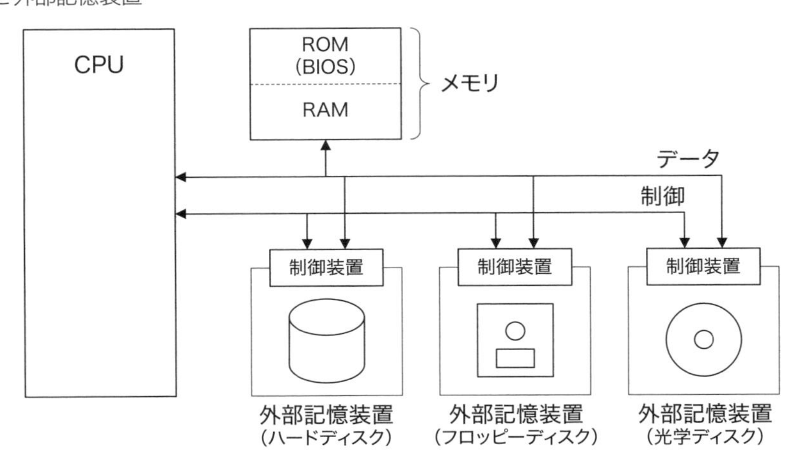

ユーザーが作成するプログラムは、OSも含めて、すべてが外部記憶装置に格納されています。CPUは、メモリ上のプログラムしか実行することができないので、コンピュータ起動時には、外部記憶装置に書き込まれた起動プログラムをメモリに読み込む必要があります。しかし、外部記憶装置からデータを読み出すプログラム自体が外部記憶装置にあっては本末転倒です。そ

のため、コンピュータのROMには、外部記憶装置からメモリに、起動プログラムをロードする機能が備わっています。そして、このときに利用されるのが、コンピュータの基本的な入出力を実現するための、**BIOS**(Basic Input/Output System)と呼ばれる基本入出力ソフトウェア群です。

6.2 電源投入時に行われる処理

電源投入後、最初に起動するプログラムはBIOSです。BIOSは**POST**(Power On Self Test)と呼ばれる最低限のハードウェアチェックを行い、キーボードやビデオカードが認識できないなどの異常を検出すると、ビープ音でエラーが発生したことを通知します。このときに出力されるビープ音のパターンは、メーカーによっても異なりますが、エラーの種別を判断する材料になります。

BIOSは、周辺機器のエラーが検出されなければ、起動装置として指定された外部記憶装置の先頭から512バイト分を読み取り、メモリの0x7C00番地にロードします。これが、ユーザーが作成可能な最初の起動プログラムで、**ブートコード**またはブートプログラムと呼ばれるものです。

BIOSは、外部記憶装置からロードしたブートコードの末尾2バイトが正しいブートフラグであれば、ロードされたブートコードに制御を移行します。もし、ブートフラグが確認できなければ、起動可能な次の外部記憶装置で同様の処理を行いますが、すべての外部記憶装置からのブートに失敗した場合は、起動可能なデバイスがないことを表示し、処理を停止します。

図 6-3 電源投入時に行われる処理

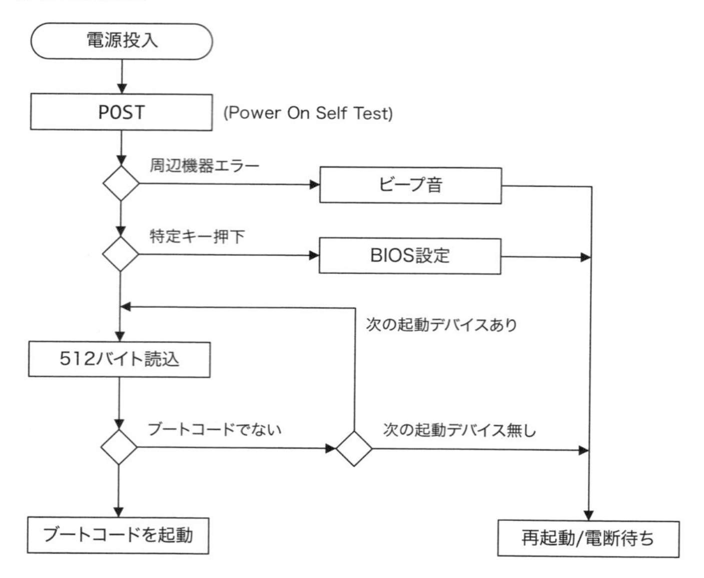

電源投入時に行われるBIOSの処理により、ユーザーが作成したブートコードは、必ず、0x7C00番地にロードされます。ここからが、ユーザーが作成したブートコードの開始となるのですが、残念ながら、512バイトだけではそれほど多くの処理を行うことができません。そのため、ブートコード自らが必要なプログラムを順次メモリにロードする必要があります。最初は小さなブートコードから始まり、徐々にOSなどのプログラム全体をロードする過程は、**ブートストラップ**と呼ばれています。

6.3 入出力装置（ポート）の役割

CPUは、データの送受信ができれば、入出力装置の内部動作や実現方法を知らなくても問題ありません。入力装置から得られた文字データが、手書き認識装置から得られたものでも音声認識装置から得られたものでも良いわけです。ただし、電気的な信号の接点は必ず必要となるので、この切り口をポート ➡P.090参照 として用意しています。

図 6-4 CPUと入出力機器間の接続

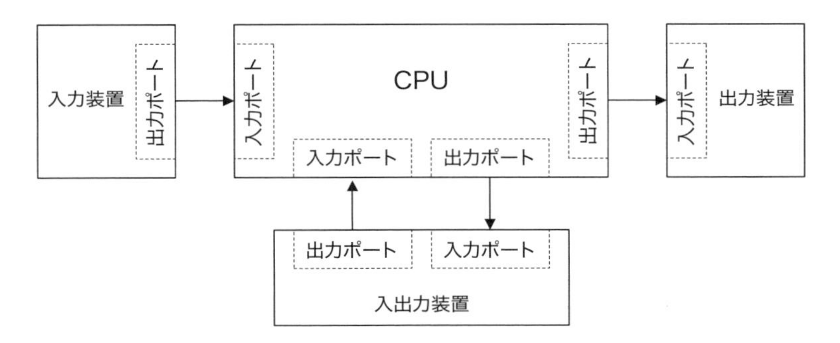

次の図は、入力装置に分類されるキーボードとの関係を示したものです。キーボード内部には、キーを一定間隔でスキャンし、押されたキーコードを検出するための制御装置が内蔵されています。コンピュータとシリアル通信ケーブルで接続されるキーボードは、通信規格が同じであれば、異なるメーカーのキーボードでも使用することが可能です。これを実現するために、CPUとキーボードは直接接続されてはおらず、キーボードを制御することに特化した専用の**キーボードコントローラ**（KBC）を介して接続されています。

図6-5 キーボードの制御

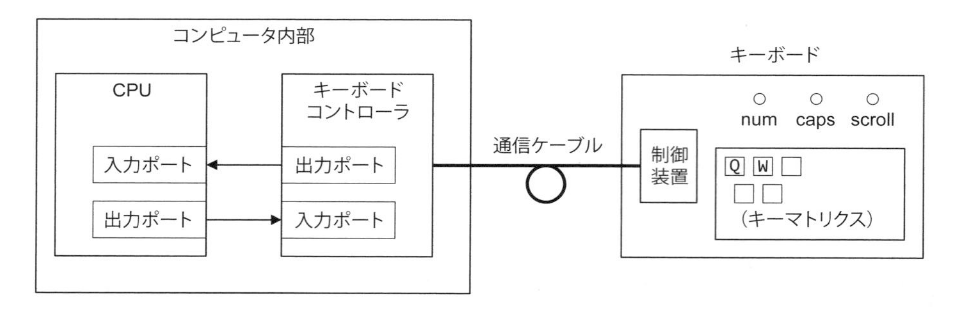

多くのキーボードには、いくつかのLEDが実装されています。これらのLEDを制御するためには、入力装置であるキーボードにデータを出力する必要があります。このように、入力装置と出力装置の区別は、内部的な動作ではなく、機能的な違いでも判断されます。

キーボードコントローラは、キーが押されたことを検出すると、押されたキーに対するキーコードをバッファに保存し、出力ポートの信号を変化させます。CPUは、一定間隔でキーボードコントローラの出力ポートを読み出して信号の変化を検出し、キーが押されたことを確認することができます。しかし、キーが押される頻度は、CPUの動作に比べるととても低いので、ポートを確認するほとんどの時間を無駄に過ごすことになります。このため、キーボードコントローラには、CPUに割り込みをかけるための信号が存在します。割り込みを使用すると、キーが押されたときにだけポートを確認すれば良いので、無駄なポートアクセスを減らすことができます。

6.4 割り込みコントローラの役割

割り込みとは、プログラムの実行アドレスを特定の値に書き換えることです。書き換える値は、割り込みベクタテーブル➡P.089参照と呼ばれる表形式で複数指定することが可能です。

割り込みは、いつ発生するかを予測することができないので、割り込み発生時の処理も通常の関数とは異なる作法で作成されます。このため、割り込みベクタテーブルに登録されるアドレスは、一般的な関数のアドレスと区別するために、ベクタアドレスまたはベクタと呼ばれています。同じ理由により、割り込み発生時の処理は割り込み処理または**ISR**(Interrupt Service Routine:割り込みサービスルーチン)と呼ばれています。

割り込みは、プログラムで割り込みの発生を抑止可能なものとそうでないものに分けることができます。前者はマスカブル(Maskable)割り込み、後者をノンマスカブル(Non Maskable)割り込みといいます。また、割り込みの発生要因がソフトウェアによるものとハードウェアによるもので分けることもできます。この場合、前者をソフトウェア割り込み、後者をハードウェア割り込みといいます。

ソフトウェア割り込みは、公開された共通処理を実行するためのインターフェイスとして使用されることがあります。この手法を使えば、割り込みベクタテーブルにアドレスを設定しておくことで、他のプログラムからは割り込み番号だけで処理を依頼することができるようになり、プログラムのモジュール化に貢献することができます。BIOS コール➡P.324参照と呼ばれる、BIOSにより提供される基本機能も、実際のプログラムがどこにあるかを知らずとも、ソフトウェア割り込み番号だけで利用することが可能です。

ハードウェア割り込みは、CPUに接続された入力信号が変化することにより発生します。CPUに接続された周辺機器の1つであるキーボードコントローラも、CPUに対してハードウェア割り込みを生成します。次の図は、割り込みコントローラを含めた周辺機器のブロック図です。

図 6-6 割り込みコントローラの役割

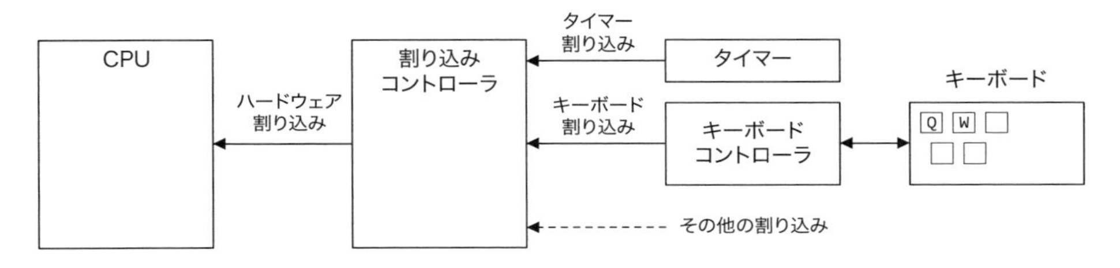

コンピュータ内部で使用される割り込み信号は、キーボードだけではありません。一定期間ごとに発生するタイマー割り込みや大容量記憶装置からの割り込み信号などもあります。これらの割り込み信号はCPUに直接入力されずに、割り込みコントローラに接続されます。割り込みコントローラは、複数の割り込み信号のなかから最も優先度の高い割り込みをCPUに通知し、低優先度の割り込みは高優先度の割り込みが終了するまで保留するなどの制御を行います。また、割り込みコントローラでは、必要な割り込みだけを有効にし、不要な割り込みを無視するように設定することも可能です。

第7章 CPUの基本機能

トピックス
- 8086の基本機能
- 80386で追加された機能
- x86系CPUの特徴　など

マルチタスクを実現するプログラムを作成するためには、これらのプログラムが動作するCPUに関する知識が必要です。しかし、市場に出回っているCPUの種類はとても多く、アーキテクチャも少なからず異なることから、これから先は特定のCPUに的を絞って説明していくことにします。

これから説明の対象としていくCPUは、米インテル社によって開発された、通称80386と呼ばれるCPUまたはその後継機種です。80386は、マルチタスクを実現するための機能であるセグメントによるメモリ保護機能、ページングによる仮想アドレス機能、特権レベルによるプログラムの保護機能を有する32ビットCPUです。しかしながら、ここでは8086と呼ばれる16ビットCPUについての説明から始めることにします。

最初に説明する8086は、同じくインテル社によって開発された、パーソナルコンピュータ市場である程度のシェアを獲得したCPUです。同社は、8086の後継機種を開発するにあたり、ソフトウェアの互換性を重視し、新しいCPUでも既存のプログラムがそのまま動作するように設計しました。この手法は市場で受け入れられ、その後も継続的にソフトウェア互換CPUが開発されていくことになります。8086の後継機種は、同じアーキテクチャを保ちながら、型番が80186、80286、80386と変化していったので、総じて**x86系CPU**と呼ばれています。また、それぞれの型番を186、286、386と略記することがあります。

残念ではありますが、既存のソフトウェアが動作するということは、電源投入時の80386は、高速に動作する8086と同じであることを意味しています。いくつかの32ビットレジスタを使用することができはしますが、そのままでは本来アクセス可能なすべてのメモリ空間にアクセスすることができませんし、メモリ空間の保護機能や仮想アドレス機能を利用することもできません。これらの機能を有効化し、80386の真価を発揮するためには、8086として動き始めたCPUの眠っている機能を呼び起こさなくてはなりません。このため、最初は16ビットCPUである8086の使い方を知る必要があるのです。

7.1 8086 のレジスタ

はじめに、8086のレジスタ構成を以下に示します。8086に内蔵されているレジスタは、すべて16ビットで構成されています。

図 7-1 8086のレジスタ構成

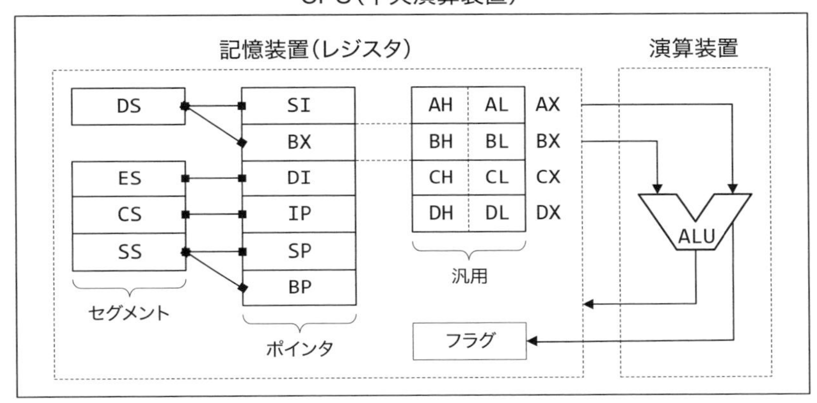

8086は、一般的なCPUと同じく、いくつかの記憶領域(レジスタ)と論理演算装置(ALU)で構成されています。CPUの主たる目的である演算処理は、レジスタの値を参照して行われ、その結果もレジスタに反映されます。レジスタはCPUに内蔵されているので高速にアクセスすることができますが、その数はそれほど多くはありません。

CPUに内蔵されているレジスタはアドレスを持たないため、CPUごとに固有の名前で識別されます。8086では、多少こじつけっぽく思われる所もありますが、機能の頭文字から取ったアルファベット2文字でレジスタを識別しています。8086のレジスタは大きく分けて、汎用レジスタ、フラグレジスタ、ポインタレジスタ、セグメントレジスタに分類することができます。

汎用レジスタ

汎用レジスタは一般的な算術命令、カウンタ、ビット演算、データ転送などで使用可能なレジスタ群です。汎用レジスタには、AXレジスタ、BXレジスタ、CXレジスタ、DXレジスタの4本があります。これらのレジスタは16ビットですが、上位と下位を8ビットごとに分割して使用することが可能です。例えば、16ビットのAXレジスタは8ビットのAHレジスタと8ビットのALレジスタとして個別に使用することができます。同様に、BXレジスタはBHレジスタとBLレジスタ、CXレジスタはCHレジスタとCLレジスタ、DXレジスタはDHレジスタとDLレジスタとして使用することが可能です。汎用レジスタは、その名のとおり、汎用的な使われ方をする一方、命令によっては特別な役割を与えられているので暗黙のうちに参照されることがあります。汎用レジスタの種類と、その主な役割を次の表に示します。括弧内には、8ビットでアクセスするときのレジスタ表記を記載しています。

表7-1 汎用レジスタ

AX (AH/AL)	Accumulator Register 一般的な算術演算で使用可能なレジスタです。名前のとおり累計を行ったりすることにも使用可能ですが、乗算命令、除算命令などで使用されるレジスタです。また、ポート入出力命令で、データを格納するために使用されます。
BX (BH/BL)	Base Register ポインタレジスタとして使用可能なレジスタです。ポインタレジスタとは、アドレスを設定してメモリにアクセスすることが可能なレジスタです。
CX (CH/CL)	Count Register 繰り返し命令で、暗黙的にカウンタとして使用されるレジスタです。
DX (DH/DL)	Data Register 乗算命令、除算命令などで使用されるレジスタです。また、ポート入出力命令で、256番地以上のポートアドレスを指定するときに使用します。

フラグレジスタ

フラグレジスタは、CPUの内部状態を表す16ビット幅のレジスタです。実際に使用されるのは9ビットで、制御フラグと状態フラグに大別することができます。

図7-2 8086のフラグレジスタ

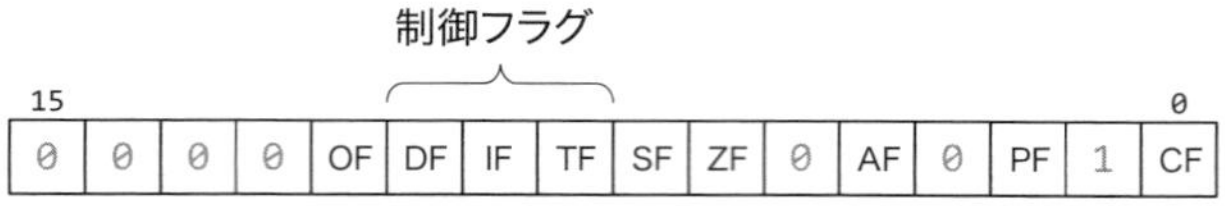

制御フラグ（DF, IF, TF）

15															0
0	0	0	0	OF	DF	IF	TF	SF	ZF	0	AF	0	PF	1	CF

制御フラグは、CPUの動作に影響をおよぼすもので、フラグの値が異なれば、同じCPU命令でも異なる動作を行います。**状態フラグ**には、桁上がりやパリティなどのCPU命令を実行した結果による付加的な情報が反映されます。ただし、すべてのCPU命令がフラグに影響を与えるわけではありません。フラグレジスタは、他のレジスタと異なり、1つ1つのビットが独立して意味を持っています。それぞれのフラグが持つ意味をまとめたものが、次の表になります。

表7-2 8086のフラグレジスタ

制御フラグ	DF	Direction Flag（方向フラグ） 連続したメモリアクセス時にアドレスを加算するか減算するかを決定します。
	IF	Interrupt Enable Flag（割り込み許可フラグ） マスク可能な割り込みの制御を行います。
	TF	Trap Flag（トラップフラグ） 1つの命令ごとに割り込みを発生させるときに使用します。
状態フラグ	OF	Overflow Flag（オーバーフローフラグ） 算術演算の結果が有効なビット幅で収まらなかったときにセットされます。
	SF	Sign Flag（サインフラグ） 演算結果の最上位ビットがセットされます。
	ZF	Zero Flag（ゼロフラグ） 演算結果がゼロのときにセットされます。
	AF	Auxiliary Carry Flag（補助キャリーフラグ） 主に、BCD（Binary Coded Decimal）演算で利用されます。BCD演算では4ビットで0から9までの演算を行うため、4ビットの最上位ビットで発生したキャリー（桁上がり）またはボロー（桁借り）がセットされます。
	PF	Parity Flag（パリティフラグ） 演算結果の最下位バイトに1のビットが偶数個あるときにセットされます。
	CF	Carry Flag（キャリーフラグ） 算術演算でキャリーまたはボローが発生したときにセットされます。

フラグレジスタの図のなかには、値が0または1と記載されている箇所があります。これは、読み出し時の値を示すものですが、書き込み時にも、この値をそのまま書き戻す必要があることを示しています。このため、タスクを生成するときには、割り込み許可フラグ（ビット9）とビット1をセットした値、0x0202をフラグレジスタの初期値として設定します。

セグメントレジスタ

セグメントとは、分割されたメモリの一部分をさすもので、8086で導入された概念です。8086は20本のアドレスバスを持ってるので0x0_0000から0xF_FFFFまでの1M（$=2^{20}$）バイトのメモリ空間にアクセスすることができます。しかし、アドレスを指定することができるポインタレジスタのビット幅は16ビットしかないので、このままでは0x0_0000から0x0_FFFFまでの64K（$=2^{16}$）バイトのメモリ空間にしかアクセスすることができません。

図7-3 16ビット／20ビットアドレス空間

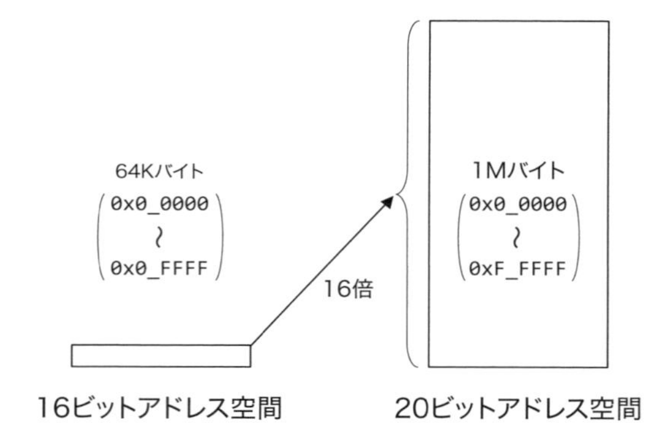

ポインタレジスタのビット幅を、アドレスバスの信号線と同じ20ビットにすると簡単なように思われますが、8086では、不足分のアドレス信号を補う方法として、メモリ空間の一部を示す、セグメントという概念が導入されました。これにより、8086でのセグメントとは「ポインタレジスタだけでアクセス可能なメモリ空間」を意味するようになりました。そして、セグメントの開始位置を指定する専用のレジスタとして、**セグメントレジスタ**が用意されました。仮に、セグメントレジスタの値を4ビットとすると、ポインタレジスタとあわせて全20ビットのアドレス空間にアクセスすることが可能となります。

図7-4 セグメントが4ビットの場合

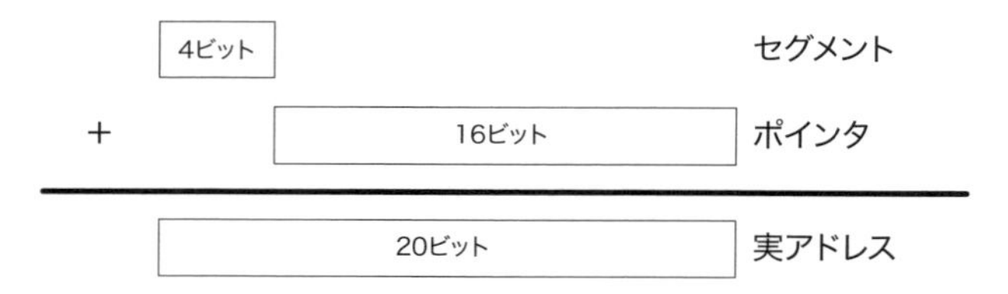

セグメントレジスタが4ビットだと、すべてのメモリ空間を16個に分割することに等しいのですが、8086でこの方法が採用されることはありませんでした。実際には、16ビット幅のセグメントレジスタが追加され、その値を4ビット分シフトした値にポインタレジスタの値を加算することで、最終的な20ビットのアドレスを生成する方法が採用されたのです。

図7-5 16ビットセグメントでのアドレス計算方法

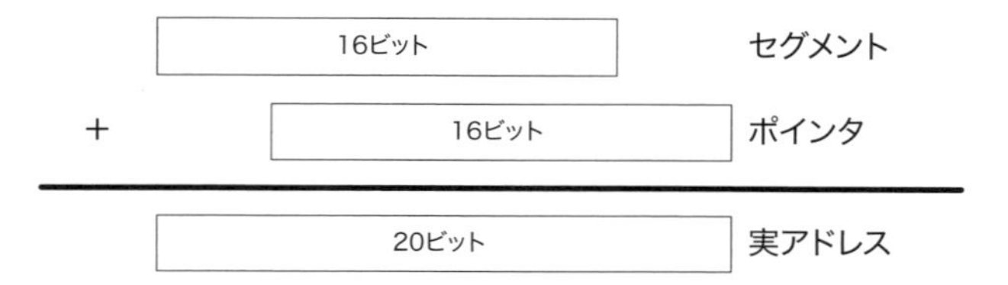

セグメントレジスタは、ポインタレジスタが示すアドレスの開始位置を示すためにあるので、メモリにアクセスする場合は、必ず、セグメントレジスタが参照されます。結果的に、8086では、20ビットのアドレスをセグメントレジスタとポインタレジスタの組み合わせおよびその演算結果により生成することになります。これに例外はありません。

図7-6 セグメントレジスタとポインタレジスタの関係

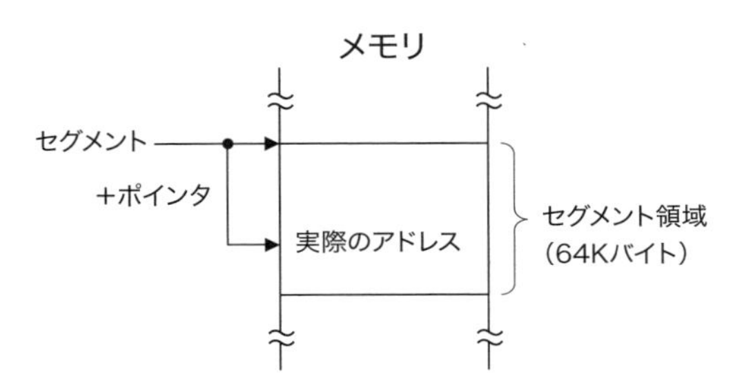

8086には、4本のセグメントレジスタがあり、それぞれに対となるポインタレジスタが決まっています。次の表に、8086で使用されるセグメントレジスタの種類と役割を示します。

表7-3 セグメントレジスタ

CS	Code Segment(コードセグメント) プログラムの実行セグメントを表します。IPレジスタを使用したメモリアクセス時に参照されます。
DS	Data Segment(データセグメント) データを参照するときのデフォルトセグメントです。SIまたはDIレジスタを使用したメモリアクセス時に参照されます。
ES	Extra Segment(エクストラセグメント) 異なるセグメント間のコピーなどで使用されます。DIレジスタを使用したメモリアクセス時に参照されます。
SS	Stack Segment(スタックセグメント) スタックポインタを使用するときに参照されます。SPまたはBPレジスタを使用したメモリアクセス時に参照されます。

8086では、ポインタレジスタだけでアドレスを指定することは、セグメントからのオフセットを示していることと同じです。このため、ポインタレジスタのことをオフセットレジスタと呼ぶことがあります。また、同じオフセットが指定されたとしても、セグメントの値によりアドレスも異なるので、アドレスを表記する場合は「セグメント:オフセット」と明示することがあります。セグメントを使ったアドレスの指定方法では、1つのアドレスに対して複数の表記が可能となります。具体的には、「0x1234:0x0005」と「0x105B:0x1D95」は同じアドレスを示しています。

ポインタレジスタ

CPUがアドレスを指定するときに使用することができるレジスタは**ポインタレジスタ**だけです。また、ポインタレジスタは一部の転送命令で、転送元または転送先として、暗黙的に利用される場合があります。ポインタレジスタの種類とその概要を次の表に示します。

表7-4 ポインタレジスタ

SI	Source Index (ソースインデックス) メモリの転送命令などで、転送元アドレスとして利用されます。また、デフォルトでDSレジスタを参照します。
DI	Destination Index (ディスティネーションインデックス) メモリの転送命令などで、転送先アドレスとして利用されます。また、デフォルトでESレジスタを参照します。
BP	Base Pointer (ベースポインタ) 局所的な変数を参照する、スタックポインタとして使用可能なレジスタです。必ずSSレジスタを参照します。
SP	Stack Pointer (スタックポインタ) スタックポインタとして使用可能なレジスタです。必ずSSレジスタを参照します。
IP	Instruction Pointer (インストラクションポインタ) 次に実行する命令のアドレスを示すレジスタです。IPレジスタの変更は、直接値を設定するのではなく、分岐命令や関数呼び出し命令などで行われます。必ずCSレジスタを参照します。

メモリ間でデータ転送を行うときには、転送元と転送先を同時に指定する必要があります。このような目的では、ストリング命令を使用すると便利です。ストリング命令では、CXレジスタで指定された回数だけ、SI (Source Index) レジスタにより転送元として指定されたアドレスからDI (Destination Index) レジスタにより転送先として指定されたアドレスへのデータ転送を行うことができます。ストリング命令は、1回の転送が終わる度にSIとDIレジスタの値を自動的に加算または減算するので、連続した領域へのアクセスに適しています。

ストリング命令以外でポインタレジスタの値を自動的に加減算する命令には、局所的 (ローカル) な変数のアクセスなどで使用する、**スタック操作命令**があります。スタック操作命令では、SP (スタックポインタ) レジスタの値が自動的に増減します。

BPレジスタも、ポインタレジスタとして使用する場合はSS (スタックセグメント) レジスタを参照します。また、汎用レジスタのなかでもBXレジスタは、ポインタレジスタとして使用することができるレジスタです。しかし、BPレジスタもBXレジスタも、アドレスを自動で加算または減算させるCPU命令はありません。

アドレッシング

アドレッシングとは、メモリアドレスの指定方法をいいます。最も単純な例として、0x8000番地にあるデータにアクセスするのであれば、即値 (数値を直接指定すること) でアドレスを指定することができます。しかし、0x8000番地から連続する100バイトにアクセスしたいのであれば、即値でアドレスを指定した命令を100個並べるよりも、ポインタレジスタに0x8000を初期値として代入後、繰り返し命令を使うほうが効率的であることが予想されます。アドレッシングでは、このときに使用可能なレジスタや即値との組み合わせを定義しています。

仮に、画面上に描画される曲線データが、0x8000番地から保存してあったとします。1つの曲線データは複数の点で構成され、1つの点はX座標、Y座標、描画色の3つの情報で構成されているものとします。1つの情報が2バイトで表現されていると、メモリ上のデータは次の図のように配置されます。

図 7-7 曲線データの配置

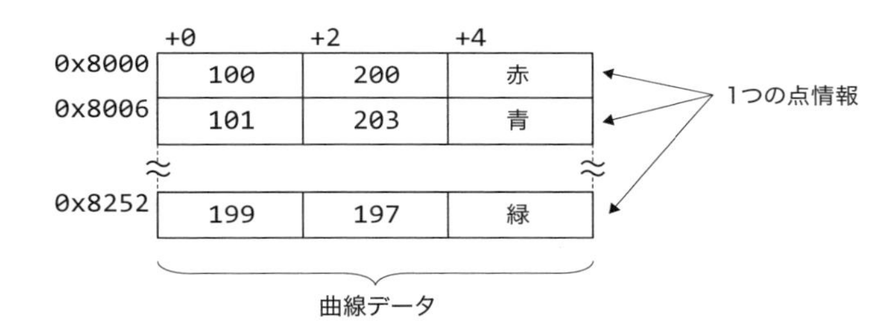

この場合、アドレスの値を6ずつ加算すると、描画単位である個々の点情報にアクセスすることができます。このような目的で使用される値は**インデックス**と呼ばれています。この例の場合、1つの点ごとにインデックスを6バイトずつ加算します。

また、インデックスの値に固定値2を加えることで、描画情報の要素であるY座標のデータにアクセスすることが可能です。この値は、描画情報内の特定の要素にアクセスするための変位またはずれを表すことから、**ディスプレースメント**（Displacement：変位）と呼ばれています。ディスプレースメントは、1つの点情報のなかにある特定の要素を示すものなので、定数で表されます。

図 7-8 インデックスとディスプレースメント

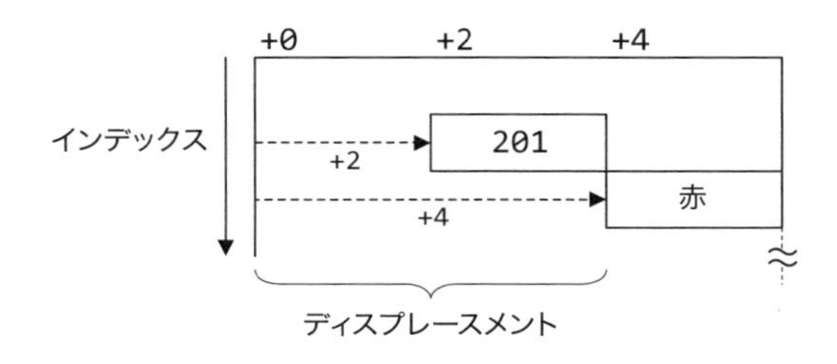

インデックスとディスプレースメントを併用すると、曲線データを構成するすべての点のすべての要素にアクセスすることができます。しかしながら、1つの曲線データしか扱わないア

プリケーションは稀で、多くの場合、複数の曲線データを取り扱うことになります。この場合、曲線データの開始位置は**ベースアドレス**と呼ばれます。これは、ベースアドレスを変更するだけで、対象となる曲線データを簡単に入れ替えることができるためです。

図7-9 ベースアドレスの意味

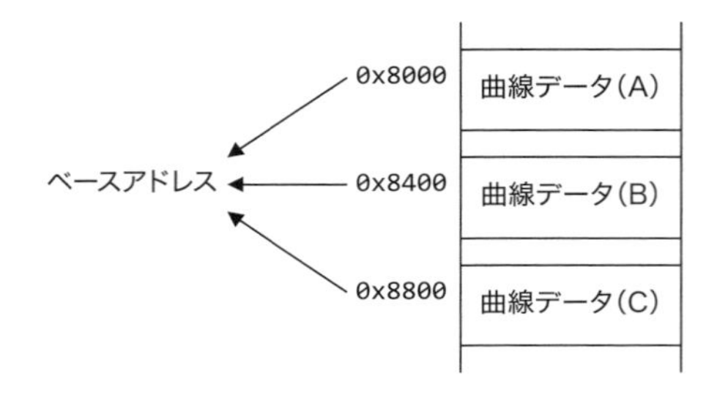

8086では、ベース、インデックス、ディスプレースメントの組み合わせでアドレスを指定します。ベースとインデックスには、それぞれ異なるポインタレジスタを使用することが可能で、アドレッシング時に参照されるセグメントは、ベースに指定されるポインタレジスタにより決定されます。具体的には、ベースにBPレジスタが使用されたときにはSSレジスタが、それ以外のときにはDSレジスタが参照されます。

図7-10 8086アドレッシング

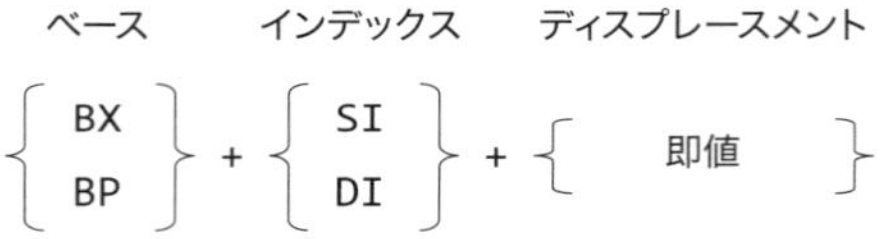

ベース　インデックス　ディスプレースメント

{ BX / BP } + { SI / DI } + { 即値 }

SP(スタックポインタ)レジスタは、ポインタレジスタではありますが、ベースまたはインデックスとして使用することはできません。SPレジスタが示すアドレスのデータには、専用のスタック操作命令を使ってアクセスします。IP(インストラクションポインタ)レジスタも、プログラムの実行位置を示すものなので、アドレッシングに使用することはできません。

7.2 80386 のレジスタ

8086の後継機種である、80386のレジスタ構成を以下に示します。

図 7-11 80386のレジスタ構成

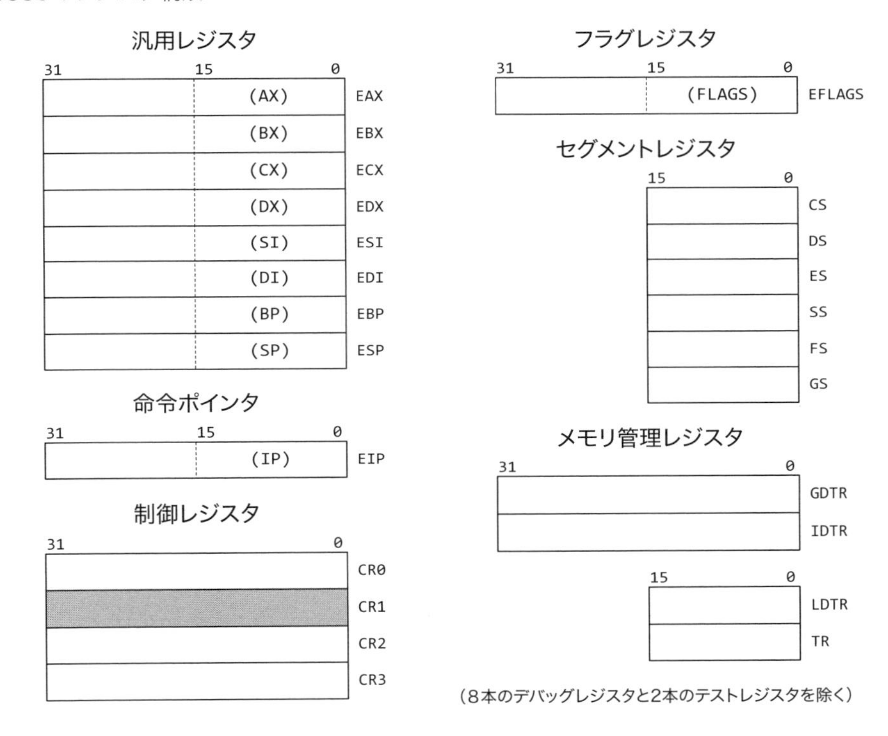

80386に内蔵されているレジスタは、8086で使用可能なレジスタがすべて含まれています。その上で、一部の16ビットレジスタが32ビットに拡張されています。また、8086でポインタレジスタとされていた一部のレジスタが、汎用レジスタに分類されるようになりました。これは、汎用レジスタをポインタレジスタとして使用することが可能となり、アドレッシングの表現方法が広がったためです(実際には、この他にも8本のデバッグレジスタと2本のテストレジスタが追加されていますが、本書では除外しています)。

8086のレジスタと比較して、まず目に付くのが32ビットに拡張された汎用レジスタです。これらのレジスタには、レジスタ名にプレフィックス「E」を付けるだけでアクセスすることが可能で、電源投入直後から使用することが可能です。もちろん、8086で使用するような、16ビットまたは8ビットレジスタとして使用することも可能ですし、32ビットレジスタへのアクセスと混在させることも可能です。

汎用レジスタとともに、IP(インストラクションポインタ)レジスタおよびSP(スタックポインタ）レジスタも32ビットに拡張されました。これは、単一のレジスタだけで4Gバイト（32ビット）のメモリ空間に直接アクセスできることを意味していますが、セグメントレジスタが不要となった訳ではありません。また、FSとGSの2つのセグメントレジスタが追加されました。

セグメントレジスタ

ポインタレジスタが32ビットに拡張された80386は、単一のレジスタですべてのアドレス空間にアクセスすることが可能となりました。これにより、アドレスの不足分を補うために使用していた、セグメントの開始位置を示す情報は参照する必要がなくなったにもかかわらず、依然としてセグメントレジスタは16ビットのまま存在し続けています。

実は、80386では、セグメントの概念とセグメントレジスタの役割が大きく変更されました。8086では、16ビットのポインタレジスタでアクセス可能な範囲をセグメントとしていましたが、80386では、保護されたメモリ空間をセグメントと呼ぶようになったのです。セグメントレジスタは、8086ではセグメントの開始アドレスを示す情報でしかありませんでしたが、80386では保護されたメモリ空間を選択するためのセレクタへと変化したのです。と同時に、8086では、セグメントサイズが64Kバイト固定でしたが、80386では可変長のメモリ領域となりました。

表7-5 CPUで異なるセグメントの意味

CPU	セグメントの意味	セグメントレジスタの役割
8086	ポインタレジスタのみでアクセス可能な範囲（64Kバイト固定、保護機能なし）	セグメントの開始アドレス
80386	保護されたメモリ空間（可変長、保護機能あり）	セグメントを選択するためのセレクタ

80386でも、8086と同様、メモリアクセス時には必ずセグメントレジスタが参照されます。また、参照されるセグメントレジスタがポインタレジスタによって決まることに変わりはありません。8086と異なるのは、実際のメモリアクセスが行われる前に、セグメントセレクタで選択されたセグメントのアクセス範囲や特権レベルが検査されることです。

アドレッシング

8086では、アドレッシングで使用可能なポインタレジスタがSI、DI、BX、BPレジスタの4本だけでしたが、80386では、ポインタレジスタの概念がなくなり、8本の汎用レジスタすべてをアドレッシングで使用することが可能です。また、インデックスには1倍、2倍、4倍、8倍のなかから倍率を設定することが可能で、より複雑なデータ構成にも対応することができます。

図 7-12 80386のアドレッシング

80386のアドレッシングで参照されるセグメントレジスタは、ベースにESPまたはEBPレジスタが使用されたときはSS(スタックセグメント)レジスタが、それ以外のときにはDS(データセグメント)レジスタが参照されます。

フラグレジスタ

80386では、フラグレジスタも32ビットに拡張されましたが、実際に追加されたフラグは、OSなどのシステム管理で使用される5ビットだけです。

図 7-13 80386のフラグレジスタ

31																15														0
0	0	0	0	0	0	0	0	0	0	0	0	0	0	VM	RF	0	NT	IOPL	OF	DF	IF	TF	SF	ZF	0	AF	0	PF	1	CF

システム管理で使用する情報は、ユーザーアプリケーションから書き換えられては困ります。これを防ぐために、80386では特権レベル ➡P.237参照 を導入しています。特権レベルは、最高レベルの特権レベル0から最低レベルの特権レベル3までを2ビット、4段階で表現します。80386では、フラグレジスタを含めて、特定の特権レベルに満たないプログラムからのアクセスを制限することができます。一般的に、カーネルは特権レベル0で、ユーザーアプリケーションは特権レベル3で動作します。

次に、80386で追加されたフラグの意味を記載します。

表 7-6 80386のフラグレジスタ

制御フラグ	VM	Virtual-8086 Mode flag(仮想8086モードフラグ) CPUを仮想8086モードで動作させるためのフラグです。特権レベルが0でなければ変更することができません。
	RF	Resume Flag(再開フラグ) デバッグ時に発生した例外の動作を制御します。

NT	Nested Task flag（ネステッドタスクフラグ） タスクがタスクを関数のように呼び出したことを示すフラグです。このフラグがセットされた場合、呼び出し元のタスクに戻るためのIRET命令では、タスクスイッチングが行われます。
IOPL	I/O Privilege Level field（I/O特権レベルフィールド） 現在のI/O特権レベルが設定されます。入出力命令実行時に参照されます。

制御レジスタ

80386では、CR0からCR3までの4本の**制御レジスタ**が追加されました。ただし、CR1レジスタは予約されているのでアクセスしてはいけません。

図7-14 制御レジスタ

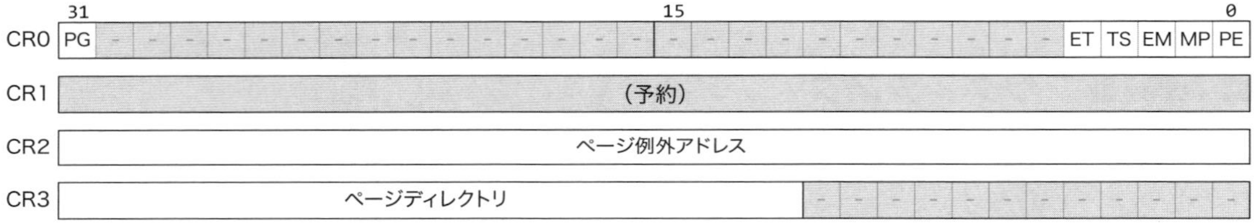

31 15 0
CR0 PG - ET TS EM MP PE
CR1 （予約）
CR2 ページ例外アドレス
CR3 ページディレクトリ - - - - - - - - - - - -

CR0レジスタは、メモリの保護とコプロセッサ制御に関するフラグが含まれています。**コプロセッサ**（Coprocessor）とは、CPUの補助を行う目的で作られた処理装置のことで、汎用的な周辺機器とは区別されます。PC環境であれば、小数演算を専門に行う数値演算処理装置を意味しています。次の表に、それぞれのビットの意味をまとめます。

表7-7 CR0レジスタ 保護制御

PG	Paging（ページング） このフラグがセットされているとき、ページングが有効となります。PE（保護イネーブル）フラグがクリアされているときにこのフラグをセットすることは禁止されています。
PE	Protect Enable（保護イネーブル） このフラグがセットされると、保護モードが有効となります。このフラグをクリアするときは、PG（ページング）フラグもクリアする必要があります。

表 7-8 CR0レジスタ　コプロセッサ制御

ET	Extension Type（拡張タイプ） このフラグは、コプロセッサとの通信方法を設定します。0のときは16ビット通信、1のときは32ビット通信を行います。このフラグは、コプロセッサの動作をソフトウェアで代替する、エミュレーションが有効なとき（EMビットが1）は無視されます。
TS	Task-Switched（タスクスイッチ） このフラグは、タスクスイッチが発生するたびにCPUが1をセットします。このフラグは、コプロセッサのコンテキスト入れ替え判定に使用することができます。
EM	Emulate（エミュレート） このフラグがセットされている場合、コプロセッサが実装されていないことを示しています。このフラグは、浮動小数点演算をソフトウェアでエミュレートするときに使用されます。
MP	Monitor Coprocessor（モニタコプロセッサ） このフラグは、コプロセッサの動作が完了するまでの間にタスクスイッチが発生したときの動作を設定するために使用されます。

80386ではページング（PGフラグ）を単独で機能させることはできません。ページングを有効化する前には、必ず、メモリ保護機能（PEフラグ）を有効にしておく必要があります。

CR2レジスタには、ページフォルト例外が発生したときのアドレスが設定されます。このレジスタからは、ページフォルト例外の要因となったアドレスを知ることができるので、必要であれば、有効なページを割り当てることも可能です。

CR3レジスタには、ページ変換で使用されるページテーブルのアドレスを設定します。

メモリ管理レジスタ

メモリ管理レジスタは、メモリ管理情報を設定する複数のレジスタ群です。80386では、メモリ管理に必要な情報を直接レジスタに設定するのではなく、メモリ管理情報がどこにどれくらい存在するのかを設定します。これは、メモリ管理情報が保護されたメモリ空間の数だけ必要になることと、その数がシステムにより異なるためです。

80386では、1つのメモリ管理情報のことを**ディスクリプタ**といいます。そして、複数のディスクリプタが表形式で保存されたものを**ディスクリプタテーブル**といいます。メモリ管理レジスタには、ディスクリプタテーブルが保存されているアドレスとその範囲を設定します。このときに指定する範囲は、CPUがアクセス可能なテーブルの限界を示すことから**リミット**と呼ばれます。そして、ディスクリプタテーブルの1つの要素を示すインデックスには、セグメントレジスタに設定された値が使用されます。

図7-15 メモリ管理情報の参照

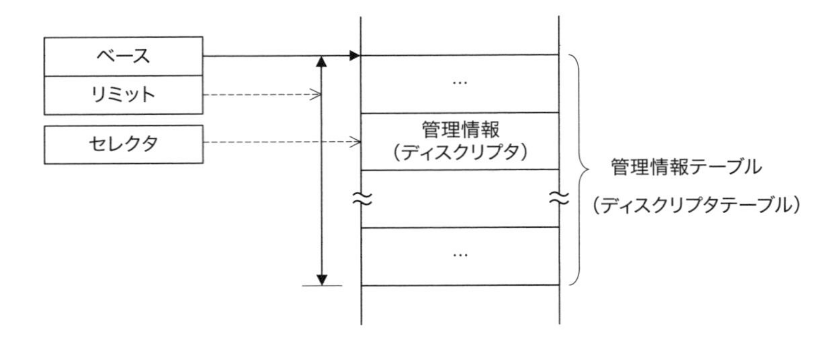

次に、メモリ管理レジスタの内部フォーマットを示します。

図7-16 メモリ管理レジスタ

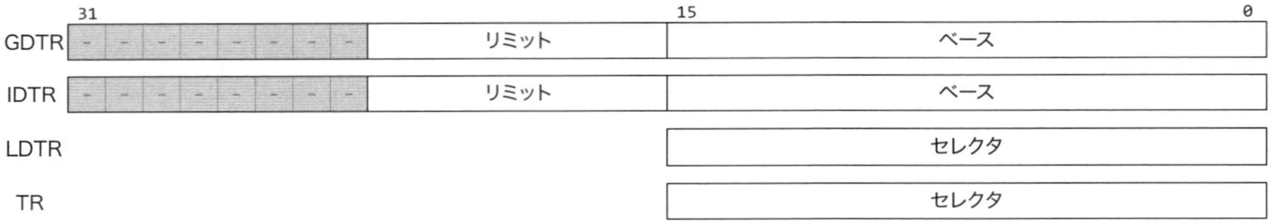

	31									15 … 0
GDTR	-	-	-	-	-	-	-	-	リミット	ベース
IDTR	-	-	-	-	-	-	-	-	リミット	ベース
LDTR										セレクタ
TR										セレクタ

GDTR（グローバルディスクリプタテーブルレジスタ）には、すべてのタスクから参照されるディスクリプタテーブルを設定します。IDTR（インタラプトディスクリプタテーブルレジスタ）には、割り込みが発生したときに必要とされるディスクリプタテーブルを設定します。LDTR（ローカルディスクリプタテーブルレジスタ）にはタスクのメモリ管理情報を選択するためのセレクタを、TRにはタスクのコンテキスト情報を選択するためのセレクタを設定します。

7.3 外部インターフェイス――CPUと周辺機器の接続

CPUは、単独で動作することができません。最低限、プログラムを格納するためのROMとデータを一時的に保存しておくためのRAMが必要です。また、周辺機器とのデータ転送を行うためには、データの入出力を行うためのポートも必要になります。

データの配置（アライメント）

CPUには、周辺機器との通信を目的とした、データバスが用意されています。データバスの本数はCPUごとに決まっており、この本数が1回のアクセスで転送可能な最大ビット数と等しくなります。ほとんどのCPUでは、データバスのビット幅と内部レジスタのビット幅が同じであることから、このビット数が最も効率的にメモリにアクセス可能なビット数として扱われています。

16ビットCPUである8086は、メモリと16本のデータバスで接続されます。メモリに対するアクセスは、CPUの内部動作速度に比べると、とても遅いので、1回のアクセスでより多くのビット（情報量）を転送できた方が高い処理能力を期待できます。これは、16ビットCPUが8ビットCPUよりも高性能であることの1つの要因でもあります。

図7-17 データバス幅によるアクセスの違い

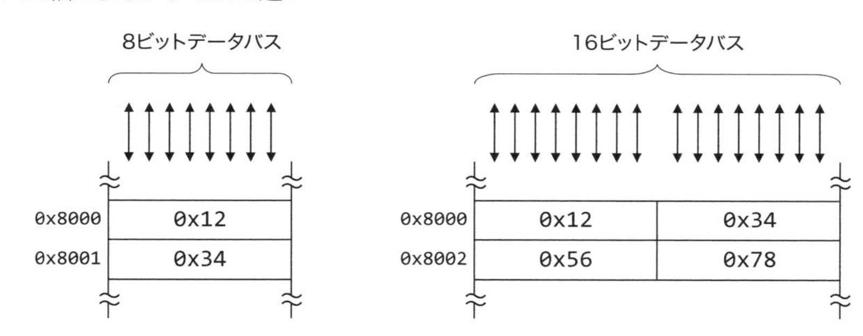

メモリは、1つのアドレスに対して1バイト（8ビット）のデータを記憶することができます。8086とメモリ間は、16ビットバスで接続されているので、1回のアクセスで2バイト（16ビット）のデータを転送することが可能です。しかしこれには、データが配置されたアドレスが2の倍数であるという条件が付きます。この条件は、アドレッシングで生成されるアドレスが1回のアクセス中に変化しないようにするためです。次の図は、2バイトデータが、偶数番地と奇数番地に配置されたときの例です。

図7-18 データの配置によるアクセス回数の違い

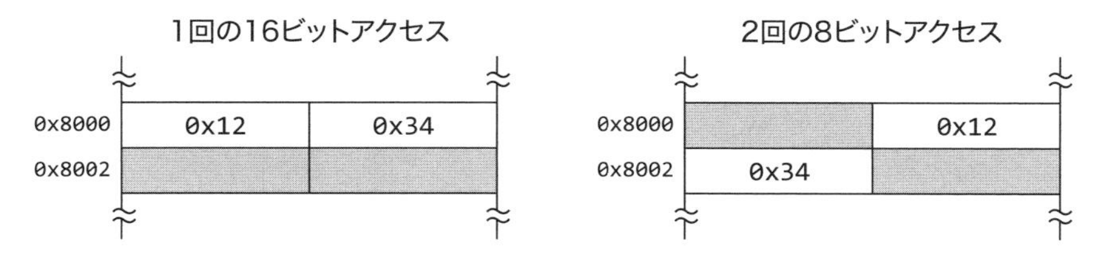

2バイトデータが偶数番地に配置されている場合、CPUは、1回のアドレス生成で16ビットデータにアクセスすることができます。しかし、データが奇数番地に配置されている場合、1回目のアクセスで奇数番地から1バイト、2回目のアクセスで偶数番地から1バイトのデータを転送する必要があります。実に、2回のアドレス生成と2回のメモリアクセスが必要となるのです。これは、まったく同じハードウェア構成であっても、データの配置が適切でなければ、プログラムの性能を低下させるということを示しています。

プログラマは、メモリへのアクセスが原因となる、性能の低下を引き起こさないようにデータを配置する必要があります。このような、アクセスするデータのサイズに応じて、データが保存されるアドレスを調整することを**データアライメント**(Alignment：配置)といいます。8086は、データバス幅が16ビットなので、1回で最大2バイトのデータにアクセスすることができます。このため、2の倍数でデータを配置すると効率的なデータアクセスを行うことが可能です。このようなデータ配置は、2バイト境界または2バイトアライメントといいます。同様に80386は、データバス幅が32ビットなので、4バイト境界でデータを配置するとデータアライメントの不整合による性能の低下を防ぐことができます。

メモリへのアクセスは、CPU命令の実行により暗黙的に行われることがあります。特に、SP(スタックポインタ)レジスタは、関数呼び出しや割り込み発生時に行われるスタック操作で使用されるので、8086では2、80386であれば4の倍数となるように設定します。

エンディアン

メモリは、1つのアドレスに1バイトのデータを記憶するので、2バイトで表現されるデータは2つのアドレスに分けて書き込まれます。仮に、0x08000番地に0x1234を書き込んだ場合、先頭に0x12を書き込む方法と0x34を書き込む方法の2通りが考えられます。この違いはCPUに依存するもので、前者をビッグエンディアン、後者をリトルエンディアンと呼びます。x86系CPUは、リトルエンディアン方式を採用したCPUです。

図7-19 アドレスとエンディアン

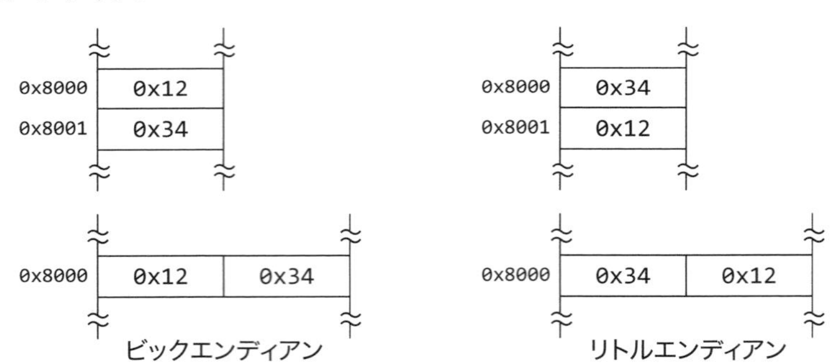

どちらのエンディアンを採用したCPUであっても、同じアドレスに同じデータサイズで行われるアクセスが問題となることはありませんが、同じアドレスに異なるデータサイズでアクセスする場合には、CPUの潜在的な特徴として注意する必要があります。

ポート

出力ポートに書き込まれたデータは周辺機器へ出力される電気信号となり、周辺機器からの電気信号は、入力ポートからデータとして読み取ることが可能です。それぞれの電気信号や通信データがどのような意味を持つかは、接続されている周辺機器により異なります。

図7-20 ポートの概要

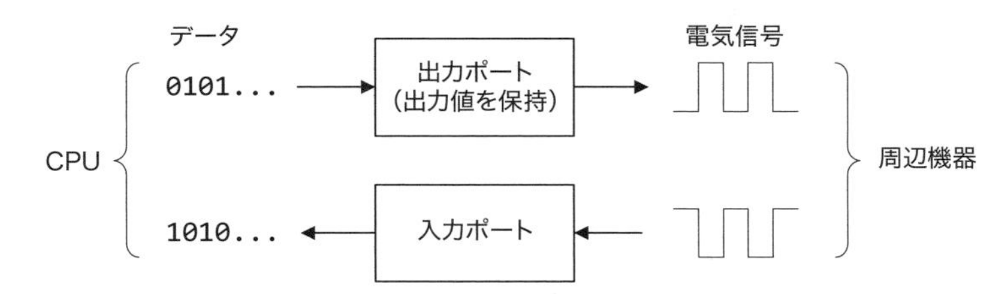

一般的な出力ポートは、CPUから書き込まれたビットデータが0であれば低電位、1であれば高電位の信号を出力します。ただし、低電位や高電位が実際に何Vであるかは周辺機器ごとに異なります。CPUから出力されたデータは、新たな書き込みが行われるまで、前回の出力値を保持し続けます。

簡単な例として、4ビットの外部入出力信号を備えた周辺機器を考えます。CPUは、このような周辺機器に対して、8ビットのデータを保持するメモリと同等のアクセスを行います。異なるのは、それぞれのビットには入出力が設定してあり、CPUは出力に設定されたビットの変更を、周辺機器は入力に設定されたビットの変更をすることができるということです。これにより、CPUと周辺機器は、双方の情報を交換する「通信」が可能となります。このような、複数の入出力を備えた周辺機器は**PIO**(Parallel Input/Output)と呼ばれています。

図7-21 PIOの内部構成

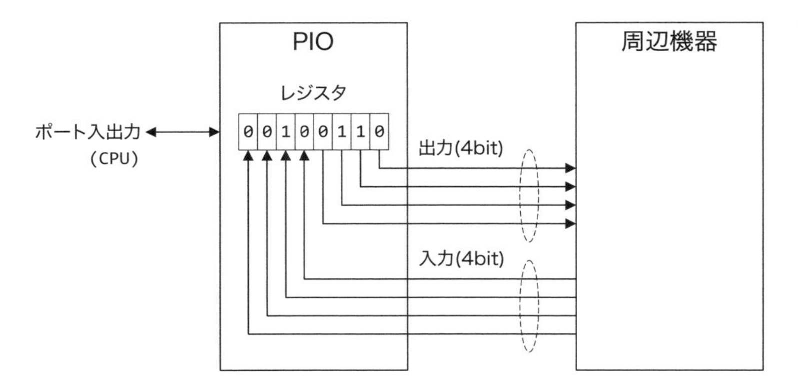

x86系CPUでは、入出力ポートとメモリ空間は異なるアドレス空間に割り当てられています。例えば、同じ番地のI/Oポートアドレスとメモリアドレスは、異なるデバイスに接続されるので、異なるCPU命令が使用されます。しかし、システムによっては、メモリ空間に入出力ポートを配置することも可能です。このようなI/O空間は**メモリマップドI/O**と呼ばれます。

第8章 CPU命令の使い方

トピックス
- CPU命令の書き方
- CPU命令の具体的な動作
- メモリを保護する仕組み　など

ここでは、8086および80386で使用可能な命令のなかから、代表的な命令を選んで解説します。80386は8086の命令をすべて含んでいるので、80386で使用可能な命令が対象となります。8086と80386の違いは、命令の数が増えたこともありますが、その柔軟性が向上したこともあげられます。一例として、80386では、PUSH命令やシフト命令で即値を使用することが可能となりました。これらの命令は8086の命令を自然な形で拡張しているので、プログラムの可読性を向上させるものです。

8.1 CPU命令によるプログラムの作成手順

CPUには、数多くの単純な命令が用意されています。高級言語で開発された複雑な処理も、最終的にはCPU命令の組み合わせで実現されます。各命令の詳細な内部動作についてはCPUのマニュアルを読まざるをえないのですが、その前に、アセンブラでプログラムを作成するにあたって知っておくべき事柄を、そのコード例とともに確認していくことにします。

ニーモニック

CPUが理解できる唯一の言語は**機械語**と呼ばれています。CPUはメモリに保存されている機械語を、CS(コードセグメント)レジスタとIP(インストラクションポインタ)レジスタが示すアドレスから読み込み、解釈そして実行します。機械語は、人間からすると無機質なデータが並んでいるだけにしか見えません。たとえば、次の2バイトのデータは、AXレジスタの値をBXレジスタにコピーする機械語です。

```
0x89 0xC3
```

次の機械語は、コピー方向だけが異なり、BXレジスタの値をAXレジスタにコピーする命令です。

```
0x89 0xD8
```

機械語は、1ビット違うだけでまったく異なる命令と解釈されるので、人間にとってはとても分かりにくいものです。そこで、これらの機械語を、**ニーモニック**(Mnemonic)と呼ばれる、人間が分かりやすい記号へと置き換えることにします。次の例は、BXレジスタの値をAXレジスタにコピーする機械語を、ニーモニックを使って書き換えたものです。ニーモニックに置き換えることで、CPUの動作が、2バイトの機械語で示されるよりも格段に分かりやすくなっています。

```
MOV AX, BX
```

この命令は、3つのニーモニックで構成されています。最初のニーモニックはCPUに対する命令で、引き続き、操作対象となるレジスタが示されています。人間が理解することができるニーモニックから、CPUが理解する機械語に変換する作業を**アセンブル**(Assemble)といい、逆に、機械語からニーモニックへ変換する作業を逆アセンブルといいます。

図8-1 アセンブルと逆アセンブル

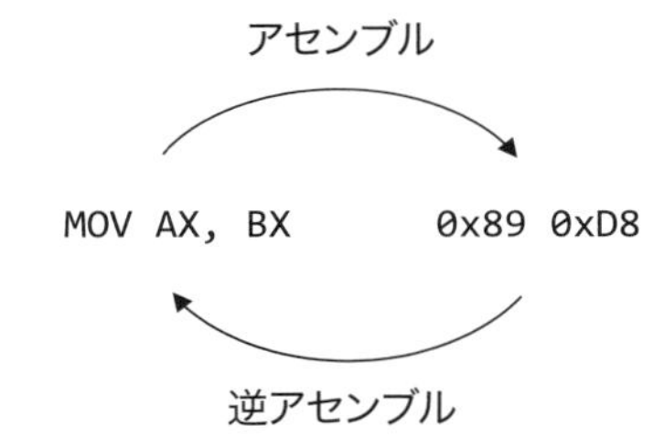

アセンブルは、変換操作がビット単位ではあるものの、単純な置き換えで実現できるので、変換表さえあれば人手で行うこともさほど難しくはありません。この作業は、ハンドアセンブルと呼ばれています。しかし、このような単純な作業を自動化する専用のソフトウェアが用意されており、広く利用されています。このソフトウェアは、**アセンブラ**と呼ばれています。アセンブラには、アセンブル作業以外にも有益な機能が数多く含まれています。

アセンブラには、対応するCPUの種類や記述方法などの違いにより、いくつかの種類が存在しますが、今回は、**NASM**と呼ばれるアセンブラを使用することにします。NASMは、x86系CPUの実行ファイルを生成することができるアセンブラです。NASMのインストール方法については、第3部を参照してください。ここでは、機械語を生成するという、アセンブラの基本的な機能だけを確認し、より高度な使い方については後述することにします。

ソースファイルの書き方

NASMでアセンブルするソースファイルは、各行がラベル、命令、コメントで構成されます。

表 8-1 ソースファイルの書式

ラベル	命令	コメント
`loop:`	`mov ax, bx`	; 値をコピーする

ラベルとは、機械語が配置されるアドレスを文字列で置き換えたものです。ラベルは、アドレスに名前をつける機能なので、JMP命令での分岐先に指定することができます。また、ラベルを定義することで、関連する処理や関数などに分かりやすい名前をつけることができます。ラベルを定義するときは、命令と区別するために、ラベル名を「:」(コロン)で終了します。

命令には、CPUに対する命令とアセンブラに対する命令の2種類が存在します。単に命令といった場合、CPUに対する命令を指しますが(**CPU命令**)、これと区別するために、アセンブラに対する命令を**擬似命令**といいます。擬似命令では、画面に表示する文字列や変換テーブルのデータなどを定義することができます。

コメントとは、ソースファイルの可読性を高めるために記載されるテキストで、「;」(セミコロン)で始まり、行末までが対象となります。コメントに記載した内容は、生成される機械語に一切の影響を与えませんので、自由な書式で記載することが可能です。

オペコードとオペランド

アセンブラの基本は、ニーモニックを機械語に変換することです。アセンブラでは、CPUに対する命令を**オペコード**、操作対象のことを**オペランド**と呼んで区別しています。対象となるオペランドが複数存在する場合、左から順に、第1オペランド、第2オペランドと続きます。前述の例の場合、オペコードは「MOV」命令、第1オペランドは「AX」レジスタ、第2オペランドが「BX」レジスタとなります。また、NASMの一般的なルールとして、データの転送は右から左に行われます。

図 8-2 オペコードとオペランド

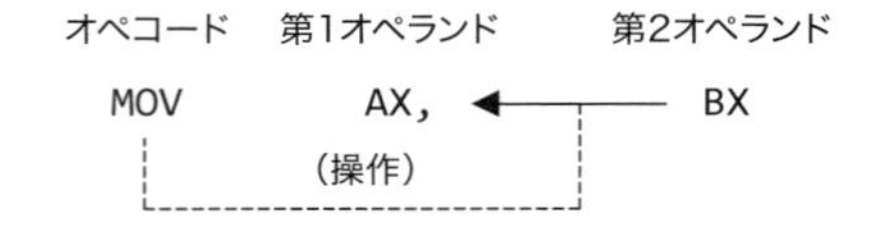

即値

プログラムを作っていく過程で、レジスタへの転送や演算に、事前に決められた値を設定したいときがあります。具体的な例として、次の命令は、0x0FをAXレジスタに設定するものです。

```
MOV AX, 0x0F
```

ニーモニックとは異なり、0x0Fのような、アセンブラが変換する必要のない値を**即値**といいます。アセンブラは、即値のビット幅を検査し、必要であればビット幅を拡張して機械語に反映します。この例の場合、16ビットのAXレジスタを対象としていることから、即値のビット幅も16ビットであると解釈され、AXレジスタには0x000Fが設定されます。

メモリオペランド

一部の命令では、オペランドにメモリアドレスを指定することができます。アドレスの値自体は、通常の演算と同じように操作することができます。NASMでは、ポインタレジスタまたは即値を角括弧「[]」でくくると、そのアドレスにあるデータを操作対象とします。次の例は、MOV命令を使用してアドレス0x8000番地に即値0x0Fを書き込もうとするものです。

```
MOV [0x8000], 0x0F
```

しかし、アセンブラは、この表記からは1バイトの0x0Fを書き込むのか、2バイトの0x000Fを書き込むかを判断することができません。アセンブラがデータサイズを特定できない場合は、プログラマがメモリに書き込むデータサイズを明示する必要があります。具体的には、書き込むバイト数が1、2、4バイトであることを、NASMアセンブラが定義するキーワードbyte、word、dwordのどれか1つを使って指定します。次の例は、それぞれのキーワードが指定されたときに書き込まれるバイト数を示したものです。

図8-3 即値のデータサイズ指定

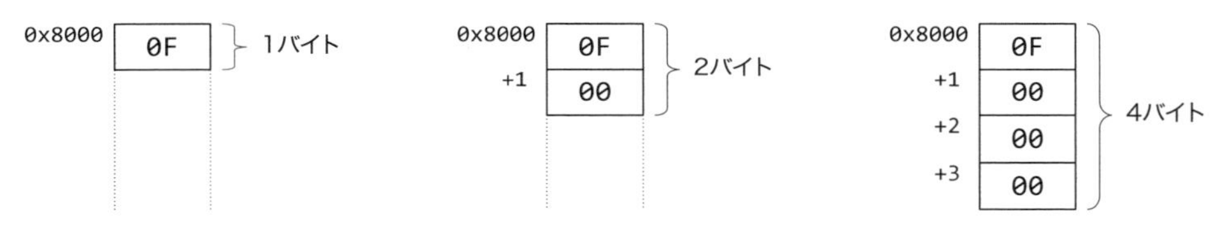

次の表に、即値のデータサイズが異なるだけの命令がどのようにアセンブルされるかを、1バイトと2バイトのデータ転送を例に示します。

表8-2 データサイズの違いにより、異なる機械語が生成される例

ニーモニック	機械語
mov [0x8000], byte 0x0F	0xC6 0x06 0x00 0x80 0x0F
mov [0x8000], word 0x0F	0xC7 0x06 0x00 0x80 0x0F 0x00

2バイト分のデータを転送する場合は、機械語の命令が異なるだけではなく、全体のバイト数も増えています。x86系CPUは、多くの命令を備えた可変長の機械語を使用するCISC ➡P.081参照 と呼ばれるCPUに分類されます。

IPレジスタとラベル

IP（インストラクションポインタ）レジスタは、次に実行する機械語命令が格納されているアドレスを保持しています。この値は、CPUが命令を実行するたびに、実行した機械語のバイト数が自動的に加算されます。

CPUは、実行した命令が何バイトであったかを把握しているので、異なるバイト数の命令が並んでいたとしても、正しくIPレジスタの値を更新することが可能です。次のプログラムは、0x7C00番地に配置された一連の命令が実行されたときのIPレジスタの変化をコメントに示したものです。何バイトの機械語に変換されるかを、ニーモニックを見ただけで人間が判断することが、いかに困難であるかが分かります。

```
                                            ; IP = 0x7C00
        MOV     AL, 0x0F                    ; IP = 0x7C02 (2バイト長命令)
        MOV     AX, 0x0F                    ; IP = 0x7C05 (3バイト長命令)
        MOV     [0x8000], byte 0x0F         ; IP = 0x7C0A (5バイト長命令)
        MOV     [0x8000], word 0x0F         ; IP = 0x7C10 (6バイト長命令)
```

CPUは、IPレジスタで指定されたアドレスには、必ず、機械語命令があるものとして動作します。このため、CPUが命令を開始するアドレスが1バイトでもずれると、正しい動作を期待することはできません。プログラム開始時に、機械語命令が保存されているアドレスをIPレジスタに設定するのはプログラマの責任です。また、プログラム実行中に処理を分岐するときもIPレジスタの値を変更しますが、必ず、機械語命令の先頭バイトに設定する必要があります。

次の擬似コードは指定位置にジャンプする例ですが、JMP命令からジャンプ先までの間に何バイトの機械語命令が存在するのかを正確に把握していなければ設定することができません。また、プログラムの修正などによりジャンプ先までの間にある処理が変更されたときにも、その都度ジャンプ先までのバイト数を計算しなおす必要があります。

```
        JMP     ジャンプ先                  ; IP = ????
                ⋮
          様々な処理
                ⋮
        MOV     AL, 0x0F                    ; ←ジャンプ先（この命令から開始したい）
```

アセンブラは、生成された機械語のバイト数を内部カウンタに保持しています。プログラマは、この値を参照することで、ジャンプ先までのバイト数を知ることができます。この値は、数値ではありますが、人間が分かりやすいようにラベルをつけることができます。プログラマは、ラベルを使うことにより、生成された機械語のバイト数を数えなくても、JMP命令のオペランドに正しい値を設定することができます。前述の例を、ラベルを使用して書き直すと次のようになります。

```
        JMP     LABEL                           ; IP = LABELのアドレス
                  :
           様々な処理
                  :
LABEL:  MOV     AL, 0x0F                        ; ジャンプ先
```

セグメントオーバーライド

x86系CPUのメモリアクセスでは、必ず、セグメントレジスタが参照されます。メモリアクセス時に使用されるポインタレジスタがBPまたはSPレジスタの場合はSS（スタックセグメント）レジスタが、それ以外の場合はDS（データセグメント）レジスタがデフォルト（既定）のセグメントとして参照されます。

表 8-3 セグメントとポインタレジスタの対応

デフォルトのセグメント	使用するポインタレジスタ	メモリ参照の種類
CS	IP	CPU命令の参照
DS	BX / SI / DI	データの参照
ES	DI	ストリング命令
SS	BP / SP	スタック操作

デフォルトで参照されるセグメントは、変更することが可能です。これを、**セグメントオーバーライド**といいます。セグメントオーバーライドは、ポインタレジスタの直前に参照したいセグメントレジスタを「:」で区切って記載します。次のコードは、BPレジスタのデフォルトセグメントをSS（スタックセグメント）からDS（データセグメント）に変更する例です。

```
MOV [DS:BP], AL
```

セグメントオーバーライドを使用すると、BXまたはSIレジスタが参照するデフォルトセグメントをDSからESまたはSSに変更することも可能です。

8.2 CPU命令とその使用例

これから、個別のCPU命令の説明を、その使用例とともに示します。

CPU命令の使用例は、NASMアセンブラでアセンブル可能な書式で記載します。命令の実行結果は、レジスタやメモリに反映されるので、使用例では、実行結果によって変化した内容をコメントとして記載しています。次の例は、MOV命令を実行したときの、レジスタ値の変化を示しています。

```
        mov     ax, 0x0F                        ; AX=0x000F
```

次の例は、0x8000番地にAXレジスタの値をコピーしたときの、メモリの変化を示しています。このとき、コピー前のAXレジスタの値は、命令を実行する前の行に記載しています。また、メモリにアクセスするときは、特に明示しない限り、すべてのセグメントレジスタの値が0であると仮定しています。明示的に値を設定していないレジスタやメモリには「-」を記載しています。

```
                                        ; AX=0x000F
                                        ; 0x8000 : -- --
        mov     [0x8000], ax            ; 0x8000 : 0F 00
```

次の例は、後述するDIV命令を実行したときの、レジスタ値の変化を示しています。この命令では、DXレジスタとAXレジスタを連結した32ビット値をBXレジスタで除算します。このため、関連する3つのレジスタを、命令を実行する前後で記載しています。

```
                                        ; DX=0x1234, AX=0x5678, BX=0x8086
        div     bx                      ; DX=0x5bec, AX=0x2442, BX=0x8086
```

また、各命令で、フラグの変化は次のように記載しています。

表8-4 CPU命令がフラグに与える影響の表記例

表記	意味
–	変化しない
X	変化する
U	未定義
0	クリアされる
1	セットされる

転送命令（MOV）

書式	第1オペランド	第2オペランド	OF	SF	ZF	CF
MOV	DEST,	SRC	–	–	–	–

MOV命令は、第2オペランドの値を第1オペランドにコピーします。書式では、コピー先をDEST、コピー元をSRCと記載し、コピーの方向を表しています。MOV命令は、名前に反して、データを移動する訳ではないので、コピー元となる第2オペランドに影響を与えることはありません。このことからも分かるとおり、コピー元となる第2オペランドには即値を指定することが可能です。MOV命令は、フラグに影響を与えません。

次の例は、レジスタに値を設定するMOV命令の実行例です。

```
        mov     ax, 0x12                        ; AX = 0x0012;
        mov     bh, al                          ; BH = 0x12;
```

MOV命令は、同じビット幅同士でのみ行うことが可能です。アセンブラは、AXレジスタが16ビット幅であることから、即値として指定された0x12を16ビット幅である0x0012と解釈し、AXレジスタにコピーします。次の例は、2つのオペランドのビット幅が異なるのでアセンブルすることはできません。

```
        mov     al, bx                          ; NG:ビット幅が異なる
        mov     ax, bl                          ; NG:コピー先が大きなサイズでも不可
```

セグメントレジスタには、即値をコピーすることができません。このような場合、汎用レジスタを介して値を設定する必要があります。次の例は、AXレジスタを介してESレジスタに0x0008を設定するものです。

```
        mov     ax, 0x0008                      ; AX = 0x0008;
        mov     es, ax                          ; ES = AX;
```

MOV命令では、オペランドにメモリを指定することもできます。この場合、アドレスを示す即値またはポインタレジスタを「[]」でくくります。次の例は、0x8000番地のデータにアクセスするものです。

```
        mov     ax, [0x8000]                    ; AX = [0x8000];
        mov     bx, 0x8000                      ; BX = 0x8000;
        mov     cl, [bx]                        ; CL = [BX];
                                                ;    = [0x8000];
```

NASMは、オペランドにレジスタが含まれていなければ、アクセスするデータサイズを判別することができません。次の例は、メモリにコピーするバイト数を特定することができないので、アセンブルすることができません。

```
        mov     [0x8000], 0x12                  ; NG:コピーサイズが不明
```

このような場合、即値の前に、データサイズを特定するためのプレフィックスを記述します。次の例は、NASMのキーワードbyte、word、dwordを使って1バイト、2バイト、4バイトのデータをメモリに書き込む例です。

```
        mov     [0x8000], byte  0x12            ; 0x8000:12 -- -- --
        mov     [0x8000], word  0x12            ; 0x8000:12 00 -- --
        mov     [0x8000], dword 0x12            ; 0x8000:12 00 00 00
```

x86系CPUでは、メモリアクセスをともなう命令実行時に、必ずセグメントレジスタが参照されます。前述までの例では、デフォルトで参照されるDSレジスタの値が0x0000で、セグメントの開始アドレスが0x0_0000であることを前提としていましたが、セグメントオー

バーライドを使って、異なるセグメントを指定することができます。次の例は、8086での使用例です。

```
        mov     ax, 0x0008                      ; AX = 0x0008;
        mov     es, ax                          ; ES = AX;
        mov     [es:0x8000], word 0x8086        ; [    ES      : 0x8000] = 0x8086;
                                                ; [0x0008 * 16 + 0x8000] = 0x8086;
                                                ; [               0x8080] = 0x8086;
```

この例では、AXレジスタを介してESレジスタの値を0x0008に設定しています。その後、即値を指定してメモリに値をコピーしていますが、セグメントレジスタはデフォルトで参照されるDSレジスタではなくESレジスタを参照することを指示しています。8086では、セグメントレジスタの値を16倍した値がアドレスとして使用されるので、結果的にメモリの0x8080番地にデータがコピーされることになります。

MOV命令では、両オペランドにメモリを指定することはできません。このような場合、一時的な変数を介して複数の命令で実現することになります。次の命令は、0x8000番地から0x8080番地へデータをコピーする命令です。このとき、DSとESレジスタの値がそれぞれ0x0000、0x0008であるものとします。

```
        mov     ax, [0x8000]                    ; AX = [0x8000];
        mov     [es:0x8000], ax                 ; [0x8080] = AX;
```

この例は、一見同じアドレスにデータをコピーしているので無意味な動作のように見えますが、コピー元とコピー先のセグメントが異なるので、異なるアドレスにデータをコピーしています。このような、メモリ間のコピーは高い頻度で行われます。また、多くの場合、複数バイトのコピーが行われるので、アドレスを更新したり、回数を設定できたりすると便利です。そのような例は、後述するストリング命令に見ることができます。

転送と変換命令（MOVZX/MOVSX）

書式	第1オペランド	第2オペランド	OF	SF	ZF	CF
MOVZX/MOVSX	DEST,	SRC	–	–	–	–

この命令は、1バイトまたは2バイトの第2オペランドを、2バイトまたは4バイトの第1オペランドに拡大コピーします。MOVZX命令は、拡大された上位ビットに0を設定する、**ゼロ拡張**が行われます。MOVSX命令は、第2オペランドの最上位ビットを設定する、**符号拡張**が行われます。それぞれの命令の動作を次の図に示します。

図8-4 MOVZX/MOVSX命令の動作

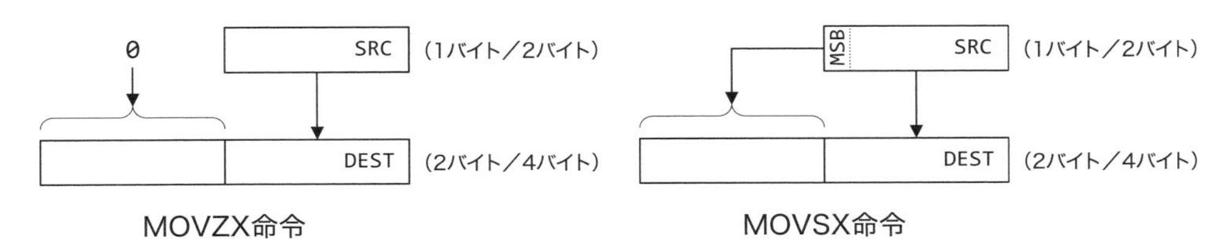

次に、この命令の使用例を示します。

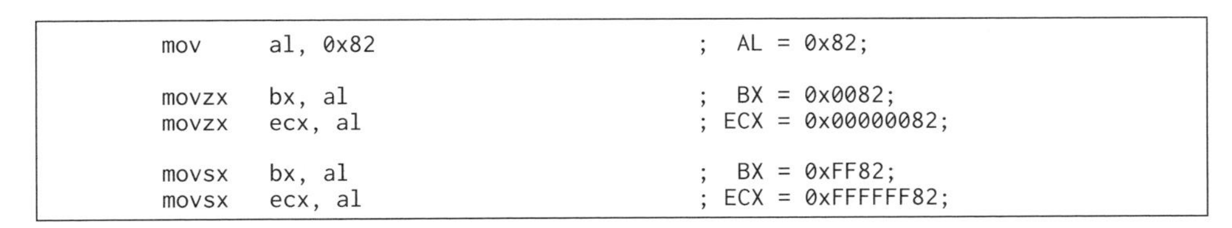

```
        mov     al, 0x82                    ;  AL = 0x82;

        movzx   bx, al                      ;  BX = 0x0082;
        movzx   ecx, al                     ; ECX = 0x00000082;

        movsx   bx, al                      ;  BX = 0xFF82;
        movsx   ecx, al                     ; ECX = 0xFFFFFF82;
```

この命令は、コピー元となる第2オペランドにのみ、メモリを指定することができます。次に、アセンブルできないプログラム例を示します。

```
        movzx   [0x8000], al                ; NG:コピー先にメモリ指定不可
        movzx   al, [0x8000]                ; NG:1バイトへの拡張は不可
```

変換命令（CBW/CWD/CDQ, CWDE）

書式	第1オペランド	第2オペランド	OF	SF	ZF	CF
CBW/CWD/CDQ			–	–	–	–
CWDE			–	–	–	–

CBW命令は、ALレジスタの値を符号付き整数としてAXレジスタに設定します。CWD命令は、AXレジスタの値を符号付き整数としてDXとAXレジスタで構成される32ビット符号付き整数に変換します。CDQ命令は、EAXレジスタの値を符号付き整数としてEDXとEAXレジスタで構成される64ビット符号付き整数に変換します。これらの命令はすべて、変換前の最上位ビットをコピーする、符号拡張が行われます。

次の図に、具体的な動作を示します。CBW命令は、8ビットのALレジスタの最上位ビットB7をAHレジスタのすべてのビットにコピーします。CWD命令は、16ビットのAXレジスタの最上位ビットB15をDXレジスタのすべてのビットにコピーします。CDQ命令は、32ビットのEAXレジスタの最上位ビットB31をEDXレジスタのすべてのビットにコピーします。

図 8-5 CBW/CWD/CDQ命令の動作

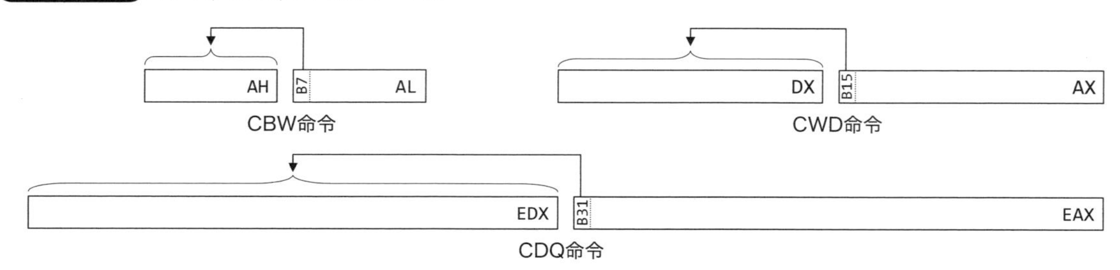

CBW、CWD、CDQ命令は、除算命令を行う前処理として使用されることが一般的です。除算命令は、第1オペランドに指定される除数のビット幅により、被除数となるレジスタがAX、DX:AX、EDX:EAXのなかから選択されるためです。

CWDE命令は、符号拡張先のレジスタがEAXレジスタの上位16ビットに設定されること以外は、CWD命令と同じです。つまり、16ビットのAXレジスタの最上位ビットB15をEAXレジスタの上位16ビットにコピーします。

図 8-6 CWDE命令の動作

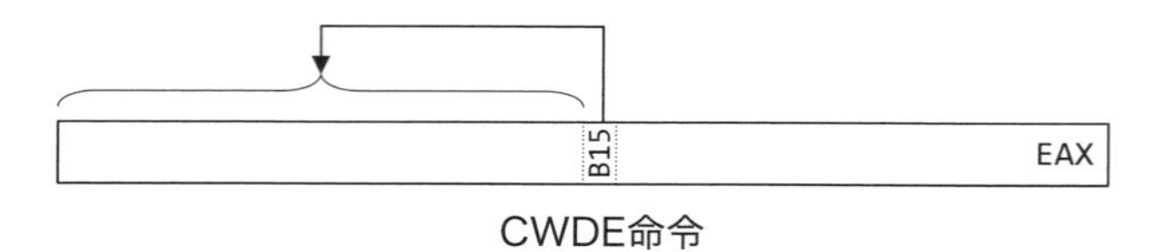

次に、この命令の使用例を示します。

```
mov al, 0x80                            ; AL          =   0x80(-128);
cbw                                     ; AX          = 0xFF80(-128);
cwd                                     ; DX          = 0xFFFF;
cwde                                    ; EAX[31:16] = 0xFFFF;
```

実行アドレスロード命令（LEA）

書式	第1オペランド	第2オペランド	OF	SF	ZF	CF
LEA	DEST,	SRC	−	−	−	−

LEA命令は、第1オペランドで指定したレジスタに、第2オペランドのアドレッシングで生成された値を設定します。第1オペランドはレジスタ、第2オペランドは有効なアドレッシングでなければいけません。この命令は、実際に、アドレスに対してアクセスを行うことがないので、単なる算術演算を目的として使用されることがあります。

次に、この命令の使用例を示します。

```
        mov [0x8000], word 0xbeef           ; [0x8000] = 0xBEEF;
        mov si, 0x5000                      ; SI = 0x5000;
        mov bx, 0x2000                      ; BX = 0x2000;
        mov ax, [si + bx + 0x1000]          ; AX = 0xBEEF;
        lea di, [si + bx + 0x1000]          ; DI = 0x8000;
                                            ;    = 0x5000 + 0x2000 + 0x1000;
                                            ;    =     SI +     BX + 0x1000;
```

この例に記載された最後の２つの命令は、第2オペランドが同じです。ですが、MOV命令がアドレスに保存された内容を取得することに対して、LEA命令ではアドレスそのものを取得しています。

無操作命令（NOP）

書式	第1オペランド	第2オペランド	OF	SF	ZF	CF
NOP			–	–	–	–

NOP命令は、IPレジスタの値を加算する以外のことを行いません。古くはNOP命令を使って時間調整を行うプログラムもありましたが、CPUの世代やクロック数に依存するので、今ではそのような目的で使用されることはありません。

交換命令（XCHG）

書式	第1オペランド	第2オペランド	OF	SF	ZF	CF
XCHG	DEST,	SRC	–	–	–	–

XCHG命令は、第1オペランドと第2オペランドの値を交換します。オペランドにはレジスタまたはメモリを指定することが可能ですが、同時にメモリを指定することはできません。

図 8-7 XCHG命令の動作

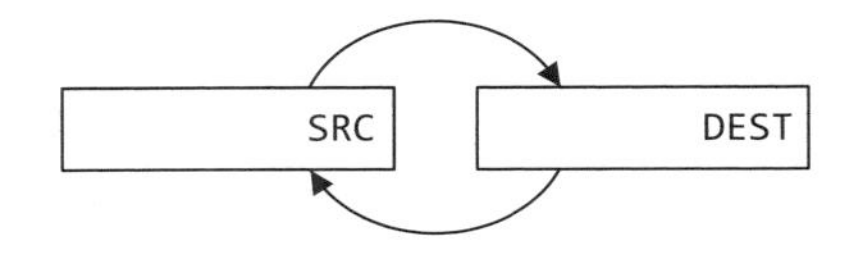

２つのオペランドに同じレジスタを指定することも可能ですが、何も行わないことと同じです。特に、２つのオペランドにAXレジスタを指定した場合、NOP命令と同じ機械語が生成されます。

加算命令（ADD/ADC, INC）

書式	第1オペランド	第2オペランド	OF	SF	ZF	CF
ADD/ADC	DEST,	SRC	X	X	X	X
INC	DEST		X	X	X	−

ADD命令は、第2オペランドを第1オペランドに加算します。ADC命令は、第2オペランドとキャリーフラグを第1オペランドに加算します。INC命令は、第1オペランドを1加算します。

表 8-5 加算命令の擬似コード

命令	動作
ADD	DEST = DEST + SRC;
ADC	DEST = DEST + SRC + CF;
INC	DEST = DEST + 1;

ADD/ADC命令は、OF、SF、ZF、CFが演算結果にしたがって設定されます。INC命令は、OF、SF、ZFが演算結果にしたがって設定されます

加算命令は、符号付きまたは符号なし演算の区別を行わないので、プログラマがフラグを確認する必要があります。フラグの条件については、条件分岐命令➡P.215参照を参照してください。

減算命令（SUB/SBB, DEC）

書式	第1オペランド	第2オペランド	OF	SF	ZF	CF
SUB/SBB	DEST,	SRC	X	X	X	X
DEC	DEST		X	X	X	−

SUB命令は、第1オペランドから第2オペランドを減算します。SBB命令は、第1オペランドから第2オペランドとキャリーフラグを減算します。DEC命令は、第1オペランドを1減算します。

表 8-6 減算命令の擬似コード

命令	動作
SUB	DEST = DEST - SRC;
SBB	DEST = DEST - SRC - CF;
DEC	DEST = DEST - 1;

SUB/SBB命令は、OF、SF、ZF、CFが演算結果にしたがって設定されます。DEC命令は、OF、SF、ZFが演算結果にしたがって設定されます

減算命令は、加算命令と同様、符号付きまたは符号なし演算の区別を行わないので、プログラマがフラグを確認する必要があります。フラグの動作については、条件分岐命令➡P.215参照を参考にしてください。

乗算命令（MUL/IMUL）

書式	第1オペランド	第2オペランド	第3オペランド	OF	SF	ZF	CF
MUL/IMUL	SRC			X	U	U	X
IMUL	DEST,	SRC		X	U	U	X
IMUL	DEST,	SRC1,	SRC2	X	U	U	X

MUL命令は符号なし乗算を、IMUL命令は符号付き乗算を行います。MUL命令はオペランドを1つしか指定することができませんが、IMUL命令は3つまでのオペランドを指定することができます。

符号なし／符号あり乗算命令ともに、第1オペランドにのみバイトオペランドが指定されたときはALレジスタとの乗算を行い、結果をAXレジスタに格納します。ワードオペランドが指定されたときはAXレジスタとの乗算を行い、結果をDX:AXレジスタに格納します。ダブルワードオペランドが指定されたときはEAXレジスタとの乗算を行い、結果をEDX:EAXレジスタに格納します。

表8-7 乗算命令の擬似コード（オペランドが1つのとき）

命令	動作
MUL/IMUL（ 8bit）	AX = AL * SRC;（1Byte）
MUL/IMUL（16bit）	DX:AX = AX * SRC;（2Byte）
MUL/IMUL（32bit）	EDX:EAX = EAX * SRC;（4Byte）

2つのオペランドを指定したときは、第1オペランドと第2オペランドの乗算結果を第1オペランドに格納します。3つのオペランドを指定したときは、第2オペランドと第3オペランドの乗算結果を第1オペランドに格納します。第3オペランドには即値のみを指定可能で、レジスタを指定することはできません。

表8-8 乗算命令の擬似コード（オペランドが2つ以上のとき）

命令	動作
IMUL	DEST = DEST * SRC;
	DEST = SRC1 * SRC2;

IMUL命令で2つまたは3つのオペランドを指定したときは、オペランドが1つのときと異なり、演算結果を保存するレジスタがオペランドによって選択されることはありません。また、オペランドに8ビットレジスタを指定することはできず、オーバーフローした部分の乗算結果は破棄されることになります。次に乗算命令の使用例を示します。

```
                                            ; バイト→ワード（拡張）
        mov     al, 0x12                    ; AX = 0x--12 | BX = 0x----
        mov     bl, 0x10                    ; AX = 0x--12 | BX = 0x--10
        mul     bl                          ; AX = 0x0120 | BX = 0x--10

                                            ; ワード→ワード（サイズ変更なし）
        mov     ax, 0x0034                  ; AX = 0x0034
        imul    ax, 0x1000                  ; AX = 0x4000

                                            ; ワード→ワード（サイズ変更なし）
        mov     bx, 0x0056                  ; AX = 0x---- | BX = 0x0056
        imul    ax, bx, 0x0010              ; AX = 0x0560 | BX = 0x0056
```

加算命令では桁上がりビットのようにふるまうCFですが、乗算命令では異なる動きをします。乗算結果の最大値を保存するためには2倍のビット幅を必要としますが、乗算結果が下位半分に収まったときはOFおよびCFが0に設定され、上位半分に有効ビットが含まれているときはOFおよびCFが1に設定されます。また、SFおよびZFは未定義です。

除算命令（DIV/IDIV）

書式	第1オペランド	第2オペランド	OF	SF	ZF	CF
DIV/IDIV	SRC		X	X	X	X

DIV命令は符号なし、IDIV命令は符号付き除算を行います。オペランドに8ビットデータが指定されたときは、AXレジスタの値をオペランドの値で除算し、ALレジスタに商、AHレジスタに剰余を格納します。オペランドに16ビットデータが指定されたときは、DX:AXレジスタの32ビット値を第1オペランドの値で除算し、AXレジスタに商、DXレジスタに剰余を格納します。オペランドに32ビットデータが指定されたときは、EDX:EAXレジスタの64ビット値をオペランドの値で除算し、EAXレジスタに商、EDXレジスタに剰余を格納します。

次の表に、各ビットサイズで使用されるレジスタを示します。

表 8-9 除算命令の擬似コード

命令	動作
DIV/IDIV (8bit)	AL = AX / SRC;
	AH = AX % SRC;
DIV/IDIV (16bit)	AX = DX: AX / SRC;
	DX = DX: AX % SRC;
DIV/IDIV (32bit)	EAX = EDX:EAX / SRC;
	EDX = EDX:EAX % SRC;

除算命令では、オペランドの値が0または演算結果の商がレジスタに収まらない場合、例外が発生します。例外が発生する、具体的な例を次に示します。

```
mov     ax, 0x1234
mov     bx, 0x1000
div     bl                              ; NG:0で除算
div     bh                              ; NG:商が0x0123なので、ALレジスタに収まらない
```


ビット操作命令（AND/OR/XOR, NOT, NEG）

書式	第1オペランド	第2オペランド	OF	SF	ZF	CF
AND/OR/XOR	DEST,	SRC	0	X	X	0
NOT	DEST		–	–	–	–
NEG	DEST		X	X	X	X

AND/OR/XOR命令は、第1オペランドと第2オペランドのビット演算を行い、結果を第1オペランドに設定します。NOT命令は、オペランドに1の補数を、NEG命令は2の補数を設定します。

表 8-10 ビット操作命令の擬似コード

命令	動作
AND	DEST = DEST & SRC;
OR	DEST = DEST | SRC;
XOR	DEST = DEST ^ SRC;
NOT	DEST = ~DEST;
NEG	DEST = ~DEST + 1;

AND/OR/XOR命令では、OFおよびCFがクリアされ、SFおよびZFが結果にしたがってセットされます。NOT命令はフラグに影響を与えません。

NEG命令は、オペランドの値が0であればCFをクリアし、そうでなければセットします。

また、OF、SF、ZFを結果にしたがってセットします。
　次に、ビット操作命令の使用例を示します。

```
mov     al, 1010_0101B                  ; AL=0xA5(1010_0101B)
and     al, 1111_0000B                  ; AL=0xA0(1010_0000B)
or      al, 0000_1010B                  ; AL=0xAA(1010_1010B)
xor     al, 1111_0000B                  ; AL=0x5A(0101_1010B)
not     al                              ; AL=0xA5(-91)
neg     al                              ; AL=0x5b(+91)
```

シフト命令（SHL/SHR, SAL/SAR, ROL/ROR, RCL/RCR）

書式	第1オペランド	第2オペランド	OF	SF	ZF	CF
SHL/SHR	DEST,	SRC	X	X	X	X
SAL/SAR	DEST,	SRC	X	X	X	X
ROL/ROR	DEST,	SRC	X	–	–	X
RCL/RCR	DEST,	SRC	X	–	–	X

　シフト命令は、第1オペランドを第2オペランドで指定された数だけビットシフトします。SHL/SAL/ROL/RCL命令は左シフトを行い、SHR/SAR/ROR/RCR命令は右シフトを行います。それぞれの命令は、シフトによって発生する空きビット位置と押し出されたビットの処理が異なります。
　SHL（SHift logical Left）/SHR（SHift logical Right）命令は論理シフト ➡P.066参照 と呼ばれ、シフトによって発生する空きビットには0が設定され、押し出されたビットはCFにセットされます。

図 8-8 SHL/SHR命令の動作

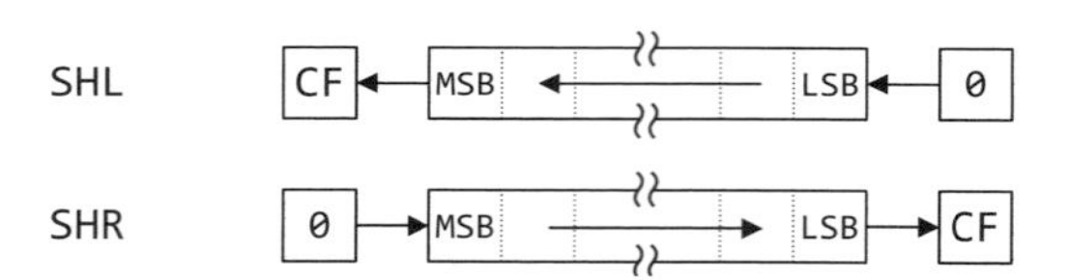

　SAL（Shift Arithmetic Left）/SAR（Shift Arithmetic Right）命令は算術シフト ➡P.066参照 と呼ばれ、最上位ビットを符号として扱います。そのため、左シフトでは論理シフトと同じく最下位ビットに0が設定されますが、右シフトでは最上位ビットがコピーされます。

図8-9 SAL/SAR命令の動作

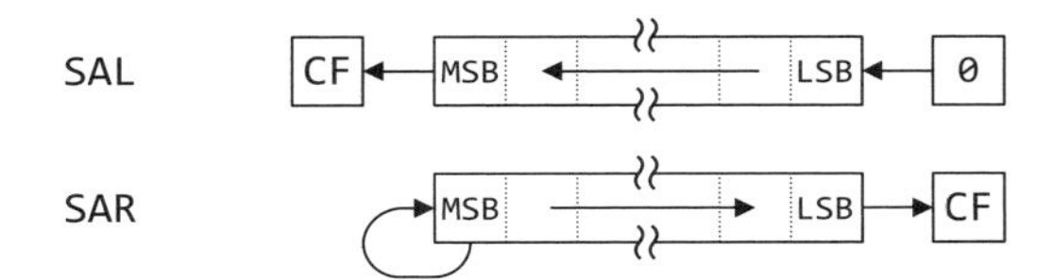

ROL (ROtate Left) /ROR (ROtate Right) 命令は、シフトにより押し出された最上位ビットまたは最下位ビットを空きビットにコピーすることでビットを循環させます。RCL (Rotate thru Carry Left) /RCR (Rotate thru Carry Right) 命令は、キャリーフラグを含めてビットを循環させます。

図8-10 ROx/RCx命令の動作

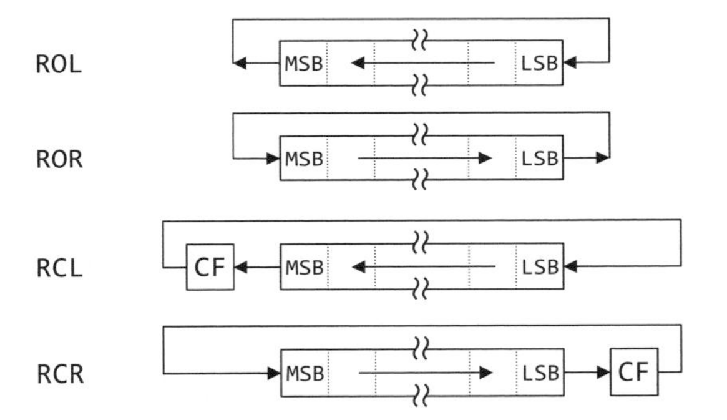

回転命令でのOFは、1ビットの回転のときにだけ有効で、左回転のときは最上位ビットとCFの、右回転のときは最上位2ビットのXOR演算の結果が設定されます。

シフト命令は、コストのかかる乗算命令にかわり、簡易的な乗算命令として使われることがあります。たとえば、1回左シフトを行えば2倍、3回左シフトを行えば8倍の演算結果を得ることができます。除算も小数点以下が切り捨てられることを考慮し、右シフトで代用できるのであれば、1回または3回の右シフトで、それぞれ1/2、1/8の演算結果を得ることができます。ビットシフトによる乗算や除算は古くから使用される手法です。次の例は、AXレジスタの値を10倍するプログラム例です。

```
        mov     ax, 123                         ;  AX(123)| BX(---)
                                                ; --------+-------
        shl     ax, 1                           ;     246 |    ---
        mov     bx, ax                          ;     246 |    246
        shl     ax, 2                           ;     984 |    246
        add     ax, bx                          ;    1230 |    246
```

ビットテスト命令(BT, BTS/BTR/BTC, TEST)

書式	第1オペランド	第2オペランド	OF	SF	ZF	CF
BT	DEST,	SRC	–	–	–	X
BTS/BTR/BTC	DEST,	SRC	–	–	–	X
TEST	DEST,	SRC	0	X	X	0

BT命令は、第1オペランド中の1ビットをCFにコピーします。コピーするビットの位置は第2オペランドで指定します。第2オペランドにレジスタを指定した場合、第1オペランドにメモリを指定することが可能です。BTS (Bit Test and Set) 命令は、BT命令の実行後にビットの値をセットします。同様に、BTR (Bit Test and Reset) 命令はビットのクリア、BTC (Bit Test and Complement) 命令はビットの反転を行います。

TEST命令は、第1オペランドと第2オペランドのAND演算を行い、その演算結果をフラグに反映させますが、演算結果は破棄します。この命令では、複数のビットをテストすることができます。

表 8-11 TEST命令の擬似コード

命令	動作
TEST	TEMP = (DEST & SRC);
	SF = TEMPの最上位ビット;
	ZF = TEMPが0のときは1、そうでなければ0;

TEST命令では、OFおよびCFがクリアされます。SFには演算結果の最上位ビットが、ZFは演算結果にしたがってセットされます。ビットテスト命令は、後述の条件分岐命令の判定条件を設定するために使用されます。

次に、ビットテスト命令の使用例を示します。

```
mov     ax, 0                       ; AX = 0000
mov     [0x2010], ax                ; 2010 : 00 00
bts     ax, 7                       ; AX = 0080
btc     [0x2000], ax                ; 2010 : 01 00
```

この例では、最後の命令実行時にAXレジスタの値が0x0080となっているので、128ビット(16バイト)先のメモリ(0x2010)の最下位ビットをセットしています。

比較命令(CMP)

書式	第1オペランド	第2オペランド	OF	SF	ZF	CF
CMP	DEST,	SRC	X	X	X	X

CMP命令は、第1オペランドから第2オペランドを減算し、演算結果をフラグに反映させますが、演算結果は破棄します。CMP命令では、演算結果にしたがってOF、SF、ZF、CFの各フラグに値がセットされます。CMP命令は、演算結果を破棄すること以外、SUB命令と同じ動作を行います。CMP命令は、後述の条件分岐命令の判定条件を設定するために使用されます。

ジャンプ命令(JMP)

書式	第1オペランド	第2オペランド	OF	SF	ZF	CF
JMP	DEST		−	−	−	−

JMP命令は、IP(インストラクションポインタ)レジスタの値をオペランドで指定した値に変更します。IPレジスタは、次に実行されるCPU命令が格納されているアドレスを示すので、この値を変更すると、指定されたアドレスから処理を開始することになります。ジャンプ先は、即値またはアセンブラのラベルで設定することができます。IPレジスタの変更だけを行うジャンプ命令には、ジャンプ先が+127から−128までの**SHORTジャンプ**とその範囲を超える**NEARジャンプ**があります。IPレジスタが参照するCS(コードセグメント)レジスタの変更も行うジャンプ命令は**FARジャンプ**またはセグメント間ジャンプと呼ばれます。FARジャンプ命令は、オペランドにセグメントとオフセットを「:」で区切って、「セグメント:オフセット」形式で記載します。

次に、セグメント間ジャンプ命令の使用例を示します。

```
        jmp     0x0000:0x7C00
```

条件分岐命令(Jcc)

書式	第1オペランド	第2オペランド	OF	SF	ZF	CF
Jcc	DEST		−	−	−	−

Jcc(条件分岐)命令は、指定した条件が満足されたときにだけ、オペランドで指定されたアドレスへのジャンプ命令を実行する、条件分岐命令の総称です。具体的な条件分岐命令は、「J」で始まり、コンディションコードと呼ばれる条件が付加され、1つの命令となります。条件は

フラグで指定され、フラグは直前までの演算などで設定されます。どのフラグを条件として分岐するかはプログラムで指定します。

例えば、AXレジスタからBXレジスタを減算した場合、2つの値が等しければ結果が0になるのでZFが1にセットされます。したがって、ZFを条件にした分岐命令を使用すると、2つの値が等しいときとそうでないときとで処理を分けることができます。数値が等しかったときの条件分岐命令は、英語の「Jump if Zero」からJZ、等しくなかったときは「Jump if Not Zero」からJNZとなります。

表8-12 ZFを検査する条件分岐命令（その1）

書式	動作	条件
		ZF
JZ	Jump if Zero	1
JNZ	Jump if Not Zero	0

このとき、演算結果が0であることと2つの値が等しいこととは意味が同じなので、「Jump if Equal」からJE、「Jump if Not Equal」からJNEを使用することもできます。どちらも、ZFにより条件分岐することに変わりはありません。

表8-13 ZFを検査する条件分岐命令（その2）

書式	動作	条件
		ZF
JZ	Jump if Zero	1
JE	Jump if Equal	
JNZ	Jump if Not Zero	0
JNE	Jump if Not Equal	

一般的な条件分岐で使用される命令とそのときに参照されるフラグは次のとおりです。

表8-14 条件分岐命令で参照されるフラグ

書式	条件			
	OF	SF	ZF	CF
JC				1
JNC				0
JZ/JE			1	
JNZ/JNE			0	
JS		1		
JNS		0		
JO	1			
JNO	0			

次に、条件分岐命令の一般的な使い方を示します。

```
        cmp     ax, bx          ; AXレジスタからBXレジスタを減算し、フラグのみを設定
        jz      L10             ; ZFがセットされているときは、L10にジャンプ
        ...                     ; AXレジスタとBXレジスタの値が異なるときの処理
L10:
```

比較命令は、第1オペランドから第2オペランドの値を減算した結果によりフラグを設定しますが、CPUは、2つの値が符号付きであるかどうかを区別している訳ではありません。減算命令は、符合の有無に関わらず同じ演算結果を出力するので、プログラマは、それらのフラグを適切に読み取って、演算結果を判定する必要があります。

次に、具体的な値を用いて確認してみます。ただし、例として扱う値が大きすぎると分かりづらくなるので、1桁の数値は3ビットで表わされるものとします。このため、符号なし整数であれば0から7まで、符号付き整数であれば-4から+3までの数値を扱うことができます。

符号なし演算の結果を判定する場合

はじめに、2つの値を符号なし整数として、AXレジスタからBXレジスタを減算した場合を考えます。具体的な値として、AXレジスタに3、BXレジスタに1が設定されていた場合の演算例を、積み木になぞらえて次の図のように表します。

図 8-11 桁借りなしで減算できる場合

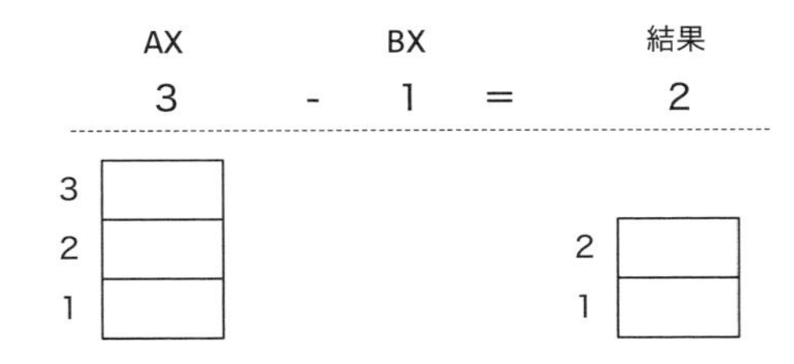

この図から分かることは、3つある積み木から1つを取り除くことができること、残った積み木の数が0ではないことの2点です。

今度は、AXレジスタに1、BXレジスタに3が設定されていた場合を考えます。この場合、1つある積み木から3つを取り除くことはできないので、上位の桁から積み木を借りてくることになります。これを**桁借り**といいます。今回の例の場合、符号なし整数の最大値が7なので上位の桁から8借りて、9から3を引くことになります。このときに行われる演算を次の図に示します。

図 8-12　桁借りを行って減算する場合

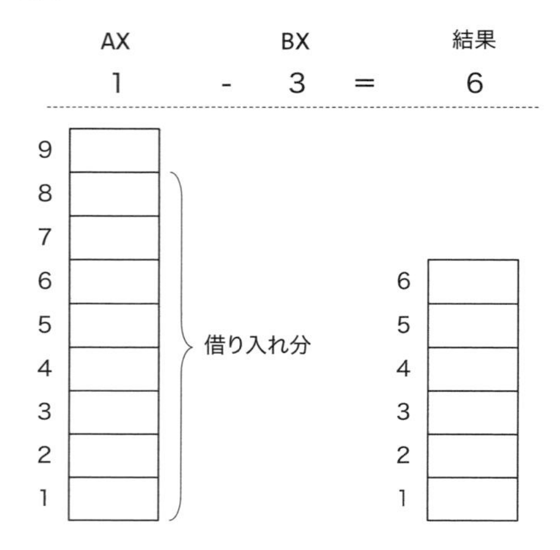

この図から分かることは、AXレジスタの値がBXレジスタの値より小さいときは桁借りが行われること、残った積み木の数が0ではないことの2点ですが、このような情報は、人間が確認しなくてもCPUが計算結果からフラグに反映してくれます。今回の例であれば、CF（キャリーフラグ）とZF（ゼロフラグ）です。減算で桁借りが発生した場合は、CFがセットされます。

次の図は、AXレジスタの値が7のときに、BXレジスタの値が0から7まで変化したときの演算結果を示したものです。

図 8-13　符号なし最大値から任意の値を減算したときの演算結果

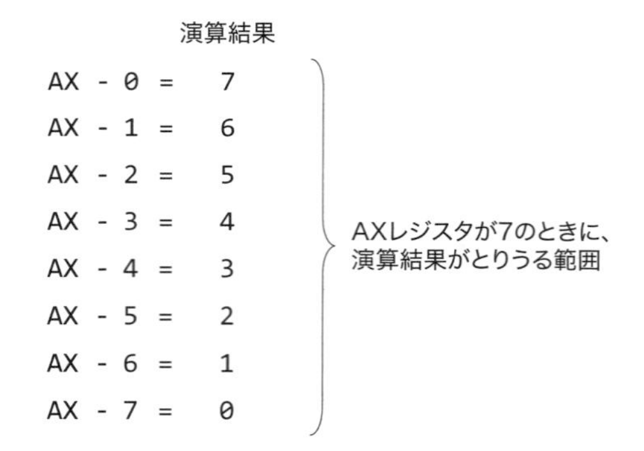

符号なし整数の最大値からは、どのような値を減算しても借り入れが発生しないことが分かります。これを、次の図のように表します。

図8-14 符号なし加減算を移動として考える

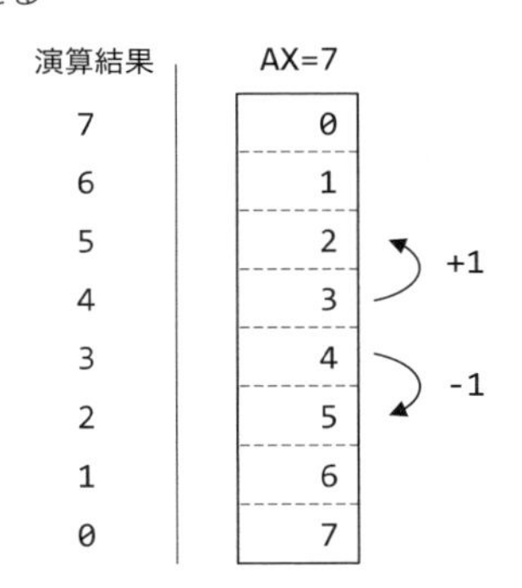

枠のなかには、AXレジスタから減算する値が記載されています。一番上の段は、7から0を減算した結果が7であること、一番下の段は、7から7を減算した結果が0であることを示しています。1つ減算した場合は1つ下に、1つ加算したときは1つ上の段に移動します。数値は、0から7までの8種類が存在するので、枠の数も8つです。

次の図は、AXレジスタの値が7から0まで変化したときのにとりうる演算結果を表したものです。また、右側には、演算結果によって設定されるフラグの値を記載しています。

図8-15 符号なし演算によるフラグの変化

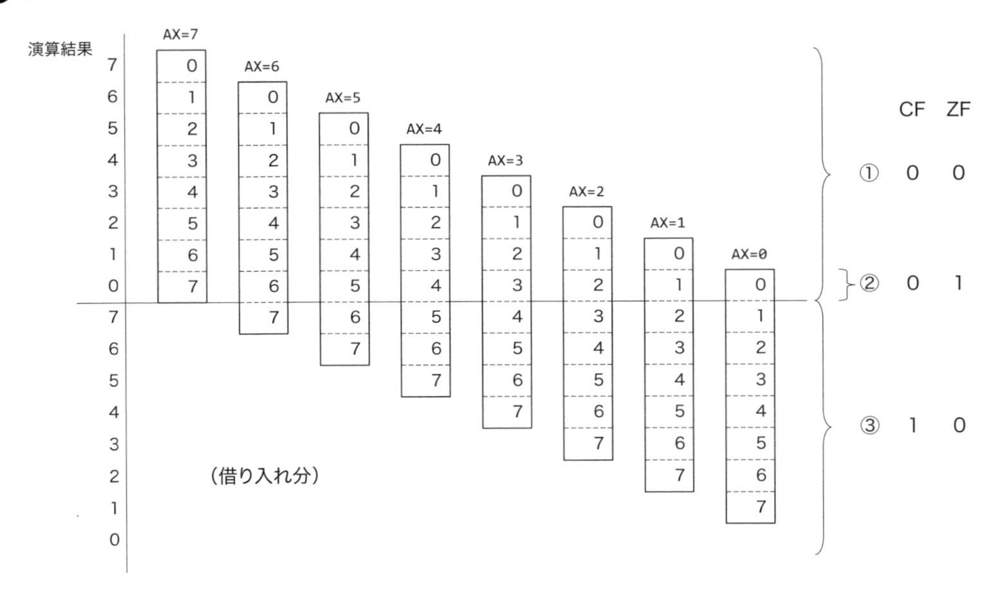

この図から、AXレジスタの値が小さくなるにつれ、演算結果のとりうる範囲が下にずれていくことが分かります。0より下にはみ出た分は、借り入れが発生したことを意味しています。実際、どのような値の組み合わせであったとしても、符号なし演算の結果とそのときに設定さ

れるフラグは次の3通りとなります。

表 8-15 符号なし整数同士の比較結果

書式	条件（符号なし演算）	CF	ZF
CMP AX, BX (AX - BX)	AX > BX	0	0
	AX == BX	0	1
	AX < BX	1	0

この表からも、2つの符号なし整数を比較した結果を判別するためには、CFとZFの2つのフラグを確認すれば良いことが分かります。

フラグの動作から、2つの符号なし整数の比較結果をまとめると、CFが1のとき、AXはBX「より下」であることが分かります。この判別にZFが1のときも含めると「より下または等しい」ことを判別することができます。同様にCFが0のとき、AXはBX「より上」の値であることが分かり、ZFも含めると「より上または等しい」ことを判別することができます。

条件分岐命令のなかには、同時に複数のフラグを検査する命令が含まれています。これは、符号なし演算の結果を判断するときに使用することが可能で、英語ではありますが、人間に分かりやすく「より下」(BELOW)と「より上」(ABOVE)から連想される名前がつけられています。同様に、否定形の場合には「N」(NOT)が付加されています。具体的な命令とそのときに参照されるフラグは、次のとおりです。

表 8-16 符号なし整数の演算結果で使用する条件分岐命令

書式		動作	条件 （符号なし演算）	フラグ
肯定形	否定形			
JB	JNAE	Jump if Below	より下	CF==1
JBE	JNA	Jump if Below or Equal	より下または等しい	CF==1 または ZF==1
JAE	JNB	Jump if Above or Equal	より上または等しい	CF==0
JA	JNBE	Jump if Above	より上	CF==0 および ZF==0

符号付き演算の結果を判定する場合

次に、符号付き整数の減算を考えます。ここでは、1桁の数値を3ビットとしたので、符号付き整数は-4から3までの範囲で表現されます。まずは、AXレジスタの値が3のときにとりうる演算結果を確認します。

図 8-16 符号付き加減算を移動として考える

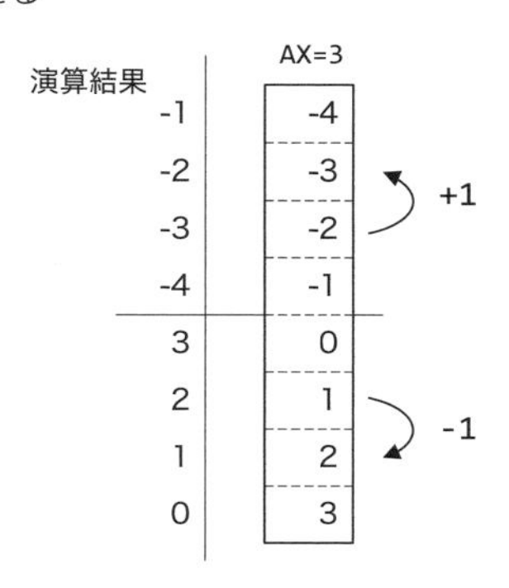

これを、異なる図で表現してみます。

図 8-17 移動による上限と下限の境界をつなげた図

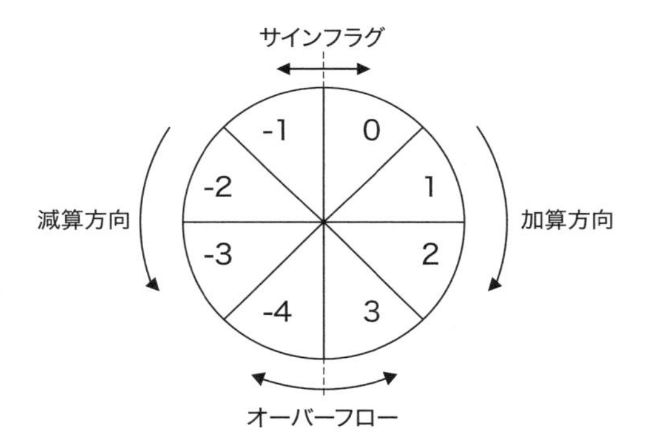

この図は、演算結果のフラグを確認するときに利用できます。例えば、2から3を減算する場合、反時計回りで-1に移動します。演算は、最大値3と最小値-4の境界をまたいでいないので、有効な範囲内で行えたことを示しています。演算結果は負数なので、SF（サインフラグ）がセットされます。

図 8-18 減算によりオーバーフローが発生しない例

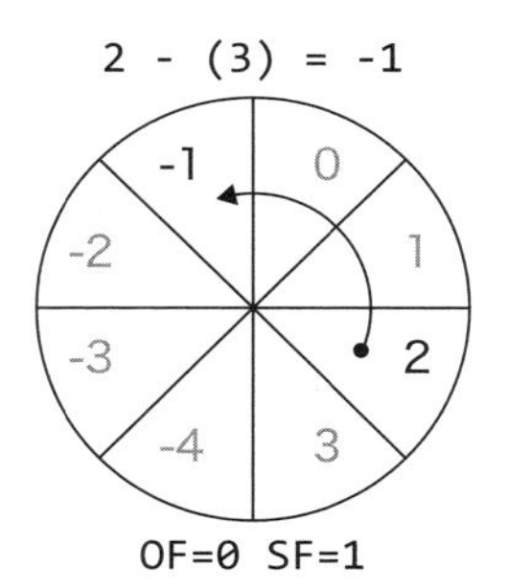

同様に、2から-3を減算する場合、3加算することに等しいので、時計回りで-3に移動します。このとき、3と-4の境界をまたいだのでOF（オーバーフローフラグ）がセットされます。また、演算結果は負数なのでSFがセットされます。

図 8-19 減算によりオーバーフローが発生する例

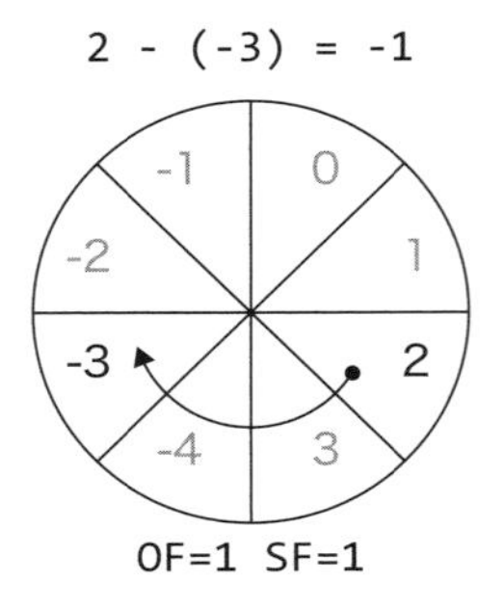

次の表は、AXレジスタの値が2のときの演算結果です。

表 8-17 2から任意の値を減算したときの演算結果とフラグの変化

AX	BX	演算結果	OF	SF
2	-4	-2	1	1
	-3	-3	1	1
	-2	-4	1	1
	-1	3	0	0
	0	2	0	0
	1	1	0	0
	2	0	0	0
	3	-1	0	1

この表からも分かるとおり、BXレジスタの値が-2以下のときは、実質的に2以上の値を加算することになるのでOFが設定されます。BXレジスタの値が3の場合は、演算結果がマイナスではありますが、表現可能な範囲を超えた訳ではないのでOFがセットされることはありません。この表は、AXレジスタの値がBXレジスタの値より小さいときはOFとSFが異なることを示しています。逆に、AXレジスタの値がBXレジスタの値より大きいか等しい場合はOFとSFが同じであることを示しています。

次に、AXレジスタの値が3から-4まで変化したときにとりうる演算結果をフラグとともに記載した図を示します。右側には、演算結果によって設定されるフラグの値を記載しています。

図 8-20 符号付き演算によるフラグの変化

演算結果	AX=3	AX=2	AX=1	AX=0	AX=-1	AX=-2	AX=-3	AX=-4		OF	SF
-1	-4								①	1	1
-2	-3	-4									
-3	-2	-3	-4								
-4	-1	-2	-3	-4							
3	0	-1	-2	-3	-4				②	0	0
2	1	0	-1	-2	-3	-4					
1	2	1	0	-1	-2	-3	-4				
0	3	2	1	0	-1	-2	-3	-4			
-1		3	2	1	0	-1	-2	-3	③	0	1
-2			3	2	1	0	-1	-2			
-3				3	2	1	0	-1			
-4					3	2	1	0			
3						3	2	1	④	1	0
2							3	2			
1								3			
0											

符号なし演算のときと比べると少し見づらい図となっていますが、AXレジスタの値が小さくなるにつれ、表現可能な範囲が下にずれていくことは、符号なし演算のときと同じです。

これらのことから、AXの値がBXの値「より大きいか等しい」ときは①か②の範囲(OF==SF)であること、また、AXの値がBXの値「より小さい」ときは③か④の範囲(OF!=SF)であることが確認できます。結果として、符号付き減算を行った場合は、OFとSFをテストすることで2つの値の大小を判定することが可能となるのです。ただし、2つの値が等しいかどうかについては、ZFを確認する必要があります。

条件には、「より小さい」(LESS)または「より大きい」(GREATER)から連想する名称が使用されています。また、否定形の場合は「N」(NOT)が付加されています。

表 8-18 符号付き整数の演算結果で使用する条件分岐命令

書式		動作	条件(符号なし演算)	フラグ
肯定形	否定形			
JL	JNGE	Jump if Less	より小さい	SF!=OF
JLE	JNG	Jump if Less or Equal	より小さいか等しい	ZF==1 または SF!=OF
JGE	JNL	Jump if Greater or Equal	より大きいか等しい	SF==OF
JG	JNLE	Jump if Greater	より大きい	ZF==0 および SF==OF

条件転送命令 (SETcc)

書式	第1オペランド	第2オペランド	OF	SF	ZF	CF
SETcc	DEST		–	–	–	–

条件転送命令 (SETcc) は、指定された条件によって1バイトのオペランドを0または1に設定する、条件転送命令の総称です。具体的な条件転送命令は、「SET」で始まり、条件分岐命令と同様の書式でコンディションコードが付加され、1つの命令となります。条件転送命令では、指定された条件が満足されたら1が、そうでなければ0がオペランドに設定されます。条件転送命令で参照されるフラグと命令の組み合わせは、次のとおりです。

表 8-19 条件転送命令で参照されるフラグ

書式	条件			
	OF	SF	ZF	CF
SETC				1
SETNC				0
SETZ/SETE			1	
SETNZ/SETNE			0	
SETS		1		
SETNS		0		
SETO	1			
SETNO	0			

また、条件分岐命令と同様、以下の条件とその否定形を使用することも可能です。

表 8-20 条件転送命令で参照されるフラグ

書式		動作	条件
符号なし	SETB	Set if Below	CF==1
	SETBE	Set if Below or Equal	CF==1 または ZF==1
	SETAE	Set if Above or Equal	CF==0
	SETA	Set if Above	CF==0 および ZF==0
符号付き	SETL	Set if Less	SF!=OF
	SETLE	Set if Less or Equal	ZF==1 または SF!=OF
	SETGE	Set if Greater or Equal	SF==OF
	SETG	Set if Greater	ZF==0 および SF==OF

条件転送命令の使用例を次に示します。

```
        mov     al, 0x03                        ; AL=0x03
        sub     al, 0x04                        ; AL=0xFF
        setle   al                              ; AL=0x01
```

フラグ操作命令（CLD/STD, CLI/STI, CLC/STC）

書式	第1オペランド	第2オペランド	OF	DF	IF	CF
CLD			–	0	–	–
STD			–	1	–	–
CLI			–	–	0	–
STI			–	–	1	–
CLC			–	–	–	0
STC			–	–	–	1

フラグレジスタは、制御フラグと状態フラグに分けることができます。制御フラグはCPU命令の実行に影響をおよぼし、状態フラグは演算結果を反映するものです➡P.180参照。CPUの動作に影響を与える制御フラグは、CPU命令で設定することが可能です。

DF（Direction Flag）は、ストリング命令で参照されます。このフラグが0のときにストリング命令が実行されるとアドレスが加算され、1のときに実行されると減算されます。DFを0に設定するにはCLD（CLear Direction flag）命令を、1に設定するにはSTD（SeT Direction flag）命令を使用します。

IF（Interrupt enable Flag）は割り込みの発生を制御するために使用されます。IFが0のときはNMI（Non Maskarable Interrupt）以外の外部割り込みが無効に、1のときは有効になります。IFを0に設定するにはCLI（CLear Interrupt flag）命令を、1に設定するにはSTI（SeT Interrupt flag）命令を使用します。

CF（Carry Flag）は算術演算の結果がオーバーフロー（桁あふれ）したときに設定されます。このフラグは、1つのレジスタでは納まりきらない、数十桁の整数を扱う多倍長整数演算などで使用することができます。CFを0に設定するにはCLC（CLear Carry flag）命令を、1に設定するにはSTC（SeT Carry flag）命令を使用します。

繰り返し命令（LOOP, LOOPE/LOOPZ, LOOPNE/LOOPNZ）

書式	第1オペランド	第2オペランド	OF	SF	ZF	CF
LOOP	DEST		–	–	–	–
LOOPE/LOOPZ	DEST		–	–	–	–
LOOPNE/LOOPNZ	DEST		–	–	–	–

LOOP命令は、CXレジスタの値を1減算し、結果が0なら次の命令を実行し、0以外なら第1オペランドで指定したオフセットにジャンプします。LOOPE/LOOPZ命令はCXレジスタの値が0以外かつZF=1のときに、LOOPNE/LOOPNZ命令はCXレジスタの値が0以外かつZF=0のときに第1オペランドで指定したオフセットにジャンプします。条件付きのLOOP命令は、ループ回数が残っている場合にでも、特定の条件でループを終了させたいときに使用します。

表8-21 繰り返し命令の終了条件

書式	終了条件
LOOP	CX==0
LOOPE/LOOPZ	CX==0 または ZF==0
LOOPNE/LOOPNZ	CX==0 または ZF==1

ジャンプ先は、8ビットの値としてアセンブルされます。これは、-128～127バイトまでの範囲にしかジャンプできないことを示しています。

次のコードは、1から100までの値を加算する例です。

```
        mov     ax, 0                           ; AX = 0;
        mov     cx, 100                         ; CX = 100;
LOOP:                                           ; do
                                                ; {
        add     ax, cx                          ;   AX += CX;
        loop    LOOP                            ; } while (--CX);
```

この命令は、CXレジスタの値を減算した後に条件判断を行うので、CXの値が0のときは最大回数(65536)繰り返されます。また、CPUの動作モードが32ビットのときは、ECXレジスタが使用されます。

ストリング命令(MOVS, CMPS, SCAS, LODS, STOS)

書式	第1オペランド	第2オペランド	OF	SF	ZF	CF
MOVSB/MOVSW/MOVSD			–	–	–	–
CMPSB/CMPSW/CMPSD			X	X	X	X
SCASB/SCASW/SCASD			X	X	X	X
LODSB/LODSW/LODSD			–	–	–	–
STOSB/STOSW/STOSD			–	–	–	–

ストリング命令は、連続したメモリアクセス時に必要となる、アドレスの自動増減をサポートした命令の総称です。転送元(ソース)と転送先(ディスティネーション)に使用されるレジスタは予め決められているので、オペランドに記載する必要はありません。転送元となるメモリはDS:(E)SIレジスタで、転送先となるメモリはES:(E)DIレジスタで指定されます。転送元となるDSセグメントはセグメントオーバーライド ➡P.201参照 によって変更することができますが、転送先のセグメントを変更することはできません。

メモリアドレスを示す(E)SIおよび(E)DIレジスタは、転送されたバイト数分、自動的に加算または減算されます。アドレスが加算されるか減算されるかは、フラグレジスタのDF(Direction Flag)によって決定されます。DFが0のときは加算、DFが1のときは減算されます。

MOVS命令は、転送元から転送先にデータをコピーします。CMPS命令は、転送元と転送先を比較し、フラグを設定します。SCAS命令は、ALまたはAXレジスタと転送先を比較し、フラグを設定します。LODS命令は、転送元からALまたはAXレジスタにデータをコピーします。STOS命令は、ALまたはAXレジスタの値を転送先にコピーします。

書式がBで終わる命令はバイト単位、Wはワード(2バイト)Dはダブルワード(4バイト)単位での転送を行います。

表 8-22 ストリング命令の動作

命令	動作
MOVS	[DI] = [SI];
	SI += SI <op> <size>;
	DI += DI <op> <size>;
CMPS	FLAGS = CMP([DI], [SI]);
	SI += SI <op> <size>;
	DI += DI <op> <size>;
SCAS	FLAGS = CMP(AL, [DI]);
	DI += DI <op> <size>;
LODS	AL = [SI];
	SI += <op> <size>;
STOS	[DI] = AL;
	DI += <op> <size>;

<OP> : DFが0のときは加算、1のときは減算
<size> : バイト=1、ワード=2、ダブルワード=4

次に、ストリング命令を使用したプログラム例を示します。

```
                                        ;  SI   DI   AX DF  [0x2000]
        mov     si, 0x2000              ; 2000 ---- ---- -  : -- -- --
        mov     di, 0x2000              ;      2000         :
        mov     ax, 0x1234              ;           1234    :
        cld                             ;                0  :
        stosw                           ;      2002         : 34 12
        movsb                           ; 2001 2003         : 34 12 34
```

ストリング命令は、1回の転送のみを行います。連続した転送を行うためには、リピートプレフィックスを組みあわせて使用します。

リピートプレフィックス (REP, REPE/REPNE, REPZ/REPNZ)

書式	オペコード	OF	SF	ZF	CF
REP	MOVSB/MOVSW	−	−	−	−
	LODSB/LODSW	−	−	−	−
	STOSB/STOSW	−	−	−	−
REPE/REPNE	CMPSB/CMPSW	X	X	X	X
REPZ/REPNZ	SCASB/SCASW	X	X	X	X

REPプレフィックスは、CXレジスタの値を1減算した後、終了条件が成立するまで、オペコードに指定されたストリング命令を繰り返します。REPプレフィクス自体はフラグに影響を与えませんが、一部のストリング命令はフラグに影響を与えます。フラグを変更しないストリング命令(MOVS/LODS/STOS)は、終了条件がCXレジスタが0になったときだけですが、フラグを変更するストリング命令(CMPS/SCAS)は、フラグの条件でも終了させることが可能です。これは、特定の範囲内にある値を探索する場合などで利用されます。

表 8-23 リピートプレフィクスの終了条件

書式	終了条件
REP	CX==0
REPE/REPZ	CX==0 または ZF==0
REPNE/REPNZ	CX==0 または ZF==1

次のコードは、0x0200番地から100バイトのメモリブロックを0で初期化する例です。

```
        cld                                 ; DF = 0;
        mov     di, 0x0200                  ; 開始位置
        mov     ax, 0                       ; 初期化データ
        mov     cx, 100                     ; 100回繰り返す
        rep     stosb                       ; *DI++ = AL;
```

REPプレフィックス命令は、LOOP命令と異なり、CXレジスタの値が0のときは一度も実行されません。

スタック操作命令(PUSH/PUSHA/PUSHF, POP/POPA/POPF)

書式	第1オペランド	第2オペランド	OF	SF	ZF	CF
PUSH	SRC		−	−	−	−
PUSHA/PUSHF			−	−	−	−
POP	DEST		−	−	−	−
POPA			−	−	−	−
POPF			X	X	X	X

PUSH命令は、SP(スタックポインタ)の値を減算した後、オペランドで指定された値をSPで指定されたアドレスに保存します。POP命令はSPで指定されたアドレスの値をオペランドに復帰し、SPの値を加算します。加減算されるSPの値は、16ビットモードのときは2、32ビットモードのときは4になります。また、スタックされる値もCPUモードにより2バイトまたは4バイトになります。スタック操作命令では、必ずSS(スタックセグメント)が参照されます。

表 8-24 スタック操作命令の擬似コード

命令	動作
PUSH	SP = SP - <size>;
	[SP] = SRC
POP	DEST = [SP]
	SP = SP + <size>;

<size>：16ビットモード=2、32ビットモード=4

図 8-21 PUSH命令の動作（16ビットモード）

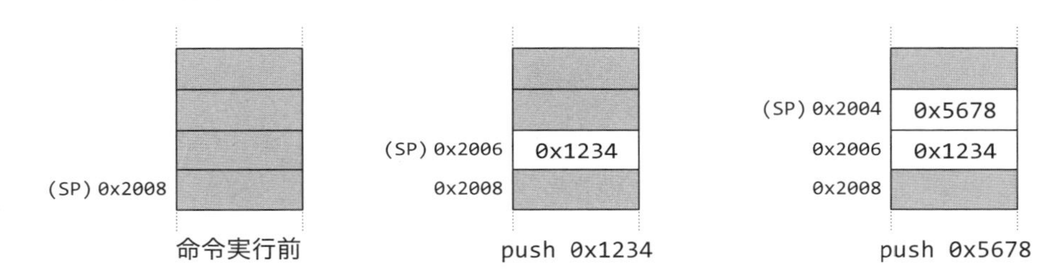

PUSHA命令は、(E) AX、(E) CX、(E) DX、(E) BX、(E) SP、(E) BP、(E) SI、(E) DIレジスタをスタックに積み込みます。POPA命令は、これとは逆の動作を行いますが、SPの値は破棄されます。

PUSHF命令は、フラグレジスタの値をプッシュします。POPF命令は、スタックの値をフラグレジスタにポップします。POPF命令以外のスタック操作命令は、フラグに影響を与えません。

関数呼出し／復帰命令（CALL, RET/RETF）

書式	第1オペランド	第2オペランド	OF	SF	ZF	CF
CALL	DEST		–	–	–	–
RET/RETF			–	–	–	–

CALL命令は、次に実行されるアドレスをスタックに積み込み、オペランドで指定された値をIPレジスタに設定します。ジャンプ先は同じセグメント内へのNEARコールと、異なるセグメントへのFARコールがあります。FARコールは、オペランドにセグメントとオフセットを「:」で区切って、「セグメント:オフセット」形式で記載します。

表 8-25 関数呼び出し命令の擬似コード

命令	動作
(NEAR) CALL	PUSH(次IP);
	IP = DEST
(FAR) CALL	PUSH(CS);
	PUSH(次IP);
	CS = DEST(Segment);
	IP = DEST(Offset);

NEARコールでは、IPだけをスタックに積み込むのに対しFARコールでは、CS(コードセグメント)レジスタとIPレジスタをスタックに積み込みます。CPUが16ビットモードのときはIPレジスタが、32ビットモードのときはEIPレジスタがプッシュされます。

図 8-22 CALL命令実行直時のスタック状態

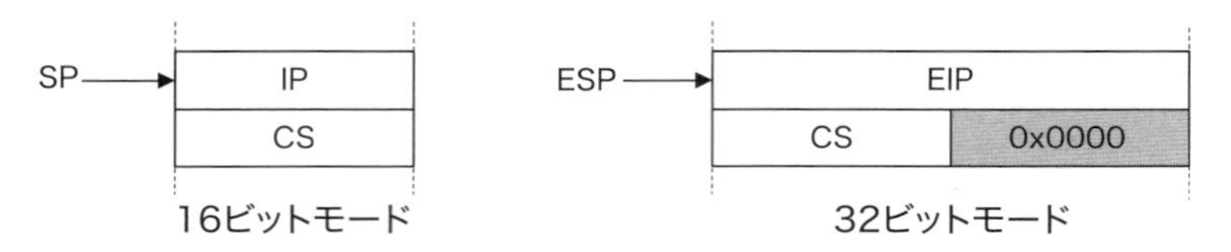

RET命令は、スタックに積み込まれた値をIPレジスタに復帰します。これは、CALL命令の次のアドレスにジャンプすることと同じです。RETF命令は、FARコール命令でスタックに積み込まれたセグメントも一緒に復帰します。

表 8-26 復帰命令の擬似コード

命令	動作
RET	IP = POP();
RETF	IP = POP();
	CS = POP();

次に、CALL命令の使用例を示します。

```
        call    SUB_A                       ; NEARコール
        call    0x07C0:SUB_B                ; FARコール

SUB_A:  ～                                  ; 様々な処理
        ret                                 ; IPを復帰して呼び出し元に戻る

SUB_B:  ～                                  ; 様々な処理
        retf                                ; CSとIPを復帰して呼び出し元に戻る
```

2つのCALL命令の違いは、セグメント指定の有無だけではありますが、呼び出された側の関数でも適切にRET/RETF命令を使い分ける必要があります。

ソフトウェア割り込み／復帰命令（INT/IRET）

書式	第1オペランド	第2オペランド	OF	SF	ZF	CF
INT	SRC		−	−	−	−
IRET			X	X	X	X

INT命令は、事前に設定された割り込みベクタテーブル ➡P.089参照 のなかから、オペランドで指定されたベクタ番号のセグメントとオフセットをCSとIPレジスタに設定します。INT命令は、フラグ、CS、次の命令のアドレスをスタックにプッシュし、設定されたIPレジスタから命令を実行します。INT命令は、最初にフラグをプッシュした後は、FARコール命令と同等の動作をします。

表8-27 ソフトウェア割り込み／復帰命令の擬似コード

命令	動作
INT	Push(FLAGS);
	Push(CS);
	Push(次IP);
	FLAGS.IF = 0;
	CS = Vect[SRC].Segment;
	IP = Vect[SRC].Offset;
IRET	IP = Pop();
	CS = Pop();
	FLAGS = Pop();

<Vect>：割り込みベクタテーブル

割り込み処理からの復帰は、フラグレジスタの復帰命令をともなう、IRET命令で行います。IRET命令は、スタックにプッシュされたIP、CS、フラグレジスタの値をポップした後、得られたアドレスにFARジャンプします。

図8-23 INT命令実行直後のスタック状態

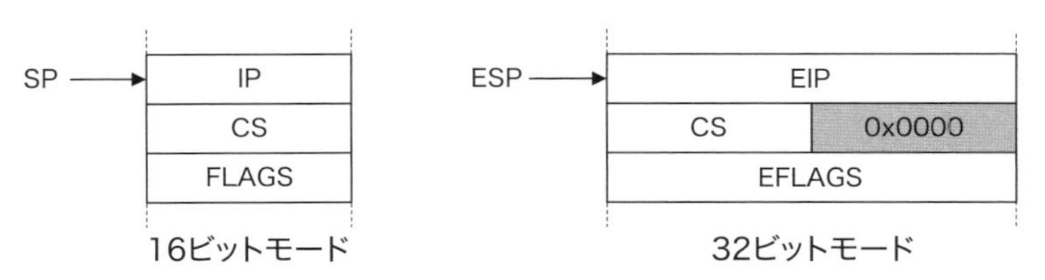

ポート入出力命令（IN/OUT）

書式	第1オペランド	第2オペランド	OF	SF	ZF	CF
IN	DEST,	SRC	–	–	–	–
OUT	DEST,	SRC	–	–	–	–

IN命令は、第2オペランドで指定されたポートから第1オペランドにデータを入力します。第1オペランドにはALまたはAXレジスタを、第2オペランドには1バイトの即値またはDXレジスタを使用することができます。

OUT命令は、第1オペランドで指定されたポートに第2オペランドのデータを出力します。第1オペランドには1バイトの即値またはDXレジスタを、第2オペランドにはALまたはAXレジスタを使用することができます。

表8-28 ポート入出力命令の擬似コード

命令	動作
IN	DEST = PORT[SRC];
OUT	PORT[DEST] = SRC;

入出力命令のポートアドレスに即値を指定する場合は、1バイトしか設定することができません。そのため、256番地以上のポートアドレスを指定するときは、DXレジスタを使用します。また、両方のオペランドに即値を指定することはできません。

次に、入出力命令の使用例を示します。

```
        in      al, 0x71                    ; ALレジスタにポート0x71番地の値を入力

        mov     dx, 0x03CE                  ; 256以上のポートはDXレジスタに設定
        out     dx, al                      ; ALレジスタの値をポート出力
```

LOCKプレフィックス（LOCK）

書式	オペコード	OF	SF	ZF	CF
LOCK	ADC/ADD/SUB/SBB	X	X	X	X
	BT/BTS/BTR/BTC	–	–	–	X
	AND/OR/XOR	0	X	X	0
	XCHG	–	–	–	–
	NC/DEC	X	X	X	–
	NOT	–	–	–	–
	NEG	X	X	X	X

LOCKプレフィックスは、次のメモリアクセス命令実行時にCPUのLOCK信号を有効にし

ます。この信号は、メモリの読み込みと書き込みが分割することなく行われる、テストアンドセットを実現するためのもので、主に同期処理 ➡P.112参照 での使用を目的としています。

LOCKプレフィックスは、特定の命令に対してのみ指定することができます。例外的に、XCHG命令は、LOCKプレフィクスを使用しなくても、常にLOCK信号を有効にします。

ロード／ストアタスクレジスタ命令(LTR/STR)

書式	第1オペランド	OF	SF	ZF	CF
LTR	SRC	−	−	−	−
STR	DEST	−	−	−	−

システム制御レジスタのTRレジスタには、16ビットのセグメントセレクタが設定されます。このレジスタは、タスクのコンテキスト情報を保存するTSS(タスクステートセグメント)を選択するために使用されます。TSSの詳細については、次ページのプロテクトモードで解説しています。

LTR(Load Task Register)命令は、SRCで指定されたアドレスまたはレジスタの値をTR(Task Register)に設定します。この命令では、対象となるタスクがビジー状態とはなりますが、タスクスイッチングは発生しません。主に、マルチタスクの初期化処理で使用されます。

STR(Store Task Register)命令は、TRの内容をDESTで指定されたアドレスまたはレジスタに保存します。STR命令により、現在実行中のタスクを特定することが可能です。

次に、LTR命令の実行例を示します。

```
        mov     ax, SS_TSS_0                    ; TSSを設定
        ltr     ax                              ; タスクレジスタの設定
```

ディスクリプタテーブルロード命令(LGDT/LIDT, SGDT/SIDT)

書式	第1オペランド	OF	SF	ZF	CF
LGDT/LIDT	SRC	−	−	−	−
SGDT/SIDT	DEST	−	−	−	−

ディスクリプタ(Descriptor)には、メモリ管理情報が含まれています。ディスクリプタテーブルロード命令は、メモリ管理の最小単位となるディスクリプタの配列をCPUに登録します。プログラムでは、登録したディスクリプタテーブルのなかから、必要な情報を選択して使用することになります。ディスクリプタには、用途に応じたいくつかの種類が存在しますが、これらの詳細については、次ページのプロテクトモードで解説しています。

LGDT(Load Global Descriptor Table)／LIDT(Load Interrupt Descriptor Table)命令

は、オペコードで指定されたアドレスから、2バイトのディスクリプタテーブルサイズ（リミット値）と4バイトのディスクリプタベースアドレスを内部レジスタに設定します。

SGDT（Store Global Descriptor Table）／SIDT（Store Interrupt Descriptor Table）命令は、オペコードで指定されたアドレスに、2バイトのディスクリプタテーブルサイズと4バイトのディスクリプタベースアドレスを保存します。

次のコードは、LGDT命令を使用して、GDT（Global Descriptor Table）をロードする例です。

```
        lgdt    [GDTR]                          ; GDTのロード
```

ロードするときのオペランドには、リミット、アドレスの順に定義したメモリのアドレスを指定します。

```
        lgdt    [GDTR]                          ; GDTのロード

GDTR:   dw      GDT.gdt_end - GDT - 1           ; テーブルサイズ
        dd      GDT                             ; ベースアドレス
```

次に示すGDTの例には、2つのセグメントディスクリプタが定義されています。1つはコード用、もう1つはデータ用のメモリ空間です。

```
        lgdt    [GDTR]                          ; GDTのロード

GDTR:   dw      GDT.gdt_end - GDT - 1           ; テーブルサイズ
        dd      GDT                             ; ベースアドレス

GDT:            dq  0x0000000000000000          ; NULL
.cs:            dq  0x00CF9A000000FFFF          ; CODE 4G
.ds:            dq  0x00CF92000000FFFF          ; DATA 4G
.gdt_end:

SEL_CODE    equ .cs - GDT                       ; CSセレクタ
SEL_DATA    equ .ds - GDT                       ; DSセレクタ
```

ここで定義したコード用セグメントにアクセスするためには、CS（コードセグメント）レジスタにセレクタ値として0x0008を、データ用セグメントにアクセスするためには、DS（データセグメント）レジスタに0x0010を設定します。また、ディスクリプタテーブルの先頭要素は使用しないので、0を設定しています。

8.3 リアルモードとプロテクトモードの違い

8086と80386の大きな違いは、メモリ空間保護（プロテクト）機能の有無にあります。80386では、メモリ空間の保護機能が無効な状態をリアルモード、有効な状態をプロテクトモードといいます。

リアルモードは、80386が起動した直後の動作モードでもあります。リアルモードは、プログラムの下位互換性のために存在するモードで、既存のプログラムが動作する環境を提供するためにあります。そのため、メモリの保護機能が無効であるばかりでなく、アクセス可能なメモリ空間も20ビットに制限されています。違いといえば、拡張された一部のレジスタにアクセス可能なことと、「本物の8086」よりも高速に動作することくらいです。

プロテクトモードは、80386が本来あるべき動作モードです。プロテクトモードでは、メモリ空間の保護機能が有効となり、32ビットのアドレス空間にもアクセスすることが可能です。メモリ空間の保護機能は、プロテクトモードに移行した直後から有効となるので、プロテクトモードへ移行する前には必要最低限の保護機能を設定しておかなくてはなりません。メモリ空間の保護を行うためには、80386が持つ機能や特徴を理解する必要がありますが、80386は、それらの設定を行ったプロテクトモードで動作させてこそ、その真価を発揮することができます。

図8-24 リアルモードとプロテクトモード

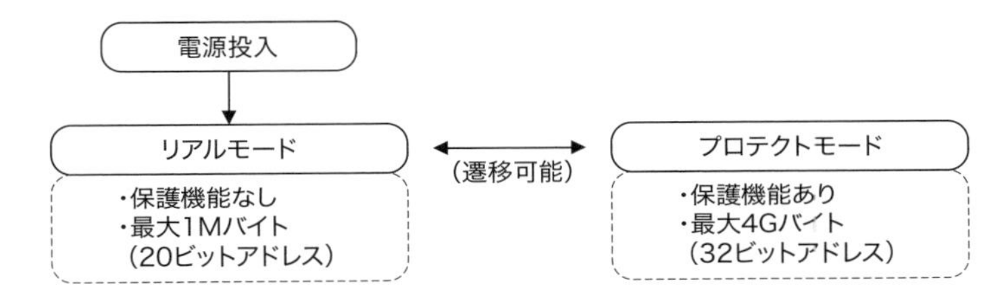

80386では、リアルモードとプロテクトモード間でモードの移行を自由に行うことができます。これにより、必要であれば、プロテクトモードからリアルモードに遷移してBIOS ➡P.174参照 を呼び出すことも可能です。

80386の動作モードは、制御レジスタの個々のビットで制御されます。たとえば、リアルモードからプロテクトモードに移行するには、CR0の最下位ビットに存在するPE(プロテクトイネーブル)ビットをセットするだけです。

メモリ管理レジスタの使用方法は、他のレジスタと大きく異なっています。メモリ空間の保護機能はハードウェアで行われるので、レジスタに設定値を書き込むことが一般的な考え方ですが、管理すべきメモリ空間は少なくありません。管理するメモリ空間の数だけ設定用レジスタが存在すればいいのですが、その数はソフトウェアに依存するのでいくつになるか分かりませんし、動的に変更されることも有り得ます。そのため、80386では、レジスタに設定すべき内容を事前に作成しておき、必要なときに必要な情報だけを自動的に内部レジスタに反映する仕組みを用意しました。メモリ管理レジスタには、このときに参照される設定値の配列とその大きさだけを登録します。そして、実際にどの項目を使用するかをセグメントレジスタで選択します。

セグメント再考

8086では、16ビットでアクセス可能なメモリ空間を、本来アクセス可能な20ビットアドレス空間の断片（セグメント）として考えます。これは、メモリアクセスには16ビットレジスタしか使うことができなくても、メモリの開始位置となるセグメント ➡P.181参照 を移動させることで、すべてのメモリ空間にアクセスすることができるという考え方でした。このため、8086のアドレスは、セグメントレジスタとオフセットアドレスで決まります。セグメントの開始アドレスは、16ビットのセグメントレジスタの値を16倍した、20ビットで指定されます。16ビットのオフセットアドレスは、セグメントの開始アドレスからのオフセットとして解釈されます。

図 8-25 リアルモードでのセグメント

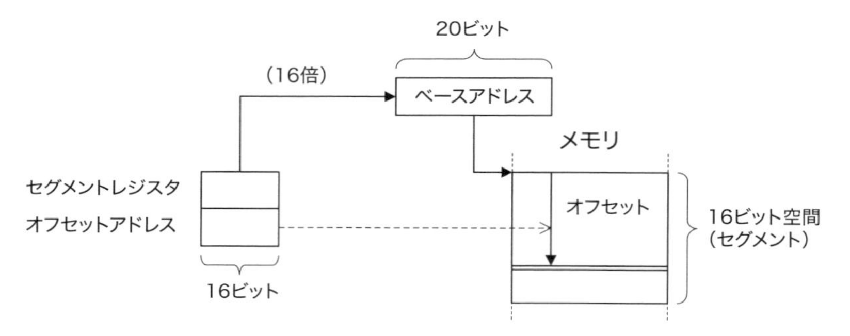

8086のセグメントは、マルチタスクには力不足です。例えば、実行中のプログラムが任意のアドレスにアクセスすることを防ぐことができないので、他のタスクやOSの管理領域にさえ自由にアクセスできてしまいます。OSは、アプリケーションごとに異なる値をセグメントレジスタに設定することで、それぞれ異なるメモリ空間を割り当てることができはしますが、実際には、すべてのアプリケーションがセグメントレジスタを書き換えることが可能です。仮に、セグメントレジスタの書き換えができなくても、セグメントのサイズを制限することができないので、重複した領域を自由に書き換えることができてしまいます。

80386には、ハードウェアによるメモリ空間の保護機能が組み込まれました。これにより、アプリケーションごとにアクセス可能なメモリ空間を限定したり、メモリ空間の一部を書き込み禁止領域とすることが可能となるので、OSが管理する重要なデータを一般のアプリケーションから保護することができるようになります。

メモリ空間の保護機能を利用するためには、どのような保護を行いたいのかを設定する必要がありますが、80386では、これらの設定をセグメント単位で行うようになっています。このため、8086と80386では、セグメントの概念が少し異なったものとなっています。8086でセグメントといえばベースアドレスを意味していますが、80386では保護機能が設定されたメモリ空間を意味しています。

図 8-26 セグメントの考え方

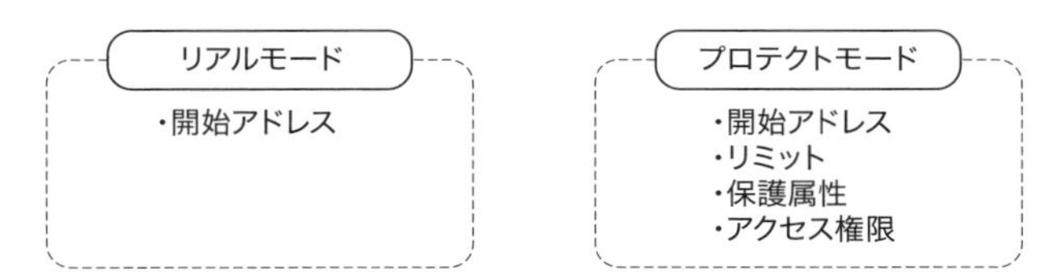

2つの保護機能

数多くのアプリケーションが安全に動作することが要求される現代のOSにとって、メモリ空間の保護は必須の機能といえます。80386では、2つの機能を使ってメモリ空間の保護を実現しています。1つは特権レベル、もう1つはアクセス制限です。

特権レベル

特権レベル(Privilege Level)は、セグメント(メモリ空間)ごとに割り当てられますが、プログラム側でも特権レベルを保持する必要があります。80386では、メモリ空間へのアクセスを要求するプログラムは特権レベルが検査されるので、低い特権レベルのプコグラムが、高い特権レベルを必要とするメモリ空間にアクセスすることができません。プログラムに設定された特権レベルにより、OSなどが管理するメモリ空間を低い特権レベルのアプリケーションから守ることが可能となるのです。

特権レベルには、セグメントに設定される**DPL**(Descriptor Privilege Level)、実行中のプログラムの特権レベルを表す**CPL**(Current Privilege Level)、異なる特権に対する要求時に参照される**RPL**(Requested Privilege Level)があります。プログラム実行中は、常に特権レベルが検査されます。OSが提供するシステムコールでも、特権レベルの検査が行われます。

アクセス制限

80386では、メモリの範囲やアクセス方法などによる制限も行うことが可能です。これにより、8086では実現することができなかったメモリ空間のリミットを設定することや特定のセグメントを書き換え禁止とすることができます。**アクセス制限**は、特権レベルに関係なく、すべてのプログラムが対象となります。アクセス制限により、個々のプログラムがアクセス可能なメモリ空間を制限することができるので、不具合または悪意のあるプログラムから、メモリを保護することが可能です。

アクセス制限の設定は、セグメントごとに行います。次の図は、プロテクトモードでのセグメントセレクタとオフセットアドレスの関係を示したものです。

図8-27 プロテクトモードでのセグメント

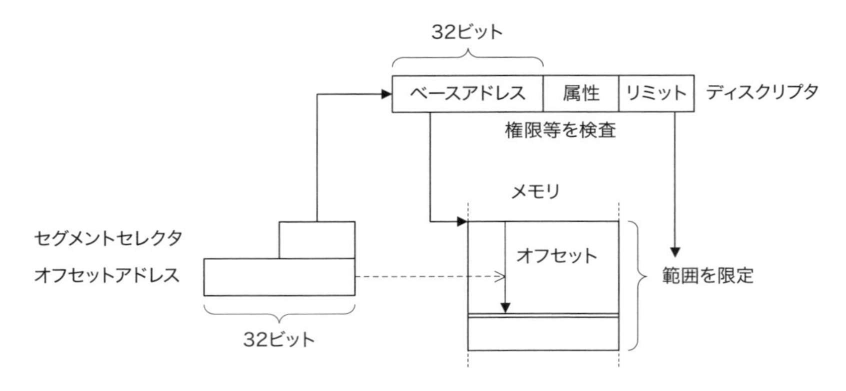

80386のセグメントセレクタは、8086と同じ16ビットのままですが、ディスクリプタテーブルのインデックスとなるので、メモリ空間の情報が記載されたディスクリプタを得ることができます。オフセットアドレスは、ディスクリプタに記載されたベースアドレスからのオフセットとして解釈されます。

セグメントディスクリプタ

セグメントには、その概念がプロテクトモードで変更されたことにより、複数の情報が含まれることになりました。80386では、機能ごとにまとめられた情報の集まりを**ディスクリプタ**（記述子）と呼んでいます。単に、ディスクリプタといえば、何らかの情報の集まり示すことになりますが、**セグメントディスクリプタ**（Segment Descriptor）といえば、セグメントに関する情報がまとめられていることを示しています。

図8-28 ディスクリプタ

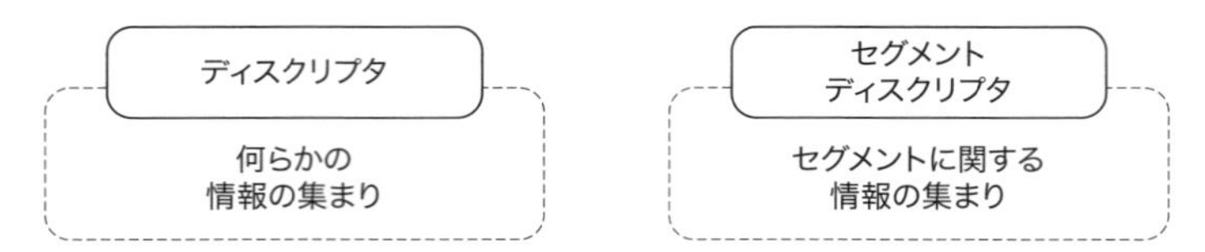

プロテクトモードで行われるメモリ空間の保護は、ハードウェアの力を借りて実現されています。そのため、セグメントディスクリプタは、80386が規定する形式でメモリに展開しておく必要があります。80386は、必要に応じてセグメントディスクリプタの情報を読み取り、内部レジスタを更新しています。

図8-29 セグメントディスクリプタが持つ情報

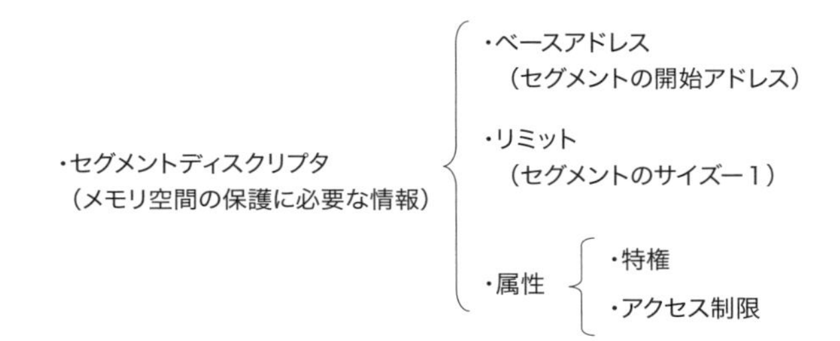

80386がセグメントディスクリプタの情報を必要とするのは、メモリアクセスが発生したときです。80386では、複数のセグメントディスクリプタをメモリ上にテーブル形式で配置します。これにより、80386が必要とするセグメントディスクリプタを、プログラム側で都合の良いアドレスに配置することが可能です。80386が必要としている情報はセグメントディスクリプタテーブルの開始位置とその大きさを表すリミットの2つです。この2つの情報をメモリ管理レジスタに設定しておけば、セグメントディスクリプタの情報が必要となったときに、80386が自動で読み込みます。

図8-30 セグメントディスクリプタテーブルの情報

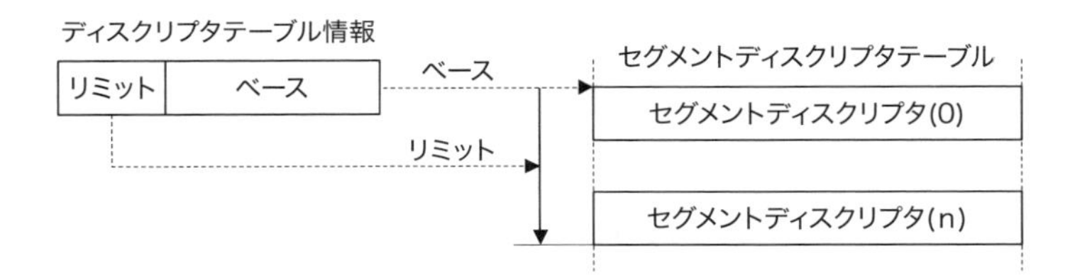

メモリアクセスが行われると、リアルモードでもプロテクトモードでも、セグメントレジスタの値が参照されることに変わりはありません。ただし、セグメントレジスタの値は、リアルモードではアドレスの一部として使用されますが、プロテクトモードでは、セグメントディスクリプタテーブルの1つの要素を選択するインデックスとして使用されます。そして、選択されたセグメントディスクリプタの内容から物理アドレスを計算し、アクセス権限が検査され、問題がなければメモリへのアクセスが許可されることになります。これが、セグメントレジスタがセグメントセレクタと呼ばれる理由でもあります。

図8-31 セグメントレジスタとディスクリプタテーブル

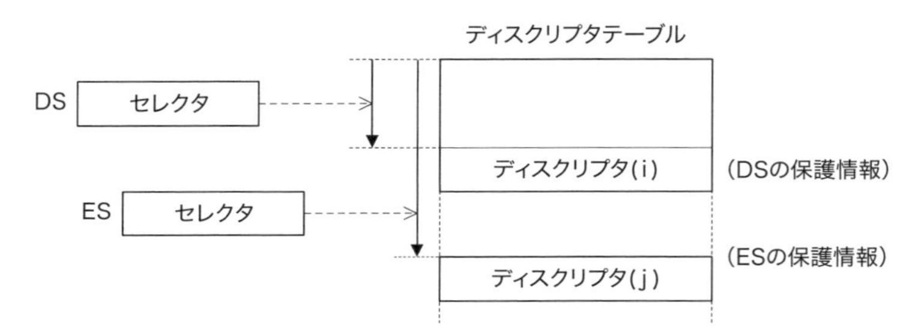

セグメントディスクリプタテーブルはメモリ上に配置されるので、毎回アクセスしていたのでは著しく性能が低下してしまいます。80386は、ディスクリプタの情報を内部レジスタに保持しているので、CPUが内部レジスタを更新する必要があると判断するまでは、メモリ上のディスクリプタテーブルが参照されることはありません。

セグメントディスクリプタの書式

プロテクトモードで参照されるセグメントディスクリプタは、64ビットで構成されています。セグメントディスクリプタは、16ビットのセグメントレジスタ(セレクタ)を介して、間接的に参照されます。メモリにアクセスするときは、必ず、セグメントセレクタで有効なセグメントディスクリプタを選択しておかなければなりません。次の図に、セグメントディスクリプタの詳細を示します。

図8-32 セグメントディスクリプタの詳細

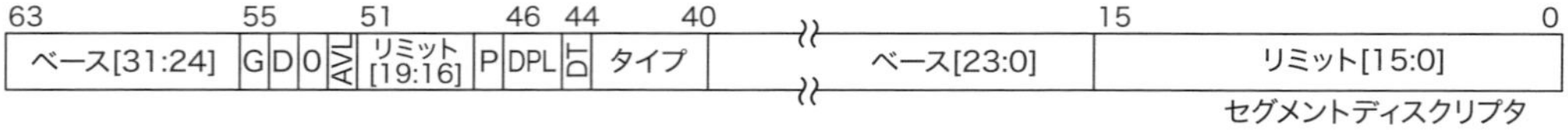

63	55				51		46	44	40		15 0
ベース[31:24]	G	D	0	AVL	リミット[19:16]	P	DPL	DT	タイプ	ベース[23:0]	リミット[15:0]

セグメントディスクリプタ

セグメントディスクリプタには、セグメントの開始アドレスとなる、ベースアドレスが含まれています。つまり、セグメントディスクリプタでは、メモリ空間のプロテクトと同時にアドレス変換も行っているのです。

ベースアドレスは、すべてのアドレス空間にアクセスできるよう、32ビットで構成されています。同様に、リミットも32ビットで構成されているのですが、セグメントディスクリプタに設定できるのは20ビットだけです。そのため、リミットに設定された値をどのように解釈するかをG(Granularity:粒度)ビットで指定します。Gビットが0であれば、リミットはバイト単位となりますが、Gビットが1であれば、12ビットシフトした値に0x0FFFを加算した値がリミットとして使用されます。次に、具体的な例を示します。

表 8-29 Gビットによるアドレス範囲の違い

ベース	Gビット	リミット	アドレス範囲
0x0000_0000	0	0x0_0000	0x0000_0000 ～ 0x0000_0000
		0xF_FFFF	0x0000_0000 ～ 0x000F_FFFF
	1	0x0_0000	0x0000_0000 ～ 0x0000_0FFF
		0xF_FFFF	0x0000_0000 ～ 0xFFFF_FFFF

D(Default)ビットは、対象となるセグメントが16ビットモードのときに0、32ビットモードのときに1を設定します。

AVL(Available to Software：ソフトウェアで利用可能)ビットは、プログラムで自由に使用することができます。このビットが、CPUの動作に影響を与えることはありません。

P(Present:存在)ビットは、対象となるセグメントがメモリに存在するかどうかを示します。このビットが1であれば、アドレス変換が有効となりますが、このビットが0であれば例外を引き起こすことになります。

DPL(Descriptor Privilege Level：ディスクリプタ特権レベル)は、ディスクリプタの特権レベルを2ビットで設定します。

DT(Desctiptor Type：ディスクリプタタイプ)は、ディスクリプタのタイプを指定します。このビットが1であれば、メモリセグメントに関する情報を含んでいることを示し、0であれば、それ以外の情報を含んでいることを示しています。例えば、割り込みベクタアドレスなどです。

タイプは、セグメントのタイプを指定します。セグメントのタイプには、メモリにアクセスする方法により、次の値が定義されています。

表 8-30 セグメントのタイプ

タイプ	セグメントのタイプ
0x0 / 0x1	リード
0x2 / 0x3	リード、ライト
0x4 / 0x5	リード、下方伸長
0x6 / 0x7	リード、ライト、下方伸長
0x8 / 0x9	実行
0xA / 0xB	実行、リード
0xC / 0xD	実行、適応型
0xE / 0xF	実行、リード、適応型

セグメントのタイプは、可変データを格納するRAM領域とプログラムの実行コードを保存するROMを意識したものになっています。RAMを意識したタイプには、スタック領域として使用される、下方伸長タイプが定義されています。ROMを意識したタイプには、プログラム実行時に特権レベルの検査を行わない、適応型が定義されています。このため、セグメント

ディスクリプタをデータ用とコード用とで区別し、それぞれをデータセグメントディスクリプタ、コードセグメントディスクリプタと呼ぶことがあります。

この表では、2つの値が1つのセグメントのタイプに設定されていますが、プログラムでは偶数のタイプを設定します。80386は、このセグメントディスクリプタに対応するセレクタがセグメントレジスタにロードされたときに、タイプの最下位ビットを1に設定します。

プロテクトモードへの移行

80386では、システム制御用のレジスタが追加されています。そのなかでもリアルモードとプロテクトモードは、CR0レジスタのPE (Protect Enable) ビットで制御されています。このビットをセットするとプロテクトモードに、クリアするとリアルモードに移行することが可能です。

図 8-33 CR0レジスタのPEビット

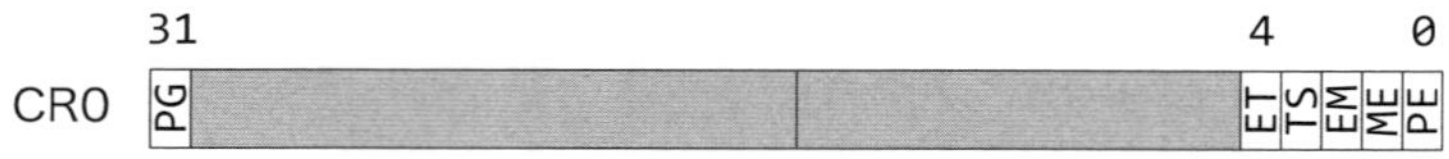

CR0	31 PG		4 ET	TS	EM	ME	0 PE

割り込み

外部機器の制御を目的とするハードウェア割り込みは、プロテクトモードでもリアルモードでも、ほぼ同じ機能を実装します。これに対してプロテクトモードのソフトウェア割り込みは、OSがプロセスに提供するシステムサービスとして、OSごとに実装されます。リアルモードでは、共通のインターフェイスを提供するライブラリとして使用できれば十分でしたが、プロテクトモードでは、特権状態の管理も含めて考える必要があります。

■割り込みディスクリプタテーブル

リアルモードとプロテクトモードでは、割り込み発生時の動作も異なります。リアルモードでの割り込みは、割り込み番号に対応したオフセットに処理が移行するだけです。メモリ空間の保護機能がない8086では、これで十分でした。

図 8-34 リアルモードでの割り込み

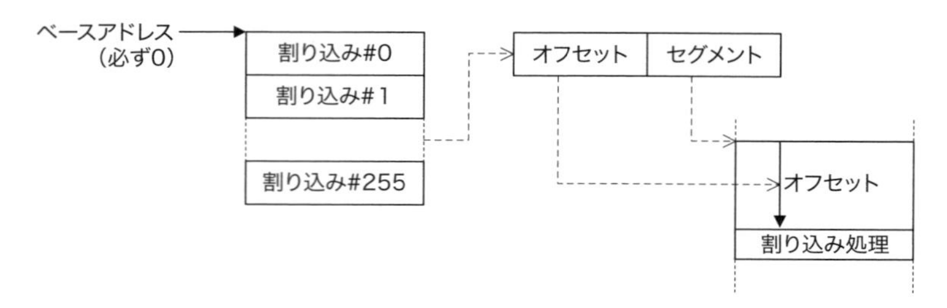

プロテクトモードでは、割り込み処理であったとしてもメモリ空間の保護機能が有効となるため、割り込み処理のオフセットだけでは情報が不十分です。プロテクトモードでは、割り込み処理が記載されたセグメントが有効であるかが検査されます。このため、割り込みで必要となる情報は、割り込み処理が含まれるメモリ空間のセグメントディスクリプタと割り込み処理のオフセットとなります。80386では、これを**ゲートディスクリプタ**として定義しています。ゲートディスクリプタは、オフセットを含んだディスクリプタの総称です。

図 8-35 プロテクトモードでの割り込み

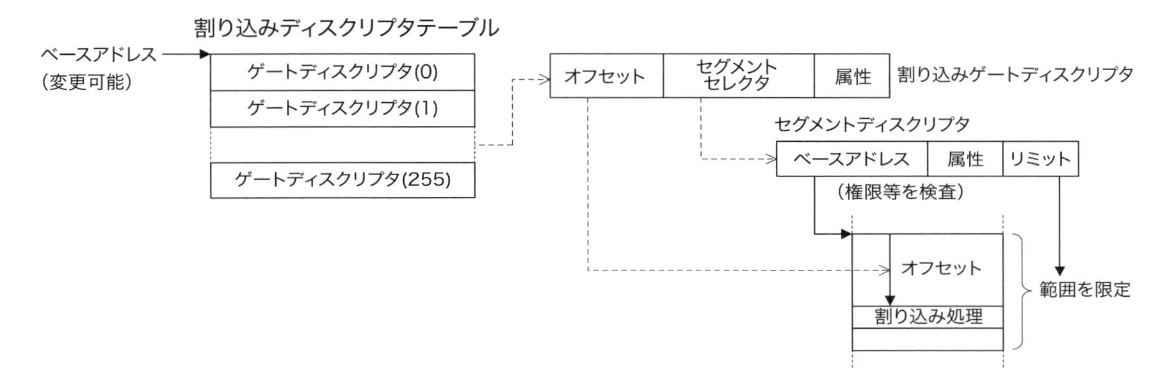

プロテクトモードでも、リアルモードと同様、256種類の割り込みを登録することができます。ゲートディスクリプタも、他のディスクリプタと同様、テーブル形式で管理されます。これを、IDT(Interrupt Descriptor Table:割り込みディスクリプタテーブル)と呼びます。割り込みが発生すると、IDTから割り込み番号に対応したゲートディスクリプタが参照されます。ゲートディスクリプタには、セグメントセレクタも記載されているので、メモリ保護機能を有効にしたままセグメント内のオフセットに処理を移行することができます。

ゲートディスクリプタ

セグメントディスクリプタには、メモリ空間を保護するために必要な情報が設定されています。これに対して、ゲートディスクリプタには、オフセットが設定してあります。このため、ゲートディスクリプタは、セグメントディスクリプタとセットで使用されます。

表 8-31 ディスクリプタの違い

種別	内容
セグメントディスクリプタ	メモリ空間を保護するための情報
ゲートディスクリプタ	セグメント内のオフセット

また、ゲートディスクリプタの目的は、高い特権レベルのプログラムを実行することでもあ

ります。例えば、低い特権レベルで動作するプロセスが、キー入力や画面出力などの、高い特権レベルを要するサービスプログラムを実行可能とします。

次の図に、ディスクリプタの分類を示します。

図8-36 ディスクリプタの分類

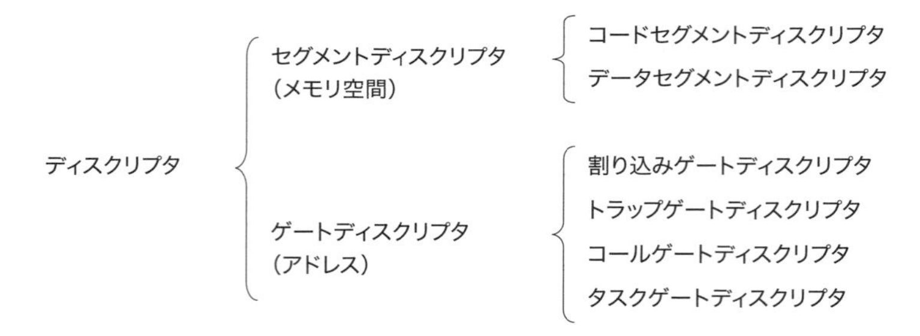

ゲートディスクリプタにはいくつかの種類が存在しますが、それらは属性によって分類されます。次の図に、ゲートディスクリプタのフォーマットと属性を示します。ここでは、ゲートディスクリプタを分類するために必要な情報のみを記載しています。

図8-37 ゲートディスクリプタのフォーマット

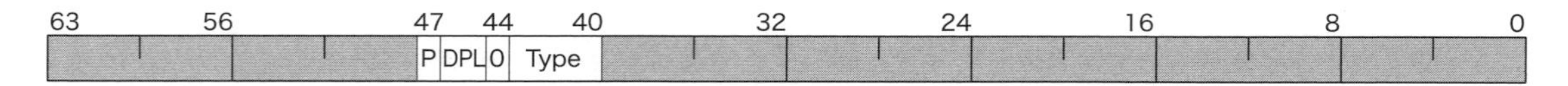

P Present
このディスクリプタが有効であるときに1がセットされます。

DPL Descriptor Privilege Level
ゲートの特権レベルを示します。この値は、INT命令実行時に検査されます。

Type Type of gate
ゲートのタイプを設定します。

ゲートディスクリプタのタイプは、次のように定義されています。

表 8-32 ゲートディスクリプタのタイプ

Type	定義	Type	定義
0000	(未定義)	1000	(未定義)
0001	286TSS、利用可	1001	386TSS、利用可
0010	LDT	1010	(未定義)
0011	286TSS、ビジー	1011	386TSS、ビジー
0100	286コールゲート	1100	386コールゲート
0101	タスクゲート	1101	(未定義)
0110	286割り込みゲート	1110	386割り込みゲート
0111	286トラップゲート	1111	386トラップゲート

いくつかの項目に286と記載されていますが、これらの値を使用することはありません。この設定は、80286という古い型番のCPUで動作させるときに使用します。386と記載されている項目は、本書で対象としている80386以降のCPUで使用する設定値です。そのため、単にコールゲートなどとした場合は、386コールゲートを示しているものとします。また、TSSには「利用可」と「ビジー」の2つが定義されています。この設定は、CPUが実行中のタスクを識別するために使用されます。

• 割り込みゲートディスクリプタ

割り込みゲートディスクリプタは、ハードウェア割り込みで使用されます。ハードウェア割り込みは、割り込み要因が外部にあるため、特権レベルの検査は行われません。また、CPUのIF(割り込み許可フラグ)が0にクリアされ、同じレベルの割り込みが禁止されます。割り込みゲートディスクリプタは、割り込みディスクリプタテーブルにしか登録することができません。もし、割り込みゲートディスクリプタがソフトウェア割り込みで参照された場合は、特権レベルの検査が行われます。

次の図に、割り込みゲートディスクリプタの書式を示します。

図 8-38 割り込みゲートディスクリプタ

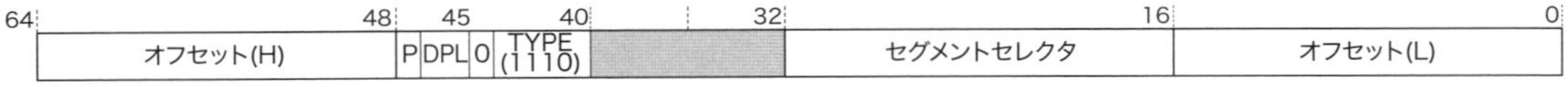

• トラップゲートディスクリプタ

トラップゲートディスクリプタは、ソフトウェア割り込みで使用されます。特権レベルが検査されるトラップゲートディスクリプタは、割り込みディスクリプタテーブルにしか登録することができません。トラップゲートディスクリプタは、割り込みゲートディスクリプタとは異なり、CPUのIFを変更しません。

次の図に、トラップゲートディスクリプタの書式を示します。

図 8-39 トラップゲートディスクリプタ

64–48	47	46–45	44	43–40	39–32	31–16	15–0
オフセット(H)	P	DPL	0	TYPE (1111)		セグメントセレクタ	オフセット(L)

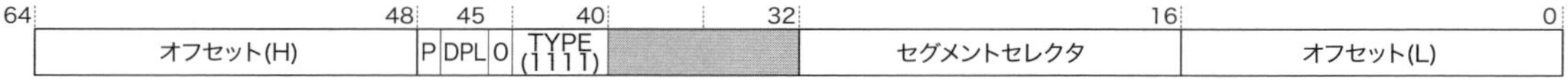

次の表に、割り込みゲートディスクリプタとトラップゲートディスクリプタの使用例となる、ハードウェア割り込みとソフトウェア割り込みの違いを示します。

表 8-33 ハードウェア割り込みとソフトウェア割り込みの違い

	ハードウェア割り込み	ソフトウェア割り込み
実行契機	外部信号の変化	INT 命令の実行
優先度	高い	低い
IF（割り込み許可フラグ）	0 にクリア	影響なし
引数	設定不可	レジスタで設定可能
コンテキスト	保存	プログラムによる
ディスクリプタの種類	割り込みゲートディスクリプタ	トラップゲートディスクリプタ
登録先	IDT（割り込みディスクリプタテーブル）	

• コールゲートディスクリプタ

コールゲートは、トラップゲート以外の方法で、高い特権レベルのプログラムを実行する方法を提供します。トラップゲートディスクリプタは必ずIDTに配置されるのに対して、**コールゲートディスクリプタ**は、GDTまたはLDTに配置されます。このため、プログラムを実行するときは、ソフトウェア割り込みのINT命令ではなく、CALL命令やJMP命令を使用します。

コールゲートでは、トラップゲートとは異なり、引数をスタックで渡します。しかし、スタックだとしても、高い特権レベルのメモリ空間にアクセスできる訳ではありません。コールゲートでは、ディスクリプタで指定された分の引数が、呼び出し側のスタックから高い特権レベルのスタックにコピーされます。このため、コールゲートディスクリプタには、スタックにコピーするワード数を設定する項目が増えています。ここで設定する1ワードは、4バイト（32ビット）です。

次の図に、コールゲートディスクリプタの書式を示します。

図 8-40 コールゲートディスクリプタ

64–48	47	46–45	44	43–40	39–37	36–32	31–16	15–0
オフセット(H)	P	DPL	0	TYPE (1100)		ワード数	セグメントセレクタ	オフセット(L)

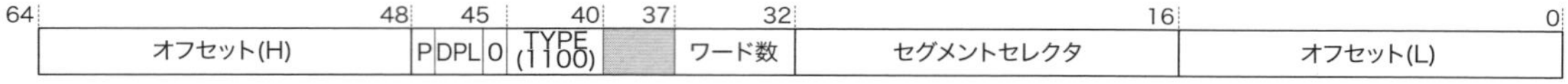

タスクスイッチ

特権レベルの遷移は、タスクが切り替わるときにも発生します。複数のタスクが実行されている場合、それぞれのタスクの特権レベルが異なる場合がありますし、アクセス可能なメモリ空間も異なるので、セグメントセレクタの値も異なる値となります。

タスクステートセグメント（TSS）

80386では、タスクのコンテキスト情報を**TSS**（タスクステートセグメント）と呼ばれるセグメント（メモリ空間）に保存します。80386で管理するTSSは104バイトの領域を必要とし、次のように定義されています。

図 8-41 TSSのフォーマット

	+2	+0
0x00		リンクフィールド
0x04	ESP0	
0x08		SS0
0x0C	ESP1	
0x10		SS1
0x14	ESP2	
0x18		SS2
0x1C	CR3	
0x20	EIP	

	+2	+0
0x24	EFLAGS	
0x28	EAX	
0x2C	ECA	
0x30	EDX	
0x34	EBX	
0x38	ESP	
0x3C	EBP	
0x40	ESI	
0x44	EDI	

	+2	+0
0x48		ES
0x4C		CS
0x50		SS
0x54		DS
0x58		FS
0x5C		GS
0x60		LDT
0x64	I/Oビットマップオフセット	T

リンクフィールドには、CALL命令でタスクを実行したときに、呼び出したタスクのTSSがEFLAGSのNTビットとともに設定されます。NTビットが1のときにIRET命令を実行すると、リンクフィールドに設定された値をTSSセレクタとして参照することで、呼び出し側のタスクに復帰することが可能です。

TSSには、スタックポインタを保存する領域が3つ用意されています。80386では、特権ごとに異なるスタックを保存できるように、SS0～SS2とESP0～ESP2が用意されていますが、最下位の特権レベル3のスタックは、SSとESPが利用されるので、用意されていません。

オフセットの0x64バイト目からは、I/OビットマップオフセットとTビットが定義されています。I/Oビットマップオフセットは、タスクがアクセス可能なI/Oを定義したビットマップへのアドレスが設定されます。ビットマップでは、1バイトのI/Oアドレスを1ビットで制御します。仮に、ビットマップの最初の4バイトが0xFFFF_FFC3であれば、2番地から5番地までのI/Oアドレスにアクセスすることができます。Tビットは、タスクのデバッグ時に使用されるもので、タスクスイッチ終了後に割り込みを発生させることが可能です。

次の図に、TSSディスクリプタの書式を示します。

図 8-42 TSSディスクリプタの詳細

63	55				51		46	44	40		15	0
ベース[31:24]	0	0	0	AVL	リミット[19:16]	P	DPL	0	1 0 0 1	ベース[23:0]	リミット[15:0]	
									(TSS)		TSSディスクリプタ	

TSSのタイプには、ゲートディスクリプタのタイプを表す表のなかから、386TSSを意味する「1001」を設定します。TSSディスクリプタは、タスクスイッチングで使用されるので、必ずGDTに配置します。

タスクゲートディスクリプタ

タスクゲートディスクリプタは、タスクの切り替え時に参照されるディスクリプタで、特権レベルが変更される可能性がある、ゲートディスクリプタに分類されます。他のゲートディスクリプタと異なり、タスクゲートディスクリプタにはオフセットが設定されません。タスクスイッチングが発生するたびに同じアドレスから実行される訳ではないからです。そのかわり、どこまで実行したかなどのコンテキスト情報は、TSSに保存されます。

次に、タスクゲートディスクリプタの書式を示します。タスクゲートディスクリプタには、TSSセレクタが保存されています。

図8-43 タスクゲートディスクリプタ

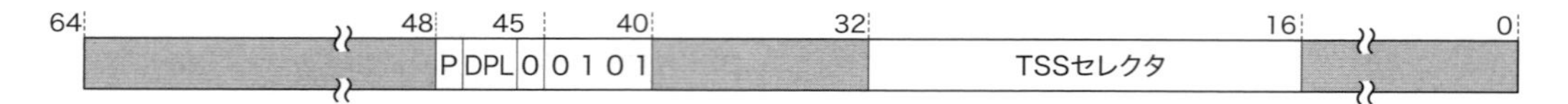

タスクゲートディスクリプタに保存されているTSSセレクタは、TSSディスクリプタを選択するために使用されます。

図8-44 タスクゲートディスクリプタとTSSディスクリプタ

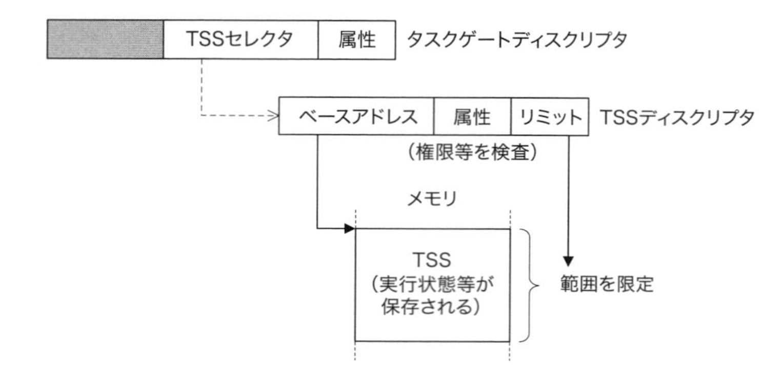

ページング

仮想記憶は、現代のOSにとって、なくてはならないメモリ管理技法です。仮想記憶では、実装されている以上のメモリ空間を仮想的に提供することが可能です。そして、80386の仮想記憶はページングによりサポートされています。

ページングとは、CPUのアドレッシングで生成された論理アドレスを物理アドレスに変換する機能です。ですが、メモリ空間の保護を行うためには、単純なアドレス変換だけではなく、アクセス権限も管理する必要があります。

アドレス変換では、32ビットで構成される論理アドレスの上位20ビットを、**ページフレーム**と呼ばれる、異なる値に変換します。変換されない下位12ビットは、ページフレームのオフセットアドレスとして使用されます。このことからも分かるとおり、80386では、1ページの大きさが4K (2^{12}) バイトに設定されています。

しかし、20ビットの変換テーブルが1つだけでは大きすぎるので、10ビットの変換テーブルを2段階に分けて使用します。1段目のテーブルでは、上位10ビットを変換し、2段目のテーブルでは、次の10ビットを変換します。このとき、前者を**ページディレクトリ**、後者を**ページテーブル**と呼びます。論理アドレスの上位10ビットは1段目のページディレクトリ、次の10ビットは2段目のページテーブルのインデックスとして使用されます。また、1段目の変換テーブルである、ページディレクトリの開始位置は、CR3レジスタに設定します。

図 8-45 ページディレクトリとページテーブル

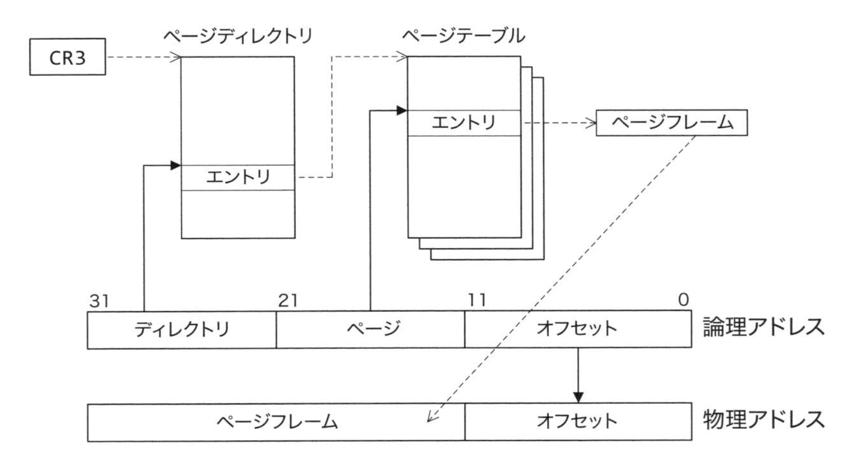

ページディレクトリとページテーブルに登録されている1つのエントリはともに32ビット(4バイト)で構成され、その書式も同じです。どちらも上位20ビットが変換後のアドレスを、残りの12ビットでその属性を示しています。上位20ビットのアドレスには、ページディレクトリの項目であればページテーブル、ページテーブルの項目であればページフレームのアドレスを設定します。

図 8-46 ページディレクトリとページテーブルの書式

32〜12	11〜9	8〜7	6	5	4〜3	2	1	0
ページテーブル/フレームアドレス	AVL	0 0	D	A	0 0	U/S	R/W	P

AVL Available to software
プログラムで自由に使用することができます。

D Dirty
対応するページへの書き込みがあったときに、CPUが1をセットします。

A Accessed
対応するページへのアクセスがあったときに、CPUが1をセットします。

U/S User/Supervisor
特権レベル3のプログラムがアクセス可能であるときに1をセットします。

R/W Read/Write
このページが書き込み可能であるときに1をセットします。

P Present
このエントリが有効であるときに1をセットします。このビットが0のとき、他のビットが解釈されることはありません。

すべての論理アドレスを同じ物理アドレスに変換するためには、4M (4×2^{20}) バイトのメモリが必要になります。しかし、ページディレクトリとページテーブルの構成が同じであることから、エントリの共通化を図ることができます。また、変換テーブルを4K (4×2^{10}) バイトに分割できるので、変換テーブルのために、連続した巨大なメモリ領域を用意しなくても済みます。加えて、ページングにより変換テーブルの一部を外部記憶装置に追いやることも可能です。

第9章 アセンブラ（NASM）の使い方

トピックス
- アセンブルの手順
- セクションとロケーションカウンタ
- マクロの使い方　など

ここでは、NASMの使い方を、実際に操作しながら確認することにします。また、ブートプログラムでは、プログラムやデータの配置に関する知識も必要となるので、これらをNASMで扱う方法を、具体的な例と出力結果で示します。

9.1 アセンブルの手順

アセンブラによってアセンブルされるプログラムは、**ソースファイル**と呼ばれる、テキストファイルに記述されます。ソースファイルには、任意の名前を使用することができますが、ここで使用するソースファイルには「boot.s」と名前をつけることにします。この場合、アセンブルは次のコマンドで行うことができます。

```
> nasm boot.s
```

アセンブルした結果は、エラーがなければ、「boot」というファイル名で保存されます。このファイルにはCPUが解釈可能な機械語が保存されていますが、バイナリファイルなので、専用のバイナリエディタを使用しなければ内容を確認することはできません。そのため、NASMを含めた一般的なアセンブラには、ソースファイルがどのように機械語に変換されたかをテキストファイルに出力するオプションが用意されています。このときに生成されるファイルは、**リスティングファイル**と呼ばれ、NASMの場合、オプション「-l」を指定すると生成することができます。次の例は、NASMにリスティングファイル「boot.lst」を生成するように指示するものです。

```
> nasm boot.s -l boot.lst
```

NASMでは、機械語の出力ファイル名も指定することができます。次の例では、オプション「-o」を使用して出力ファイルを「boot.img」に変更しています。

```
> nasm boot.s -o boot.img -l boot.lst
```

ローカルラベル

ラベルは、アセンブル対象となるすべてのソースファイル内で、重複した名前を定義することはできません。NASMでは、それほど強い意味を持たないラベルや局所的な条件分岐でのジャンプ先として、**ローカルラベル**を使用することができます。ローカルラベルは、直前までに指定されたラベルの範囲内でのみ使用可能な局所的なラベルで、必ず「.」で開始します。「.」で開始しないラベルは、**グローバルラベル**として扱われ、アセンブル対象となるソースファイル内で重複することができません。次のプログラムは、ローカルラベルの使用例を示したものです。

```
1 global_label_A:
2 .local_label:
3         jmp     .local_label                    ; 2行目にジャンプ
4
5 global_label_B:
6         jmp     .local_label                    ; 8行目にジャンプ
7         jmp     global_label_A.local_label      ; 2行目にジャンプ
8 .local_label:
```

このプログラムでは、2つのグローバルラベルとローカルラベルが定義されています。単にローカルラベルを指定してJMP命令を実行した場合、それぞれグローバルラベルの範囲内にあるローカルラベルにジャンプします。前述の例では、同じ名前のローカルラベルですが、3行目のJMP命令は2行目に、6行目のJMP命令は8行目にジャンプします。

NASMは、同じ名前のローカルラベルであっても、グローバルラベルと同様に、それぞれを区別しています。NASMでは、グローバルラベル名とローカルラベルを連結して記述することで、アドレスを一意に決めることができます。前述の例では、7行目のJMP命令は、異なるグローバルラベルにあるローカルラベルである2行目にジャンプします。

基数(n進数)

NASMが解釈する数値は、書き方により2進数、8進数、10進数、16進数を使い分けることができます。基数は、数値の前に記載する**プレフィックス**または数値の後に記載する**サフィックス**で指定することができます。プレフィックスは数値の0で始まり基数を示す1文字で、サフィックスは末尾の1文字で表現されます。基数が明示されていない場合は、数値が0で始まっていたとしても、その値は10進数であると解釈されます。具体的な例を次に示します。

表9-1 基数の指定方法

進数	プレフィックス	サフィックス	使用例
2	0B	B	0b10, 1000_0010B
8	0O	O	0o10, 10o
10	0D	D	0d10, 10d, 010
16	0X	H	0x10, 10h

NASMでは、連続する数値の見やすさのために「_」を使用することができます。ただし、その位置が任意であることに注意する必要があります。たとえば「0010_000B」は、16進数の0x20ではなく、0x10と解釈されます。

9.2 擬似命令とその使用例

アセンブラが解釈する命令には、CPUに対するCPU命令とアセンブラに対する擬似命令が存在します。ここでいくつかの擬似命令を紹介しますが、その結果はリスティングファイルで確認することにします。リスティングファイルにより、擬似命令がアセンブラにおよぼす影響を確認することができます。

データ定義（DB/DW/DD/DQ）

データの定義は、擬似命令を使用して行われます。NASMでは、1つの要素が占めるバイト数によって、異なる擬似命令が用意されています。次の表は、要素サイズごとの擬似命令を表したものです。

表9-2 データを定義する擬似命令

擬似命令	バイト数
DB（Define Byte）	1
DW（Define Word）	2
DD（Define Double word）	4
DQ（Define Quad word）	8

要素が複数ある場合は「,」で区切ることで、連続して定義することができます。また、「'」でくくることで連続した文字を定義することができます。

次のコードは、データ定義命令の使用例です。

```
        db      'hello', 0x0D, 10

        db      0b10, 0000_0010B
        db      0o10, 10o
        db      0d10, 10d, 010
        db      0x10, 10h

        dw      1, 2
        dd      0x1234_5678
        dq      1234_5678_9ABC_DEF0H
```

このソースファイルをアセンブルすると、次のリスティングファイルが生成されます。

```
     1 00000000 68656C6C6F0D0A                  db      'hello', 0x0D, 10
     2
     3 00000007 0202                            db      0b10, 0000_0010B
     4 00000009 0808                            db      0o10, 10o
     5 0000000B 0A0A0A                          db      0d10, 10d, 010
     6 0000000E 1010                            db      0x10, 10h
     7
     8 00000010 01000200                        dw      1, 2
     9 00000014 78563412                        dd      0x1234_5678
    10 00000018 F0DEBC9A78563412                dq      1234_5678_9ABC_DEF0H
```

リスティングファイルには、行番号、ロケーションカウンタ、機械語そして対応するソースファイルの内容が出力されます。

行番号	ロケーションカウンタ	機械語	ソースファイル

行番号の項目には、ファイルの行番号が10進数で出力されます。

ロケーションカウンタの項目には、すでにアセンブルした機械語のバイト数が16進数で出力されます。前述の例では、1行目に「00000000」が表示されているので1バイトも機械語が生成されていないことを示しています。3行目の「00000007」は、この行をアセンブルするまでに変換した機械語のバイト数が記載されています。この値は、キーワード「$」を使用してプログラム内で参照することができます。

機械語の項目には、実際に変換した機械語が16進数で出力されます。プログラムとして必要なのは機械語の部分だけで、この部分をバイナリファイルとして生成したものがプログラムの実行イメージとなります。

ソースファイルの項目には、変換前の内容が記載されているので、意図したとおりにアセンブルされたかを確認することができます。

リスティングファイルの出力結果から、文字列、2進数、8進数、10進数、16進数の数値が正しく変換されていることが確認できます。また、複数バイトで定義されているデータが、リトルエンディアンで格納されていることも読み取ることができます。

データ境界(ALIGN)

ここでは、メモリアクセス時のパフォーマンスに影響を与える、データ境界の調整方法について確認します。次の出力は、ラベルmemで表されるアドレスに16ビットデータを配置したときの例です。

```
     1 00000000 2A                           db      '*'
     2 00000001 3412                    mem:     dw      0x1234
```

この例では、memに配置された16ビットデータのアラインメントが取れていないので、アセンブラのALIGN擬似命令を使用して、アドレス境界を揃えることができます。次の出力は、16ビットデータを4バイト境界に配置した例です。

```
     1 00000000 2A                           db      '*'
     2 00000001 90<rept>                ALIGN 4
     3 00000004 3412                    mem:     dw      0x1234
```

データの配置位置が変わったことは、ロケーションカウンタの値で確認することができます。memに配置された16ビットデータは、ロケーションカウンタの値が1から4に変更され、アライメントの整合性が取れたことを確認できます。

また、2行目の機械語出力に「90<rept>」と記述されていますが、これは、機械語の0x90が繰り返されていることを表したものです。機械語の0x90は、NOP命令に等しく、データとしては意味を持ちません。この値は、ALIGN擬似命令の引数で変更することができます。次の例は、0x90のかわりにデータ0x00で埋めるように指定したときのリスティングファイルです。

```
     1 00000000 2A                           db      '*'
     2 00000001 00<rept>                ALIGN 4, db     0
     3 00000004 3412                    mem:     dw      0x1234
```

2行目の機械語出力「00<rept>」から、空き領域のデータが0x90ではなく0x00で埋められていることが確認できます。

ALIGN擬似命令の書式を次に示します。ALIGN擬似命令を引数なしで使用することは、境界を1バイトに設定することと同じです。また、境界に設定する数値は2のべき乗でなくてはいけません。

表 9-3 データ境界を揃える擬似命令

擬似命令	出力
ALIGN 数値	データ境界を「数値」に設定（指定されない場合は1）
ALIGN数値, DB 値	データ境界を「数値」に設定、空き領域に「値」を設定

定数定義(EQU)

EQU擬似命令は、定数を文字列で置き換えます。EQU擬似命令により、複数個所で参照される定数を1箇所で定義することができます。次の例では、定数0x0010_0000を文字列「VECT_BASE」として定義しています。

```
        VECT_BASE       equ     0x0010_0000
```

次の例は、データ定義により生成されたバイト数をEQU擬似命令で定義するものです。リスティングファイルを見ると、msg_lenが6で定義されていることが分かります。

```
    10 0000000A 68656C6C6F00            message:    db      'hello', 0
    11                                  msg_len     equ     $ - message
    12 00000010 06                                  db      msg_len
```

繰り返し(TIMES)

TIMES擬似命令は、指定された回数分、後続の命令を繰り返します。繰り返す対象には、CPU命令と擬似命令の両方を使用することができます。次の例は、DB擬似命令を8回繰り返し、8文字の「*」を定義するものです。

```
    10 0000000A 2A<rept>                passwd      times 8 db '*'
    11 00000012 08                      pass_len    db  $ - passwd
```

この例では、機械語に「2A<rept>」が出力されていますが、11行目の値から、8バイトのデータが生成されていることを確認できます。

ロードアドレス指定(ORG)

アセンブラは、何も指示がなければ、アドレスの0番地からプログラムが開始されるものとして機械語を生成します。しかし、今回作成するブートプログラムは、BIOSによりアドレスの0x7C00番地にロードされるので、この事実をアセンブラに知らせる必要があります。このときに使用されるのが、ORGディレクティブです。

ディレクティブ(Directive)とは、アセンブラの動作に影響を与える命令のことです。ディレクティブは、アセンブラへの命令ではありますが、コードやデータを生成する訳ではないので、擬似命令とは区別して呼ばれています。

次に、簡単な命令でORGディレクティブの効果を確認してみます。次のプログラムは、命令が配置されたアドレスをAXレジスタに設定するものです。

```
      1 00000000 B8[0000]                     mov      ax, $
```

この例では、ロードアドレスの指定を行っていないので、アセンブラはプログラムが0番地に配置されるものと判断し、AXレジスタにはロケーションカウンタの値0を設定することになります。実際に生成される機械語、バイナリファイルは、次のようになります。

表9-4 生成された機械語（ORGディレクティブ未使用時）

オフセット	0	1	2	3	4	5	6	7
データ	B8	00	00	−	−	−	−	−

ここで、MOV命令の機械語はB8で出力されています。これは、後続の2バイトがAXレジスタに設定される値であることを示しています。しかし、実際のブートプログラムは0x7C00番地にロードされるので、ORGディレクティブを使用して、プログラムが配置されるアドレスを指定することにします。これで、AXレジスタには、0x7C00が設定されることを期待できます。

```
      1                                        ORG      0x7C00
      2 00000000 B8[0000]                      mov      ax, $
```

しかし、リスティングファイルを確認すると、相変わらず、機械語には[0000]が表示されたままとなっています。これは、ロケーションカウンタの値は暫定値で、セクションの配置が終了した後に確定するためです。実際に生成されたバイナリファイルでは、期待した値である0x7C00が設定されていることを確認できます。

表9-5 生成された機械語（ORGディレクティブ使用時）

オフセット	0	1	2	3	4	5	6	7
データ	B8	00	7C	−	−	−	−	−

セクション（SECTION）

コンピュータに電源を投入すると、ROMに書かれたプログラムが起動します。これは、ROMが、電断状態でも値を保持することができるためです。しかし、プログラムは、書き換え可能なRAMがなければ、実質的な演算処理を行うことができません。コンピュータには、必ず、ROMとRAMが必要です。

例として、「1から100までの数値を加算する」プログラムを考えます。このとき、「加算」はプログラムになるので、ROMにCPU命令として書き込まれます。「1」と「100」は、プログラムで使用する数値なので、電断時でも、忘れられては困ります。このような、変更されることのないデータも、定数としてROMに書き込まれます。ROMには、属性の異なるプログラムとデータが書き込まれるのです。RAMは、加算処理を行うときの一時的な変数として使用されますが、実際に何バイトのRAM領域を使用するかはプログラム次第です。

一般的なプログラムは、CPU命令が含まれるコード部、定数部、書き換え可能なデータ部に分けることができます。このような分類を**セクション**といい、それぞれコードセクション、定数セクション、データセクションなどといわれています。セクションを分ける目的は、それぞれのセクションを1つにまとめ、変数の配置や占有バイト数などを計算し、情報として提供することにあります。もし、データセクションのサイズがRAMのサイズを超えていた場合、プログラムは動作しますが、正しい演算結果を期待することはできません。

NASMは、何も指定されなければ、すべての出力を「.text」セクションに配置しますが、プログラマがセクションを作成することも可能です。この場合、「SECTION ＜セクション名＞」と記載するだけで、以降は、指定されたセクションに配置されることになります。次の図は、「.data」セクションを追加したときのセクションの配置例を示したものです。

図9-1 セクションの配置例

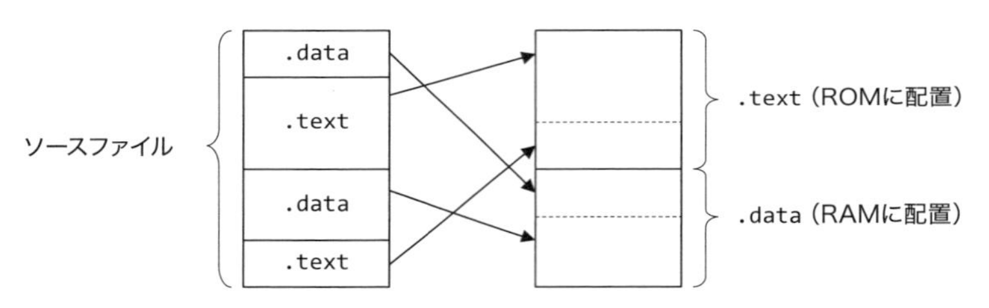

次の例は、「.data」セクションを新しく追加して、データを定義したときのリスティングファイルです。

```
     1                                  [SECTION .data]
     2 00000000 41                              db      'A'
     3 00000001 [01]                            db      $
     4                                  [SECTION .text]
     5 00000000 42                              db      'B'
     6 00000001 [01]                            db      $
     7                                  [SECTION .data]
     8 00000002 43                              db      'C'
     9 00000003 [03]                            db      $
    10                                  [SECTION .text]
    11 00000002 44                              db      'D'
    12 00000003 [03]                            db      $
```

この例では、2つのセクションが定義されています。1つは、デフォルトの「.text」セクション、もう1つは、新たに定義した「.data」セクションです。ソースファイルでは異なる位置に定義したセクションも、アセンブル終了後には、セクションごとにまとめて出力されます。

また、すべてのセクションで、ロケーションカウンタの値をデータとして定義していますが、リスティングファイルには、「[]」でくくられた値が表示されています。これは、この値が暫定値で、セクションの配置が終了した後で確定する値であることを示しています。3行目と6行目そして9行目と12行目のロケーションカウンタは同じ値が暫定値として使用されていますが、これは、セクションごとにロケーションカウンタが存在することを示しています。

次に、実際に生成されたバイナリファイルを示します。

表 9-6 セクションごとにまとめられたデータ

オフセット	0	1	2	3	4	5	6	7
データ	'B'	01	'D'	03	'A'	05	'C'	07

セクションに着目すると、NASMのアセンブル処理は、セクションの生成と結合の2段階に分けて行われます。セクションの生成では、ニーモニックを機械語に変換しながら、セクション内での配置を決定します。このときに使われるのが、セクション内でのオフセットを表すロケーションカウンタ「$」です。この値はセクションの生成中に変更されるので定数ではありませんが、セクション内での位置は確定します。そのため、セクションの開始位置を示す「$$」からの差分である「$ - $$」は定数として扱うことができます。

表 9-7 ロケーションカウンタの意味

カウンタ値	意味
$$	セクションの開始位置
$	セクションの先頭からのオフセット（ロケーションカウンタ）

すべてのセクションのアセンブルが終了すると、セクションのサイズが決まります。セクションのサイズが決まると、セクションを並べたときの、各セクションのロケーションカウンタが決まるので「$」は定数として定まります。リスティングファイルには、セクション結合前の暫定値が出力され、バイナリファイルにはセクション結合後の決定値が出力されていた訳です。

図 9-2 セクションの配置例

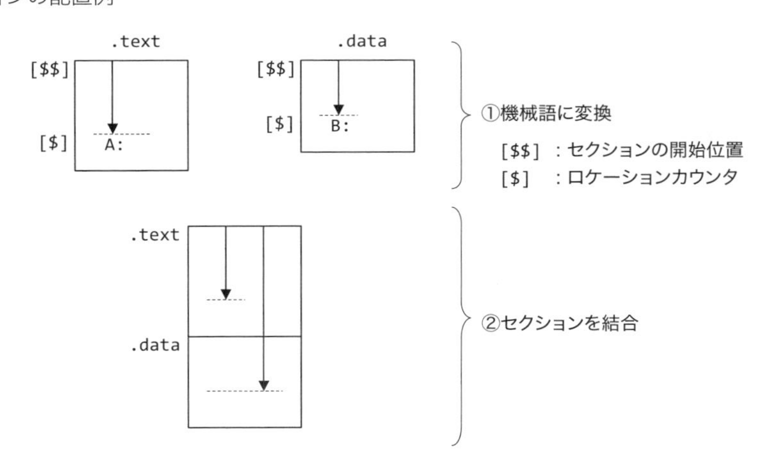

NASMは「.text」セクションを先頭に配置するので、先ほどの例では先頭の4バイトが「.text」セクション、残りが「.data」セクションになります。最終的な出力結果であるバイナリファイルから、暫定値として表示されていたロケーションカウンタには、セクションの配置が終了した後のアドレスが設定されていることが確認できます。

■ブートフラグの設定

ブートプログラムは、BIOSによりロードされる512バイトのプログラムです。ブートプログラムとしてBIOSがロードする条件の1つに、先頭から510バイトの位置に、0x55と0xAAの2バイトのデータが書かれている必要があります。ブートプログラムは510バイト以内にかかれるため、残りの部分を任意のデータで埋めた後にブートフラグを定義すればいいように思われます。具体的には、次のようなコードです。

```
        ...
        times 510 - $ db 0
        db 0x55, 0xAA
```

ですが、上記のコードはアセンブルすることができません。TIMES擬似命令の引数には定数を指定する必要があるためです。すでに見てきたとおり、ロケーションカウンタの値が確定するのはアセンブルおよびセクションの配置が終了した後なので、定数を要求するTIMES擬似命令の引数には設定することができないのです。そのため、ブートフラグを設定するには、定数の値として「$ - $$」を指定します。具体的には、次のように記載します。

```
     1 00000000 00<rept>                          times 510 - ($ - $$) db 0
     2 000001FE 55AA                              db 0x55, 0xAA
```

このように記載すると、プログラムサイズに依存することなく、510バイト目にブートフラグを設定することができます。

9.3 プリプロセッサとその使用例

プリプロセッサとは、実際のアセンブル作業を開始する前に行われる前処理のことで、プログラマがアセンブル条件を指定するときなどで使用されます。プリプロセッサは、アセンブラに対する指示なのでディレクティブに分類されます。すべてのプリプロセッサディレクティブは「%」で始まります。

置き換え(%define)

プリプロセッサのなかでも、文字の置き換えは一般的に行われる作業で、マクロと呼ばれることもあります。マクロは、本来であればアセンブラの書式にあわせて記述しなければならない所で、プログラマの好みにあわせた書き方を実現してくれます。

最も簡単なマクロは、「%define <文字>」ディレクティブを使って実現されます。

```
%define VALUE       3
        db   VALUE
```

このソースファイルをアセンブルすると、次のリスティングファイルが生成されます。

```
     1                                  %define VALUE       3
     2 00000000 03                              db   VALUE
```

このマクロでは、VALUEを3として定義しています。ソースファイル上の複数の箇所で同じ値を定義しているのであれば、マクロを使用することで修正漏れを防ぐことができます。また、マクロに四則演算を記述することも可能です。次の例は、マクロ内で掛け算を使用した例です。

```
     1                                  %define VALUE       3 * 3
     2 00000000 09                              db   VALUE
```

アセンブル結果を見ると、3×3の演算結果が定数として定義されていることが分かります。この例の場合、VALUEをDB擬似命令の引数としているので、1バイトの上限である255以内の値に設定するのはプログラマの責任です。

マクロには、引数を指定することもできます。引数は、「()」内に記載すると、対応する値に置き換えられます。次の例は、引数に指定された値を3倍するマクロの例です。

```
     1                                  %define calc(x)     (3 * x)
     2 00000000 06                              db   calc(2)
```

マクロは単純な置き換えなので、「3 * 2」と展開された後に実際のアセンブルが行われます。次の例は「3 * 2 + 1」と展開されるので、おそらくプログラマが意図したとおりの結果にはなっていません。

```
     1                                  %define calc(x)     (3 * x)
     2 00000000 07                              db   calc(2 + 1)
```

このような場合、マクロ内で「()」を使用して、優先順位を設定することができます。マクロに渡される引数は、意図しない結合が行われないように「()」でくくるのが一般的です。

```
     1                                  %define calc(x)     (3 * (x))
     2 00000000 09                              db   calc(2 + 1)
```

繰り返し(%rep)

繰り返しは、「%rep　<回数>」と「%endrep」に挟まれた行を指定回数分繰り返します。次の例はDB擬似命令を3回繰り返すものです。

```
%rep 3
        db  0
%endrep
```

このソースファイルをアセンブルすると、次のリスティングファイルが生成されます。

```
     1                                  %rep 3
     2                                          db  0
     3                                  %endrep
     4 00000000 00                  <1>  db 0
     5 00000001 00                  <1>  db 0
     6 00000002 00                  <1>  db 0
```

このリスティングファイルの4行目から6行目にかけて<1>の表記がありますが、これは、マクロのなかからマクロを呼び出したときに、入れ子になった回数を示すものです。この例では、一度だけマクロが展開されていることを示しています。

プリプロセッサ変数(%assign)

NASMでは、プリプロセッサ処理中にのみ有効な変数を定義して、値を設定および参照することができます。変数に値を設定するためには「%assign <変数> <設定値>」ディレクティブを使用します。

次の例は、DB擬似命令の引数を更新しながら、データを定義するものです。

```
%assign i 3
%rep 3
        db  i
        %assign i i+3
%endrep
```

このソースファイルをアセンブルすると、次のリスティングファイルが生成されます。

```
     1                                  %assign i 3
     2                                  %rep 3
     3                                          db  i
     4                                          %assign i i+3
     5                                  %endrep
     6 00000000 03                  <1>  db i
     7                              <1>  %assign i i+3
     8 00000001 06                  <1>  db i
     9                              <1>  %assign i i+3
    10 00000002 09                  <1>  db i
    11                              <1>  %assign i i+3
```

条件付きアセンブル（%if）

条件付アセンブルとは、条件が成立したときにだけアセンブルを行うものです。条件付きアセンブルは、「%if <条件>」ディレクティブから「%endif」ディレクティブまでが対象となります。条件を追加または除外する場合には、「%elif <条件>」または「%else」ディレクティブを指定します。条件は数値として判断され、0のときに不成立、0以外のときに成立となります。最も簡単な条件付アセンブルの例を次に示します。

```
%if 1
        db  'A'
%else
        db  'B'
%endif
```

このソースファイルをアセンブルすると、次のリスティングファイルが生成されます。

```
     1                                  %if 1
     2 00000000 41                              db  'A'
     3                                  %else
     4                                          db  'B'
     5                                  %endif
```

この例では、「%if」ディレクティブが必ず真となるので、「%else」ディレクティブの前までがアセンブル対象となります。次の例は、条件付きアセンブルを応用して、定義されるデータの最大値を5に制限するものです。

```
%assign i 3
%rep 3
        %if 5 < i
                db  5
        %else
                db  i
        %endif
        %assign i i+3
%endrep
```

このソースファイルをアセンブルすると、次のリスティングファイルが生成されます。

```
     1                                  %assign i 3
     2                                  %rep 3
     3                                          %if 5 < i
     4                                                  db  5
     5                                          %else
     6                                                  db  i
     7                                          %endif
     8                                          %assign i i+3
     9                                  %endrep
    10                              <1>  %if 5 < i
    11                              <1>  db 5
    12                              <1>  %else
    13 00000000 03                  <1>  db i
```

```
    14                              <1>  %endif
    15                              <1>  %assign i i+3
    16                              <1>  %if 5 < i
    17 00000001 05                  <1>  db 5
    18                              <1>  %else
    19                              <1>  db i
    20                              <1>  %endif
    21                              <1>  %assign i i+3
    22                              <1>  %if 5 < i
    23 00000002 05                  <1>  db 5
    24                              <1>  %else
    25                              <1>  db i
    26                              <1>  %endif
    27                              <1>  %assign i i+3
```

条件式には、以下の記号を使用することができます。表中の「&&」、「||」そして「^^」は、ビット演算ではなく、論理演算が行われます。

表 9-8 NASMで使用できる演算子

記号	条件
==	等しい
!=	等しくない
<	未満
>	より大きい
<=	以下
>=	以上
&&	AND
||	OR
^^	XOR

繰り返し終了(%exitrep)

繰り返し処理は、%exitrepディレクティブを使用して、途中で終了させることができます。次の例は、5未満の値だけを定義するものです。

```
%assign i 3
%rep 3
        %if i >= 5
                %exitrep
        %else
                db  i
        %endif
        %assign i i+3
%endrep
```

このソースファイルをアセンブルすると、次のリスティングファイルが生成されます。

```
     1                                  %assign i 3
     2                                  %rep 3
     3                                          %if i >= 5
     4                                                  %exitrep
     5                                          %else
     6                                                  db  i
     7                                          %endif
     8                                          %assign i i+3
     9                                  %endrep
     9                              <1>  %if i >= 5
     9                              <1>  %exitrep
     9                              <1>  %else
     9 00000000 03                 <1>  db i
     9                              <1>  %endif
     9                              <1>  %assign i i+3
```

この例では、変数の値が5以上のときに繰り返し処理を終了するので、データの定義が1回しか行われません。

複数行マクロ（%macro）

複数行に渡ってマクロを定義したいときは、「%macro <マクロ名> <引数の数>」と「%endmacro」を使用します。引数の数には、マクロに渡す引数の数を指定します。マクロ中では、渡された引数の位置を指定して引数にアクセスします。具体的には、最初の引数は「%1」で、2番目の引数は「%2」となります。

```
%macro  sum 2
        mov     ax, 0
        add     ax, %1
        add     ax, %2
%endmacro

        sum bx, cx
```

このソースファイルをアセンブルすると、次のリスティングファイルが生成されます。

```
     1                                  %macro  sum 2
     2                                          mov     ax, 0
     3                                          add     ax, %1
     4                                          add     ax, %2
     5                                  %endmacro
     6
     7                                          sum bx, cx
     8 00000000 B80000              <1>  mov ax, 0
     9 00000003 01D8                <1>  add ax, %1
    10 00000005 01C8                <1>  add ax, %2
```

マクロに複数の引数を指定する場合、「,」で区切って並べます。また、指定することができる引数の数は、マクロで定義した値と一致しなくてはいけません。もし、カンマで区切られた複数の値を1つの引数としてマクロに渡したいのであれば、それらの引数を「{}」でくくります。次の例は、引数で渡されたパラメータの終端に0を追加してバイトデータを定義するマクロの例です。

```
     1                                  %macro  c_str 1
     2                                          db  %1, 0
     3                                  %endmacro
     4
     5                                           c_str   { 'A', 'B', 'C' }
     6 00000000 41424300            <1>  db %1, 0
```

マクロ内ローカルラベル(%%)

NASMでは、マクロ内でローカルラベルを使用することができます。ローカルラベルは、マクロ内でのみ有効なラベルで、「%%<ラベル名>:」で定義することができます。次の例は、ゼロフラグがセットされていたときにRET命令を実行するマクロです。意図的に連続してマクロを使用していますが、アセンブル時にエラーが発生することはありません。

```
%macro  retz 0
        jnz     %%skip
                ret
        %%skip:
%endmacro

        retz
        retz
```

このソースファイルをアセンブルすると、次のリスティングファイルが生成されます。

```
     1                                  %macro  retz 0
     2                                          jnz     %%skip
     3                                                  ret
     4                                          %%skip:
     5                                  %endmacro
     6
     7                                          retz
     7 00000000 7501                <1>  jnz %%skip
     7 00000002 C3                  <1>  ret
     7                              <1>  %%skip:
     8                                          retz
     9 00000003 7501                <1>  jnz %%skip
    10 00000005 C3                  <1>  ret
    11                              <1>  %%skip:
```

可変引数

マクロの引数は、引数の数を「1-*」と記述することで、1つ以上の可変引数とすることができます。実際にマクロに渡された引数の数は「%0」で知ることができます。また、引数の値は「%{x:y}」という記述を用いて、範囲を指定して取得することもできます。次の例は、マクロ内で引数を参照する、いくつかの方法を示しています。

```
%macro  v_db 1-*
        db  %0
        db  %{1:2}
        db  %{4:3}
        db  %{-1:-2}
%endmacro

        v_db   'A', 'B', 'C', 'D', 'E'
```

このソースファイルをアセンブルすると、次のリスティングファイルが生成されます。

```
     1                                  %macro  v_db 1-*
     2                                          db  %0
     3                                          db  %{1:2}
     4                                          db  %{4:3}
     5                                          db  %{-1:-2}
     6                                  %endmacro
     7
     8                                          v_db   'A', 'B', 'C', 'D', 'E'
     9 00000000 05                      <1>  db %0
    10 00000001 4142                    <1>  db %1:2
    11 00000003 4443                    <1>  db %4:3
    12 00000005 4544                    <1>  db %-1:-2
```

渡された引数をマクロ内で参照するときには、マイナスのインデックスを使用することもできます。この例のように、5つの引数が渡された場合、引数の要素とインデックスは、次のように対応します。この場合、最初の引数を示す%{1:1}と後ろから5番目の引数を示す%{-5:-5}は同じ'A'を参照します。

表 9-9 マクロに渡される引数の参照方法

インデックス	1	2	3	4	5
	-5	-4	-3	-2	-1
引数	'A'	'B'	'C'	'D'	'E'

もし、引数の数に関わらず、最後の引数を1つだけ指定したいのであれば、「%{-1:-1}」と記述します。

引数の回転(%rotate)

マクロに与えられた最初の引数は、%1でアクセスすることができますが、「%rotate <数値>」を使用すると、引数の位置をずらすことができます。「%rotate」に渡された引数がプラスであれば左、マイナスであれば右に、マクロに渡されたすべての引数が回転します。これは、すべての引数を順番にアクセスする手段を提供します。次の例は、指定されたすべての引数をスタックに積むマクロです。

```
%macro  v_push 1-*
        %rep %0
                push %1
                %rotate -1
        %endrep
%endmacro

         v_push ax, 0x1234
```

このソースファイルをアセンブルすると、次のリスティングファイルが生成されます。

```
     1                                  %macro  v_push 1-*
     2                                          %rep %0
     3                                                  push %1
     4                                                  %rotate -1
     5                                          %endrep
     6                                  %endmacro
     7
     8                                           v_push ax, 0x1234
     8                              <1>  %rep %0
     8                              <1>  push %1
     8                              <1>  %rotate -1
     8                              <1>  %endrep
     8 00000000 50                  <2>  push %1
     8                              <2>  %rotate -1
     8 00000001 683412              <2>  push %1
     8                              <2>  %rotate -1
```

次に、C言語関数の呼び出しと同等の処理を行うマクロ「cdecl」を定義します。

C言語関数の呼び出しでは、右側の引数からスタックに積み込んで関数を呼び出し、関数の処理が終了した後は、呼び出し側がスタックの調整を行います。

まず、引数を持たない関数の例を確認しましょう。次のコードは、cdeclマクロを定義し、reboot関数を呼び出す例です。ここで、reboot関数自体は、別途定義されているものとします。この関数は、本書の第3部で実装しています➡P.417参照。

```
         cdecl    reboot                            ; reboot(); // 再起動
```

コメントには、C言語でreboot関数を呼び出すときの擬似コードとC言語で使用されるコメントを記載しています。

引数を持たない関数を呼び出す場合、cdeclマクロのパラメータは、呼び出し関数1つのみです。この場合、cdeclマクロは、次のように展開されることが期待されます。

```
         call     reboot                            ; reboot(); // 再起動
```

次のコードは、1つの引数を持つputc関数を呼び出す例です。この関数も、別途定義されているものとしています。そして、この関数も本書の第3部で実装する関数です➡P.403参照。

```
        cdecl   putc, ax                        ; putc(AX); // 1文字表示
```

引数が指定された場合、スタックの調整も行う必要があるので、cdeclマクロは、次のように展開されることが期待されます。

```
        push    ax                              ;               // 引数をスタックにプッシュ
        call    putc                            ; putc(AX); // 1文字表示
        add     sp, 2                           ;               // スタックを破棄
```

この例では、スタックにプッシュした後関数を呼び出し、処理が終了した後でスタックを調整しています。スタックに積まれた値は必要ないので、POP命令を使用せず、SPレジスタの調整のみを行っています。次に、cdeclマクロとその使用例を示します。この例では、何もせずに終了するだけの空関数を呼び出しています。

```
%macro  cdecl 1-*
        %rep  %0 - 1
                push    %{-1:-1}
                %rotate -1
        %endrep
        %rotate -1
        call    %1
        add     sp, (__BITS__ >> 3) * (%0 - 1)
%endmacro

        cdecl  c_fnc, ax, bx

c_fnc:
        ret
```

マクロの定義時には、マクロ名とマクロに渡される引数の数を指定します。ここで指定されている引数「1-*」は、1つ以上の引数を指定することを示しています。必ず、関数名を引数として受け取るためです。

「%rep」の引数には、引数の数を示す%0から呼び出し関数分を除いた「%0 - 1」を指定し、呼び出し関数への引数の数を示しています。PUSH命令の引数に指定されている「%{-1:-1}」は、引数リストの最後（右端）を示しています。これにより、右端の引数からスタックにプッシュすることができます。

「%rotate」は、引数リストを指定された数だけずらします。この例の場合、右端の引数から順にスタックにプッシュしたいので、負数を設定し、右方向に回転しています。ずれた引数は、引数リストからなくなる訳ではなく、回転により反対側の位置に現れます。

C言語関数の呼び出しでは、呼び出し側が引数をスタックに積み込んで関数を呼び出し、スタックポインタの調整も呼び出し側が行います。このマクロでは、NASMに組み込まれている「__BITS__」マクロを使用して16ビットモードと32ビットモードの判定を行っています。このマクロには、数値の16、32、64が設定されるので、3ビット右にシフトして1/8の値を得ています。これにより、16ビットモードのときは2バイト、32ビットモードのときは4バイ

ト単位でスタックポインタの調整を行えるようになります。

このソースファイルをアセンブルすると、次のリスティングファイルが生成されます。

```
 1                                  %macro  cdecl 1-*
 2                                          %rep  %0 - 1
 3                                                  push    %{-1:-1}
 4                                                  %rotate -1
 5                                          %endrep
 6                                          %rotate -1
 7                                          call    %1
 8                                         add     sp, (__BITS__ >> 3) * (%0 - 1)
 9                                  %endmacro
10
11                                          cdecl  c_fnc, ax, bx
12                              <1>  %rep %0 - 1
13                              <1>  push %-1:-1
14                              <1>  %rotate -1
15                              <1>  %endrep
16 00000000 53                  <2>  push %-1:-1
17                              <2>  %rotate -1
18 00000001 50                  <2>  push %-1:-1
19                              <2>  %rotate -1
20                              <1>  %rotate -1
21 00000002 E80300              <1>  call %1
22 00000005 83C404              <1>  add sp, (__BITS__ >> 3) * (%0 - 1)
23
24                                  c_fnc:
25 00000008 C3                              ret
```

リスト出力の抑止(.nolist)

マクロのリスト出力は、展開内容を確認するときには便利ですが、常に出力していると、意図せず大きなファイルを生成したり、見通しが悪くなってしまうことがあります。このような場合、マクロ引数の最後に「.nolist」を指定することで、リスト出力を抑止することができます。

```
 1                                  %macro  cdecl 1-*.nolist
 2                                          %rep  %0 - 1
 3                                                  push    %{-1:-1}
 4                                                  %rotate -1
 5                                          %endrep
 6                                          %rotate -1
 7                                          call    %1
 8                                         add     sp, (__BITS__ >> 3) * (%0 - 1)
 9                                  %endmacro
10
11 00000000 5350E8030083C404                cdecl  c_fnc, ax, bx
```

ファイルの取り込み(%includeディレクティブ)

NASMでは、高級言語で見られるような、他のファイルの内容を取り込む機能を提供しています。「%include＜ファイル名＞」ディレクティブを使用すると、指定したファイルの内容をその場で展開させることができます。

```
%include "macro.s"
```

仮に、ディレクトリを指定してファイルを取り込みたい場合は、ファイル名の前にパスを設定します。

```
%include "./module/macro.s"
```

ファイルをインクルードした場合、1つのアセンブルファイルとして認識されるので、ラベルの重複や意図しないデータの配置に注意する必要があります。

構造体（struc）

NASMでは、データ型の集合体である、**構造体**を使用することができます。構造体を使用すると、異なるデータ型を意味のあるデータ単位として扱うことができます。構造体は、「struc <構造体名>」から始まり、「endstruc」で囲まれた範囲内に要素を定義します。次の例は、ピクセル情報を定義する構造体定義の例です。

```
struc pos
        .x:             resd    1               ; X座標
        .y:             resd    1               ; Y座標
        .color:         resw    3               ; 色
endstruc
```

要素の定義は、ラベル、データ型、要素数で定義します。主なデータ型は次のとおりです。

表 9-10 構造体に使用できるデータ型の例

データ型	バイト数
resb	1
resw	2
resd	4
resq	8

構造体の要素名は、データのオフセットを定義します。前述の構造体に存在するcolor要素にアクセスする場合、アドレッシングのオフセットを即値「8」と記載することも可能ですが、「pos.color」と記載すればオフセットを自動的に計算してくれるので、構造体の内容が変化した場合でも、正しいオフセットが設定され、かつ可読性も向上します。

```
        mov     ax, [si + 8]                    ; オフセット値を即値で指定
        mov     ax, [si + pos.color]            ; オフセット値を構造体で指定
```

また、構造体名に「_size」を付与した定義、「pos_size」は構造体のサイズを表す定数として

使用することができます。具体的な例を次に示します。

表 9-11 構造体の要素を表す定数の例

名前	定数
pos.x	0
pos.y	4
pos.color	8
pos_size	14

第10章 周辺機器の制御方法

- 32ビットのメモリ空間を有効にする方法
- 入出力デバイスを直接制御する方法
- 小数演算を行う方法　など

ここでは、PCに実装されている周辺機器を制御する方法について詳しく見ていきます。まずは、PCの一般的な構成と、各周辺機器とのインターフェイスとなるポートアドレスを確認します。その後、個別の周辺機器を制御するための具体的な方法について検討します。

10.1 メモリマップ——メモリの配置を確認する

メモリマップ➡P.130参照はハードウェア設計時に決められるので、ソフトウェアでは、与えられたメモリマップを使用して、適切なハードウェアの管理を行います。次の図は、80386を搭載したPCのメモリマップの例です。

図10-1 80386を搭載したPCのメモリマップ

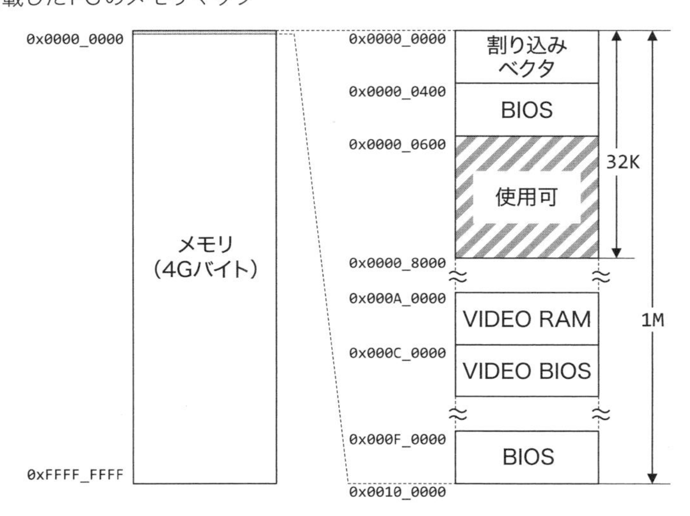

8086を搭載したPCでは、1Mバイト(20ビット)までのメモリにしかアクセスすること

ができなかったため、ソフトウェアで使用可能なメモリ領域も限られていました。80386では、最大4Gバイトまでのメモリにアクセスすることができますが、起動時のメモリマップは、8086のときと変わりはありません。周辺機器は、ICの集積化により、異なるハードウェアで構成されていることがほとんどですが、ソフトウェアからは以前と変わらぬ方法でアクセスすることが可能です。

ブートプログラムのロードアドレス

ブートプログラム➡P.174参照は、0x7C00番地にロード、実行されます。これは、BIOSが起動デバイスに設定された外部記憶装置の先頭512バイト分をここにコピーして0x7C00番地にジャンプすることで行われます。ロードされた直後の512バイト分(0x7E00～0x8000)のメモリ領域は自由に使ってかまいません。また、0x0600番地からプログラムがロードされた位置までのメモリ空間も利用可能です。

図10-2 プログラムのロードアドレス

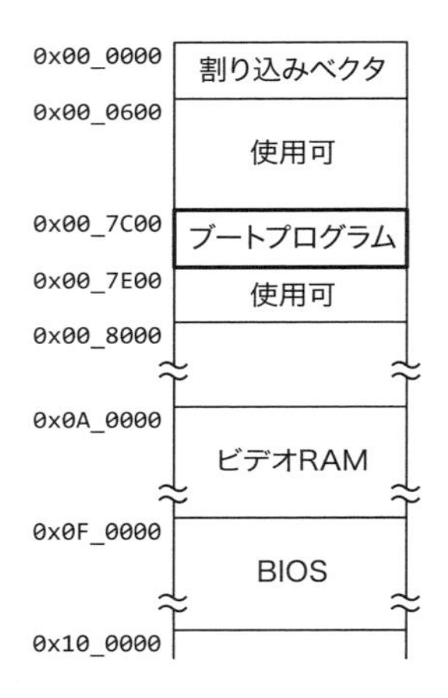

本書のサンプルプログラムでは、SS(スタックセグメント)を0x0000に、SP(スタックポインタ)を0x7C00に設定しています。

```
        mov     ax, 0x0000                          ; SSに設定する値をAXに設定(SSに直接値を設定できないため)
        mov     ss, ax                              ; SSに0x0000を設定(開始アドレスが0x0000に設定される)
        mov     sp, 0x7C00                          ; SPに0x7C00を設定
```

A20問題

8086では、セグメントレジスタの値を4ビット左にシフトした値とポインタレジスタの加算値をアドレスとして使用しますが、実際には、得られた結果の下位20ビットだけが有効な物理アドレスとして使用されます。しかし、加算による桁あふれが生じる可能性があるので、

レジスタの値によっては、アクセス可能なメモリ空間を越えてしまうことがあります。たとえば、セグメントレジスタの値が0xFFFFのときにポインタレジスタの値が0x1000であれば、生成されるアドレスは0x10_0FF0のはずですが、20ビットのアドレス空間では0x0_0FF0に制限されてしまいます。8086では、20ビットのメモリ空間が、1枚の紙をつなげて作られたような、連続した空間で構成されています。

図10-3 アドレスのオーバーフロー

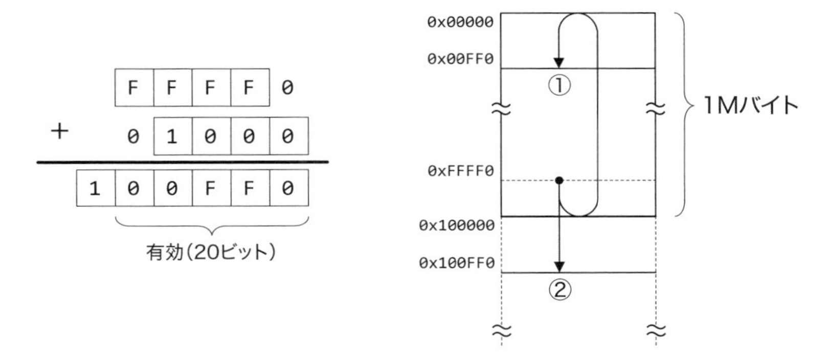

8086では、セグメントレジスタを使ってアドレス信号を生成するので、前述の制限が当たり前のものとして受け入れられてきました。80386では、ポインタレジスタとアドレス信号がともに32ビットに拡張されたため、前述の制限がなくなり、1Mバイト以上のメモリ空間にも直接アクセス可能となりました。

コンピュータメーカーも、この新しいCPUを搭載した製品を世に送り出しましたが、ソフトウェアの互換性を重視し、デフォルトでは1Mバイト以上のメモリにアクセスできない制限を意図的に作り込みました。具体的には、特定のビット(A20 Gate)を設定しなければCPUのアドレス信号A20が常に0となるような細工を施したのです。

図10-4 A20 Gate

たったこれだけではありますが、既存のプログラムがセグメントによるアドレスオーバーフローを起こし、意図せずに「正しい」アドレスにアクセスすることを防ぐことが可能となります。このことは、新しく作成されるプログラムが1Mバイト以上のアドレスにアクセスするときには、明示的にA20のゲート信号を有効にする必要があることを示しています。このゲート出力は、キーボードコントローラの出力ポートに割り当てられました。

10.2 I/Oマップ——接続されている周辺機器を確認する

I/Oとは、周辺機器との入出力インターフェイスのことで、I/Oマップとは、ポートアドレスに関する情報をまとめたものです。I/Oマップは、メモリマップと異なり、図ではなく、表形式で提供されることが一般的です。次の表は、PCに実装されているI/Oマップの例です。

表10-1 I/Oマップの例

略称	ポート			機能
PIC	0x20	-	0x3F	割り込みコントローラ(マスタ)
	0xA0	-	0xAF	割り込みコントローラ(スレーブ)
TIMER	0x40	-	0x4F	タイマー
KBD	0x60	-	0x6F	キーボード
RTC	0x70	-	0x7F	リアルタイムクロック
VGA	0x03C0	-	0x03CF	ビデオ出力

I/Oマップには、周辺機器との通信が可能なポートの範囲だけが記載されているので、これだけで周辺機器を制御することはできません。周辺機器を制御するためには、対象となる機器の詳細な情報が必要です。一般的には、周辺機器のデータシートを参照することになりますが、これらの情報を入手し、読みこなすことも簡単なことではありません。ここから、本書で作成するサンプルプログラムが使用する、周辺機器を制御するための基本的な情報を確認することにします。

10.3 ビデオ出力——VGAハードウェアを制御する方法

初期のPCには、ビデオ出力を行うためのハードウェアが組み込まれていなかったので、ビデオアダプタまたはビデオカードと呼ばれる拡張基板を取り付けてモニタを接続しなければなりませんでした。当時のビデオアダプタには、MDA(Monochrome Display Adapter)とCGA(Clolor Graphics Adapter)がありましたが、ハードウェアの高性能化にともない、EGA(Enhanced Graphics Adapter)、VGA(Video Graphics Array)、SVGA(Super VGA)、XGA(Extended Graphics Array)と発展していくことになります。

表10-2 設定可能な画面モードの例

規格		表示能力
MDA		テキスト(80 x 25文字、2色)
CGA		テキスト(80 x 25文字、16色)
		グラフィックス(320 x 200ドット、4色)
		グラフィックス(640 x 200ドット、2色)
EGA		テキスト(80 x 25文字、16色)
		グラフィックス(320 x 200ドット、16色)
		グラフィックス(640 x 350ドット、16色)
VGA		テキスト(80 x 25文字、16色)
		グラフィックス(320 x 200ドット、256色)
	(*)	グラフィックス(640 x 480ドット、16色)
SVGA		テキスト(80 x 25文字、16色)
		グラフィックス(1024 x 768ドット、256色)
XGA		テキスト(80 x 25文字、16色)
		グラフィックス(640 x 480ドット、65536色)
		グラフィックス(1024 x 768ドット、256色)

(*) 今回対象とするグラフィックスモード

現在では、最低でもVGAでのビデオ出力がサポートされることが一般的で、ビデオ出力用ハードウェアがPCに実装されていることも珍しくありません。以下の説明では、VGAでのビデオ出力を実現する方法について確認します。

VGA

VGAハードウェアは、テキストモードとグラフィックスモードの、2種類の画面モードをサポートしています。低レベル入出力をサポートするBIOSを利用すると、文字の表示やカーソル制御などの基本的な機能を利用することができますが、プロテクトモードではBIOSを利用することができないので、これらのプログラムを自作する必要があります。プロテクトモードでビデオ出力を行うためには、基本的なVGAのハードウェア構成や使い方を理解する必要があります。

VGAハードウェアがサポートする2つのモードは、同時に使用することができません。テキストモードでは、文字コードを書き込めば文字が表示されますが、円や直線などのグラフを描画することはできません。グラフィックモードでは、細かなグラフを描画することができますが、文字も1ドットの点を組み合わせた絵として描画する必要があります。これは**フォント**と呼ばれています。グラフィックスモードに設定したVGAハードウェアの制御では、RGB(赤、緑、青)と輝度の、4つのカラープレーンを使って色を表現します。

カラープレーン

コンピュータの画面上に表示される情報は、**ドット**と呼ばれる小さな点の集まりです。ドットの数が多ければ多いほど、細かな図やグラフなどを表示することができますが、その分、より多くの画像用メモリを必要とします。表示可能な色についても同じことがいえるため、画像用メモリの容量が一定の場合、表示可能なドット数を多く取るか、表示可能な色数を多く取るかを選択することになります。

図10-5 画面の解像度

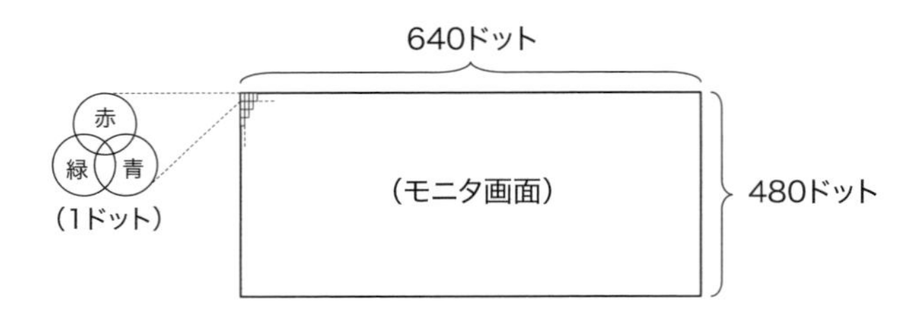

画面上で色を表現するためには、1つ1つのドットに対して複数の色を設定する必要があります。白黒の2色であれば1ビットの情報があれば十分ですが、カラー表示を行うのであれば複数の色を使って1つのドットの色情報を生成する必要があります。これは、**ピクセル**(Pixel)と呼ばれています。ほとんどのコンピュータでは、赤(Red)、緑(Green)、青(Blue)の頭文字を取った、**RGB**と呼ばれる情報の組み合わせで色を管理しています。この情報量が多ければ、より多くの色を表現できることになります。

RGBに1ビットずつ割り当てたのであれば全8色(2^3:赤、青、緑での組み合わせ)表示となりますが、本書のサンプルプログラムでは、640×480ドットで16色を表示する画面モードを使用します。この画面モードでは、輝度(Intensity)情報を1ビット加えた全4ビットで色情報扱うことで、暗めの赤と明るめの赤を区別して表示することが可能です。次の表は、RGBと輝度を組み合わせたときに表現可能な全16色を表したものです。

表10-3 VGAで表現可能な16色

輝度	赤	緑	青	表示色	
0	0	0	0	黒	Black
0	0	0	1	青	Blue
0	0	1	0	緑	Green
0	0	1	1	シアン	Cyan
0	1	0	0	赤	Red
0	1	0	1	マゼンタ	Magenta
0	1	1	0	茶色	Brown
0	1	1	1	白	White
1	0	0	0	灰色	Dark Gray
1	0	0	1	明るい青	Light Blue
1	0	1	0	明るい緑	Light Green
1	0	1	1	明るいシアン	Light Cyan
1	1	0	0	明るい赤	Light Red
1	1	0	1	明るいマゼンタ	Light Magenta
1	1	1	0	黄色	Yellow
1	1	1	1	明るい白	Intensified White

グラフィックス画面では、1つのドットに対して輝度を含めた4つの光源を用意し、その光源が点灯するかしないかで色を表現します。コンピュータ上では、すべての光源が消灯している状態を黒、すべての光源が点灯している状態を白で表現します。このような色の調整方法は、加色法として知られています。

画面上には、すべてのドット位置に4つの光源が重なって配置されているように見えます。そのため、赤、緑、青、輝度用に個別の画面が重複して存在すると考え、1つ1つの画面のことを**カラープレーン**と呼びます。

図10-6 カラープレーン

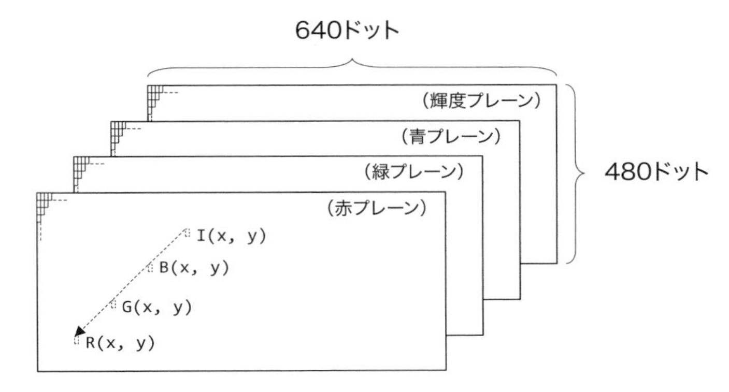

各プレーンは1ドットに対応する情報を1ビットで管理していますが、ビデオ用メモリには最小でも8ビット(1バイト)単位でしかアクセスすることができません。また、8ビットでビデオ用メモリにアクセスした場合は、最上位ビットは画面の左側に、最下位ビットは画面の右側に表示されます。仮に、画面が黒で表示されているときに左上の座標(0, 0)に赤い点を表示させるには、赤プレーンの先頭番地に0x80を書き込めば良い訳です。

図10-7 画面左上に赤を表示

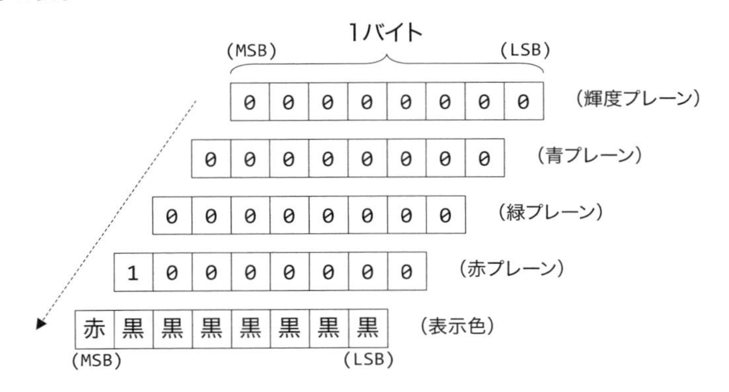

カラープレーンで8ドットごとに1バイトで管理すると、ビデオ用メモリへのアクセス方法が多少煩雑になります。前述の例のように、画面左上のドットが赤色で表示されている状態で、その横から7ドット分の線を緑色で描画する場合、緑プレーンのビデオ用メモリの先頭に0xFFと書き込むだけでは意図したとおりに表示されません。そうすると、赤色で表示されていた左端のドットが茶色で表示されてしまうためです。

図10-8 赤色が崩れてしまう例

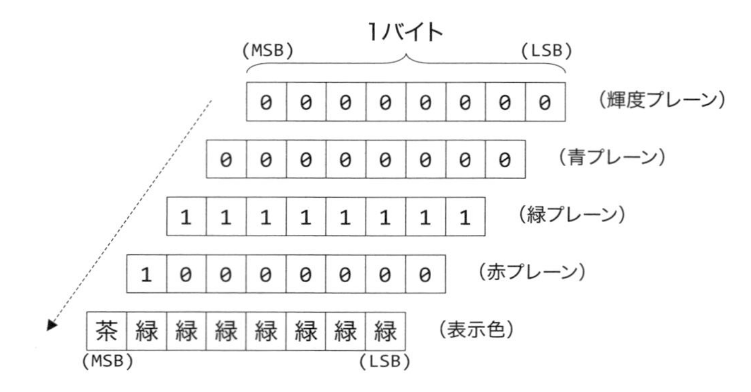

内部レジスタ

VGAの制御を行うためには、数十もの制御レジスタを正しく操作しなくてはなりません。これは、とても大変なことです。しかし、PCが起動した後は、BIOSにより最低限の初期化が行われているので、必要な操作だけを行うことができます。

ここでは、数あるレジスタのなかから、シーケンサとグラフィックスコントローラに関するレジスタだけを操作します。シーケンサは、アナログとデジタル間でのタイミング制御を行います。書き込みプレーンの選択などは、シーケンサで制御します。グラフィックスコントローラでは、CPUから書き込まれたデータがビデオRAMに書き込まれるまでの演算処理などを制御します。出力データの演算処理は、グラフィックスコントローラで行います。それぞれの制御機器は、以下のポートに接続されています。

表10-4 VGA制御で使用するデバイスのポート

機能	ポート	詳細
シーケンサ	0x03C4	アドレスレジスタ
	0x03C5	データレジスタ
グラフィックスコントローラ	0x03CE	アドレスレジスタ
	0x03CF	データレジスタ

シーケンサには5個、グラフィックスコントローラには9個のレジスタが存在しますが、ポートは、それぞれ2つしかありません。そのため、アクセス対象となる内部レジスタには、「ア

ドレスレジスタ」ポートでアドレスを設定した後、「データレジスタ」ポートを介してアクセスする手法をとります。次に、今回使用するレジスタの詳細を示します。

シーケンサ

図 10-9 書き込みプレーン選択レジスタ

	B7	B6	B5	B4	B3	B2	B1	B0
0x02					I	R	G	B

I/R/G/B　このビットがセットされていた場合、書き込み動作が行われる

グラフィックスコントローラ

図 10-10 セットリセットレジスタ

	B7	B6	B5	B4	B3	B2	B1	B0
0x00					I	R	G	B

I/R/G/B　このビットの値が8ビットに拡張され、各プレーンに設定される

図 10-11 セットリセットイネーブルレジスタ

	B7	B6	B5	B4	B3	B2	B1	B0
0x01					I	R	G	B

I/R/G/B　セットリセットレジスタの値が有効かどうかを示す

図 10-12 色比較レジスタ

	B7	B6	B5	B4	B3	B2	B1	B0
0x02					I	R	G	B

I/R/G/B　読み込みモード１で比較対象となるプレーンを指定する

図10-13 ローテート演算レジスタ

	B7	B6	B5	B4	B3	B2	B1	B0
0x03				OP		COUNT		

OP　　演算方法を指定する
　00：演算なし
　01：AND演算
　10：OR演算
　11：XOR演算

COUNT　　ビット回転数

図10-14 読み込みプレーン選択レジスタ

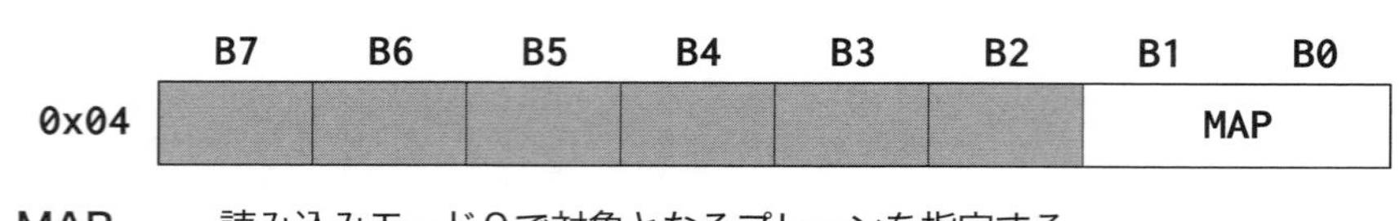

	B7	B6	B5	B4	B3	B2	B1	B0
0x04							MAP	

MAP　　読み込みモード0で対象となるプレーンを指定する

図10-15 モードレジスタ

	B7	B6	B5	B4	B3	B2	B1	B0
0x05		S256	SReg	O/E	READ		WRITE	

S256　　256色モードをサポートするかどうかを指定する
SReg　　連続したデータの扱いを指定する
O/E　　基数／偶数アドレスと基数／偶数マップが対応するかどうかを指定する
READ　　読み込みモードを設定する
WRITE　　書き込みモードを設定する

図10-16 色比較無効レジスタ

	B7	B6	B5	B4	B3	B2	B1	B0
0x07					I	R	G	B

I/R/G/B　　読み込みモード1で比較無効対象となるプレーンを指定する

図10-17 ビットマスクレジスタ

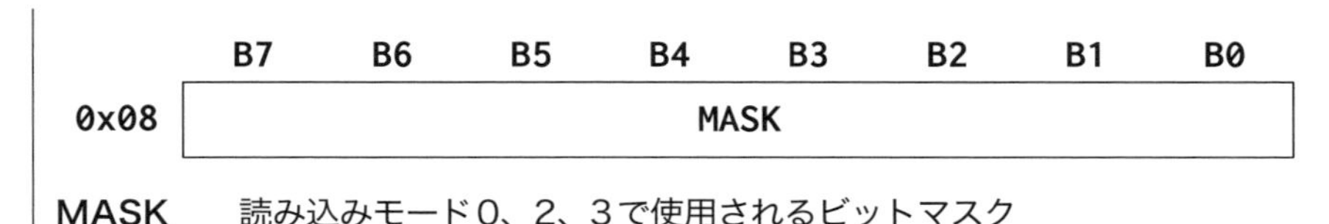

VRAMへのアクセス手順

VGAハードウェアには、書き込みモード0から3までの4種類の書き込みモードと、読み込みモード0と1の2種類の読み込みモードが存在します。以下に、各モードの概要を説明しますが、カラープレーンの比較を行う読み込みモード1は使用しないので、省略しています。

VGAのメモリアクセスで特徴的なのが、ラッチデータです。**ラッチデータ**とは、VGA内部に保存される、最後に読み込んだデータのことで、画像の一部をコピーするときに利用することができます。VGAでは、各カラープレーンのデータを読み込むと、自動的にラッチデータが更新されていきます。このため、一度もデータを読み込んでいないときのラッチデータは不定値となります。

読み込みモード0

この読み込みモードでは、現在のグラフィックス画面への出力状態をカラープレーンごとに読み込むことができます。読み込むカラープレーンは読み込みプレーン選択レジスタで、1つだけを選択することが可能です。

図10-18 読み込みプレーン選択レジスタの役割

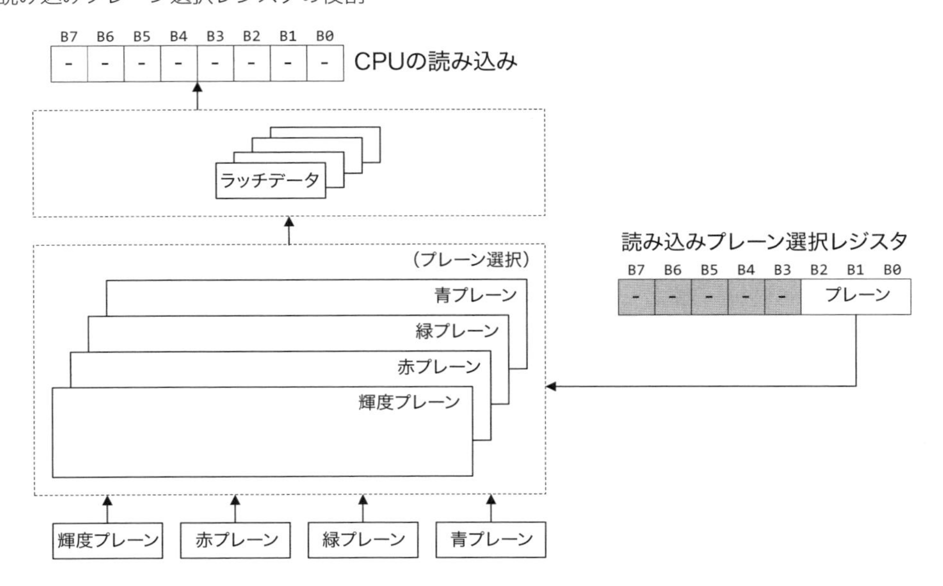

次のコードは、青プレーンのデータをラッチデータとレジスタに読み込む例です。実際にラッチデータが取り込まれるのは、最終行でプレーンデータを読み込んだときです。

```
        mov     ah, 0x00                    ; AH  = 0(青プレーン)
        mov     al, 0x04                    ; AL  = 読み込みプレーン選択レジスタ
        mov     dx, 0x03CE                  ; DX  = グラフィックス制御ポート
        out     dx, ax                      ; // ポート出力

        mov     al, [0xA0000]               ; // プレーンデータを読み込み(ラッチデータ)
```

■書き込みモード0

画面上にドットパターンを表示するときには、意図した色で出力されるように、書き込みプレーンを選択する必要があります。書き込みプレーンは一度に複数のプレーンを選択することが可能で、選択しなかったプレーンには影響を与えません。

図10-19 書き込みプレーン選択レジスタの役割

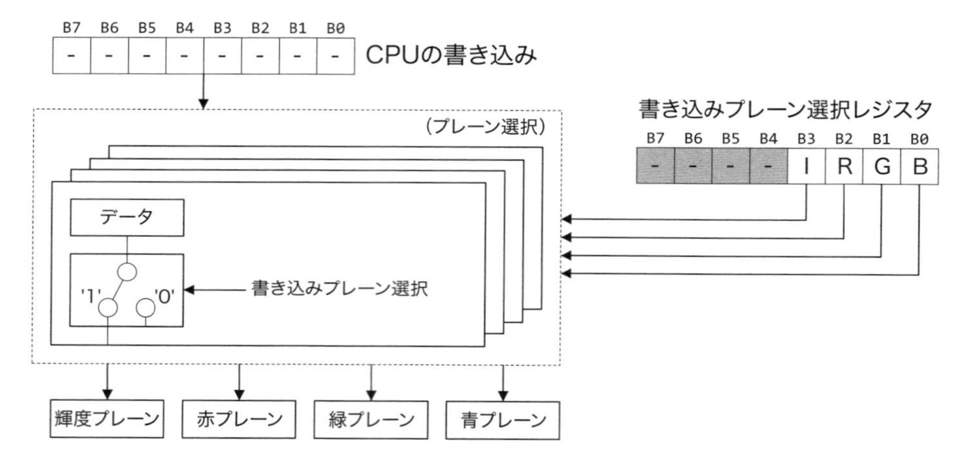

次のコードは、画面左上に0x97に対応するドットパターンを描画する例です。

```
        mov     ah, 0x0F                    ; AH = 書き込みプレーンを指定(Bit:----IRGB)
        mov     al, 0x02                    ; AL = 書き込みプレーン選択レジスタ
        mov     dx, 0x03C4                  ; DX = シーケンサ制御ポート
        out     dx, ax                      ; // ポート出力

        mov     [0xA0000], byte 0x97        ; // データを書き込む
```

書き込みモード0と3では、CPUが書き込んだデータをローテートして出力することが可能です。

図10-20 ローテート演算レジスタの回転数の役割

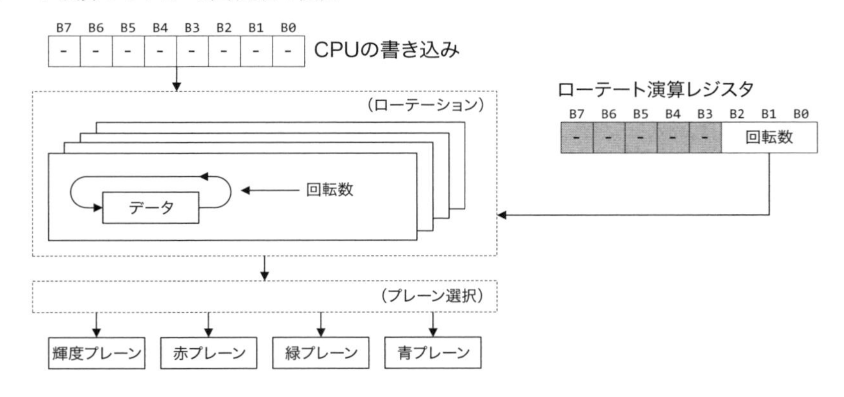

次のコードは、4回ローテーションを行う例です。

```
mov     ah, 0x04                        ; AH = ローテート数
mov     al, 0x03                        ; AL = ローテート演算レジスタ
mov     dx, 0x03CE                      ; DX = グラフィックス制御ポート
out     dx, ax                          ; // ポート出力
```

書き込みモード0と3では、CPUが書き込んだデータではなく、8ビット分の0または1をデータとして使用することができます。この指定は、プレーンごとに有効／無効を切り替えることができます。

図10-21 セットリセットレジスタの役割

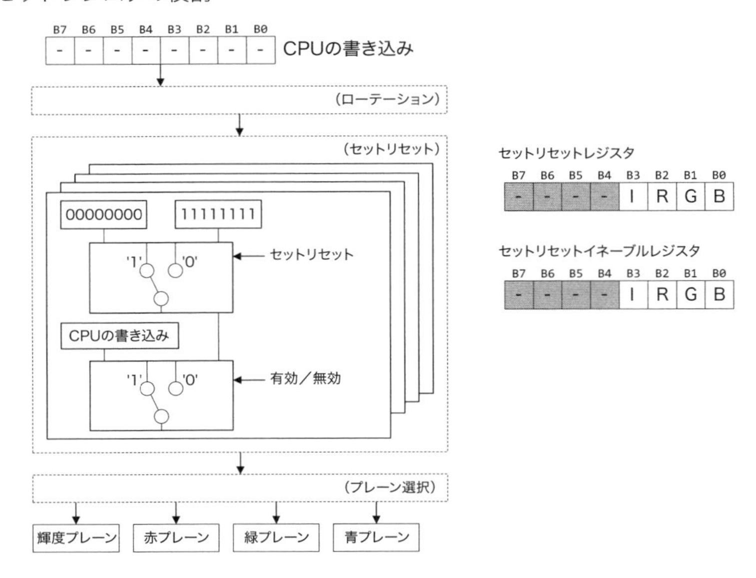

次の例は、書き込むビットパターンに関係なく、8ドットで緑の線が描画されます。

```
        mov     ah, 0x02                    ; AH = セットリセット（緑プレーンを選択）
        mov     al, 0x00                    ; AL = セットリセットレジスタ
        mov     dx, 0x03CE                  ; DX = グラフィックス制御ポート
        out     dx, ax                      ; // ポート出力

        mov     ah, 0x0F                    ; AH = セットリセットイネーブル
        mov     al, 0x01                    ; AL = セットリセットイネーブルレジスタ
        mov     dx, 0x03CE                  ; DX = グラフィックス制御ポート
        out     dx, ax                      ; // ポート出力

        mov     [0xA0000], byte 0x97        ; // データを書き込む（書き込む値は無視される）
```

書き込みモード0、2、3では、書き込みデータとラッチデータ間でビット演算を行うことができます。この機能を利用するときは、読み込み動作を行い、事前にラッチデータを確定しておかなくてはなりません。

図 10-22 ローテート演算レジスタの演算の役割

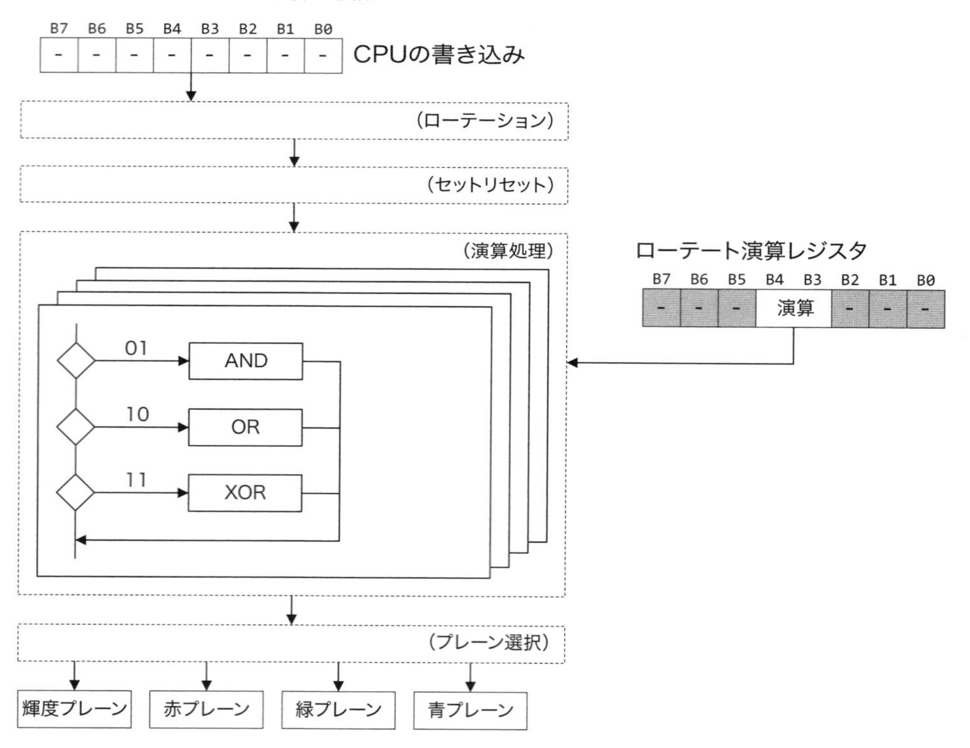

書き込みモード0、2、3では、ビットマスクレジスタで、演算結果とラッチデータのどちらを出力するかをビット単位で選択することができます。

図 10-23 ビットマスクレジスタの役割

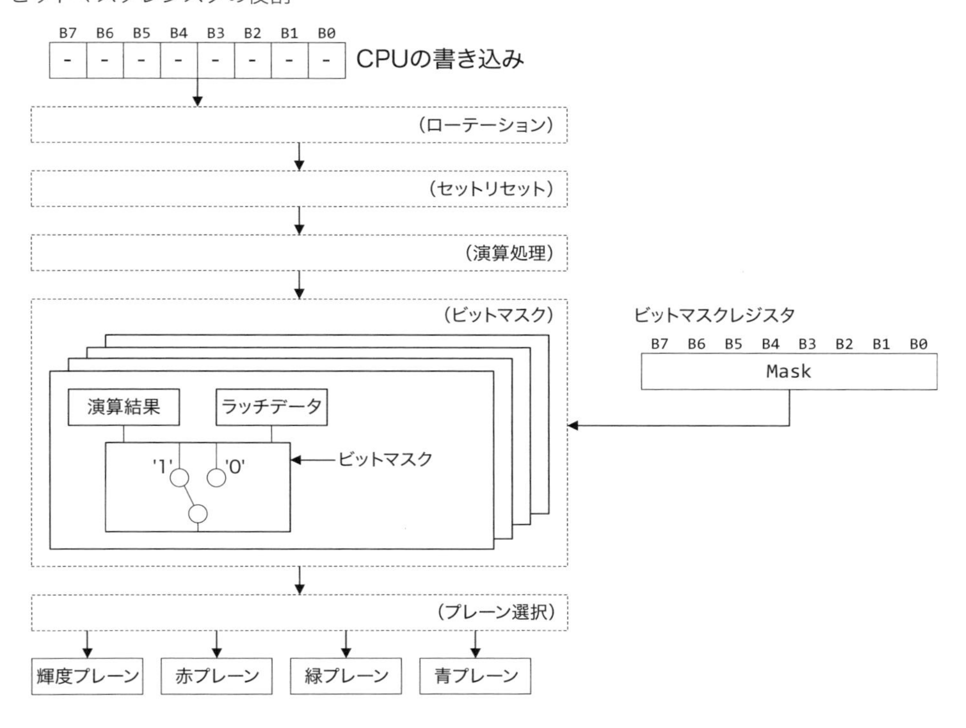

次の図に、書き込みモード0で行われる処理の流れを示します。

図 10-24 書き込みモード0の動作概要

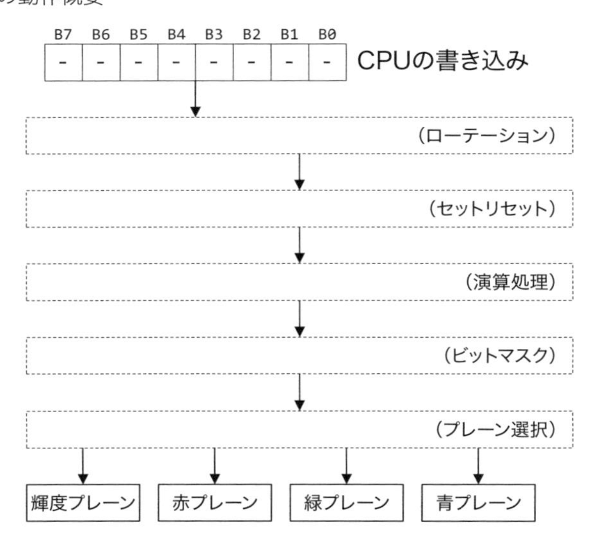

■書き込みモード1

この書き込みモードは、画像の一部をコピーする場合に使用されます。このモードでは、書き込みデータがラッチデータに固定されるので、事前にデータを読み込んでおかなくてはなりません。また、書き込みモードは、モードレジスタの下位2ビットで設定します。次のコードは、書き込みモードを1に設定する例です。

```
        mov     al, 0x05                        ; AL = モードレジスタ
        mov     dx, 0x03CE                      ; DX = グラフィックス制御ポート
        out     dx, al                          ; // ポート出力
        mov     dx, 0x03CF                      ; DX = グラフィックス制御ポート
        in      al, dx                          ; AL = 現在のモード;

        mov     ah, al                          ; AH = 現在のモード;
        and     ah, ~0x03                       ; // 書き込みモードをマスク
        or      ah, 0x01                        ; // 書き込みモードを設定

        mov     al, 0x05                        ; AL = モードレジスタ
        mov     dx, 0x03CE                      ; DX = グラフィックス制御ポート
        out     dx, ax                          ; // ポート出力
```

次のコードは、8ビットのデータをコピーする例です。書き込みモードを1に設定しているので、書き込むデータのビットパターンには影響を受けません。

```
        mov     al, [0xA0000]                   ; // 読み込み
        not     al                              ; // データを反転
        mov     [0xA0000 + 160], al             ; // ※反転したデータが出力されない
```

■書き込みモード2

この書き込みモードは、各プレーンごとに同一の8ビットデータを出力する場合に使用されます。CPUから書き込まれるデータは、各プレーンに対して、すべてのビットが「1」もしくは「0」にセットされたデータのどちらを使用するかを指定するだけです。これは、書き込みモード0のときに参照される、セットリセットレジスタと似ています。その後に行われる処理は、書き込みモード0のときと同じです。

図10-25 書き込みモード2の動作概要

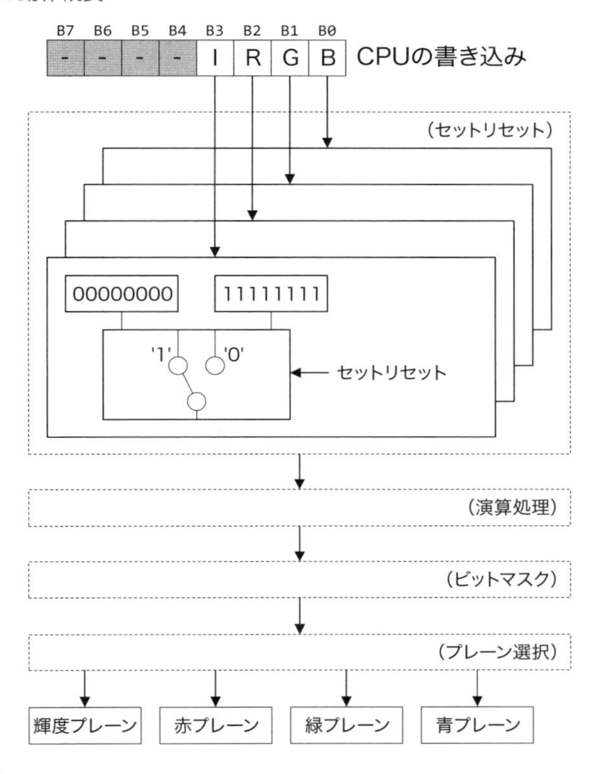

書き込みモードの変更は、書き込みモード1への変更方法と同様、モードレジスタの下位2ビットで設定します。

書き込みモード3

この書き込みモードでは、CPUから書き込まれたデータをマスク処理に使用します。また、マスク処理の対象となるデータは、ラッチデータとセットリセットレジスタ間での演算結果が使用されます。

図10-26 書き込みモード3の動作概要

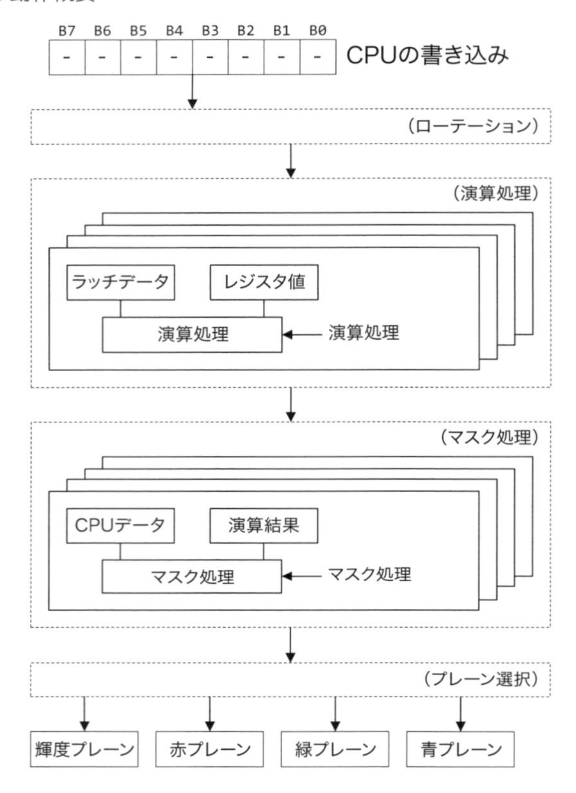

10.4 キーボードコントローラ(8042)の機能と使い方

コンピュータには、ユーザーからの入力を受け付けるための入力装置である、キーボードが接続されています。キー自体は、電気的な接点で構成されますが、その数が100以上もあるキーマトリクスで構成されています。このため、キーボードにはキーマトリクスを一定間隔でスキャンし、押されたキーに対応するスキャンコードを通知する専用のコントローラが内蔵されています。また、多くのキーボードにはコマンドにより制御可能な専用のLED (Indicator) も実装されています。

CPUは、KBC(キーボードコントローラ) ➡P.175参照 を介して、キーボードを制御します。KBCには8042またはその互換品が使用され、キーボードからシリアル通信で送られてくるデータをCPUに通知します。また、KBCとキーボード間の通信仕様は事前に決められているので、通信仕様さえ満足すればメーカーやキーの数が異なるキーボードでも使用することが可能です。

図 10-27 キーボードコントローラ接続ブロック図

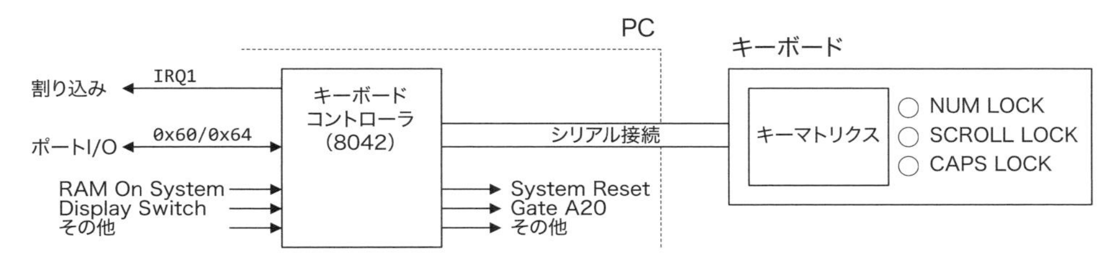

CPUとKBC間はI/Oポートで接続されています。KBCは、キーボードと接続するシリアル通信以外にも入出力ポートを備えており、KBCに対するコマンドで制御することが可能です。

制御用ポート

KBCは、I/Oポートを経由してCPUと接続されています。

表 10-5 KBC制御用ポート

ポート	読み込み	書き込み
0x60	データ	
0x64	ステータス	コマンド

KBCの主たる目的は、キーボードから送られてくる情報をCPUに伝えることです。キーボードとPC間はシリアルケーブルで接続されているので、KBCはCPUに変わって、キーボードとのデータ通信を行います。CPUは、キーボードから送られてきたデータを、ポートアドレスの0x60から読み込みます。逆にキーボードにデータを送信したいときは、同じポートアドレスにデータを書き込みます。バッファの入出力方向は、KBC側から見たときのもので、出力バッファにデータがあるということは、CPUがKBCから読み取るべきデータが存在することを示しています。

図 10-28 KBCの役割（データ転送機能）

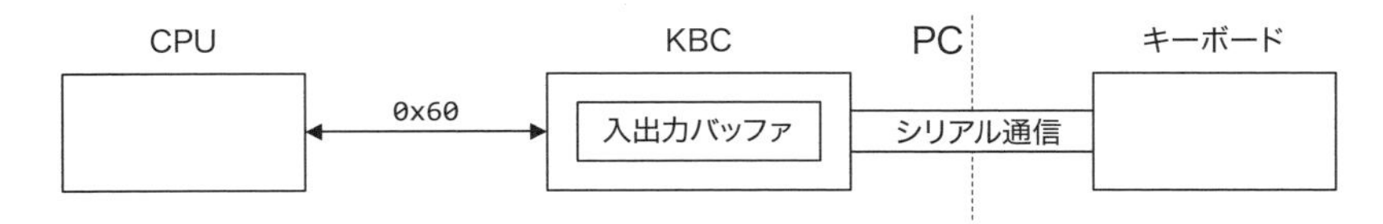

ですが、KBCのバッファには、常にキーボードからの情報が入っている訳ではありません。キーが押されなければ、バッファは空のままです。KBCのバッファにデータが存在するかどうかは、ポートアドレスの0x64を読み込んでKBCのステータスレジスタを確認する必要があります。また、KBCのステータスレジスタには、バッファにデータを書き込めるかどうかの情報なども含まれています。

図10-29 KBCの役割（状態管理）

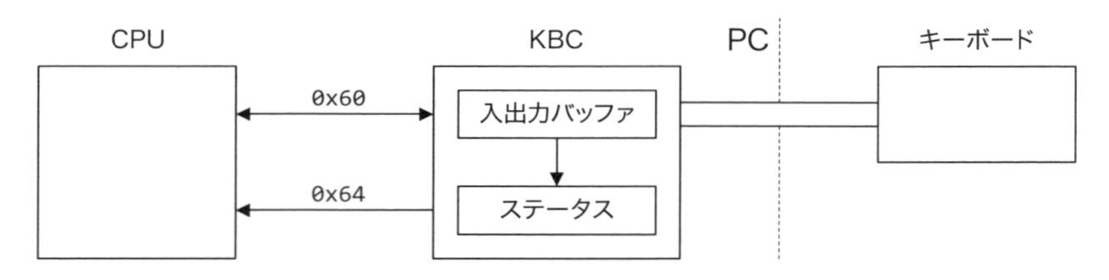

それ以外にも、KBCでは、リセット信号やA20ゲート信号などを制御することが可能です。この場合、KBCへのコマンドは、ポートアドレスの0x64に、パラメータはポートアドレスの0x60に書き込みます。

図10-30 KBCの役割（キーボードの制御）

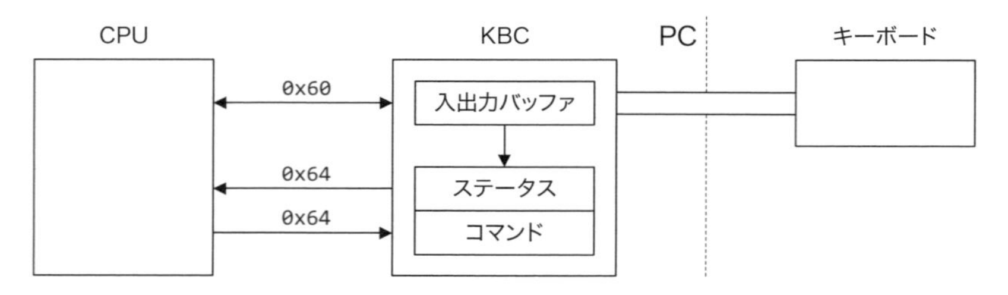

このように、KBCの入出力バッファは、CPUとキーボードおよびCPUとKBC間のデータで共用されるので、KBCの制御を行う前には、キーボードとの通信を一時的に停止するなどの、細かな制御が必要です。

キーボード制御

CPUがポートアドレス0x60に書き込んだデータは、KBCにより、キーボードに送信されます。次の表に、キーボードコマンドの一例を示します。

表10-6 キーボードコマンドの一例

コマンド		動作
0xFE	Resend	データの再送
0xEE	Echo	送信データのエコーバック（0xEEを送信）
0xED	Set LED	LEDの制御 B2：Caps Lock B1：Num Lock B0：Scroll Lock

LEDの制御コマンドは、1バイトの引数を、ポートアドレス0x60に書き込みます。キーボー

ドは受信したデータにしたがってLEDを制御しますが、なかにはこのコマンドを受け付けないキーボードもあります。USB接続のキーボードが、これに該当します。このような場合、キーボードは否定応答として再送要求（0xFE）を返送してきます。正しくコマンドが受け付けられた場合、肯定応答としてACK（0xFA）が返送されます

KBC制御

ステータスレジスタ

ポートアドレス0x64からは、KBCのステータスレジスタを読み込むことが可能です。これにより、KBC内の入出力バッファにデータが存在するかどうかを判断できます。次の表は、KBCのステータスレジスタのビット定義を表したものです。

図10-31 KBCのステータスレジスタ

B7	B6	B5	B4	B3	B2	B1	B0
B7	B6	B5	B4	B3	B2	B1	B0

B7　エラービット：パリティエラーのときにセットされる

このビットが0のときは、最後に受信したバイトデータが偶数パリティ、1のときは、奇数パリティであったことを示します。正常に受信されたデータは、偶数パリティになります。

B6　エラービット：受信タイムアウトのときにセットされる

このビットが1のときは、キーボードからの受信が正常に終了しなかったことを示します。

B5　エラービット：送信タイムアウトのときにセットされる

このビットが1のときは、キーボードへの送信が正常に終了しなかったことを示します。

B4　インヒビット（抑止）スイッチ

このビットは、キーボードインヒビットスイッチの値を反映します。この値が0のとき、キーボードから送られてくるスキャンコードを破棄します。

B3　コマンド／データフラグ

このビットは、ポートアドレス0x60に書き込みを行うと0に設定され、ポートアドレス0x64に書き込みを行うと1が設定されます。この値は、キーボードコントローラが、バッファ内のデータがコマンドかデータかを判断するために使用します。

B2　システムフラグ

このビットは、キーボードコントローラのコマンドバイトで設定することが可能です。パワーオンリセット時は0に設定されます。

B1　入力バッファフル

このビットが1のときは、入力バッファ内のデータをキーボードコントローラが読み出していないことを示しています。入力バッファ内のデータが読み出されると自動的に0に設定されます。

B0 出力バッファフル

このビットが1のときは、出力バッファにデータが存在することを示しています。出力バッファ内のデータが読み出されると自動的に0に設定されます。

ステータスレジスタの使用例として、キーボードにコマンドを送信することを考えます。次のコードは、ALレジスタに設定されたコマンドをキーボードに送信する例です。

```
        out     0x60, al                    ;   outp(0x60, AL);
```

キーボードにコマンドを送信するコードはこれだけなのですが、バッファ内に未送信データが残っていないことを確認しなければなりません。これは、ステータスレジスタのB1(入力バッファフル)で確認します。

```
        mov     cx, 0                       ; CX = 0; // 最大カウント値
.10L:                                       ; do
                                            ; {
        in      al, 0x64                    ;   AL = inp(0x64); // KBCステータス
        test    al, 0x02                    ;   ZF = AL & 0x02; // 書き込み可能？
        loopnz  .10L                        ; } while (--CX && !ZF);
                                            ;
        cmp     cx, 0                       ; if (CX) // 未タイムアウト
        jz      .20E                        ; {
                                            ;   // キーボードコマンドを送信
        out     0x60, al                    ;   outp(0x60, AL);
.20E:                                       ; }
```

このプログラムでは、無限ループが構成されないように、LOOP命令を併用しています。

KBCコマンド

KBCの制御は、ポートアドレスの0x64にコマンドを書き込むことで行います。書き込まれたコマンドのいくつかは、KBCの動作に影響を与える、コマンドバイトに情報が保持されます。このコマンドバイトは、CPUから読み書きすることが可能です。

図10-32 KBCの内部構成

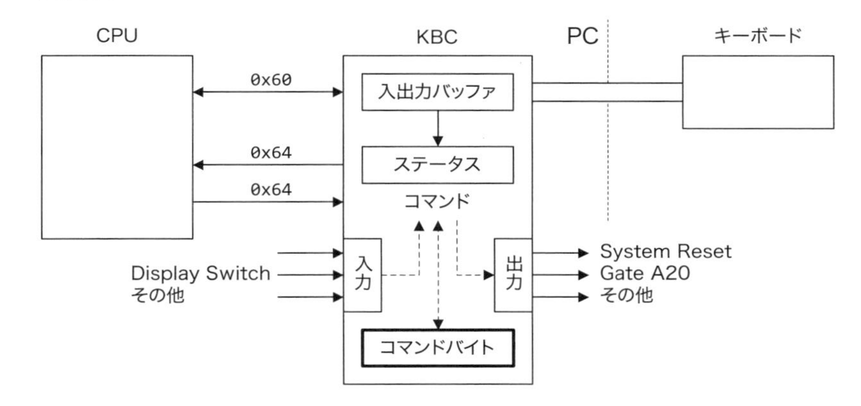

次の表に、KBCコマンドの一部を示します。いくつかのコマンドで必要となる引数は、ポートの0x60番地に書き込みます。

表10-7 KBCへの主なコマンド

20　コマンドバイト読み出し

現在のコマンドバイトを出力バッファに設定します。このコマンドの直後に、出力バッファからコマンドバイトを読み出します。

60　コマンドバイト書き込み

コマンドバイトとして設定します。コマンドバイトは次のように定義されています。

B7　予約：0に設定する。

B6　IBM PC互換モード
（1を設定すると受信したスキャンコードの変換を行います）

B5　IBM PCモード
（1を設定するとIBM PCキーボードインターフェイスに設定します）

B4　キーボードインターフェイス無効設定

このビットを1に設定すると、クロック信号を0にしてキーボードインターフェイスを無効に設定します。これにより、データの送受信が行われなくなります。

B3　インヒビット上書き

このビットを1に設定すると、キーボードインヒビット（抑止）機能を上書きします。これにより、ソフトウェアでキーボードインヒビットを解除することができます。

B2　システムフラグ

このビットの値は、ステータスレジスタのシステムフラグ（B2）に反映されます。

B1　予約：0に設定する。

B0　出力バッファ割り込み設定

このビットをセットすると、出力バッファにデータが書き込まれたときに割り込みが発生します。

AD　キーボードインターフェイス無効

AE　キーボードインターフェイス有効

コマンドバイトのB4を設定することで、キーボードインターフェイスの有効／無効を設定します。

C0　入力ポート読み出し

入力ポートの値を出力バッファに設定します。このコマンドの直後に、出力バッファからデータを読み出します。

B7　キーボード抑止スイッチ

このポートが0のとき、キーボードは抑止されています。

B6　プライマリディスプレイアダプタ

このポートが0のときはカラー／グラフィックスが、1のときはモノクロが接続されています。

B5　ジャンパ

このポートが0のとき、ジャンパが差し込まれています。

B4　ボード上のRAM設定

このポートが0のときは512Kバイト、1のときは256KバイトのRAMが実装されています。

D0　出力ポート読み出し

D1　出力ポート設定

次に書き込んだデータが出力ポートに設定されます。

B7　キーボードデータ

B6　キーボードクロック

B1　A20 Gate

このビットが0のときは、A20は0に固定されます。このビットが1のときは、CPUのA20にしたがいます。

B0　システムリセット

このビットを0にセットすると、CPUに対するリセット信号を生成します。

KBCの出力信号にある「A20 Gate」は、CPUのアドレス信号、A20を制御するための信号です➡P.170参照。電源投入時、この出力信号は0に設定されます。1Mバイト以上のメモリ領域にアクセスするためには、この信号をセットし、CPUのA20信号を有効にする必要があります。

10.5 割り込みコントローラ(8259)の機能と使い方

CPUには複数の周辺機器が接続されていますが、いくつかの周辺機器は割り込み要求信号を生成します。しかし、CPUには、割込み要求を受け付けるための信号線が1つしかないので、どの周辺機器が割り込み信号を発したのかを管理する、**割り込みコントローラ**と呼ばれる周辺機器が接続されています。

PCで使用されている割り込みコントローラには、古くからICの型番が8259またはその互換品が使用されてきました。互換品として作成されたコントローラの型番にも8259が含まれていたので、この数字は割り込みコントローラの総称としても使われました。これらの割り込みコントローラには8本の割り込み信号を入力することが可能で、各割り込み信号の優先順位や割り込み発生の有効／無効を設定することができます。また、割り込みベクタの設定なども可能であることから、**PIC**(Programmable Interrupt Controller：プログラム可能な割り込みコントローラ)として知られています。

CPUへの割り込みの要因が少なかった頃は1つの割り込みコントローラで十分でしたが、その後、割り込み入力信号を増やすために、増設した割り込みコントローラを既存の割り込みコントローラにカスケード接続(同種の機器を接続すること)して使用するようになりました。2つの割り込みコントローラは、CPUに近い方から**マスタPIC**、**スレーブPIC**として区別されます。

図10-33 割り込み信号の接続

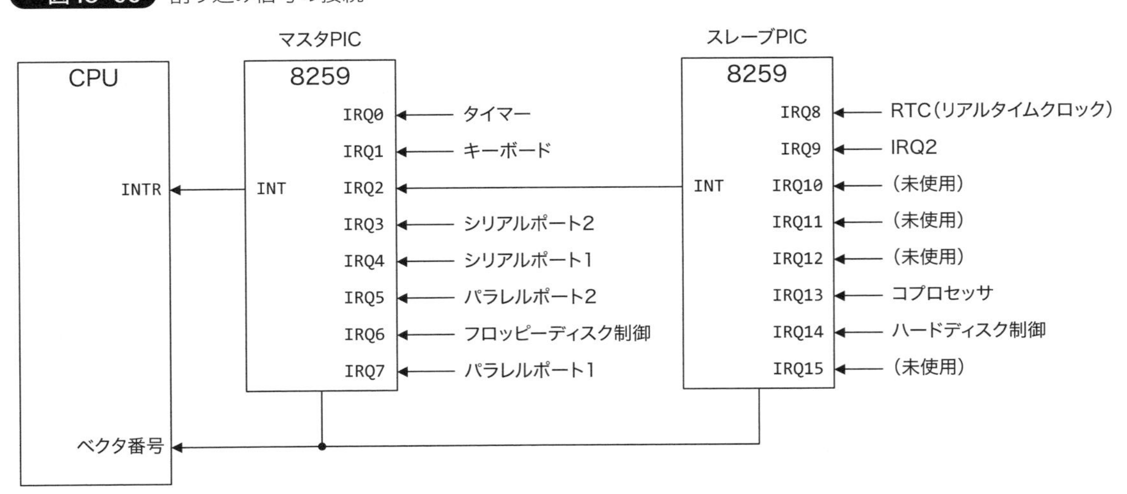

CPUに接続された2つのPICには、個別のポートからアクセスします。

表10-8 KBC制御用ポート

デバイス	ポート	読み込み	書き込み
マスタPIC	0x20	IRR/ISR	ICW1/OCW2,3
	0x21	IMR	ICW2,3,4/OCW1
スレーブPIC	0xA0	IRR/ISR	ICW1/OCW2,3
	0xA1	IMR	ICW2,3,4/OCW1

割り込みコントローラのレジスタは、大きく分けて、初期化を目的としたICW（Initialization Command Words）レジスタ、初期化終了後の制御を行うOCW（Operation Control Words）レジスタ、内部状態を取得するための読み込みレジスタで構成されます。読み込みレジスタのIRR（Interrupt Request Register）は割り込みを要求しているデバイスを、ISR（In-Service Register）は処理中の割り込みを知ることができます。IMR（Interrupt Mask Register）では、不要な割り込みをマスクすることができます。

同じポートアドレスに複数のレジスタが割り当てられているのは、書き込む内容やその順番により、アクセス対象となるレジスタが変化するためです。例えば、ポートアドレス0x20に書き込んだデータのB4が1の場合、そのデータはICW1へ書き込まれます。この場合、内部的な初期化シーケンスが開始されるので、その直後にポートアドレスの0x21に書き込んだデータは必ずICW2に書き込まれます。

PICは、周辺機器からの割り込み要求をCPUに伝えるとともに割り込みベクタも通知する必要があるので、ハードウェア的にCPUと強い依存関係にあることが、他の周辺機器との一番の違いです。

PICの初期化

PICの初期化は4つある初期化コマンドワード（ICW）レジスタで行います。ただし、任意のICWレジスタを個別に設定することはできず、必ずICW1レジスタから順に設定しなければなりません。また、ICW4の設定が必要かどうかは、ICW1のB0で決まります。次に、各レジスタの詳細を示します。

PICの初期化レジスタ

図10-34 ICW1

	B7	B6	B5	B4	B3	B2	B1	B0
ICW1	0	0	0	1	LTIM	0	SNGL	IC4

LTIM　割り込み検出方法（0=エッジ、1=レベル）
SNGL　ICの使用方法（0=カスケード、1=シングル）
IC4　ICW4の設定（0=なし、1=あり）

割り込みの検出方法には、エッジとレベルの2種類を指定することが可能です。**エッジ検出**では、割り込み発生元となるデバイスの割り込み信号が変化したことにより割り込みを検出する方法です。これに対し、信号が割り込みレベルにある限り何度でも割り込みを発生させるのが**レベル検出**です。

PICを単独で使用する場合は、SNGLに1を設定します。現在のPCであれば、2つのPICが接続されているので、0を設定します。

IC4を0に設定すると、ICW4の設定を省くことができます。

図10-35 ICW2

	B7	B6	B5	B4	B3	B2	B1	B0
ICW2	T7	T6	T5	T4	T3	0	0	0

T[7:3]　割り込みベクタ

ICW2では、割り込みベクタのベースを設定します。CPUに通知されるベクタ番号は、このレジスタに設定した値と、0から7までの割り込み入力位置を加算した値です。具体的な例として、マスタPICのICW2に0x20を設定した場合、IRQ1に接続されたキーボードから割り込み信号が発生すると、CPUには、割り込みベクタ番号0x21が通知されます。

図10-36 ICW3（マスタPIC）

	B7	B6	B5	B4	B3	B2	B1	B0	
ICW3	S7	S6	S5	S4	S3	S2	S1	S0	マスタPIC

S[7:0]　スレーブ接続位置（0=なし、1=あり）

図10-37 ICW3（スレーブPIC）

	B7	B6	B5	B4	B3	B2	B1	B0	
ICW3	0	0	0	0	0	ID2	ID1	ID0	スレーブPIC

ID[2:0]　スレーブID

ICW3は、PICをマスタとして使用するときと、スレーブとして使用するときで、解釈が異なります。マスタPICとして使用する場合、スレーブが接続されているIRQの位置をビットで設定します。スレーブPICとして使用する場合は、スレーブIDを設定します。

図10-38 ICW4

	B7	B6	B5	B4	B3	B2	B1	B0
ICW4	0	0	0	0	0	0	AEOI	1

AEOI　EOI出力（0=通常EOI、1=自動EOI）

ICW4では、割り込み処理中であることを示すISRのクリアを自動で行うかどうかを設定します。PICがISRをクリアするのは、割り込み終了コマンドを実行したときです。このコマンドは、後述のOCW2レジスタのEOI（End Of Interrupt）ビットをセットすることで行います。AEOIをセットするとEOIコマンドの出力を自動で行うことができます。自動EOIは、割り込み要求信号を出力した時点で、PIC内部のISRがクリアされるので、割り込み優先順位を必要とする場合や複数のPICを接続する場合は使用されません。

PICの制御レジスタ

PICの初期化が終了した後は、3つの制御コマンド（OCW）レジスタを通してPICを制御することができます。OCW1では、個別の割り込みをマスク（有効／無効の設定）することができます。

図10-39 OCW1

	B7	B6	B5	B4	B3	B2	B1	B0
OCW1	M7	M6	M5	M4	M3	M2	M1	M0

M[7:0]　割り込みマスク（0=割り込み許可、1=割り込み無効）

OCW1で設定した値は、内部レジスタのIMRに設定されます。この値は、初期化終了後に、ポートアドレスの0x21（マスタ）または0xA1（スレーブ）から読み出すことが可能です。

OCW2では、割り込み発生時の動作を指示することができます。

図10-40 OCW2

	B7	B6	B5	B4	B3	B2	B1	B0
OCW2	R	SL	EOI	0	0	L2	L1	L0

R　割り込み優先順位を、ビット回転して、変更します。
SL　割り込みレベル（L[2:0]）が有効であることを示します。
EOI　割り込み終了（EOI：End Of Interrupt）コマンドであることを示します。
L[2:0]　SLビットで参照される割り込みレベルを設定します。

OCW3では、PICの動作モードを設定することができます。

図 10-41 OCW3

	B7	B6	B5	B4	B3	B2	B1	B0
OCW3	0	ESMM	SMM	0	1	P	RR	RIS

ESMM　このビットが1のとき、SMMビットが有効です。
SMM　スペシャルマスクモードの設定を行います。
P　1のとき、CPUへの通知をポーリングで行います。
RR　このビットが1のとき、RISビットが有効です。
RIS　読み出しレジスタを選択します。(0：IRR、1：ISR)

ポートアドレスの0x20（マスタ）または0xA0（スレーブ）からは、PICの割り込み要求を反映したIRRまたは実際に割り込み処理を行っているISRのどちらかを読み出すことが可能です。OCW2のRISでは、どちらのレジスタが読み出されるかを指定します。

OCW2とOCW3は同じアドレスに割り当てられていますが、B3の値により、どちらのレジスタに書き込まれるかが決まります。

10.6 RTC（リアルタイムクロック）の機能と使い方

RTC（Real Time Clock：リアルタイムクロック）とは、電源が投入されていない状態でも、バックアップ電源により内部的なクロックを動作させ、実時間と同じ時間を取得可能とする周辺機器です。これにより、ユーザーがコンピュータの電源を投入するたびに年月日を設定する手間を省いてくれます。また、バックアップ電源により、電断時にも少量のデータを保持することができるので、システム設定値などを保存しておくためにも使用されます。RTCは、比較的長期的な計測を行うときに使用されます。

図 10-42 RTC割り込み信号の接続

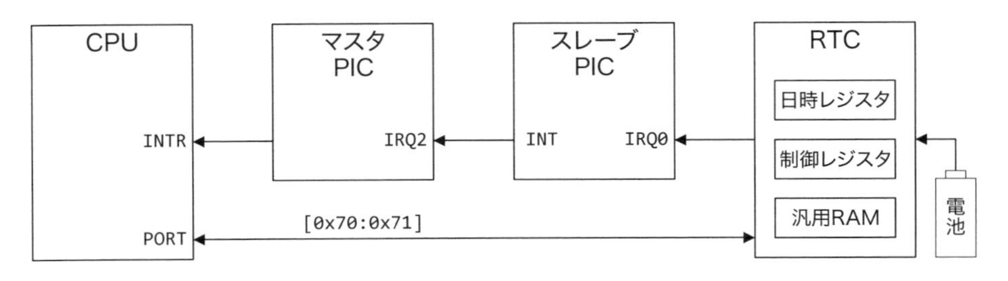

多くの場合、RTCにはICの型番がMC146818またはその互換製品が使用され、ソフトウェア的な互換性が保たれています。RTCの内部には、64バイトのバックアップRAMが搭載さ

れています。先頭の10バイトには日時を表すデータが格納されており、11バイト目からは4つの制御レジスタが配置されています。残りの50バイトは汎用的なバックアップRAMとして使用することができます。

表10-9 RTCの内蔵RAMアドレス

内部RAM	分類	内容
0	更新データ	秒
1		(秒アラーム)
2		分
3		(分アラーム)
4		時
5		(時アラーム)
6		曜日
7		日
8		月
9		年
10	制御レジスタ	レジスタA
11		レジスタB
12		レジスタC
13		レジスタD
14〜63	汎用RAM	汎用RAM

RTCは、ポートの0x70〜0x71番地に接続されています。RTCの内部レジスタにアクセスするためには、ポートの0x70に内部アドレスを指定した後、ポートの0x71を介してアクセスします。

表10-10 RTC制御用ポート

ポート	読み込み	書き込み
`0x70`	内部RAMのアドレス	
`0x71`	データ	

PCに実装されているRTCの初期化は、BIOSが行います。日時データを読み出すだけであれば設定を変更する必要はありません。もし、RTCの再設定が必要な場合、1秒ごとに行われる日時の更新を停止することからはじめます。

RTCには、時間を計測するための基準となる信号が外部から入力されています。このとき、基準となる信号を生成するハードウェアを**OSC**（Oscillator：オシレータ）または発信器といいます。コンピュータ内部で生成される信号はとても早いので、RTCも入力された信号をそのまま使いません。仮に、1000ヘルツのクロックが入力された場合、1秒を計測するためには、クロックを1/1000する必要があります。これを**分周**といい、その比率を**分周比**といいます。分周比の設定は、ハードウェアの構成に関わる内容なので、変更しないようにします。また、内部RAMはBIOSが使用しているので、理由がない限り変更しないようにします。

内部レジスタ

図10-43 レジスタA

	B7	B6	B5	B4	B3	B2	B1	B0
レジスタA	UIP	DIV2	DIV1	DIV0	RS3	RS2	RS1	RS0

UIP Update In Progress

このビットが1のときは、RTCの日時が更新中またはまもなく更新されることを示しています。このビットが0のときは、最低でも224μsは日時が更新されません。

DIV[2:0] Time-Base周期選択

基本となる分周比を選択します。これは、RTCに接続されているオシレータの周波数を選択することと同じです。

RS[3:0] 割り込み周期選択

周期的な割り込みの周期を30.517μsから500msの間で選択します。

RTCは、1秒間隔で日時データを更新します。この更新タイミングでデータを読み取ってしまうと、更新中の間違った値を読み取る可能性があります。これを回避する方法の1つに、UIPビットを確認する方法があります。このビットが1のときは、RTCがデータを更新中またはまもなく更新することを示しています。このビットが0のときは、最低でも224μsはデータが書き換わらないことが保障されているので、直後のコマンドで安定した日時データを取り込むことが可能です。

図10-44 レジスタB

	B7	B6	B5	B4	B3	B2	B1	B0
レジスタB	SET	PIE	AIE	UIE	SQWE	DM	24/12	DSE

SET SET

0：日時の更新を行う
1：日時の更新を行わない

PIE Periodic Interrupt Enable

0：PFによる割り込みを許可しない
1：PFによる割り込みを許可する

AIE Alarm Interrupt Enable

0：AFによる割り込みを許可しない
1：AFによる割り込みを許可する

UIE Update-Ended Interrupt Enable

0：UFによる割り込みを許可しない
1：UFによる割り込みを許可する

SQWE Square-Wave Enable

0：SQW出力ピンから矩形波を出力しない
1：SQW出力ピンから矩形波を出力する

DM Data Mode

0：BCD形式
1：バイナリ形式

24/12 24/12時制

0：12時制
1：24時制

DSE Daylight Saving Enable

0：通常
1：夏時間

割り込みイネーブル信号であるPIE、AIE、UIEビットは、レジスタCの対応するビットがセットされたときにIRQ割り込み信号を出力するかどうかを制御します。

SQWEは、レジスタAで設定した周期の矩形波をSQW出力ピンから出力するかどうかを設定します。

RTCが更新するデータは、バイナリ形式かBCD形式化を選択することができます。この処理は、RTCの初期化時に行われ、DMビットに反映されます。同様に、24/12ビットは24時制と12時制を選択するときに、DSEは夏時間を設定するときに使用されます。

図10-45 レジスタC

	B7	B6	B5	B4	B3	B2	B1	B0
レジスタC	IRQF	PF	AF	UF	0	0	0	0

IRQF Iterrupt Request Flag

次のフラグのOR演算結果を反映します。

```
PF | PIE | AF | AIE | UF | UIE
```

PF Periodic Interrupt Flag

周期割り込みが検出されたときにセットされます。

AF Alarm Interrupt Flag

時分秒のアラーム設定が一致したときにセットされます。

UF Update-Ended Interrupt Flag

1秒ごとの日時更新処理が終了したときにセットされます。

AFは、RAM上の時分秒（0、2、4番地）がアラームに設定した値（1、3、5番地）と一致したときにセットされます。アラームに設定された値の、最上位の2ビットがセットされている（0xC0以上の値）ときは、各時刻データと比較されることはありません。仮に、アドレスの5番地（時アラーム）に0xC0、3番地（分アラーム）に0x00、1番地（秒アラーム）に0x00が設定されていたとすると、分と秒のアラームだけが比較されるので、1時間ごとのアラームを設定したことになります。

図10-46 レジスタD

	B7	B6	B5	B4	B3	B2	B1	B0
レジスタD	VRT	0	0	0	0	0	0	0

VRT Valid RAM and Time
バックアップ用電源を監視する、PS入力端子を反映します。読み込み専用。

VRTは、RTCに接続されているバッテリバックアップ電池の出力が低下したときに0となります。このときに電断が発生すると、次回起動時に時刻の再設定が必要となるばかりではなく、RTC内のRAMに保持していたデータも失われることになります。

10.7 タイマー（8254）の機能と使い方

PCには、周期的な信号を生成するために、タイマーICが実装されています。タイマーICは、基準となる入力信号を分周し、システムが必要とする周期的な信号を生成するために使用されます。PCのタイマーICには型番が8253またはその上位互換品である8254が多く使用されます。

タイマーICには、カウンタ0から2までの、3つのカウンタが内蔵されていますが、CPUに割り込みをかけることができるのはカウンタ0だけで、カウンタ1はDRAMのリフレッシュに、カウンタ2はスピーカーの源振として使用されています。タイマーIC内の3つのカウンタには、それぞれ独立した入力クロックと動作モードを設定することができますが、PCでは、すべてのカウンタに同じ周波数のクロックが入力されています。また、動作モードを決定するGATE信号は、カウンタ0と1は「1」に固定されていますが、カウンタ2のGATE2信号は、スピーカーの出力制御信号に接続されています。

図10-47 タイマー割り込み信号の接続

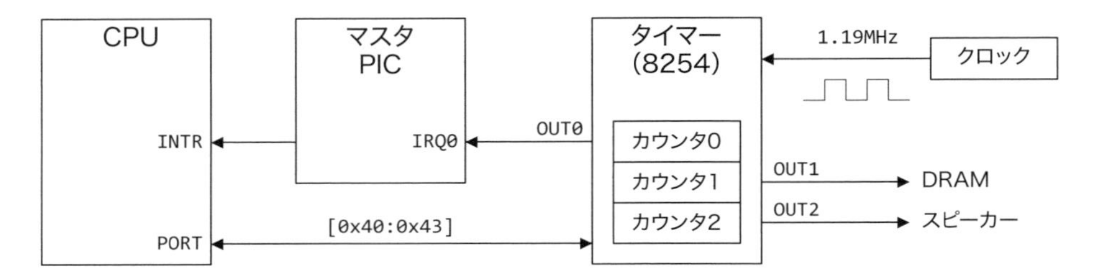

動作モード

タイマーICの各カウンタには、6つの動作モードが定義されています。すべてのカウンタは減算のみを行い、カウンタへの設定値にはバイナリまたはBCD形式を使用することができます。

表10-11 タイマーICの動作モード

動作モード	動作概要
0	カウント中は0、カウント終了時に1を出力します。
1	GATE信号の入力を契機に、動作モード0を開始します。
2	カウント中は1、カウント終了時に0を1パルス出力します。
3	0と1を交互に出力します。
4	モード2の動作を1回だけ行います。
5	GATE信号の入力を契機に、動作モード4を開始します。

CPUに接続されているカウンタICには、以下のポートアドレスでアクセスします。

表10-12 タイマーICの制御用ポート

<table>
<tr><th>ポート</th><th>対象</th><th>読み込み</th><th>書き込み</th></tr>
<tr><td>0x40</td><td>カウンタ0</td><td rowspan="3">ラッチカウンタ</td><td rowspan="3">カウンタ値</td></tr>
<tr><td>0x41</td><td>カウンタ1</td></tr>
<tr><td>0x42</td><td>カウンタ2</td></tr>
<tr><td>0x43</td><td>共通</td><td colspan="2">制御ワード</td></tr>
</table>

各カウンタのサイズは2バイトですが、ポートを介してのアクセスサイズは1バイトで行われます。そのため、カウンタ値を書き込む前にはカウンタのアクセス方法を制御ワードで指定します。また、CPUが読み込む値はカウンタ値ではなく、ラッチカウンタです。というのも、2バイトのカウンタを1バイトずつ2回に分けて読み込んだのでは、その間にもカウントが継続されるので、間違った値を読み込む可能性があります。このため、カウンタの値をコピーしておけば、変動しなくなった値を読み込むことができます。このような、ある時点での状態やデータを保存しておくことを**ラッチ**といいます。ラッチカウンタはカウンタ値を追随します

が、制御ワードへの書き込みによりカウンタをラッチすることができます。次の表に、制御ワードレジスタの詳細を示します。

図10-48 制御ワード

	B7	B6	B5	B4	B3	B2	B1	B0
制御ワード	SC1	SC0	RW1	RW0	M2	M1	M0	BCD

SC[1:0]　アクセス対象となるカウンタを指定します。

RW　カウンタへのアクセス方法を指定します。

00：カウンタラッチ
01：カウンタの下位バイトにアクセス
10：カウンタの上位バイトにアクセス
11：カウンタの下位、上位の順にアクセス

M[2:0]　動作モードを設定します。

10.8 数値演算コプロセッサの機能と使い方

周辺機器のなかでも、最も複雑で利用価値の高いものの1つに数値演算コプロセッサがあります。数値演算コプロセッサは、整数演算しかできないCPUに変わって、小数演算を専門に行う演算装置です。x86系CPUに接続されている数値演算コプロセッサは、内部で扱うデータが浮動小数点形式であることから、**FPU**（Floating Point Unit：浮動小数点演算装置）と呼ばれています。

80386を搭載したシステムであっても、FPUを実装しているとは限りません。そのような場合、FPUと同等の機能をソフトウェアでエミュレートすることも可能ですが、パフォーマンスが大きく損なわれます。ここでは、FPUが実装されていることを前提として、その機能と使い方を説明します。

FPUレジスタ

ここでは、FPU命令を使用するときに必要となる、レジスタについて説明します。

レジスタスタック

FPU内部での数値演算は、80ビットのレジスタを使用して行われます。FPUは、数値演算に使用可能なレジスタを8本備えており、各レジスタへのアクセスにはインデックスが使用されます。個々のレジスタにはスタックを操作するがごとくアクセスするので、8本のレジスタをまとめて、**レジスタスタック**と呼んでいます。先頭のレジスタにはSTまたはST(0)でアクセスすることが可能で、以降、インデックスの値が先頭レジスタからのオフセットを表すこ

とになります。次の図は、FPUのレジスタスタックに360、π、-2の順で3つの値をプッシュした後の様子を表したものです。レジスタスタックでは、最後にプッシュした値がST(0)に設定されます。

図10-49 レジスタスタックのインデックス

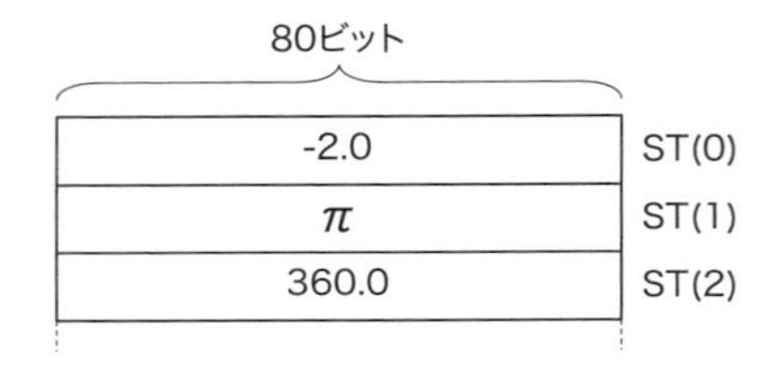

CPUとFPUは異なるデバイスなので、レジスタスタックへのアクセスは、メモリを介して行われます。このとき、CPUは転送するデータサイズを指定しなければなりませんが、どのようなデータサイズを指定したとしても、FPU内部では80ビットのフォーマットで保存されます。

図10-50 FPU内部でのデータ形式

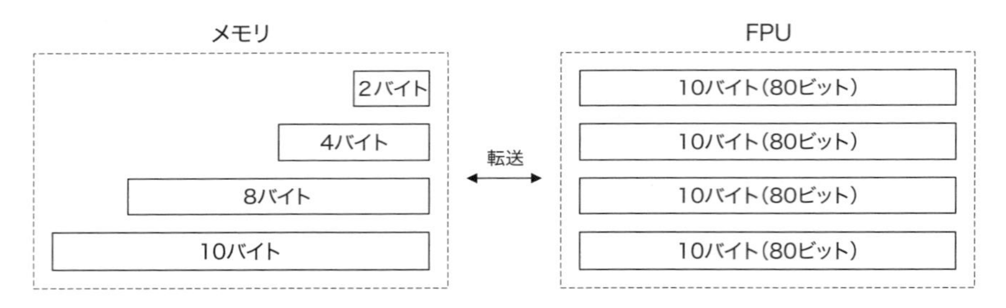

次の表に、CPUが指定可能なデータ型を示します。

表10-13 FPU命令で使用するデータ型

データ型	バイト数(ビット)	通称
整数	2(16)	2バイト長整数
	4(32)	4バイト長整数
	8(64)	8バイト長整数
実数	4(32)	単精度実数
	8(64)	倍精度実数
	10(80)	拡張倍精度実数
BCD	10(80)	パックドBCD

表中にあるBCDとは、2進化10進数とも呼ばれ、コンピュータ内でデータを表現する手法の1つです。BCDは、2進数を使いながらも10で桁上がりを行います。そのため、1桁を表

現するためには4ビットあれば十分です。BCDには、1桁を8ビットで表現するアンパックドBCDと4ビットで表現するパックドBCDがあります。パックドBCDは、0から9までの2進数がそのまま対応するので、16進数で表現すると分かりやすくなります。次の例は、10進数の1234をそれぞれの表現方法で表したものです。

表10-14 BCDの表記例

表現方法	数値
10進数	1234
2バイト整数(16進数)	0x04D2
パックドBCD	0x1234

今回対象とするFPUは、パックドBCDの符号を最上位ビット(B79)で表現します。

ステータスレジスタ

ステータスレジスタでは、FPUの内部状態を確認することができます。

図10-51 ステータスレジスタ

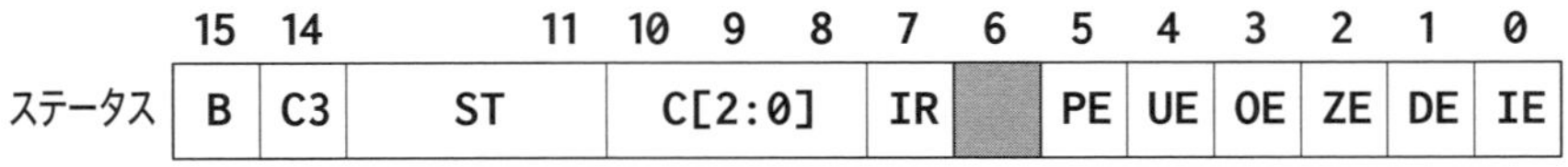

	15	14	13–11	10–8	7	6	5	4	3	2	1	0
ステータス	B	C3	ST	C[2:0]	IR		PE	UE	OE	ZE	DE	IE

B	演算処理を実行中のとき1
C[3:0]	コンディションコードを示す
ST	スタックトップを示す
IR	ステータスワードの下位6ビットが有効であるとき1
PE	例外発生フラグ:制度エラー
UE	例外発生フラグ:桁落ち
OE	例外発生フラグ:桁あふれ
ZE	例外発生フラグ:ゼロ除算
DE	例外発生フラグ:非正規数
IE	例外発生フラグ:不法操作

FPU命令を実行すると、B(ビジー)ビットが1に設定されます。処理が終了すると0に戻りますが、このとき、一部のFPU命令では、条件分岐命令で参照可能なコンディションコード(C[3:0])が設定されます。図を見ても分かるとおり、コンディションコードのビットは連続して配置されてはいません。

STビットは、0から7までの範囲でレジスタスタックの先頭位置を示しています。この値は、レジスタスタックに値をプッシュまたは値をポップしたときに、データの移動は行わず、基準となるインデックスのみを変更するために使用されます。この値は、CPUのSP（スタックポインタ）に相当するものです。もしSTビットの値が3であれば、ST(2)はレジスタスタックの5番目のレジスタを示すことになります。

図10-52 レジスタスタック

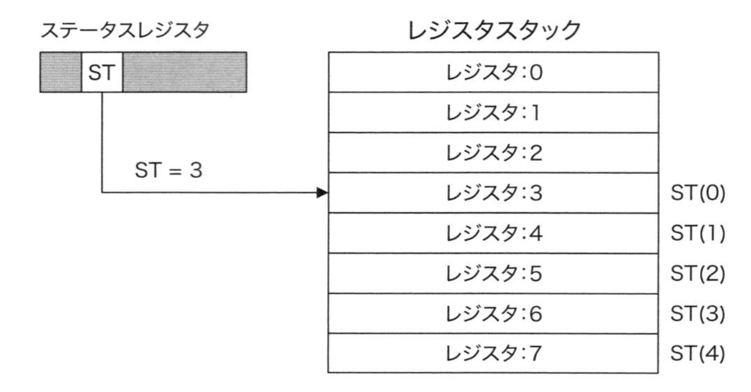

例外が発生した場合、対応する例外発生フラグ（IR、PE、UE、OE、ZE、DE、IE）が1に設定されます。実際に割り込みが発生するかどうかは、制御レジスタで設定します。

■制御レジスタ

FPUの動作は、制御レジスタで指示します。

図10-53 制御レジスタ

	15	14	13	12	11	10	9	8	7	6	5	4	3	2	1	0
制御				0	RC		PC				PM	UM	OM	ZM	DM	IM

RC 丸め制御（Rounding Control）

00：至近値または偶数に丸める
01：マイナス無限大に近い方に丸める
10：プラス無限大に近い方に丸める
11：切り捨ててゼロにする

PC 精度制御（Precision Control）

00：24ビット（ショート実数）
01：（予約）
10：53ビット（ロング実数）
11：64ビット（内部実数）

PM 例外マスク：制度エラー（Precision）
UM 例外マスク：桁落ち（Underflow）
OM 例外マスク：桁あふれ（Overflow）

ZM　例外マスク：ゼロ除算（Zero Division）
DM　例外マスク：非正規数（Denormalized Operand）
IM　例外マスク：不法操作（Invalid Operation）

RC（Rounding Control）ビットはFPUの演算過程で行われる丸め制御を、PC（Precision Control）ビットでは演算精度を指定します。また、制御レジスタでは、対応するステータスレジスタの例外フラグが割り込みを生成するかどうかを制御することができます。

FPU命令

FPU命令のニーモニックには、簡単なルールがあります。まず、すべてのFPU命令は「F」から始まり、整数型データを扱う命令の場合は「FI」から始まります。また、レジスタスタックのポップをともなうFPU命令は末尾に「P」が付きます。

FPUに転送するデータ型は、FPU命令とデータサイズで区別されます。例えば、FILD命令のオペランドに8バイトのデータサイズが指定された場合は、8バイト長整数として扱われますが、FLD命令が使用された場合は、倍精度実数として扱われます。FPUとのデータ受け渡しは、メモリを介して行われるので、データサイズを指定する必要があります。除算命令には、被除数と除数を読み替えて行う命令があります。このような命令は、除算命令のためだけにデータの入れ替えを行う作業を軽減するもので、命令の末尾に「R」が付きます。

各命令のオペランドには、メモリまたはレジスタを指定することができます。以降の説明では、FPUへのデータ転送元となるメモリアドレスをSRC、FPUのデータ保存先となるをメモリアドレスをDESTで示し、ST(i)はレジスタスタック内の1つのレジスタを示しています。また、オペランドに2つのレジスタを指定する場合、片方のレジスタがST(0)でなければいけません。

ロード命令（FILD, FBLD, FLD）

書式	第1オペランド
FILD	SRC
FBLD	SRC
FLD	SRC
	ST(i)

ロード命令は、SRCで指定された値をレジスタスタックにプッシュします。FILD命令は整数型、FBLD命令はBCD形式、FLD命令は実数型のデータを扱います。各FPU命令がメモリ上のデータを指定する場合、指定可能なデータサイズは次のとおりです。

表10-15 ロード命令で指定できるデータサイズ

命令	データサイズ(ビット)			
	2(16)	4(32)	8(64)	10(80)
FILD	○	○	○	–
FBLD	–	–	–	○
FLD	–	○	○	○

次に、ロード命令の使用例を示します。コメントに記載されている「x」は、明示的に値が設定されていない状態であることを示しています。

```
                                                   ; ---------+---------+---------|
                                                   ;       ST0|      ST1|      ST2|
                                                   ; ---------+---------+---------|
        fild    dword [ .4b]                       ;       123 |xxxxxxxxx|xxxxxxxxx|
        fld     qword [ .8b]                       ;       456 |      123 |xxxxxxxxx|
        fld     tword [.10b]                       ;       789 |      456 |      123 |

.4b:        dd  123                                ; 4バイト整数
.8b:        dq  456.0                              ; 倍精度実数(8バイト)
.10b:       dt  789.0                              ; 拡張倍精度実数(10バイト)
```

次の図に、ロード命令の実行によりレジスタスタックが変化する様子を示します。FPU内部では、CPUのPUSH命令と同様に、ステータスレジスタのSTを減算し、その位置に値を保存しています。

図10-54 ロード命令実行後のレジスタスタック

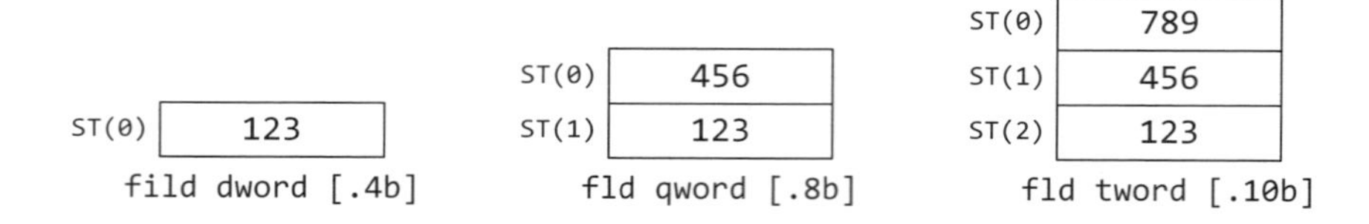

■ストア命令(FIST/FBST/FISTP, FST/FSTP)

書式	第1オペランド
FIST/FBST/FISTP	DEST
FST/FSTP	DEST
	ST(i)

ストア命令は、ST(0)の値を第1オペランドで指定された位置に格納します。FISTP/FSTP命令は、ストアを行った後でST(0)をポップします。オペランドにメモリを指定する場合、各命令で指定可能なデータサイズは次のとおりです。

表 10-16 ストア命令で指定できるデータサイズ

命令	データサイズ（ビット）			
	2(16)	4(32)	8(64)	10(80)
FIST	○	○	–	–
FISTP	○	○	○	–
FBST	–	–	–	○
FST	–	○	○	–
FSTP	–	○	○	○

次に、ストア命令の使用例を示します。

```
                                        ; ---------+---------+---------|
                                        ;       ST0|      ST1|      ST2|
                                        ; ---------+---------+---------|
                                        ;      789 |     456 |     123 |
        fstp    tword [.dest]           ;      456 |     123 |xxxxxxxxx|
        fist     word [.dest]           ;      456 |     123 |xxxxxxxxx|
        fst     st1                     ;      456 |     456 |xxxxxxxxx|

.dest:  dt 0
```

■定数ロード命令（FLDx）

書式
FLDZ
FLD1
FLDPI
FLDL2E
FLDL2T
FLDLG2
FLDLN2

定数ロード命令（FLDx）は、定数をレジスタスタックにプッシュする命令の総称です。具体的な命令は、「FLD」で始まりますが、プッシュする定数の違いにより、異なる命令が使用されます。これにより、ST(0)がプッシュされた定数を示すことになります。以下に、各命令が実行されたときに設定される定数を示します。

書式	ロードされる値
FLDZ	+0.0
FLD1	+1.0
FLDPI	π
FLDL2E	$\log_2 e$
FLDL2T	$\log_2 10$
FLDLG2	$\log_{10} 2$
FLDLN2	$\log_e 2$

加算命令（FIADD, FADD, FADDP）

書式	第1オペランド	第2オペランド
FIADD	SRC	
FADD	SRC	
	ST(0)	ST(i)
	ST(i)	ST(0)
FADDP		
	ST(i)	ST(0)

加算命令は、第2オペランドの値を第1オペランドに加算します。第2オペランドが指定されない場合、第1オペランドの値をST(0)に加算します。FADDP命令は、加算後にST(0)をポップします。FADDP命令でオペランドが指定されない場合、ST(0)をST(1)に加算後、ST(0)をポップします。これは、「FADDP ST(1), ST(0)」と同じ動作です。オペランドにメモリを指定する場合、各命令で指定可能なデータサイズは次のとおりです。

表10-17 加算命令で指定できるデータサイズ

命令		データサイズ（ビット）			
		2(16)	4(32)	8(64)	10(80)
整数	FIADD	○	○	–	–
実数	FADD	–	○	○	–

次に、加算命令の使用例を示します。

```
                                        ; ---------+---------+---------|
                                        ;       ST0|      ST1|      ST2|
                                        ; ---------+---------+---------|
                                        ;      100 |       3 |xxxxxxxxx|
        fiadd   dword [.mem]            ;      120 |       3 |xxxxxxxxx|
        fadd    st1                     ;      123 |       3 |xxxxxxxxx|
        faddp   st1, st0                ;      126 |xxxxxxxxx|xxxxxxxxx|

.mem:   dd  20
```

減算命令（FISUB/FISUBR, FSUB/FSUBR, FSUBP/FSUBRP）

書式	第1オペランド	第2オペランド
FISUB/FISUBR	SRC	
FSUB/FSUBR	SRC	
	ST(0)	ST(i)
	ST(i)	ST(0)
FSUBP/FSUBRP		
	ST(i)	ST(0)

減算命令は、第1オペランド（被減数）から第2オペランド（減数）を減算します。第2オペランドが指定されない場合、ST(0)から第1オペランドを減算します。FISUBP/FSUBRP命令は、減算後にST(0)をポップします。FSUBP命令でオペランドが指定されない場合、ST(1)からST(0)を減算後、ST(0)をポップします。これは、「FSUBP ST(1), ST(0)」と同じ動作です。FISUBR/FSUBR/FSUBRP命令は、被減数と減数を入れ替えて演算を行います。

```
FISUB/FSUB/FSUBP      :        OP1 = OP1 - OP2
FISUBR/FSUBR/FSUBRP   :        OP1 = OP2 - OP1
                      (OP1/2：第1／2オペランド)
```

オペランドにメモリを指定する場合、各命令で指定可能なデータサイズは次のとおりです。

表10-18 減算命令で指定できるデータサイズ

命令		データサイズ（ビット）			
		2(16)	4(32)	8(64)	10(80)
整数	FISUB/FISUBR	○	○	−	−
実数	FSUB/FSUBR	−	○	○	−

次に、減算命令の使用例を示します。

```
                                        ; ---------+---------+---------|
                                        ;       ST0|      ST1|      ST2|
                                        ; ---------+---------+---------|
                                        ;      123 |        3 |xxxxxxxxx|
        fisub   dword [.mem]            ;      103 |        3 |xxxxxxxxx|
        fsub    st1                     ;      100 |        3 |xxxxxxxxx|
        fsubp   st1, st0                ;      -97 |xxxxxxxxx|xxxxxxxxx|

.mem:   dd  20
```

10 周辺機器の制御方法

乗算命令(FIMUL, FMUL, FMULP)

書式	第1オペランド	第2オペランド
FIMUL	SRC	
FMUL	SRC	
	ST(0)	ST(i)
	ST(i)	ST(0)
FMULP		
	ST(i)	ST(0)

乗算命令は、第2オペランドの値を第1オペランドに乗算します。第2オペランドが指定されない場合、第1オペランドの値をST(0)に乗算します。FMULP命令は、乗算後にST(0)の値をポップします。FMULP命令でオペランドが指定されない場合、ST(0)の値をST(1)に乗算後、ST(0)をポップします。これは、「FMULP ST(1), ST(0)」と同じ動作です。オペランドにメモリを指定する場合、各命令で指定可能なデータサイズは次のとおりです。

表10-19 乗算命令で指定できるデータサイズ

命令	データサイズ(ビット)			
	2(16)	4(32)	8(64)	10(80)
FIMUL	○	○	–	–
FMUL	–	○	○	–

次に、乗算命令の使用例を示します。

```
                                      ; ---------+---------+---------|
                                      ;       ST0|      ST1|      ST2|
                                      ; ---------+---------+---------|
                                      ;        3 |       2 |     100 |
        fmul    st0, st2              ;      300 |       2 |     100 |
        fmulp   st1, st0              ;      600 |     100 |xxxxxxxxx|
```

除算命令(FIDIV/FIDIVR, FDIV/FDIVR, FDIVP/FDIVRP)

書式	第1オペランド	第2オペランド
FIDIV/FIDIVR	SRC	
FDIV/FDIVR	SRC	
	ST(0)	ST(i)
	ST(i)	ST(0)
FDIVP/FDIVRP		
	ST(i)	ST(0)

除算命令は、第1オペランド(被除数)を第2オペランド(除数)で除算します。第2オペラ

ンドが指定されない場合、ST(0)を第1オペランドで除算します。FDIVP/FDIVRP命令は、除算後にST(0)をポップします。FDIVP命令でオペランドが指定されない場合、ST(1)をST(0)で除算後、ST(0)をポップします。これは、「FDIVP ST(1), ST(0)」と同じ動作です。FIDIVR/FDIVR/FDIVRP命令は、被除数と除数を入れ替えて演算を行います。

```
FIDIV/FDIV/FDIVP      :      OP1 = OP1 / OP2
FIDIVR/FDIVR/FDIVRP   :      OP1 = OP2 / OP1
```

オペランドにメモリを指定する場合、各命令で指定可能なデータサイズは次のとおりです。

表10-20 除算命令で指定できるデータサイズ

命令	データサイズ(ビット)			
	2(16)	4(32)	8(64)	10(80)
FIDIV/FIDIVR	○	○	–	–
FDIV/FDIVR	–	○	○	–

次に、除算命令の使用例を示します。

```
                                         ; ---------+---------+---------|
                                         ;       ST0|       ST1|       ST2|
                                         ; ---------+---------+---------|
                                         ;        3 |        2 |      100 |
        fdiv    st0, st2                 ;     0.03 |        2 |      100 |
        fdivp   st1, st0                 ;    66.66 |      100 |xxxxxxxxx|
```

三角関数命令(FSIN/FCOS, FSINCOS, FPTAN)

書式
FSIN/FCOS
FSINCOS
FPTAN

三角関数命令は、ST(0)の値を使用して各演算を行い、結果をST(0)に格納します。このため、計算前の値は上書きされることになります。また、値の単位はラディアンで指定します。FSIN/FCOS命令は、ST(0)のSINおよびCOSを計算します。FSINCOS命令は、ST(0)の値でSINおよびCOSを計算し、ST(0)にSINの結果を格納した後でCOSの結果をスタックにプッシュします。結果的に、ST(0)にCOS、ST(1)にSINの演算結果が格納されます。FPTAN命令は、ST(0)のTANを計算し、結果をST(0)に保存した後で、1.0をプッシュします。結果的に、ST(0)に1.0、ST(1)にTANの演算結果が格納されます。1.0をプッシュする動作は、FPUにSIN/COS命令が実装される前の名残りです。

次に、三角関数命令の使用例を示します。

```
                                        ; ---------+---------+---------|
                                        ;      ST0|      ST1|      ST2|
                                        ; ---------+---------+---------|
        fldz                            ;        0 |xxxxxxxxx|xxxxxxxxx|
        fsincos                         ;        1 |        0 |xxxxxxxxx|
```

■レジスタ交換命令（FXCH）

書式	第1オペランド
FXCH	
	ST(i)

FXCH命令は、ST(0)の値と第1オペランドで指定されたレジスタの内容を入れ替えます。オペランドが指定されない場合、ST(0)とST(1)の内容を入れ替えます。

次に、レジスタ交換命令の使用例を示します。

```
                                        ; ---------+---------+---------|
                                        ;      ST0|      ST1|      ST2|
                                        ; ---------+---------+---------|
                                        ;      123 |      456 |xxxxxxxxx|
        fxch                            ;      456 |      123 |xxxxxxxxx|
```

■符号操作命令（FCHS, FABS）

書式
FCHS
FABS

FCHS命令は、ST(0)の符号を反転します。FABS命令は、ST(0)の絶対値をST(0)に保存します。

次に、符号操作命令の使用例を示します。

```
                                        ; ---------+---------+---------|
                                        ;      ST0|      ST1|      ST2|
                                        ; ---------+---------+---------|
                                        ;      123 |xxxxxxxxx|xxxxxxxxx|
        fchs                            ;     -123 |xxxxxxxxx|xxxxxxxxx|
        fabs                            ;      123 |xxxxxxxxx|xxxxxxxxx|
```

■剰余命令（FPREM）

書式
FPREM

FPREM命令は、ST(0)の値をST(1)で除算し、残りをST(0)に保存します。

次に、剰余命令の使用例を示します。

```
                                        ; ---------+---------+---------|
                                        ;       ST0|      ST1|      ST2|
                                        ; ---------+---------+---------|
                                        ;      123 |     100 |xxxxxxxxx|
        fprem                           ;       23 |     100 |xxxxxxxxx|
```

制御命令 (FNINIT, FNSAVE, FRSTOR)

書式	第1オペランド
FNINIT	
FNSAVE	DEST
FRSTOR	SRC

FNINIT命令は、FPUの内部状態を初期化します。FNSAVE命令は、FPUのすべてのコンテキストを指定されたアドレスに保存し、FPUを初期化します。ただし、レジスタの値を書き換えることはしません。FRSTOR命令は、FNSAVE命令で保存されたFPUコンテキストを復帰します。FNSAVE命令によりメモリに保存されるFPUコンテキストは108バイトで構成されます。

次に、制御命令の使用例を示します。

```
                                        ; ---------+---------+---------|
                                        ;       ST0|      ST1|      ST2|
                                        ; ---------+---------+---------|
        fninit                          ; xxxxxxxxx|xxxxxxxxx|xxxxxxxxx|
        fnsave  [.buff]                 ; xxxxxxxxx|xxxxxxxxx|xxxxxxxxx|
        frstor  [.buff]                 ; xxxxxxxxx|xxxxxxxxx|xxxxxxxxx|

.buff:  times 108 db 0x00
```


10.9 大容量記憶装置——複数のファイルシステムを管理する

大容量記憶装置には、その名のとおり、膨大なデータを保存することができます。そのため、異なるファイルシステムを保存することができるように、内部をいくつかに分けて使用することが慣例的に行われてきました。このときに分割される1つの領域を**パーティション**(Partitions)といいます。

パーティション

パーティションは、1つの大容量記憶装置のなかに、最大4つまでしか作成することができません。この制限は、大容量記憶装置の容量とは無関係です。電源投入時、BIOSはブートドライブの先頭512バイトしか読み込みませんが、このなかには、ブートコードとともにパーティションに関する情報も記録する必要があります。ブートプログラムが起動パーティションを選択する必要があるためです。実際、512バイトのなかには、パーティションテーブルと呼ばれる、4つのパーティションに関する情報を記録するための固定領域が割り当てられています。そして、パーティションテーブルを含めた、大容量記憶装置の先頭512バイトの領域は**MBR**(Master Boot Record)といいます。

図10-55 MBRの構成

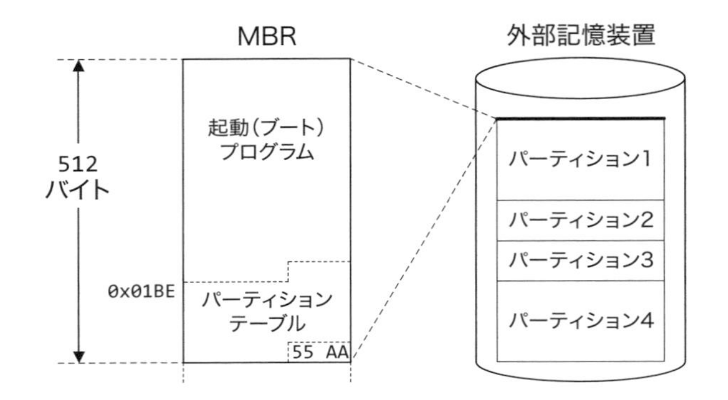

1つのパーティションに関する情報は16バイトで構成されます。そのなかには、パーティションが起動可能であるかどうかを示すフラグとファイルシステムのタイプ、そしてパーティションが占有するセクタに関する情報が含まれています。

図10-56 パーティションテーブル

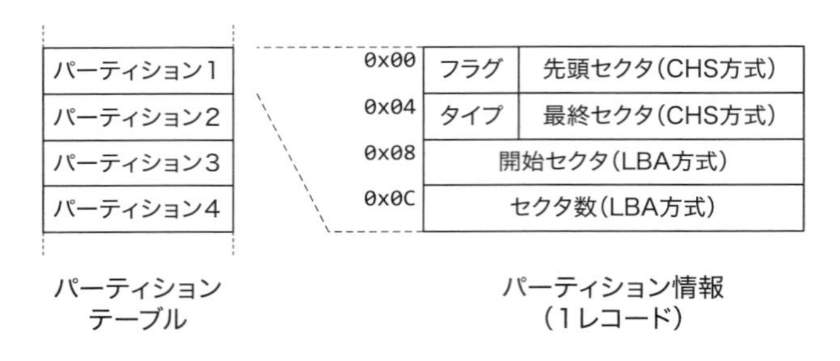

パーティション情報のフラグは1バイトで構成され、この値が0x80のとき、パーティションがアクティブであると判断しブート対象のパーティションとなります。また、パーティションテーブルのなかで、アクティブなパーティションは1つでなければなりません。

パーティション情報のタイプには、コード化されたファイルシステムの種別が、1バイトで記録されています。タイプが0x00のパーティションは未使用領域として扱われます。以下にいくつかの例を挙げます。

表10-21 タイプが示すファイルシステムの例

タイプ	ファイルシステム	OS
0x00	未使用	-
0x07	NTFS	Windows
0x0B	FAT32	MS-DOS
0x81	MINIX file system	MINIX
0x83	ext2	Linux

FATファイルシステム

大容量記憶装置が提供する、巨大なメモリ領域の管理はファイルシステムが行います。ファイルシステムは、パーティションとして与えられた記憶領域に、可変長のデータをファイルとして永続的に保管することを可能とします。

ファイルシステムが行う作業には、内部的なデータの管理やファイルアクセスのためのインターフェイスを提供することも含まれています。ここでは、マイクロソフト社が開発したファイルシステムである、**FATファイルシステム**（または単にFATと呼ばれる）がファイルを管理するときのフォーマットを確認します。内部的なフォーマットが理解できると、多少制限があったとしても、一般的なOSとのデータ交換を実現することが可能となります。実際にファイルをアクセスする処理には触れませんが、それらがどのような処理を行っているかを理解する助けにはなるでしょう。

FATファイルシステムには、可変長のファイルを保存することができますが、メモリ管理の常としてまたは効率的な記憶領域の管理を目的とし、ファイルを固定長の大きさに分割して管理します。このときに分割されたデータは、クラスタと呼ばれる、FATファイルシステムが管理する最小データ単位となります。クラスタのサイズを決定し、記憶領域を初期化する作業は、フォーマットと呼ばれます。一度フォーマットを行うと、それ以降、クラスタのサイズを変更することはできません。

FATファイルシステムは、分割されたファイルの一部を、クラスタの配列として管理します。このため、保存可能な全容量は、クラスタのサイズとその数でおおよそ決まります。クラスタの数は数千以上にもおよぶため、クラスタの位置を示すインデックスのサイズさえ、データ容量を圧迫するほど大きな領域を必要とします。このため、初期のFATファイルシステムでは、管理領域の容量を抑えるために、クラスタのインデックスは12ビットで構成されていました。このことから、このバージョンのFATファイルシステムはFAT12と呼ばれます。その後、記憶容量の増加とともに、インデックスに使用可能なビット数が16、32ビットと拡張されたので、それぞれFAT16、FAT32と区別して呼ばれることになりました。

表10-22 FATが使用するインデックスのビット数

ファイルシステム	インデックス		
	ビット数	最小値	最大値
FAT12	12	0x002	0xFF6
FAT16	16	0x0002	0xFFF6
FAT32	32	0x0000_0002	0x0FFF_FFF6

インデックスで使用されるビット数が増えると、扱うことができるクラスタの数も増えるので、より大容量の記憶装置にデータを保存することができます。ただし、有効なクラスタを示すインデックスには、最小値と最大値が設定されています。クラスタの0と1は使われることがないので最小値は2となります。また、最終クラスタや破損クラスタを示すインデックスも必要となるので、FATの種類ごとに有効な最大インデックスの値が決められています。また、FAT32では、32ビットあるインデックスの上位4ビットは常に0となります。

FATファイルシステムでは、フォーマット時にクラスタのサイズを512以上の2のべき乗で指定します。同じ数のクラスタ（インデックス）を扱うのであれば、クラスタサイズを大きくすることで全容量は大きくなりますが、最終クラスタの未使用領域も大きくなります。仮に、クラスタサイズが4Kバイトの場合、1バイトのデータであってもファイルが占有するメモリ領域は4Kバイトになります。

次の図は、1つのファイルが4つに分割、保存されたときの内部状態を示したものです。

図10-57 ファイルの分割保存

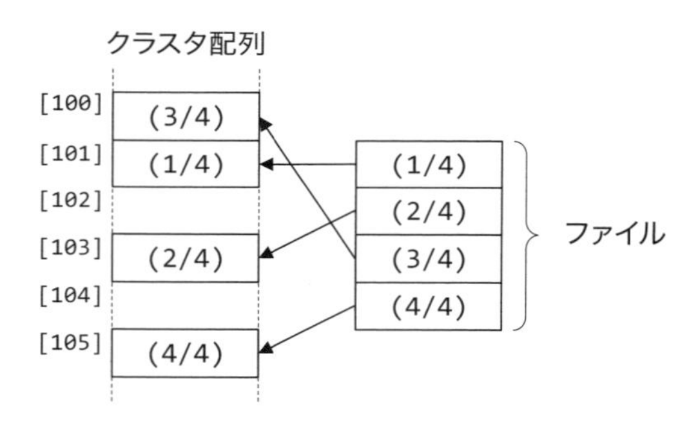

FATファイルシステムは、ファイルをクラスタに分割して管理しますが、ファイルの更新や削除などにより、クラスタの位置や数が変化する可能性があるので、分割されたクラスタがデータ領域で順番に並んでいると仮定することはできません。ですが、次のクラスタさえ分かれば、ファイルの先頭インデックスから、元のファイルを正しく復元することができます。

表10-23 連結されたクラスタの例

ファイルの位置	クラスタ番号
先頭：1 / 4	101
2 / 4	103
3 / 4	100
末尾：4 / 4	105

FATファイルシステムは、分割されたファイルの順番を記録するためのインデックス配列が、クラスタ配列とは別に確保されます。これにより、1つのインデックスが与えられると、インデックス配列からは次のインデックスを、クラスタ配列からは分割されたファイルの一部を取得することができます。このときに使用されるインデックス配列を、このファイルシステムの名称としても使用される、**FAT** (File Allocation Table) といいます。

図10-58 FATとクラスタの関係

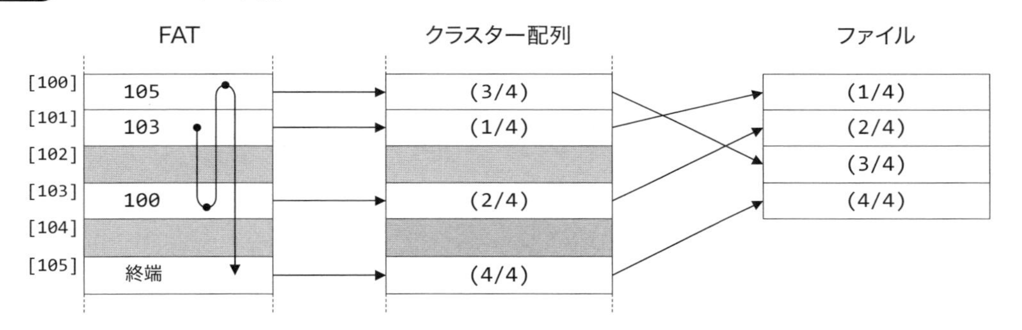

前述したとおり、クラスタ番号には2つの役割があります。1つは、次のクラスタ番号を知るため、もう1つは、分割されたファイルの一部を取得するためです。次のクラスタ番号はFATから、分割されたファイルの一部はクラスタ配列から取得します。この例の場合、先頭のクラスタの番号が101なので、FATの101番目から次のクラスタ番号を、クラスタ配列の101番目からは分割されたファイルの一部を取得することができます。もし、次のクラスタ番号が終端を示す場合、クラスタ配列には分割されたファイルの最後の断片が保存されています。

クラスタのリンクは、先頭からたどることしかできません。そして、ファイルの先頭クラスタを示すインデックスは、ディレクトリエントリに保存されます。**ディレクトリエントリ**とは、ファイル作成時に生成される32バイトの管理情報で、ファイル名や作成日時などの情報を保持しています。

第11章 BIOSの役割

トピックス
- BIOSコールを使ったハードウェアの制御
- システムメモリマップの作成方法
- ソフトウェアで電源を切る方法　など

BIOSは、電源投入後、最初に起動するプログラムで、起動デバイスとして指定された外部記憶装置から先頭セクタを読み取り、ブートプログラムとして起動します。ブートプログラムに制御を移行した後は、基本的な入出力機能を提供する、サービスルーチンとして動作します。

11.1 BIOSが提供するサービス

BIOSは、関数の集まりです。一般的な関数と違うところは、ハードウェアの制御が可能であることとソフトウェア割り込みで実装されていることです。BIOSは、すべてのPCで基本的なハードウェア制御が可能であることから**サービスプログラム**とも呼ばれ、BIOSが提供する機能のことを**サービス**といいます。

図11-1 BIOSが提供するサービス

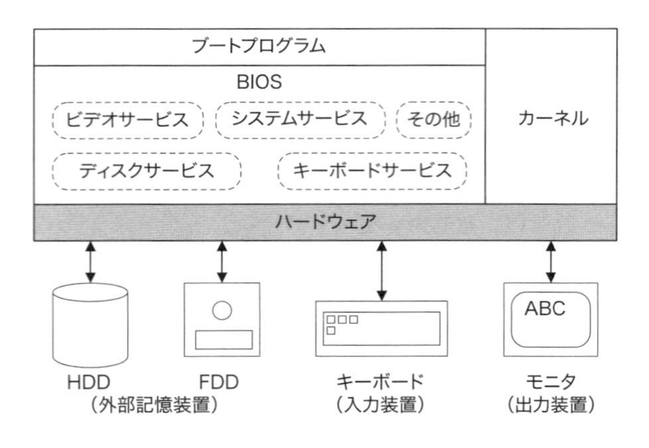

BIOSは、ソフトウェア割り込みで実装されているので、関数名ではなく、割り込み番号で区別されます。また、必要な引数もレジスタに設定されることから、BIOS機能を利用するこ

とを、一般的な関数呼び出しとは区別して、**BIOSコール**またはBIOS呼び出しといいます。

BIOSは、数多くのサービスを提供していますが、その詳細は機種やメーカーによって若干の違いがあります。ここでは、プロテクトモードに移行するまでの処理で必要となる、最低限のBIOSコールのみを紹介します。また、パラメータとして設定する値も、代表的なものだけに留めることとします。次の表に、今回使用するBIOSコールを示します。

表11-1 本書のサンプルプログラムで使用するBIOSコール

ビデオサービス		
INT 0x10	AH = 0x00	ビデオモードの設定
	AH = 0x0E	テレタイプ式1文字出力
	AX = 0x1130	フォントアドレスの取得
ディスクサービス		
INT 0x13	AH = 0x02	セクタの読み出し
	AH = 0x08	ドライブパラメータの取得
システムサービス		
INT 0x15	AH = 0x24	A20制御
	AX = 0xE820	システムメモリマップ
キーボードサービス		
INT 0x16	AH = 0x00	キー入力待ち
その他のサービス		
INT 0x19		再起動

この表には、サービスごとの割り込み番号とレジスタに設定する引数が記載されています。例えば、再起動を行いたいのであれば、割り込み番号0x19のソフトウェア割り込みを実行します。具体的なコードは次のとおりです。

```
        int     0x19
```

キー入力を行いたい場合は、AHレジスタに0x00を設定した後で割り込み番号0x16のソフトウェア割り込みを実行します。具体的なコードは次のとおりです。

```
        mov     ah, 0x00
        int     0x16
```

11.2 ビデオサービスとその使用例

ビデオサービスは、最も基本的な、画面出力機能を提供します。BIOSは、電源投入時に、ビデオモードを80文字25行のテキストモードに初期化します。

INT 0x10(AH=0x00)：ビデオモードの設定

表 11-2 INT 0x10, AH = 0x00：ビデオモードの設定

入力	AH	0x00（固定）
	AL	ビデオモード（代表的なものを抜粋） 0x01：テキスト　40 × 25行　8ページ　16色モード 0x03：テキスト　80 × 25行　8ページ　16色モード 0x12：グラフィックス　640 × 480ドット　1ページ　16色モード 0x13：グラフィックス　320 × 200ドット　1ページ　16色モード
出力	なし	

このBIOSコールでは、ビデオモードの設定を行うことができます。本書のサンプルプログラムでは、リアルモード時にはデフォルトのテキストモードを、プロテクトモード時には、640 × 480ドットで16色をサポートするグラフィックスモードを使用します。

次のコードは、ビデオモードをグラフィックスモードに設定する例です。

```
        mov     ax, 0x0012                      ; VGA 640x480
        int     0x10                            ; BIOS(0x10, 0x12); // ビデオモードの設定
```

INT 0x10(AH=0x0E)：テレタイプ式1文字出力

表 11-3 Int 0x10 AH=0x0E：テレタイプ式1文字出力

入力	AH	0x0E（固定）
	AL	文字コード
	BH	ページ番号
	BL	文字色（グラフィックスモード時のみ有効）
出力	なし	

このBIOSコールは、リアルモード時のテキスト出力で使用します。テレタイプ式1文字出力では、1文字出力ごとにカーソルの位置が移動します。これは、最も古い印刷機の1つである、タイプライタの動作を模倣したものです。そのため、改行（0x0A）やキャリッジリターン（0x0D）を使用して、カーソルの位置を制御することが可能です。1つのアプリケーションか

らの使用を前提としているBIOSは、カーソル位置などの内部情報を固有のRAM領域に保存しています。

次のコードは、画面上のカーソル位置に、文字「A」を表示する例です。

```
        mov     ah, 0x0E                        ; // テレタイプ式1文字出力
        mov     al, 'A'                         ; // 文字コード
        mov     bh, 0                           ; // ページ番号
        mov     bl, 0                           ; // 文字色
        int     0x10                            ; BIOS(0x10, 0x0E); //テレタイプ式1文字出力
```

INT 0x10(AX=0x1130)：フォントアドレスの取得

表11-4 Int 0x10 AH=0x1130：フォントアドレスの取得

入力	AX	0x1130（固定）
	BH	フォントタイプ 0x00 8x8 0x02 8x14 0x03 8x8 0x05 9x14 0x06 8x16 0x07 9x16
出力	CF	0=成功、1=失敗
	ES:BX	フォントアドレス
	CX	スキャンライン
	DL	文字の高さ（ドット単位）

プロテクトモードに移行した後は、文字の描画も自力で行わなくてはなりません。フォントデータを自作することもできますが、BIOSが使用しているデータを流用することも可能です。

このBIOSコールでは、BIOSが使用するフォントアドレスを取得することができます。本書のサンプルプログラムでは、8×16ドットのフォントアドレスを取得し、プロテクトモードで文字を描画するときのフォントとして利用します。ただし、BIOSコールを利用したフォントアドレスの取得は、リアルモード時に行っておかなくてはなりません。

次のコードは、8×16ドットのフォントアドレスを取得する例です。

```
        mov     ax, 0x1130                      ; // フォントアドレスの取得
        mov     bh, 0x06                        ; 8x16 font
        int     10h                             ; ES:BP=FONT ADDRESS
```

11.3 ディスクサービスとその使用例

ディスクサービスでは、外部記憶装置への低レベルなアクセス機能を提供します。ここでいう低レベルとは、機能が低い訳ではなく、ハードウェアに近いプログラム層での使用を意識したもので、ファイル名やバイト数を指定したアクセスはサポートされないことを意味しています。

最も基本的なディスクアクセスでは、セクタ単位のアクセス機能を提供します。セクタ位置の指定は、シリンダ、ヘッダ、セクタを指定するCHS方式➡P.094参照で行いますが、この指定方式は、機器固有の情報を必要とするので、より汎用的なBIOSコールが用意されています。しかしながら、本書のサンプルプログラムではコードの見やすさに重点を置き、CHS方式でのディスクアクセスを行います。

INT 0x13(AH=0x02)：セクタ読み出し

表11-5 Int 0x13 AH=0x02：セクタ読み出し

入力	AH	0x02（固定）
	AL	読み込みセクタ数
	CL[7:6]	シリンダ番号（上位2ビット）
	CH	シリンダ番号（下位8ビット）
	CL[5:0]	セクタ番号（下位6ビット）
	DH	ヘッド番号
	DL	ドライブ番号（ビット7が0のときはFDD、1のときはハードディスク）
	ES:BX	読み込みアドレス
出力	CF	0=成功、1=失敗
	AH	ステータスコード
	AL	読み込んだセクタ数

このBIOSコールは、指定したセクタ位置から複数の連続したセクタを読み出すことが可能です。パラメータの指定方法は、CHS方式の情報をレジスタのビット単位で指定するので、変則的で分かりづらいものになっています。

図11-2 セクタ読み出し時に指定するレジスタ

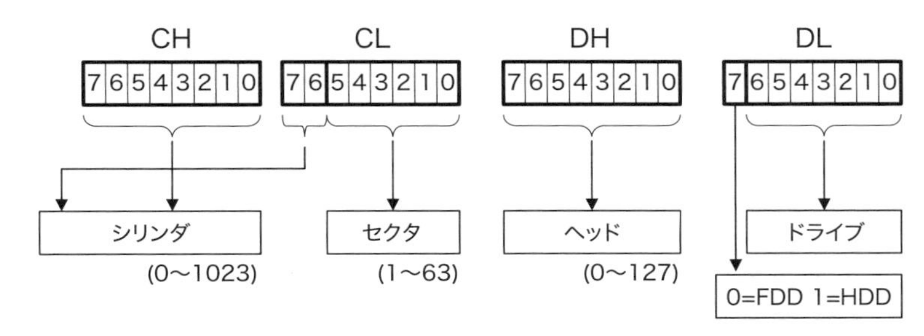

シリンダの指定は10ビット、セクタの指定は6ビットで、これらの値を16ビットのCXレジスタ1つに収めて指定します。ドライブの指定は、DLレジスタのMSB(B7)がセットされているときはHDD、クリアされているときはFDDへのアクセス要求であることを示し、何番目のドライブであるかは、DLレジスタの下位7ビットで指定します。

このBIOSコールでは、セクタの指定にCLレジスタの下位6ビットを使用しますが、有効な値は0を除いた、1から63までの値です。

次のコードは、ブートセクタの次セクタを読み込む例です。DLレジスタに指定するドライブ番号は、ブートプログラムの起動時に、BIOSが設定した値を流用しています。

```
        mov     ah, 0x02                    ; AH = 読み込み命令
        mov     al, 1                       ; AL = 読み込みセクタ数
        mov     cx, 0x0002                  ; CX = シリンダ/セクタ
        mov     dh, 0x00                    ; DH = ヘッド位置
                                            ; DL = ドライブ番号(取得済み)
        mov     bx, 0x7C00 + 512            ; BX = オフセット
        int     0x13                        ; BIOS(0x13, 0x02);
```

INT 0x13(AH=0x08):ドライブパラメータの取得

表11-6 INT 0x13 AH=0x08:ドライブパラメータの取得

入力	AH	**0x08**(固定)
	DL	ドライブ番号
出力	CF	0=成功、1=失敗
	AH	リターンコード
	BL	FDDタイプ(1=360K、2=1.2M、3=720K、4=1.44M)
	CL[7:6]	シリンダ数(上位2ビット)
	CH	シリンダ数(下位8ビット)
	CL[5:0]	セクタ数(下位6ビット)
	DH	ヘッド数

DL	ドライブ数
ES:DI	ディスクベーステーブルのアドレス

セクタの読み出し時に指定するパラメータは、ハードウェアに強く依存した指定方法です。そのため、アクセス対象となるドライブの構造により、セクタの指定方法が変わります。

このBIOSコールでは、デバイスごとに異なるドライブパラメータを取得することが可能です。処理が正常に終了すると、実際にアクセス可能な最終セクタを取得することができます。また、一部のドライブでは、ES:DIにモーター制御などの、より細かな情報が格納されたアドレスが設定されます。

次のコードは、ブートデバイスのドライブパラメータを取得する例です。この例では、PCに接続された最初のHDDのドライブパラメータを取得しています。

```
        mov     ah, 0x08                            ; // get drive parameters
        mov     dl, 0x80                            ; DL = ドライブ番号(最初のHDD)
        int     0x13                                ; CF = BIOS(0x13, 0x08);
```

11.4 システムサービスとその使用例

BIOSでは、ハードウェアの構成やシステム情報などを問い合わせるためのシステムサービスも提供しています。本書のサンプルプログラムでは、A20 Gate信号➡P.274参照の制御とプロテクトモード時に参照するメモリマップを取得する、2つのBIOSコールを使用します。

INT 0x15(AH=0x24):A20制御

表11-7 Int 0x15 AX=0x2402:A20 Gate信号の問い合わせ

入力	AH	0x24(固定)
	AL	0x02:A20状態の問い合わせ
出力	CF	0=成功、1=失敗
	AH	0x00:成功
		0x01:セキュアモード
		0x86:未サポート
	AL	A20 Gate状態(0:無効、1:有効)

このBIOSコールでは、BIOSがA20 Gate 信号の制御をサポートしているかどうかを問い合わせます。もし、サポートしているのであれば、次のBIOSコールを使用して、A20 Gate信号の設定が可能です。

表11-8 Int 0x15 AX=0x2400／0x2401：A20 Gate信号の設定

入力	AH	0x24（固定）
	AL	0x00：無効に設定
		0x01：有効に設定
出力	CF	同上
	AH	同上

次のコードは、BIOSコールを利用して、A20 Gate信号を有効に設定する例です。

```
        mov     ah, 0x24                        ; // A20 Gate信号の設定
        mov     al, 0x01                        ; AL = 有効;
        int     0x15                            ; CY = BIOS(0x15);
```

今では、ほとんどのシステムで、A20 Gate信号をポートアドレスの0x92番地から制御することが可能です。そして、この機能が有効であることは、次のBIOSコールで確認することができます。

表11-9 Int 0x15 AX=0x2403：ポートによるA20 Gate信号の制御問い合わせ

入力	AH	0x24（固定）
	AL	0x03：A20 Gate制御のサポート問い合わせ
出力	CF	0=成功、1=失敗
	AH	0x00：成功
		0x01：セキュアモード
		0x86：未サポート
	AL	A20 Gate状態
	BX	問い合わせ結果
		B1：ポート0x92による制御サポート
		B0：キーボードによる制御サポート

このBIOSコールが正常に終了した場合、ポートによるA20 Gate 信号の制御が可能かどうかのフラグがBXレジスタに設定されます。もし可能であれば、ポート入出力命令だけでA20 Gate 信号の制御が可能ですが、キーボードによる制御のみがサポートされていた場合、つまり、このBIOSコールの呼び出しに失敗するか、またはBIOSによるA20 Gate信号の制御が未サポートであれば、KBCの制御やループ処理などで、比較にならないほど多くのコードを書かなくてはなりません。

ポートによる制御が可能な場合、A20 Gate 信号は、ポートアドレス0x92番地のB1に接続されています。このビットに1を書き込むとA20 Gate 信号を有効に、0を書き込むと無効に設定することが可能です。また、多くのシステムでは、同ポートのB0はリセットの制御に使用され、他のビットも固有の制御で使用されていることがあるので、対象となるビット以外

は変更しないようにします。

次のコードは、ポート0x92を介して、A20 Gate信号の有効化を行う例です。

```
        in      al, 0x92                        ; AL  = in(0x92);
        or      al, 0x02                        ; AL |= 0x02;
        out     0x92, al                        ; out(0x92, AL);
```

INT 0x15(AH=0xE820)：システムメモリマップ

表11-10 Int 0x15 AX=0xE820：システムメモリマップ

入力	AX	0xE820（固定）
	EBX	インデックス（初回のみ0を設定する）
	ES:DI	情報書き込み先
	ECX	書き込み先バイト数
	EDX	0x534D4150（"SMAP"固定）
出力	CF	0=成功、1=失敗
	EAX	0x534D4150（"SMAP"固定）
	ECX	書き込みバイト数
	EBX	インデックス（0のときは最終データ）

このBIOSコールでは、0x0010_0000番地より上位にある、1つのメモリ領域に関する情報を取得することができます。処理が正常に終了した場合、ES:DIで指定した書き込み先アドレスに、ECXレジスタで指定したバイト数分のメモリ情報が書き込まれます。次の図に、書き込みバイト数を20に設定したときに取得されるデータの書式を示します。

図11-3 メモリ情報

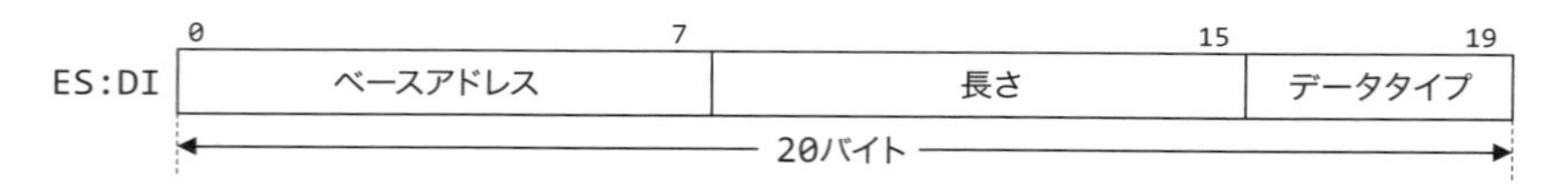

メモリ情報内のデータタイプは、次のように定義されています。

表11-11 データタイプの意味

データタイプ	名称	用途
1	AddressRangeMemory	使用可能
2	AddressRangeReserved	使用不可
3	AddressRangeACPI	ACPIテーブルの参照可能
4	AddressRangeNVS	使用不可

このなかで、プログラムが使用できる領域は、データタイプが1の領域のみです。2番は予約されているので使用してはいけません。3番と4番は、後ほど説明するACPI ➡P.335参照 で使用されるもので、誤って書き換えることがないようにしなくてはいけません。

このBIOSコールで取得できる情報は、1つのメモリ領域に関するものだけです。すべてのメモリマップを取得するためには、メモリ情報の取得を繰り返す必要があります。具体的には、インデックスとなるEBXレジスタの値を、初回呼び出し時にだけ0に設定します。BIOSコールが正常に終了した場合、EBXレジスタの値が0であれば、最後の情報であることを示しています。EBXレジスタの値が0以外であれば、値を変更せずに同じBIOSコールを呼び出すことで、次のメモリ領域に関する情報を取得することができます。

次の図に、すべてのメモリマップを取得するときのフロー図を示します。

図11-4 BIOSコールを使用したシステムメモリマップの作成手順

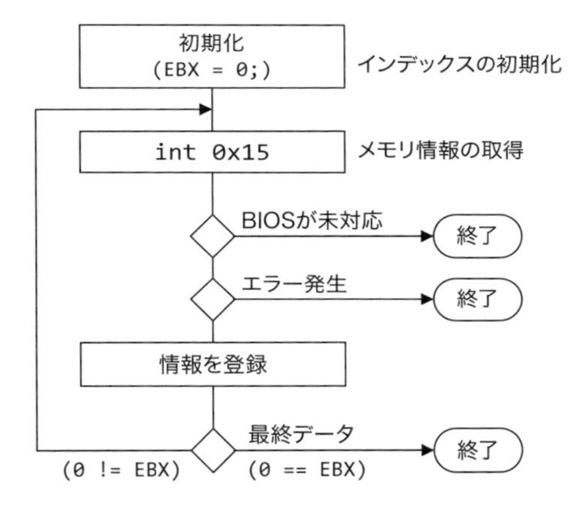

次のコードは、最初のメモリ領域に関する情報を取得する例です。

```
        mov     eax, 0x0000E820             ; EAX = 0xE820
        mov     ebx, 0                      ; EBX = 0; // インデックス
        mov     ecx, 20                     ; ECX = 要求バイト数
        mov     edx, 'PAMS'                 ; EDX = 'SMAP';
        mov     edi, .record                ; EDI = 保存先アドレス;

        int     0x15                        ; BIOS(0x15, 0xE820);

.record:    times 20    db 0
```

11.5 キーボードサービスとその使用例

キーボードサービスでは、文字コードに変換された入力キーを取得することができます。

INT 0x16(AH=00)：キーコードの取得

表 11-12 Int 0x16 AH=0x00：キーコードの取得

入力	AH	0x00 (固定)
出力	AH	スキャンコード
	AL	アスキーコード

このBIOSコールは、キーが押されるまで制御を戻しません。処理が正常に終了すると、キーボードに固有のスキャンコードとアスキーコードがAXレジスタに設定されます。ただし、このBIOSコールでは、Shift キーのように文字コードを生成しない制御用キーの押下だけを検出することはできません。

次のコードは、ユーザーからのキー入力待ちを行う例です。

```
        mov     ah, 0x00                        ;   // キー入力待ち
        int     0x16                            ;   AL = BIOS(0x16, 0x00);
```

11.6 その他のサービス

ここでは、これまでのサービスに含まれないBIOSコールを記載します。

INT 0x19：再起動

このBIOSコールは、システムの起動処理を実行します。ただし、この処理はブートセクタの読み出しから再開しますが、メモリの初期化などは行わないので、電源投入直後の状態とまったく同じとなる訳ではありません。

表 11-13 Int 0x19：再起動

入力	–	なし
出力	–	なし

次のコードは、システムを再起動する例です。

```
        int     0x19                           ; BIOS(0x19);       // reboot();
```

11.7 ACPIによる電源管理と制御例

初期のコンピュータは、一度電源を入れると故障した部品の交換やOSの入れ替えでもなければ電源を落とすことがなかったので、専用の電源が用意され、電源へのアクセスも制限されていました。しかし現在、オフィスで使用されるほとんどのコンピュータは、営業時間以外は電源を落とすことが当たり前のように行われています。簡単に電源へのアクセスが可能となった反面、不用意に電源が失われることも簡単に発生します。

突然コンピュータの電源が失われると、OSの内部状態やファイルの記録状態などが不完全なものとなり、OSを再起動することすらできなくなる可能性があります。このため、電源を切る前には、必要な情報を外部記憶装置に記録して電源を切れる状態にする、シャットダウン(Shut Down)処理が必要です。

OSの起動と終了は、コンピュータの待ち時間のなかでも、特に時間が掛かる処理です。このため、一部のデータを低消費電力で動作するメモリに保存しておき、より高速にOSの停止と再開を行うための工夫が施されました。これを実現するためには、ソフトウェアで電源を管理する必要がありますが、この仕様の1つが**ACPI**(Advanced Configuration and Power Interface)です。ACPIは、電源に関する機能を提供するだけではありませんが、ここでは、ソフトウェアで電源を切ることを目標とします。

システム状態

電源管理をサポートするACPIハードウェアはACPIレジスタを介して制御されます。しかし、アクセス対象となるレジスタのアドレスは固定されている訳ではなく、ACPIテーブルに記載された値を使用します。また、レジスタに設定すべき値もACPIテーブルから取得します。さらに、レジスタ自体が存在するかどうかさえACPIテーブルで確認する必要があります。特定のハードウェアに依存しないがゆえの手法ではありますが、APCIを制御するためにはある程度のプログラミングが必要であることを示しています。

図11-5 ACPIレジスタとACPIテーブル

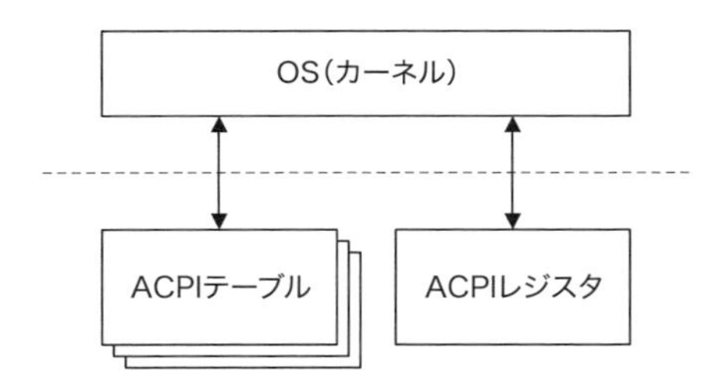

ACPIでは、電源の状態をS0からS5までの6段階で定義しています。これを、**システム状態**といいます。システム状態のS0はシステム稼動状態で、数値が大きくなるにつれ省電力での待機状態であることを示し、S5は完全に電力の供給が停止した状態を示しています。ソフトウェアで電源を切ることは、システム状態をS5に変更することと同じです。

システム状態の変更は、ACPIレジスタに遷移したいシステム状態を書き込むことで行います。そして、システム状態を書き込むACPIレジスタのアドレスおよびシステム状態を表す具体的な設定値は、ACPIテーブルから取得します。これは、ACPIテーブルに、システム状態を設定するためのレジスタや設定値がなければ、ソフトウェアによるシステム状態の遷移ができないことを意味しています。

ACPIテーブル

システム状態を変更するためには、「システム状態パッケージ」に定義されている値を「PM1コントロールレジスタ」に設定します。「PM1コントロールレジスタ」はFADT(固定ACPIディスクリプタテーブル)に、「システム状態パッケージ」はDSDT(差分システムディスクリプタテーブル)に記載されています。両方ともACPIテーブルの一種です。

図11-6 システム状態の移行方法

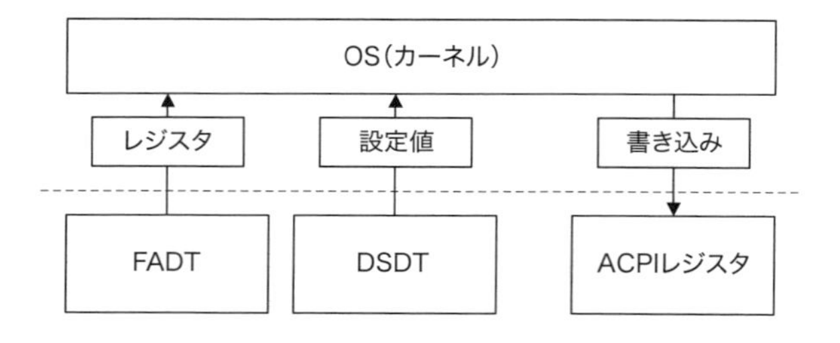

ACPIテーブルの位置は、システムメモリマップ問い合わせ用BIOSコール(INT15 0x8E20)で取得します。このBIOSコールでは、ACPIテーブルの参照元となるRSDT(Root System Description Table)が存在するメモリ空間の開始アドレスを取得することができます。そして、その情報のなかからFADT、さらにはDSDTのアドレスも取得することができます。

図11-7 各ディスクリプタテーブルの関係

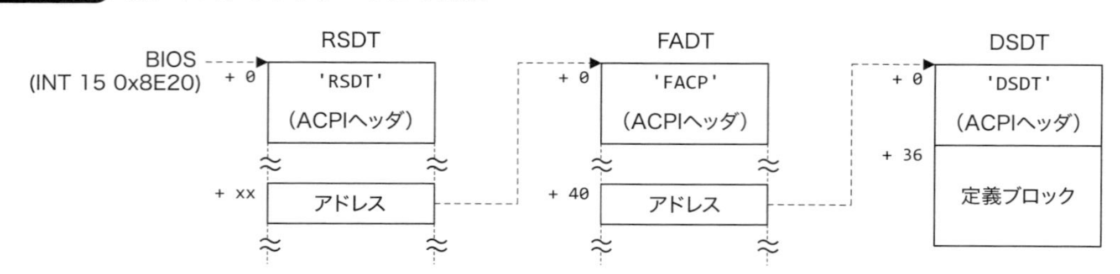

すべてのACPIテーブルは、36バイトのACPIヘッダから始まります。ACPIヘッダの先頭にはテーブルを識別するための4文字の識別子が記録されています。ACPIテーブルごとの情報はヘッダ以降に配置され、そのデータサイズはACPIヘッダのテーブル長から計算することができます。次の図にACPIテーブルの構成を示します。

図11-8 ACPIディスクリプタテーブルの構成

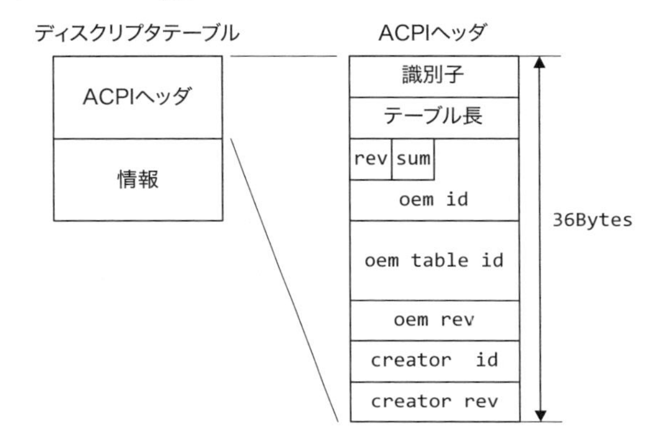

レジスタアドレスの取得

システム状態を設定するレジスタアドレスはFADTから取得します。FADTは識別子に「FACP」と署名されたACPIテーブルで、オフセットの64バイトおよび68バイトの位置に2つのレジスタ（PM1a_CNT_BLKとPM1b_CNT_BLK）アドレスが各4バイトで保存されています。この値が、システム状態を設定するための「PM1コントロールレジスタ」のアドレスを表しています。仕様書ではシステムポートアドレスと記載されているので、実際にはポート入出力命令でアクセスすることになります。

図11-9 FADTの構成

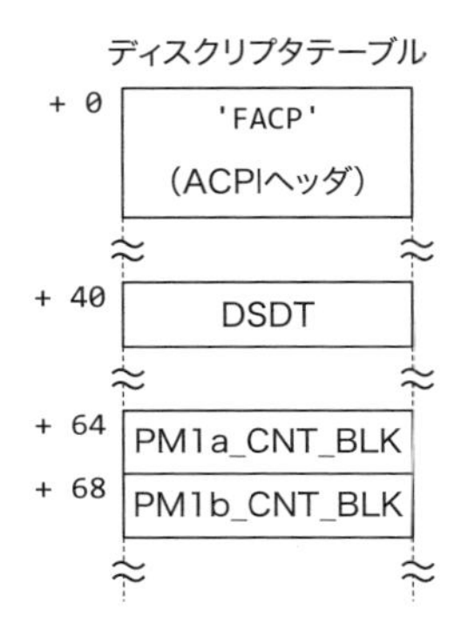

ACPIでは、ビット構成が同じ複数のレジスタで1つのグループを構成する場合があります。

今回対象とする2つのレジスタ(PM1a_CNT_BLKとPM1b_CNT_BLK)も1つの「PM1 CNTグループ」に含まれています。

図11-10 レジスタグループ

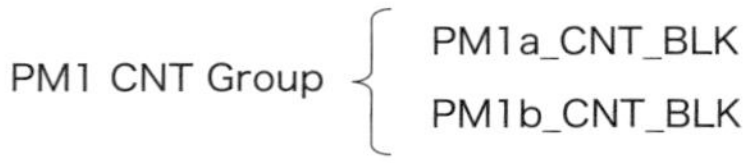

PM1 CNT Group { PM1a_CNT_BLK / PM1b_CNT_BLK }

このような構成のレジスタを読み込むとき、複数のレジスタから読み込んだ値をビットOR演算して値を確定し、書き込む場合は、同じ値を複数のレジスタに書き込みます。ですが、ACPIテーブルのアドレスには、設定ができないまたは不要であることを示すために、0が設定されていることがあります。この場合は、0番地のポートアドレスにアクセスをしてはいけません。

次の表にPM1a_CNT_BLKレジスタの構成を示します。

表11-14 PM1制御レジスタ

ビット	名前	意味
[13]	SLP_EN	SLP_TYPxに設定された状態に遷移します。
[12:10]	SLP_TYPx	SLP_ENが設定されたときに遷移するシステム状態を設定します。
2	GBL_RLS	ACPIイベントをBIOSに通知するかどうか設定します。
1	BM_RLD	バスマスタ要求の可否を設定します。
0	SCI_EN	電源管理イベントの割り込み元を選択します。

システム状態を変更するためには、SLP_TYPxビットに遷移したいシステム状態を書き込み、SLP_ENビットをセットします。または、2つの値を同時に書き込むことも可能です。システム状態を表す設定値は、DSDTから取得します。DSDTテーブルのアドレスは、FADTのオフセット40の位置に記載されています。

設定値の取得

レジスタに設定するシステム状態は、DSDTの定義ブロックに保存されています。DSDT中にはACPIで参照される、数多くの情報が含まれています。そして、それらは可変長です。

図11-11 DSDTの構成

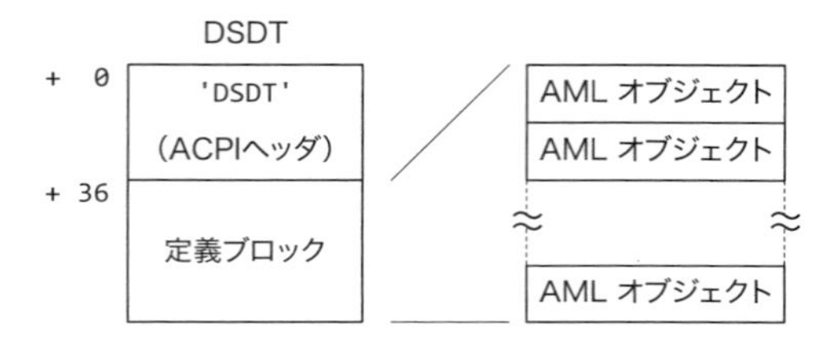

DSDTのデータ部である定義ブロックには、ASL（ACPI Source Language）というソースコードから生成された、AML（ACPI Machine Language）と呼ばれるバイトコードが記録されています。ACPIを利用するプログラムは、レジスタへの設定値を取得するために、このバイトコードを解析する必要があります。

図11-12 ASLとAML

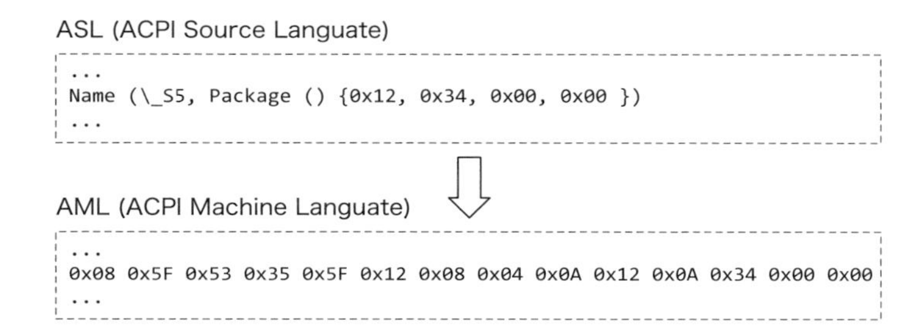

メモリ上に展開されたバイトコードから、特定の設定値を取得するのは簡単なことではありません。ここでは、システム状態をS5に変更するために必要となる設定値の取得だけを目的とします。

定義ブロックに記録されているバイトコードはASLから生成されるので、ASLの概要を知っておかなくてはなりません。ASLで定義されるデータは、「\」から始まる、名前空間による階層構造で構成されます。名前空間を表す名前は、最大4文字で表現されますが、ACPIにより事前に定義された名前は、「_」で始まることが決められています。そして、「S5」名前空間は、これに該当するため、「_S5」と表記されます。

図11-13 ACPIの名前空間

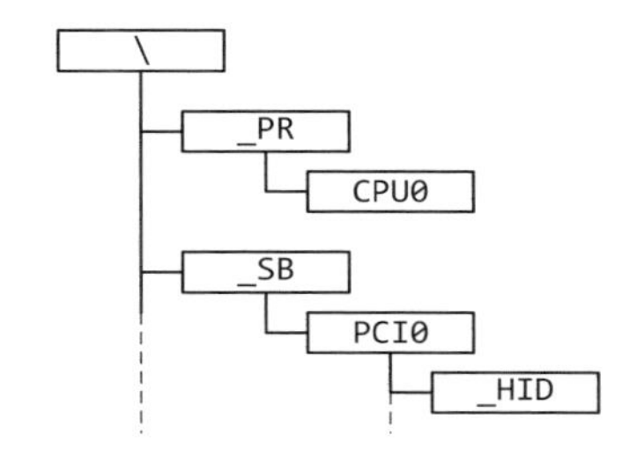

データはパッケージまたはオブジェクトのなかに含まれます。これは、単に0x30といったデータが書かれていただけでは数値なのか文字なのかを判別することができないので、データの種別を特定する必要があるためです。このときに使用されるフォーマットの1つがパッケージで、システム状態をS5に変更するための設定値は、「_S5」名前空間のパッケージに含まれています。ASLでは、システム状態をS5に遷移するための設定値を次の図のように定義しています。

図11-14 S5名前空間に存在するパッケージ

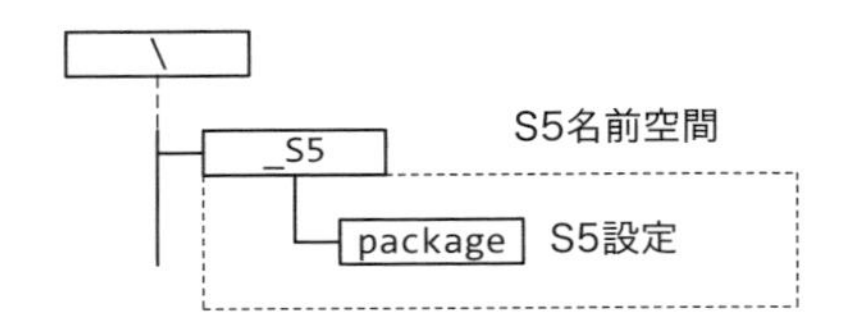

ASLの名前は、必ず4文字のバイトコードに変換されます。もし、4文字に満たない場合は、不足分を補うために、「_」が付加されます。このため、ASLで「_S5」と表現された名前は、4バイトのバイトコードである「_S5_」に変換されます。DSDTの定義ブロックからは、この4バイトを探すことになります。

システムでサポートされるシステム状態は、ダブルワードの値を含むパッケージとして、定義ブロックに記録されます。例えば、システム状態のS5に遷移することができるのであれば、状態遷移時にレジスタに設定すべき情報をS5名前空間にパッケージとして保持していなければいけません。ダブルワードの内訳は次の表のとおりで、この値をレジスタに設定すると、システム状態を変更することが可能です。

表11-15 パッケージの内容

バイト	備考
[0]	PM1a_CNT.SLP_TYPに設定する値
[1]	PM1b_CNT.SLP_TYPに設定する値
[2:3]	(予約)

パッケージの取得

定義ブロック内のバイトコードには可変長データが定義されているので、このなかから必要な情報を探し出さなくてはいけません。ここでは、システム状態をS5(電断状態)に移行するために必要となるS5パッケージの定義を検索することを考えます。

AML言語では、2種類の方法で、パッケージを定義することができます。

表11-16 パッケージの定義

パッケージ		定義	パッケージ長	要素数	要素リスト
DefPackage	:=	PackageOp	PkgLength	NumElements	PackageElementList
DefVarPackage	:=	VarPackageOp	PkgLength	VarNumElements	PackageElementList

この違いは、パッケージに含まれる要素数にあります。最初の「DefPackage」は255までの、次の「DefVarPackage」は256以上の要素を含めるときに使用されます。S5パッケージにはダブルワードのデータが含まれますが、最大でも4つのバイト要素が含まれるだけなので、最初の定義(DefPackage)が使用されます。

この定義では、パッケージ(DefPackage)はパッケージオプション(PackageOp)で始まり、パッケージ長(PkgLength)、要素数(NumElements)、要素リスト(PackageElementList)で構成されることを示しています。そして、パッケージの定義であることを示すオプション(PackageOp)は次のように定義されています。

```
PackageOp :=      0x12
```

つまり、先頭から正しくバイトコードを検索していき、0x12が見つかったら、そこからパッケージが始まると判断することができます。今回の検索対象となるS5パッケージは0x12から始まるので、パッケージの定義を次のように書き直すことができます。

```
DefPackage :=     0x12 PkgLength NumElements PackageElementList
```

次に続くパッケージ長(PkgLength)は、可変長データで、次のように定義されています。

```
PkgLength :=      PkgLeadByte |
                  <PkgLeadByte ByteData> |
                  <PkgLeadByte ByteData ByteData> |
                  <PkgLeadByte ByteData ByteData ByteData>
ByteData :=       0x00 - 0xFF
```

この定義は、パッケージ長(PkgLength)が、先頭バイト(PkgLeadByte)と0から3バイトまでのバイトデータ(ByteData)で構成されることを示しています。また、バイトデータ(ByteData)は任意の1バイトであることも定義されています。パッケージの先頭バイトは、可変長データを定義するために、ビットごとに異なる意味を持っています。

図11-15 PkgLeadByteの構成

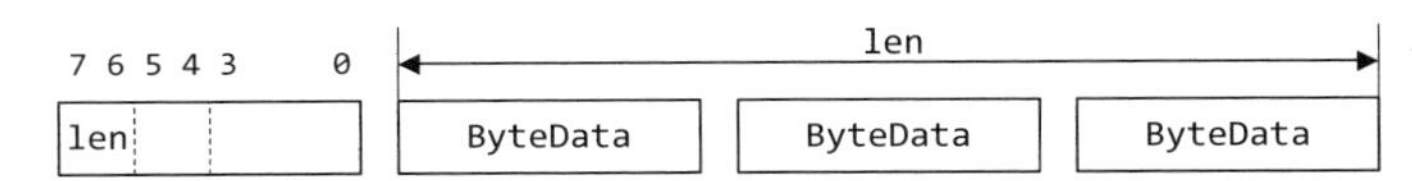

先頭バイト(PkgLeadByte)の上位2ビットは、後に続くバイトデータ(ByteData)の数を示しています。2ビットで定義されているので、パッケージ長全体では1から4バイトで表現されます。具体的な例を次に示します。

図11-16 PkgLeadByteの長さの例

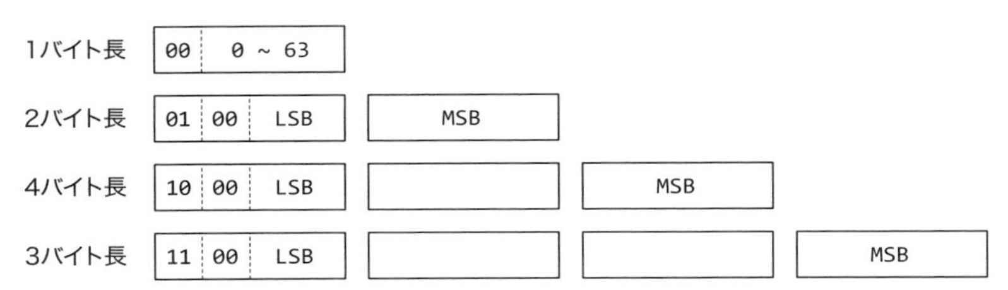

次の2ビット(B[5:4])は上位2ビット(B[7:6])が0のときのみ意味を持ち、1バイトで0〜63までの値を表現するために使用されます。このことからも分かるとおり、64以上の値を表現するときは1バイト以上のバイトデータ(ByteData)が付加されることになります。ただし、バイトデータが付加されるときのB[5:4]は必ず0でなくてはならず、B[3:0]を最下位とする変則的なリトルエンディアンで構成されます。具体的なパッケージ長のバイトコード例を次に示します。

表11-17 バイトコードの例

パッケージ長		バイトコード
(10進)	(16進)	
2	0x02	0x02
63	0x3F	0x3F
64	0x40	0x40 0x04
65	0x41	0x41 0x04
4095	0x0FFF	0x4F 0xFF
4096	0x1000	0x80 0x00 0x01
4097	0x1001	0x81 0x00 0x01

検索対象となるS5パッケージのなかには4バイト(ダブルワード分)データが含まれているだけなので、パッケージ長は1バイトで表現されます。具体的には次のように書き表すことができます。ただし、パッケージ長(PkgLength)の上位2ビットが分かっただけです。

```
DefPackage :=     0x12 [0x0?] NumElements PackageElementList
```

パッケージに含まれている要素数(NumElements)はバイトデータ(ByteData)として定義されています。

```
NumElements :=    ByteData
```

バイトデータは、すでに見たとおり、1バイトの数値で表現されます。このため、最大で255までの要素を表現することができます。仮に、1バイトのデータ4つに変換されたのであれば、次のような構成になります。

```
DefPackage :=     0x12 [0x0?] 0x04 PackageElementList
```

もちろん、ダブルワードの要素1つに変換される可能性もありますが、要素数(NumElements)が1バイトで構成されることに変わりはありません。そして、最後のパッケージ要素リスト(PackageElementList)は、次のように定義されています。

```
PackageElementList :=     Nothing |
                          <PackageElement PackageElementList>
    PackageElement :=     DataObject |
                          NameString
```

パッケージ要素リスト(PackageElementList)は、0個以上のパッケージ要素(PackageElement)で構成されます。そしてパッケージ要素(PackageElement)はデータオブジェクト(DataObject)または名前文字列(NameString)で構成されます。今回は、レジスタに設定する値を探しているので、データオブジェクト(DataObject)が該当し、次のように定義されています。

```
DataObject :=     ComputationalData |
                  DefPackage | DefVarPackage
```

ここで必要とする要素は、計算データ(ComputationalData)になります。そして、計算データは次のように定義されています。

```
ComputationalData := ByteConst | WordConst | DWordConst | QWordConst |
                     String | ConstObj | RevisionOp | DefBuffer
```

S5オブジェクトに格納されている要素はバイト定数(ByteConst)、ワード定数(WordConst)、ダブルワード定数(DWordConst)または定数オブジェクト(ConstObj)のどれかになります。定数オブジェクト以外のデータ定義は1バイトのプレフィクスとともに定義されています。

```
  ByteConst :=    BytePrefix    ByteData
  WordConst :=    WordPrefix    WordData
 DWordConst :=    DWordPrefix   DWordData
 QWordConst :=    QWordPrefix   QWordData
 BytePrefix :=    0x0A
 WordPrefix :=    0x0B
DWordPrefix :=    0x0C
QWordPrefix :=    0x0E
```

また、2バイト以上のデータはリトルエンディアンで格納されます。

```
  ByteData :=    0x00 - 0xFF
  WordData :=    ByteData[0:7] ByteData[8:15]
 DWordData :=    WordData[0:15] WordData[16:31]
```

仮に、バイト定数(ByteConst)で0から3までの4つの数値が定義されていた場合、要素リストは次のような構成になります。

```
ComputationalData := 0x0A 0x00 0x0A 0x01 0x0A 0x02 0x0A 0x03
```

そして、パッケージ全体としては、次のように表現されます。ここで、要素リストのバイト長が分かったのでパッケージ長が確定します。

```
DefPackage :=  0x12            PackageOp     パッケージオプション
               0x0A            PkgLength     パッケージ長
               0x04            NumElements   要素数
               0x0A 0x00       ByteConst     第1要素
               0x0A 0x01       ByteConst     第2要素
               0x0A 0x02       ByteConst     第3要素
               0x0A 0x03       ByteConst     第4要素
```

この内容から、システム状態をS5に設定するために必要な設定値は、第1要素の0x00と第2要素の0x01と判明します。バイトコードの解釈はこれで正しいのですが、バイトコードのデータ量を削減するために、これとは異なるバイトコードが生成されることがあります。なぜなら定数オブジェクト(ConstObj)が次のように定義されているためです。

```
ConstObj :=  ZeroOp | OneOp | OnesOp
  ZeroOp :=  0x00
   OneOp :=  0x01
  OnesOp :=  0xFF
```

ここで定義されている定数オブジェクト(ConstObj)は、プレフィクスが重複しないので、バイト定数などと混在することができます。そのため、先ほどのパッケージの定義は、次のバイトコードで記録されているかもしれません。

```
DefPackage :=  0x12            PackageOp     パッケージオプション
               0x08            PkgLength     パッケージ長
               0x04            NumElements   要素数
               0x00            ByteConst     第1要素
               0x01            ByteConst     第2要素
               0x0A 0x02       ByteConst     第3要素
               0x0A 0x03       ByteConst     第4要素
```

もし、すべての値が定数オブジェクトの0x00、0x01または0xFFである場合、プレフィクスが付くことなく4バイトのデータが並びます。

```
DefPackage :=  0x12            PackageOp     パッケージオプション
               0x06            PkgLength     パッケージ長
               0x04            NumElements   要素数
               0x00            ZeroOp        第1要素
               0x01            OneOp         第2要素
               0xFF            OnesOp        第3要素
               0xFF            OnesOp        第4要素
```

または、ダブルワードの要素1つとして変換されるかもしれません。

```
DefPackage :=  0x12            PackageOp     パッケージオプション
               0x07            PkgLength     パッケージ長
               0x01            NumElements   要素数
               0x0C 0x04050607 DWordData     第1要素
```

この場合、ダブルワードの第1要素から、オフセット0の0x07とオフセット1の0x06がシステム状態をS5に遷移するために必要な設定値となります。

第3部

OSを実装する

第12章 開発環境を構築する

作業内容
・開発環境を整える
・プログラムの開発手順
・仮想環境での動作確認方法　など

実際にプログラムを作る前に、開発環境を整える必要があります。具体的には、作成したファイルや共通で使用するプログラムの保存場所を決め、配置します。コンピュータ内では、ファイルの保存場所のことをディレクトリまたはフォルダといいます。

本書での開発環境は、「prog」という1つのディレクトリ内にすべてのデータをまとめます。progディレクトリはCドライブの直下に作成し、そのなかにはソースファイルを格納するための「src」、環境設定などを保存する「env」、アセンブラなどのプログラムやツールを保存する「tools」の3つのディレクトリを作成します。

図12-1 全体のディレクトリ構成

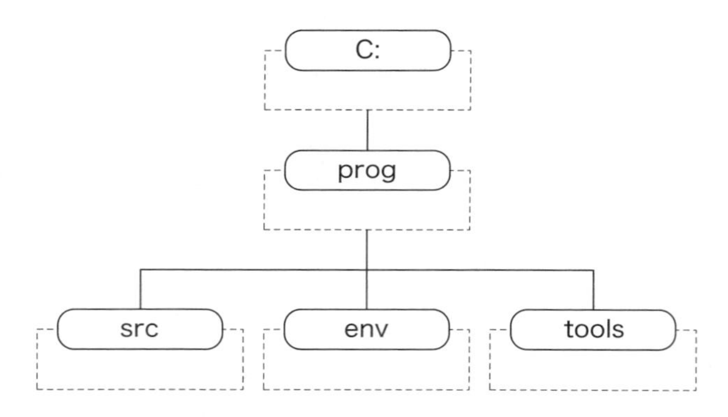

複数のディレクトリにファイルを保存するのであれば、対象となるディレクトリを特定できなくてはなりません。これをパス(PATH)といいます。ディレクトリには親子関係があるので、パスはディレクトリの並びで表現されます。このとき、ディレクトリを分割する記号として、Windowsでは「￥」記号が使用されます。すべての親となるディレクトリのことをルートディレクトリといいますが、Windowsではアルファベット1文字と「:」で表記されます。ルートディレクトリからすべてのディレクトリを列挙して、対象となるディレクトリを指定する方法を絶対パスといいます。次の図は、前述の各ディレクトリを絶対パスで表現したものです。

図12-2 ディレクトリの絶対パス

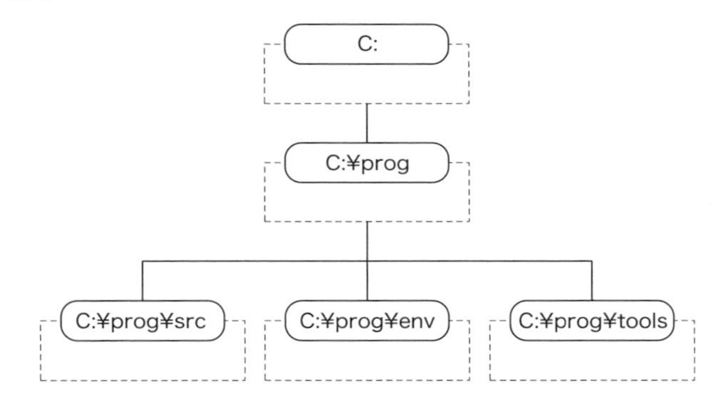

絶対パスは、文字どおり、絶対的な指定方法なのですが、常に、ルートディレクトリから指定するのでは不便なときがあります。そのため、現在の作業ディレクトリを基準とした、相対的な指定方法を使用することが可能で、これを相対パスといいます。相対パスでは、基準となる作業ディレクトリをカレントディレクトリと呼び、「.（ドット1つ）」で表記します。同様に、親ディレクトリは「..（ドット2つ）」で表記します。仮に、srcディレクトリからenvディレクトリを指定するのであれば、1つ上のディレクトリ内にあるenvディレクトリを意味する「..¥env」となります。

図12-3 ディレクトリの相対パス

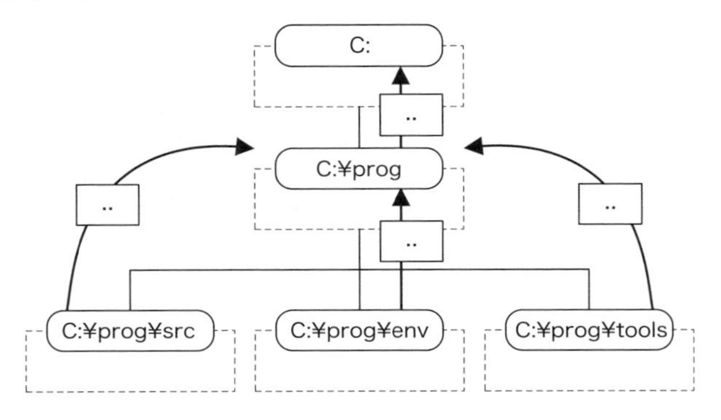

ここからは、実際にディレクトリを作成しながら、開発環境を整えていくことにします。

12.1 作業ディレクトリを作成する

今では一般的に使用されている、ウィンドウを使ったユーザーインターフェイスはGUI（Graphical User Interface）と呼ばれています。GUIは、表示画面が高解像度になったことで実現された、画像による直感的な操作を可能とするものです。これに対し、ハードウェアの能力が低かった時代には、**CUI**(Character based User Interface)またはCLI(Command Line Interface)と呼ばれる、文字によるコマンド入力環境が使用されていました。CUIは、GUIが実現された後で作られた言葉で、双方の入力環境を区別するときに使用されます。

CUIもGUIも一長一短です。GUIは、プログラム名や保存場所を知らなくてもメニューやアイコンで必要とするプログラムを起動することができますが、細かな情報を大量に設定するのは不得手です。CUIは、画像による直感的な選択はできませんが、慣れてくると、画像をマウスでクリックするよりも効率的にコマンドを実行することができます。ここでは、多くの処理をCUIで行います。WindowsでのCUI環境は、**コマンドプロンプト**として知られています。

まずは、CUIに慣れるためにも、前述のディレクトリ構成をコマンドプロンプト上で作成することにします。コマンドプロンプトを起動するには、Windowsの[スタート]メニュー→[Windowsシステムツール]→[コマンドプロンプト]を選択します。

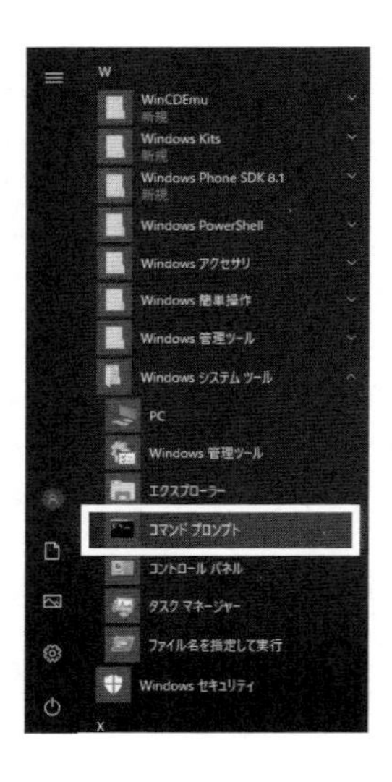

コマンドプロンプトは、[Windows]キーと[R]キーを同時に押下することで表示される「ファイル名を指定して実行」ダイアログから実行することも可能です。表示されたダイアログの名前欄に、コマンドプロンプトのプログラム名である「cmd」と入力後、[OK]ボタンを押下します。

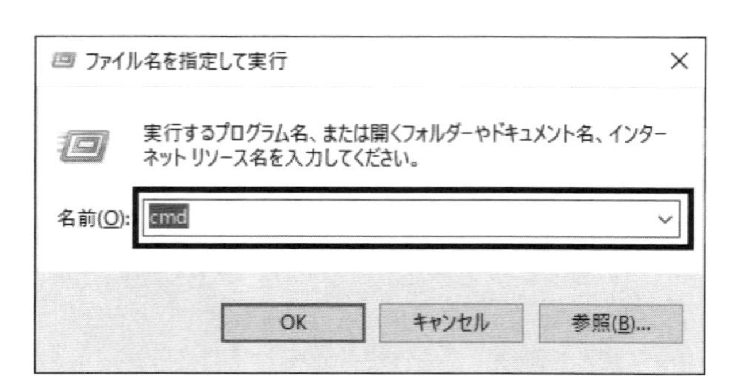

コマンドプロンプトが起動すると、次のような画面が表示されます。

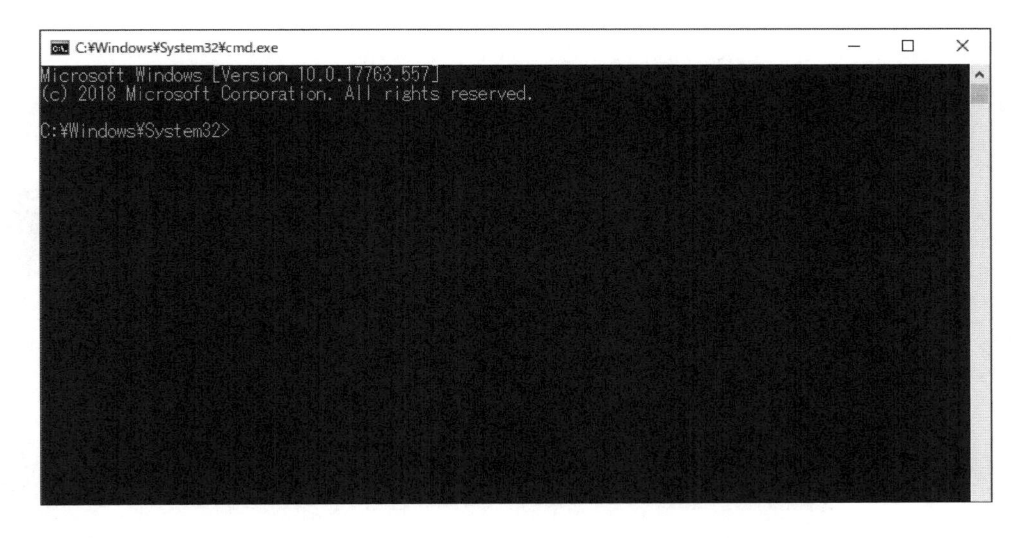

画面に表示される内容は使用環境によって異なりますが、カーソルが点滅していることを確認できるはずです。この点滅は、ユーザーからのコマンドを受け付けられる状態であることを示しています。コマンドプロンプト(Command Prompt)は、コマンド(Command)を催促(Prompt)することに由来しています。もし、カーソルが点滅していないのであれば、コマンドの処理中かウィンドウがアクティブではない状態です。

この画面を閉じるときは、ウィンドウの[×]ボタンを押下するか、「exit」コマンドを入力します。

次に、コマンドプロンプトで使用するコマンドの例を示します。

表 12-1 開発環境の作成で使用するコマンドの例

コマンド	意味
exit	コマンドプロンプトの終了
dir [パス]	ディレクトリの内容を表示
cd [パス]	ディレクトリの移動
mkdir パス	ディレクトリの作成
rmdir パス	ディレクトリの削除

dirコマンドは、ディレクトリのなかにある子ディレクトリとファイルを一覧表示します。対象となるディレクトリはコマンドの直後に記載しますが、これをコマンドオプションまたは単にオプションといいます。dirコマンドではオプションを省略することが可能で、その場合は、現在の作業ディレクトリが対象となります。本書では、省略できるオプション名を「[]」でくくって表記しています。同様に、cdコマンドのオプションも省略することができますが、この場合は、現在の作業ディレクトリを表示します。すべてのコマンドを覚える必要はありません。

このようなコマンドがあることだけを覚えておき、具体的なコマンド名やオプションは都度調べることができれば十分です。

次に、本来の目的である、ディレクトリの作成を行います。

まずは、すべてのデータを格納する「prog」ディレクトリを作成します。作成する位置は、「C:」ドライブの先頭ディレクトリ（¥）とします。そのため、「cd」コマンドでc:¥に移動します。

コマンドプロンプト
```
C:¥Windows¥System32>cd c:¥
C:¥>
```

コマンドプロンプトが「C:¥Windows¥System32>」から「c:¥>」に変更したことで、ディレクトリの移動に成功したことが分かります。次に、「mkdir」コマンドでprogディレクトリを作成します。

コマンドプロンプト
```
C:¥Windows¥System32>cd c:¥
C:¥>mkdir prog
C:¥>
```

特にエラー表示がなければ、新しいディレクトリが作成されています。もし、すでに同じ名前のディレクトリが存在していた場合、次のようなエラーが表示されます。

コマンドプロンプト
```
C:¥>mkdir prog
サブディレクトリまたはファイル prog はすでに存在します。
```

progディレクトリ内にはsrc、env、toolsの3つのディレクトリを作成します。各ディレクトリはprogディレクトリの子ディレクトリとして作成するので、事前に「cd」コマンドでprogディレクトリに移動しておきます。cdコマンドに成功すると、コマンドプロンプトが「c:¥prog>」に変化していることを確認してください。

コマンドプロンプト
```
C:¥Windows¥System32>cd c:¥
C:¥>mkdir prog
C:¥>cd prog
C:¥prog>
```

progディレクトリに移動した後、mkdirコマンドで各ディレクトリを作成します。

```
コマンドプロンプト
C:¥Windows¥System32>cd c:¥
C:¥>mkdir prog
C:¥>cd prog
C:¥prog>mkdir src
C:¥prog>mkdir env
C:¥prog>mkdir tools
C:¥prog>
```

最後に、作成したディレクトリを「dir」コマンドで確認します。

```
コマンドプロンプト
C:¥Windows¥System32>cd c:¥
C:¥>mkdir prog
C:¥>cd prog
C:¥prog>mkdir src
C:¥prog>mkdir env
C:¥prog>mkdir tools
C:¥prog>dir
 ドライブ C のボリューム ラベルがありません。
 ボリューム シリアル番号は 1234-5678 です

 C:¥prog のディレクトリ

2019/01/23  12:34    <DIR>          .
2019/01/23  12:34    <DIR>          ..
2019/01/23  12:34    <DIR>          env
2019/01/23  12:34    <DIR>          src
2019/01/23  12:34    <DIR>          tools
               0 個のファイル                   0 バイト
               5 個のディレクトリ  12,345,678,000 バイトの空き領域
```

表示された最初の2行には、ドライブのボリュームラベルとシリアル番号が表示されます。この値は、環境によって異なるので、実際の表示と異なっていたとしても気にする必要はありません。

次に表示されているのは、現在の作業ディレクトリです。この表示は、「c:¥prog のディレクトリ」となっていなくてはなりません。「c:¥ のディレクトリ」や「c:¥prog¥srcのディレクトリ」の場合、間違ったディレクトリ構成になっているので、再度、手順を確認してください。

作業ディレクトリの次には、ディレクトリに含まれているディレクトリやファイルが表示されます。ディレクトリの場合は「<DIR>」と表示され、ファイルの場合はファイルサイズが名前とともに表示されます。「.」は自分自身のディレクトリ、「..」は親ディレクトリを意味しています。ここでは、env、src、toolsの3つのディレクトリが作成されていることを確認します。

12.2 アセンブラの使用環境を整える

今回使用するアセンブラは、NASM (Netwide Assembler) です。NASMは、次のホームページからダウンロードすることができます。

URL **https://www.nasm.us/**

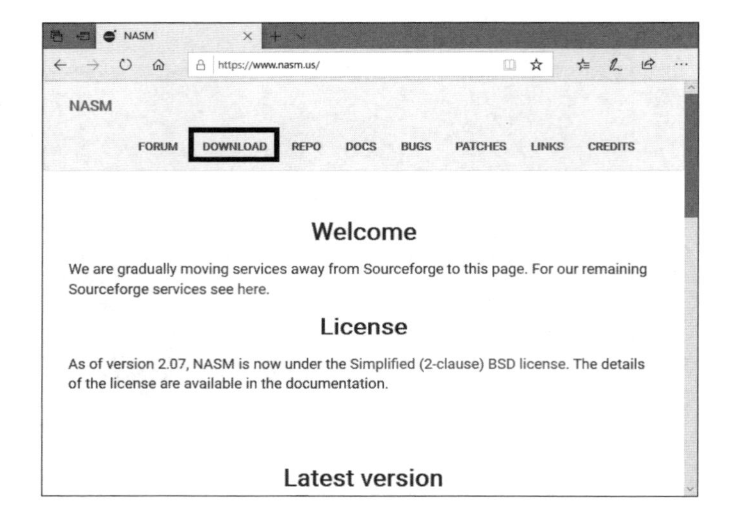

はじめに、ホームページ上部に表示してある[DOWNLOAD]をクリックし、ダウンロードサイトに移行します。

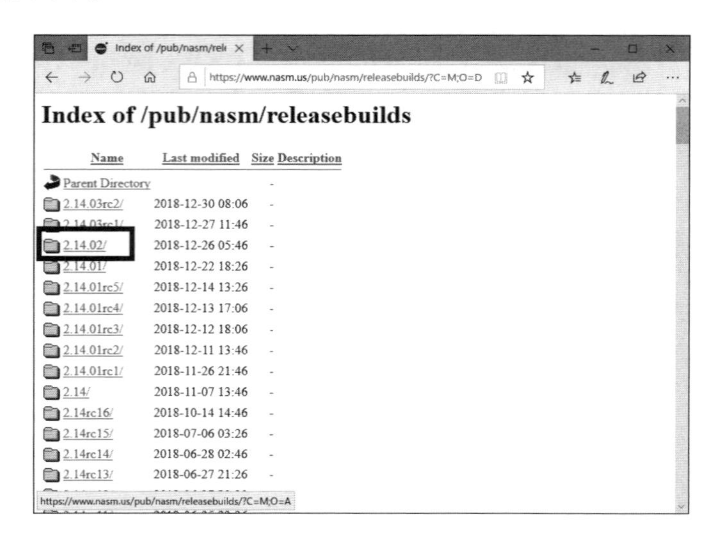

表示されたリリースのなかから、現在の安定版である[2.14.02]をクリックします。

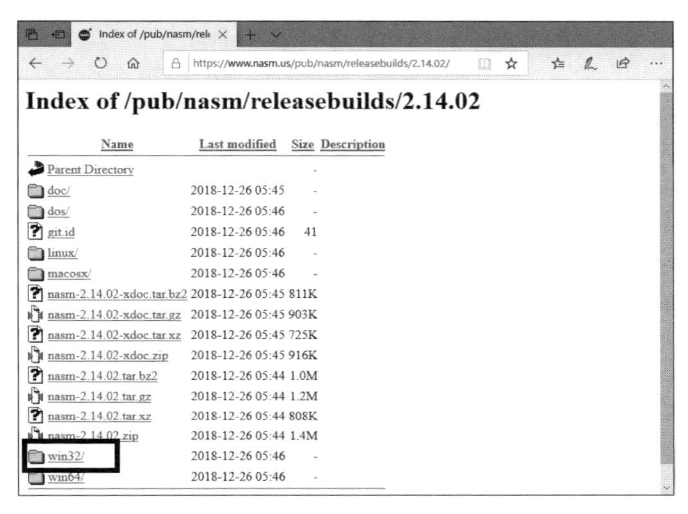

今回は、32ビット版を使用するので、[win32]をクリックします。

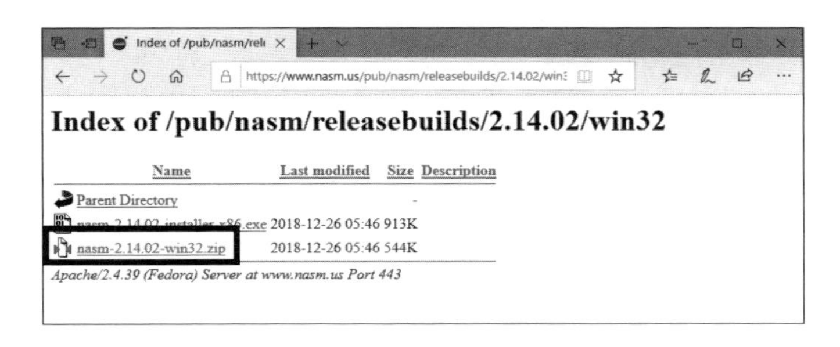

ダウンロード可能なファイルには、インストーラが付属しているか否かで2つのバージョンがあります。今回は、インストーラが付属しない方の「nasm-2.14.02-win32.zip」をダウンロードします。

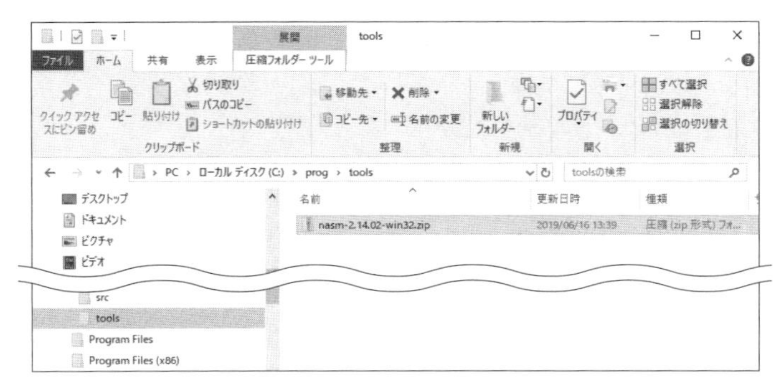

ダウンロードしたファイルは、progの下にあるtoolsディレクトリにコピーします。

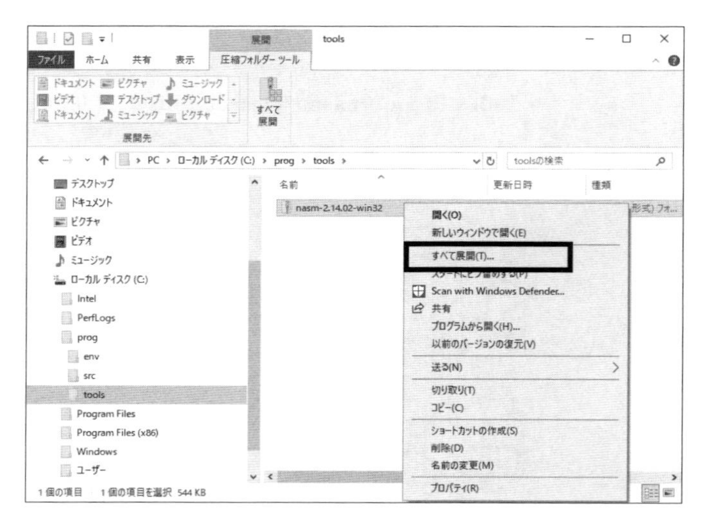

ダウンロードしたファイルは、Windowsが標準でサポートする圧縮ファイル形式です。エクスプローラでダウンロードしたファイルを右クリックし、表示されたメニューから[すべて展開...]を選択します。

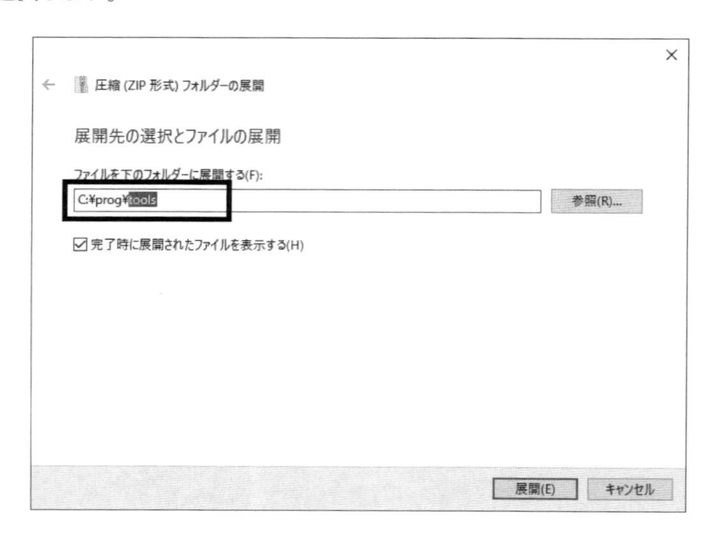

「圧縮(ZIP形式)フォルダーの展開」ダイアログが表示されるので、デフォルトで設定されるファイルの展開先から「¥nasm-2.14.02-win32」の部分を削除し「C:¥prog¥tools」を展開先として[展開]ボタンを押下します。

ファイルの解凍が終了した後は、ダウンロードしたファイルを削除しても構いません。圧縮ファイルを展開した後のディレクトリ構成は、次のようになります。

図 12-4 NASMの配置

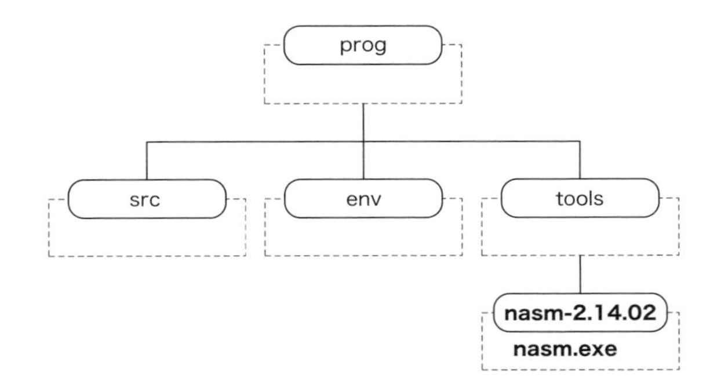

12.3 ソースファイルを作成する

ソースファイルは、小さなプログラムから作り始め、徐々に機能を追加していきます。すべてのソースファイルを同じディレクトリに保存すると、ファイルの履歴を管理しづらくなるので、機能ごとにディレクトリを分けて保存します。これにより、ソースファイルには、常に同じ名前を使用できるというメリットもあります。

最初に作成するプログラムは、ブートするだけのプログラムです。このプログラムを保存するディレクトリをsrcディレクトリの下に「00_boot_only」という名前で作成します。

図12-5 最初に作成するソースファイル用ディレクトリの配置

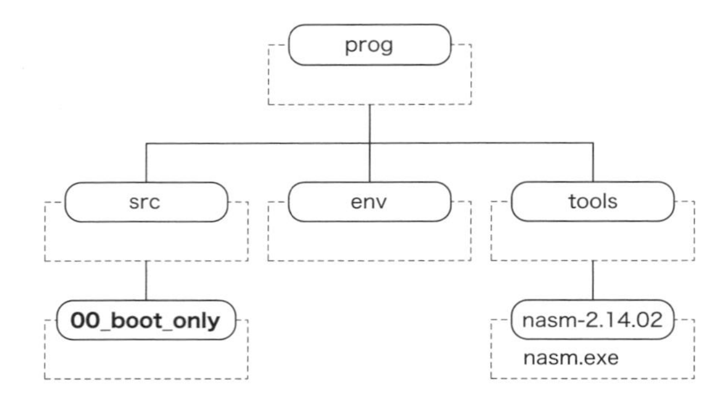

ディレクトリの作成は、srcディレクトリに移動した後で、mkdirコマンドにより作成します。その後、作成したディレクトリに、cdコマンドで移動します。ここが、作業ディレクトリとなります。具体的な例を次に示します。

コマンドプロンプト
```
C:¥prog>cd src
C:¥prog¥src>mkdir 00_boot_only
C:¥prog¥src>cd 00_boot_only
C:¥prog¥src¥00_boot_only>
```

ソースファイルの作成には、テキストファイルを編集することができる、テキストエディタを使用します。すでに、何らかのエディタを使用しているのであれば良いのですが、そうでなければ、Windowsに付属のメモ帳(notepad.exe)でもテキストファイルを編集することができます。メモ帳は、次のコマンドで起動します。

コマンドプロンプト
```
C:¥prog¥src¥00_boot_only>notepad boot.s
C:¥prog¥src¥00_boot_only>
```

メモ帳を起動したときに指定するboot.sは、編集対象となるソースファイル名です。ここで使用されている拡張子「～.s」は、アセンブラのソースファイルが記載されていることを示しています。この他にも「～.asm」などが使用されることもありますが、ファイルの内容が同じであれば問題ありません。ここでは、まだファイルが存在していないので、新たにファイルを作成するかどうかを問い合わせるダイアログが表示されます。

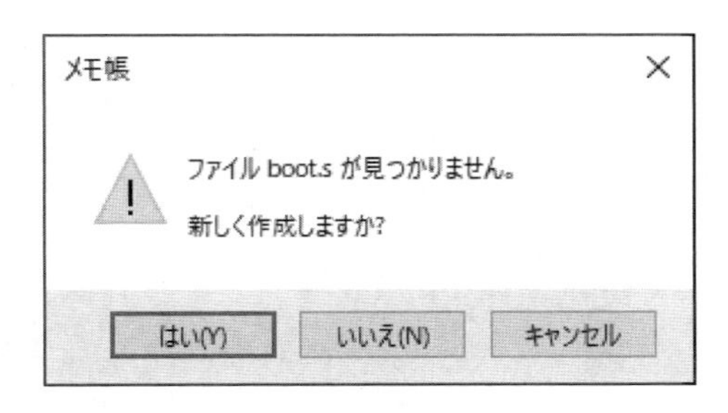

このダイアログで[はい]ボタンを押下するとファイルが生成されるので、引き続きソースファイルを編集していきます。最初に作成するプログラムは、次のとおりです。空欄には半角スペースまたはタブを使用することができます。また、すべてのソースファイルは、何も記載していない空行で終了します。

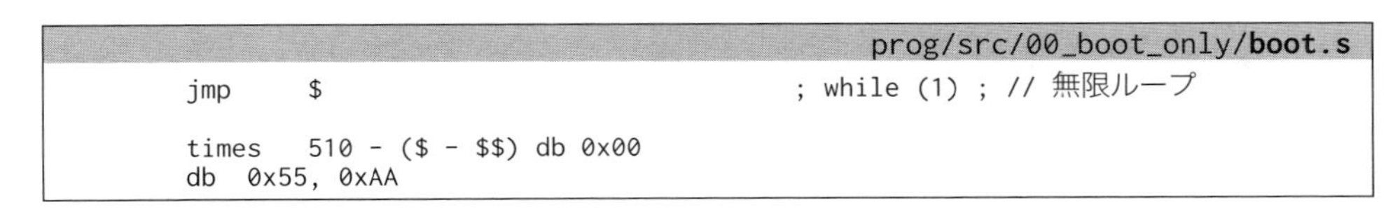

prog/src/00_boot_only/**boot.s**

```
        jmp     $                               ; while (1) ; // 無限ループ

        times   510 - ($ - $$) db 0x00
        db  0x55, 0xAA
```

メモ帳を使用してプログラムを作成すると、次の画面のようになります。ここでは、わかりやすいように数行のコメントを追記していますが、まったく同じファイルを生成します。

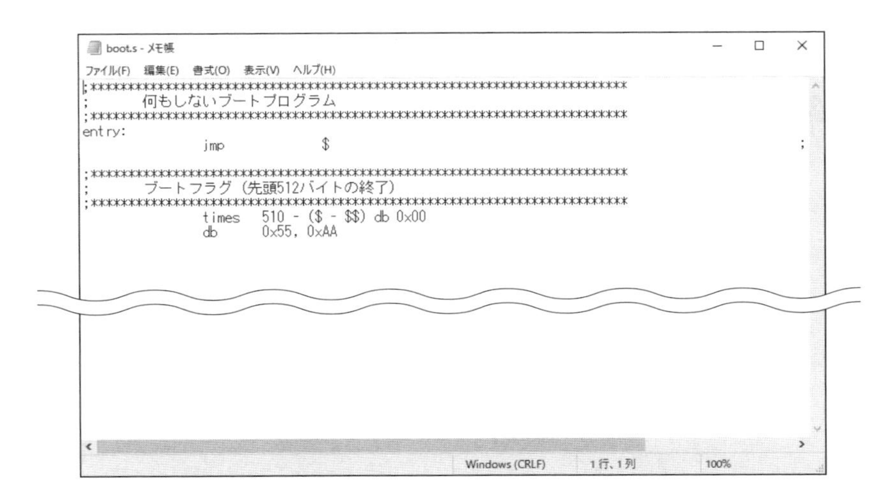

プログラムの入力が終わったら、[ファイル]メニューから[上書き保存]を選択するか Ctrl + S キーでファイルを保存します。ファイルを保存した後は、対象となるディレクトリにファイルが生成されたことを、コマンドプロンプトで確認します。

```
コマンドプロンプト
C:¥prog¥src¥00_boot_only>notepad boot.s
C:¥prog¥src¥00_boot_only>dir
 ドライブ C のボリューム ラベルがありません。
 ボリューム シリアル番号は 1234-5678 です

 C:¥prog¥src¥00_boot_only のディレクトリ

2019/01/11  12:34    <DIR>          .
2019/01/11  12:34    <DIR>          ..
2019/01/11  12:34               475 boot.s
               1 個のファイル                 475 バイト
               2 個のディレクトリ  12,345,678,000 バイトの空き領域

C:¥prog¥src¥00_boot_only>
```

12.4 アセンブルを行う

作成したのは、実質的にたった3行のソースプログラムではありますが、BIOSからはブートプログラムとして認識される、512バイトのバイナリイメージを作成することができます。バイナリイメージとは、CPUが直接理解できる機械語が記録されたファイルのことで、イメージファイルとも呼ばれます。アセンブルは、toolsディレクトリに展開した「nasm-2.14.02」ディレクトリ内の「nasm.exe」を起動して行います。

図12-6 NASMの相対位置

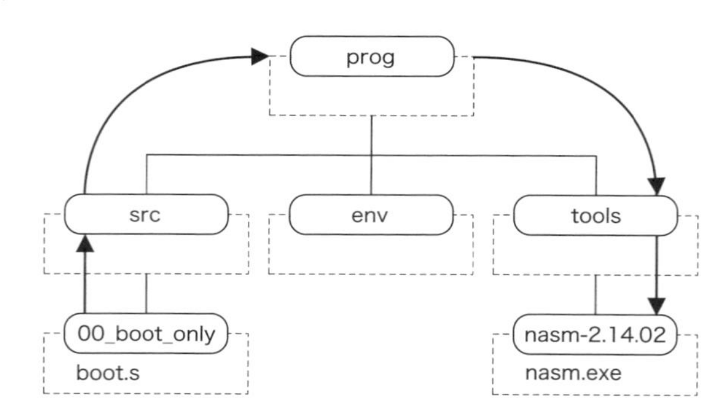

nasmは、2つ上のディレクトリにあるtoolsの下のnasm-2.14.02のなかにあるので、次のようにパスを指定してコマンドを入力します。

```
コマンドプロンプト
C:¥prog¥src¥00_boot_only>..¥..¥tools¥nasm-2.14.02¥nasm boot.s -o boot.img -l boot.lst
```

コマンドの先頭に記載した「..¥」は、1つ上のディレクトリを示しています。作業ディレクトリが「c:¥prog¥src¥00_boot_only」なので、1つ上のディレクトリは「c:¥prog¥src」です。その後にも「..¥」が続いているので、もう1つ上のディレクトリ「c:¥prog」を示しています。このディレクトリには、toolsディレクトリが含まれています。

ここでは、アセンブラに2つのオプションを指定しています。各オプションの設定値は以下のとおりです。

表12-2 アセンブル時のオプション設定

オプション	意味	設定値
-o	出力ファイル名を指定	**boot.img**
-l	リスティングファイル名を指定	**boot.lst**

アセンブルでエラーが表示されなければ、boot.imgとboot.lstの、2つのファイルが生成されます。正常にファイルが生成されたかどうかは、dirコマンドで確認できます。

```
コマンドプロンプト
C:¥prog¥src¥00_boot_only>..¥..¥tools¥nasm-2.14.02¥nasm boot.s -o boot.img
-l boot.lst
C:¥prog¥src¥00_boot_only>dir
 ドライブ C のボリューム ラベルがありません。
 ボリューム シリアル番号は 1234-5678 です

 C:¥prog¥src¥00_boot_only のディレクトリ

2019/01/11  12:34    <DIR>          .
2019/01/11  12:34    <DIR>          ..
2019/01/11  12:34               512 boot.img
2019/01/11  12:34               345 boot.lst
2019/01/11  12:34               145 boot.s
               3 個のファイル               1,002 バイト
               2 個のディレクトリ  12,345,678,000 バイトの空き領域

C:¥prog¥src¥00_boot_only>
```

実際に必要となるファイルはイメージファイルのboot.imgで、CPUが直接実行可能な機械語が記録されているので、一切の加工を行ってはいけません。boot.lstはリスティングファイルで、詳細なアセンブル結果が保存されています。リスティングファイルの見方については、第2部➡P.251参照を参照してください。

もし、アセンブル時にエラーが表示された場合は、ソースファイルの記載に誤りがあります。例えば、次のエラーは、boot.sファイルの1行目で間違ったCPU命令が記載されていることを示したものです。このような場合は、CPU命令を修正し、再度アセンブルを行います。

```
コマンドプロンプト
C:¥prog¥src¥00_boot_only>..¥..¥tools¥nasm-2.14.02¥nasm boot.s -o boot.img
-l boot.lst
boot.s:1: error: parser: instruction expected
```

NASMでは、コメントに全角文字を使用することが可能です。そのため、意図せずしてソースファイルのなかに全角のスペースが紛れ込んでしまうことがあります。スペースは画面に表示されないので、ソースファイルから見つけるのは簡単ではありません。次に示すのは、ソースファイルの1行目に全角スペースが含まれていたときのエラー表示です。

```
コマンドプロンプト
C:¥prog¥src¥00_boot_only>..¥..¥tools¥nasm-2.14.02¥nasm boot.s -o boot.img
-l boot.lst
boot.s:1: error: label or instruction expected at start of line
```

アセンブラは、ソースファイルを書き換えることがないので、アセンブルするたびにメモ帳を閉じる必要はありません。ただし、リスティングファイルはアセンブラが書き換えるので、アセンブル時には閉じるようにします。

12.5 短いコマンドに置き換える

これまでに構築した開発環境で、ソースファイルのアセンブルや動作確認を問題なく行うことができます。しかし、アセンブル時には、コマンドがどこに存在するかを毎回指定する必要があるので、多くの文字を入力しなくてはならず、少々面倒です。

一般的なOSでは、コマンドが存在するディレクトリを、環境変数の1つ、PATHに登録しておくことができます。PATHに登録されたディレクトリはコマンドの検索対象となるので、コマンド名だけを入力すれば、プログラムを実行することができるようになります。

次に、環境変数の設定で使用するコマンドを示します。

表12-3 環境変数の設定で使用するコマンドの例

コマンド	意味
echo	画面へのエコー表示
set	環境変数の設定

まずは、現在設定されている環境変数を確認してみます。環境変数は、コマンドプロンプトから「echo」コマンドを使って表示します。echoコマンドで環境変数を表示するときは、対象となる環境変数を「%」で囲って指定します。今回の例であれば「%PATH%」と記載します。

```
コマンドプロンプト
C:¥prog¥src¥00_boot_only>echo %PATH%
PATH=C:¥Windows¥system32;C:¥Windows;C:¥Windows¥System32¥Wbem
```

この表示から、現在のパスには「;」で分割された複数のディレクトリが登録されていることが分かります。登録されているパスは、使用する環境やインストールされているプログラムにより異なりますが、ユーザーが自由に設定することができます。環境変数に値を設定するときは「set」コマンドを使用します。setコマンドでは、「=」の左側に対照となる環境変数名を、右側に設定値を指定します。今回は、新しいパスを追加するので、既存のパスの終端に分割記号「；」と追加するパスを指定し、環境変数に再設定します。

```
コマンドプロンプト
C:¥prog¥src¥00_boot_only>set PATH=%PATH%;C:¥prog¥tools¥nasm-2.14.02
C:¥prog¥src¥00_boot_only>echo %PATH%
C:¥Windows¥system32;C:¥Windows;C:¥Windows¥System32¥Wbem;C:¥prog¥tools¥na
sm-2.14.02
```

新しく環境変数に追加したパスにはアセンブラnasmへのパスが含まれているので、次のようにコマンド名を入力するだけでアセンブラを起動することができます。

```
コマンドプロンプト
C:¥prog¥src¥00_boot_only>nasm boot.s -o boot.img -l boot.lst
```


次の表に、パスを登録する前と後で、入力するコマンドがどのように変わったかを示します。

表12-4 パスの登録による入力コマンドの違い

	コマンド
登録前	..¥..¥tools¥nasm-2.14.02¥nasm
登録後	nasm

ここで登録した内容は、コマンドプロンプトを終了すると消えてしまいます。パスの登録は、コマンドプロンプト起動後に一度だけ行えばいいので、バッチファイルとして登録しておくと便利です。バッチファイルとは、コマンドプロンプトで実行可能なコマンドを実行順に並べたファイルで、事前に登録しておいた一連のコマンドを連続して実行するときに使用されます。

環境変数を設定するためのバッチファイルは、envディレクトリに「env.bat」というファイル名で作成します。バッチファイルはテキストファイルなので、テキストエディタで作成することができます。ここでは、メモ帳を使用してenv.batを編集する例を示します。まずは、編集対象となるファイルをパスとともに指定してメモ帳を起動します。

```
コマンドプロンプト
C:¥prog¥src¥00_boot_only>notepad ..¥..¥env¥env.bat
```

新しく作成するバッチファイルには、次の2行を記載して保存します。それぞれ、バッチファイルやプログラムを保存してあるディレクトリ名です。setコマンドの前に記載してある「@」は、バッチファイルに記載したコマンドを画面に表示しないようにするためのものです。

```
prog/env/env.bat
@set PATH=%PATH%;..¥..¥env
@set PATH=%PATH%;..¥..¥tools¥nasm-2.14.02
```

ここでは、バッチファイルをもう1つ作成します。このバッチファイルは、アセンブル時に毎回指定する出力ファイル名とリスティングファイル名を記載しておき、アセンブル時の入力を短い名前に置き換えるためのものです。バッチファイルの名前は「mk.bat」とします。

```
コマンドプロンプト
C:¥prog¥src¥00_boot_only>notepad ..¥..¥env¥mk.bat
```

アセンブルを行うバッチファイルには、アセンブル実行時のコマンドをそのまま記載しています。ただし、コマンドの結果だけが表示されるように、先頭に「@」を追記しています。

```
prog/env/mk.bat
@nasm boot.s -o boot.img -l boot.lst
```

このようなバッチファイルを作成しておくと、コマンドプロンプトを起動した後にenv.batを一度だけ実行することで、短いコマンドでアセンブルができるようになります。

```
コマンドプロンプト
C:¥prog¥src¥00_boot_only>..¥..¥env¥env.bat
C:¥prog¥src¥00_boot_only>mk
```

これまでに作成したファイルの配置は、次の図のようになります。

図12-7 環境変数を設定するバッチファイルの配置

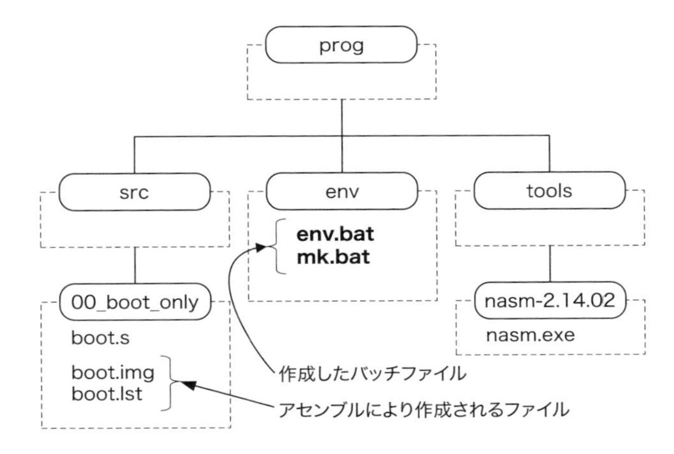

12.6 マウス操作で開発環境を開く

プログラムの開発環境は、コマンドプロンプトを起動することから始めます。このとき、初回に限り、環境変数の設定を行うバッチファイルを実行しなくてはなりません。慣れてくると、これも面倒に思えてきます。ここでは、GUIからコマンドプロンプトの開発環境を開くバッチファイルを作成します。

実のところ、コマンドプロンプトとはいっても、ただのプログラムです。すでに見てきたとおり、コマンドプロンプトのプログラム名はcmdと分かっているので、この名前をバッチファイルに記載すると、コマンドプロンプトを起動することができます。そのため、作業ディレクトリにdev.batという名のバッチファイルを作成し、次のように記載します。

prog/src/00_boot_only/**dev.bat**

```
@cmd /K ..¥..¥env¥env.bat
```

バッチファイルには、コマンドプロンプトのプログラム名とオプションが記載されています。cmdの後には、起動時に実行してほしいコマンドやバッチファイルを「/K」オプションの後に記載することが可能です。ここでは、すでに作成してある、環境変数を設定するバッチファイルを記載しています。

このバッチファイルは、エクスプローラ上でダブルクリックして使用します。

dev.batをダブルクリックして表示したコマンドプロンプトでは、すでにenv.batが実行されているので、バッチファイルのmkを入力するだけでプログラムのアセンブルが可能となっています。

ここで作成したバッチファイルは、ソースファイルと同じディレクトリに保存します。

図12-8 コマンドプロンプト起動用バッチファイルの配置

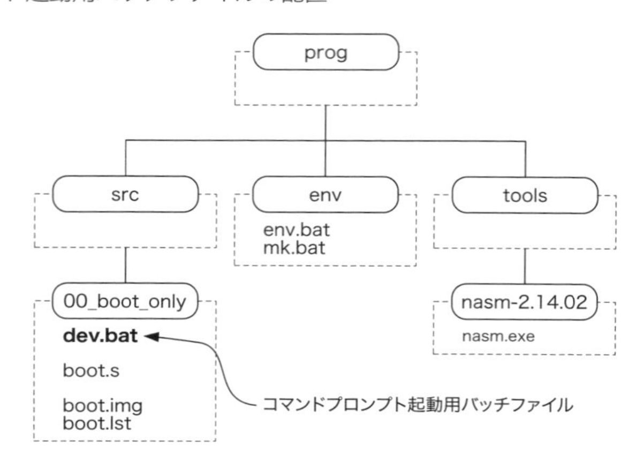

12.7 動作確認を行う

作成したプログラムは、x86系コンピュータの仮想環境を使って動作確認することができます。本書では、QEMUとBochsという2つのソフトウェアを使用します。作成したサンプルプログラムの動作画面は、特に記載がない限り、Bochs上で動作させたときの画面を表示しています。各ソフトウェアのインストール方法は付録にまとめているので、ここでは、これらのソフトウェアがインストールされていることを前提としています。

QEMUを使った動作確認

QEMUをデフォルト設定でインストールしたのであれば、次のコマンドでプログラムを起動することができます。

コマンドプロンプト

```
C:¥prog¥src¥00_boot_only>"C:¥Program Files (x86)¥qemu¥qemu-system-i386.exe" boot.img
```

プログラムが正常に起動すると、次のような画面が表示されます。画面上に、ハードディスクから起動していることが表示されたら成功です。

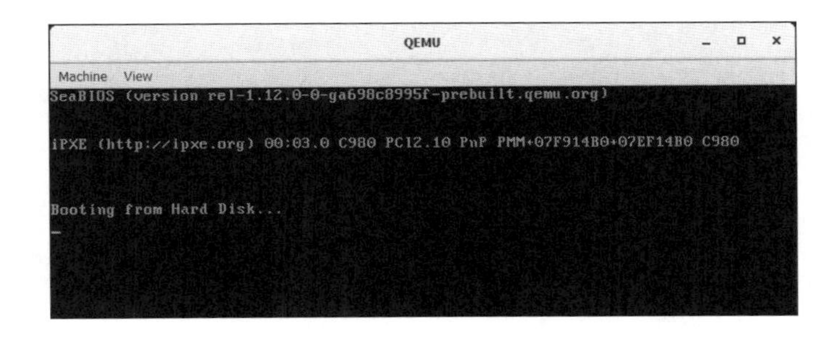

もし、アセンブル時にエラーが発生するなどの理由で、プログラムが作成されていなければ、次のようなエラーメッセージが表示されます。

コマンドプロンプト

```
C:¥prog¥src¥00_boot_only>"C:¥Program Files (x86)¥qemu¥qemu-system-i386.exe" boot.img
C:¥Program Files (x86)¥qemu¥qemu-system-i386.exe: Could not open 'boot.img': ～
```

また、ブートプログラムとして認識されない場合は、ブートデバイスが見つからないことを意味するエラーメッセージが表示されます。

```
QEMU
Machine  View
Boot failed: not a bootable disk

Booting from Floppy...
Boot failed: could not read the boot disk

Booting from DVD/CD...
Boot failed: Could not read from CDROM (code 0003)
Booting from ROM...
iPXE (PCI 00:03.0) starting execution...ok
iPXE initialising devices...ok



iPXE 1.0.0+ (0600d) -- Open Source Network Boot Firmware -- http://ipxe.org
Features: DNS HTTP iSCSI TFTP AoE ELF MBOOT PXE bzImage Menu PXEXT

net0: 52:54:00:12:34:56 using 82540em on 0000:00:03.0 (open)
  [Link:up, TX:0 TXE:0 RX:0 RXE:0]
Configuring (net0 52:54:00:12:34:56)...... ok
net0: 10.0.2.15/255.255.255.0 gw 10.0.2.2
Nothing to boot: No such file or directory (http://ipxe.org/2d03e13b)
No more network devices

No bootable device.
```

QEMUの実行もコマンドプロンプトで行いますが、入力文字数が多いのでバッチファイルを作成します。このバッチファイルは、これから作成するすべてのプログラムの動作確認に使用するので、envディレクトリにboot.batという名前で作成します。

prog/env/**boot.bat**

```
@qemu-system-i386.exe -rtc base=localtime -drive file=boot.img,format=raw -boot order=c
```

QEMUのパスは、環境変数を設定するenv.batに追記します。

prog/env/**env.bat**

```
@set PATH=%PATH%;..¥..¥env
@set PATH=%PATH%;..¥..¥tools¥nasm-2.14.02
@set PATH=%PATH%;"C:¥Program Files (x86)¥qemu"
```

QEMUで指定している各オプションについては、付録➡P.699参照を参照してください。ここで作成したファイルの配置は、次の位置になります。

図12-9 QEMU起動用バッチファイルの配置

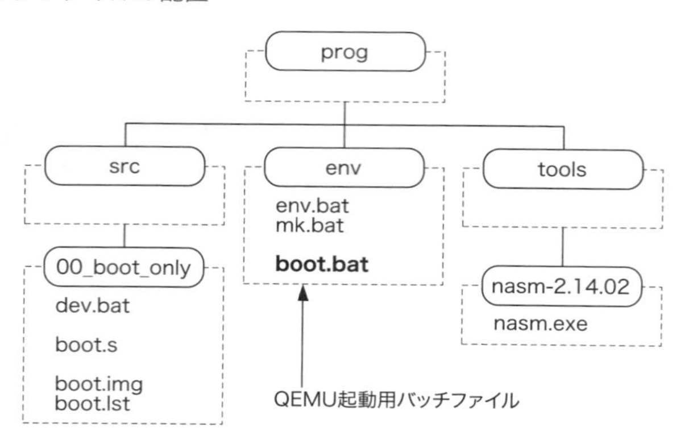

Bochsを使った動作確認

Bochsをデフォルト設定でインストールしたのであれば、次のコマンドでプログラムを起動することができます。通常起動時のプログラム(bochs.exe)ではなくデバッグ版(bochsdbg.exe)を起動するので、コマンド名を間違えないようにしてください。

コマンドプロンプト
```
C:¥prog¥src¥00_boot_only>"C:¥Program Files (x86)¥Bochs-2.6.9¥bochsdbg.exe"
```

プログラムが正常に起動すると、メニュー画面が表示されます。

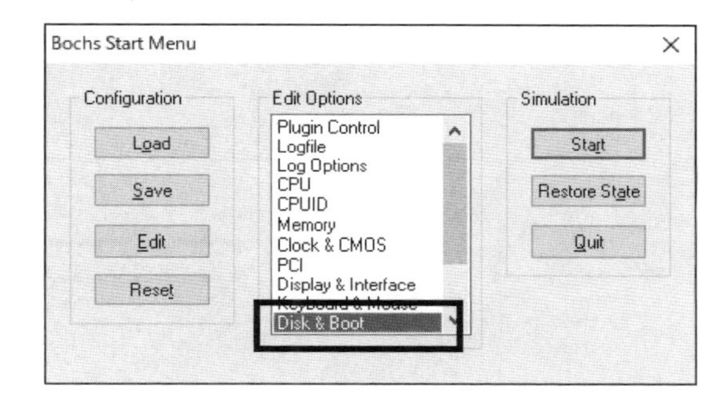

メニュー画面では、作成したファイル名とブートデバイスの設定を行います。まずは、中央にある「Edit Option」の下部にある[Disk & Boot]をダブルクリックします。

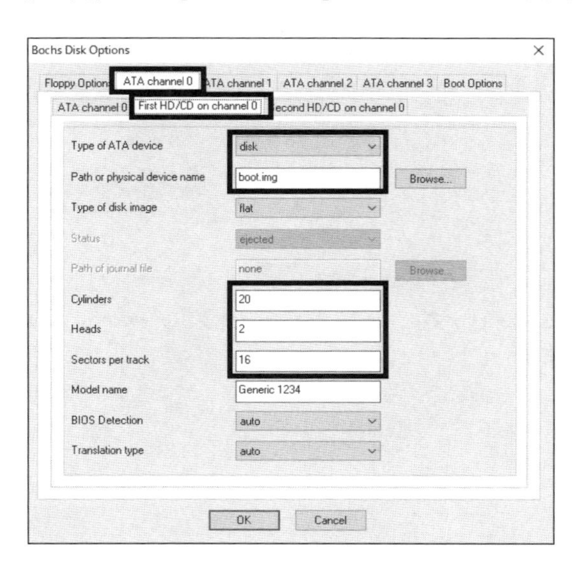

表示された「Bochs Disk Options」ダイアログの[ATA channel 0]タブを選択し、そのな

かにある[First HD/CD on channel 0]タブを選択します。そして、表示された設定項目を、以下のとおり修正します。

表12-5 起動ディスクの設定

設定項目	設定値	備考
Type of ATA device	disk	ドライブの種類
Path or physical device name	boot.img	プログラムのファイル名
Cylinders	20	シリンダ数
Heads	2	ヘッド数
Sectors per trak	16	トラック当たりのセクタ数

次に、同じ「Bochs Disk Options」ダイアログの右側にある[Boot Options]タブを選択します。

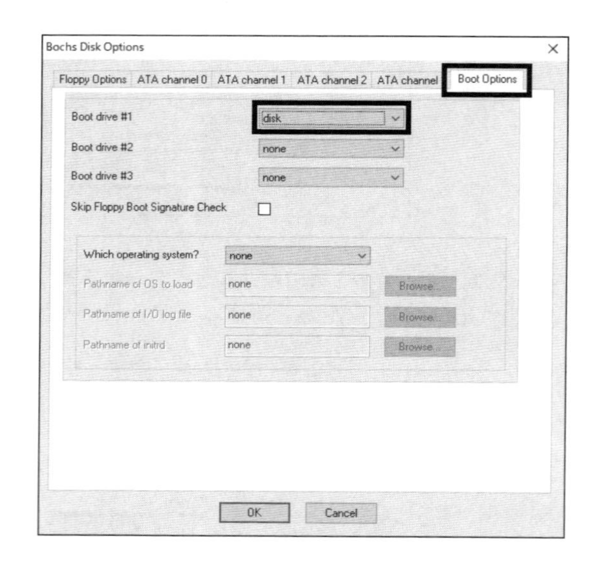

このタブでは、最初に起動するデバイスを選択します。ここでは、先ほど設定したデバイスである[disk]を選択します。以上の設定が終わったら[OK]ボタンを押下してダイアログを終了します。

ここでの設定は、共通で使用することができます。設定の保存は、メニュー画面の左側にある[Save]ボタンを押下して行います。

表示されたダイアログには、デフォルトのディレクトリとファイル名が設定されています。Bochsの設定ファイルは、envディレクトリにファイル名を変えずに保存します。保存したら一旦終了し、Bochsを起動するためのバッチファイルを作成します。バッチファイルの名前は、box.batとし、envディレクトリに作成します。バッチファイルに記載する内容は次のとおりです。

prog/env/**box.bat**

```
@bochsdbg -q -f ..¥..¥env¥bochsrc.bxrc
```

Bochs起動時に設定しているオプション「-q」は、メニューの表示を行わないことを指示するもので、「-f」オプションでは設定ファイルを指定しています。

Bochsのパスは、環境変数を設定するenv.batに記載します。

prog/env/**env.bat**

```
@set PATH=%PATH%;..¥..¥env
@set PATH=%PATH%;..¥..¥tools¥nasm-2.14.02
@set PATH=%PATH%;"C:¥Program Files (x86)¥qemu"
@set PATH=%PATH%;"C:¥Program Files (x86)¥Bochs-2.6.9"
```

バッチファイルを保存したら、一度、コマンドプロンプトを開きなおして、環境変数の設定を反映させます。これで、Bochsを起動するためのバッチファイルが使用可能となります。

コマンドプロンプト

```
C:¥prog¥src¥00_boot_only>box
```

しかしながら、Bochsが起動した直後、「PANIC」ダイアログが表示されてしまいます。

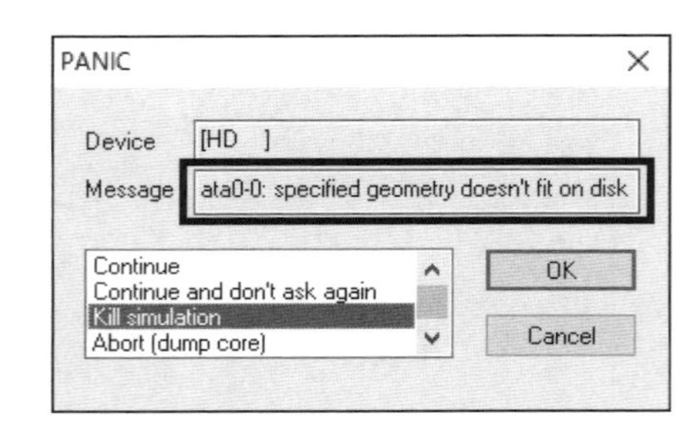

これは、設定したディスク容量と実際のファイルサイズが一致していないことを警告するものですが、今はまだ、ハードディスクの先頭1セクタ分しか作成していないのでこのまま続行しても問題ありません。左下のリストボックスで[Continue]を選択し、[OK]ボタンを押下します。しかし、起動を継続しても、画面には何も表示されないままです。

実は、デバッガとして起動したBochsはユーザーからのコマンドを待っているのです。Bochsを起動したコマンドプロンプトには次のように表示されているはずです。

ここでは、継続(Continue)を意味するcコマンド(「c」1文字)の後に改行を入力して、プログラムを再開します。すると、画面上には、0x7C00番地からブートプログラムが起動したことが表示されます。その他、Bochsで使用可能なデバッグコマンドについては付録を参照してください。

```
Bochs for Windows - Console
00001032204i[P2ISA ] write: ELCR2 = 0x0a
00001032974i[BIOS  ] PIIX3/PIIX4 init: elcr=00 0a
00001040697i[BIOS  ] PCI: bus=0 devfn=0x00: vendor_id=0x8086 device_id=0x1237 class=0x0600
00001042976i[BIOS  ] PCI: bus=0 devfn=0x08: vendor_id=0x8086 device_id=0x7000 class=0x0601
00001045094i[BIOS  ] PCI: bus=0 devfn=0x09: vendor_id=0x8086 device_id=0x7010 class=0x0101
00001045323i[PIDE  ] new BM-DMA address: 0xc000
00001045939i[BIOS  ] region 4: 0x0000c000
00001047953i[BIOS  ] PCI: bus=0 devfn=0x0a: vendor_id=0x8086 device_id=0x7020 class=0x0c03
00001048157i[UHCI  ] new base address: 0xc020
00001048773i[BIOS  ] region 4: 0x0000c020
00001048901i[UHCI  ] new irq line = 9
00001050796i[BIOS  ] PCI: bus=0 devfn=0x0b: vendor_id=0x8086 device_id=0x7113 class=0x0680
00001051028i[ACPI  ] new irq line = 11
00001051040i[ACPI  ] new irq line = 9
00001051065i[ACPI  ] new PM base address: 0xb000
00001051079i[ACPI  ] new SM base address: 0xb100
00001051107i[PCI   ] setting SMRAM control register to 0x4a
00001215200i[CPU0  ] Enter to System Management Mode
00001215200i[CPU0  ] enter_system_management_mode: temporary disable VMX while in SMM mode
00001215210i[CPU0  ] RSM: Resuming from System Management Mode
00001379231i[PCI   ] setting SMRAM control register to 0x0a
00001394138i[BIOS  ] MP table addr=0x000f9db0 MPC table addr=0x000f9ce0 size=0xc8
00001395960i[BIOS  ] SMBIOS table addr=0x000f9dc0
00001398141i[BIOS  ] ACPI tables: RSDP addr=0x000f9ee0 ACPI DATA addr=0x01ff0000 size=0xf72
00001401353i[BIOS  ] Firmware waking vector 0x1ff00cc
00001403148i[PCI   ] i440FX PMC write to PAM register 59 (TLB Flush)
00001403871i[BIOS  ] bios_table_cur_addr: 0x000f9f04
00001531488i[VBIOS ] VGABios $Id: vgabios.c,v 1.76 2013/02/10 08:07:03 vruppert Exp $
00001531559i[BXVGA ] VBE known Display Interface b0c0
00001531591i[BXVGA ] VBE known Display Interface b0c5
00001534516i[VBIOS ] VBE Bios $Id: vbe.c,v 1.65 2014/07/08 18:02:25 vruppert Exp $
00001878655i[BIOS  ] ata0-0: PCHS=20/2/16 translation=none LCHS=20/2/16
00005325717i[BIOS  ] IDE time out
00017384802i[BIOS  ] Booting from 0000:7c00
```

Bochsの画面上には、プログラム自体の実行結果が表示されています。

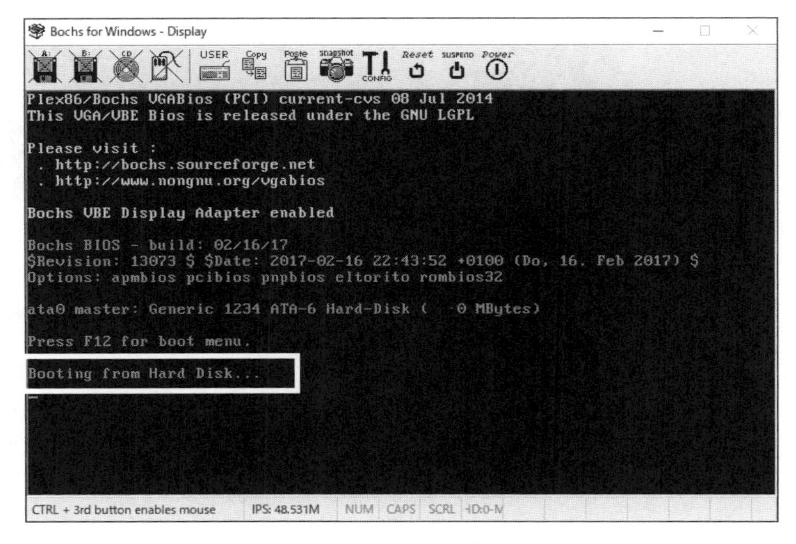

画面上に、ハードディスクから起動したことを意味するメッセージが表示されたら成功です。

12 開発環境を構築する

他のアプリケーションと異なり、Bochsの終了は、メニューにある[Power]アイコンをクリックします。もし、プログラム自体に不具合があるなどの原因でブートできなかったときは、次のダイアログが表示されます。

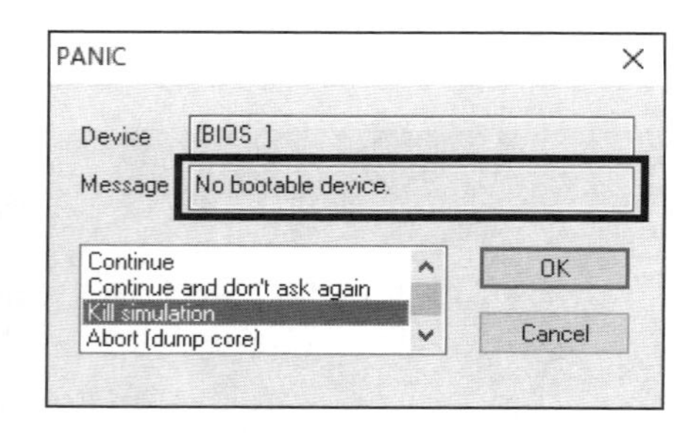

このときは、画面上にも、ブートデバイスが見つからなかったことが表示されます。

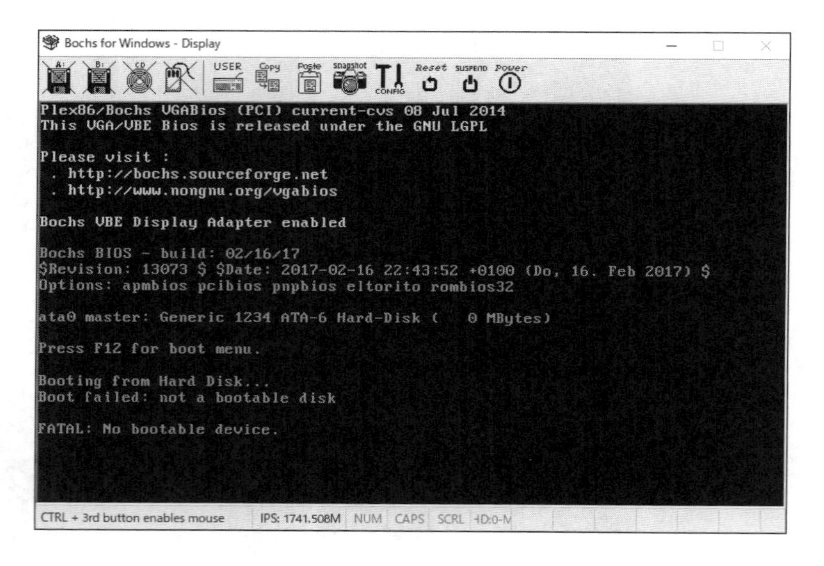

この場合は、アセンブルでエラーが発生していないか、ファイル名が間違っていないかを確認します。

デバッグコマンドの自動入力

Bochsの起動時に、ユーザーからのコマンド入力を待つのは、プログラムのデバッグを行うためです。もし、プログラムのデバッグを行わないのであれば、プログラムの再開コマンドを自動で入力することも可能です。このようなコマンドは、Bochsの起動時にオプションとともに指定します。ファイルには、Bochsで使用する多くのデバッグコマンドを使用することができますが、ここでは、プログラムを継続するためのcコマンドのみを記載し、envディレクトリにcmd.initというファイル名で保存します。複数のコマンドを入力するときは1行ごとに記載します。1行だけのコマンドを入力したときも、改行で終了します。

prog/env/**cmd.init**
```
c
```

このファイル名を、起動時のオプション「-rc」とともにバッチファイルに記載しておくと、Bochsはプログラムを自動的に再開します。

prog/env/**box.bat**
```
@bochsdbg -q -f ..¥..¥env¥bochsrc.bxrc -rc ..¥..¥env¥cmd.init
```

PANIC時の動作を設定する

Bochsの実行時、設定したディスク容量が指定したファイルサイズと異なることを示す「PANIC」ダイアログは、毎回表示されます。開発段階でプログラムサイズを固定することもできるのですが、ここでは、発生するエラーが既知のものとして、ダイアログの表示を抑止することにします。これは、Bochsの設定ファイルであるbochsrc.bxrcを書き換えることで行います。

まずは、メモ帳でBochsの設定ファイルを開きます。

コマンドプロンプト
```
C:¥prog¥src¥00_boot_only>notepad ..¥..¥env¥bochsrc.bxrc
```

設定ファイルが開いたら、[編集]メニューから[検索]を選択し、検索ダイアログを表示します。

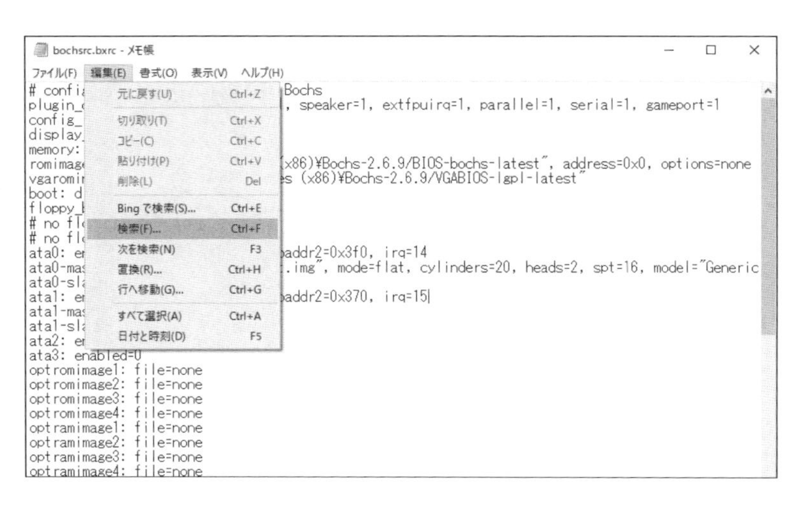

検索ダイアログには「PANIC」と入力し、[次を検索]ボタンを押下します。

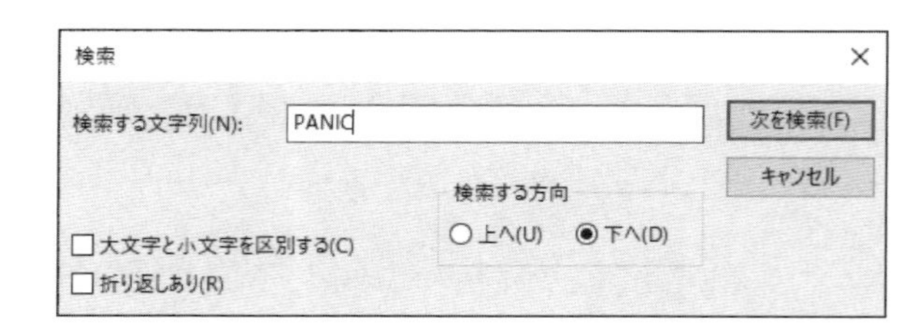

検索された行には、PANIC発生時の動作が定義されています。ここでは、ユーザーに問い合わせる「ask」が設定されています。

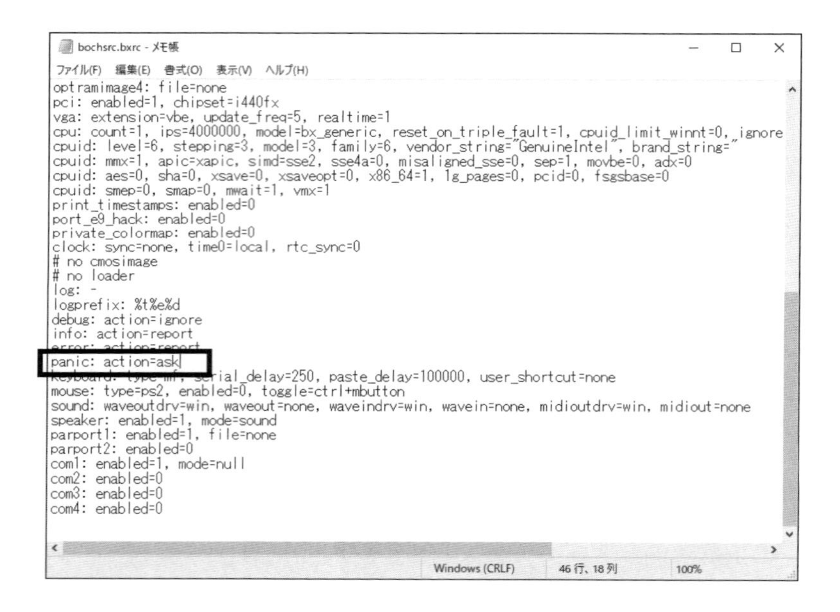

この行の「ask」を「report」に書き換えると、PANIC発生時のダイアログ表示を抑止することができます。

```
bochsrc.bxrc - メモ帳
ファイル(F)  編集(E)  書式(O)  表示(V)  ヘルプ(H)
optramimage4: file=none
pci: enabled=1, chipset=i440fx
vga: extension=vbe, update_freq=5, realtime=1
cpu: count=1, ips=4000000, model=bx_generic, reset_on_triple_fault=1, cpuid_limit_winnt=0, ignore
cpuid: level=6, stepping=3, model=3, family=6, vendor_string="GenuineIntel", brand_string="
cpuid: mmx=1, apic=xapic, simd=sse2, sse4a=0, misaligned_sse=0, sep=1, movbe=0, adx=0
cpuid: aes=0, sha=0, xsave=0, xsaveopt=0, x86_64=1, 1g_pages=0, pcid=0, fsgsbase=0
cpuid: smep=0, smap=0, mwait=1, vmx=1
print_timestamps: enabled=0
port_e9_hack: enabled=0
private_colormap: enabled=0
clock: sync=none, time0=local, rtc_sync=0
# no cmosimage
# no loader
log: -
logprefix: %t%e%d
debug: action=ignore
info: action=report
error: action=report
panic: action=report
keyboard: type=mf, serial_delay=250, paste_delay=100000, user_shortcut=none
mouse: type=ps2, enabled=0, toggle=ctrl+mbutton
sound: waveoutdrv=win, waveout=none, waveindrv=win, wavein=none, midioutdrv=win, midiout=none
speaker: enabled=1, mode=sound
parport1: enabled=1, file=none
parport2: enabled=0
com1: enabled=1, mode=null
com2: enabled=0
com3: enabled=0
com4: enabled=0
Windows (CRLF)    46 行、21 列    100%
```

この変更により、ダイアログが表示されることはなくなりますが、これ以外の要因でPANICが発生したとしてもダイアログが表示されないことは覚えておいてください。Bochsを起動した直後のコマンドプロンプト上には、PANICが発生したことが記録されています。

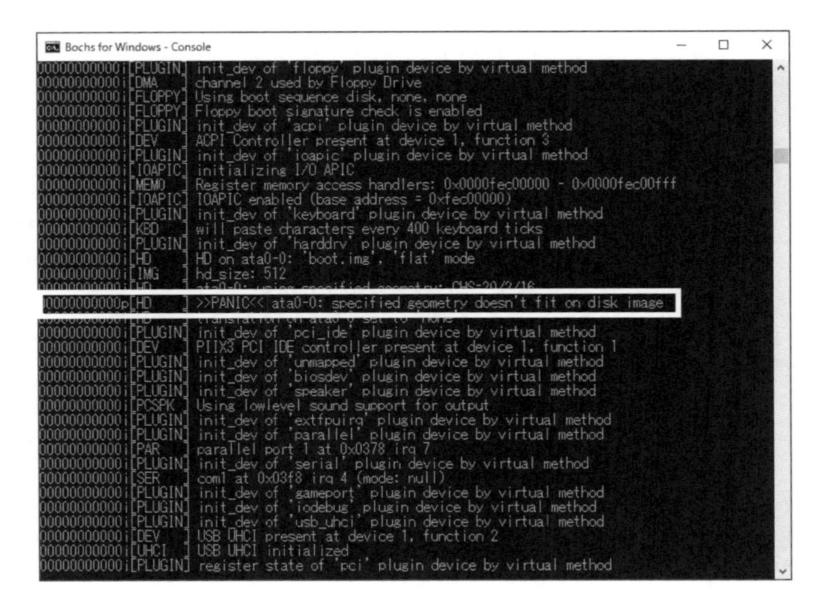

ここで作成したファイルは、次の図にあるとおり、envディレクトリに配置します。

図 12-10 Bochs起動用バッチファイルの配置

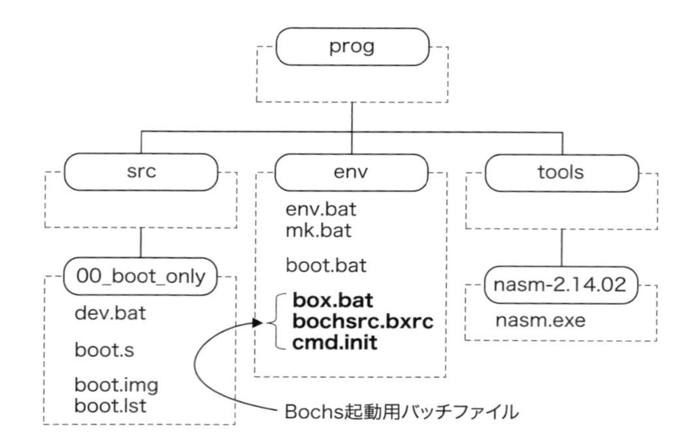

さて、このような環境下でブートプログラムを開発していきます。次に、サンプルプログラムの開発手順を示します。

図 12-11 ブートサンプルプログラムの開発手順

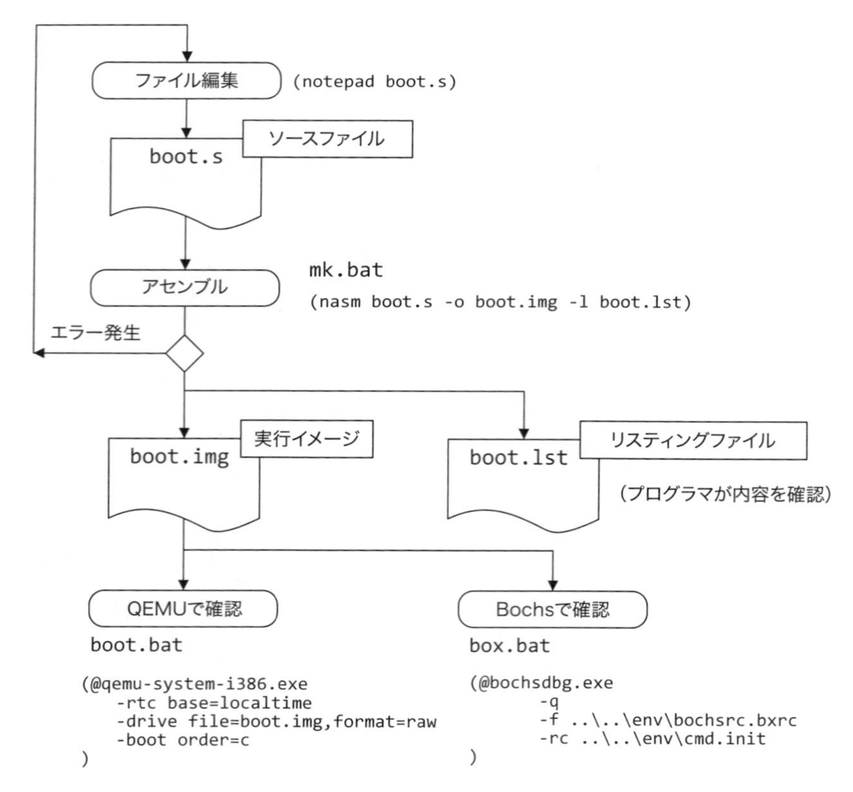

最初に、ソースファイルを作成します。ソースファイルは、テキストファイルを編集できる、テキストエディタで作成できます。ここでは、Windowsに付属のメモ帳を使用しました。

ソースファイルを作成したら、アセンブラを使って機械語に変換(アセンブル)します。アセンブラにはNASMを使用していますが、バッチファイルを作成したので、「mk」と入力するだけでアセンブル作業が行われます。もし、エラーが発生した時は、ソースファイルを修正して、やり直します。

アセンブルが正常に終了したら、実行イメージを保存したファイル(boot.img)が生成されます。動作確認方法は、QEMUで実行するのであれば「boot」、Bochsで実行するのであれば「box」と入力します。ともに実行イメージをロードするバッチファイルとして作成したものです。

第13章 アセンブラによる制御構文と関数の記述例

・制御構文の具体的な例
・スタックの使い方
・関数の作成と呼び出し方法　など

さっそくアセンブラでプログラム開発に入りたいところですが、その前に肩慣らしをしましょう。これまでに数多くのCPU命令を学んできたので、これらを組み合わせて使用する方法を確認します。

まずは、C言語でよく使われる制御構文をアセンブラで実現する例を紹介します。ここでは4つの制御構文を実現しますが、CPU命令まで落とし込むと、どれも似たような作りになっていることが理解できます。

その次に、いくつかの関数を作成します。機能的には簡単な関数ですが、引数の渡し方とスタックの使い方の参考になります。関数の使い方を理解すると、機能的なモジュール化を行い、本来行いたい処理に集中することができるようになります。

13.1 if文を記述する

C言語のif文は、比較命令と条件分岐命令で実現することができます。分岐命令では、ローカルラベルで指定された相対アドレスにジャンプします。次のコードは、if文を実現する例です。

```
Test:   cmp     ax, 3                           ; if ( AX < 3 )
        jae     .False                          ; {
.True:  mov     bx, 2                           ;   BX = 2;
        jmp     .End                            ; }
                                                ; else
.False:                                         ; {
        mov     bx, 1                           ;   BX = 1;
.End:                                           ; }
```

この例では、AXレジスタの値が3未満か否かで条件分岐を行っています。仮に、AXレジスタに0xFFFFが設定されていた場合、3よりも大きいと判断されるかどうか、言い換えれば、プログラマが符号付き演算を意図したかどうかは、CPU命令から読み取ることができます。

このプログラムの条件分岐命令で使用されているJAE(Jump if Above or Equal：大きいか等しいときにジャンプ)命令は、符号なし演算で使用される命令です。そのため、AXレジスタに設定された値である0xFFFFはプラスの最大値である65535と比較したものと判断されます。仮に、AXレジスタの値を-1として扱う場合は、符号付き演算での条件分岐を行う必要があるので、JGE（Jump if Greater or Equal）命令を使用します。

13.2 switch ～ case 文を記述する

C言語で使用されるswitch～case文も、条件分岐命令とローカルラベルを使用して実現します。アセンブラで分岐命令を使用する場合、レジスタの値を比較する必要があるので行数が多くなってしまいますが、処理自体はif文と大きく変わることはありません。次の例では、caseおよびdefaultの頭文字をプレフィックスとしたローカルラベルを使用しています。

```
Test:   cmp     ax, 10                          ; switch (AX)
        je      .C10                            ;
        cmp     ax, 15                          ;
        je      .C15                            ;
        cmp     ax, 18                          ;
        je      .C18                            ;
        jmp     .D                              ; {
.C10:                                           ; case 10:
        mov     bx, 1                           ;   BX = 1;
        jmp     .E                              ;   break;
.C15:                                           ; case 15:
        mov     bx, 2                           ;   BX = 2;
        jmp     .E                              ;   break;
.C18:                                           ; case 18:
        mov     bx, 3                           ;   BX = 3;
        jmp     .E                              ;   break;
.D:                                             ; default:
        mov     bx, 4                           ;   BX = 4;
        jmp     .E                              ;   break;
.E:                                             ; }
```

C言語のコンパイラは、switch～case文から上記と同等のアセンブラコードを生成します。値の比較にはCPU命令を使っているので、比較対象となる変数がレジスタに収まる必要があります。

13.3 do ～ while 文を記述する

C言語のdo～while文は、アセンブラのLOOP命令を使って実現することができます。LOOP命令は、CXレジスタの値を減算し、その結果が0以外であれば指定されたラベルに分岐する命令なので、事前にループ回数をCXレジスタに設定しておかなくてはなりません。

```
        mov     cx, 5                           ; CX = 5;
Test:                                           ; do
.L:                                             ; {
        ...                                     ;    様々な処理
        loop    .L                              ; } while (--CX);
```

13.4 for文を記述する

C言語のfor文も良く使われる制御構文の1つです。for文の条件式は「；」で分けられた3つのフィールドに初期化式、条件式、後処理を記述します。

```
Test:   mov     cx, 0                           ; for (short int CX = 0; CX < 5; CX++)
.L:     cmp     cx, 5                           ; {
        jge     .E                              ;
        ...                                     ;    様々な処理
        inc     cx                              ;
        jmp     .L                              ;
.E:                                             ; }
```

この例では、条件式で使用される変数に2バイトのCXレジスタを使用しています。また、条件分岐には符号付き演算で使用されるJGE（より大きいか等しい）命令を使用しているので、変数は-32768から+32767までの符号付き整数として扱っていることが分かります。

13.5 関数を作成する

関数は、特定の機能を実現するためのプログラムモジュールで、可能な限り単独での使用が可能となるように作成されます。関数の動作に影響を与えるパラメータは引数で渡し、関数名を含め、分かりやすいインターフェイスを用意することが望まれます。

ここでは、C言語でも利用されている、引数をスタックに積み込む方法を具体的に説明していきます。そして、この方法を、本書で作成するサンプルプログラム全体をとおして、共通のアクセス方法とします。具体的な例として、次のように定義された関数を呼び出すことを考えます。

```
int func_16(int x, int y);
```

このような関数は、戻り値や引数が、次のように定義されます。

int func_16(int x, int y);	
戻り値	1を返す
x	第1引数
y	第2引数

この仕様では、それぞれの値はint型なので、16ビット以上と定義されます。本書では、リアルモード時に使用する関数では16ビットレジスタ、プロテクトモード時に使用する関数では32ビットレジスタを使用することにします。すべての関数はアセンブラで作成するので、これ以降、関数の戻り値や引数のビット数は明示しません。

関数の引数は、たとえ1つだとしても、そのすべてをスタックに積み込みます。複数の引数が関数に渡されるときは、右側の引数からスタックに積み込みます。

```
        push    0x0002                          ; 第2引数：y
        push    0x0001                          ; 第1引数：x
```

スタックはSPレジスタで示された位置から使われるので、2つの引数をプッシュした直後のスタックは次の図のようになります。

図 13-1 2つの引数をスタックに積み込んだ状態

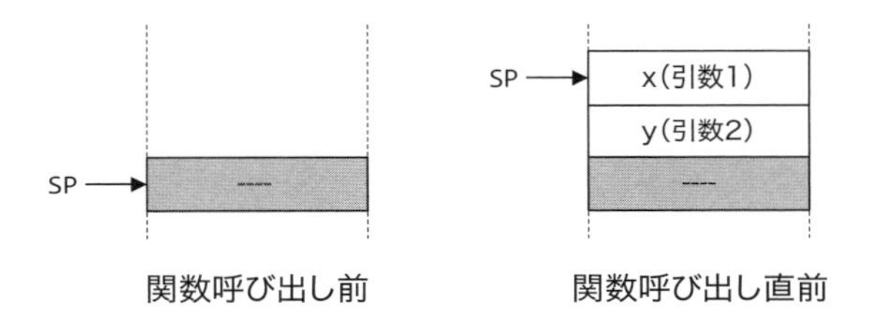

PUSH命令は、関数に引数を渡すときにのみ必要な処理なので、引数がない関数を呼び出す場合は不要です。つまり、関数が必要とする引数をスタックに積み込む作業は、関数を呼び出す側が行います。さらに、関数を呼び出した後で、スタックに積まれた引数を破棄する作業も関数の呼び出し側が行います。スタックの引数を破棄する具体的な方法は、SPレジスタの値を加算するだけです。今回の例の場合、2つの2バイトデータをスタックから取り除くので、SPレジスタの値を4加算することになります。

```
        add     sp, 2 * 2                       ; スタックの破棄
```

次の例は、前述の関数を呼び出す側のプログラム例です。これまでの説明のとおり、2つの引数をスタックに積み込み、func_16関数をCALL命令で呼び出しています。

```
        push    0x0002                          ;
        push    0x0001                          ;
        call    func_16                         ; func_16(0x0001, 0x0002);
        add     sp, 2 * 2                       ;
```

関数を呼び出すCALL命令は、次に実行するCPU命令のアドレスを戻り番地としてスタックに積み込み、指定されたアドレスへとジャンプします。このため、最後に積まれた引数の上

に戻り番地が積まれることになるので、SPレジスタの値は、さらに2減算されます。

図13-2 戻り番地をスタックに積み込んだ状態

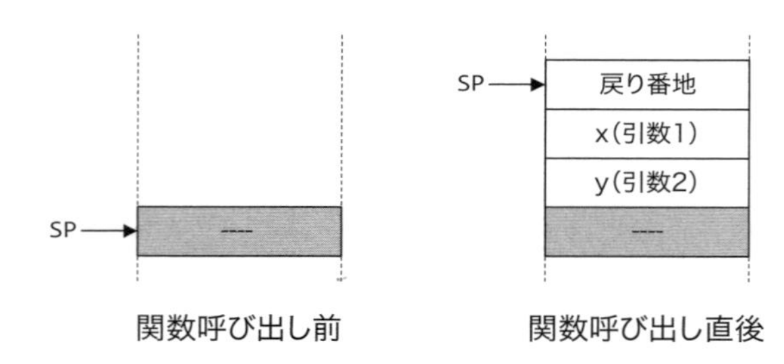

呼び出された側の関数では、引数の値を参照するためにSPレジスタを使用することができます。しかし、呼び出された関数内で他の関数を呼び出すと引数を設定するためにPUSH命令が使用されるので、基準となるSPレジスタの値が変わってしまいます。つまり、PUSH命令と密接に結びついたSPレジスタは、関数内で引数にアクセスするための基準として使用するには適さないのです。そこで、アドレッシング➡P.184参照時にSPレジスタと同じスタックセグメントを参照するBPレジスタをSPレジスタの代役とします。

BPレジスタにはSPレジスタの値をコピーして使用するのですが、その前にBPレジスタの値もどこかに保存しておかなくてはなりません。関数内で使用可能な領域はスタック以外にありません。結果的に、スタックには、BPレジスタの値も積まれることになるので、SPレジスタの値はさらに2減算されます。これで、関数に渡されたすべての引数に、BPレジスタを基準とした配列としてアクセスすることが可能となりました。

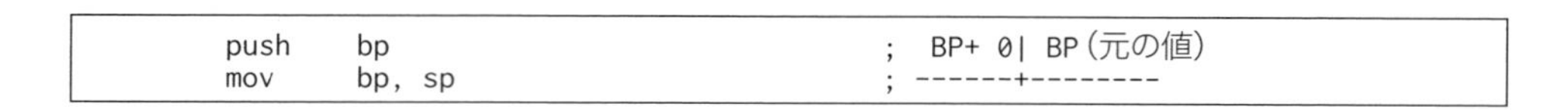

```
        push    bp                  ;  BP+ 0| BP(元の値)
        mov     bp, sp              ; ------+--------
```

図13-3 BPレジスタの内容をスタックに保存した状態

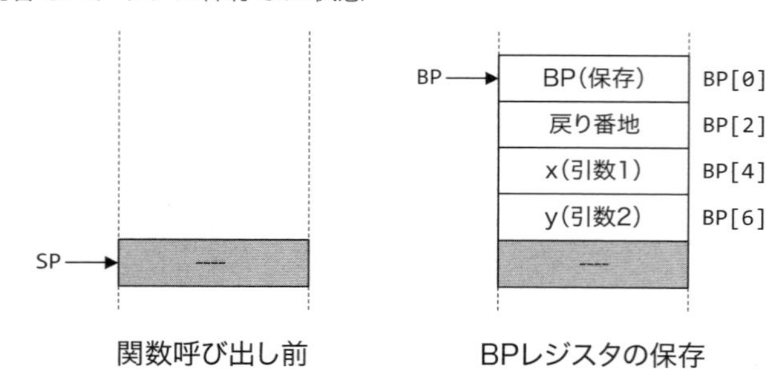

関数内では、カウンタなどの一時的な変数を使用することがあります。このような変数もスタックに確保されますが、これは、**ローカル変数**と呼ばれています。仮に、関数内で2バイトの変数が2つ必要であれば、PUSH命令を2回実行することで2つのローカル変数を確保する

ことができます。具体的には、次のように行います。

```
        sub     sp, 2                           ;     - 2| int i;
        push    0                               ;     - 4| int j = 0;
```

最初の命令(SUB SP, 2)は、スタックポインタの値を減算するだけなので、ローカル変数iの値がどのような値であるかは不定となり、初期化されない変数となります。2番目の命令(PUSH 0)は、即値0をプッシュして、ローカル変数の宣言と初期化を同時に行っています。2つのローカル変数を定義した後のスタックは、次のようになります。

図13-4 ローカル変数を確保した状態

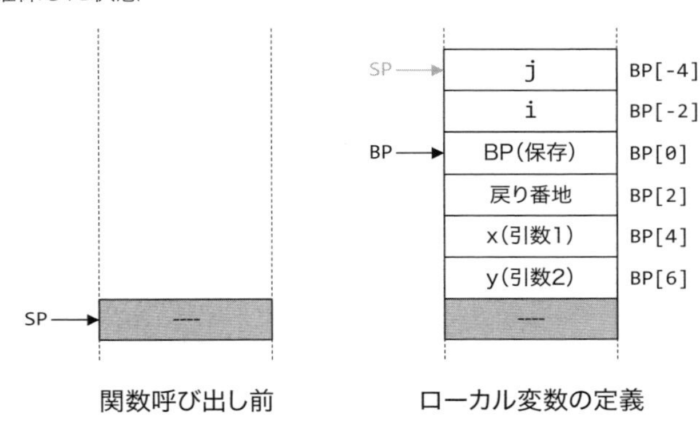

関数呼び出し前　　ローカル変数の定義

ここで、ローカル変数を確保するためにPUSH命令が使用されていますが、引数にアクセスする基準をBPレジスタとしているので、スタック操作命令によりSPレジスタの値が変更されても問題ありません。ただし、ローカル変数にはマイナスのインデックス値でアクセスすることになります。次のコードは、ローカル変数に即値を設定する例です。

```
        mov     [bp - 2], word 10               ; i = 10;
        mov     [bp - 4], word 20               ; j = 20;
```

もし、引数1をローカル変数iにコピーするのであれば、レジスタを介して、間接的に行います。

```
        mov     ax, [bp + 4]                    ;
        mov     [bp - 2], ax                    ; i = x;
```

このように、スタック上に関数内で使用するローカル変数を定義する構造をスタックフレームといいます。

関数内では、関数呼び出しの結果である、戻り値を設定します。この用途には最も汎用的なレジスタが使用されますが、x86系CPUではAXレジスタを使用することが慣例となっています。この関数は、戻り値に1を返すことが仕様で決められているので、AXレジスタには1を設定しています。

```
        mov     ax, 1                           ; return 1;
```

関数内での処理がすべて終了したら、使用したスタックフレームを解放します。具体的には、SPレジスタとBP レジスタの復帰処理になります。まずは、SPレジスタの値を、これまで基準としていたBPレジスタの値に設定し直します。これは、スタックにプッシュしたすべてのローカル変数をポップすることと同じです。

図13-5 SPレジスタの復帰

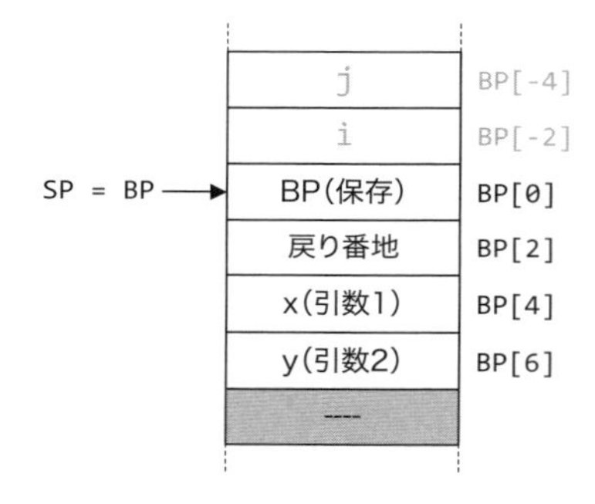

次に、BPレジスタの値を復帰します。これは、すでにSPレジスタの値を復帰しているので、POP命令でBPレジスタを復帰するだけです。

図13-6 関数を終了する直前のスタック状態

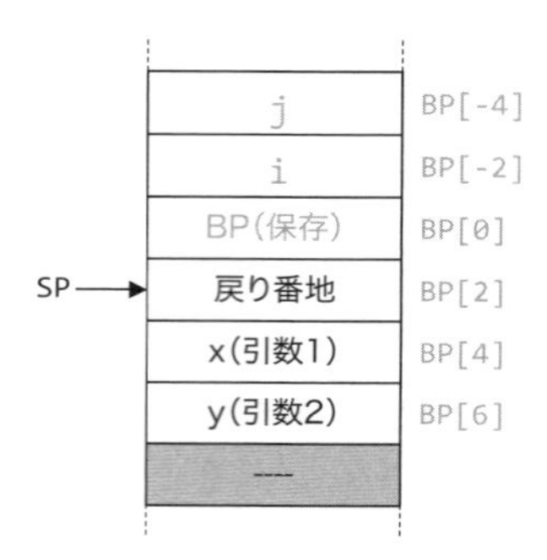

実際に、SPレジスタとBPレジスタを復帰する処理は、次のように行います。

```
        mov     sp, bp                          ; SPレジスタの復帰
        pop     bp                              ; BPレジスタの復帰
```

後は、RET命令を実行すると、スタック上の戻り値にジャンプして関数の終了となります。

```
        ret
```

図13-7 CALL命令終了時のスタック状態

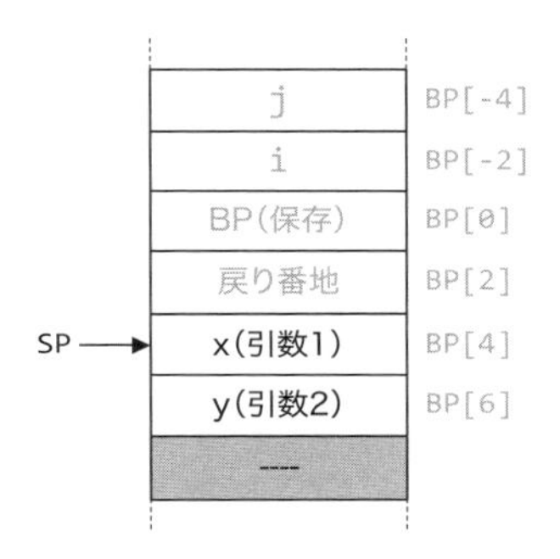

RET命令実行後

そして、呼び出し側では、スタックに積まれたままの引数を破棄します。具体的には、関数内での処理と同様、SPレジスタの値を調整するだけです。この例では、2バイトの変数を2つスタックに積み込んでいたので、SPレジスタの値を4加算します。

```
        add     sp, 2 * 2                       ; スタックの破棄
```

図13-8 スタックに積み込んだ引数を削除した状態

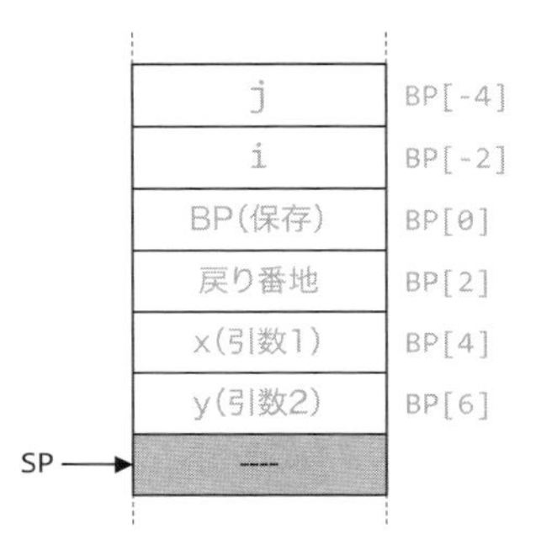

スタック上の引数を削除した後

次に、今まで説明してきた、関数の雛形となるソースコードを示します。

```
;*****************************************************************************
;   int func_16(int x, int y);
;*****************************************************************************
func_16:
        ;---------------------------------------
        ; 【スタックフレームの構築】
        ;---------------------------------------
                                                ;     + 6| 引数2
                                                ;     + 4| 引数1
                                                ;     + 2| IP(戻り番地)
        push    bp                              ;   BP+ 0| BP(元の値)
        mov     bp, sp                          ; ------+--------
        sub     sp, 2                           ;     - 2| short i;
        push    0                               ;     - 4| short j = 0;

        ;---------------------------------------
        ; 【処理の開始】
        ;---------------------------------------
        mov     [bp - 2], word 10               ; i = 10;
        mov     [bp - 4], word 20               ; j = 20;

        mov     ax, [bp + 4]                    ; 引数1にアクセス
        add     ax, [bp + 6]                    ; 引数2にアクセス

        mov     ax, 1                           ; return 1;

        ;---------------------------------------
        ; 【 スタックフレームの破棄】
        ;---------------------------------------
        mov     sp, bp                          ;
        pop     bp

        ret
```

メモリのコピー

次のプログラム例として、メモリのコピー関数を作成します。メモリのコピー処理を関数化する場合、コピー元とコピー先のアドレスおよびコピーするバイト数を引数として受け取らなくてはなりません。次に、関数の仕様を示します。

void memcpy(dst, src, size);	
戻り値	無し
dst	コピー先
src	コピー元
size	バイト数

ほとんどのCPUでは、連続したメモリ領域を扱うのに特化した命令やレジスタを提供しています。x86系CPUでは、ストリング命令とCXレジスタによるループを組み合わせることが一般的です。まずは、関数の例で見て来たように、スタックフレームを構築して引数へのアクセスに備えます。

prog/src/modules/real/**memcpy.s**

```
memcpy:
        ;---------------------------------------
        ; 【スタックフレームの構築】
        ;---------------------------------------
                                                ;  BP+ 8| バイト数
                                                ;  BP+ 6| コピー元
                                                ;  BP+ 4| コピー先
                                                ;  ------|--------
        push    bp                              ;  BP+ 2| IP(戻り番地)
        mov     bp, sp                          ;  BP+ 0| BP(元の値)
                                                ;  ------+--------
```

スタックフレームを構築したのでローカル変数を生成することもできますが、ここでは、レジスタをローカル変数として使用します。ローカル変数として使用するレジスタはスタックに保存しておき、関数内での処理が終了した後で復帰します。

prog/src/modules/real/**memcpy.s**

```
        ;---------------------------------------
        ; 【レジスタの保存】
        ;---------------------------------------
        push    cx
        push    si
        push    di
```

実際のコピー処理は、MOVSB命令で行います。この命令は、SIレジスタが示すアドレスにあるデータをDIレジスタが示すアドレスにコピーし、それぞれのレジスタを加算または減算します。加算するか減算するかはDFフラグで指定されますが、ここでは、DFフラグを0に設定して、加算するように指示します。MOVSB命令は、バイト単位のコピーを行うので、SIおよびDIレジスタは1ずつ加算されます。

prog/src/modules/real/**memcpy.s**

```
        ;---------------------------------------
        ; バイト単位でのコピー
        ;---------------------------------------
        cld                                     ; DF = 0; // +方向
        mov     di, [bp + 4]                    ; DI = コピー先;
        mov     si, [bp + 6]                    ; SI = コピー元;
        mov     cx, [bp + 8]                    ; CX = バイト数;

        rep movsb                               ; while (*DI++ = *SI++) ;
```

コピーが終了したら、保存してあったレジスタの値を復帰します。レジスタの復帰は、保存したときとは逆の順番で行います。

prog/src/modules/real/**memcpy.s**

```
        ;---------------------------------------
        ; 【レジスタの復帰】
        ;---------------------------------------
        pop     di
        pop     si
        pop     cx
```

レジスタの復帰処理が終了したら、スタックフレームを破棄して、関数の呼び出し元に戻ります。

prog/src/modules/real/**memcpy.s**

```
        ;---------------------------------------
        ; 【スタックフレームの破棄】
        ;---------------------------------------
        mov     sp, bp
        pop     bp

        ret
```

ここで作成した関数は、リアルモード時のプログラムから利用することができます。今後、このような関数を数多く作成することになるので、個別のディレクトリに保存します。次に、ディレクトリの構成を示します。

図 13-9 リアルモードで動作するメモリコピー関数の配置

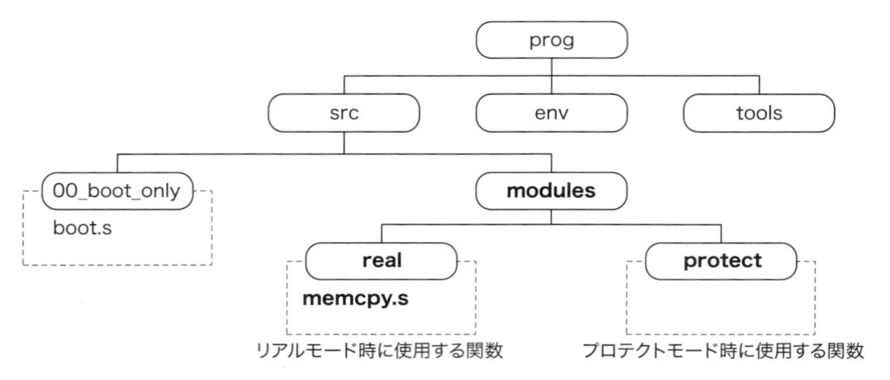

リアルモード時に使用する関数はrealディレクトリに、プロテクトモード時に使用する関数はprotectディレクトリに保存します。これらのディレクトリは、srcディレクトリの下に作成したmodulesディレクトリに作成します。ソースファイルからは、これらのファイルをパスとともに指定するので、この図と同じディレクトリ構成となるように配置してください。

次にプロテクトモード時に利用可能なメモリコピー関数を示します。リアルモード時との違いは、32ビットレジスタを使用していることとスタックの増分が4バイト（32ビット）単位になったことです。この関数は、protectディレクトリに保存します。

prog/src/modules/protect/**memcpy.s**

```
memcpy:
        ;---------------------------------------
        ; 【スタックフレームの構築】
        ;---------------------------------------
                                                ; EBP+16| バイト数
                                                ; EBP+12| コピー元
                                                ; EBP+ 8| コピー先
                                                ; ------|--------
        push    ebp                             ; EBP+ 0| EBP（元の値）
        mov     ebp, esp                        ; EBP+ 4| EIP（戻り番地）
                                                ; ------|--------
        ;---------------------------------------
        ; 【レジスタの保存】
        ;---------------------------------------
        push    ecx
        push    esi
        push    edi

        ;---------------------------------------
        ; バイト単位でのコピー
        ;---------------------------------------
        cld                                     ; DF   = 0; // +方向
        mov     edi, [ebp + 8]                  ; EDI  = コピー先;
        mov     esi, [ebp +12]                  ; EDI  = コピー元;
        mov     ecx, [ebp +16]                  ; EDI  = バイト数;

        rep movsb                               ; while (*EDI++ = *ESI++) ;

        ;---------------------------------------
        ; 【レジスタの復帰】
        ;---------------------------------------
        pop     edi
        pop     esi
        pop     ecx

        ;---------------------------------------
        ; 【スタックフレームの破棄】
        ;---------------------------------------
        mov     esp, ebp
        pop     ebp

        ret
```

メモリの比較

メモリ比較関数の仕様は、次のとおりです。

memcmp(src0, src1, size);	
戻り値	一致（0）、不一致（0以外）
src0	アドレス0
src1	アドレス1
size	バイト数

メモリの比較関数は、コピーとは異なり、メモリの比較結果を返します。関数内では、メモリの比較にCMPSB命令を使用し、比較結果をAXレジスタに設定します。

prog/src/modules/real/**memcmp.s**

```
        ;---------------------------------------
        ; バイト単位での比較
        ;---------------------------------------
        repe cmpsb                          ; if (ZF = 異なる文字なし)
        jnz     .10F                        ; {
        mov     ax, 0                       ;   ret = 0; // 一致
        jmp     .10E                        ; }
.10F:                                       ; else
                                            ; {
        mov     ax, -1                      ;   ret = -1; // 不一致
.10E:                                       ; }
```

対象となるレジスタは異なりますが、スタックフレームの構築や破棄などは、メモリコピー関数と同様に行います。次に、関数全体を示します。

prog/src/modules/real/**memcmp.s**

```
memcmp:
        ;---------------------------------------
        ; 【スタックフレームの構築】
        ;---------------------------------------
                                            ; ------|--------
                                            ;  BP+ 8| バイト数
                                            ;  BP+ 6| アドレス1
                                            ;  BP+ 4| アドレス0
                                            ; ------|--------
        push    bp                          ;  BP+ 2| IP(戻り番地)
        mov     bp, sp                      ;  BP+ 0| BP(元の値)
                                            ; ------+--------
        ;---------------------------------------
        ; 【レジスタの保存】
        ;---------------------------------------
        push    bx
        push    cx
        push    dx
        push    si
        push    di

        ;---------------------------------------
        ; 引数の取得
        ;---------------------------------------
        cld                                 ; // DFクリア(+方向)
        mov     si, [bp + 4]                ; // アドレス0
        mov     di, [bp + 6]                ; // アドレス1
        mov     cx, [bp + 8]                ; // バイト数

        ;---------------------------------------
        ; バイト単位での比較
        ;---------------------------------------
        repe cmpsb                          ; if (ZF = 異なる文字なし)
        jnz     .10F                        ; {
        mov     ax, 0                       ;   ret = 0; // 一致
        jmp     .10E                        ; }
.10F:                                       ; else
                                            ; {
        mov     ax, -1                      ;   ret = -1; // 不一致
.10E:                                       ; }

        ;---------------------------------------
        ; 【レジスタの復帰】
        ;---------------------------------------
        pop     di
```

```
        pop     si
        pop     dx
        pop     cx
        pop     bx

        ;---------------------------------------
        ; 【スタックフレームの破棄】
        ;---------------------------------------
        mov     sp, bp
        pop     bp

        ret
```

この関数も、リアルモード時に利用する関数なので、realディレクトリに保存します。

図 13-10 リアルモードで動作するメモリ比較関数の配置

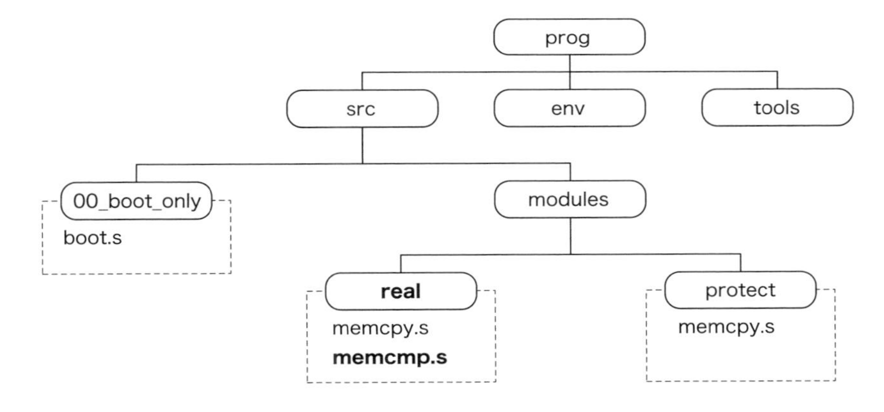

第14章 リアルモードでの基本動作を実装する

・PCに関する情報の取得と表示方法
・自分自身をロードする
・KBCの制御　など

電源投入後、最初に起動するプログラムはBIOSです。新製品の開発により、PCに実装されるCPUも8086からその後継機種へと変化してきましたが、PCは今でも8086とソフトウェア的な互換性のあるリアルモードで起動しています。すぐにでもプロテクトモードに移行したいところではありますが、しばらくの間はリアルモードのまま、プロテクトモードに移行するための準備を行います。

はじめに、リアルモードでのブートプログラムを作成します。そして、必要な処理を少しずつ追加してプログラムを充実させることにします。そのため、ほとんどのプログラムが、直前までに使用した処理に依存することになりますが、多くの場合、%includeディレクティブによりファイルを取り込む形式をとっています。デバイスの動作や制御に関する基本的な説明は終えているので、プログラムの作成に重点を置いて説明します。

14.1 「何もしない」ブートプログラムを作成する

最初に作成するのは、「何もしない」ブートプログラムです。何もしないのですが、BIOSによりメモリに展開してもらう必要があるので、ブートフラグは書き込んでおく必要があります。また、アプリケーションプログラムであれば「終了」してOSに制御を渡すところですが、ブートプログラムは終了することがありません。何もしないプログラムとして、現在位置にジャンプするだけの、無限ループを作成することとします。

図14-1 何もしないブートプログラムの構成

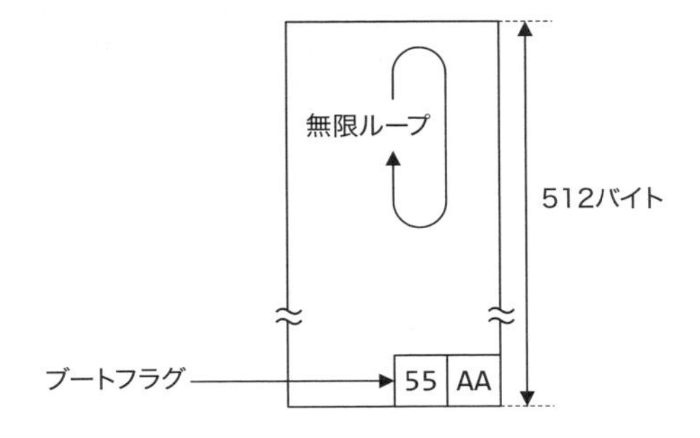

何もしないブートプログラムのソースコードは次のようになります。

prog/src/00_boot_only/**boot.s**

```
entry:
        jmp     $                                   ; while (1) ;// 無限ループ

        times 510 - ($ - $$) db 0x00
        db  0x55, 0xAA
```

このプログラムは、510（0x01FE）バイト目に0x55、0xAAとブートフラグが記録されているので、ブートプログラムの条件を満たしています。このことは、出力されたリスティングファイル（boot.lst）からも確認することができます。

prog/src/00_boot_only/**boot.lst** ※アセンブルすると生成されるファイルです

```
 1 00000000 EBFE                    jmp     $                          ; while (1) ;
 2
 3 00000002 00<rept>                times 510 - ($ - $$) db 0x00
 4 000001FE 55AA                    db  0x55, 0xAA
```

リスティングファイルの1行目を見ると、「JMP $」命令が2バイトの機械語（0xEB 0xFE）に変換されたことが分かります。ジャンプ先に指定されたロケーションカウンタ（$）が0xFEに変換されたのですが、この値は符号付き整数の-2を表しています。本来であれば、2バイト命令を実行したのでIPレジスタの値も2バイト分加算されるのですが、この命令により、IPレジスタの値が2バイト分減算されるので±0となり、同じアドレスにあるJMP命令を繰り返すことになります。

アセンブルされた512バイトのブートプログラムは、バイナリイメージとも呼ばれ、ブートデバイスとして指定した外部記憶装置の先頭セクタに書き込むと、BIOSによって0x7C00番地にロード、実行されます。

プログラムのアセンブルと動作確認の方法は、アセンブル環境の確認時に行った方法と同じです。アセンブル方法は、エクスプローラでdev.batをダブルクリックし、表示されたコマンドプロンプトでmkと入力します。動作確認は、アセンブルが正常に終了した後でbootまたはboxと入力します。

コマンドプロンプト
```
C:¥prog¥src¥00_boot_only>mk
C:¥prog¥src¥00_boot_only>box
```

成功するとハードディスクから起動したことが表示されますが、失敗するとブートデバイスが見つからなかったことを示すエラーメッセージがBIOSによって表示されます。この時に表示される画面は、Bochsを使った動作確認時に表示された画面と同じです。主な原因は、510バイト目にあるはずのブートフラグが正しい位置に設定されていないために発生します。

14.2 BIOSパラメータブロックの領域を確保する

BIOSがロードする512バイトのなかには、ブートプログラムやOSが参照する情報が書き込まれていることがあります。この情報のなかには外部記憶装置の属性も含まれ、ディスクアクセス時にBIOSで必要とする情報を保持していることから、BPB (BIOS Parameter Block) と呼ばれています。BPBはめったに書き換えられることがありません。そして、IPL (Initial Program Loader) とも呼ばれるブートプログラムはBPBの後に置かれます。しかしながら、プログラムの実行が開始されるのは先頭1バイト目からなので、最初に実行されるCPU命令はブートプログラム (IPL) へのジャンプ命令となります。

図14-2 ブートプログラムの配置

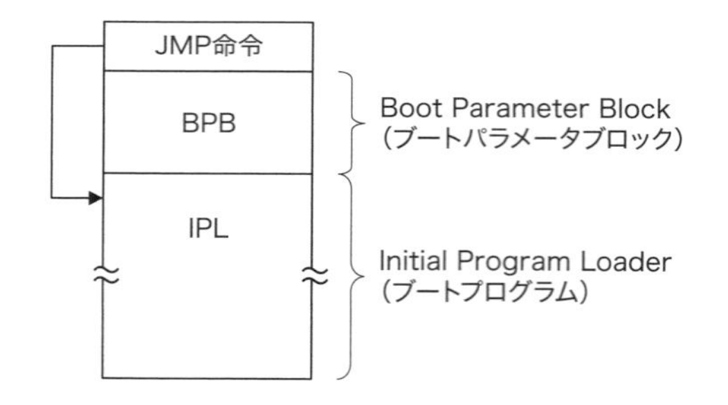

今回作成するブートプログラムは、4Gバイトのリムーバブルディスクに保存されることを想定しています。実際にファイルシステムを作成する時にはBPBを正しく設定する必要がありますが、今は、90バイト分のBPBの領域を確保し、CPUの無操作 (NOP) 命令で埋めるだけとします。NOP命令は、実質的に何も行わずに、次の命令を実行します。仮に、何らかの不具合で、この領域の命令が実行されたとしても、初期化処理となるIPLまでプログラムが進むことになります。NOP命令は、1バイトの機械語、0x90にアセンブルされます。

このプログラムは、以前と異なるディレクトリに保存します。新しく作成するディレクトリ名は自由につけて構いませんが、必ずsrcディレクトリの下に作成します。ここでは、「01_bpb」としています。そして、環境設定を行うバッチファイルとソースファイルをコピーして、異なる部分だけを修正していきます。もちろん、エクスプローラでディレクトリごとコピーした後でディレクトリ名を変えても問題ありません。これにより、以前と同じ方法でアセンブルや動作確認を行うことができます。

図 14-3 目的ごとに作業ディレクトリを分ける手順

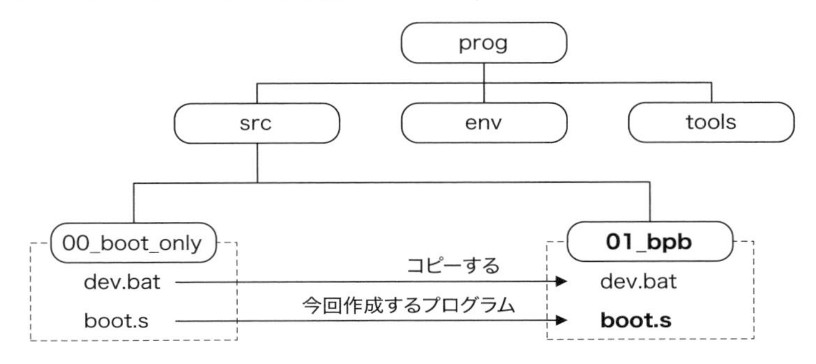

次に、作成したプログラム全体を示します。

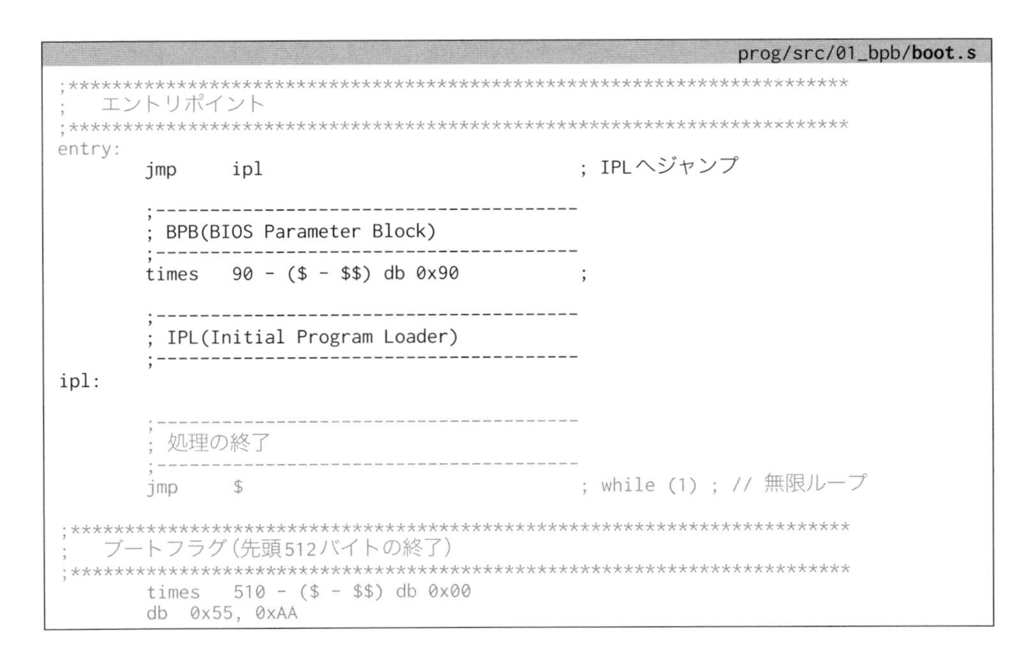

prog/src/01_bpb/**boot.s**

```
;************************************************************************
;    エントリポイント
;************************************************************************
entry:
        jmp     ipl                             ; IPLへジャンプ

        ;---------------------------------------
        ; BPB(BIOS Parameter Block)
        ;---------------------------------------
        times   90 - ($ - $$) db 0x90           ;

        ;---------------------------------------
        ; IPL(Initial Program Loader)
        ;---------------------------------------
ipl:

        ;---------------------------------------
        ; 処理の終了
        ;---------------------------------------
        jmp     $                               ; while (1) ; // 無限ループ

;************************************************************************
;    ブートフラグ(先頭512バイトの終了)
;************************************************************************
        times   510 - ($ - $$) db 0x00
        db  0x55, 0xAA
```

アセンブル方法は、エクスプローラでdev.batをダブルクリックし、表示されたコマンドプロンプトでmkと入力するだけです。動作確認方法は、bootまたはboxと入力します。前回と同様、QEMUまたはBochsが起動します。

```
コマンドプロンプト
C:¥prog¥src¥01_bpb>mk
C:¥prog¥src¥01_bpb>box
```

このプログラムを動作させてみても、実行結果は、前回のプログラムと変わりありません。

14.3 ブートプログラム内にデータを保存する

次に、ブートプログラム内でデータを保存するための修正を加えます。プログラムは、前回のデータを複製して修正します。新しく作成するディレクトリ名は「02_save_data」としました。

図14-4 データを保存するサンプルプログラムの配置

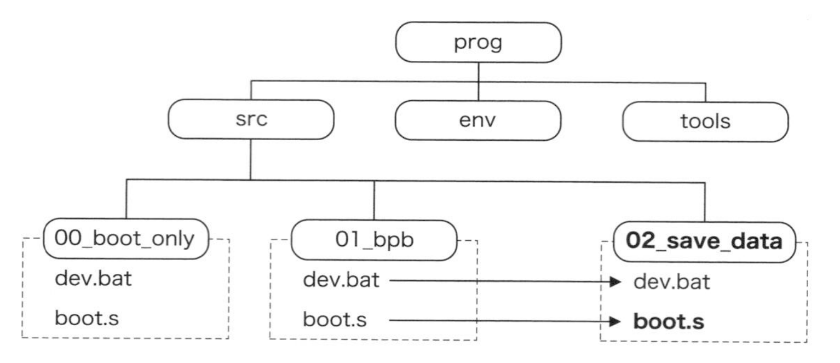

BIOSは、ブートプログラムに制御を移すとき、ブートプログラムが保存されていた外部記憶装置の番号をDLレジスタに設定します。この値は、ブートプログラムがBIOSから渡される唯一の情報で、後続のブートプログラムを読み出すときに必要となる情報です。今後も、必要な情報はメモリ上に保存して置くのですが、このとき、保存先のアドレスを指定する必要があります。

x86系CPUのアドレッシングでは、必ずセグメントレジスタが参照されますが、ブートプログラムに制御が移行した直後のセグメントレジスタの値は、BIOSが設定した値が残ったままとなっているので、どのような値が設定されているか分かりません。そのため、ブートプログラム自らが、必要なレジスタの再設定を行わなくてはなりません。

また、ブートプログラムに制御が移ったとしても、BIOSによって設定された割り込みは有効なままです。これから作成するプログラムでは、スタックポインタや割り込みの設定も行っていくのですが、これらの作業を行っている最中に割り込みが発生すると、プログラムが正しく動作しません。しばらくの間は、割り込みを禁止した状態で作業することにします。割り込みの禁止は、割り込み許可フラグをクリアするCLI命令で行います。

```
                                                    prog/src/02_save_data/boot.s
ipl:
        cli                                     ; // 割り込み禁止
```

ブートプログラムが最初に行う作業は、セグメントレジスタの初期化です。今回のプログラムでは、CS（コードセグメント）以外のセグメントレジスタを0x0000に設定し、実質的にオフセットのみのでアドレスを指定することにします。また、スタックポインタには、プログラムがロードされる0x7C00番地を設定します。ブートプログラムがロードされる直前の領域にスタック領域を割り当てることで、プログラムとスタックが重複しないようにしています。

図14-5 ブートプログラム起動時のメモリマップ

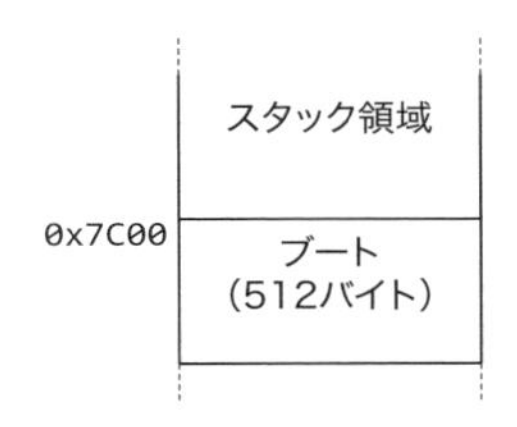

次のコードは、セグメントレジスタの値を0x0000に設定する例ですが、セグメントレジスタに即値を代入するCPU命令は存在しないので、AXレジスタを介して値を設定しています。また、スタックポインタの値には、BOOT_LOADを設定しています。この値は、ブートプログラムのロードアドレスである0x7C00をマクロで定義したものです。

```
                                                    prog/src/02_save_data/boot.s
        BOOT_LOAD       equ     0x7C00          ; ブートプログラムのロード位置

ipl:
        cli                                     ; // 割り込み禁止

        mov     ax, 0x0000                      ; AX = 0x0000;
        mov     ds, ax                          ; DS = 0x0000;
        mov     es, ax                          ; ES = 0x0000;
        mov     ss, ax                          ; SS = 0x0000;
        mov     sp, BOOT_LOAD                   ; SP = 0x7C00;
```

割り込みの禁止中に行わなければならない処理は、これで終了しました。割り込み許可フラグをセットして、割り込み禁止状態を解除します。

```
                                                    prog/src/02_save_data/boot.s
        mov     sp, BOOT_LOAD                   ; SP = 0x7C00;

        sti                                     ; // 割り込み許可
```

セグメントレジスタの設定が終了したので、正しくアドレッシングが行われるようになりました。ただし、保存先はアドレスを直接指定するのではなく、ラベルで指定するようにします。

これにより、プログラムが変更されるたびに、アドレスを再計算する必要がなくなります。具体的なコード例を次に示します。

prog/src/02_save_data/**boot.s**

```
        sti                                     ; // 割り込み許可

        mov     [BOOT.DRIVE], dl                ; ブートドライブを保存

        jmp     $                               ; while (1) ; // 無限ループ

ALIGN 2, db 0
BOOT:                                           ; ブートドライブに関する情報
.DRIVE:         dw  0                           ; ドライブ番号
```

ここで、BOOTラベルの直前にALIGNディレクティブを配置していますが、これは、アセンブラに、データを2バイト境界で配置するように指示するものです。

しかし、このようにプログラムしただけでは、意図したアドレスにデータが保存されません。アセンブラは、プログラムが0x0000番地にロード、実行されるものと仮定してアドレスの計算を行うことがその理由です。実際に、ブートプログラムが0x0000番地に展開されるのであれば問題ありませんが、BIOSはブートプログラムを0x7C00番地に展開します。そのため、オフセットアドレスの基準は0x7C00番地であることをアセンブラに知らせる必要があります。そうしなければ、ブートプログラム内にデータを保存する意図に反して、BIOSなどが使用するシステム領域を破壊するプログラムになってしまいます。

図14-6 ロードアドレスの指定がない場合

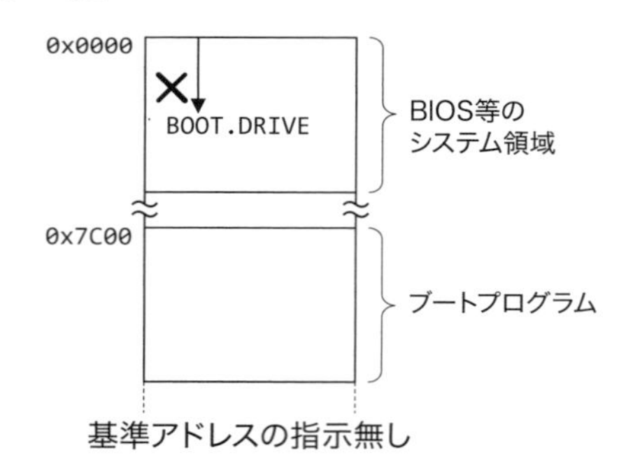

アセンブラに、プログラムがロードされるアドレスを指定するためにはORGディレクティブを使用します。これにより、ブートプログラムが0x7C00番地にロードされることをアセンブラに知らせることができます。

prog/src/02_save_data/**boot.s**

```
        BOOT_LOAD       equ     0x7C00          ; ブートプログラムのロード位置

        ORG     BOOT_LOAD                       ; ロードアドレスをアセンブラに指示
```

図 14-7 ロードアドレスの指定がある場合

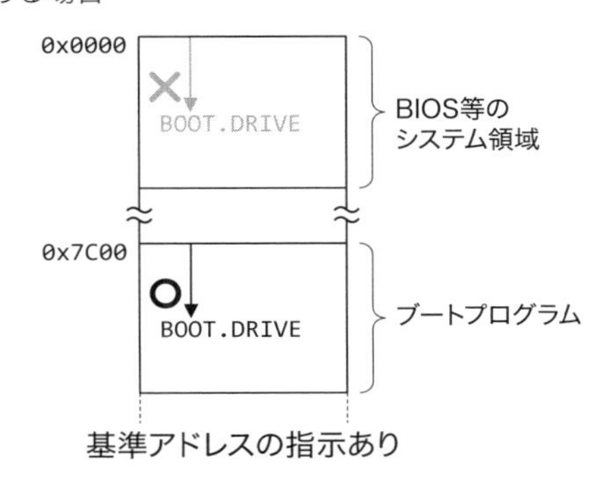

ORGディレクティブにより、アセンブラが出力するアドレスには、ブートプログラムのロードアドレスが加算されることになります。ただし、アセンブラが生成するブートプログラムは単一のプログラムとなるので、ORGディレクティブは一度しか指定することができません。

次に、ソースプログラム全体を示します。

prog/src/02_save_data/**boot.s**

```
        BOOT_LOAD   equ     0x7C00              ; ブートプログラムのロード位置

        ORG     BOOT_LOAD                       ; ロードアドレスをアセンブラに指示

;************************************************************************
;   エントリポイント
;************************************************************************
entry:
        ;---------------------------------------
        ; BPB(BIOS Parameter Block)
        ;---------------------------------------
        jmp     ipl                             ; IPLへジャンプ
        times   90 - ($ - $$) db 0x90           ;

        ;---------------------------------------
        ; IPL(Initial Program Loader)
        ;---------------------------------------
ipl:
        cli                                     ; // 割り込み禁止

        mov     ax, 0x0000                      ; AX = 0x0000;
        mov     ds, ax                          ; DS = 0x0000;
        mov     es, ax                          ; ES = 0x0000;
        mov     ss, ax                          ; SS = 0x0000;
        mov     sp, BOOT_LOAD                   ; SP = 0x7C00;

        sti                                     ; // 割り込み許可

        mov     [BOOT.DRIVE], dl                ; ブートドライブを保存

        ;---------------------------------------
        ; 処理の終了
        ;---------------------------------------
        jmp     $                               ; while (1) ; // 無限ループ

ALIGN 2, db 0
```

```
BOOT:                                       ; ブートドライブに関する情報
.DRIVE:         dw  0                       ; ドライブ番号

;************************************************************************
;   ブートフラグ（先頭512バイトの終了）
;************************************************************************
        times   510 - ($ - $$) db 0x00
        db  0x55, 0xAA
```

作成したプログラムのアセンブルと実行方法は、これまでと同じです。また、表示される画面も、今までの例と変わりありません。次は、画面に文字を表示するプログラムを作成することにします。

14.4 文字を表示する

ブートができるようになったので、文字を表示するプログラムを作成します。まずは、単純に1文字だけを表示するプログラムを作成します。ブートプログラムはリアルモードで動作しているので、文字の表示にはBIOSコールのINT10を使用することができます。このBIOSコールでは、AHレジスタに0x0Eを設定するとテレタイプ式で文字を出力することができます。前回のプログラムとの違いは、次の4行だけです。

prog/src/03_boot_putc/**boot.s**

```
        mov     [BOOT.DRIVE], dl            ; ブートドライブを保存

        mov     al, 'A'                     ; AL = 出力文字
        mov     ah, 0x0E                    ; テレタイプ式1文字出力
        mov     bx, 0x0000                  ; ページ番号と文字色を0に設定
        int     0x10                        ; ビデオBIOSコール

        jmp     $                           ; while (1) ; // 無限ループ
```

プログラムの実行結果は、次のとおりです。

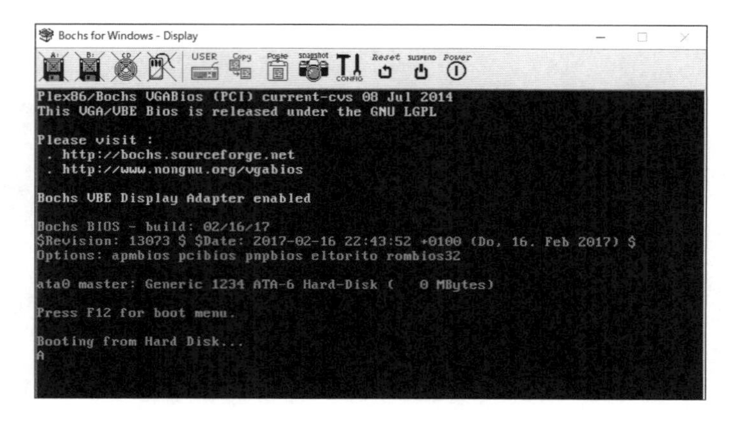

ブートするだけのプログラムと比べると、文字を出力するためのBIOSコールの4行分が増えただけです。本書に付属するサンプルプログラムでは、この4行の違いを確認するだけのために、03_boot_putcディレクトリにソースファイルを保存しています。

文字を出力する関数は、たった4行ではありますが、汎用的な処理なので、関数モジュールとして作成します。このため、新たに04_func_putcディレクトリを作成し、ソースファイルを保存します。このように、本書に付属のサンプルプログラムでは、より細かくディレクトリが分けられているので、適宜参照してください。

文字を表示する関数の仕様を次に示します。

putc(ch);	
戻り値	なし
ch	文字コード

作成する関数は、16ビット（2バイト）の引数を1つ取り、戻り値を返さない文字出力関数です。引数はスタックに積み、その下位バイトを文字コードとしてBIOSのパラメータに設定し、文字を表示します。また、関数呼出し後も、すべてのレジスタは保持されるものとします。関数内では、スタックフレームを構築し、BIOSの呼び出しにより破壊される可能性のあるすべてのレジスタをスタック上に保存しています。具体的なコードは次のようになります。

prog/src/modules/real/**putc.s**

```
putc:
        ;---------------------------------------
        ; 【スタックフレームの構築】
        ;---------------------------------------
                                        ;    + 4| 出力文字
                                        ;    + 2| IP（戻り番地）
        push    bp                      ;  BP+ 0| BP（元の値）
        mov     bp, sp                  ;  ------+--------

        ;---------------------------------------
        ; 【レジスタの保存】
        ;---------------------------------------
        push    ax
        push    bx

        ;---------------------------------------
        ; 【処理の開始】
        ;---------------------------------------
        mov     al, [bp + 4]            ; 出力文字を取得
        mov     ah, 0x0E                ; テレタイプ式1文字出力
        mov     bx, 0x0000              ; ページ番号と文字色を0に設定
        int     0x10                    ; ビデオBIOSコール

        ;---------------------------------------
        ; 【レジスタの復帰】
        ;---------------------------------------
        pop     bx
        pop     ax

        ;---------------------------------------
        ; 【 スタックフレームの破棄】
```

14 リアルモードでの基本動作を実装する

```
        ;---------------------------------------
        mov     sp, bp                          ;
        pop     bp

        ret
```

この関数は、リアルモード時に実行されるのでrealディレクトリにputc.sというファイル名で保存します。

図14-8 1文字出力関数の配置

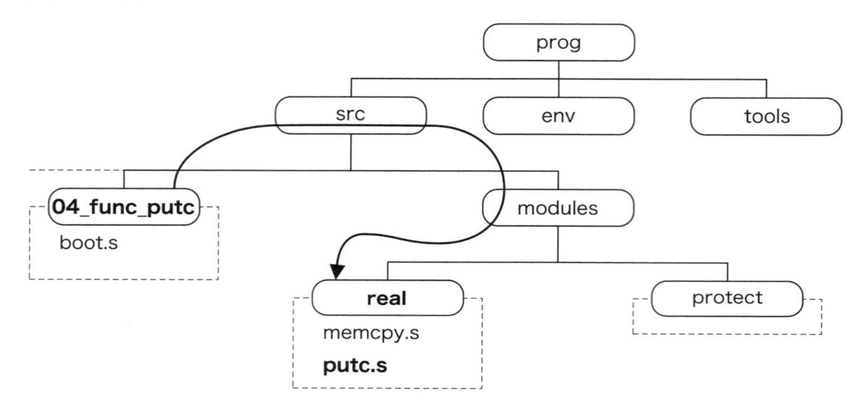

作成した関数は、NASMの%includeディレクティブにより、ブートプログラムに取り込んで使用します。ソースファイルからは次のように指定します。

prog/src/04_func_putc/**boot.s**

```
%include    "../modules/real/putc.s"
```

このとき、ディレクトリの分割記号には「¥」または「/」が使用できます。
ブートプログラム側での使用例は次のとおりです。

```
        push    word 'A'
        call    putc
        add     sp, 2

        push    word 'B'
        call    putc
        add     sp, 2

        push    word 'C'
        call    putc
        add     sp, 2
```

これにより、起動直後の画面に「ABC」と文字が出力されるようになります。

今回作成した関数呼び出しは、C言語での関数呼び出しと類似の方法で行います。つまり、呼び出し側がスタックに積み込んだ引数分のSP（スタックポインタ）レジスタの値を調整します。このような、人間にとって間違えやすい作業は、アセンブラのマクロを使用して単純なミスを防ぐことができます。ここでは、NASMのマクロを説明したときに作成したマクロ「cdecl」を使います ➡P.268参照。以下に、そのコードを再掲します。

prog/src/include/**macro.s**
```
%macro  cdecl 1-*.nolist

    %rep  %0 - 1
        push    %{-1:-1}
        %rotate -1
    %endrep
    %rotate -1

        call    %1

    %if 1 < %0
        add     sp, (__BITS__ >> 3) * (%0 - 1)
    %endif

%endmacro
```

マクロは、すべてのプログラムから共通で参照されるので、srcディレクトリの下にincludeディレクトリを作成して配置します。

図14-9 マクロ用ファイルの配置

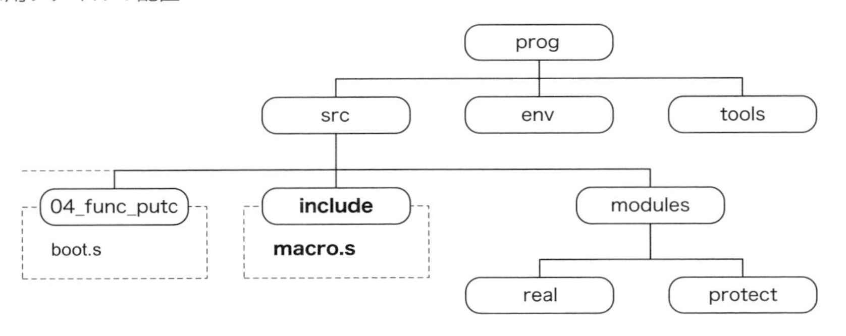

マクロは、親ディレクトリのincludeディレクトリにあるので、次のように指定します。

prog/src/04_func_putc/**boot.s**
```
%include    "../include/macro.s"
```

マクロを使用すると、関数呼び出しを次のように、簡潔に記述することができます。

prog/src/04_func_putc/**boot.s**

```
        mov     [BOOT.DRIVE], dl            ; ブートドライブを保存

        cdecl   putc, word 'X'
        cdecl   putc, word 'Y'
        cdecl   putc, word 'Z'
```

次に、ソースファイル全体を示します。

prog/src/04_func_putc/**boot.s**

```
        BOOT_LOAD   equu    0x7C00          ; ブートプログラムのロード位置

        ORG     BOOT_LOAD                   ; ロードアドレスをアセンブラに指示

;************************************************************************
;   マクロ
;************************************************************************
%include    "../include/macro.s"

;************************************************************************
;   エントリポイント
;************************************************************************
entry:
        ;---------------------------------------
        ; BPB(BIOS Parameter Block)
        ;---------------------------------------
        jmp     ipl                         ; IPLへジャンプ
        times   90 - ($ - $$) db 0x90       ;

        ;---------------------------------------
        ; IPL(Initial Program Loader)
        ;---------------------------------------
ipl:
        cli                                 ; // 割り込み禁止

        mov     ax, 0x0000                  ; AX = 0x0000;
        mov     ds, ax                      ; DS = 0x0000;
        mov     es, ax                      ; ES = 0x0000;
        mov     ss, ax                      ; SS = 0x0000;
        mov     sp, BOOT_LOAD               ; SP = 0x7C00;

        sti                                 ; // 割り込み許可

        mov     [BOOT.DRIVE], dl            ; ブートドライブを保存

        ;---------------------------------------
        ; 文字を表示
        ;---------------------------------------
        cdecl   putc, word 'X'
        cdecl   putc, word 'Y'
        cdecl   putc, word 'Z'

        ;---------------------------------------
        ; 処理の終了
        ;---------------------------------------
        jmp     $                           ; while (1) ; // 無限ループ

ALIGN 2, db 0
BOOT:                                       ; ブートドライブに関する情報
.DRIVE:         dw  0                       ; ドライブ番号

;************************************************************************
```

```
;    モジュール
;************************************************************************
%include     "../modules/real/putc.s"

;************************************************************************
;    ブートフラグ（先頭512バイトの終了）
;************************************************************************
        times   510 - ($ - $$) db 0x00
        db  0x55, 0xAA
```

このプログラムの実行結果は、次のとおりです。

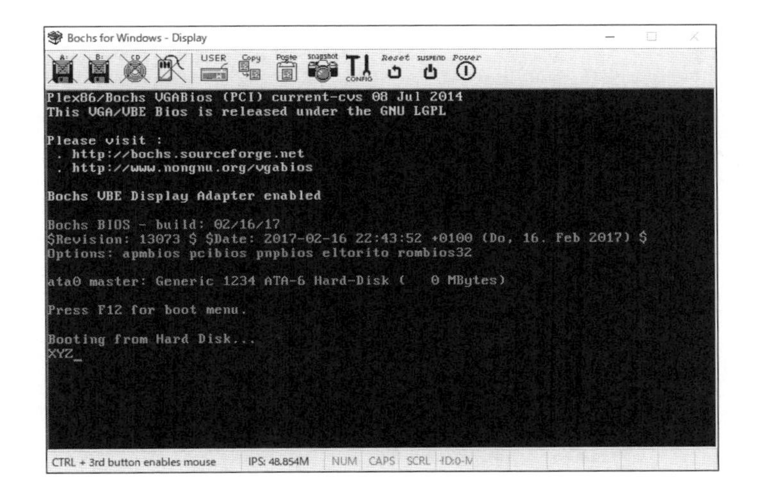

14.5 文字列を表示する

1文字の画面表示ができたので、次は、文字列の表示関数を作成します。1文字出力と同様、BIOSにも文字列の出力関数が存在しますが、文字列の終端を「$」で判定するので、ここでは、文字列の終端を「0x00」で判定する関数を作成します。次に、関数の仕様を示します。

puts(str);		
	戻り値	なし
	str	文字列のアドレス

具体的な文字列の表示処理は、0x00が現れるまで、BIOSコールを使った文字出力を繰り返すことで実現します。この関数では、出力文字をALレジスタに設定するためにLODSB命令を使用します。この命令は、SIレジスタで指定されたアドレスから1バイトをALレジスタに取り込みSIレジスタの値を1加算または減算します。今回も、DFフラグに0を設定し、ア

ドレスを加算するようにしています。

文字列表示関数も、文字表示関数と同じく、1つの引数を受け取りますが、文字コードではなく文字列へのアドレスを受け取ります。スタックフレームの構築やレジスタの保存方法は、文字表示関数と同じです。関数名はputsとし、文字表示関数と同様に、「puts.s」というファイルに保存します。文字列表示プログラムは次のとおりです。

prog/src/modules/real/**puts.s**

```
puts:
        ;---------------------------------------
        ; 【スタックフレームの構築】
        ;---------------------------------------
                                                ;    + 4| 文字列へのアドレス
                                                ;    + 2| IP（戻り番地）
        push    bp                              ;  BP+ 0| BP（元の値）
        mov     bp, sp                          ; ------+--------

        ;---------------------------------------
        ; 【レジスタの保存】
        ;---------------------------------------
        push    ax
        push    bx
        push    si

        ;---------------------------------------
        ; 引数を取得
        ;---------------------------------------
        mov     si, [bp + 4]                    ; SI = 文字列へのアドレス；

        ;---------------------------------------
        ; 【処理の開始】
        ;---------------------------------------
        mov     ah, 0x0E                        ; // テレタイプ式1文字出力
        mov     bx, 0x0000                      ; // ページ番号と文字色を0に設定
        cld                                     ; DF = 0; // アドレス加算
.10L:                                           ; do
                                                ; {
        lodsb                                   ;   AL = *SI++;
                                                ;
        cmp     al, 0                           ;   if (0 == AL)
        je      .10E                            ;     break;
                                                ;
        int     0x10                            ;   Int10(0x0E, AL); // 文字出力
        jmp     .10L                            ;
.10E:                                           ; } while (1);

        ;---------------------------------------
        ; 【レジスタの復帰】
        ;---------------------------------------
        pop     si
        pop     bx
        pop     ax

        ;---------------------------------------
        ; 【スタックフレームの破棄】
        ;---------------------------------------
        mov     sp, bp
        pop     bp

        ret
```

この関数に引数として渡す文字列は、ローカルラベルにDB擬似命令を使用して定義してい

ます。

```
                                                    prog/src/05_func_puts/boot.s
.s0     db  "Booting...", 0x0A, 0x0D, 0

ALIGN 2, db 0
BOOT:                                       ; ブートドライブに関する情報
.DRIVE:         dw  0                       ; ドライブ番号
```

文字列のなかの「0x0A」はラインフィード(LF：Line Feed)でカーソルの位置を1行下げます。タイプライタで1行分の紙送りに相当します。「0x0D」はキャリッジリターン(CR：Carriage Return)でカーソルの位置を左端に戻すことを意味しています。このような動作は、テレタイプ式文字出力をよく表しています。

この関数を使用するときには、文字出力関数と同様に、%includeディレクティブで文字列表示関数をプログラム内に取り込みます。

```
                                                    prog/src/05_func_puts/boot.s
%include    "../modules/real/puts.s"
```

文字列表示関数は、関数呼び出しマクロを使用し、次のように呼び出します。

```
                                                    prog/src/05_func_puts/boot.s
        mov     [BOOT.DRIVE], dl            ; ブートドライブを保存

        cdecl   puts, .s0                   ; puts(.s0);
```

次に、ソースファイル全体を示します。

```
                                                    prog/src/05_func_puts/boot.s
        BOOT_LOAD   equ     0x7C00          ; ブートプログラムのロード位置

        ORG     BOOT_LOAD                   ; ロードアドレスをアセンブラに指示

;************************************************************************
;   マクロ
;************************************************************************
%include    "../include/macro.s"

;************************************************************************
;   エントリポイント
;************************************************************************
entry:
        ;---------------------------------------
        ; BPB(BIOS Parameter Block)
        ;---------------------------------------
        jmp     ipl                         ; IPLへジャンプ
        times   90 - ($ - $$) db 0x90       ;

        ;---------------------------------------
```

```
        ; IPL(Initial Program Loader)
        ;---------------------------------------
ipl:
        cli                                     ; // 割り込み禁止

        mov     ax, 0x0000                      ; AX = 0x0000;
        mov     ds, ax                          ; DS = 0x0000;
        mov     es, ax                          ; ES = 0x0000;
        mov     ss, ax                          ; SS = 0x0000;
        mov     sp, BOOT_LOAD                   ; SP = 0x7C00;

        sti                                     ; // 割り込み許可

        mov     [BOOT.DRIVE], dl                ; ブートドライブを保存

        ;---------------------------------------
        ; 文字列を表示
        ;---------------------------------------
        cdecl   puts, .s0                       ; puts(.s0);

        ;---------------------------------------
        ; 処理の終了
        ;---------------------------------------
        jmp     $                               ; while (1) ; // 無限ループ

        ;---------------------------------------
        ; データ
        ;---------------------------------------
.s0     db  "Booting...", 0x0A, 0x0D, 0

ALIGN 2, db 0
BOOT:                                           ; ブートドライブに関する情報
.DRIVE:         dw  0                           ; ドライブ番号

;************************************************************************
;   モジュール
;************************************************************************
%include    "../modules/real/puts.s"

;************************************************************************
;   ブートフラグ（先頭512バイトの終了）
;************************************************************************
        times   510 - ($ - $$) db 0x00
        db  0x55, 0xAA
```

プログラムの実行結果は、次のとおりです。

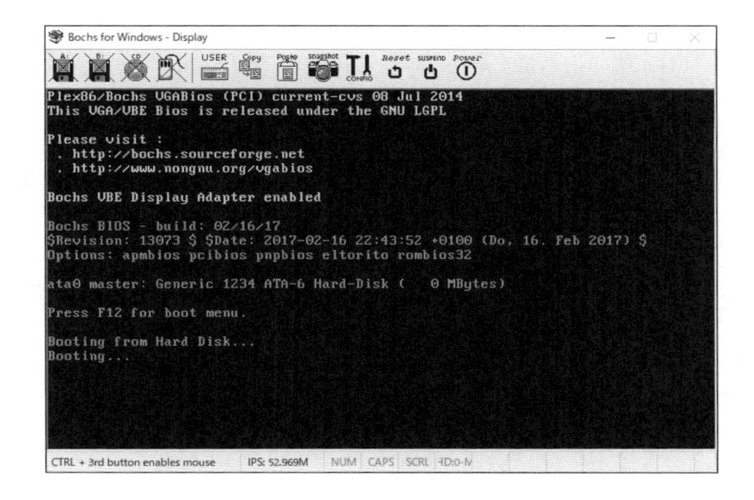

14.6 数値を表示する

文字や文字列だけではなく、変数の値も画面に表示できるととても便利です。数値の表示ができると、コンピュータ内部の設定値や時刻を画面に表示することができるようになります。すでに、文字列の表示関数を作成しているので、後は数値を文字列に変換する関数を作成するだけです。

ここでは、数値を文字列に変換する関数、itoaを作成します。作成する関数の仕様は次のとおりです。

void itoa(num, buff, size, radix, flag);	
戻り値	なし
num	変換する値
buff	保存先バッファアドレス
size	保存先バッファサイズ
radix	基数（2、8、10または16を設定する）
flags	ビット定義のフラグ B2：空白を'0'で埋める B1：'+/-'記号を付加する B0：値を符号付き変数として扱う

この関数が数値を変換した結果、何バイトのデータが生成されるかは、変換してみるまで分かりません。変換結果のバイト数が未定なので、ある程度余裕を持ったメモリ領域に結果を保存しなければいけません。

関数に渡されるバッファは、指定されたサイズを超えてアクセスしてはいけません。他のメモリ領域を破壊することになるためです。ただし、すべてのバッファを使い切らなかったときの動作は、関数に依存します。この関数は、右詰めで数値を格納するので左側に空き領域ができることがあります。この領域の処理方法は、関数の引数で指定します。

この関数では、最初にフラグのB0（最下位ビット）を検査し、符号付き整数として扱うかどうかを判断します。符号付き整数として扱う場合、数値が負数であればフラグのB1をセットして、後続の処理で符号を表示するように設定します。

prog/src/modules/real/**itoa.s**

```
        ;---------------------------------------
        ; 符号付き判定
        ;---------------------------------------
        test    bx, 0b0001                      ; if (flags & 0x01)// 符号付き
.10Q:   je      .10E                            ; {
        cmp     ax, 0                           ;   if (val < 0)
.12Q:   jge     .12E                            ;   {
        or      bx, 0b0010                      ;     flags |=  2; // 符号表示
.12E:                                           ;   }
.10E:                                           ; }
```

次の処理では、フラグのB1がセットされていた場合の符号処理と残りバッファサイズの減算を行います。また、表示する値が負数の場合、NEG（2の補数）命令により符号を反転しています。

prog/src/modules/real/**itoa.s**

```
        ;---------------------------------------
        ; 符号出力判定
        ;---------------------------------------
        test    bx, 0b0010                      ; if (flags & 0x02)// 符号出力判定
.20Q:   je      .20E                            ; {
        cmp     ax, 0                           ;   if (val < 0)
.22Q:   jge     .22F                            ;   {
        neg     ax                              ;     val *= -1;    // 符号反転
        mov     [si], byte '-'                  ;     *dst = '-';   // 符号表示
        jmp     .22E                            ;   }
.22F:                                           ;   else
                                                ;   {
        mov     [si], byte '+'                  ;     *dst = '+';   // 符号表示
.22E:                                           ;   }
        dec     cx                              ;   size--;         // 残りバッファサイズの減算
.20E:                                           ; }
```

文字列変換部では、DIV命令により基数での除算を繰り返します。除算による余り（DX）を「.ascii」で示される変換テーブルのインデックスとして文字コードを取得します。この操作を、LOOPNZ命令により、残りバッファサイズ（CX）または変換する値（AX）が0になるまで繰り返します。

prog/src/modules/real/**itoa.s**

```
        ;----------------------------------------
        ; ASCII変換
        ;----------------------------------------
        mov     bx, [bp +10]                    ; BX = 基数;
.30L:                                           ; do
                                                ; {
        mov     dx, 0                           ;
        div     bx                              ;   DX = DX:AX % 基数;
                                                ;   AX = DX:AX / 基数;
                                                ;
        mov     si, dx                          ;   // テーブル参照
        mov     dl, byte [.ascii + si]          ;   DL = ASCII[DX];
                                                ;
        mov     [di], dl                        ;   *dst = DL;
        dec     di                              ;   dst--;
                                                ;
        cmp     ax, 0                           ;
        loopnz  .30L                            ; } while (AX);
.30E:
```

この関数が使用する変換テーブルは、ローカルラベルで定義されています。変換可能な最大基数が16なので、0からFまでの16文字をDB擬似命令で定義しています。

prog/src/modules/real/**itoa.s**

```
.ascii  db      "0123456789ABCDEF"              ; 変換テーブル
```

文字列への変換処理が終了した時点で、残りバッファサイズ(CX)が0でなければ、バッファの残りを「 (空白)」または「0」で埋めます。どちらの文字で埋めるかは、フラグのB2で判断します。

prog/src/modules/real/**itoa.s**

```
        ;----------------------------------------
        ; 空欄を埋める
        ;----------------------------------------
        cmp     cx, 0                           ; if (size)
.40Q:   je      .40E                            ; {
        mov     al, ' '                         ;   AL = ' ';  // ' 'で埋める(デフォルト値)
        cmp     [bp +12], word 0b0100           ;   if (flags & 0x04)
.42Q:   jne     .42E                            ;   {
        mov     al, '0'                         ;     AL = '0'; // '0'で埋める
.42E:                                           ;   }
        std                                     ;   // DF = 1(-方向)
        rep stosb                               ;   while (--CX) *DI-- = ' ';
.40E:                                           ; }
```

これまでの関数と比べていくぶん複雑な処理となっていますが、1つ1つは簡単な分岐と繰り返し処理で構成されています。多少くどい表記となっていますが、ローカルラベルとC言語風の表記から概要を確認することができます。

次に、作成した関数全体を示します。

prog/src/modules/real/**itoa.s**

```
itoa:
        ;---------------------------------------
        ; 【スタックフレームの構築】
        ;---------------------------------------
                                                ;    +12| フラグ
                                                ;    +10| 基数
                                                ;    + 8| バッファサイズ
                                                ;    + 6| バッファアドレス
                                                ;    + 4| 数値
                                                ;    + 2| IP（戻り番地）
        push    bp                              ;  BP+ 0| BP（元の値）
        mov     bp, sp                          ; ------+--------

        ;---------------------------------------
        ; 【レジスタの保存】
        ;---------------------------------------
        push    ax
        push    bx
        push    cx
        push    dx
        push    si
        push    di

        ;---------------------------------------
        ; 引数を取得
        ;---------------------------------------
        mov     ax, [bp + 4]                    ; val  = 数値；
        mov     si, [bp + 6]                    ; dst  = バッファアドレス；
        mov     cx, [bp + 8]                    ; size = 残りバッファサイズ；

        mov     di, si                          ; // バッファの最後尾
        add     di, cx                          ; dst  = &dst[size - 1];
        dec     di                              ;

        mov     bx, word [bp +12]               ; flags = オプション；

        ;---------------------------------------
        ; 符号付き判定
        ;---------------------------------------
        test    bx, 0b0001                      ; if (flags & 0x01)// 符号付き
.10Q:   je      .10E                            ; {
        cmp     ax, 0                           ;   if (val < 0)
.12Q:   jge     .12E                            ;   {
        or      bx, 0b0010                      ;     flags |=  2; // 符号表示
.12E:                                           ;   }
.10E:                                           ; }

        ;---------------------------------------
        ; 符号出力判定
        ;---------------------------------------
        test    bx, 0b0010                      ; if (flags & 0x02)// 符号出力判定
.20Q:   je      .20E                            ; {
        cmp     ax, 0                           ;   if (val < 0)
.22Q:   jge     .22F                            ;   {
        neg     ax                              ;     val *= -1;    // 符号反転
        mov     [si], byte '-'                  ;     *dst = '-';   // 符号表示
        jmp     .22E                            ;   }
.22F:                                           ;   else
                                                ;   {
        mov     [si], byte '+'                  ;     *dst = '+';   // 符号表示
.22E:                                           ;   }
        dec     cx                              ;   size--;         // 残りバッファサイズの減算
.20E:                                           ; }
```

```
        ;---------------------------------------
        ; ASCII変換
        ;---------------------------------------
        mov     bx, [bp +10]                    ; BX = 基数;
.30L:                                           ; do
                                                ; {
        mov     dx, 0                           ;
        div     bx                              ;   DX = DX:AX % 基数;
                                                ;   AX = DX:AX / 基数;
                                                ;
        mov     si, dx                          ;   // テーブル参照
        mov     dl, byte [.ascii + si]          ;   DL = ASCII[DX];
                                                ;
        mov     [di], dl                        ;   *dst = DL;
        dec     di                              ;   dst--;
                                                ;
        cmp     ax, 0                           ;
        loopnz  .30L                            ; } while (AX);
.30E:

        ;---------------------------------------
        ; 空欄を埋める
        ;---------------------------------------
        cmp     cx, 0                           ; if (size)
.40Q:   je      .40E                            ; {
        mov     al, ' '                         ;   AL = ' ';  // ' 'で埋める(デフォルト値)
        cmp     [bp +12], word 0b0100           ;   if (flags & 0x04)
.42Q:   jne     .42E                            ;   {
        mov     al, '0'                         ;     AL = '0'; // '0'で埋める
.42E:                                           ;   }
        std                                     ;   // DF = 1(-方向)
        rep stosb                               ;   while (--CX) *DI-- = ' ';
.40E:                                           ; }

        ;---------------------------------------
        ; 【レジスタの復帰】
        ;---------------------------------------
        pop     di
        pop     si
        pop     dx
        pop     cx
        pop     bx
        pop     ax

        ;---------------------------------------
        ; 【スタックフレームの破棄】
        ;---------------------------------------
        mov     sp, bp
        pop     bp

        ret

.ascii  db      "0123456789ABCDEF"              ; 変換テーブル
```

作成した関数は、今までと同様、itoa.sというファイル名でrealディレクトリに保存します。

図14-10 文字列変換関数（itoa.s）の配置

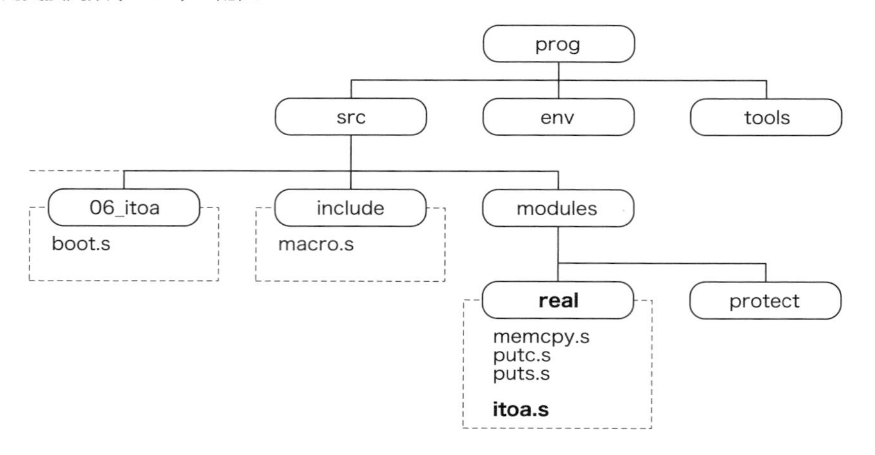

この関数は%includeディレクティブでプログラムに取り込んで使用します。

```
                                                prog/src/06_itoa/boot.s
%include    "../modules/real/puts.s"
%include    "../modules/real/itoa.s"
```

マクロを使用した数値変換関数の呼び出し例は次のとおりです。

```
                                                prog/src/06_itoa/boot.s
        cdecl   itoa,  8086, .s1, 8, 10, 0b0001 ; "    8086"

        ...
.s1     db  "--------", 0x0A, 0x0D, 0
```

この関数呼び出しでは、数値の8086を、.s1で示された8バイト分のバッファに10進数で表現された文字に変換します。バッファの9文字目以降には改行コード（0x0A、0x0D）と終端文字（0x00）が書き込まれているので、変換関数呼出し後に文字列表示関数で表示すると、数値と改行が出力されます。

```
                                                prog/src/06_itoa/boot.s
        cdecl   itoa,  8086, .s1, 8, 10, 0b0001 ; "    8086"
        cdecl   puts, .s1

        ...
.s1     db  "--------", 0x0A, 0x0D, 0
```

次に、変換関数の動作を確認する、ソースプログラム全体を示します。

```
                                                        prog/src/06_itoa/boot.s
        BOOT_LOAD   equ     0x7C00                  ; ブートプログラムのロード位置

        ORG     BOOT_LOAD                           ; ロードアドレスをアセンブラに指示

;************************************************************************
;   マクロ
;************************************************************************
%include    "../include/macro.s"

;************************************************************************
;   エントリポイント
;************************************************************************
entry:
        ;---------------------------------------
        ; BPB(BIOS Parameter Block)
        ;---------------------------------------
        jmp     ipl                                 ; IPLへジャンプ
        times   90 - ($ - $$) db 0x90               ;

        ;---------------------------------------
        ; IPL(Initial Program Loader)
        ;---------------------------------------
ipl:
        cli                                         ; // 割り込み禁止

        mov     ax, 0x0000                          ; AX = 0x0000;
        mov     ds, ax                              ; DS = 0x0000;
        mov     es, ax                              ; ES = 0x0000;
        mov     ss, ax                              ; SS = 0x0000;
        mov     sp, BOOT_LOAD                       ; SP = 0x7C00;

        sti                                         ; // 割り込み許可

        mov     [BOOT.DRIVE], dl                    ; ブートドライブを保存

        ;---------------------------------------
        ; 文字列を表示
        ;---------------------------------------
        cdecl   puts, .s0                           ; puts(.s0);

        ;---------------------------------------
        ; 数値を表示
        ;---------------------------------------
        cdecl   itoa,  8086, .s1, 8, 10, 0b0001 ; "    8086"
        cdecl   puts, .s1

        cdecl   itoa,  8086, .s1, 8, 10, 0b0011 ; "+   8086"
        cdecl   puts, .s1

        cdecl   itoa, -8086, .s1, 8, 10, 0b0001 ; "-   8086"
        cdecl   puts, .s1

        cdecl   itoa,    -1, .s1, 8, 10, 0b0001 ; "-      1"
        cdecl   puts, .s1

        cdecl   itoa,    -1, .s1, 8, 10, 0b0000 ; "   65535"
        cdecl   puts, .s1

        cdecl   itoa,    -1, .s1, 8, 16, 0b0000 ; "    FFFF"
        cdecl   puts, .s1

        cdecl   itoa,    12, .s1, 8,  2, 0b0100 ; "00001100"
        cdecl   puts, .s1
```

```
        ;---------------------------------------
        ; 処理の終了
        ;---------------------------------------
        jmp     $                               ; while (1) ; // 無限ループ

        ;---------------------------------------
        ; データ
        ;---------------------------------------
.s0     db  "Booting...", 0x0A, 0x0D, 0
.s1     db  "--------", 0x0A, 0x0D, 0

ALIGN 2, db 0
BOOT:                                           ; ブートドライブに関する情報
.DRIVE:         dw  0                           ; ドライブ番号

;************************************************************************
;   モジュール
;************************************************************************
%include    "../modules/real/puts.s"
%include    "../modules/real/itoa.s"

;************************************************************************
;   ブートフラグ（先頭512バイトの終了）
;************************************************************************
        times   510 - ($ - $$) db 0x00
        db  0x55, 0xAA
```

数値の表示プログラムの実行結果は、次のとおりです。

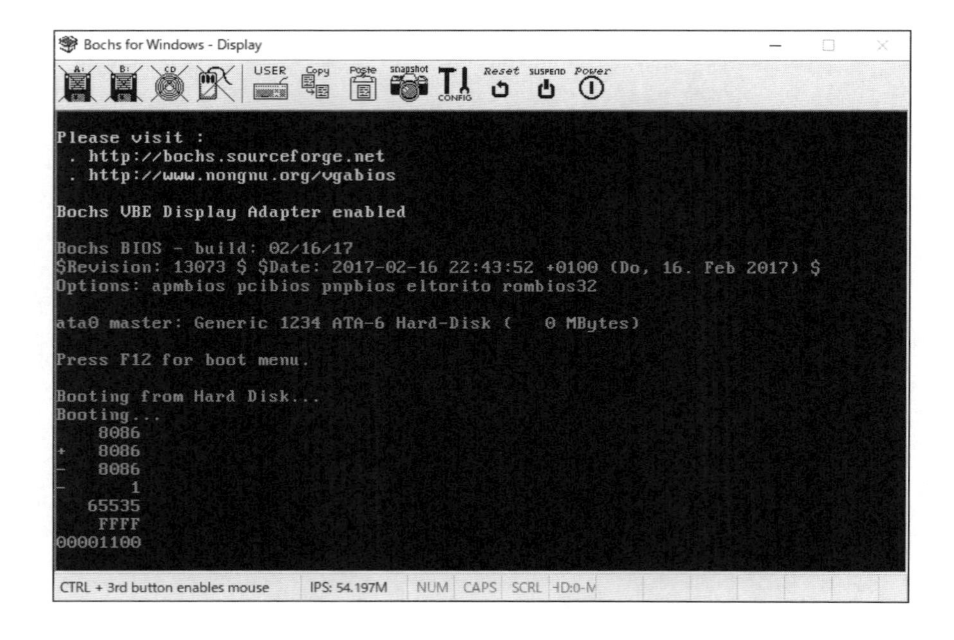

14.7 コンピュータを再起動する

何らかの理由により処理を継続できなくなった場合は、コンピュータを再起動します。この処理はBIOSコールのINT19で行いますが、いきなり再起動を行うと、何が起きたかをユーザーが確認することができずに混乱する原因となります。そのため、再起動を行う旨のメッセージを画面に表示します。その後、ユーザーがメッセージを確認したことをキー入力で判断し、再起動することにします。

キー入力はBIOSコールのINT16で行います。再起動を要求することは不測の事態なので、キー入力バッファに意図しないデータが残っている可能性を考慮して、Spaceキーが押されるまで待つことにします。Spaceキーの押下が確認できたら、再起動を行います。

prog/src/modules/real/**reboot.s**

```
reboot:
        ;---------------------------------------
        ; メッセージを表示
        ;---------------------------------------
        cdecl   puts, .s0                       ; // 再起動メッセージを表示

        ;---------------------------------------
        ; キー入力待ち
        ;---------------------------------------
.10L:                                           ; do
                                                ; {
        mov     ah, 0x10                        ;   // キー入力待ち
        int     0x16                            ;   AL = BIOS(0x16, 0x10);
                                                ;
        cmp     al, ' '                         ;   ZF = AL == ' ';
        jne     .10L                            ; } while (!ZF);

        ;---------------------------------------
        ; 改行を出力
        ;---------------------------------------
        cdecl   puts, .s1                       ; 改行

        ;---------------------------------------
        ; 再起動
        ;---------------------------------------
        int     0x19                            ; BIOS(0x19);       // reboot();

        ;---------------------------------------
        ; 文字列データ
        ;---------------------------------------
.s0     db  0x0A, 0x0D, "Push SPACE key to reboot...", 0
.s1     db  0x0A, 0x0D, 0x0A, 0x0D, 0
```

再起動を行う関数も、別ファイルに保存します。ファイル名は、「reboot.s」とし、プログラム内でインクルードします。再起動処理では、画面にメッセージを表示するので、文字列表示関数もインクルードしています。

prog/src/07_reboot/boot.s

```
%include    "..¥modules/real/puts.s"
%include    "..¥modules/real/itoa.s"
%include    "..¥modules/real/reboot.s"
```

次のコードは、メッセージを表示し、再起動を行う例です。再起動を行うので、この関数が戻ってくることはありません。

prog/src/07_reboot/boot.s

```
        ;----------------------------------------
        ; 文字列を表示
        ;----------------------------------------
        cdecl   puts, .s0                       ; puts(.s0);

        cdecl   reboot                          ; // 戻ってこない
```

プログラムの実行結果は次のとおりで、再起動を繰り返すのみです。

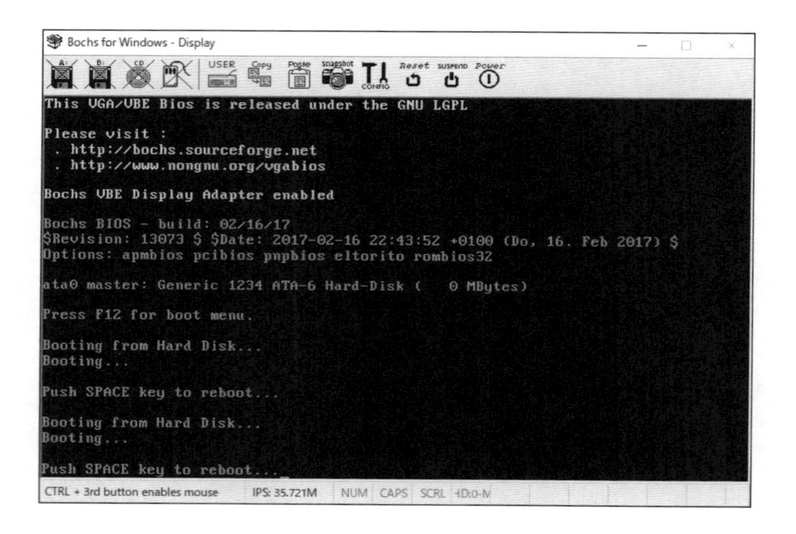

14.8 セクタを読み出す

ここでは、ブートストラップの第一歩として、セクタの読み出しを行います。具体的には、BIOSによってロードされた先頭セクタの次セクタを読み込みます。セクタ読み出しにはBIOSコールのINT13を使用するので、読み込むセクタの位置はCHS方式➡P.094参照で指定します。

CHS方式では、シリンダに10ビット、ヘッドに8ビット、セクタに6ビットを割り当ててセクタの位置を特定します。ただし、セクタだけは1始まりで指定することになっています。セクタを指定するパラメータはCXとDXの2つのレジスタに設定します。このときのDLレジスタには、起動時にBIOSから渡されたドライブ番号を指定します。

図 14-11 BIOSでのセクタ指定

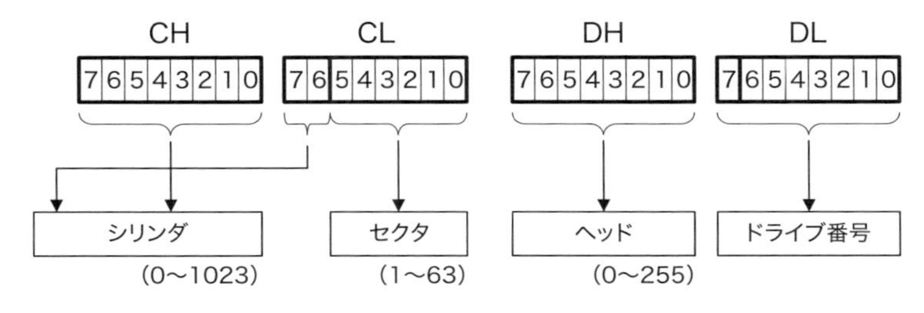

外部記憶装置から2番目のセクタを読み込む、具体的な例を次に示します。

prog/src/08_stage_2/**boot.s**

```
        ;--------------------------------------
        ; 次の512バイトを読み込む
        ;--------------------------------------
        mov     ah, 0x02                        ; AH = 読み込み命令
        mov     al, 1                           ; AL = 読み込みセクタ数
        mov     cx, 0x0002                      ; CX = シリンダ/セクタ
        mov     dh, 0x00                        ; DH = ヘッド位置
        mov     dl, [BOOT.DRIVE]                ; DL = ドライブ番号
        mov     bx, 0x7C00 + 512                ; BX = オフセット
        int     0x13                            ; if (CF = BIOS(0x13, 0x02))
.10Q:   jnc     .10E                            ; {
.10T:   cdecl   puts, .e0                       ;   puts(.e0);
        call    reboot                          ;   reboot(); // 再起動
.10E:                                           ; }

        ;--------------------------------------
        ; 次のステージへ移行
        ;--------------------------------------
        jmp     stage_2                         ; ブート処理の第2ステージ
```

ここでは、すべての値を決め打ちで設定しています。例えば、最初の数セクタは、シリンダ0のヘッド0に位置するものとしていますし、1始まりのセクタ番号には2を指定しています。そして、データの読み込み先は、BIOSがロードした位置の512バイト後方(0x7C00+512)としています。仮に、セクタの読み出しに失敗したときは、再起動を行いますが、成功したときは、ロードしたセクタに含まれる第2ステージにジャンプします。そのため、ブートプログラム自身がロードする第2ステージは、ソースプログラム上でもブートフラグ以降に配置します。

prog/src/08_stage_2/**boot.s**

```
;************************************************************************
;    ブートフラグ(先頭512バイトの終了)
;************************************************************************
        times   510 - ($ - $$) db 0x00
        db  0x55, 0xAA

;************************************************************************
;    ブート処理の第2ステージ
;************************************************************************
stage_2:
        ;----------------------------------------
        ; 文字列を表示
        ;----------------------------------------
        cdecl   puts, .s0

        ;----------------------------------------
        ; 処理の終了
        ;----------------------------------------
        jmp     $                                ; while (1) ; // 無限ループ

        ;----------------------------------------
        ; データ
        ;----------------------------------------
.s0     db  "2nd stage...", 0x0A, 0x0D, 0
```

ブートプログラム自身がセクタを読み込むことができると、より大きなプログラムを作成することができます。ここからは、今後作成するコード量を見越して、ブートプログラム全体のサイズを8Kバイトで作成することにします。

図14-12 ブートプログラム全体の構成

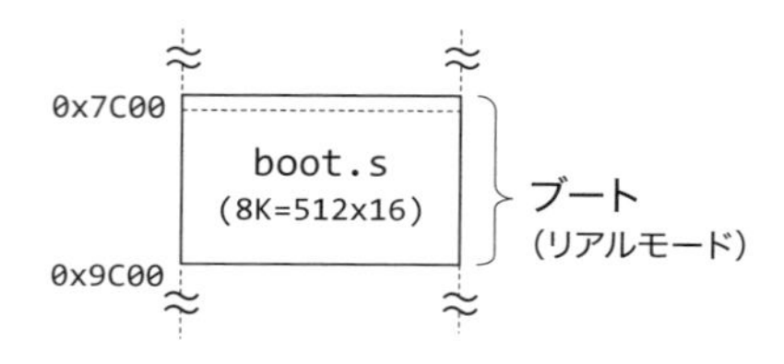

ソースファイルでは、ブートプログラムのサイズを8Kバイトで作成することをアセンブラに指示します。

prog/src/08_stage_2/**boot.s**

```
.s0     db  "2nd stage...", 0x0A, 0x0D, 0

;************************************************************************
;    パディング(このファイルは8Kバイトとする)
;************************************************************************
        times (1024 * 8) -($ - $$)       db  0        ; 8Kバイト
```

次に、ソースプログラム全体を示します。

```
                                                          prog/src/08_stage_2/boot.s
        BOOT_LOAD   equ     0x7C00              ; ブートプログラムのロード位置

        ORG     BOOT_LOAD                       ; ロードアドレスをアセンブラに指示

;**************************************************************************
;   マクロ
;**************************************************************************
%include    "../include/macro.s"

;**************************************************************************
;   エントリポイント
;**************************************************************************
entry:
        ;---------------------------------------
        ; BPB(BIOS Parameter Block)
        ;---------------------------------------
        jmp     ipl                             ; IPLへジャンプ
        times   90 - ($ - $$) db 0x90           ;

        ;---------------------------------------
        ; IPL(Initial Program Loader)
        ;---------------------------------------
ipl:
        cli                                     ; // 割り込み禁止

        mov     ax, 0x0000                      ; AX = 0x0000;
        mov     ds, ax                          ; DS = 0x0000;
        mov     es, ax                          ; ES = 0x0000;
        mov     ss, ax                          ; SS = 0x0000;
        mov     sp, BOOT_LOAD                   ; SP = 0x7C00;

        sti                                     ; // 割り込み許可

        mov     [BOOT.DRIVE], dl                ; ブートドライブを保存

        ;---------------------------------------
        ; 文字列を表示
        ;---------------------------------------
        cdecl   puts, .s0                       ; puts(.s0);

        ;---------------------------------------
        ; 次の512バイトを読み込む
        ;---------------------------------------
        mov     ah, 0x02                        ; AH = 読み込み命令
        mov     al, 1                           ; AL = 読み込みセクタ数
        mov     cx, 0x0002                      ; CX = シリンダ/セクタ
        mov     dh, 0x00                        ; DH = ヘッド位置
        mov     dl, [BOOT.DRIVE]                ; DL = ドライブ番号
        mov     bx, 0x7C00 + 512                ; BX = オフセット
        int     0x13                            ; if (CF = BIOS(0x13, 0x02))
.10Q:   jnc     .10E                            ; {
.10T:   cdecl   puts, .e0                       ;   puts(.e0);
        call    reboot                          ;   reboot(); // 再起動
.10E:                                           ; }

        ;---------------------------------------
        ; 次のステージへ移行
        ;---------------------------------------
        jmp     stage_2                         ; ブート処理の第2ステージ

        ;---------------------------------------
        ; データ
        ;---------------------------------------
```

```
.s0     db  "Booting...", 0x0A, 0x0D, 0
.e0     db  "Error:sector read", 0

ALIGN 2, db 0
BOOT:                                           ; ブートドライブに関する情報
.DRIVE:         dw  0                           ; ドライブ番号

;************************************************************************
;   モジュール
;************************************************************************
%include    "../modules/real/puts.s"
%include    "../modules/real/reboot.s"

;************************************************************************
;   ブートフラグ（先頭512バイトの終了）
;************************************************************************
        times   510 - ($ - $$) db 0x00
        db  0x55, 0xAA

;************************************************************************
;   ブート処理の第2ステージ
;************************************************************************
stage_2:
        ;---------------------------------------
        ; 文字列を表示
        ;---------------------------------------
        cdecl   puts, .s0                       ; puts(.s0);

        ;---------------------------------------
        ; 処理の終了
        ;---------------------------------------
        jmp     $                               ; while (1) ; // 無限ループ

        ;---------------------------------------
        ; データ
        ;---------------------------------------
.s0     db  "2nd stage...", 0x0A, 0x0D, 0

;************************************************************************
;   パディング（このファイルは8Kバイトとする）
;************************************************************************
        times (1024 * 8) - ($ - $$)     db  0       ; 8Kバイト
```

プログラムの実行結果は、次のとおりです。セカンドステージへ移行したことを示すメッセージにより、セクタ読み出しが正常に終了したことが分かります。

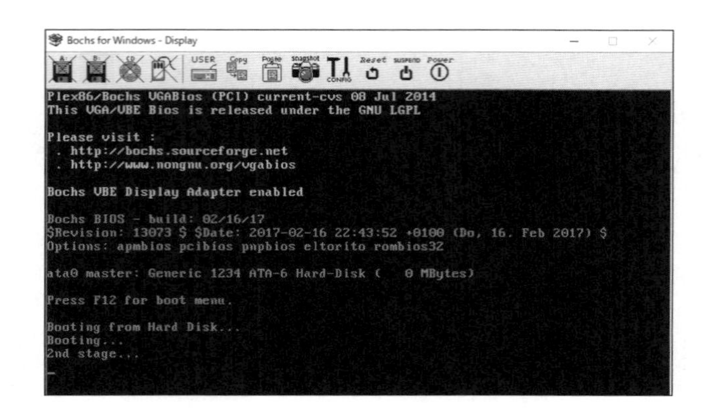

14.9 セクタ読み出し関数を作成する

セクタの読み出しが確認できたところで、この処理を関数として作成します。セクタ読み出し時に指定するパラメータは、関連する情報として1つにまとめることができるので、次の構造体を定義しておきます。

```
                                                    prog/src/include/macro.s
struc drive
        .no             resw    1               ; ドライブ番号
        .cyln           resw    1               ; シリンダ
        .head           resw    1               ; ヘッド
        .sect           resw    1               ; セクタ
endstruc
```

この構造体をmacro.sファイルに記載し、ディスクアクセス関数などで、同様のデータを扱うときに使用します。このデータを引数に取る、セクタ読み出し関数の仕様は、次のとおりとします。

read_chs(drive, sect, dst);	
戻り値	読み込んだセクタ数
drive	drive構造体のアドレス
sect	読み出しセクタ数
dst	読み出し先アドレス

物理的な媒体へのアクセスが行われるセクタ読み出し関数には、リトライ処理が含まれています。次に、セクタ読み込み関数のプログラム例を示します。

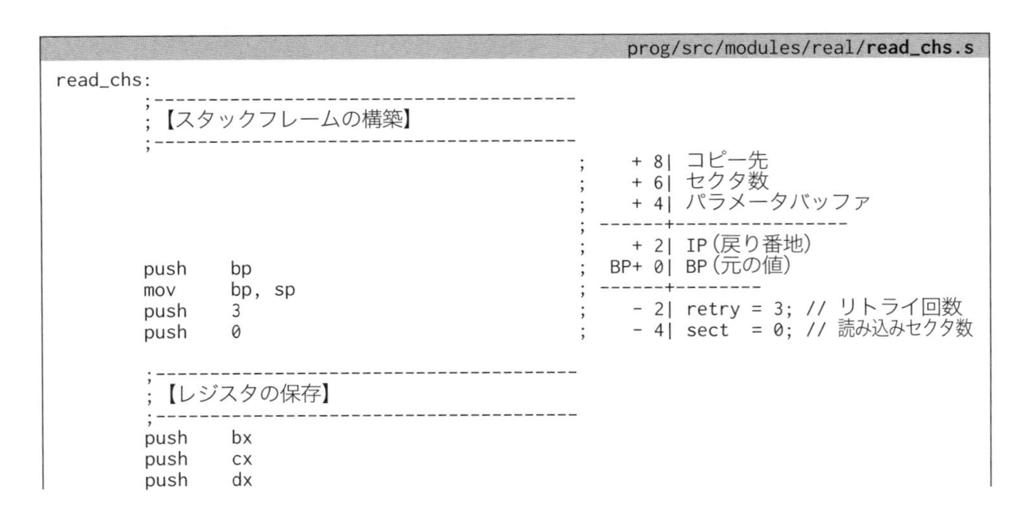

```
                                              prog/src/modules/real/read_chs.s
read_chs:
        ;---------------------------------------
        ; 【スタックフレームの構築】
        ;---------------------------------------
                                        ;    + 8| コピー先
                                        ;    + 6| セクタ数
                                        ;    + 4| パラメータバッファ
                                        ; ------+----------------
                                        ;    + 2| IP（戻り番地）
        push    bp                      ;  BP+ 0| BP（元の値）
        mov     bp, sp                  ; ------+--------
        push    3                       ;    - 2| retry = 3; // リトライ回数
        push    0                       ;    - 4| sect  = 0; // 読み込みセクタ数

        ;---------------------------------------
        ; 【レジスタの保存】
        ;---------------------------------------
        push    bx
        push    cx
        push    dx
```

```
        push    es
        push    si

        ;---------------------------------------
        ; 【処理の開始】
        ;---------------------------------------
        mov     si, [bp + 4]                    ; SI = SRCバッファ;

        ;---------------------------------------
        ; CXレジスタの設定
        ;（BIOSコールの呼び出しに適した形に変換）
        ;---------------------------------------
        mov     ch, [si + drive.cyln + 0]       ; CH   = シリンダ番号（下位バイト）
        mov     cl, [si + drive.cyln + 1]       ; CL   = シリンダ番号（上位バイト）
        shl     cl, 6                           ; CL <<= 6; // 最上位2ビットにシフト
        or      cl, [si + drive.sect]           ; CL  |= セクタ番号;

        ;---------------------------------------
        ; セクタ読み込み
        ;---------------------------------------
        mov     dh, [si + drive.head]           ; DH = ヘッド番号;
        mov     dl, [si + 0]                    ; DL = ドライブ番号;
        mov     ax, 0x0000                      ; AX = 0x0000;
        mov     es, ax                          ; ES = セグメント
        mov     bx, [bp + 8]                    ; BX = コピー先;
.10L:                                           ; do
                                                ; {
        mov     ah, 0x02                        ;   AH = セクタ読み込み
        mov     al, [bp + 6]                    ;   AL = セクタ数
                                                ;
        int     0x13                            ;   CF = BIOS(0x13, 0x02);
        jnc     .11E                            ;   if (CF)
                                                ;   {
        mov     al, 0                           ;     AL = 0;
        jmp     .10E                            ;     break;
.11E:                                           ;   }
                                                ;
        cmp     al, 0                           ;   if (読み込んだセクタがあれば)
        jne     .10E                            ;     break;
                                                ;
        mov     ax, 0                           ;   ret = 0; // 戻り値を設定
        dec     word [bp - 2]                   ; }
        jnz     .10L                            ; while (--retry);
.10E:
        mov     ah, 0                           ; AH = 0; // ステータス情報は破棄

        ;---------------------------------------
        ; 【レジスタの復帰】
        ;---------------------------------------
        pop     si
        pop     es
        pop     dx
        pop     cx
        pop     bx

        ;---------------------------------------
        ; 【スタックフレームの破棄】
        ;---------------------------------------
        mov     sp, bp
        pop     bp

        ret
```

ここで作成した関数はBIOSコールを使用するので、read_chs.sというファイル名でrealディ

レクトリに保存します。

この関数を使って、すでに作成した第2ステージのセクタ読み出しプログラムを更新することにします。修正したプログラムでは、BIOSコールを直接呼び出すのではなく、新しく作成したセクタのロード関数を使用します。

第1引数には、読み込み開始セクタを位置を示す、構造体のアドレスを渡しています。この構造体は、次のように初期値を設定しています。

prog/src/09_read_chs/**boot.s**

```
ALIGN 2, db 0
BOOT:                                           ; ブートドライブに関する情報
    istruc  drive
        at  drive.no,       dw  0               ; ドライブ番号
        at  drive.cyln,     dw  0               ; C:シリンダ
        at  drive.head,     dw  0               ; H:ヘッド
        at  drive.sect,     dw  2               ; S:セクタ
    iend
```

初期値として設定した値は、先頭セクタの次セクタを読み出したときに指定した値と同じです。具体的には、シリンダ番号0、ヘッド番号0そしてセクタ番号には2を設定しています。構造体でデータを保存するように変更したので、起動ドライブ番号の保存先の表記も変更しておきます。

prog/src/09_read_chs/**boot.s**

```
        sti                                     ; // 割り込み許可

        ;----------------------------------------
        ; ブートドライブ番号を保存
        ;----------------------------------------
        mov     [BOOT + drive.no], dl           ; ブートドライブを保存
```

関数の第2引数には読み込みセクタ数、第3引数にはロード先アドレスを指定します。ここでは、それぞれの引数をBXレジスタとCXレジスタに設定しています。具体的なコード例を次に示します。

prog/src/09_read_chs/**boot.s**

```
        cdecl   puts, .s0                       ; puts(.s0);

        ;----------------------------------------
        ; 残りのセクタをすべて読み込む
        ;----------------------------------------
        mov     bx, BOOT_SECT - 1               ; BX = 残りのブートセクタ数;
        mov     cx, BOOT_LOAD + SECT_SIZE       ; CX = 次のロードアドレス;

        cdecl   read_chs, BOOT, bx, cx          ; AX = read_chs(BOOT, BX, CX);

        cmp     ax, bx                          ; if (AX != 残りのセクタ数)
.10Q:   jz      .10E                            ; {
.10T:   cdecl   puts, .e0                       ;   puts(.e0);
```

```
        call    reboot                          ;   reboot(); // 再起動
.10E:                                           ; }

        ;---------------------------------------
        ; 次のステージへ移行
        ;---------------------------------------
        jmp     stage_2nd                       ; ブート処理の第2ステージ
```

ここで使用した、読み込みセクタ数とロード先のアドレスは、それぞれマクロで定義しています。これらの定義は「define.s」という1つのファイルにまとめて記載します。

prog/src/include/**define.s**

```
        BOOT_LOAD       equ     0x7C00                  ; ブートプログラムのロード位置

        BOOT_SIZE       equ     (1024 * 8)              ; ブートコードサイズ
        SECT_SIZE       equ     (512)                   ; セクタサイズ
        BOOT_SECT       equ     (BOOT_SIZE / SECT_SIZE) ; ブートプログラムのセクタ数
```

作成した定義用ファイルは、共通で参照されるファイルなので、includeディレクトリに保存します。

図14-13 定義用ファイルの配置

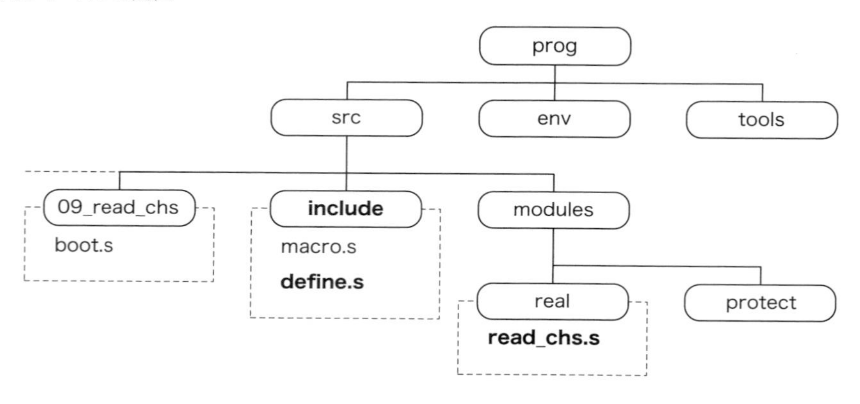

この定義を使用して、ブートプログラムの先頭で指定していたORGディレクティブも、次のように変更します。

prog/src/09_read_chs/**boot.s**

```
%include        "../include/define.s"
%include        "../include/macro.s"

        ORG     BOOT_LOAD                       ; ロードアドレスをアセンブラに指示
```

また、生成ファイルのサイズ指定も、定義を使って、次のように変更します。

prog/src/09_read_chs/**boot.s**

```
.s0     db  "2nd stage...", 0x0A, 0x0D, 0

;************************************************************************
;   パディング
;************************************************************************
        times BOOT_SIZE - ($ - $$)      db  0   ; パディング
```

作成したセクタ読み込み関数をインクルードして、作業は終了です。

prog/src/09_read_chs/**boot.s**

```
%include    "..¥modules/real/puts.s"
%include    "..¥modules/real/reboot.s"
%include    "..¥modules/real/read_chs.s"

;************************************************************************
;   ブートフラグ(先頭512バイトの終了)
;************************************************************************
        times   510 - ($ - $$) db 0x00
        db  0x55, 0xAA
```

次に、ソースプログラム全体を示します。

prog/src/09_read_chs/**boot.s**

```
;************************************************************************
;   マクロ
;************************************************************************
%include    "../include/define.s"
%include    "../include/macro.s"

        ORG     BOOT_LOAD                       ; ロードアドレスをアセンブラに指示

;************************************************************************
;   エントリポイント
;************************************************************************
entry:
        ;---------------------------------------
        ; BPB(BIOS Parameter Block)
        ;---------------------------------------
        jmp     ipl                             ; IPLへジャンプ
        times   90 - ($ - $$) db 0x90           ;

        ;---------------------------------------
        ; IPL(Initial Program Loader)
        ;---------------------------------------
ipl:
        cli                                     ; // 割り込み禁止

        mov     ax, 0x0000                      ; AX = 0x0000;
        mov     ds, ax                          ; DS = 0x0000;
        mov     es, ax                          ; ES = 0x0000;
        mov     ss, ax                          ; SS = 0x0000;
        mov     sp, BOOT_LOAD                   ; SP = 0x7C00;

        sti                                     ; // 割り込み許可

        mov     [BOOT + drive.no], dl           ; ブートドライブを保存
```

```
        ;---------------------------------------
        ; 文字列を表示
        ;---------------------------------------
        cdecl   puts, .s0                       ; puts(.s0);

        ;---------------------------------------
        ; 残りのセクタをすべて読み込む
        ;---------------------------------------
        mov     bx, BOOT_SECT - 1               ; BX = 残りのブートセクタ数;
        mov     cx, BOOT_LOAD + SECT_SIZE       ; CX = 次のロードアドレス;

        cdecl   read_chs, BOOT, bx, cx          ; AX = read_chs(.chs, bx, cx);

        cmp     ax, bx                          ; if (AX != 残りのセクタ数)
.10Q:   jz      .10E                            ; {
.10T:   cdecl   puts, .e0                       ;   puts(.e0);
        call    reboot                          ;   reboot(); // 再起動
.10E:                                           ; }

        ;---------------------------------------
        ; 次のステージへ移行
        ;---------------------------------------
        jmp     stage_2                         ; ブート処理の第2ステージ

        ;---------------------------------------
        ; データ
        ;---------------------------------------
.s0     db  "Booting...", 0x0A, 0x0D, 0
.e0     db  "Error:sector read", 0

;************************************************************************
;   ブートドライブに関する情報
;************************************************************************
ALIGN 2, db 0
BOOT:                                           ; ブートドライブに関する情報
    istruc  drive
        at  drive.no,       dw  0               ; ドライブ番号
        at  drive.cyln,     dw  0               ; C:シリンダ
        at  drive.head,     dw  0               ; H:ヘッド
        at  drive.sect,     dw  2               ; S:セクタ
    iend

;************************************************************************
;   モジュール
;************************************************************************
%include    "../modules/real/puts.s"
%include    "../modules/real/reboot.s"
%include    "../modules/real/read_chs.s"

;************************************************************************
;   ブートフラグ(先頭512バイトの終了)
;************************************************************************
        times   510 - ($ - $$) db 0x00
        db  0x55, 0xAA

;************************************************************************
;   ブート処理の第2ステージ
;************************************************************************
stage_2:
        ;---------------------------------------
        ; 文字列を表示
        ;---------------------------------------
        cdecl   puts, .s0                       ; puts(.s0);

        ;---------------------------------------
```

```
        ; 処理の終了
        ;---------------------------------------
        jmp     $                               ; while (1) ; // 無限ループ

        ;---------------------------------------
        ; データ
        ;---------------------------------------
.s0     db  "2nd stage...", 0x0A, 0x0D, 0

;************************************************************************
;   パディング
;************************************************************************
        times BOOT_SIZE - ($ - $$)      db  0   ; パディング
```

このプログラムを実行した結果、前回と同じ画面が表示されたら成功です。表示上は何も変わりありませんが、残り15セクタ分のブートプログラム全体をロードしています。セクタの読み出しに失敗したときは次のような画面が表示されます。

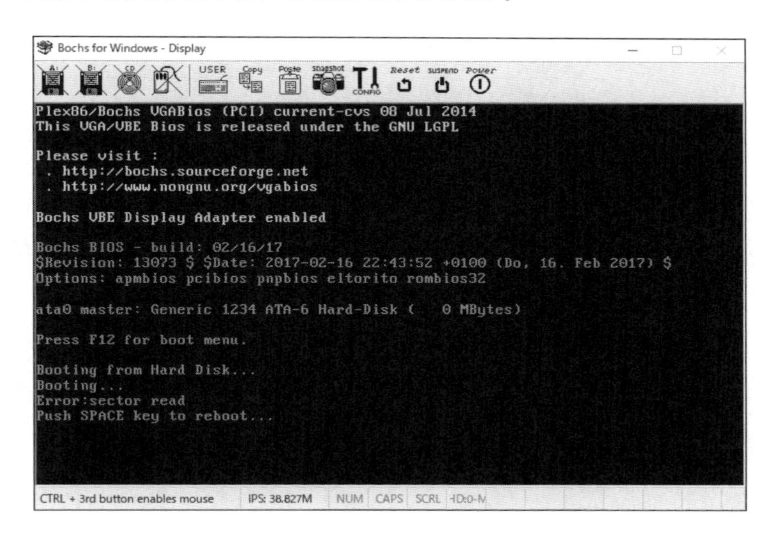

セクタの読み出しに失敗する理由は、関数のコーディングが間違えていることもありますが、ブートドライブの設定が行われていないなど、関数呼び出し時のエラーの場合もあります。

この時点で、ブートストラップの第1ステップとして、セクタの読み出しが行えるようになりました。もはや先頭セクタの512バイトにプログラムを詰め込む理由はないので、これから追加するプログラムは、512バイト以降に配置することにします。また、ソースプログラムを表示するときも、変更箇所のみを記載することとします。

14.10 ドライブパラメータを取得する

BIOSが、ブートプログラムの先頭512バイトしかロードしない理由の1つに、ブートプログラムの大きさが不明であることが挙げられます。このため、ブートプログラムは、自力でプログラム全体のサイズを検出し、ロードしなければなりません。しかし、外部記憶装置ごとにシリンダ数やヘッド数などのハードウェア構成が異なるので、残りのプログラムを読み込む前に、これらの情報を取得しておかなくてはなりません。幸い、これらのドライブパラメータは、ドライブ番号を指定して、BIOSコールのINT13を呼び出すことで得られます。このBIOSコールでは、アクセス可能な最終セクタのCHS情報を知ることができます。これらの情報を得るために、これから作成する関数の仕様は次のとおりです。

get_drive_param(drive);		
	戻り値	成功(0以外)、失敗(0)
	drive	drive構造体のアドレス
		no 対象となるドライブ番号(BIOSから渡された起動ドライブ)

この関数は、引数のdrive構造体のnoパラメータに、起動時にBIOSから渡されたドライブ番号を設定して呼び出します。すると、残りの構造体要素に、BIOSコールで取得したアクセス可能な最大シリンダ数、ヘッド数、セクタ数を設定して終了します。drive構造体は、セクタ読み出し関数を作成するときに定義した構造体を利用します。関数の実装例を次に示します。

prog/src/modules/real/**get_drive_param.s**

```
get_drive_param:
        ;---------------------------------------
        ; 【スタックフレームの構築】
        ;---------------------------------------
                                        ;    + 4| パラメータバッファ
                                        ;    + 2| IP(戻り番地)
        push    bp                      ;  BP+ 0| BP(元の値)
        mov     bp, sp                  ; ------+--------

        ;---------------------------------------
        ; 【レジスタの保存】
        ;---------------------------------------
        push    bx
        push    cx
        push    es
        push    si
        push    di

        ;---------------------------------------
        ; 【処理の開始】
        ;---------------------------------------
        mov     si, [bp + 4]            ; SI = バッファ

        mov     ax, 0                   ; Disk Base Table Pointerの初期化
        mov     es, ax                  ; ES = 0;
```

```
        mov     di, ax                          ; DI = 0;

        mov     ah, 8                           ; // get drive parameters
        mov     dl, [si + drive.no]             ; DL = ドライブ番号
        int     0x13                            ; CF = BIOS(0x13, 8);
.10Q:   jc      .10F                            ; if (0 == CF)
.10T:                                           ; {
        mov     al, cl                          ;   AX = セクタ数
        and     ax, 0x3F                        ;   // 下位6ビットのみ有効

        shr     cl, 6                           ;   CX = シリンダ数
        ror     cx, 8                           ;
        inc     cx                              ;

        movzx   bx, dh                          ;   BX = ヘッド数(1ベース)
        inc     bx                              ;

        mov     [si + drive.cyln], cx           ;   drive.syln = CX; // C:シリンダ数
        mov     [si + drive.head], bx           ;   drive.head = BX; // H:ヘッド数
        mov     [si + drive.sect], ax           ;   drive.sect = AX; // S:セクタ数

        jmp     .10E                            ; }
.10F:                                           ; else
                                                ; {
        mov     ax, 0                           ;   AX = 0; // 失敗
.10E:                                           ; }

        ;---------------------------------------
        ; 【レジスタの復帰】
        ;---------------------------------------
        pop     di
        pop     si
        pop     es
        pop     cx
        pop     bx

        ;---------------------------------------
        ; 【スタックフレームの破棄】
        ;---------------------------------------
        mov     sp, bp
        pop     bp

        ret
```

この関数は、BIOSコールのINT13(AH=8)を使用してアクセス可能な最終セクタ位置を取得しています。次の図に、BIOSコールで取得される情報の詳細を再掲します。

図14-14 BIOSコールで得られるドライブパラメータ

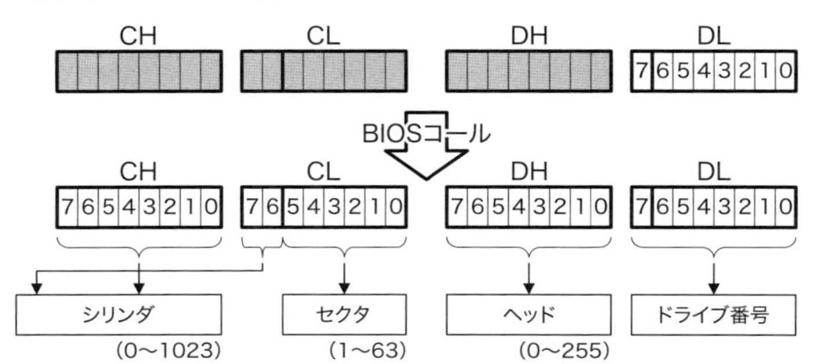

得られた値はCXおよびDXレジスタにビット単位で設定されるので、必要なデータに分けて取り出します。アクセス可能な最大セクタ番号はCLレジスタの下位6ビットに保存されるので上位2ビットをマスクして取得します。セクタ番号は1始まりなので、この値がトラックあたりの最大セクタ数になります。

```
                                                prog/src/modules/real/get_drive_param.s
        mov     al, cl                          ;   AX = セクタ数
        and     ax, 0x3F                        ;   // 下位6ビットのみ有効
```

アクセス可能な最大シリンダ番号はCHとCLレジスタに10ビットの情報として格納されます。シリンダ数は0始まりなので、最大シリンダ数を得るために1加算しています。

```
                                                prog/src/modules/real/get_drive_param.s
        shr     cl, 6                           ;   CX = シリンダ数
        ror     cx, 8                           ;
        inc     cx                              ;
```

ヘッド数も0始まりなので、取得された値に1加算しています。

```
                                                prog/src/modules/real/get_drive_param.s
        movzx   bx, dh                          ;   BX = ヘッド数(1ベース)
        inc     bx                              ;
```

最終的に、それぞれの情報を構造体を使用したオフセットアドレスに格納しています。

```
                                                prog/src/modules/real/get_drive_param.s
        mov     [si + drive.sect], ax           ;   drive.sect = AX; // S:セクタ数
        mov     [si + drive.cyln], cx           ;   drive.syln = CX; // C:シリンダ数
        mov     [si + drive.head], bx           ;   drive.head = BX; // H:ヘッド数
```

この関数を使用するときは、引数にドライブ情報の保存先アドレスを指定します。ここで、ドライブ情報の要素であるドライブ番号には、ブート時にBIOSから取得したドライブ番号を設定しています。この関数は、処理に失敗するとAXレジスタに0を設定します。呼び出し側では、AXレジスタの値が0のときはエラーが発生したものとし、再起動処理を行います。

```
                                                prog/src/10_drive_param/boot.s
        cdecl   get_drive_param, BOOT           ; get_drive_param(BOOT);
        cmp     ax, 0                           ; if (0 == AX)
.10Q:   jne     .10E                            ; {
.10T:   cdecl   puts, .e0                       ;   puts(.e0);
        call    reboot                          ;   reboot(); // 再起動
.10E:                                           ; }
```

第2ステージで呼び指される関数は、先頭の512バイトに含める必要がないので、ブートフラグ以降に配置します。次のコードは、取得したドライブ情報を表示する例です。

prog/src/10_drive_param/**boot.s**

```
;************************************************************************
;	ブートフラグ（先頭512バイトの終了）
;************************************************************************
		times	510 - ($ - $$) db 0x00
		db	0x55, 0xAA

;************************************************************************
;	モジュール（先頭512バイト以降に配置）
;************************************************************************
%include	"..¥modules/real/itoa.s"
%include	"..¥modules/real/get_drive_param.s"

;************************************************************************
;	ブート処理の第2ステージ
;************************************************************************
stage_2:
		;---------------------------------------
		; 文字列を表示
		;---------------------------------------
		cdecl	puts, .s0				; puts(.s0);

		;---------------------------------------
		; ドライブ情報を取得
		;---------------------------------------
		cdecl	get_drive_param, BOOT		; get_drive_param(DX, BOOT.CYLN);
		cmp	ax, 0				; if (0 == AX)
.10Q:		jne	.10E				; {
.10T:		cdecl	puts, .e0			;   puts(.e0);
		call	reboot				;   reboot(); // 再起動
.10E:							; }

		;---------------------------------------
		; ドライブ情報を表示
		;---------------------------------------
		mov	ax, [BOOT + drive.no]		; AX = ブートドライブ;
		cdecl	itoa, ax, .p1, 2, 16, 0b0100	;
		mov	ax, [BOOT + drive.cyln]		;
		cdecl	itoa, ax, .p2, 4, 16, 0b0100	;
		mov	ax, [BOOT + drive.head]		; AX = ヘッド数;
		cdecl	itoa, ax, .p3, 2, 16, 0b0100	;
		mov	ax, [BOOT + drive.sect]		; AX = トラックあたりのセクタ数;
		cdecl	itoa, ax, .p4, 2, 16, 0b0100	;
		cdecl	puts, .s1

		;---------------------------------------
		; 処理の終了
		;---------------------------------------
		jmp	$				; while (1) ; // 無限ループ

		;---------------------------------------
		; データ
		;---------------------------------------
.s0		db	"2nd stage...", 0x0A, 0x0D, 0

.s1		db	" Drive:0x"
.p1		db	"  , C:0x"
.p2		db	"    , H:0x"
.p3		db	"  , S:0x"
.p4		db	"  ", 0x0A, 0x0D, 0

.e0		db	"Can't get drive parameter.", 0

;************************************************************************
```

```
;    パディング(このファイルは8Kバイトとする)
;************************************************************************
        times (1024 * 8) -($ - $$)      db  0        ; 8Kバイト
```

プログラムの実行結果は、次のとおりです。画面表示から、最大シリンダ数が20(0x14)、ヘッド数が2、そしてセクタ数が16(0x10)であることが分かります。この値は、Bochs起動時のパラメータに設定した値となっています。

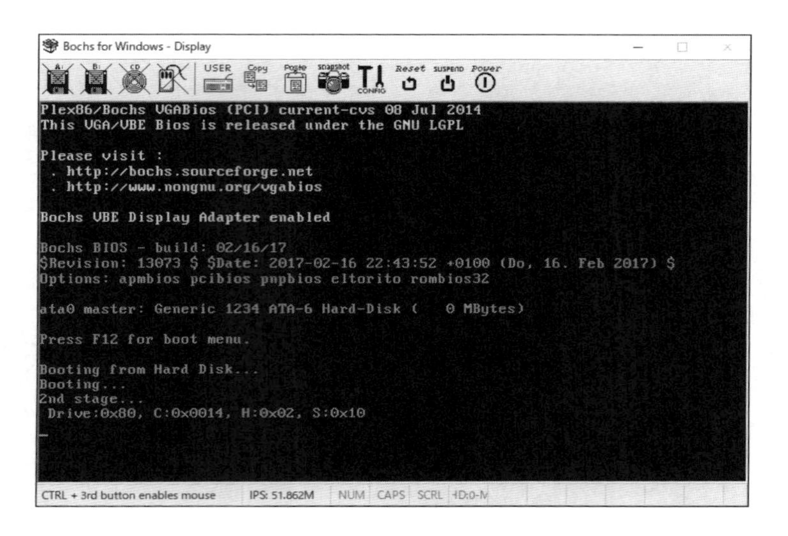

14.11 BIOSのフォントデータを取得する

本書の目標は、プロテクトモードで複数のタスクを動かすことです。このときに問題となることの1つが、画面出力です。BIOSはリアルモードで動作することを前提として作られているので、プロテクトモードではBIOSによる画面出力を利用することができません。プロテクトモードに移行した後でも、画面出力は必須の機能なので、自力で文字表示関数を作成します。

画面出力では、グラフィックスも描画したいので、画面モードをグラフィックスモードに設定し、文字はドットで描画します。このとき、必要となるのが、フォントデータです。フォントデータは自作することもできますが、今回は、BIOSが使用しているフォントを借用します。BIOSが使用しているフォントデータは、BIOSコールのINT10で取得します。

取得するフォントデータのサイズは8×16ドットの大きさとし、プロテクトモードで使用できるように、そのアドレスだけを保存しておきます。フォントアドレスを取得するコード例は次のようになります。

prog/src/modules/real/**get_font_adr.s**

```
        ;---------------------------------------
        ; フォントアドレスの取得
        ;---------------------------------------
        mov     ax, 0x1130                      ; // フォントアドレスの取得
        mov     bh, 0x06                        ; 8x16 font (vga/mcga)
        int     10h                             ; ES:BP=FONT ADDRESS
```

このBIOSコールにより、ESレジスタとBPレジスタにフォントアドレスが設定されます。この処理は、関数として作成します。関数の仕様は次のとおりです。

get_font_adr(adr);	
戻り値	なし
adr	フォントアドレス格納位置

関数の入り口と出口で、関数内で使用するレジスタの保存と復帰を行っていること以外は、今までの処理と変わりありません。

prog/src/modules/real/**get_font_adr.s**

```
get_font_adr:
        ;---------------------------------------
        ; 【スタックフレームの構築】
        ;---------------------------------------
                                                ; ------|--------
                                                ;    + 4| フォントアドレス格納位置
                                                ;    + 2| IP（戻り番地）
        push    bp                              ;  BP+ 0| BP（元の値）
        mov     bp, sp                          ; ------+--------

        ;---------------------------------------
        ; 【レジスタの保存】
        ;---------------------------------------
        push    ax
        push    bx
        push    si
        push    es
        push    bp

        ;---------------------------------------
        ; 引数を取得
        ;---------------------------------------
        mov     si, [bp + 4]                    ; dst   =FONTアドレスの保存先;

        ;---------------------------------------
        ; フォントアドレスの取得
        ;---------------------------------------
        mov     ax, 0x1130                      ; // フォントアドレスの取得
        mov     bh, 0x06                        ; 8x16 font (vga/mcga)
        int     10h                             ; ES:BP=FONT ADDRESS

        ;---------------------------------------
        ; FONTアドレスを保存
        ;---------------------------------------
        mov     [si + 0], es                    ; dst[0] = セグメント;
        mov     [si + 2], bp                    ; dst[1] = オフセット;
```

```
        ;---------------------------------------
        ; 【レジスタの復帰】
        ;---------------------------------------
        pop     bp
        pop     es
        pop     si
        pop     bx
        pop     ax

        ;---------------------------------------
        ; 【スタックフレームの破棄】
        ;---------------------------------------
        mov     sp, bp
        pop     bp

        ret
```

ここでは、新たにステージを更新して処理を行います。このため、第2ステージでの無限ループを構成する次のコードは削除します。

prog/src/11_font_address/**boot.s**

```
        ;---------------------------------------
        ; 処理の終了
        ;---------------------------------------
        jmp     $                               ; while (1) ; // 無限ループ
```

その代わり、次のステージへのジャンプ命令に書き換えます。

prog/src/11_font_address/**boot.s**

```
        ;---------------------------------------
        ; 次のステージへ移行
        ;---------------------------------------
        jmp     stage_3rd                       ; 次のステージへ移行
```

次に、フォントアドレスの取得と表示を行うプログラム例を示します。

prog/src/11_font_address/**boot.s**

```
;************************************************************************
;   ブート処理の第3ステージ
;************************************************************************
stage_3rd:
        ;---------------------------------------
        ; 文字列を表示
        ;---------------------------------------
        cdecl   puts, .s0

        ;---------------------------------------
        ; プロテクトモードで使用するフォントは、
        ; BIOSに内蔵されたものを流用する
        ;---------------------------------------
        cdecl   get_font_adr, FONT              ; // BIOSのフォントアドレスを取得

        ;---------------------------------------
        ; フォントアドレスの表示
        ;---------------------------------------
        cdecl   itoa, word [FONT.seg], .p1, 4, 16, 0b0100
```

```
        cdecl   itoa, word [FONT.off], .p2, 4, 16, 0b0100
        cdecl   puts, .s1

        ;---------------------------------------
        ; 処理の終了
        ;---------------------------------------
        jmp     $                               ; while (1) ; // 無限ループ

        ;---------------------------------------
        ; データ
        ;---------------------------------------
.s0     db  "3rd stage...", 0x0A, 0x0D, 0

.s1:    db  " Font Address="
.p1:    db  "ZZZZ:"
.p2:    db  "ZZZZ", 0x0A, 0x0D, 0
        db  0x0A, 0x0D, 0
```

ここで取得したフォントアドレスは、プロテクトモードに移行した後で使用します。ですが、リアルモードとプロテクトモードのプログラムは異なるファイルでアセンブルされるので、共通のラベルを参照できません。このため、リアルモードとプロテクトモードの両方から参照する変数は、分かりやすい絶対アドレスを指定して保存します。ここでは、ブートプログラムがロードしたセクタの先頭である、0x7E00（0x7C00+512）番地にセグメントとオフセットを保存します。

prog/src/11_font_address/**boot.s**

```
;************************************************************************
;   ブートフラグ（先頭512バイトの終了）
;************************************************************************
        times   510 - ($ - $$) db 0x00
        db  0x55, 0xAA

;************************************************************************
;   リアルモード時に取得した情報
;************************************************************************
FONT:                                           ; フォント
.seg:   dw  0
.off:   dw  0
```

後は、作成した関数をインクルードして終了です。

prog/src/11_font_address/**boot.s**

```
%include    "..¥modules/real/itoa.s"
%include    "..¥modules/real/get_drive_param.s"
%include    "..¥modules/real/get_font_adr.s"
```

プログラムの実行結果は、次のとおりです。BIOSのフォントデータが保存されているアドレスが表示されています。

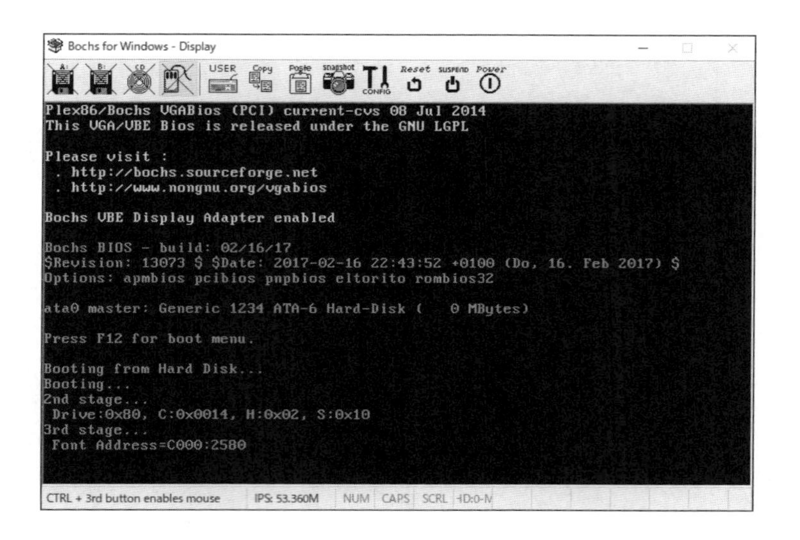

14.12 メモリの実装状況を確認する

ブートプログラムは、メモリの0x7C00番地に展開されます。初期のPCでも、0x7FFF番地まではメモリが実装されている前提でプログラムが作成されていましたが、現代のPCで、32Kしかメモリが実装されていないことなど有り得ません。かといって、実際にどれくらいのメモリが実装されているかはハードウェアに依存します。

BIOSでは、実装されているメモリに関する情報を管理しており、これらの情報はBIOSコールのINT15（EAX=0xE820）で取得することが可能です。このBIOSコールは、他のBIOSコールと異なり、一度ですべての情報を得られるのではなく、1回の呼び出しで1つのメモリ領域に対する情報しか取得することができません。そのため、すべてのメモリ領域に関する情報を得るためには、複数回の呼び出しが必要です。

次に、メモリの実装状況を表示する関数を作成します。

get_mem_info(void);	
戻り値	なし
引数	なし

今回のプログラムでは、後でACPI ➡P.678参照 による電断処理も実装します。これを実現するために、関数内にはACPIテーブルが含まれるメモリ領域が見つかったら、グローバルラベル「ACPI_DATA:」に保存する処理が含まれています。

この関数には引数を渡さないので、関数内でスタックフレームを構築することもありません。そのため、最初に行う処理は、関数内で使用するレジスタをスタックに保存することです。

prog/src/modules/real/**get_mem_info.s**

```
get_mem_info:
        ;---------------------------------------
        ; 【レジスタの保存】
        ;---------------------------------------
        push    eax
        push    ebx
        push    ecx
        push    edx
        push    si
        push    di
        push    bp
```

BIOSで取得したメモリ情報を格納する領域のサイズはdefine.sで定義しています。

prog/src/include/**define.s**

```
        E820_RECORD_SIZE    equ     20
```

メモリ情報を取得するBIOSコールはリアルモードで実行されますが、パラメータには32ビットレジスタを使用します。

prog/src/modules/real/**get_mem_info.s**

```
        mov     bp, 0                           ; lines = 0; // 行数
        mov     ebx, 0                          ; index = 0; // インデックスを初期化
.10L:                                           ; do
                                                ; {
        mov     eax, 0x0000E820                 ;   EAX   = 0xE820
                                                ;   EBX   = インデックス
        mov     ecx, E820_RECORD_SIZE           ;   ECX   = 要求バイト数
        mov     edx, 'PAMS'                     ;   EDX   = 'SMAP';
        mov     di, .b0                         ;   ES:DI = バッファ
        int     0x15                            ;   BIOS(0x15, 0xE820);
        ...

ALIGN 4, db 0
.b0:    times E820_RECORD_SIZE db 0
```

BIOSコールが成功すると、ES:DIで示されるアドレスにメモリ情報が保存されます。もし、未対応のBIOSであれば、EAXレジスタに「SMAP」が設定されることはないので、関数を終了します。エラーが発生した場合はCFがセットされるので、そのときも処理を終了します。

prog/src/modules/real/**get_mem_info.s**

```
        ; コマンドに対応か？
        cmp     eax, 'PAMS'                     ;   if ('SMAP' != EAX)
        je      .12E                            ;   {
        jmp     .10E                            ;     break; // コマンド未対応
.12E:                                           ;   }

        ; エラーなし？                           ;   if (CF)
        jnc     .14E                            ;   {
        jmp     .10E                            ;     break; // エラー発生
.14E:                                           ;   }
```

レコード情報が得られたら、バッファを引数として、専用の表示関数を呼び出します。表示関数の詳細は、この後説明します。

prog/src/modules/real/**get_mem_info.s**

```
        ; 1レコード分のメモリ情報を表示
        cdecl   put_mem_info, di                ;   1レコード分のメモリ情報を表示
```

今回は、ACPIテーブルにアクセスするので、データタイプが3番のメモリ領域のベースアドレスとサイズをグローバルラベルのACPI_DATAに保存します。実際に有効なアドレスの範囲は64ビットですが、ここでは、下位の32ビット(4バイト)だけを保存しています。

prog/src/modules/real/**get_mem_info.s**

```
        ; ACPI dataのアドレスを取得
        mov     eax, [di + 16]                  ;   EAX = レコードタイプ;
        cmp     eax, 3                          ;   if (3 == EAX) // ACPI data
        jne     .15E                            ;   {
                                                ;
        mov     eax, [di +  0]                  ;     EAX    = BASEアドレス;
        mov     [ACPI_DATA.adr], eax            ;     ACPI_DATA.adr = EAX;
                                                ;
        mov     eax, [di +  8]                  ;     EAX    = Length;
        mov     [ACPI_DATA.len], eax            ;     ACPI_DATA.len = EAX;
.15E:                                           ;   }
```

メモリ情報は、1行ごとに表示しますが、起動時の画面表示モードでは25行程度しか表示することができません。それ以上の情報を表示してしまうと、それまでの表示内容がスクロールして画面から消えてしまうので、ここでは、メモリ情報を8行分表示するたびに、ユーザーからのキー入力があるまで、一旦処理を中断します。

prog/src/modules/real/**get_mem_info.s**

```
        cmp     ebx, 0                          ;   if (0 != EBX)
        jz      .16E                            ;   {
                                                ;
        inc     bp                              ;     lines++;
        and     bp, 0x07                        ;     lines &= 0x07;
        jnz     .16E                            ;     if (0 == lines)
                                                ;     {
                                                ;       // 中断メッセージを表示
                                                ;     }
.16E:                                           ;   }
```

中断メッセージは、改行せずに表示し、消去時にはカーソル位置を行の先頭まで移動後、同じ文字数分の空白を表示して消去します。その後、再度、カーソル位置を行頭まで戻し、処理を継続します。

prog/src/modules/real/**get_mem_info.s**

```
        jnz     .16E                            ;     if (0 == lines)
                                                ;     {
        cdecl   puts, .s2                       ;       // 中断メッセージを表示
```

```
                                               ;
        mov     ah, 0x10                       ;        // キー入力待ち
        int     0x16                           ;        AL = BIOS(0x16, 0x10);
                                               ;
        cdecl   puts, .s3                      ;        // 中断メッセージを消去
                                               ;      }
.16E:                                          ;    }

        ...

.s2:    db " <more...>", 0
.s3:    db 0x0D, "          ", 0x0D, 0
```

処理が正常に終了し、最終レコードを取得したのであればEBXレジスタに0が設定されます。そうでなければ次のインデックスを示す値がEBXレジスタに保存されているので、プログラムでEBXレジスタの値を変更せずに再度BIOSコールを呼び出します。

prog/src/modules/real/**get_mem_info.s**

```
        cmp     ebx, 0                         ;
        jne     .10L                           ; }
.10E:                                          ; while (0 == EBX);
```

プロテクトモードで参照される、ACPIテーブルのメモリ領域情報は、フォントアドレスの次に配置します。

prog/src/12_get_mem_info/**boot.s**

```
;************************************************************************
;   リアルモード時に取得した情報
;************************************************************************
FONT:                                          ; フォント
.seg:   dw  0
.off:   dw  0
ACPI_DATA:                                     ; ACPI data
.adr:   dd  0                                  ; ACPI data address
.len:   dd  0                                  ; ACPI data length
```

この関数を呼び出した後、ACPI_DATA.adrに0以外の値が設定されていたら、ACPIテーブルが存在するメモリ領域が見つかったものとして、そのアドレスを画面に表示します。

prog/src/12_get_mem_info/**boot.s**

```
        ;----------------------------------------
        ; メモリ情報の取得と表示
        ;----------------------------------------
        cdecl   get_mem_info, ACPI_DATA        ; get_mem_info(&ACPI_DATA);

        mov     eax, [ACPI_DATA.adr]           ; EAX = ACPI_DATA.adr;
        cmp     eax, 0                         ; if (EAX)
        je      .10E                           ; {

        cdecl   itoa, ax, .p4, 4, 16, 0b0100   ;   itoa(AX); // 下位アドレスを変換
        shr     eax, 16                        ;   EAX >>= 16;
        cdecl   itoa, ax, .p3, 4, 16, 0b0100   ;   itoa(AX); // 上位アドレスを変換
```

```
        cdecl   puts, .s2                           ;   puts(.s2); // アドレスを表示
.10E:                                               ; }

        ;---------------------------------------
        ; 処理の終了
        ;---------------------------------------
        jmp     $                                   ; while (1) ; // 無限ループ

        ;---------------------------------------
        ; データ
        ;---------------------------------------
.s0     db  "3rd stage...", 0x0A, 0x0D, 0

.s1:    db  " Font Address="
.p1:    db  "ZZZZ:"
.p2:    db  "ZZZZ", 0x0A, 0x0D, 0
        db  0x0A, 0x0D, 0

.s2     db  " ACPI data="
.p3     db  "ZZZZ"
.p4     db  "ZZZZ", 0x0A, 0x0D, 0
```

これらの関数を使用するためには、メモリ情報取得および表示用の関数をインクルードします。

prog/src/12_get_mem_info/**boot.s**

```
%include    "../modules/real/itoa.s"
%include    "../modules/real/get_drive_param.s"
%include    "../modules/real/get_font_adr.s"
%include    "../modules/real/get_mem_info.s"
```

メモリ情報の表示

次に、取得したメモリ情報を表示する関数を作成します。

put_mem_info(adr);	
戻り値	なし
adr	メモリ情報を参照するアドレス

この関数は、メモリ情報が格納されたバッファを引数に取ります。まずは、スタックフレームの作成と使用するレジスタの保存を行います

prog/src/modules/real/**get_mem_info.s**

```
put_mem_info:
        ;---------------------------------------
        ; 【スタックフレームの構築】
        ;---------------------------------------
                                                    ;    + 4| バッファアドレス
                                                    ;    + 2| IP（戻り番地）
        push    bp                                  ;  BP+ 0| BP（元の値）
        mov     bp, sp                              ; ------+--------

        ;---------------------------------------
```

```
        ; 【レジスタの保存】
        ;---------------------------------------
        push    bx
        push    si

        ;---------------------------------------
        ; 引数を取得
        ;---------------------------------------
        mov     si, [bp + 4]                    ; SI = バッファアドレス;
```

レコードの内容を表示する処理は、バッファに数値を設定し、文字列表示関数を呼び出すことで実現しています。

prog/src/modules/real/**get_mem_info.s**

```
        ; Base(64bit)
        cdecl   itoa, word [si + 6], .p2 + 0, 4, 16, 0b0100
        cdecl   itoa, word [si + 4], .p2 + 4, 4, 16, 0b0100
        cdecl   itoa, word [si + 2], .p3 + 0, 4, 16, 0b0100
        cdecl   itoa, word [si + 0], .p3 + 4, 4, 16, 0b0100

        ; Length(64bit)
        cdecl   itoa, word [si +14], .p4 + 0, 4, 16, 0b0100
        cdecl   itoa, word [si +12], .p4 + 4, 4, 16, 0b0100
        cdecl   itoa, word [si +10], .p5 + 0, 4, 16, 0b0100
        cdecl   itoa, word [si + 8], .p5 + 4, 4, 16, 0b0100

        ; Type(32bit)
        cdecl   itoa, word [si +18], .p6 + 0, 4, 16, 0b0100
        cdecl   itoa, word [si +16], .p6 + 4, 4, 16, 0b0100

        cdecl   puts, .s1                       ;   // レコード情報を表示
```

ここでバッファとして使用している領域は、次のように定義しています。

prog/src/modules/real/**get_mem_info.s**

```
.s1:    db " "
.p2:    db "ZZZZZZZZ_"
.p3:    db "ZZZZZZZZ "
.p4:    db "ZZZZZZZZ_"
.p5:    db "ZZZZZZZZ "
.p6:    db "ZZZZZZZZ", 0
```

レコード情報のデータタイプは、数値のほかに、文字列でも表示します。具体的には、データタイプの値を文字列テーブルのインデックスとして文字列を取得し、画面に表示します。

prog/src/modules/real/**get_mem_info.s**

```
        mov     bx, [si +16]                    ;   // タイプを文字列で表示
        and     bx, 0x07                        ;   BX  = Type(0～5)
        shl     bx, 1                           ;   BX *= 2;    // 要素サイズに変換
        add     bx, .t0                         ;   BX += .t0; // テーブルの先頭アドレスを加算
        cdecl   puts, word [bx]                 ;   puts(*BX);
```

インデックス用のテーブルは、次のように定義しています。

prog/src/modules/real/**get_mem_info.s**

```
.s4:    db " (Unknown)", 0x0A, 0x0D, 0
.s5:    db " (usable)", 0x0A, 0x0D, 0
.s6:    db " (reserved)", 0x0A, 0x0D, 0
.s7:    db " (ACPI data)", 0x0A, 0x0D, 0
.s8:    db " (ACPI NVS)", 0x0A, 0x0D, 0
.s9:    db " (bad memory)", 0x0A, 0x0D, 0

.t0:    dw .s4, .s5, .s6, .s7, .s8, .s9, .s4, .s4
```

バッファの内容を表示し終えたら、保存したレジスタを復帰後スタックフレームを破棄し、処理を終了します。

prog/src/modules/real/**get_mem_info.s**

```
        ;---------------------------------------
        ; 【レジスタの復帰】
        ;---------------------------------------
        pop     si
        pop     bx

        ;---------------------------------------
        ; 【スタックフレームの破棄】
        ;---------------------------------------
        mov     sp, bp
        pop     bp

        ret;
```

次に、対応するステージ3のソースを示します。

prog/src/12_get_mem_info/**boot.s**

```
stage_3rd:
        ;---------------------------------------
        ; 文字列を表示
        ;---------------------------------------
        cdecl   puts, .s0

        ;---------------------------------------
        ; プロテクトモードで使用するフォントは、
        ; BIOSに内蔵されたものを流用する
        ;---------------------------------------
        cdecl   get_font_adr, FONT              ; // BIOSのフォントアドレスを取得

        ;---------------------------------------
        ; フォントアドレスの表示
        ;---------------------------------------
        cdecl   itoa, word [FONT.seg], .p1, 4, 16, 0b0100
        cdecl   itoa, word [FONT.off], .p2, 4, 16, 0b0100
        cdecl   puts, .s1

        ;---------------------------------------
        ; メモリ情報の取得と表示
        ;---------------------------------------
        cdecl   get_mem_info                    ; get_mem_info();

        mov     eax, [ACPI_DATA.adr]            ; EAX = ACPI_DATA.adr;
```

```
        cmp     eax, 0                          ; if (EAX)
        je      .10E                            ; {

        cdecl   itoa, ax, .p4, 4, 16, 0b0100    ;   itoa(AX); // 下位アドレスを変換
        shr     eax, 16                         ;   EAX >>= 16;
        cdecl   itoa, ax, .p3, 4, 16, 0b0100    ;   itoa(AX); // 上位アドレスを変換

        cdecl   puts, .s2                       ;   puts(.s2); // アドレスを表示
.10E:                                           ; }

        ;--------------------------------------
        ; 処理の終了
        ;--------------------------------------
        jmp     $                               ; while (1) ; // 無限ループ

        ;--------------------------------------
        ; データ
        ;--------------------------------------
.s0:    db  "3rd stage...", 0x0A, 0x0D, 0

.s1:    db  " Font Address="
.p1:    db  "ZZZZ:"
.p2:    db  "ZZZZ", 0x0A, 0x0D, 0
        db  0x0A, 0x0D, 0

.s2:    db  " ACPI data="
.p3:    db  "ZZZZ"
.p4:    db  "ZZZZ", 0x0A, 0x0D, 0
```

プログラムの実行結果は、次のとおりです。

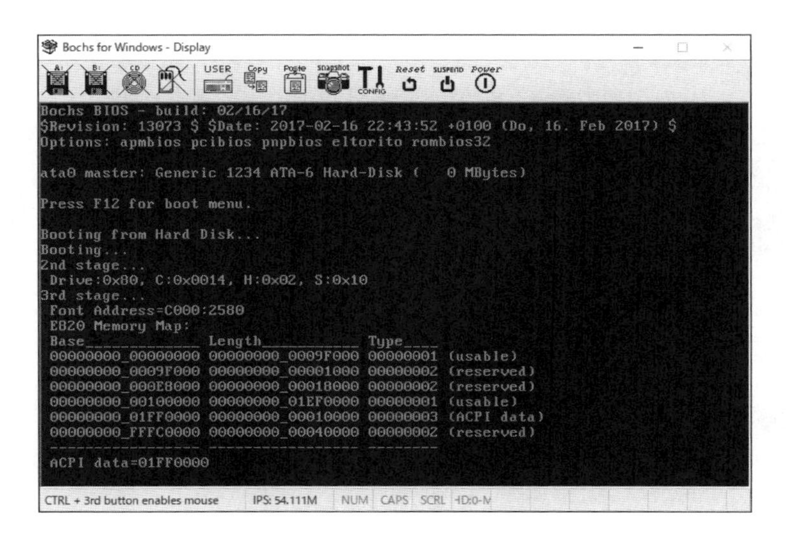

表示された内容から、メモリ領域に関する情報を得ることができます。ここで得られた情報は、開始アドレス(Base)、バイト長(Length)、メモリタイプ(Type)の3つです。先頭のメモリ情報は、0x00000000_00000000～0x00000000_0009F000までがTypeが0x00000001、つまり利用可能であることを示していますが、先頭の1MバイトにはBIOSな

どが使用する領域も含まれています。Typeが0x00000002のメモリ領域は、予約されているので使用することはできません。本書では、0x00000000_00100000以降のメモリ領域でプロテクトモードのプログラムを実行します。Typeが0x00000003のメモリ領域は、ACPIで使用するメモリ領域であることを示しています。

Bochsでは、ACPIデータが取得できたので画面に表示されていますが、QEMUでは取得できませんでした。次にQEMUでの実行結果を表示します。

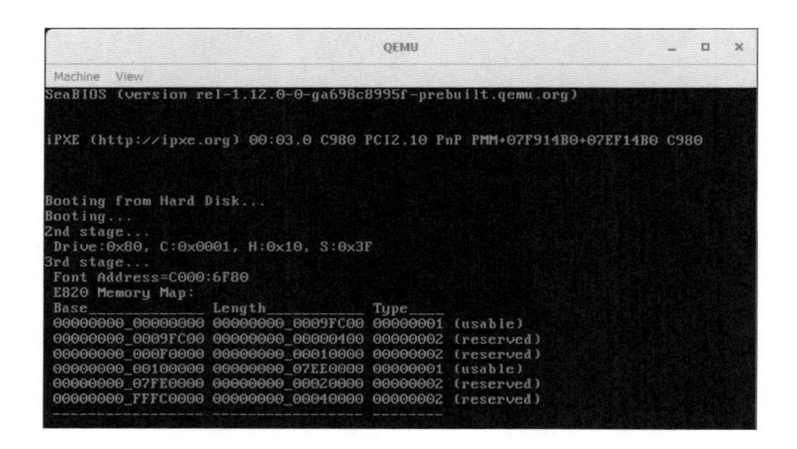

実のところ、QEMUはACPIに対応していないのでソフトウェアで電断することはできない訳ではありません。ACPI情報を取得することも、ソフトウェアで電断することも可能です。しかし、これらの方法は本書の範疇を越えるので割愛します。

14.13 KBC(キーボードコントローラ)を制御する

本書のサンプルプログラムは0x0010_0000番地以上のメモリ領域にアクセスするので、A20ゲート信号を有効化します。この信号はKBC(キーボードコントローラ)の出力ポートに接続されているので、KBCの制御が必要です。

図14-15 A20ゲート信号

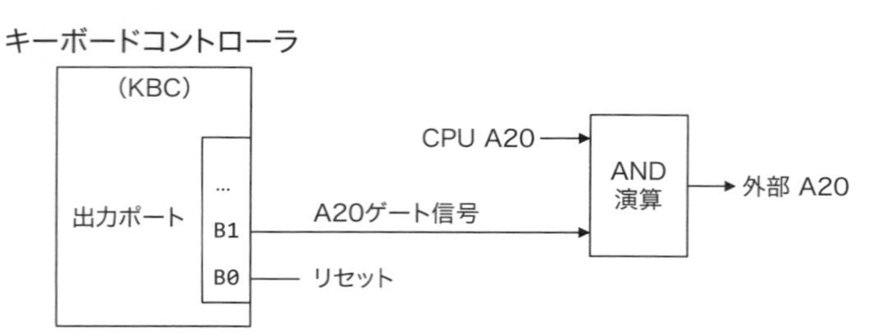

KBCは、キーボードからのキー入力をCPUに伝えることが本来の目的です。では、読み込んだデータがすべてキーボードからのデータかというと、そうではありません。ときには、KBCに接続された入出力ポートの読み書きやKBC自体へのコマンドを書き込む必要があります。しかし、KBCの入出力ポートは1つしかないので、バッファ内のデータがKBCのポート入力かユーザーによるキー入力データかを区別する必要があります。また、バッファ自体の容量も少ないので、すでに書き込んだデータが上書きされることがないように、バッファへの書き込み可否を検査しなくてはなりません。

図14-16 KBC間通信でのデータの流れ

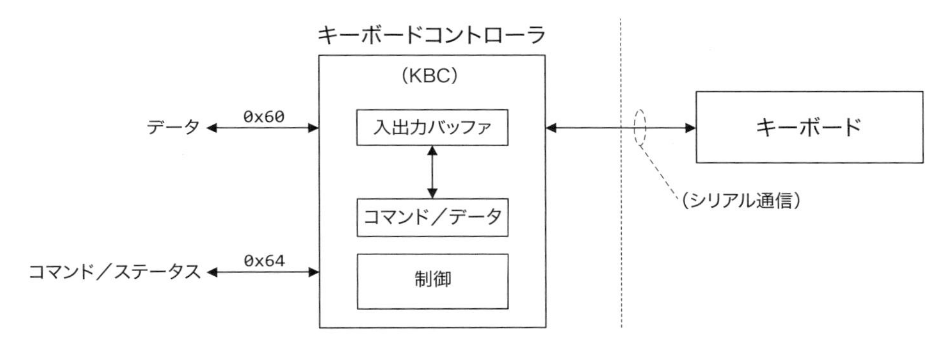

KBCバッファ書き込み関数

ここでは、KBC内のバッファにデータを書き込む関数を作成します。関数名はKBC_Data_Writeとし、kbc.sというファイルに保存します。

KBC_Data_Write(data);	
戻り値	成功(0以外)、失敗(0)
data	書き込みデータ

この関数は、書き込むデータを引数で受け取るので、スタックフレームを構築します。

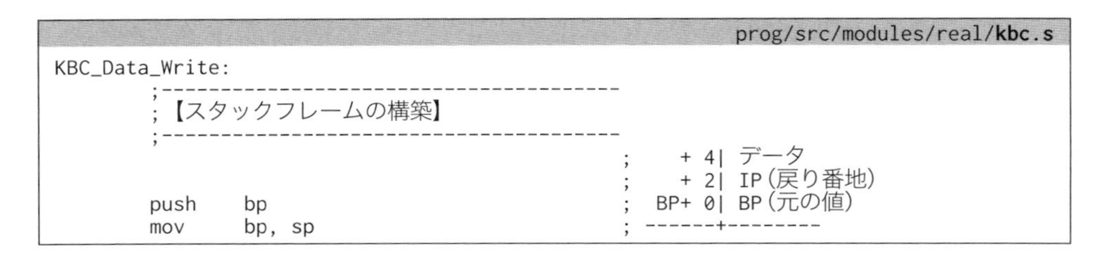

prog/src/modules/real/**kbc.s**

```
KBC_Data_Write:
        ;---------------------------------------
        ; 【スタックフレームの構築】
        ;---------------------------------------
                                                    ;    + 4| データ
                                                    ;    + 2| IP（戻り番地）
        push    bp                                  ;  BP+ 0| BP（元の値）
        mov     bp, sp                              ; ------+--------
```

次に、関数内で使用するレジスタを保存しておきます。AXレジスタは戻り値で使用するので、CXレジスタのみをスタックに保存します。

prog/src/modules/real/**kbc.s**

```
        ;---------------------------------------
        ; 【レジスタの保存】
        ;---------------------------------------
        push    cx
```

ここまでの処理は、関数の先頭で行われる一般的な処理なので、今後は省略することにします。

次からが本来の目的である、バッファへの書き込み処理になります。KBCの入出力バッファはそれほど大きくはないので、データを書き込む前に、データポートに書き込むことが可能かどうかを検査する必要があります。これは、ステータスレジスタのB1で確認できます。このビットがセットされているときは、KBCがバッファのデータを読み込んでいないので、データを書き込んではいけません。

prog/src/modules/real/**kbc.s**

```
        in      al, 0x64                        ;   AL = inp(0x64); // KBCステータス
        test    al, 0x02                        ;   ZF = AL & 0x02; // 書き込み可能？
```

ポートに書き込むことができない場合、入出力ポートへのアクセスが可能となるまで、カウンタによるウェイト処理を行っています。ここでは、CXレジスタの最大回数分ウェイトを行っています。

prog/src/modules/real/**kbc.s**

```
        mov     cx, 0                           ; CX = 0; // 最大カウント値
.10L:                                           ; do
                                                ; {
        in      al, 0x64                        ;   AL = inp(0x64); // KBCステータス
        test    al, 0x02                        ;   ZF = AL & 0x02; // 書き込み可能？
        loopnz  .10L                            ; } while (--CX && !ZF);
```

このループを抜けたとき、CXレジスタの値が0であればタイムアウトしたことを意味しています。CXレジスタの値が0以外であれば、引数で渡された値をデータポートに出力します。

prog/src/modules/real/**kbc.s**

```
        cmp     cx, 0                           ; if (CX) // 未タイムアウト
        jz      .20E                            ; {
                                                ;
        mov     al, [bp + 4]                    ;   AL = データ;
        out     0x60, al                        ;   outp(0x60, AL);
.20E:                                           ; }
```

処理が成功したかどうかは、CXレジスタの値で判断します。この値が0以外であればポートに書き込みが行われているので、CXレジスタの値をAXレジスタにコピーして関数の戻り値としています。つまり、この関数は、正常終了したときに0以外の戻り値を返します。

```
                                              prog/src/modules/real/kbc.s
        mov     ax, cx                          ; return CX;
```

最後に、CXレジスタの復帰とスタックフレームの破棄を行って関数を終了します。

```
                                              prog/src/modules/real/kbc.s
        ;---------------------------------------
        ; 【レジスタの復帰】
        ;---------------------------------------
        pop     cx

        ;---------------------------------------
        ; 【スタックフレームの破棄】
        ;---------------------------------------
        mov     sp, bp
        pop     bp

        ret
```

KBCバッファ読み込み関数

バッファにデータを書き込む関数もkbc.sというファイルに保存します。この関数は、読み込んだデータを保存するアドレスを引数として受け取ります。書き込み関数との主な違いは、バッファ内のデータを確認するステータスレジスタのビット位置とデータの保存処理です。

KBC_Data_Read(data);	
戻り値	成功(0以外)、失敗(0)
data	読み込みデータ格納アドレス

次に、書き込み関数との主な違いを示します。

```
                                              prog/src/modules/real/kbc.s
KBC_Data_Read:
        ...
        mov     cx, 0                           ; CX = 0; // 最大カウント値
.10L:                                           ; do
                                                ; {
        in      al, 0x64                        ;   AL = inp(0x64); // KBCステータス
        test    al, 0x01                        ;   ZF = AL & 0x01; // 読み込み可能？
        loopz   .10L                            ; } while (--CX && ZF);
        ...
        cmp     cx, 0                           ; if (CX) // 未タイムアウト
        jz      .20E                            ; {
                                                ;
        mov     ah, 0x00                        ;   AH = 0x00;
        in      al, 0x60                        ;   AL = inp(0x60); // データ取得
                                                ;
        mov     di, [bp + 4]                    ;   DI    = ptr;
        mov     [di + 0], ax                    ;   DI[0] = AX;
.20E:                                           ; }
                                                ;
```

```
        mov     ax, cx                          ; return CX;
```

KBCコマンド書き込み関数

KBCのバッファは、コマンドとデータで個別に存在しているわけではなく、1つのバッファを共用しています。KBCは、0x60ポートに書きこまれた値をデータ、0x64ポートに書き込まれた値をコマンドとして解釈するので、コマンドの書き込み時にもバッファに書き込めるかどうかを調べる必要があります。

KBC_Cmd_Write(cmd);	
戻り値	成功(0以外)、失敗(0)
cmd	コマンド

KBCのバッファに、データを書き込むかコマンドを書き込むかは、ポートが異なるだけです。

prog/src/modules/real/**kbc.s**

```
KBC_Cmd_Write:
        ...
        mov     al, [bp + 4]                    ;   AL = コマンド;
        out     0x64, al                        ;   outp(0x64, AL);
.20E:                                           ; }
        ...
```

14.14 A20ゲートを有効化する

キーボードの制御が可能となったので、KBCの出力ポートを設定することができます。KBCの出力ポートには、A20ゲート以外にも重要な機能が割り当てられています。特に、B0はリセット信号に接続されているので、現在の出力値に影響を与えないようにしなければなりません。具体的には、一度出力ポートを読み込んでA20ゲート信号(B1)をセットし、その値を出力ポートに再設定します。

また、設定中にキーボードが押下されると、割り込み処理内で既存のキーボード制御プログラムが動作してしまうので、処理中は割り込みを禁止します。同様の理由により、処理開始前にキーボードの無効化コマンドも出力しておきます。

prog/src/13_a20/**boot.s**

```
        cli                                     ;   // 割り込み禁止
                                                ;
        cdecl   KBC_Cmd_Write, 0xAD             ;   // キーボード無効化
```

実際の処理は、出力ポートのデータを読み込み、B1をセットして書き戻すだけです。

```
                                                          prog/src/13_a20/boot.s
        cdecl   KBC_Cmd_Write, 0xD0             ;   // 出力ポート読み出しコマンド
        cdecl   KBC_Data_Read, .key             ;   // 出力ポートデータ
                                                ;
        mov     bl, [.key]                      ;   BL  = key;
        or      bl, 0x02                        ;   BL |= 0x02; // A20ゲート有効化
                                                ;
        cdecl   KBC_Cmd_Write, 0xD1             ;   // 出力ポート書き込みコマンド
        cdecl   KBC_Data_Write, bx              ;   // 出力ポートデータ
```

KBCの出力ポートの値を保存するバッファには、ローカルラベルを使用してアクセスします。

```
                                                          prog/src/13_a20/boot.s
.key:   dw  0
```

KBCの制御が終わったら、本来の動作に戻すために、キーボードを有効化して割り込みを許可します。

```
                                                          prog/src/13_a20/boot.s
        cdecl   KBC_Cmd_Write, 0xAE             ;   // キーボード有効化
                                                ;
        sti                                     ;   // 割り込み許可
```

A20ゲートの有効化が完了したら、メッセージを表示します。

```
                                                          prog/src/13_a20/boot.s
        cdecl   puts, .s1

        jmp     $                               ; while (1) ; // 無限ループ

.s0     db  "3rd stage...", 0x0A, 0x0D, 0
.s1     db  " A20 Gate Enabled.", 0x0A, 0x0D, 0

.key:   dw  0
```

この処理は、新しいステージで行います。具体的なソースを次に示します。前のステージの無限ループは、このステージへのジャンプ命令に書き換えておきます。

```
                                                          prog/src/13_a20/boot.s
;************************************************************************
;   ブート処理の第4ステージ
;************************************************************************
stage_4:
        ;---------------------------------------
        ; 文字列を表示
        ;---------------------------------------
        cdecl   puts, .s0
```

```
        ;---------------------------------------
        ; A20ゲートの有効化
        ;---------------------------------------
        cli                                     ;   // 割り込み禁止
                                                ;
        cdecl   KBC_Cmd_Write, 0xAD             ;   // キーボード無効化
                                                ;
        cdecl   KBC_Cmd_Write, 0xD0             ;   // 出力ポート読み出しコマンド
        cdecl   KBC_Data_Read, .key             ;   // 出力ポートデータ
                                                ;
        mov     bl, [.key]                      ;   BL  = key;
        or      bl, 0x02                        ;   BL |= 0x02; // A20ゲート有効化
                                                ;
        cdecl   KBC_Cmd_Write, 0xD1             ;   // 出力ポート書き込みコマンド
        cdecl   KBC_Data_Write, bx              ;   // 出力ポートデータ
                                                ;
        cdecl   KBC_Cmd_Write, 0xAE             ;   // キーボード有効化
                                                ;
        sti                                     ;   // 割り込み許可

        ;---------------------------------------
        ; 文字列を表示
        ;---------------------------------------
        cdecl   puts, .s1

        ;---------------------------------------
        ; 処理の終了
        ;---------------------------------------
        jmp     $                               ; while (1) ; // 無限ループ

.s0:    db  "4th stage...", 0x0A, 0x0D, 0
.s1:    db  " A20 Gate Enabled.", 0x0A, 0x0D, 0

.key:   dw  0
```

プログラムの実行結果は、次のとおりです。

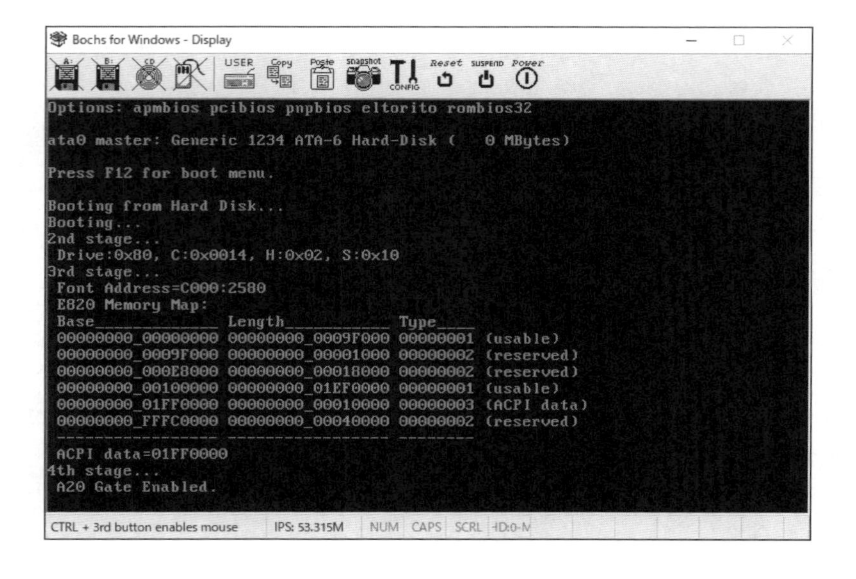

14.15 キーボードLEDを制御する

A20ゲートの有効化は、KBCの出力ポートを設定しただけで、キーボードとの通信を行った訳ではありません。ここでは、キーボードと通信を行う例として、キーボード上のLEDを制御するプログラムを作成することにします。しかしながら、USB接続のキーボードでは、LEDの制御を行えないかもしれません。

古くは、PCとキーボード間でシリアル通信（調歩同期式）が行われていましたが、現在では、USB接続のキーボードが数多く出回っています。USB接続では通信制御プログラムが異なるので、シリアル通信で使用できる一部のコマンドのみが擬似的にサポートされています。どのコマンドが使用できるかは機種依存になりますが、多くの場合、LEDの制御はサポートされていないようです。その場合、BIOSの管理領域（0x0040:0x0017）にLEDの状態を書き込んで状態を更新する方法があります。

ここでは、キーボードとの通信例として、LEDの制御を行うテストプログラムを作成します。LEDの点灯状態は、キーボードから取得することができないので、プログラム内部でLED情報を保持します。このテストプログラムでは、BXレジスタにLEDの点灯状態を保持しています。

prog/src/14_keyboard_led/**boot.s**

```
        mov     bx, 0                           ; CX = LEDの初期値;
```

プログラムでは、1から3までのキー入力で、キーボードLEDの制御を行います。これ以外のキーが押されたときはテストプログラムを終了します。また、ユーザーからのキー入力は、BIOSコールを利用して取得しています。

prog/src/14_keyboard_led/**boot.s**

```
.10L:                                           ; do
                                                ; {
        mov     ah, 0x00                        ;   // キー入力待ち
        int     0x16                            ;   AL = BIOS(0x16, 0x00);
                                                ;
        cmp     al, '1'                         ;   if (AL < '1')
        jb      .10E                            ;     break;
                                                ;
        cmp     al, '3'                         ;   if ('3' < AL)
        ja      .10E                            ;     break;

        ...                                     ;   //【LED制御処理】

        jmp     .10L                            ; } while (1);
.10E:
```

BIOSコールで得られたキーコードは0x31から0x33までの範囲となるので、この値をLEDのビット位置として使用します。具体的には、キーコードから1減算した値の下位2ビットを、ビットをシフトする回数とします。これにより、1キーを押下したときは0回シフト、3キー

を押下したときは2回シフトすることになります。

```
prog/src/14_keyboard_led/boot.s
        mov     cl, al                          ;   CL   = キー入力;
        dec     cl                              ;   CL  -= 1;       // 1減算
        and     cl, 0x03                        ;   CL  &= 0x03;    // 0～2に制限
```

実際にシフトする値を0x0001とすれば、1キーを押下したときはビットパターン0x0001を、3キーを押下したときはビットパターン0x0004を得ることができます。最終的には、現在の出力値とXOR演算によりビット反転した値を出力します。

```
prog/src/14_keyboard_led/boot.s
        mov     cl, al                          ;   CL   = キー入力;
        dec     cl                              ;   CL  -= 1;       // 1減算
        and     cl, 0x03                        ;   CL  &= 0x03;    // 0～2に制限
        mov     ax, 0x0001                      ;   AX   = 0x0001;  // ビット変換用
        shl     ax, cl                          ;   AX <<= CL;      // 0～2ビット左シフト
        xor     bx, ax                          ;   BX  ^= AX;      // ビット反転
```

キーボードにコマンドを送信するには、データポートにコマンドを書き込むだけですが、KBCの制御のときと同様、割り込みの禁止とキーボードの無効化を事前に行っておきます。

```
prog/src/14_keyboard_led/boot.s
        cli                                     ;   // 割り込み禁止
        cdecl   KBC_Cmd_Write, 0xAD             ;   AL = KBC_Cmd_Write(0xAD);   // キーボード無効

        cdecl   KBC_Data_Write, 0xED            ;   AX = KBC_Data_Write(0xED);  // LEDコマンド
```

キーボードは、正常にコマンドを受信できた場合、ACK（Acknowledge：肯定応答）として0xFAを返送してきます。ACKを受信できたら、LEDの表示パターンをデータポートに書き込みます。

```
prog/src/14_keyboard_led/boot.s
        cdecl   KBC_Data_Read, .key             ;   AX = KBC_Data_Read(&key);   // 受信応答
                                                ;
        cmp     [.key], byte 0xFA               ;   if (0xFA == key)
        jne     .11F                            ;   {
                                                ;
        cdecl   KBC_Data_Write, bx              ;     AX = KBC_Data_Write(BX);    // LEDデータ
                                                ;   }
        jmp     .11E                            ;   else
```

ACKを受信できない場合、後続のデータを送信することはできないので、今回のプログラムでは受信コードを表示するのみとしています。

```
                                          prog/src/14_keyboard_led/boot.s
.11F:                                       ;   {
        cdecl   itoa, word [.key], .e1, 2, 16, 0b0100
        cdecl   puts, .e0                   ;     // 受信コードを表示
.11E:                                       ;   }
                                            ;
        ...
.s0     db  "3rd stage...", 0x0A, 0x0D, 0
.s1     db  " A20 Gate Enabled.", 0x0A, 0x0D, 0
.e0     db  "["
.e1     db  "ZZ]", 0
```

第4ステージに追加したLEDのテスト用プログラム全体を次に示します。

```
                                          prog/src/14_keyboard_led/boot.s
stage_4:
        ...

        ;----------------------------------------
        ; 文字列を表示
        ;----------------------------------------
        cdecl   puts, .s1

        ;----------------------------------------
        ; キーボードLEDのテスト
        ;----------------------------------------
        cdecl   puts, .s2                   ;

        mov     bx, 0                       ; CX = LEDの初期値;
.10L:                                       ; do
                                            ; {
        mov     ah, 0x00                    ;   // キー入力待ち
        int     0x16                        ;   AL = BIOS(0x16, 0x00);
                                            ;
        cmp     al, '1'                     ;   if (AL < '1')
        jb      .10E                        ;     break;
                                            ;
        cmp     al, '3'                     ;   if ('3' < AL)
        ja      .10E                        ;     break;
                                            ;
        mov     cl, al                      ;   CL   = キー入力;
        dec     cl                          ;   CL  -= 1;         // 1減算
        and     cl, 0x03                    ;   CL  &= 0x03;      // 0～2に制限
        mov     ax, 0x0001                  ;   AX   = 0x0001;    // ビット変換用
        shl     ax, cl                      ;   AX <<= CL;        // 0～2ビット左シフト
        xor     bx, ax                      ;   BX  ^= AX;        // ビット反転

        ;----------------------------------------
        ; LEDコマンドの送信
        ;----------------------------------------
        cli                                 ;   // 割り込み禁止
                                            ;
        cdecl   KBC_Cmd_Write, 0xAD         ;   // キーボード無効化
                                            ;
        cdecl   KBC_Data_Write, 0xED        ;   // LEDコマンド
        cdecl   KBC_Data_Read, .key         ;   // 受信応答
                                            ;
        cmp     [.key], byte 0xFA           ;   if (0xFA == key)
        jne     .11F                        ;   {
                                            ;
        cdecl   KBC_Data_Write, bx          ;     // LEDデータ出力
```

```
                                                 ;   }
        jmp     .11E                             ;   else
.11F:                                            ;   {
        cdecl   itoa, word [.key], .e1, 2, 16, 0b0100
        cdecl   puts, .e0                        ;     // 受信コードを表示
.11E:                                            ;   }
                                                 ;
        cdecl   KBC_Cmd_Write, 0xAE              ;   // キーボード有効化
                                                 ;
        sti                                      ;   // 割り込み許可
                                                 ;
        jmp     .10L                             ; } while (1);
.10E:

        ;---------------------------------------
        ; 文字列を表示
        ;---------------------------------------
        cdecl   puts, .s3

        ;---------------------------------------
        ; 処理の終了
        ;---------------------------------------
        jmp     $                                ; while (1) ; // 無限ループ

.s0:    db  "4th stage...", 0x0A, 0x0D, 0
.s1:    db  " A20 Gate Enabled.", 0x0A, 0x0D, 0
.s2:    db  " Keyboard LED Test...", 0
.s3:    db  " (done)", 0x0A, 0x0D, 0
.e0:    db  "["
.e1:    db  "ZZ]", 0

.key:   dw  0
```

プログラムの実行結果は、次のとおりです。キーボード左上にある1から3までのキーを押下すると、画面下部にある「NUM」、「CAPS」、「SCRL」の背景色が反転します。

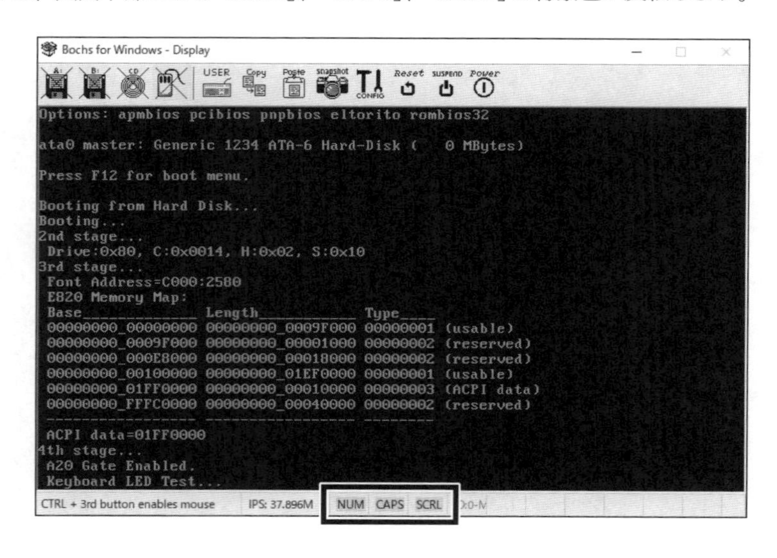

QEMUには、LEDの表示領域が存在しないので、確認することはできません。

14.16 カーネルをロードする

A20ゲートの有効化が終了したら、プロテクトモードのプログラムを上位アドレスで実行することが可能となります。これが、カーネルの一部となります。しかし、リアルモードで動作するBIOSプログラムが、リアルモードでは届かない上位アドレスにセクタを読み出すことはできません。そこで、一度BIOSコールでカーネルを下位アドレスにロードしておき、プロテクトモードに移行した後で上位アドレスにコピーすることにします。

図14-17 カーネルのロード

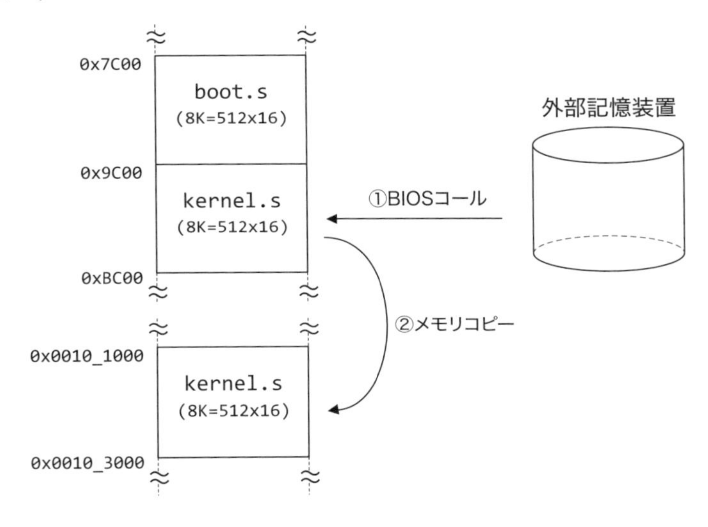

カーネルをロードするためには、カーネルの位置と大きさを事前に決めておかなくてはなりません。今回は、8Kバイトのブートプログラムの直後に8Kバイトのカーネルプログラムを連結することにします。ただし、ブートプログラムとカーネルプログラムは異なるアドレスにロードされるので、異なるファイルとしてアセンブルします。まずは、何もしないカーネルプログラムを「kernel.s」というファイル名で作成します。

prog/src/15_load_kernel/**kernel.s**

```
%include     "../include/define.s"
%include     "../include/macro.s"

        ORG     KERNEL_LOAD                     ; カーネルのロードアドレス

[BITS 32]
;************************************************************************
;     エントリポイント
;************************************************************************
kernel:
        ;---------------------------------------
        ; 処理の終了
```

```
        ;---------------------------------------
        jmp     $                               ; while (1) ; // 無限ループ

;************************************************************************
;   パディング
;************************************************************************
        times KERNEL_SIZE -($ - $$)     db  0   ; パディング
```

プログラムの先頭では、リアルモードと同様、定義ファイルとマクロ用ファイルを読み込んでいます。定義ファイルには、カーネルのロードアドレスとサイズを定義します。

prog/src/include/**define.s**

```
        KERNEL_LOAD     equ     0x0010_1000

        KERNEL_SIZE     equ     (1024 * 8)      ; カーネルサイズ
```

また、カーネルは、プロテクトモードで動作する32ビットプログラムです。カーネルプログラムには32ビットコードを生成することをアセンブラに指示する[BIT 32]ディレクティブを記載しています。

プログラムのアセンブルは、それぞれのファイルに対して行い、生成されたそれぞれのバイナリファイルを1つのファイルに連結します。1つのファイルに連結されたデータは、連続したセクタ読み出し関数で読み込むことが可能となります。ただし、今まで使用してきた、1つのソースファイルをアセンブルすることも可能とするため、ファイルの連結は、kernel.sファイルが存在するときのみとします。これを実現するためのバッチファイルは、次のとおりです。

prog/env/**mk.bat**

```
@echo off
if exist kernel.s (
    @nasm boot.s -o boot.bin -l boot.lst
    @nasm kernel.s -o kernel.bin -l kernel.lst
    @copy /B boot.bin+kernel.bin boot.img
) else (
    @nasm boot.s -o boot.img -l boot.lst
)
```

このバッチファイルでは、条件分岐などが画面に表示されないように、「@echo off」コマンドを実行しています。最終的に必要となるファイルは、ブートプログラムと同じファイル名であるboot.imgです。ディレクトリ構成を確認しておきます。

図14-18 カーネル (kernel.s) の配置

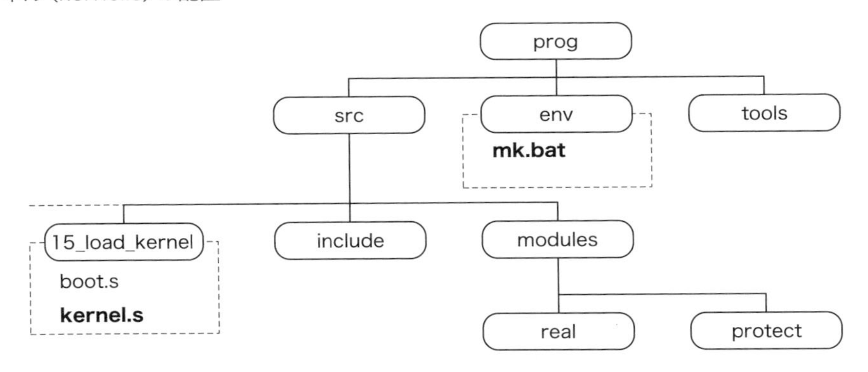

LBA (Logical Block Addressing)

CHS方式➡P.094参照によるセクタの指定方法は、ハードウェアを意識したものなので、互換性の低い方法です。また、レジスタを最大限に使用したとしても、大容量化を遂げた現在の外部記憶装置には、セクタ番号を指定するためのパラメータとしては不十分な情報となってしまいました。そのため、ハードウェアの構成に依存することなく、先頭からすべてのセクタに連番を割り当てる、LBA方式➡P.094参照が一般的となりました。しかしながら、LBAでのアクセスをサポートしていないBIOSがあるかもしれません。代替手段として、LBA方式によるセクタ指定をCHS方式に変換する処理を作成します。

次の図に、シリンダとセクタの関係を示します。トラックには、複数のセクタが含まれています。トラックは、ヘッドの数だけ重ねられて1枚のシリンダを構成し、何枚ものシリンダが巻きついたものが外部記憶装置となります。

図14-19 シリンダ、トラック、セクタの関係

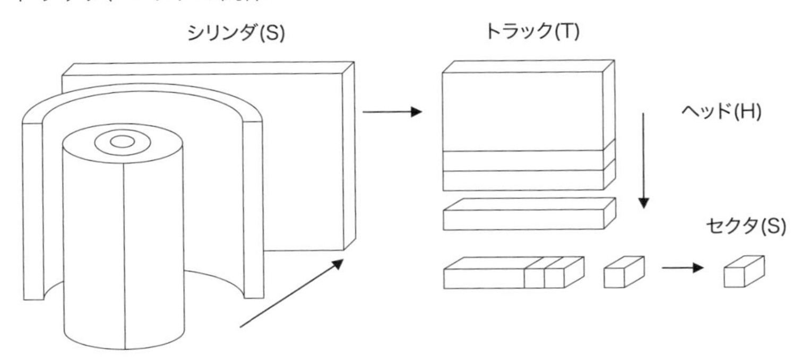

LBA方式からCHS方式へ変換するときに必要となる情報は、ヘッドの数とトラックあたりのセクタ数です。これらの情報は、ドライブパラメータとして取得することが可能です。ヘッドの数とトラックあたりのセクタ数から、シリンダあたりのセクタ数を計算し、シリンダあた

りのセクタ数から、対象のセクタが存在するシリンダ番号を特定することができます。このとき、トラック番号（T）はディスクの表面を読み取るヘッド（H）と同じ値とみなすことができます。

シリンダ番号（C）　＝　LBA　÷　シリンダあたりのセクタ数
　　　　　　　　　＝　LBA　÷　（ヘッド数　×　トラックあたりのセクタ数）

次に、シリンダ番号の除算で得られた余りを使ってトラック番号とセクタ番号を計算します。具体的には、LBAをシリンダあたりのセクタ数で割った余りをトラックあたりのセクタ数で除算します。

トラック番号（T）　＝　シリンダ番号の余り　÷　トラックあたりのセクタ数

トラック番号を特定するための除算で得られた余りはセクタ番号になりますが、セクタ番号は1始まりなので1を加算します。

セクタ番号（S）　＝　トラック番号の余り　＋　1

ここで得られた情報は、BIOSコールのパラメータに使用することができます。実際に、LBAで指定されたセクタを、BIOSで指定するCHS方式に変換する関数を作成します。関数名はlba_chsとし、realディレクトリにlba_chs.sというファイル名で保存します。

lba_chs(drive, drv_chs, lba);	
戻り値	成功（0以外）、失敗（0）
drive	drive構造体のアドレス（ドライブパラメータが格納されている）
drv_chs	drive構造体のアドレス（変換後のシリンダ番号、ヘッド番号、セクタ番号を保存する）
lba	LBA

この関数では、すでに取得してあるドライブパラメータを引数に取ります。そして、同じ型のパラメータにLBAを変換したシリンダ番号、ヘッド番号そしてセクタ番号を設定します。LBAは、引数の最後に設定します。

まずは、シリンダあたりのセクタ数を計算します。この値は、ヘッド数とトラックあたりのセクタ数から計算します。

prog/src/modules/real/**lba.chs.s**

```
lba_chs:
        ...                                     ; スタックフレームの作成とレジスタの保存

        mov     si, [bp + 4]                    ; SI = driveバッファ;
        mov     di, [bp + 6]                    ; DI = drv_chsバッファ;

        mov     al,  [si + drive.head]          ; AL = 最大ヘッド数;
        mul     byte [si + drive.sect]          ; AX = 最大ヘッド数 * 最大セクタ数;
        mov     bx, ax                          ; BX = シリンダあたりのセクタ数;
```

次に、指定されたLBAをシリンダあたりのセクタ数(直前の除算結果)で除算してシリンダ番号を計算します。得られたシリンダ番号は、出力バッファに書き込みます。

prog/src/modules/real/**lba_chs.s**
```
        mov     dx, 0                           ; DX = LBA(上位2バイト)
        mov     ax,  [bp + 8]                   ; AX = LBA(下位2バイト)
        div     bx                              ; DX = DX:AX % BX; // 残り
                                                ; AX = DX:AX / BX; // シリンダ番号

        mov     [di + drive.cyln], ax           ; drv_chs.cyln = シリンダ番号;
```

ヘッド番号とセクタ番号は、この演算の余りを除算することで得ることができます。ただし、セクタ番号は1始まりなので1を加算しておきます。

prog/src/modules/real/**lba_chs.s**
```
        mov     ax, dx                          ; AX = 残り
        div     byte [si + drive.sect]          ; AH = AX % 最大セクタ数; // セクタ番号
                                                ; AL = AX / 最大セクタ数; // ヘッド番号

        movzx   dx, ah                          ; DX = セクタ番号
        inc     dx                              ; (セクタは1始まりなので+1)

        mov     ah, 0x00                        ; AX = ヘッド位置

        mov     [di + drive.head], ax           ; drv_chs.head = ヘッド番号;
        mov     [di + drive.sect], dx           ; drv_chs.sect = セクタ番号;
```

セクタ読み出し(LBA)

LBAでのセクタ読み出しは、LBA方式でのセクタ指定をCHS方式でのセクタ指定方法に変換し、CHS方式でのセクタ読み込み関数を呼び出すことで実現します。

read_lba(drive, lba, sect, dst);	
戻り値	読み込んだセクタ数
drive	drive構造体のアドレス(ドライブパラメータが格納されている)
lba	LBA
sect	読み出しセクタ数
dst	読み出し先アドレス

LBA方式からCHS方式への変換にはドライブパラメータが必要です。関数内では、変換後のCHS情報を格納するためのバッファとLBAを引数として、LBA方式からCHS方式への変換関数を呼び出します。

prog/src/modules/real/**read_lba.s**

```
read_lba:
                                                ;【前処理】

        mov     si, [bp + 4]                    ; SI = ドライブ情報;

        ;---------------------------------------
        ; LBA→CHS変換
        ;---------------------------------------
        mov     ax, [bp + 6]                    ; AX = LBA;
        cdecl   lba_chs, si, .chs, ax           ; lba_chs(drive, .chs, AX);
        ...

.chs:   times drive_size    db  0               ; 読み込みセクタに関する情報
```

CHS方式に変換されたセクタ情報は、CHS方式でのセクタ読み込み関数に渡されます。このとき、ドライブ番号が必要となるので、コピーしておきます。

prog/src/modules/real/**read_lba.s**

```
        ;---------------------------------------
        ; ドライブ番号のコピー
        ;---------------------------------------
        mov     al, [si + drive.no]             ;
        mov     [.chs + drive.no], al           ; ドライブ番号

        ;---------------------------------------
        ; セクタの読み込み
        ;---------------------------------------
        cdecl   read_chs, .chs, word [bp + 8], word [bp +10]
                                                ; AX = read_chs(.chs, セクタ数, ofs);
```

実際にカーネルをメモリに読み込むプログラムは、次のようになります。

prog/src/15_load_kernel/**boot.s**

```
;************************************************************************
;    ブート処理の第5ステージ
;************************************************************************
stage_5:
        ;---------------------------------------
        ; 文字列を表示
        ;---------------------------------------
        cdecl   puts, .s0

        ;---------------------------------------
        ; カーネルを読み込む
        ;---------------------------------------
        cdecl   read_lba, BOOT, BOOT_SECT, KERNEL_SECT, BOOT_END
                                                ; AX = read_lba(.lba, ...);
        cmp     ax, KERNEL_SECT                 ; if (AX != CX)
.10Q:   jz      .10E                            ; {
.10T:   cdecl   puts, .e0                       ;   puts(.e0);
        call    reboot                          ;   reboot(); // 再起動
.10E:                                           ; }

        ;---------------------------------------
        ; 処理の終了
        ;---------------------------------------
        jmp     $                               ; while (1) ; // 無限ループ
```

```
.s0     db  "5th stage...", 0x0A, 0x0D, 0
.e0     db  " Failure load kernel...", 0x0A, 0x0D, 0
```

引数で渡されている値は、define.sにて、次のように定義します。

prog/src/include/**define.s**

```
        BOOT_SIZE       equ     (1024 * 8)      ; ブートサイズ
        KERNEL_SIZE     equ     (1024 * 8)      ; カーネルサイズ

        BOOT_LOAD       equ     0x7C00
        BOOT_END        equ     (BOOT_LOAD + BOOT_SIZE)

        BOOT_SECT       equ     (BOOT_SIZE   / SECT_SIZE)
        KERNEL_SECT     equ     (KERNEL_SIZE / SECT_SIZE)
```

プログラムの実行結果から、カーネルの読み込みに成功し、第5ステージまで移行したことが分かります。しかし、まだカーネルを実行した訳ではありません。

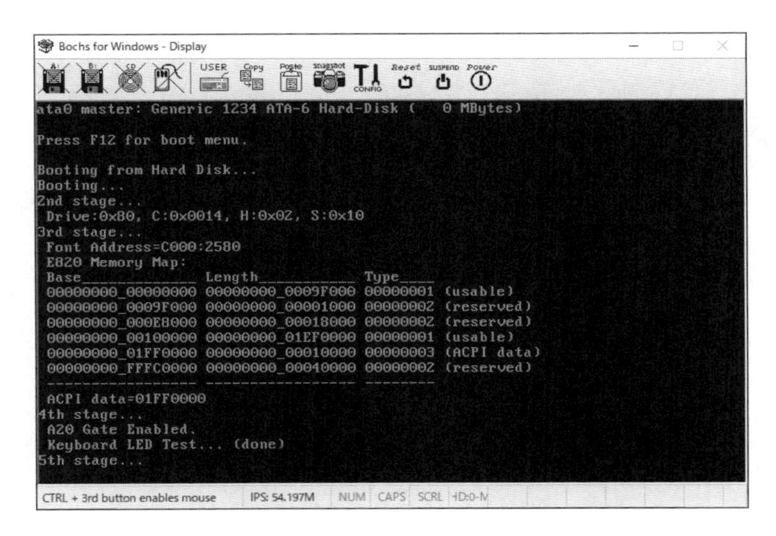

14.17 ビデオモードを変更する

カーネルをロードしたら、プロテクトモードへの移行準備を開始します。プロテクトモードではBIOSが利用できないので、最後のBIOSコールとしてビデオモードの変更を行います。ですが、いきなりビデオモードの変更を行うと画面表示が初期化されてしまうので、ユーザーが混乱してしまいます。そのため、一旦、リアルモードでの作業が終了したことを画面に表示し、ユーザーからのキー入力を待つことにします。

```
                                                    prog/src/16_protect_mode/boot.s
;************************************************************************
;    ブート処理の第6ステージ
;************************************************************************
stage_6:
        ;-----------------------------------------
        ; 文字列を表示
        ;-----------------------------------------
        cdecl   puts, .s0

        ;-----------------------------------------
        ; ユーザーからの入力待ち
        ;-----------------------------------------
.10L:                                           ; do
                                                ; {
        mov     ah, 0x00                        ;   // キー入力待ち
        int     0x16                            ;   AL = BIOS(0x16, 0x00);
        cmp     al, ' '                         ;   ZF = AL == ' ';
        jne     .10L                            ; } while (!ZF);
                                                ;
        ...

.s0     db  "6th stage...", 0x0A, 0x0D, 0x0A, 0x0D
        db  " [Push SPACE key to protect mode...]", 0x0A, 0x0D, 0
```

ユーザーが Space キーを押下したことを確認したら、ビデオモードをグラフィックスモードに変更し、プロテクトモードへの移行処理を開始します。

```
                                                    prog/src/16_protect_mode/boot.s
.10L:                                           ; do
                                                ; {
        mov     ah, 0x00                        ;   // キー入力待ち
        int     0x16                            ;   AL = BIOS(0x16, 0x00);
        cmp     al, ' '                         ;   ZF = AL == ' ';
        jne     .10L                            ; } while (!ZF);

        ;-----------------------------------------
        ; ビデオモードの設定
        ;-----------------------------------------
        mov     ax, 0x0012                      ; VGA 640x480
        int     0x10                            ; BIOS(0x10, 0x12); // ビデオモードの設定

        ;-----------------------------------------
        ; 処理の終了
        ;-----------------------------------------
        jmp     $                               ; while (1) ; // 無限ループ
```

プログラムの実行結果は、次のとおりです。

```
Bochs for Windows - Display

Booting from Hard Disk...
Booting...
2nd stage...
 Drive:0x80, C:0x0014, H:0x02, S:0x10
3rd stage...
 Font Address=C000:2580
 E820 Memory Map:
 Base_____________ Length___________ Type____
 00000000_00000000 00000000_0009F000 00000001 (usable)
 00000000_0009F000 00000000_00001000 00000002 (reserved)
 00000000_000E8000 00000000_00018000 00000002 (reserved)
 00000000_00100000 00000000_01EF0000 00000001 (usable)
 00000000_01FF0000 00000000_00010000 00000003 (ACPI data)
 00000000_FFFC0000 00000000_00040000 00000002 (reserved)
 ----------------- ----------------- --------
 ACPI data=01FF0000
4th stage...
 A20 Gate Enabled.
 Keyboard LED Test... (done)
5th stage...
6th stage...

 [Push SPACE key to protect mode...]

CTRL + 3rd button enables mouse   IPS: 37.796M   NUM CAPS SCRL HD:0-M
```

Space キーを押下すると、画面モードが切り替わるので、画面が真っ暗になります。

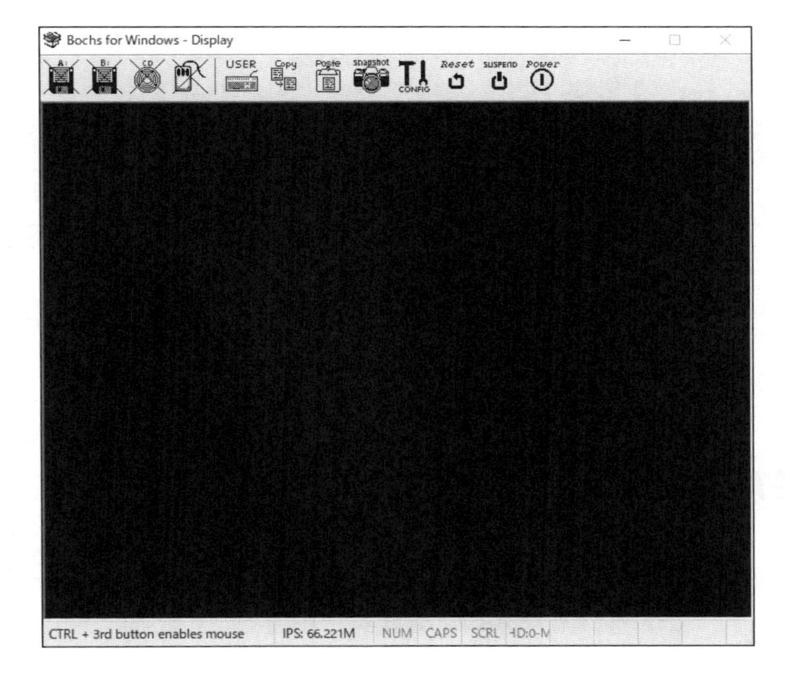

第15章 プロテクトモードへの移行を実現する

- 保護されたメモリ空間の作り方
- プロテクトモードへの移行
- セグメントをCPUに設定する方法　など

リアルモードとプロテクトモードとの大きな違いは、メモリ空間が保護されているか否かにあります。これは、プロテクトモードで動作するすべてのタスクが、許可されたメモリ空間にしかアクセスできないことを意味しており、OSやカーネルでさえ例外ではありません。OSやカーネルであっても、CPUにとっては、単なるプログラムにしかすぎないことを考えれば、至極当然のことです。そのため、プロテクトモードに移行する前には、カーネルがアクセス可能なメモリ空間を、事前に設定しておかなくてはなりません。

メモリ空間の保護は、2つのアプローチで行われます。1つは、アクセスタイプによる保護で、コード用メモリ領域への書き込みやデータ領域でのプログラムの実行を禁止することが可能です。もう1つは、特権レベルによる保護で、低い特権レベルに設定されたアプリケーションが、高い特権レベルに設定されたメモリ空間への不用意なアクセスを禁止することが可能です。

保護されたメモリ空間は、セグメントディスクリプタ →P.238参照 で定義します。セグメントディスクリプタは、アクセスタイプや特権情報などを含む、8バイトで構成されます。カーネルは、コード用とデータ用、2つのメモリ空間にアクセスするので、最低でも2つのセグメントディスクリプタを定義する必要があります。コード用のメモリ空間は実行可能ですが書き換えることはできず、データ用のメモリ空間は書き換え可能ですが実行することはできません。

図15-1 保護されたメモリ空間の例

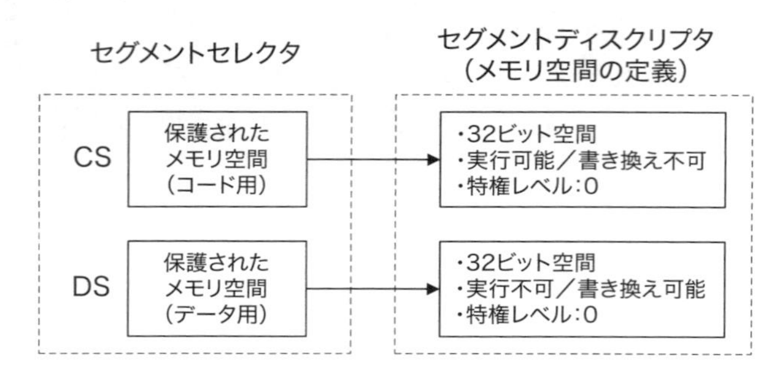

15.1 セグメントディスクリプタを作成する

最初に、プロテクトモードで動作するカーネル用に、メモリ空間の定義を行います。カーネルは、0x0000_0000から0xFFFF_FFFFまで、すべてのメモリ空間にアクセスできるように設定します。カーネルは、最高特権レベルのレベル0で動作させるので、カーネルがアクセスするメモリ空間にも特権レベル0を割り当てます。カーネルのコード用メモリ空間の設定項目とセグメントディスクリプタへの設定値を、次の表に示します。

表15-1 コード用メモリ空間の設定例

設定項目	設定値	意味
ベース	**0x0000_0000**	**0x0000_0000**から
リミット	**0xF_FFFF**	**0xFFFF_FFFF**まで
G	**1**	リミットは4K単位
D	**1**	32ビットセグメント
AVL	**0**	(任意)
P	**1**	プレゼンス(メモリ上に存在)
DPL	**0**	特権レベル0
DT	**1**	メモリセグメント
タイプ	**0xA**	実行/リード可

コード用メモリ空間の定義は、これらの設定値を8バイトで構成されるセグメントディスクリプタの書式に合わせて記載することです。次に、セグメントディスクリプタの設定値を示します。

図15-2 コード用セグメントディスクリプタの設定例

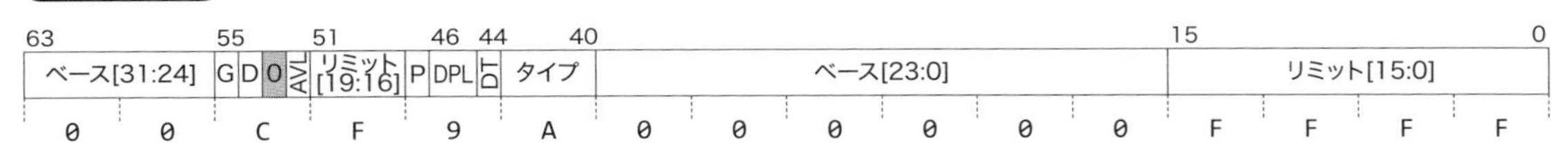

これまでの設定内容から、8バイトのコード用メモリ空間のセグメントディスクリプタは、次のように定義することができます。

```
.cs:            dq  0x00_CF9A_000000_FFFF      ; CODE 4G
```

コード用メモリ空間と同様に、データ用メモリ空間のセグメントディスクリプタも定義します。データ用セグメントディスクリプタのアクセス範囲や特権レベルは、コード用の設定と同じですが、メモリ空間は書き換え可能な領域とするので、タイプには0x2(データRW可)を指定します。データ用メモリ空間のセグメントディスクリプタの定義は、次のようになります。

```
.ds:             dq  0x00_CF92_000000_FFFF       ; DATA 4G
```

このように、アクセス可能なメモリ空間は、セグメントディスクリプタを定義することで、いくつでも作成することができますが、これらの設定をCPUに知らせなくてはいけません。しかし、いくつ作成されるか分からないメモリ空間のために、ハードウェアで個別のレジスタを用意することは現実的ではありません。

80386では、すべてのセグメントディスクリプタを、セグメントディスクリプタテーブルと呼ばれる、配列として定義することになっています。そして、セグメントディスクリプタテーブルの開始アドレスとリミット値をCPUのGDTR(グローバルディスクリプタテーブルレジスタ)に設定します。これにより、CPUは、必要なときに必要なセグメントディスクリプタを自ら取得することができるようになります。

図15-3 セグメントディスクリプタテーブル

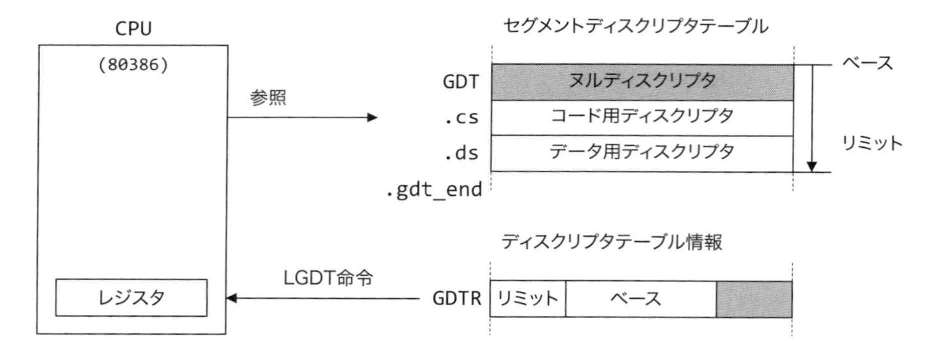

ディスクリプタテーブルの先頭には、すべての値が0に設定されたセグメントディスクリプタを定義しておきます。このセグメントディスクリプタは、領域を占有してはいますが、参照されることはありません。カーネルが使用する、2つのディスクリプタのみを定義したセグメントディスクリプタテーブルは、次のように定義することができます。GDT(グローバルディスクリプタテーブル)は、32ビットアクセスを行うことを考慮して、4バイトアラインメントで配置します。

```
ALIGN 4, db 0
GDT:             dq  0x00_0000_000000_0000       ; NULL
.cs:             dq  0x00_CF9A_000000_FFFF       ; CODE 4G
.ds:             dq  0x00_CF92_000000_FFFF       ; DATA 4G
.gdt_end:

GDTR:   dw       GDT.gdt_end - GDT - 1          ; ディスクリプタテーブルのリミット
        dd       GDT                            ; ディスクリプタテーブルのアドレス
```

CPUに設定する必要があるのは、セグメントディスクリプタテーブルの先頭アドレスとそのリミット値です。具体的には、2バイトのリミット値と4バイトの開始アドレスを書き込んだメモリアドレスを、専用のロード命令である、LGDT命令を使って設定します。

```
        lgdt    [GDTR]                      ; // グローバルディスクリプタテーブルをロード
```

ここで作成したセグメントディスクリプタを参照するプログラムは、すべてのメモリ空間にアクセスすることが可能となります。しかし、2つ作成した内のどちらのディスクリプタを使用するかを選択しなくてはいけません。このために使用されるのが、セグメントレジスタです。

x86系CPUでは、メモリアクセス時には、必ずセグメントレジスタが参照されます。8086であれば、セグメントの開始アドレスとして使用されるセグメントレジスタですが、80386では、セグメントディスクリプタテーブルのオフセットとして使用されます。もし、データ用メモリ空間にアクセスしたいのであれば、データ用セグメントディスクリプタを参照するオフセット値をDSレジスタに設定します。具体的には、 データ用セグメントディスクリプタはディスクリプタテーブルの3番目の要素なので、オフセット16(バイト)を設定します。

```
        mov     ax, 16                      ;
        mov     ds, ax                      ;
```

セグメントレジスタに設定している値はセグメントディスクリプタテーブルのオフセット値なので、マクロで定義することができます。

```
SEL_CODE    equ GDT.cs - GDT                ; コード用セレクタ
SEL_DATA    equ GDT.ds - GDT                ; データ用セレクタ
```

このマクロを使えば、先ほどのDSレジスタへの設定は、次のように書き換えることができます。

```
        mov     ax, SEL_DATA                ;
        mov     ds, ax                      ;
```

CPUは、メモリに対するアクセスが行われると、セグメントディスクリプタテーブルの先頭から、セグメントレジスタに設定されたオフセット位置にあるセグメントディスクリプタを読み取ります。セグメントディスクリプタには、アドレスの範囲や特権情報などが含まれているので、許可されたアクセスであるかが検査されます。もし、不適切だと判断された場合、CPUは例外を発生するので、そのプログラムの実行を停止することが可能です。

15.2 割り込みディスクリプタテーブルを作成する

プロテクトモードに移行した後に、タイマー割り込みやキー入力などでリアルモード用の割り込み処理が動いては困ります。プロテクトモード用の割り込み処理を登録するまでは、割り込み処理を禁止することにします。

```
        cli                                     ; // 割り込み禁止
```

割り込みも、セグメントディスクリプタと同様、割り込みディスクリプタテーブルで設定します。ここでは、割り込み処理を禁止するだけなので、リミット値が0の、空の割り込みディスクリプタテーブルを作成します。

```
IDTR:   dw      0                               ; IDTリミット
        dd      0                               ; IDTアドレス
```

割り込みディスクリプタテーブルは、LIDT命令で登録します。

```
        lidt    [IDTR]                          ; // 割り込みディスクリプタテーブルをロード
```

15.3 プロテクトモードへ移行する

カーネルがアクセス可能なメモリ空間を作成したので、いよいよプロテクトモードに移行する準備が整いました。まずは、割り込みを禁止して、2つのディスクリプタテーブルをロードします。

prog/src/16_protect_mode/**boot.s**

```
stage_7:
        cli                             ; // 割り込み禁止

        lgdt    [GDTR]                  ; // グローバルディスクリプタテーブルをロード
        lidt    [IDTR]                  ; // 割り込みディスクリプタテーブルをロード
```

プロテクトモードへの移行は、CR0レジスタにあるPEビットに1を設定するだけです。具体的なコードは、次のとおりです。

prog/src/16_protect_mode/**boot.s**

```
        mov     eax,cr0                         ; // PEビットをセット
        or      ax, 1                           ; CR0 |= 1;
        mov     cr0,eax                         ;
```

PEビットを設定してプロテクトモードに移行した直後であっても、高速化のためにメモリから先読みした、リアルモード時のコードはCPU内部に残ったままの状態です。もはや、これらのコードは不要なので破棄する必要があります。JMP命令には、先読みした命令を破棄する副次的な効果があるので、このような用途に利用することができます。

prog/src/16_protect_mode/**boot.s**

```
        jmp     $ + 2                           ; 先読みをクリア
```

これで、80386はプロテクトモードに突入しました。ですが、80386は相変わらず16ビットCPUとして動作しています。プロテクトモードでは、実行中のプログラムが16ビットモードか32ビットモードかを、セグメントディスクリプタのDビットで判別しています。このため、80386が32ビットCPUとして動作するためには、Dビットが1にセットされている必要があります。ここまでのコードでは、まだ、CSレジスタを設定していないので、内部的には、Dビットが0に設定された、デフォルトのディスクリプタが選択された状態なのです。

コード用セグメントを設定するためには、セグメント間ジャンプ命令を実行します。ただし、32ビットのEIPレジスタにジャンプ先を設定するためには、アドレス指定も32ビットで設定する必要があります。しかし、CPUは、まだ、16ビットで動作したままなので、32ビット値を扱うことができません。このようなときのために、オペランドサイズオーバーライドプレフィックスが用意されています。

オペランドサイズオーバーライドプレフィックスとは、Dビットで指定されたデフォルトのオペランドサイズを切り替えるために、命令の前に配置される1バイトのプレフィックスで、0x66が使用されます。今回の例であれば、CPUが16ビットで動作しているので、ジャンプ先に32ビットのアドレスを設定しても16ビット分しか読み込みませんが、オペランドサイズオーバーライドプレフィックスを指定することで、オペランドに指定された32ビットアドレスを正しく読み込むことが可能となります。

もう1つ、これ以降は32ビットコードを生成することを、アセンブラに知らせる必要があります。このためには、[BITS 32]ディレクティブを使用します。実際に、32ビットのセグメントセレクタをCSレジスタに設定するセグメント間ジャンプ命令は、次のように記載します。

prog/src/16_protect_mode/**boot.s**

```
[BITS 32]
        DB      0x66                            ; オペランドサイズオーバーライドプレフィックス
        jmp     SEL_CODE:CODE_32
```

セグメント間ジャンプ命令でコード用セグメントがCSレジスタに設定されたので、80386

は、32ビットのプロテクトモードで動き出したことになります。同様に、データ用セグメントも設定しなければ、メモリアクセス時に例外が発生して、プログラムが停止してしまいます。ここでは、残りのセグメントレジスタすべてに同じメモリ空間を割り当てることにします。具体的には、各セグメントレジスタにデータ用セグメントディスクリプタと同じオフセット値を設定します。

prog/src/16_protect_mode/**boot.s**

```
CODE_32:
        mov     ax, SEL_DATA
        mov     ds, ax
        mov     es, ax
        mov     fs, ax
        mov     gs, ax
        mov     ss, ax
```

15.4 カーネルを起動する

　セグメントの設定が終わったので、ブートプログラムは、1Mバイト以上の上位アドレスを含めた、すべてのメモリ空間にアクセスすることができるようになりました。これで、リアルモード時に、外部記憶装置からメモリにコピーしておいたカーネルプログラムを、上位アドレスにコピーすることができます。

図15-4 カーネルの移動

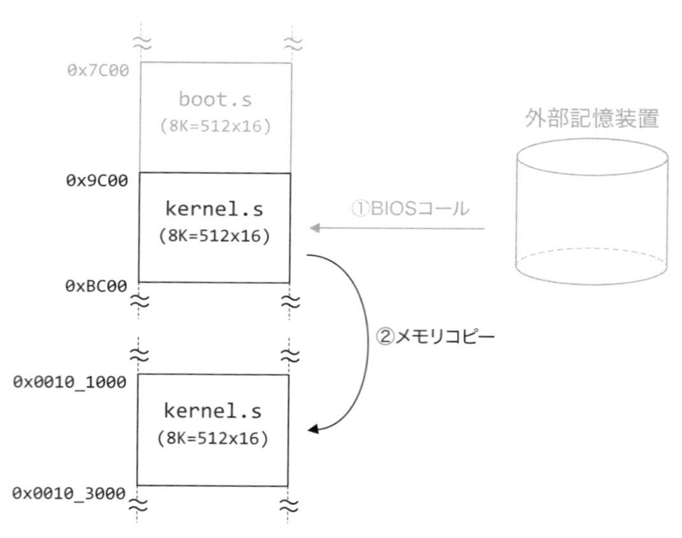

　ここでは、32ビットレジスタを使用して32ビット（4バイト）単位でデータをコピーする、

MOVSD命令を使用しています。

prog/src/16_protect_mode/**boot.s**

```
        mov     ecx, (KERNEL_SIZE) / 4          ; ECX = 4バイト単位でコピー;
        mov     esi, BOOT_END                   ; ESI = 0x0000_9C00; // カーネル部
        mov     edi, KERNEL_LOAD                ; EDI = 0x0010_1000; // 上位メモリ
        cld                                     ; // DFクリア(+方向)
        rep movsd                               ; while (--ECX) *EDI++ = *ESI++;
```

ここで使用している定数は、定義用ファイルに記載します。

prog/src/include/**define.s**

```
        BOOT_SIZE       equ     (1024 * 8)      ; ブートサイズ
        KERNEL_SIZE     equ     (1024 * 8)      ; カーネルサイズ

        BOOT_LOAD       equ     0x7C00
        BOOT_END        equ     (BOOT_LOAD + BOOT_SIZE)

        KERNEL_LOAD     equ     0x0010_1000
```

コピーが終了したら、ロード先にジャンプして、カーネルとしての処理を開始します。

prog/src/16_protect_mode/**boot.s**

```
        jmp     KERNEL_LOAD                     ; カーネルの先頭にジャンプ
```

次に、カーネルに移行するためのソースファイルを示します。

prog/src/16_protect_mode/**boot.s**

```
;************************************************************************
;   ブート処理の第6ステージ
;************************************************************************
stage_6:
        ;---------------------------------------
        ; 文字列を表示
        ;---------------------------------------
        cdecl   puts, .s0

        ;---------------------------------------
        ; ユーザーからの入力待ち
        ;---------------------------------------
.10L:                                           ; do
                                                ; {
        mov     ah, 0x00                        ;   // キー入力待ち
        int     0x16                            ;   AL = BIOS(0x16, 0x00);
        cmp     al, ' '                         ;   ZF = AL == ' ';
        jne     .10L                            ; } while (!ZF);
                                                ;

        ;---------------------------------------
        ; ビデオモードの設定
        ;---------------------------------------
        mov     ax, 0x0012                      ; VGA 640x480
        int     0x10                            ; BIOS(0x10, 0x12); // ビデオモードの設定
```

```
        ;---------------------------------------
        ; 次のステージへ移行
        ;---------------------------------------
        jmp     stage_7                         ; 次のステージへ移行

.s0     db  "6th stage...", 0x0A, 0x0D, 0x0A, 0x0D
        db  " [Push SPACE key to protect mode...]", 0x0A, 0x0D, 0


;************************************************************************
;   GLOBAL DESCRIPTOR TABLE
;   (セグメントディスクリプタの配列)
;************************************************************************
ALIGN 4, db 0
GDT:            dq  0x00_0_0_0_0_000000_0000    ; NULL
.cs:            dq  0x00_C_F_9_A_000000_FFFF    ; CODE 4G
.ds:            dq  0x00_C_F_9_2_000000_FFFF    ; DATA 4G
.gdt_end:

;================================================
;   セレクタ
;================================================
SEL_CODE    equ .cs - GDT                       ; コード用セレクタ
SEL_DATA    equ .ds - GDT                       ; データ用セレクタ

;================================================
;   GDT
;================================================
GDTR:   dw      GDT.gdt_end - GDT - 1           ; ディスクリプタテーブルのリミット
        dd      GDT                             ; ディスクリプタテーブルのアドレス

;================================================
;   IDT(疑似:割り込み禁止にするため)
;================================================
IDTR:   dw      0                               ; IDTリミット
        dd      0                               ; IDTアドレス

;************************************************************************
;   ブート処理の第7ステージ
;************************************************************************
stage_7:
        cli                                     ; // 割り込み禁止

        ;---------------------------------------
        ; GDTロード
        ;---------------------------------------
        lgdt    [GDTR]                          ; // グローバルディスクリプタテーブルをロード
        lidt    [IDTR]                          ; // 割り込みディスクリプタテーブルをロード

        ;---------------------------------------
        ; プロテクトモードへ移行
        ;---------------------------------------
        mov     eax,cr0                         ; // PEビットをセット
        or      ax, 1                           ; CR0 |= 1;
        mov     cr0,eax                         ;

        jmp     $ + 2                           ; 先読みをクリア

        ;---------------------------------------
        ; セグメント間ジャンプ
        ;---------------------------------------
[BITS 32]
        DB      0x66                            ; オペランドサイズオーバーライドプレフィックス
        jmp     SEL_CODE:CODE_32
```

```
;**********************************************************************
;   32ビットコード開始
;**********************************************************************
CODE_32:

        ;---------------------------------------
        ; セレクタを初期化
        ;---------------------------------------
        mov     ax, SEL_DATA                    ;
        mov     ds, ax                          ;
        mov     es, ax                          ;
        mov     fs, ax                          ;
        mov     gs, ax                          ;
        mov     ss, ax                          ;

        ;---------------------------------------
        ; カーネル部をコピー
        ;---------------------------------------
        mov     ecx, (KERNEL_SIZE) / 4          ; ECX = 4バイト単位でコピー;
        mov     esi, BOOT_END                   ; ESI = 0x0000_9C00; // カーネル部
        mov     edi, KERNEL_LOAD                ; EDI = 0x0010_1000; // 上位メモリ
        cld                                     ; // DFクリア(+方向)
        rep movsd                               ; while (--ECX) *EDI++ = *ESI++;

        ;---------------------------------------
        ; カーネル処理に移行
        ;---------------------------------------
        jmp     KERNEL_LOAD                     ; カーネルの先頭にジャンプ


;**********************************************************************
;   パディング
;**********************************************************************
        times BOOT_SIZE - ($ - $$)      db  0   ; パディング
```

ここまでの処理で、カーネルはプロテクトモードで動き出しはしましたが、何もしないカーネルなので、画面上に何かが表示される訳ではありません。次から、BIOSコールの力を借りずに画面表示を行うための処理を追加することにします。しばらくは、boot.sファイルを編集することもありません。

第16章 プロテクトモードでの画面出力を実現する

作業内容
- カラープレーンの制御方法
- 文字を描画する方法
- 直線を描画する方法　など

プロテクトモード移行前に設定したグラフィックスモードでは、640×480ドットの解像度に16色を同時発色することが可能です。また、画面上への描画は、0x000A_0000番地から始まるVRAM（Video RAM）領域にデータを書き込むことで行いますが、CPUがアクセスする最小単位が1バイト（8ビット）単位なので、1ビットを書き換えるだけでも、残りの7ビットを含めた、全8ビット分のデータにアクセスしてしまうので注意が必要です。

図16-1 画素の表示位置とVRAMのアドレス

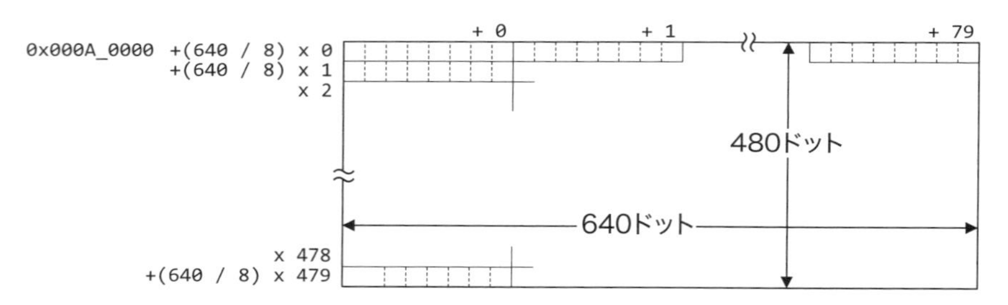

文字の描画は、リアルモード時に取得したBIOSのフォントデータを用いて行います。今回は、描画処理を簡潔に済ませるために、文字の表示位置をドットではなく文字単位で指定します。文字の大きさは8×16ドットなので、640×480ドットの画面上に80×30文字を表示することができます。次の図は、画面上に表示されるフォントのビットパターンとVRAMアドレスの対応を示したものです。

図16-2 文字の表示位置とVRAMのアドレス

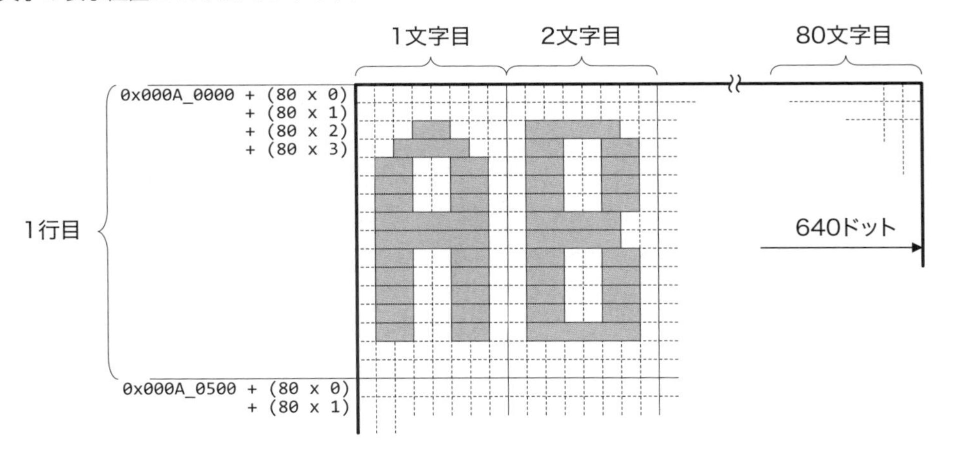

16.1 文字の表示位置からVRAMアドレスを計算する

今回使用するフォントサイズは8×16ドットなので、1つの文字フォントは16バイトで構成されます。表示位置に対応するVRAMアドレスは、表示する行数×縦16ドットで計算します。縦1ドット×横640ドットの直線を描画するためには80バイト分のVRAM領域を使用するので、次の行に対応するVRAMアドレスは、縦16ドット分の、80×16バイトを加算した値になります。

図16-3 文字の表示位置とVRAMのアドレス

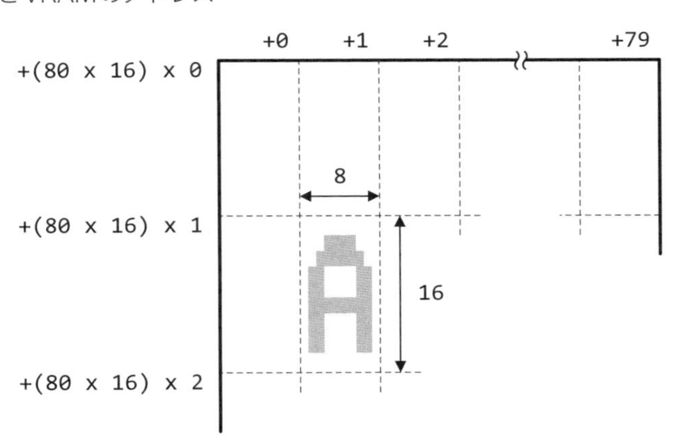

フォントデータは連続した16バイトで構成されていますが、コピー先となるVRAMアドレスに連続してコピーすることはできません。もしそうした場合、1ドットごとにスライスされた文字データが横一列で表示されることになります。1文字分のフォントデータを表示するた

めには、1バイトの文字データを書き込むたびにY座標を縦1ドット分、つまりVRAMアドレスのオフセットを80バイト分加算しながら、16回書き込まなくてはなりません。

文字の表示位置からVRAMアドレスを計算するときは、与えられた行数に1行分のデータ量（80×16）となる1280を乗算してオフセットを計算します。この1280という値は2進数で0101_0000_0000と表現されます。乗数に設定されたビット数が少ない場合、CPUの乗算命令を使用するよりも、ビットシフト命令➡P.212参照を使った方が効率的な場合があります。この場合であれば、8ビット左シフトした値と10ビット左シフトした値を加算すると1280倍を計算できます。今回は、この計算をLEA命令を使用して実現します。

次のプログラムは、EDIレジスタに設定された行数からVRAMアドレスを生成するものです。はじめに8ビット左シフト命令を実行し、その結果と、2ビット左シフトに相当する、4倍した値をVRAMの開始アドレスに加算しています。

```
        shl     edi, 8                         ; EDI *= 256;
        lea     edi, [edi * 4 + edi + 0xA_0000] ; EDI  = 0xA_0000[EDI * 4 + EDI]; // VRAMアドレス;
```

桁のオフセットは、1文字1バイトなので、計算したVRAMアドレスのオフセットに桁数を加算すれば対応できます。

16.2 プレーンを選択する

プレーン➡P.279参照の選択方法は、読み込みプレーンと書き込みプレーンで方法が異なります。読み込みプレーンを選択する方法は、VGA制御で行い、書き込みプレーンの選択はシーケンサで行います。この違いは、読み込みは1つのプレーンしか選択できないことに対して、書き込み時には複数のプレーンを同時に選択できることにあります。このため、読み込みプレーンの選択は0から3までの数値、書き込みプレーンの選択はビット単位で指定します。

表16-1 プレーンに対応するレジスタへの設定値

プレーン	読み込み	書き込み
輝度	**3**	**B3**
赤	**2**	**B2**
緑	**1**	**B1**
青	**0**	**B0**

実際に、読み込み対象として緑プレーンを指定するプログラム例を示します。読み込みプレーンの指定は、VGA制御の読み込みマップ選択レジスタに、読み込み対象となるカラープレーンのインデックス番号を設定することで行います。

```
                                    ; // 読み込みプレーンの選択
    mov     ah, 0x01                ; AH = プレーンを選択(3=輝度, 2～0=RGB)
    mov     al, 0x04                ; AL = 読み込みマップ選択レジスタ
    mov     dx, 0x03CE              ; DX = グラフィックス制御ポート
    out     dx, ax                  ; // ポート出力
```


次に、書き込み対象として緑プレーンを指定するプログラム例を示します。書き込みカラープレーンの選択は、シーケンサのマップマスクレジスタで行います。このレジスタの下位4ビットが輝度と各カラープレーンに対応しているので、選択するプレーンをビットで指定します。

```
                                    ; // 書き込みプレーンの選択
    mov     ah, 0x02                ; AH = 書き込みプレーンを指定(Bit:----IRGB)
    mov     al, 0x02                ; AL = マップマスクレジスタ(書き込みプレーンを指定)
    mov     dx, 0x03C4              ; DX = シーケンサ制御ポート
    out     dx, ax                  ; // ポート出力
```

16.3 表示色とプレーンを制御する

仮に、画面左上に1ドットの点を打ちたい場合は、VRAMの先頭アドレスに0x80を書き込みます。

```
        mov     [0x000A_0000], byte 0x80
```

これを、各カラープレーンに対して行います。もし、白色のドットを表示したのであれば、赤緑青(RGB)すべてのカラープレーンを選択して一度だけ書き込めば十分ですが、水色で表示する場合は赤プレーンには0x00を、それ以外のカラープレーンには0x80を書き込む必要があります。具体的なプログラム例を次に示します。

```
    mov     ah, 0x04                ; AH = 書き込みプレーンを指定(Bit:----IRGB)
    mov     al, 0x02                ; AL = マップマスクレジスタ(書き込みプレーンを指定)
    mov     dx, 0x03C4              ; DX = シーケンサ制御ポート
    out     dx, ax                  ; // ポート出力(プレーンの選択)

    mov     [0x000A_0000], byte 0x00    ; // ビットパターンの書き込み

    mov     ah, 0x0B                ; AH = 書き込みプレーンを指定(Bit:----IRGB)
    out     dx, ax                  ; // ポート出力(プレーンの選択)

    mov     [0x000A_0000], byte 0x80    ; // ビットパターンの書き込み
```

このプログラムは、各カラープレーンを次の図のように設定することを意図したものです。

図16-4 左端のドットを水色で表示

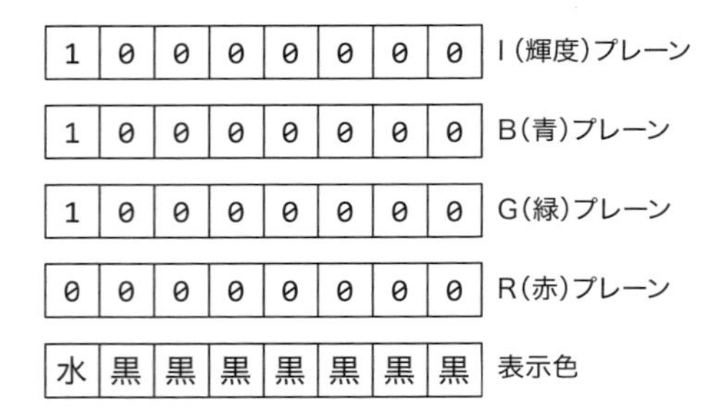

しかし、このプログラムが意図したとおりの動作をするのは、書き込む前のVRAMの値が0のときに限られてしまいます。もし、画面全体が白で表示されていたら、他の7ビットが0で上書きされてしまい、7ドットの黒い横線が表示されてしまいます。

図16-5 上書きにより色が消える

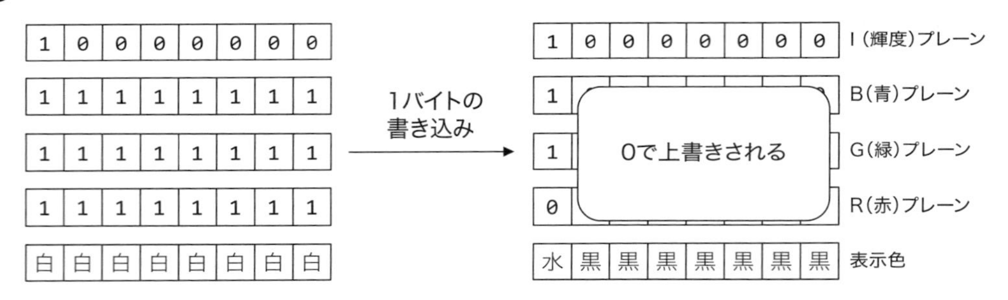

このため、たった1ドットを書き換えるだけではありますが、現在の表示色を読み取り、無関係なビットはそのままに、対象となるビットのみを変更する必要があります。仮に、左上のドットをセットするのであれば、次のような処理を行います。

```
        mov     al, [0x000A_0000]               ; 現在の値を取得
        or      al,  0x80                       ; 対象となるビットを設定
        mov     [0x000A_0000], al               ; 書き戻す
```

逆に、クリアする場合は次のようになります。

```
        mov     al, [0x000A_0000]               ; 現在の値を取得
        and     al, ~0x80                       ; 対象となるビットをクリア
        mov     [0x000A_0000], al               ; 書き戻す
```

このような処理を、すべてのカラープレーンに対して行う必要があります。

VRAMへの書き込み

ここでは、文字表示用関数などの複雑な処理を行う前に、VRAMアドレスに直接値を書き込んで、どのような表示が行われるかを確認することにします。

まずは、リアルモード時に取得したフォントアドレスを取り込みます。これは、各16ビットの「セグメント：オフセット」形式で保存されているので、32ビットアドレスに変換して、「FONT_ADR」で示されるバッファに格納しておきます。このバッファは、32ビットアクセスを行うことを考慮して、4バイトアライメントで配置するように、「ALIGN」ディレクティブを指定します。

prog/src/17_draw_plane/**kernel.s**

```
kernel:
        ;---------------------------------------
        ; フォントアドレスを取得
        ;---------------------------------------
        mov     esi, BOOT_LOAD + SECT_SIZE      ; ESI   = 0x7C00 + 512
        movzx   eax, word [esi + 0]             ; EAX   = [ESI + 0] // セグメント
        movzx   ebx, word [esi + 2]             ; EBX   = [ESI + 2] // オフセット
        shl     eax, 4                          ; EAX <<= 4;
        add     eax, ebx                        ; EAX  += EBX;
        mov     [FONT_ADR], eax                 ; FONT[0] = EAX;
        ...

ALIGN 4, db 0
FONT_ADR:   dd  0
```

次に、最も簡単な描画例として、8ビットの横線を引いてみます。単純に、VRAMアドレスに0xFFを書き込むだけですが、事前に出力プレーンの設定をしておきます。ここではRGBすべてのプレーンを指定するために0x07を設定して、白い横線を描画しています。

prog/src/17_draw_plane/**kernel.s**

```
        ;---------------------------------------
        ; 8ビットの横線
        ;---------------------------------------
        mov     ah, 0x07                        ; AH = 書き込みプレーンを指定(Bit:----IRGB)
        mov     al, 0x02                        ; AL = マップマスクレジスタ(書き込みプレーンを指定)
        mov     dx, 0x03C4                      ; DX = シーケンサ制御ポート
        out     dx, ax                          ; // ポート出力

        mov     [0x000A_0000 + 0], byte 0xFF
```

もし、表示された色が薄暗いと感じたのなら、輝度プレーンを表すビットもセットします。具体的には、AHレジスタに0x0Fを設定します。

prog/src/17_draw_plane/**kernel.s**

```
        mov     ah, 0x0F                        ; AH = 書き込みプレーンを指定(Bit:----IRGB)
```

表示色を変更して、1バイトずつVRAMアドレスを変えながら8ドットの横線を描画してみます。これにより、VRAMアドレスが1バイト移動するということが8ビット分の横移動に相

当することが確認できます。

prog/src/17_draw_plane/**kernel.s**

```
        mov     ah, 0x04                        ; AH = 書き込みプレーンを指定(Bit:----IRGB)
        out     dx, ax                          ; // ポート出力

        mov     [0x000A_0000 + 1], byte 0xFF    ; // 8ドットの横線

        mov     ah, 0x02                        ; AH = 書き込みプレーンを指定(Bit:----IRGB)
        out     dx, ax                          ; // ポート出力

        mov     [0x000A_0000 + 2], byte 0xFF    ; // 8ドットの横線

        mov     ah, 0x01                        ; AH = 書き込みプレーンを指定(Bit:----IRGB)
        out     dx, ax                          ; // ポート出力

        mov     [0x000A_0000 + 3], byte 0xFF    ; // 8ドットの横線
```

次の例は、上から2ドット目に緑色の横線を描画する例です。この例では、VRAMのオフセット80バイトの位置から開始して80バイト分の8ビットデータを出力しています。

prog/src/17_draw_plane/**kernel.s**

```
        ;---------------------------------------
        ; 画面を横切る横線
        ;---------------------------------------
        mov     ah, 0x02                        ; AH = 書き込みプレーンを指定(Bit:----IRGB)
        out     dx, ax                          ; // ポート出力

        lea     edi, [0x000A_0000 + 80]         ; EDI = VRAMアドレス;
        mov     ecx, 80                         ; ECX = 繰り返し回数;
        mov     al, 0xFF                        ; AL  = ビットパターン;
        rep stosb                               ; *EDI++ = AL;
```

次の例は、EDIレジスタで示される行数に8ドットの矩形を描画するプログラムです。この例からも、VRAMアドレスが80バイト加算されることが1ドットの縦移動に相当することを確認できます。

prog/src/17_draw_plane/**kernel.s**

```
        ;---------------------------------------
        ; 8ドットの矩形
        ;---------------------------------------
        mov     edi, 1                          ; EDI  = 行数;

        shl     edi, 8                          ; EDI *= 256;
        lea     edi, [edi * 4 + edi + 0xA_0000] ; EDI  = VRAMアドレス;

        mov     [edi + (80 * 0)], word 0xFF
        mov     [edi + (80 * 1)], word 0xFF
        mov     [edi + (80 * 2)], word 0xFF
        mov     [edi + (80 * 3)], word 0xFF
        mov     [edi + (80 * 4)], word 0xFF
        mov     [edi + (80 * 5)], word 0xFF
        mov     [edi + (80 * 6)], word 0xFF
        mov     [edi + (80 * 7)], word 0xFF
```

最後の例は、フォントデータを使って、EDIレジスタで示される行数に文字を描画するプログラムです。フォントのアドレスは、すでに、ラベル「FONT_ADR」に格納されている値を使用します。次のプログラムは、レジスタESIに設定された文字コードに対するフォントのビットパターンを取得するものです。

```
        mov     esi, 'A'                        ; ESI  = 文字コード;
        shl     esi, 4                          ; ESI *= 16;
        add     esi, [FONT_ADR]                 ; ESI  = FONT_ADR[文字コード];
```

この処理では、1つのフォントデータが16バイトで構成されるので、文字コードを16倍した文字フォントのオフセットを先に計算しています。その後、ベースとなるフォントアドレスを加算して、指定された文字のフォントデータのアドレスを取得しています。

次のプログラムは、EDIレジスタで設定された行の先頭に、ESIで指定された16バイトのフォントデータをコピーして、文字を描画するプログラム例です。

```
        mov     ecx, 16                         ; ECX = 16; // 1文字の高さ
.10L:                                           ; do
                                                ; {
        movsb                                   ;   *EDI++ = *ESI++;
        add     edi, 80 - 1                     ;   EDI += 79; // 1ドット分
        loop    .10L                            ; } while (--ECX);
```

次に、これまでのテストプログラムを記載した、カーネル部のソース全体を示します。

prog/src/17_draw_plane/**kernel.s**

```
;************************************************************************
;   マクロ
;************************************************************************
%include    "../include/define.s"
%include    "../include/macro.s"

        ORG     KERNEL_LOAD                     ; カーネルのロードアドレス

[BITS 32]
;************************************************************************
;   エントリポイント
;************************************************************************
kernel:
        ;---------------------------------------
        ; フォントアドレスを取得
        ;---------------------------------------
        mov     esi, BOOT_LOAD + SECT_SIZE      ; ESI   = 0x7C00 + 512
        movzx   eax, word [esi + 0]             ; EAX   = [ESI + 0] // セグメント
        movzx   ebx, word [esi + 2]             ; EBX   = [ESI + 2] // オフセット
        shl     eax, 4                          ; EAX <<= 4;
        add     eax, ebx                        ; EAX  += EBX;
        mov     [FONT_ADR], eax                 ; FONT_ADR[0] = EAX;

        ;---------------------------------------
        ; 8ビットの横線
        ;---------------------------------------
        mov     ah, 0x07                        ; AH = 書き込みプレーンを指定(Bit:----IRGB)
```

```
        mov     al, 0x02                        ; AL = マップマスクレジスタ(書き込みプレーンを指定)
        mov     dx, 0x03C4                      ; DX = シーケンサ制御ポート
        out     dx, ax                          ; // ポート出力

        mov     [0x000A_0000 + 0], byte 0xFF

        mov     ah, 0x04                        ; AH = 書き込みプレーンを指定(Bit:----IRGB)
        out     dx, ax                          ; // ポート出力

        mov     [0x000A_0000 + 1], byte 0xFF    ; // 8ドットの横線

        mov     ah, 0x02                        ; AH = 書き込みプレーンを指定(Bit:----IRGB)
        out     dx, ax                          ; // ポート出力

        mov     [0x000A_0000 + 2], byte 0xFF    ; // 8ドットの横線

        mov     ah, 0x01                        ; AH = 書き込みプレーンを指定(Bit:----IRGB)
        out     dx, ax                          ; // ポート出力

        mov     [0x000A_0000 + 3], byte 0xFF    ; // 8ドットの横線

        ;---------------------------------------
        ; 画面を横切る横線
        ;---------------------------------------
        mov     ah, 0x02                        ; AH = 書き込みプレーンを指定(Bit:----IRGB)
        out     dx, ax                          ; // ポート出力

        lea     edi, [0x000A_0000 + 80]         ; EDI = VRAMアドレス;
        mov     ecx, 80                         ; ECX = 繰り返し回数;
        mov     al, 0xFF                        ; AL  = ビットパターン;
        rep stosb                               ; *EDI++ = AL;

        ;---------------------------------------
        ; 2行目に8ドットの矩形
        ;---------------------------------------
        mov     edi, 1                          ; EDI  = 行数;

        shl     edi, 8                          ; EDI *= 256;
        lea     edi, [edi * 4 + edi + 0xA_0000] ; EDI  = VRAMアドレス;

        mov     [edi + (80 * 0)], word 0xFF
        mov     [edi + (80 * 1)], word 0xFF
        mov     [edi + (80 * 2)], word 0xFF
        mov     [edi + (80 * 3)], word 0xFF
        mov     [edi + (80 * 4)], word 0xFF
        mov     [edi + (80 * 5)], word 0xFF
        mov     [edi + (80 * 6)], word 0xFF
        mov     [edi + (80 * 7)], word 0xFF

        ;---------------------------------------
        ; 3行目に文字を描画
        ;---------------------------------------
        mov     esi, 'A'                        ; ESI  = 文字コード;
        shl     esi, 4                          ; ESI *= 16;
        add     esi, [FONT_ADR]                 ; ESI  = FONT_ADR[文字コード];

        mov     edi, 2                          ; EDI  = 行数;
        shl     edi, 8                          ; EDI *= 256;
        lea     edi, [edi * 4 + edi + 0xA_0000] ; EDI  = VRAMアドレス;

        mov     ecx, 16                         ; ECX  = 16;
.10L:                                           ; do
                                                ; {
        movsb                                   ;   *EDI++ = *ESI++;
        add     edi, 80 - 1                     ;   EDI += 79; // 1ドット分
```

```
        loop    .10L                            ; }while (--ECX);

        ;---------------------------------------
        ; 処理の終了
        ;---------------------------------------
        jmp     $                               ; while (1) ; // 無限ループ

ALIGN 4, db 0
FONT_ADR:   dd  0

;************************************************************************
;   パディング
;************************************************************************
        times KERNEL_SIZE - ($ - $$) db 0x00    ; パディング
```

プログラムの実行結果は、次のとおりです。

表示が小さすぎて見えないときは、Windowsに付属の拡大鏡を利用すると便利です。

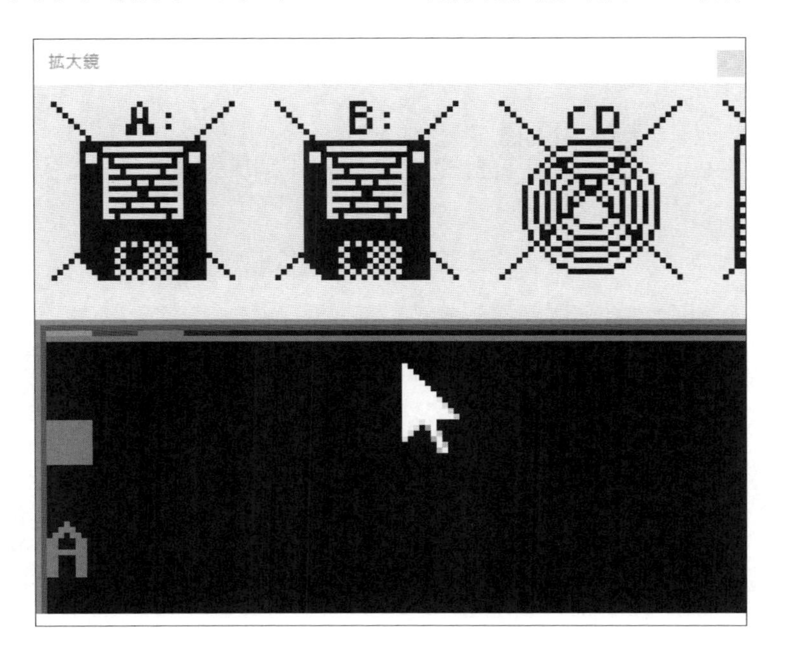

16.4 文字を描画する

文字の描画は、文字コードに対応するフォントのビットパターンをVRAMに書き込むことで行います。文字の描画関数は、文字の表示位置と表示色を引数として受け取ります。表示位置は、行と列を文字単位で指定するので、行の最大値は29、列の最大値は79となります。また、関数に渡される文字色は、背景色と前景色を指定します。今回のプログラムでは、背景に影響を与えずに文字のみを表示する、透過モードでの表示も実装することにします。

図16-6 文字色の設定

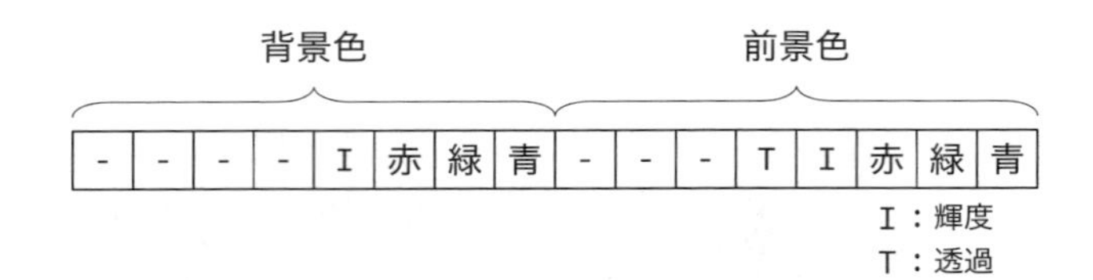

文字の描画は、前景色と背景色を別々に計算し、最後にOR演算で合成して出力します。前景色は、フォントデータから生成します。まずは、各プレーンごとに、すべてのビットが0または1で埋められた、マスクデータを作成します。作成したマスクデータはフォントデータとAND演算を行い、各カラープレーンへ出力する前景色のビットデータとなります。次の図は、前景色に赤を指定したときの例です。

図16-7 前景色の作成

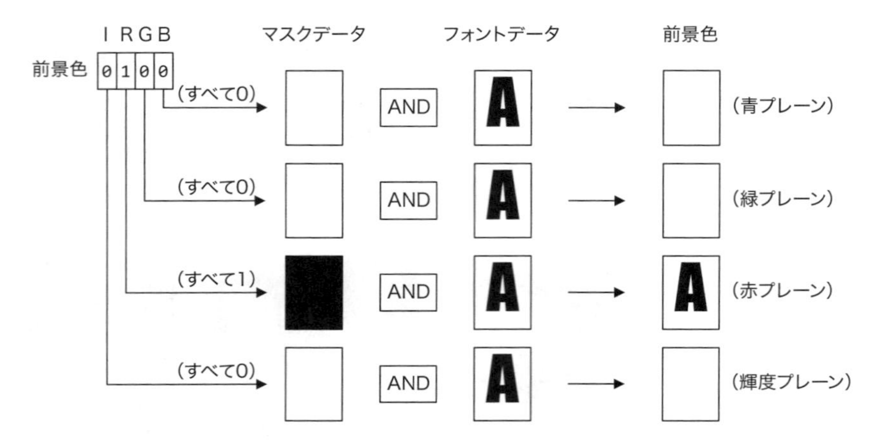

同様に、背景用の出力データも作成します。背景用の出力データもフォントデータから生成しますが、反転したデータを使用することだけが異なります。次の図は、背景色に青を指定したときの例です。

図16-8 背景色の作成

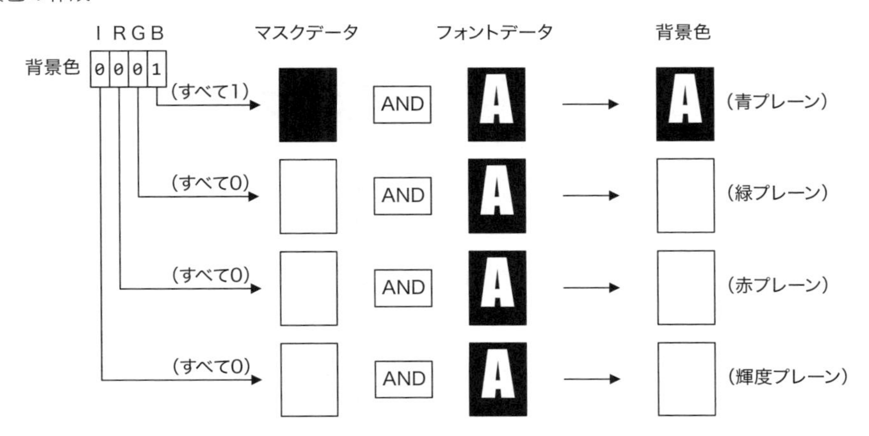

ここで生成された前景色と背景色は、OR演算により、各カラープレーンに出力されるデータとなります。この例で作成された出力データを各カラープレーンに書き込むと、前景色が赤で背景色が青の文字「A」が表示されることになります。

図16-9 前景色と背景色の合成

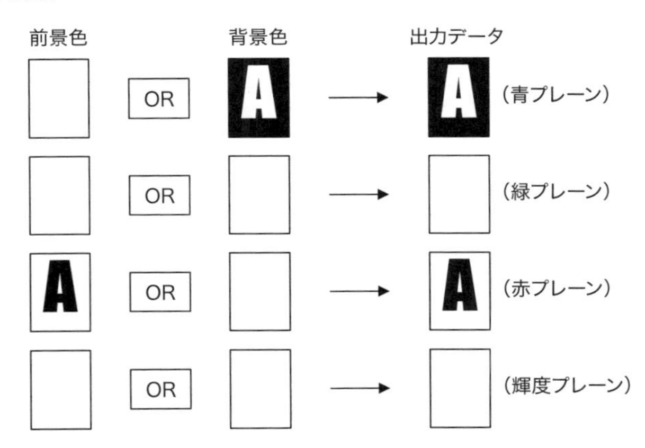

次に、背景を描画しない、透過モード時の動作を確認します。透過モードが指定されたときは、現在の出力値と反転したフォントデータとのAND演算により、透過モード時の背景色を取得しています。次の図は、背景部分に表示してあった緑色のアンダーラインが背景色として残る様子を示しています。

図16-10 透過モードの背景色を作成

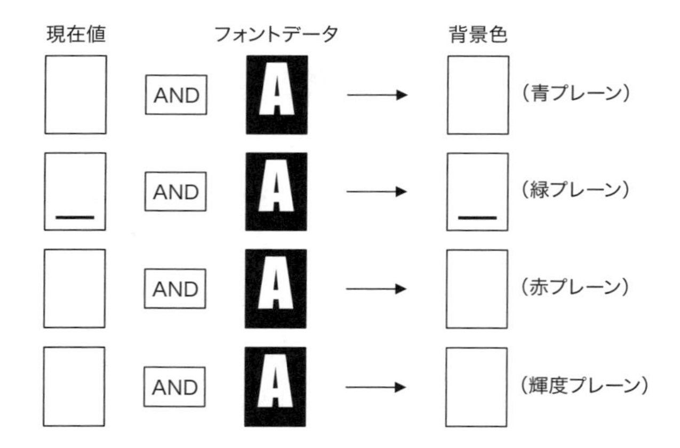

次の図に、文字データを作成するときの全体的な処理を示します。透過モードが指定されていなければ、生成された背景色と前景色をOR演算により合成し、最終的な出力データとします。

図16-11 非透過モード時の出力データ

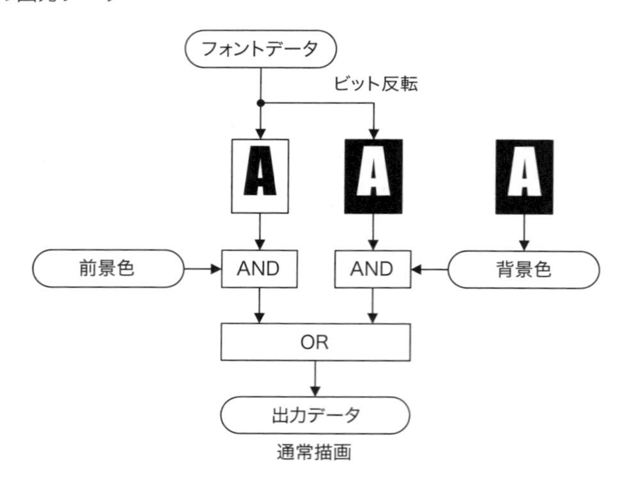

透過モードが指定された場合は、背景色として、現在値をもとに作成されたデータが使用されます。

図16-12 透過モード時の出力データ

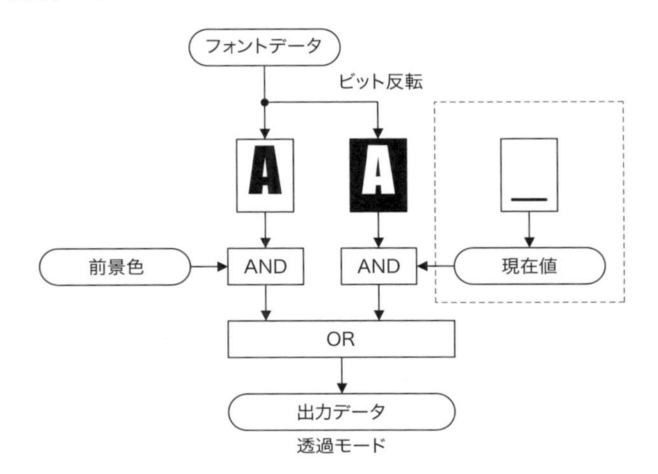

カラープレーンの選択

文字を描画する場合は、出力対象となるカラープレーンを、現在値を取得する場合は、入力対象となるカラープレーンを選択する必要があります。次に作成する関数は、引数で指定されたカラープレーンを入力対象として選択するものです。

vga_set_read_plane(plane);	
戻り値	なし
plane	読み込みプレーン

この関数を呼び出した後でVRAMアドレスを読み出すと、対応するプレーンの現在値を得ることができます。

prog/src/modules/protect/**vga.s**

```
vga_set_read_plane:
        ...
        ;---------------------------------------
        ; 読み込みプレーンの選択
        ;---------------------------------------
        mov     ah, [ebp + 8]                   ; AH  = プレーンを選択(3=輝度, 2～0=RGB)
        and     ah, 0x03                        ; AH &= 0x03; // 余計なビットをマスク
        mov     al, 0x04                        ; AL  = 読み込みマップ選択レジスタ
        mov     dx, 0x03CE                      ; DX  = グラフィックス制御ポート
        out     dx, ax                          ; // ポート出力
        ...
```

次の関数は、引数で指定されたカラープレーンを出力対象として選択するものです。

vga_set_write_plane(plane);	
戻り値	なし
plane	書き込みプレーン

この関数を呼び出した後でVRAMアドレスに書き込みを行うと、対応するカラープレーンにのみ出力することができます。

prog/src/modules/protect/**vga.s**

```
vga_set_write_plane:
        ...
        ;---------------------------------------
        ; 書き込みプレーンの選択
        ;---------------------------------------
        mov     ah, [ebp + 8]                  ; AH = 書き込みプレーンを指定(Bit:----IRGB)
        and     ah, 0x0F                       ; AH = 0x0F; // 余計なビットをマスク
        mov     al, 0x02                       ; AL = マップマスクレジスタ(書き込みプレーンを指定)
        mov     dx, 0x03C4                     ; DX = シーケンサ制御ポート
        out     dx, ax                         ; // ポート出力
        ...
```

これらの2つの関数は、入出力用のカラープレーンを選択するだけなので、画面上には何の変化も表れません。

フォントデータの書き込み

実際に、画面上に文字を表示するためには、VRAMアドレスへの書き込みが必要です。ここでは、フォントデータをVRAMに書き込む関数を作成します。この関数は、書き込む文字のフォントアドレス、書き込み先のVRAMアドレス、カラープレーンそして描画色を引数に取ります。この関数を呼び出すときは、事前に、対象となるカラープレーンを選択しておく必要があります。

vram_font_copy(font, vram, plane, color);	
戻り値	なし
font	FONTアドレス
vram	VRAMアドレス
plane	出力プレーン(1つのプレーンのみをビットで指定)
color	描画色

関数に渡される引数は、すべて4バイトですが、カラープレーンは1バイト、描画色は2バイトのみが有効です。

prog/src/modules/protect/**vga.s**

```
vram_font_copy:
        ...
        mov     esi, [ebp + 8]                  ; ESI = フォントアドレス;
        mov     edi, [ebp +12]                  ; EDI = VRAMアドレス;
        movzx   eax, byte [ebp +16]             ; EAX = プレーン(ビット指定);
        movzx   ebx, word [ebp +20]             ; EBX = 色;
```

はじめに、マスクデータを作成します。背景色にカラープレーンが含まれていた場合は0xFFを、そうでない場合は0x00を、DHレジスタに設定します。同様に、前景色にカラープレーンが含まれていた場合は0xFFを、そうでない場合は0x00を、DLレジスタに設定します。

prog/src/modules/protect/**vga.s**

```
        test    bh, al                          ; ZF = (背景色 & プレーン);
        setz    dh                              ; AH = ZF ? 0x01 : 0x00
        dec     dh                              ; AH--; // 0x00 or 0xFF

        test    bl, al                          ; ZF = (前景色 & プレーン);
        setz    dl                              ; AL = ZF ? 0x01 : 0x00
        dec     dl                              ; AL--; // 0x00 or 0xFF
```

フォントデータは、縦16ビットなので、関数内で16回の描画処理を繰り返しています。このとき、フォントアドレスは1バイト、VRAMアドレスは80バイト単位で加算しています。

prog/src/modules/protect/**vga.s**

```
        ;---------------------------------------
        ; 16ドットフォントのコピー
        ;---------------------------------------
        cld                                     ; DF  = 0; // アドレス加算

        mov     ecx, 16                         ; ECX = 16; // 16ドット
.10L:                                           ; do
                                                ; {
        ...                                     ;   // フォントデータのコピー処理
                                                ;
        add     edi, 80                         ;   EDI += 80;
        loop    .10L                            ; } while (--ECX);
.10E:                                           ;
```

ループ内では、背景色とのAND演算用に、フォントデータをビット反転したデータを先に計算しています。

prog/src/modules/protect/**vga.s**

```
.10L:                                           ; do
                                                ; {
        ;---------------------------------------
        ; フォントマスクの作成
        ;---------------------------------------
        lodsb                                   ;   AL  = *ESI++; //  フォント
        mov     ah, al                          ;   AH ~= AL;     // !フォント(ビット反転)
        not     ah                              ;
```

次に、フォントデータと前景色マスクデータのAND演算を行い、前景色の出力データを取得しています。

prog/src/modules/protect/**vga.s**

```
        ;---------------------------------------
        ; 前景色
        ;---------------------------------------
        and     al, dl                          ;   AL = 前景色 & フォント;
```

背景色データの作成では、透過モードか否かにより、処理が異なります。もし、透過モードが指定されていた場合は、フォントデータの反転値と現在値のAND演算を行い、背景色を取得しています。通常描画（非透過モード）の場合は、フォントデータの反転値と背景用マスクデータのAND演算から背景色を取得しています。

prog/src/modules/protect/**vga.s**

```
        ;---------------------------------------
        ; 背景色
        ;---------------------------------------
        test    ebx, 0x0010                     ;   if (透過モード)
        jz      .11F                            ;   {
        and     ah, [edi]                       ;     AH = !フォント & [EDI] //現在値
        jmp     .11E                            ;   }
.11F:                                           ;   else
                                                ;   {
        and     ah, dh                          ;     AH = !フォント & 背景色;
.11E:                                           ;   }
```

得られた前景色と背景色のデータは、OR演算で合成したあと、VRAMアドレスに書き込まれます。

prog/src/modules/protect/**vga.s**

```
.11E:                                           ;   }

        ;---------------------------------------
        ; 前景色と背景色を合成
        ;---------------------------------------
        or      al, ah                          ;   AL  = 背景 | 前景;

        ;---------------------------------------
        ; 新しい値を出力
        ;---------------------------------------
        mov     [edi], al                       ;   [EDI] = AL; // プレーンに書き込む

        add     edi, 80                         ;   EDI += 80;
        loop    .10L                            ; } while (--ECX);
.10E:                                           ;
```

これらの関数は、プロテクトモードで使用するので、vga.sというファイル名でprotectディレクトリに保存します。

文字データの描画

文字を描画する関数は、これまでに作成してきた、カラープレーンの選択とフォントデータのコピー関数で実現できます。この関数は、文字単位での表示位置、表示色、文字コードを引数に取ります。

draw_char(col, row, color, ch);	
戻り値	なし
col	列(0～79)
row	行(0～29)
color	描画色
ch	文字

まずは、引数で渡された文字コードから、コピー元となるフォントデータのアドレスを計算します。

prog/src/modules/protect/**draw_char.s**

```
draw_char:
        ...
        ;---------------------------------------
        ; コピー元フォントアドレスを設定
        ;---------------------------------------
        movzx   esi, byte [ebp +20]             ; CL  = 文字コード;
        shl     esi, 4                          ; CL *= 16; // 1文字16バイト
        add     esi, [FONT_ADR]                 ; ESI = フォントアドレス;
```

次に、表示位置からコピー先となるVRAMアドレスを計算します。

prog/src/modules/protect/**draw_char.s**

```
        ;---------------------------------------
        ; コピー先アドレスを取得
        ; Adr = 0xA0000 + (640 / 8 * 16) * y + x
        ;---------------------------------------
        mov     edi, [ebp +12]                  ; Y(行)
        shl     edi, 8                          ; EDI = Y * 256;
        lea     edi, [edi * 4 + edi + 0xA0000]  ; EDI = Y *   4 + Y;
        add     edi, [ebp + 8]                  ; X(列)
```

そして、各カラープレーンごとにフォントデータのコピーを行います。

prog/src/modules/protect/**draw_char.s**

```
        ;---------------------------------------
        ; 1文字分のフォントを出力
        ;---------------------------------------
        movzx   ebx, word [ebp +16]             ; // 表示色

        cdecl   vga_set_read_plane, 0x03        ; // 書き込みプレーン：輝度(I)
        cdecl   vga_set_write_plane, 0x08       ; // 読み込みプレーン：輝度(I)
        cdecl   vram_font_copy, esi, edi, 0x08, ebx
```

```
        cdecl   vga_set_read_plane, 0x02        ; // 書き込みプレーン：赤(R)
        cdecl   vga_set_write_plane, 0x04       ; // 読み込みプレーン：赤(R)
        cdecl   vram_font_copy, esi, edi, 0x04, ebx

        cdecl   vga_set_read_plane, 0x01        ; // 書き込みプレーン：緑(G)
        cdecl   vga_set_write_plane, 0x02       ; // 読み込みプレーン：緑(G)
        cdecl   vram_font_copy, esi, edi, 0x02, ebx

        cdecl   vga_set_read_plane, 0x00        ; // 書き込みプレーン：青(B)
        cdecl   vga_set_write_plane, 0x01       ; // 読み込みプレーン：青(B)
        cdecl   vram_font_copy, esi, edi, 0x01, ebx
```

文字描画関数も、draw_char.sというファイル名でprotectディレクトリに保存します。

図 16-13 文字描画関数（draw_char.s）の配置

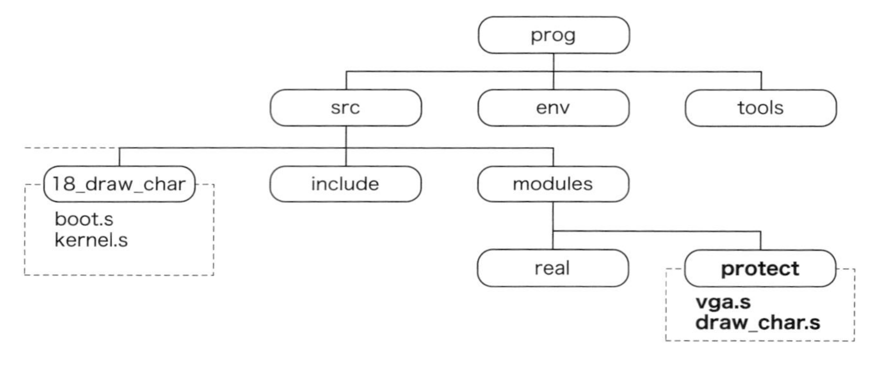

文字描画関数の使用例を次に示します。事前に、フォントアドレスを取得する処理も行っておきます。

prog/src/18_draw_char/**kernel.s**

```
kernel:
        ;---------------------------------------
        ; フォントアドレスを取得
        ;---------------------------------------
        ...

        ;---------------------------------------
        ; 文字の表示
        ;---------------------------------------
        cdecl   draw_char, 0, 0, 0x010F, 'A'
        cdecl   draw_char, 1, 0, 0x010F, 'B'
        cdecl   draw_char, 2, 0, 0x010F, 'C'

        cdecl   draw_char, 0, 0, 0x0402, '0'
        cdecl   draw_char, 1, 0, 0x0212, '1'
        cdecl   draw_char, 2, 0, 0x0212, '_'

        ;---------------------------------------
        ; 処理の終了
        ;---------------------------------------
        jmp     $                               ; 無限ループ
```

この例では、青背景に白文字で「ABC」と表示した後、同じ位置に上書きで「0」、透過モードで「1_」を表示しています。

文字描画関数は、カラープレーンやVRAM アクセスなどのVGA処理を行うので、vga.sファイルをインクルードする必要があります。

prog/src/18_draw_char/**kernel.s**

```
;************************************************************************
;	モジュール
;************************************************************************
%include	"..¥modules/protect/vga.s"
%include	"..¥modules/protect/draw_char.s"
```

次に、ソースファイル全体を示します。

prog/src/18_draw_char/**kernel.s**

```
;************************************************************************
;	マクロ
;************************************************************************
%include	"../include/define.s"
%include	"../include/macro.s"

		ORG		KERNEL_LOAD						; カーネルのロードアドレス

[BITS 32]
;************************************************************************
;	エントリポイント
;************************************************************************
kernel:
		;---------------------------------------
		; フォントアドレスを取得
		;---------------------------------------
		mov		esi, BOOT_LOAD + SECT_SIZE		; ESI   = 0x7C00 + 512
		movzx	eax, word [esi + 0]				; EAX   = [ESI + 0] // セグメント
		movzx	ebx, word [esi + 2]				; EBX   = [ESI + 2] // オフセット
		shl		eax, 4							; EAX <<= 4;
		add		eax, ebx						; EAX  += EBX;
		mov		[FONT_ADR], eax					; FONT_ADR[0] = EAX;

		;---------------------------------------
		; 文字の表示
		;---------------------------------------
		cdecl	draw_char, 0, 0, 0x010F, 'A'
		cdecl	draw_char, 1, 0, 0x010F, 'B'
		cdecl	draw_char, 2, 0, 0x010F, 'C'

		cdecl	draw_char, 0, 0, 0x0402, '0'
		cdecl	draw_char, 1, 0, 0x0212, '1'
		cdecl	draw_char, 2, 0, 0x0212, '_'

		;---------------------------------------
		; 処理の終了
		;---------------------------------------
		jmp		$								; while (1) ; // 無限ループ

ALIGN 4, db 0
FONT_ADR:	dd	0

;************************************************************************
```

```
;     モジュール
;************************************************************************
%include     "../modules/protect/vga.s"
%include     "../modules/protect/draw_char.s"

;************************************************************************
;     パディング
;************************************************************************
        times KERNEL_SIZE - ($ - $$) db 0x00     ; パディング
```

プログラムの実行結果は、次のとおりです。

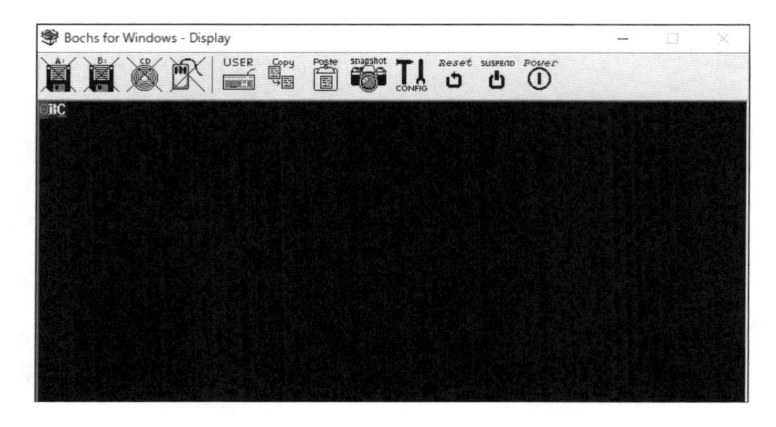

拡大鏡で表示した画面を次に示します。

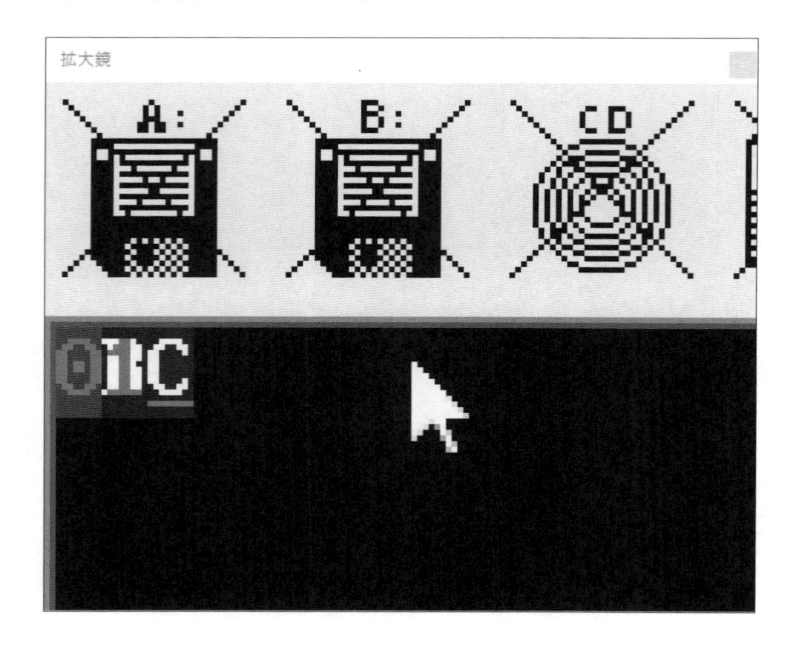

エラー処理

文字出力関数に限らず、渡された引数が正しいか、または関数を呼び出すときには正しい値を渡しているかを確認することは、とても大切なことです。ですが、これまでに作成した関数では、一切のエラー処理を行っていません。そして、これから作成する関数でも、エラー処理を行いません。

エラー処理を作成しない理由の1つに、コードが長くなることがあげられます。実際にエラー処理を書いてみると分かるのですが、本来行うべき処理と同じくらいのコードを書くことも珍しくありません。今回は、実用的で強固な関数を作成することが目的ではないので、見通しが良く動作が理解できることを重視し、エラー処理を省いています。

16.5 フォントを一覧表示する

文字の表示関数を使用して、全256文字を画面上に表示する関数を作成します。この関数は第1引数に列番号（X位置）、第2引数に行番号（Y位置）を受け取り、16段で256文字を表示します。

draw_font(col, row);	
戻り値	なし
col	列
row	行

まずは、表示位置の基準となる位置をレジスタに保存します。

prog/src/modules/protect/**draw_font.s**

```
draw_font:
        ....
        mov     esi, [ebp + 8]                  ; ESI = X（列）
        mov     edi, [ebp +12]                  ; EDI = Y（行）
```

関数内では256文字を表示するためにループ処理を行っています。ここでは、C言語で使用されている「for文」と同等の処理を行っています。カウンタに使用しているECXレジスタは、0から255までの値を取るので、画面に表示する文字コードとしても使用しています。

prog/src/modules/protect/**draw_font.s**

```
        mov     ecx, 0                          ; for (ECX = 0;
.10L:   cmp     ecx, 256                        ;      ECX < 256;
        jae     .10E                            ;
                                                ;      ECX++)
                                                ; {
        ...                                     ;   【文字描画処理】
                                                ;
        inc     ecx                             ;   // for (... ECX++)
```

```
        jmp     .10L                            ;
.10E:                                           ; }
```

文字を表示する桁位置は、カウンタ(ECX)の下位4ビットを引数に指定された桁位置(ESI)レジスタに加算して計算しています。具体的には、横16文字で表示するので、ECXの値を0x0FでAND演算した結果をEAXレジスタに保存し、そこに引数で指定された桁位置(ESIレジスタ)を加算し、桁位置としています。

prog/src/modules/protect/**draw_font.s**

```
        mov     eax, ecx                        ;   EAX  = ECX;
        and     eax, 0x0F                       ;   EAX &= 0x0F
        add     eax, esi                        ;   EAX += X;
```

行位置は、16文字ごとに1行加算されるので、カウンタの値を右4ビットシフト演算した結果をEBXレジスタに保存し、そこに引数で指定された行位置(EDIレジスタ)を加算して計算しています。

prog/src/modules/protect/**draw_font.s**

```
        mov     ebx, ecx                        ;   EBX  = ECX;
        shr     ebx, 4                          ;   EBX /= 16
        add     ebx, edi                        ;   EBX += Y;
```

繰り返し処理内では、ここで得られた情報を引数として、文字表示関数を呼び出しています。

prog/src/modules/protect/**draw_font.s**

```
        cdecl   draw_char, eax, ebx, 0x07, ecx  ;   draw_char();

        inc     ecx                             ;   // for (... ECX++)
        jmp     .10L                            ;
.10E:                                           ; }
```

作成した関数は、これまでと同じように、protectディレクトリに保存します。この関数の使用例を次に示します。

prog/src/19_draw_font/**kernel.s**

```
        cdecl   draw_font, 63, 13               ; // フォントの一覧表示
```

作成した関数は、文字表示関数とともにインクルードして使用します。

prog/src/19_draw_font/**kernel.s**

```
%include    "..¥modules/protect/vga.s"
%include    "..¥modules/protect/draw_char.s"
%include    "..¥modules/protect/draw_font.s"
```

プログラムの実行結果は、次のとおりです。

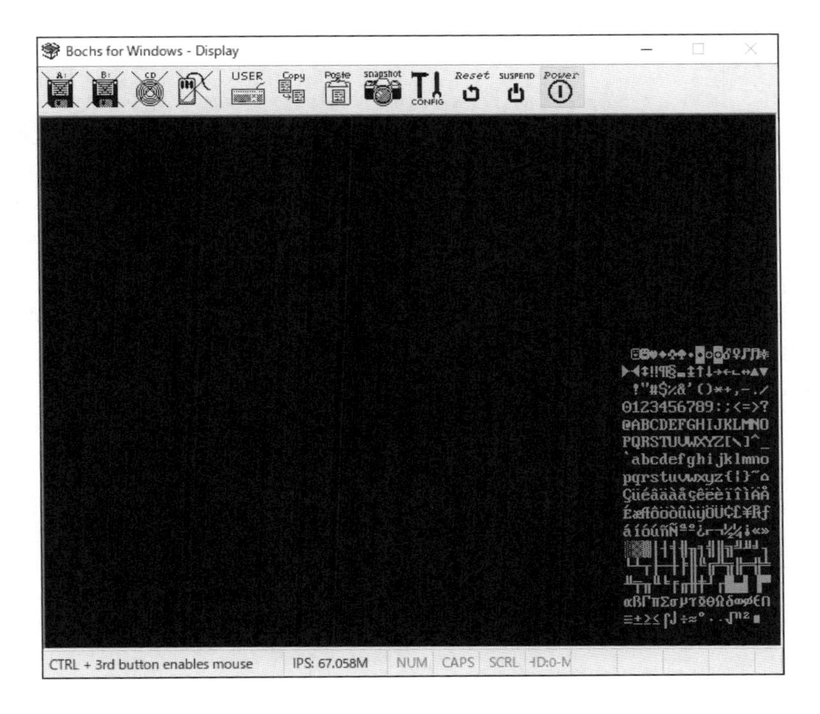

16.6 文字列を描画する

文字列の表示は、文字の描画関数を繰り返し呼ぶことで実現します。

draw_str(col, row, color, p);	
戻り値	なし
col	列
row	行
color	描画色
p	文字列のアドレス

この関数に渡される引数は、文字の代わりに文字列のアドレスを渡す以外、文字の描画関数と同じです。この関数は、表示位置が画面右端を越えた場合は、左端から表示を再開します。最下行を越えた場合は、先頭行から表示を再開します。

prog/src/modules/protect/**draw_str.s**

```
draw_str:
        ...
        mov     ecx, [ebp + 8]                  ; ECX = 列;
        mov     edx, [ebp +12]                  ; EDX = 行;
        movzx   ebx, word [ebp + 16]            ; EBX = 表示色;
        mov     esi, [ebp +20]                  ; ESI = 文字列へのアドレス;
```

文字の終端は0で表すことにします。そのため、文字列から取得した文字コードが0か否かで、繰り返し処理を継続するかどうかを判断します。

prog/src/modules/protect/**draw_str.s**

```
        cld                                     ; DF = 0; // アドレス加算
.10L:                                           ; do
                                                ; {
        lodsb                                   ;   AL = *ESI++; // 文字を取得
        cmp     al, 0                           ;   if (0 == AL)
        je      .10E                            ;     break;
                                                ;
        cdecl   draw_char, ecx, edx, ebx, eax   ;   draw_char();
                                                ;
        ...                                     ;   // 表示位置更新処理
                                                ;
        jmp     .10L                            ;
.10E:                                           ; } while (1);
```

文字列表示関数では、1文字表示ごとに列を加算し、1つ横の表示位置に移動します。表示列を加算した結果が80以上の場合、左端から表示するために表示列を0に設定し、行を1加算します。同様に、表示行が30以上の場合は0に戻します。

prog/src/modules/protect/**draw_str.s**

```
        inc     ecx                             ;   ECX++;            // 列を加算
        cmp     ecx, 80                         ;   if (80 <= ECX)    // 80文字以上？
        jl      .12E                            ;   {
        mov     ecx, 0                          ;     ECX = 0;        // 列を初期化
        inc     edx                             ;     EDX++;          // 行を加算
        cmp     edx, 30                         ;     if (30 <= EDX)  // 30行以上？
        jl      .12E                            ;     {
        mov     edx, 0                          ;       EDX = 0;      // 行を初期化
                                                ;     }
.12E:                                           ;   }
        jmp     .10L                            ;
.10E:                                           ; } while (1);
```

作成した関数は、protectディレクトリに保存します。次に、文字列表示関数の使用例を示します。

prog/src/20_draw_str/**kernel.s**

```
        cdecl   draw_str, 25, 14, 0x010F, .s0   ; draw_str();
        ...

.s0     db  " Hello, kernel! ", 0
```

文字列表示関数を使用するときは、作成したdraw_str.sファイルをインクルードしておきます。

```
prog/src/20_draw_str/kernel.s
%include    "..¥modules/protect/vga.s"
%include    "..¥modules/protect/draw_char.s"
%include    "..¥modules/protect/draw_font.s"
%include    "..¥modules/protect/draw_str.s"
```

プログラムの実行結果は、次のとおりです。

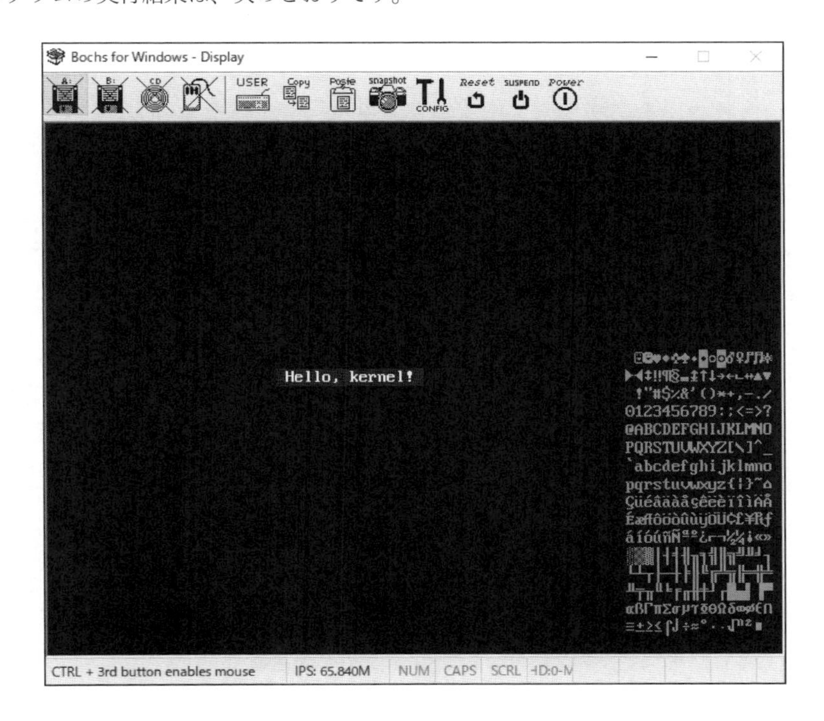

16.7 カラーバーを表示する

文字列出力関数で、背景色のみを変化させた「　(空白)」を表示すれば、カラーバーを表示することができます。ここで作成する関数は、16色のカラーバーを2列8行で表示するものです。1つのバーの大きさはスペース8文字で表示します。

draw_color_bar(col, row);	
戻り値	なし
col	列
row	行

処理内容は、フォントの一覧表示で行ったループ処理と似ています。カラーバーは16色分表示するので、ループ回数は16回に設定します。

prog/src/modules/protect/**draw_color_bar.s**

```
draw_color_bar:
        ...
        mov     esi, [ebp + 8]                  ; ESI = X(列)
        mov     edi, [ebp +12]                  ; EDI = Y(行)
                                                ;
        ;---------------------------------------
        ; カラーバーを表示
        ;---------------------------------------
        mov     ecx, 0                          ; for (ECX = 0;
.10L:   cmp     ecx, 16                         ;      ECX < 16;
        jae     .10E                            ;      ECX++)
                                                ; {
        ...                                     ;   // カラーバー表示処理
        inc     ecx                             ;   // for (... ECX++)
        jmp     .10L                            ;
.10E:                                           ; }
```

桁位置は、偶数列が左、奇数列が右に8文字分移動した位置から表示します。

prog/src/modules/protect/**draw_color_bar.s**

```
        mov     eax, ecx                        ;   EAX  = ECX;
        and     eax, 0x01                       ;   EAX &= 0x01;
        shl     eax, 3                          ;   EAX *= 8;  // 8文字分乗算
        add     eax, esi                        ;   EAX += X;
```

行位置は、2回に1回の割合で1行加算します。

prog/src/modules/protect/**draw_color_bar.s**

```
        mov     ebx, ecx                        ;   EBX  = ECX;
        shr     ebx, 1                          ;   EBX /= 2
        add     ebx, edi                        ;   EBX += Y;
```

表示文字列と背景色は、テーブルで作成しています。これらの値を引数に設定し、文字列表示関数を呼び出します。

prog/src/modules/protect/**draw_color_bar.s**

```
        mov     edx, ecx                        ;   EDX  = ECX;
        shl     edx, 1                          ;   EDX /= 2
        mov     edx, [.t0 + edx]                ;   EDX += Y;

        cdecl   draw_str, eax, ebx, edx, .s0    ;   draw_str();
```

```
        inc     ecx                             ;   // for (... ECX++)
        jmp     .10L                            ;
.10E:                                           ; }

.s0:    db '        ', 0                        ; 8文字分のスペース（表示色だけを変更）

.t0:    dw  0x0000, 0x0800                      ; カラーバーの背景色
        dw  0x0100, 0x0900
        dw  0x0200, 0x0A00
        dw  0x0300, 0x0B00
        dw  0x0400, 0x0C00
        dw  0x0500, 0x0D00
        dw  0x0600, 0x0E00
        dw  0x0700, 0x0F00
```

次に、カラーバー表示関数の使用例を示します。

prog/src/21_draw_color_bar/**kernel.s**

```
        cdecl   draw_font, 63, 13               ; // フォントの一覧表示
        cdecl   draw_color_bar, 63, 4           ; // カラーバーの表示
```

この関数を使用するときは、文字列出力関数もインクルードしておきます。

prog/src/21_draw_color_bar/**kernel.s**

```
%include    "..¥modules/protect/draw_str.s"
%include    "..¥modules/protect/draw_color_bar.s"
```

プログラムの実行結果は、次のとおりです。

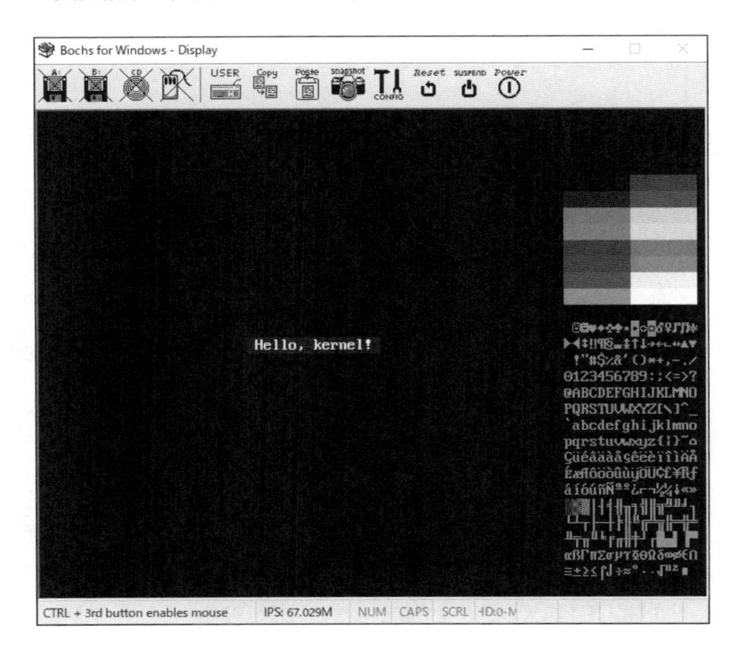

16.8 点を描画する

1つの点(ピクセル)を画面上に表示する関数を作成します。関数名はdraw_pixelとし、draw_pixel.sというファイルに保存します。仕様は次のとおりです。

draw_pixel(X, Y, color);	
戻り値	なし
X	X座標
Y	Y座標
color	描画色

画面上に何らかの表示を行うためには、0x000A_0000番地から開始するVRAMにアクセスすることで実現できました。横幅が640ドットの場合、8ビットデータを80回描画すると、横一列分の直線を描画することができます。ドット単位でのX座標とY座標をそれぞれEBXレジスタとECXレジスタに設定したと仮定すると、対応するVRAMアドレスは、次のプログラムでEDIレジスタに設定することができます。

prog/src/modules/protect/**draw_pixel.s**

```
        ;---------------------------------------
        ; Y座標を80倍する(640/8)
        ;---------------------------------------
        shl     edi, 4                          ; EDI *= 16;
        lea     edi, [edi * 4 + edi + 0xA_0000] ; EDI  = 0xA00000[EDI * 4 + EDI];

        ;---------------------------------------
        ; X座標を1/8して加算
        ;---------------------------------------
        mov     ecx, ebx                        ; ECX  = X座標;(一時保存)
        shr     ebx, 3                          ; EBX /= 8;
        add     edi, ebx                        ; EDI += EBX;
```

しかし、アドレッシングが1バイト(8ビット)単位なので、さらに、アクセスするビット位置を特定する必要があります。

prog/src/modules/protect/**draw_pixel.s**

```
        ;---------------------------------------
        ; X座標を8で割った余りからビット位置を計算
        ; (0=0x80, 1=0x40,... 7=0x01)
        ;---------------------------------------
        and     ecx, 0x07                       ; ECX = X & 0x07;
        mov     ebx, 0x80                       ; EBX = 0x80;
        shr     ebx, cl                         ; EBX >>= ECX;
```

この処理により、引数で指定された座標は、EDIレジスタで指定されたVRAMアドレスのCHレジスタでセットされた1つのビットが対応することになります。

1つのピクセルを画面に表示するときは、すべてのカラープレーンに対して対象となるビットのON／OFFを設定する必要がありますが、対象となるドット以外には影響がおよばないようにしなくてはいけません。実際、このような処理を文字描画関数作成時に行っていました。

prog/src/modules/protect/**draw_char.s**

```
        cdecl   vga_set_read_plane, 0x02        ; // 書き込みプレーン：赤(R)
        cdecl   vga_set_write_plane, 0x04       ; // 読み込みプレーン：赤(R)
        cdecl   vram_font_copy, esi, edi, 0x04, ebx
```

このときに行われていた、フォントデータのコピー関数をビットのコピー関数に置き換えれば、点の描画関数を実現することができます。ビットのコピー関数は、フォントデータのコピー関数の第1引数がビットデータに変わっただけです。そのため、フォントデータのコピー関数が保存されているvga.sファイルに、vram_bit_copyという関数名で作成します。

prog/src/modules/protect/**vga.s**

```
vram_bit_copy:
        ...
        mov     edi, [ebp +12]                  ; EDI = VRAMアドレス;
        movzx   eax, byte [ebp +16]             ; EAX = プレーン（ビット指定）;
        movzx   ebx, word [ebp +20]             ; EBX = 表示色;
```

この関数でも、最初にマスクデータを作成しますが、点の描画は常に透過モードで実行するので、前景色のマスクデータだけを作成します。

prog/src/modules/protect/**vga.s**

```
        test    bl, al                          ; ZF = (前景色 & プレーン);
        setz    bl                              ; BL = ZF ? 0x01 : 0x00
        dec     bl                              ; BL--; // 0x00 or 0xFF
```

出力ビットパターン（AL）は、背景色とのAND演算用に、反転データ（AH）も作成しています。

prog/src/modules/protect/**vga.s**

```
        mov     al, [ebp + 8]           ;   AL = 出力ビットパターン;
        mov     ah, al                  ;   AH ~= AL; // !出力ビットパターン（ビット反転）
        not     ah                      ;
```

描画処理では、まず、出力ビットパターンの反転データ（AH）と現在値のAND演算を行い、背景データをAHレジスタに保存します。次に、出力ビットパターン（AL）と表示色のAND演算を行い、前景データをALレジスタに保存します。そして、前景色（AL）と背景色（AH）をOR演算した結果（AL）を、最終的な出力データとしてVRAMに書き込んでいます。

prog/src/modules/protect/**vga.s**

```
        and     ah, [edi]                       ; AH  = 現在値 & !出力ビットパターン
        and     al, bl                          ; AL  = 表示色 &  出力ビットパターン
        or      al, ah                          ; AL |= AH;
        mov     [edi], al                       ; [EDI] = BL; // プレーンに書き込む
```

ピクセル描画関数では、これらの処理を各カラープレーンごとに行います。

prog/src/modules/protect/**draw_pixel.s**

```
        cdecl   vga_set_read_plane, 0x03        ; // 輝度(I)プレーンを選択
        cdecl   vga_set_write_plane, 0x08       ; // 輝度(I)プレーンを選択
        cdecl   vram_bit_copy, ebx, edi, 0x08, ecx

        cdecl   vga_set_read_plane, 0x02        ; // 赤(R)プレーンを選択
        cdecl   vga_set_write_plane, 0x04       ; // 赤(R)プレーンを選択
        cdecl   vram_bit_copy, ebx, edi, 0x04, ecx

        cdecl   vga_set_read_plane, 0x01        ; // 緑(G)プレーンを選択
        cdecl   vga_set_write_plane, 0x02       ; // 緑(G)プレーンを選択
        cdecl   vram_bit_copy, ebx, edi, 0x02, ecx

        cdecl   vga_set_read_plane, 0x00        ; // 青(B)プレーンを選択
        cdecl   vga_set_write_plane, 0x01       ; // 青(B)プレーンを選択
        cdecl   vram_bit_copy, ebx, edi, 0x01, ecx
```

次に、点の描画関数全体を示します。

prog/src/modules/protect/**draw_pixel.s**

```
draw_pixel:
        ;---------------------------------------
        ; 【スタックフレームの構築】
        ;---------------------------------------
                                                ; ------|--------
                                                ; EBP+16| 色
                                                ; EBP+12| Y
                                                ; EBP+ 8| X
                                                ; ------|--------
        push    ebp                             ; EBP+ 4| EIP(戻り番地)
        mov     ebp, esp                        ; EBP+ 0| EBP(元の値)
                                                ; ------+--------
        ;---------------------------------------
        ; 【レジスタの保存】
        ;---------------------------------------
        push    eax
        push    ebx
        push    ecx
        push    edi

        ;---------------------------------------
        ; Y座標を80倍する(640/8)
        ;---------------------------------------
        mov     edi, [ebp +12]                  ; EDI  = Y座標
        shl     edi, 4                          ; EDI *= 16;
        lea     edi, [edi * 4 + edi + 0xA_0000] ; EDI  = 0xA00000[EDI * 4 + EDI];

        ;---------------------------------------
        ; X座標を1/8して加算
        ;---------------------------------------
        mov     ebx, [ebp + 8]                  ; EBX  = X座標;
```

```
        mov     ecx, ebx                        ; ECX  = X座標;(一時保存)
        shr     ebx, 3                          ; EBX /= 8;
        add     edi, ebx                        ; EDI += EBX;

        ;---------------------------------------
        ; X座標を8で割った余りからビット位置を計算
        ; (0=0x80, 1=0x40,... 7=0x01)
        ;---------------------------------------
        and     ecx, 0x07                       ; ECX = X & 0x07;
        mov     ebx, 0x80                       ; EBX = 0x80;
        shr     ebx, cl                         ; EBX >>= ECX;

        ;---------------------------------------
        ; 色指定
        ;---------------------------------------
        mov     ecx, [ebp +16]                  ; // 表示色

        ;---------------------------------------
        ; プレーンごとに出力
        ;---------------------------------------
        cdecl   vga_set_read_plane, 0x03        ; // 輝度(I)プレーンを選択
        cdecl   vga_set_write_plane, 0x08       ; // 輝度(I)プレーンを選択
        cdecl   vram_bit_copy, ebx, edi, 0x08, ecx

        cdecl   vga_set_read_plane, 0x02        ; // 赤(R)プレーンを選択
        cdecl   vga_set_write_plane, 0x04       ; // 赤(R)プレーンを選択
        cdecl   vram_bit_copy, ebx, edi, 0x04, ecx

        cdecl   vga_set_read_plane, 0x01        ; // 緑(G)プレーンを選択
        cdecl   vga_set_write_plane, 0x02       ; // 緑(G)プレーンを選択
        cdecl   vram_bit_copy, ebx, edi, 0x02, ecx

        cdecl   vga_set_read_plane, 0x00        ; // 青(B)プレーンを選択
        cdecl   vga_set_write_plane, 0x01       ; // 青(B)プレーンを選択
        cdecl   vram_bit_copy, ebx, edi, 0x01, ecx


        ;---------------------------------------
        ; 【レジスタの復帰】
        ;---------------------------------------
        pop     edi
        pop     ecx
        pop     ebx
        pop     eax

        ;---------------------------------------
        ; 【スタックフレームの破棄】
        ;---------------------------------------
        mov     esp, ebp
        pop     ebp

        ret
```

スタックフレームの作成やレジスタの保存処理を含め、定型的な処理が並んでいるだけです。ピクセル描画関数の使用例を次に示します。この例では、画面左上にカラフルなXが表示されます。

prog/src/22_draw_pixel/**kernel.s**

```
        cdecl   draw_pixel,  8, 4, 0x01
        cdecl   draw_pixel,  9, 5, 0x01
        cdecl   draw_pixel, 10, 6, 0x02
        cdecl   draw_pixel, 11, 7, 0x02
        cdecl   draw_pixel, 12, 8, 0x03
        cdecl   draw_pixel, 13, 9, 0x03
        cdecl   draw_pixel, 14,10, 0x04
        cdecl   draw_pixel, 15,11, 0x04

        cdecl   draw_pixel, 15, 4, 0x03
        cdecl   draw_pixel, 14, 5, 0x03
        cdecl   draw_pixel, 13, 6, 0x04
        cdecl   draw_pixel, 12, 7, 0x04
        cdecl   draw_pixel, 11, 8, 0x01
        cdecl   draw_pixel, 10, 9, 0x01
        cdecl   draw_pixel,  9,10, 0x02
        cdecl   draw_pixel,  8,11, 0x02
```

プログラムの実行結果は、次のとおりです。

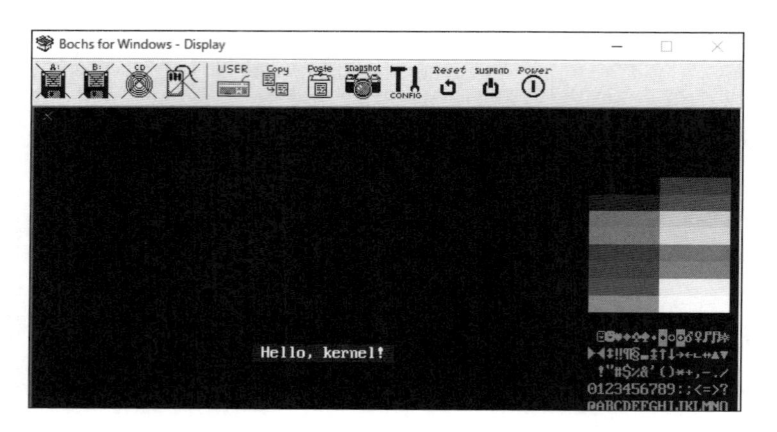

これも少し細かすぎるので、拡大したものが次の図です。

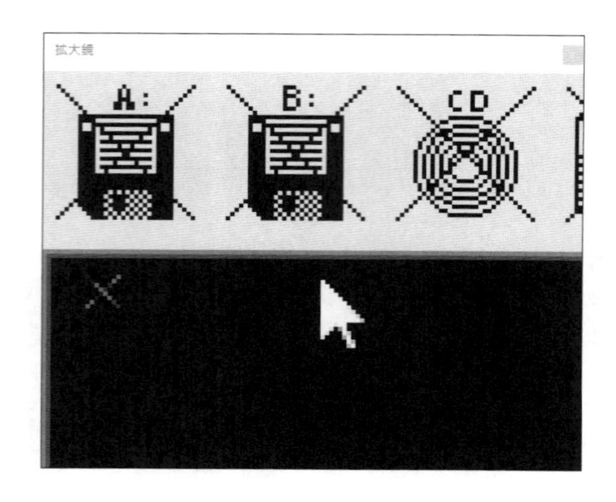

16.9 線を描画する

線の描画は、指定された開始位置から終了位置へ、点の描画を繰り返すことで実現します。線の描画関数は、線の開始座標、終了座標、表示色を引数として受け取ります。点の描画位置は、線の傾斜(Yの増分÷Xの増分)から計算します。もし、Xの増分dxとYの増分dyが同じであれば、線の傾斜は1となるので、X軸が1ドット加算されるたびにY軸も1ドット加算されます。

図 16-14 傾斜が1の場合

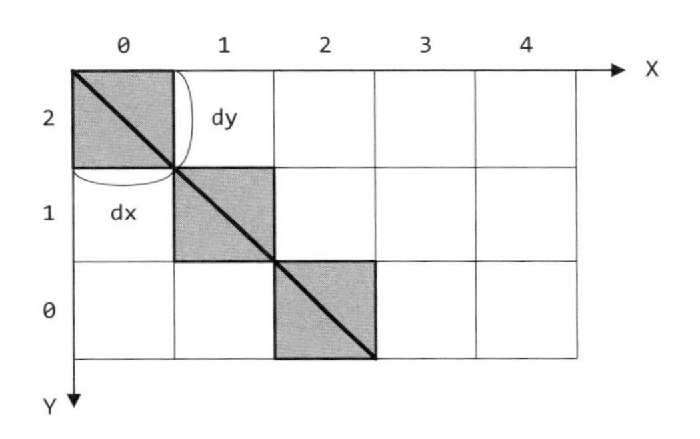

仮に、Xの増分がYの増分より大きい場合、緩やかな傾斜となり、X軸が1ドット加算されるたびにY軸が1ドット加算されなくなります。次の図は、傾斜が3/5であるときに描画されるドットの位置を示したものです。

図 16-15 傾斜が緩やかな場合

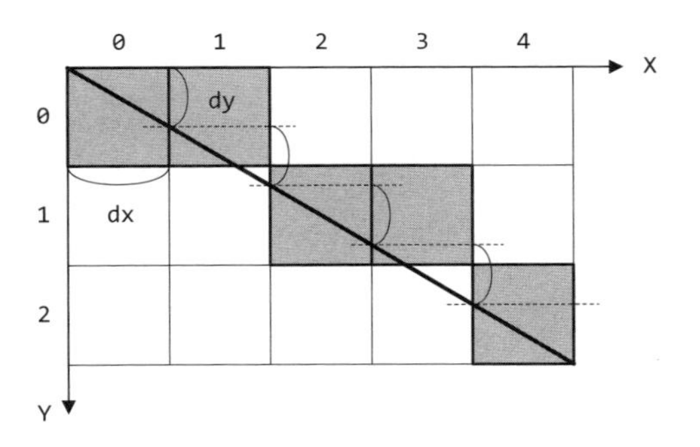

この例の場合、最初の座標(0, 0)に点を描画した後、X軸およびY軸には、それぞれの増分dxとdyが加算されます。このとき、Y軸に加算された増分dyだけでは1ドットに満たないため、Y軸の描画位置が更新されることはありません。

一般的には、各軸への増分dxとdyは、線の傾斜から、dxを1、dyを0.6 (3/5) とします。しかし、このときに行われる、浮動小数点の演算はコストのかかる処理で、CPU命令としては実装されていません。ここでの目的は、Y軸の積算値がX軸の基準値を超えたかどうかにあるので、Y軸の増分を積算し、X軸の増分を超えたかどうかで判定することとします。具体的には、dxを5、dyを3とするのです。

図16-16 傾斜の判定

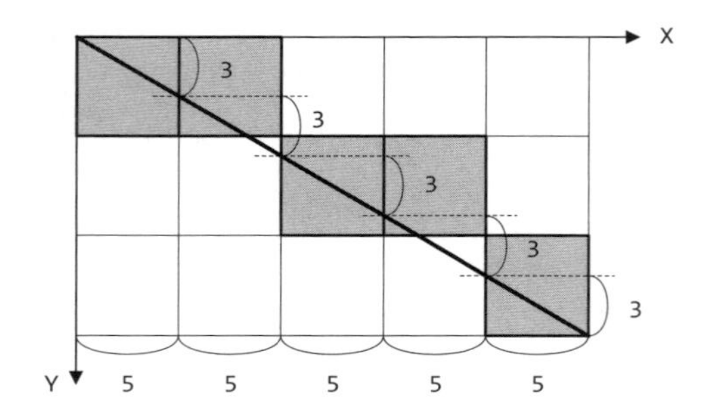

基準軸となるX軸に対して、相対軸となるY軸は、1つの点の描画が終了するたびに、積算値に3を加算していきます。そして、積算値の値が基準軸の増分である5を超えたときに、Y座標を1ドット分加算します。同時に、積算値からdy分の値を減算することで誤差を吸収します。

線の描画関数は、始点、終点、描画色を引数に取ります。始点と終点は、それぞれX軸とY軸の座標を示す32ビットの値です。また、線分の終点は、描画しません。

draw_line(X0, Y0, X1, Y1, color);	
戻り値	なし
X0	始点のX座標
Y0	始点のY座標
X1	終点のX座標
Y1	終点のY座標
color	描画色

線を描画する関数内では、いくつかのローカル変数を使用します。

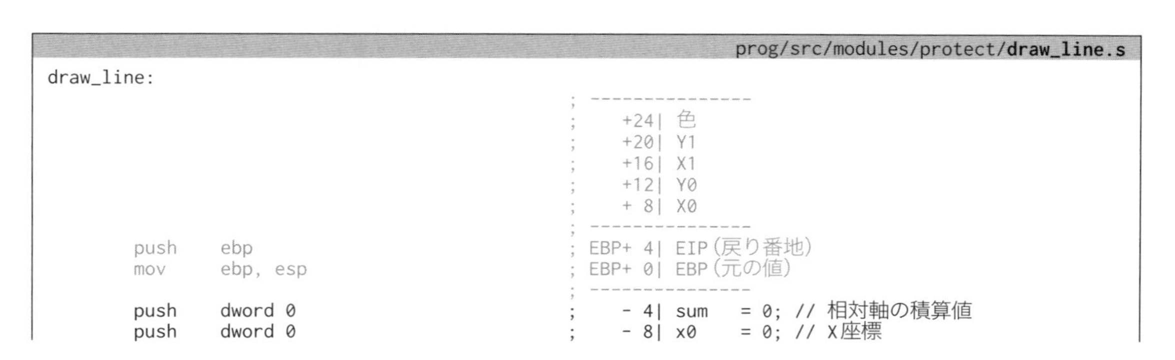

prog/src/modules/protect/**draw_line.s**

```
draw_line:
                                        ; ---------------
                                        ;    +24| 色
                                        ;    +20| Y1
                                        ;    +16| X1
                                        ;    +12| Y0
                                        ;    + 8| X0
                                        ; ---------------
        push    ebp                     ; EBP+ 4| EIP(戻り番地)
        mov     ebp, esp                ; EBP+ 0| EBP(元の値)
                                        ; ---------------
        push    dword 0                 ;    - 4| sum   = 0; // 相対軸の積算値
        push    dword 0                 ;    - 8| x0    = 0; // X座標
```

```
        push    dword 0                         ;     -12| dx    = 0; // X増分
        push    dword 0                         ;     -16| inc_x = 0; // X座標増分(1 or -1)
        push    dword 0                         ;     -20| x0    = 0; // Y座標
        push    dword 0                         ;     -24| dx    = 0; // Y増分
        push    dword 0                         ;     -28| inc_x = 0; // Y座標増分(1 or -1)
```


まずは、指定された直線の幅と高さを計算し、EBXとEDXレジスタに保存しています。同時に、ドット単位での増分を、ESIとEDIレジスタに設定します。

prog/src/modules/protect/**draw_line.s**

```
        ;---------------------------------------
        ; 幅を計算(X軸)
        ;---------------------------------------
        mov     eax, [ebp + 8]                  ; EAX = X0;
        mov     ebx, [ebp +16]                  ; EBX = X1;
        sub     ebx, eax                        ; EBX = X1 - X0; // 幅
        jge     .10F                            ; if (幅 < 0)
                                                ; {
        neg     ebx                             ;   幅   *= -1;
        mov     esi, -1                         ;   // X座標の増分
        jmp     .10E                            ; }
.10F:                                           ; else
                                                ; {
        mov     esi, 1                          ;   // X座標の増分
.10E:                                           ; }

        ;---------------------------------------
        ; 高さを計算(Y軸)
        ;---------------------------------------
        mov     ecx, [ebp +12]                  ; ECX = Y0
        mov     edx, [ebp +20]                  ; EDX = Y1
        sub     edx, ecx                        ; EDX = Y1 - Y0; // 高さ
        jge     .20F                            ; if (高さ < 0)
                                                ; {
        neg     edx                             ;   高さ *= -1;
        mov     edi, -1                         ;   // Y座標の増分
        jmp     .20E                            ; }
.20F:                                           ; else
                                                ; {
        mov     edi, 1                          ;   // Y座標の増分
.20E:                                           ; }
```

計算した描画開始位置、描画幅、増分は、各軸用のローカル変数に格納します。

prog/src/modules/protect/**draw_line.s**

```
        ;---------------------------------------
        ; X軸
        ;---------------------------------------
        mov     [ebp - 8], eax                  ;   // X軸:開始座標
        mov     [ebp -12], ebx                  ;   // X軸:描画幅
        mov     [ebp -16], esi                  ;   // X軸:増分(基準軸:1 or -1)

        ;---------------------------------------
        ; Y軸
        ;---------------------------------------
        mov     [ebp -20], ecx                  ;   // Y軸:開始座標
        mov     [ebp -24], edx                  ;   // Y軸:描画幅
        mov     [ebp -28], edi                  ;   // Y軸:増分(基準軸:1 or -1)
```

次に、描画時の基準軸を決めます。基準軸とは、描画時の都合によるもので、1ドット描画するたびに必ず増加する軸のことです。基準軸は、幅または高さが、より大きい方の軸となります。例えば、次の図は、始点(80,10)から終点(20,40)までの直線を描画する例ですが、ドットの描画時には必ずX軸の座標が変化するので、X軸を基準軸とします。また、画面の都合により、右下が座標値の増加方向になります。

図16-17 画面上での座標

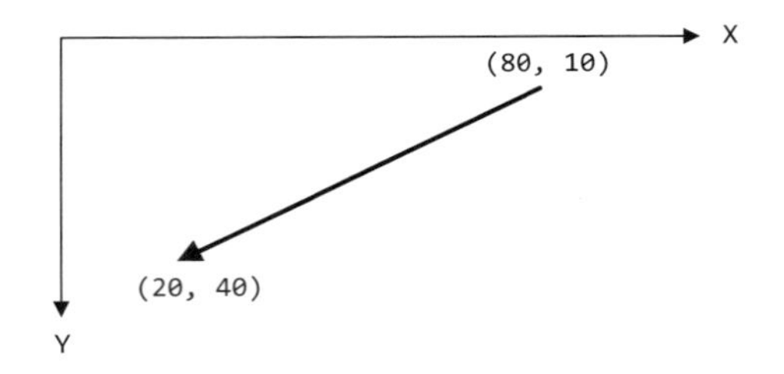

各軸の情報はローカル変数に格納してあるので、それぞれの情報にアクセスするためのアドレスをESIとEDIレジスタに保存しておきます。

prog/src/modules/protect/**draw_line.s**

```
        ;---------------------------------------
        ; 基準軸を決める
        ;---------------------------------------
        cmp     ebx, edx                        ; if (幅 <= 高さ)
        jg      .22F                            ; {
                                                ;
        lea     esi, [ebp -20]                  ;   // X軸が基準軸
        lea     edi, [ebp - 8]                  ;   // Y軸が相対軸
                                                ;
        jmp     .22E                            ; }
.22F:                                           ; else
                                                ; {
        lea     esi, [ebp - 8]                  ;   // Y軸が基準軸
        lea     edi, [ebp -20]                  ;   // X軸が相対軸
.22E:                                           ; }
```

これにより、基準軸の情報へはESI、相対軸の情報へはEDIレジスタを介してアクセスできるようになります。例えば、線を描画するのに必要となる、点の描画の繰り返し回数は、基準軸の幅と同じです。ここでは、基準軸の長さが0の場合、繰り返し回数に1を設定し、1ピクセルの点を描画するようにしています。

prog/src/modules/protect/**draw_line.s**

```
        ;---------------------------------------
        ; 繰り返し回数(基準軸のドット数)
        ;---------------------------------------
        mov     ecx, [esi - 4]                  ; ECX = 基準軸描画幅;
        cmp     ecx, 0                          ; if (0 == ECX)
        jnz     .30E                            ; {
```

```
        mov     ecx, 1                          ;   ECX = 1;
.30E:                                           ; }
```

後は、指定された回数分、点の描画処理を繰り返すだけです。

prog/src/modules/protect/**draw_line.s**

```
        ;---------------------------------------
        ; 線を描画
        ;---------------------------------------
.50L:                                           ; do
                                                ; {
        cdecl   draw_pixel, dword [ebp - 8], ¥
                            dword [ebp -20], ¥
                            dword [ebp +24]     ;   // 点の描画
                                                ;
        ...                                     ;   【座標更新処理】
        loop    .50L                            ;
.50E:                                           ; } while (ループ回数--);
```

このソースファイルのなかには、コマンドに「¥」記号が含まれた行が存在します。

prog/src/modules/protect/**draw_line.s**

```
        cdecl   draw_pixel, dword [ebp - 8], ¥
                            dword [ebp -20], ¥
                            dword [ebp +24]     ;   // 点の描画
```

この記号は、コマンドの途中で改行したいときに使用することができます。本書のサンプルプログラムでは、コメント欄にCPU命令などがはみ出ないように、途中で改行を入れています。もし不要であれば、次のように1行で記載することも可能です。

prog/src/modules/protect/**draw_line.s**

```
        cdecl   draw_pixel, dword [ebp - 8], dword [ebp -20], dword [ebp +24]     ;   // 点の描画
```

ループ処理内では、点を描画するたびに、座標の更新処理を行います。ESIレジスタで示される基準軸は必ず加算または減算して、描画位置の更新を行います。

prog/src/modules/protect/**draw_line.s**

```
                                                ;   // 基準軸を更新(1ドット分)
        mov     eax, [esi - 8]                  ;   EAX = 基準軸増分(1 or -1);
        add     [esi - 0], eax                  ;
```

相対軸は更新するかどうかの判断が必要なので、ローカル変数に相対軸の増分を加算していきます。相対軸の情報は、EDIレジスタで示されます。

prog/src/modules/protect/**draw_line.s**

```
                                                ;   // 相対軸を更新
        mov     eax, [ebp - 4]                  ;   EAX  = sum; // 相対軸の積算値;
        add     eax, [edi - 4]                  ;   EAX += dy;  // 増分(相対軸の描画幅)
```

相対軸の積算値が基準軸の積算値を超えたら、相対軸の座標を更新し、積算値から増分を減算します。

prog/src/modules/protect/**draw_line.s**

```
        mov     ebx, [esi - 4]                  ;   EBX  = dx;  // 増分(基準軸の描画幅)

        cmp     eax, ebx                        ;   if (積算値 <= 相対軸の増分)
        jl      .52E                            ;   {
        sub     eax, ebx                        ;     EAX -= EBX; // 積算値から相対軸の増分を減算
                                                ;
                                                ;     // 相対軸の座標を更新(1ドット分)
        mov     ebx, [edi - 8]                  ;     EBX =  相対軸増分;
        add     [edi - 0], ebx                  ;
.52E:                                           ;   }
```

最後に、更新した積算値をローカル変数に書き戻します。

prog/src/modules/protect/**draw_line.s**

```
        mov     [ebp - 4], eax                  ;   // 積算値を更新

        loop    .50L                            ;
.50E:                                           ; } while (ループ回数--);
```

以上の処理をECXレジスタで示される、基準軸の描画幅分行えば、線の描画処理は終了です。ここで作成したプログラムも、protectディレクトリに保存します。次に、このプログラムの使用例を示します。

prog/src/23_draw_line/**kernel.s**

```
        ;---------------------------------------
        ; 文字列の表示
        ;---------------------------------------
        cdecl   draw_str, 25, 14, 0x010F, .s0   ; draw_str();

        ;---------------------------------------
        ; 線を描画
        ;---------------------------------------
        cdecl   draw_line, 100, 100,   0,   0, 0x0F
        cdecl   draw_line, 100, 100, 200,   0, 0x0F
        cdecl   draw_line, 100, 100, 200, 200, 0x0F
        cdecl   draw_line, 100, 100,   0, 200, 0x0F

        cdecl   draw_line, 100, 100,  50,   0, 0x02
        cdecl   draw_line, 100, 100, 150,   0, 0x03
        cdecl   draw_line, 100, 100, 150, 200, 0x04
        cdecl   draw_line, 100, 100,  50, 200, 0x05

        cdecl   draw_line, 100, 100,   0,  50, 0x02
        cdecl   draw_line, 100, 100, 200,  50, 0x03
```

```
        cdecl   draw_line, 100, 100, 200, 150, 0x04
        cdecl   draw_line, 100, 100,   0, 150, 0x05

        cdecl   draw_line, 100, 100, 100,   0, 0x0F
        cdecl   draw_line, 100, 100, 200, 100, 0x0F
        cdecl   draw_line, 100, 100, 100, 200, 0x0F
        cdecl   draw_line, 100, 100,   0, 100, 0x0F
```

線の描画関数は、内部で点の描画関数を呼び出しているので、次のようにdraw_pixel.sファイルも取り込む必要があります。

prog/src/23_draw_line/**kernel.s**

```
%include     "..¥modules/protect/vga.s"
%include     "..¥modules/protect/draw_pixel.s"
%include     "..¥modules/protect/draw_line.s"
```

プログラムの実行結果は、次のとおりです。

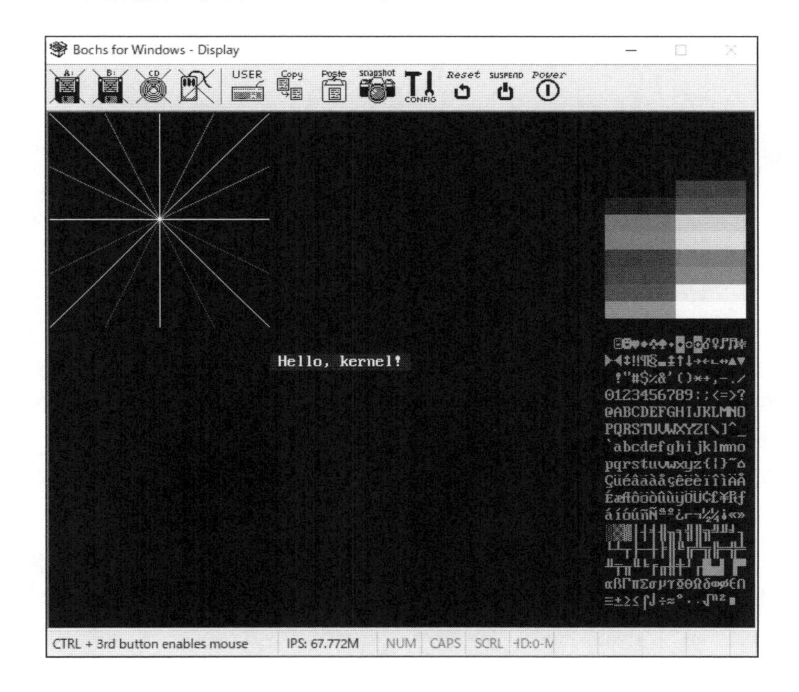

16.10 矩形を描画する

矩形の描画は、線の描画関数を用いて行います。矩形描画関数の引数は直線の描画関数と同じで、矩形の開始座標、終了座標、表示色を引数として受け取ります。

draw_rect(X0, Y0, X1, Y1, color);	
戻り値	なし
X0	始点のX座標
Y0	始点のY座標
X1	終点のX座標
Y1	終点のY座標
color	描画色

矩形は、線の描画と同様、終点を含む直線を描画しません。そのため、右と下の線は、指定した座標から1ドット分少ない位置に描画されることになります。次の図は、始点を(2、1)、終点を(7、5)としたときに描画される矩形を示しています。

図16-18 矩形の描画

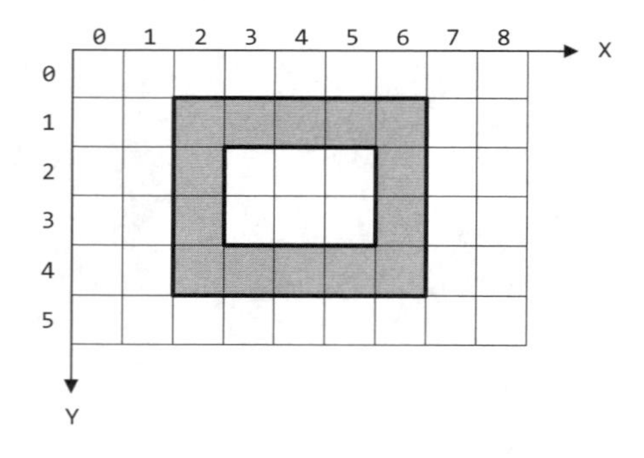

指定する座標の大小は、関数内で訂正します。例えば、始点を(7、5)、終点を(2、1)とした場合でも、前述の例と同じ矩形が描画されるようにします。内部的には、線の描画前に座標の大小を比較し、必要があれば入れ替えるだけです。

prog/src/modules/protect/**draw_rect.s**

```
draw_rect:
        ...
        mov     eax, [ebp + 8]                  ; EAX = X0;
        mov     ebx, [ebp +12]                  ; EBX = Y0;
        mov     ecx, [ebp +16]                  ; ECX = X1;
        mov     edx, [ebp +20]                  ; EDX = Y1;
        mov     esi, [ebp +24]                  ; ESI = 色;
```

```
        ;----------------------------------------
        ; 座標軸の大小を確定
        ;----------------------------------------
        cmp     eax, ecx                        ; if (X1 < X0)
        jl      .10E                            ; {
        xchg    eax, ecx                        ;   X0とX1を入れ替える;
.10E:                                           ; }

        cmp     ebx, edx                        ; if (Y1 < Y0)
        jl      .20E                            ; {
        xchg    ebx, edx                        ;   Y0とY1を入れ替える;
.20E:                                           ; }
```

矩形の描画は、それぞれの座標に対して直線を引くだけです。

prog/src/modules/protect/**draw_rect.s**

```
        ;----------------------------------------
        ; 矩形を描画
        ;----------------------------------------
        cdecl   draw_line, eax, ebx, ecx, ebx, esi  ; 上線
        cdecl   draw_line, eax, ebx, eax, edx, esi  ; 左線

        dec     edx                                 ; EDX--; // 下線は1ドット上げる
        cdecl   draw_line, eax, edx, ecx, edx, esi  ; 下線
        inc     edx

        dec     ecx                                 ; ECX--; // 右線は1ドット左に移動
        cdecl   draw_line, ecx, ebx, ecx, edx, esi  ; 右線
```

このプログラムの使用例は、次のようになります。

prog/src/23_draw_rect/**kernel.s**

```
        ;----------------------------------------
        ; 矩形を描画
        ;----------------------------------------
        cdecl   draw_rect, 100, 100, 200, 200, 0x03
        cdecl   draw_rect, 400, 250, 150, 150, 0x05
        cdecl   draw_rect, 350, 400, 300, 100, 0x06
```

矩形描画関数を使用するときに必要となるモジュールは、次のとおりです。

prog/src/23_draw_rect/**kernel.s**

```
%include    "..¥modules/protect/vga.s"
%include    "..¥modules/protect/draw_pixel.s"
%include    "..¥modules/protect/draw_line.s"
%include    "..¥modules/protect/draw_rect.s"
```

プログラムの実行結果は、次のとおりです。

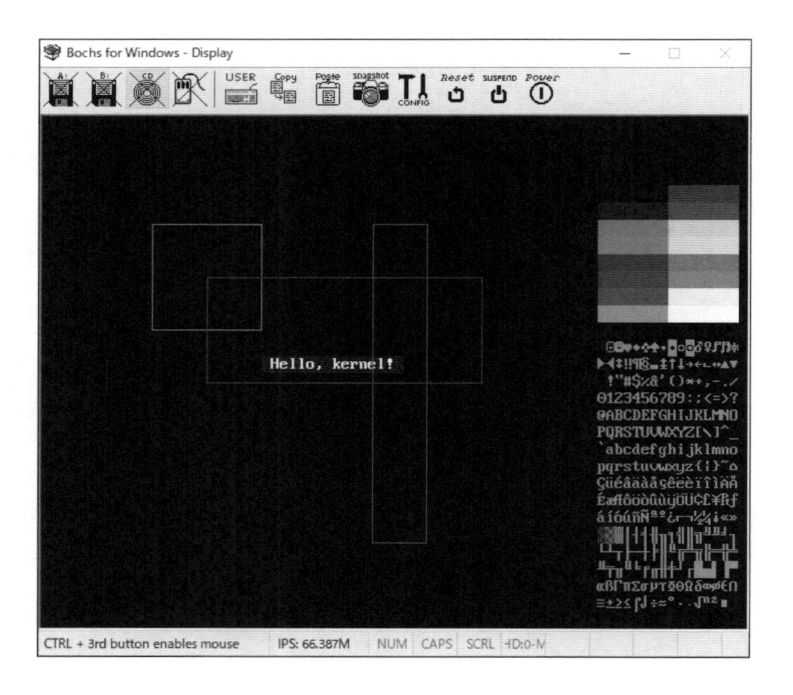
Bochs for Windows - Display
USER
Copy
Paste
snapshot
CONFIG
Reset
SUSPEND
Power
Hello, kernel!
CTRL + 3rd button enables mouse
IPS: 66.387M
NUM
CAPS
SCRL

第17章 現在時刻を表示する

- 現在時刻の取得と表示
- 実機で発生する問題とその対応
- 仮想環境で発生する問題とその対応　など

17.1 現在時刻を取得する(RTCの読み込み)

ひととおりの画面表示関数ができたので、現在時刻を表示してみましょう。まずは、時刻を取得する関数を作成します。この関数は、時刻データを保存するアドレスを引数として受け取ります。

rtc_get_time(dst);	
戻り値	成功(0以外)、失敗(0)
dst	保存先アドレス

現在時刻は、周辺機器の1つであるRTC(Real Time Clock：リアルタイムクロック)から読み出します。RTCは、ポートの0x70番地にアクセスしたい内蔵RAMのアドレスを書き込んだ後、ポートの0x71番地からデータを読み込みます。

表17-1 RTC内蔵RAM

内蔵RAMアドレス	内容
0	秒
2	分
4	時
7	日
8	月
9	年

具体的な例として、RTCから時間データを読み出したい場合は、ポートの0x70番地に4を書き込んだ後に、ポートの0x71番地からデータを読み込みます。

```
                                                  prog/src/modules/protect/rtc.s
        mov     al, 0x04                        ;   AL = 0x04;
        out     0x70, al                        ;   outp(0x70, AL);
        in      al, 0x71                        ;   AL = inp(0x71); // 時データ
```

時間データの次に、分データを取得しますが、ポート入力命令では同じALレジスタを使用するので、EAXレジスタを8ビット左シフトして、時間データをAHレジスタに退避しておきます。

```
                                                  prog/src/modules/protect/rtc.s
        shl     eax, 8                          ;   EAX <<= 8;      // データを退避
```

同様に、分と秒データを取得し、1バイトごとの時刻データをEAXレジスタに保存します。

```
                                                  prog/src/modules/protect/rtc.s
        mov     al, 0x02                        ;   AL = 0x02;
        out     0x70, al                        ;   outp(0x70, AL);
        in      al, 0x71                        ;   AL = inp(0x71); // 分データ
                                                ;
        shl     eax, 8                          ;   EAX <<= 8;      // データを退避
                                                ;
                                                ;   // RAM[0x00]:秒
        mov     al, 0x00                        ;   AL = 0x00;
        out     0x70, al                        ;   outp(0x70, AL);
        in      al, 0x71                        ;   AL = inp(0x71); // 秒データ
```

取得した時刻データはEAXレジスタの下位3バイトに保存されているので、有効なデータのみをマスクして、指定されたアドレスに保存します。

```
                                                  prog/src/modules/protect/rtc.s
        and     eax, 0x00_FF_FF_FF              ;   // 下位3バイトのみ有効
                                                ;
        mov     ebx, [ebp + 8]                  ;   dst = 保存先;
        mov     [ebx], eax                      ;   [dst] = 時刻;
```

17.2 数字を文字に変換する

時刻の表示は、時刻の取得関数で得られた数値を表示するだけです。このとき、リアルモード用に作成した数値変換処理であるitoa関数をそのまま使用することはできませんが、ちょっとした修正をするだけで、プロテクトモードで使用することができます。具体的には、スタックに積まれるデータサイズを2バイトから4バイトに変更し、対象となるレジスタの先頭にはプレフィクス「E」を付加し、32ビットレジスタとしてアクセスします。具体的なプログラム例を、次に示します。

prog/src/modules/protect/**itoa.s**

```
itoa:
        ;---------------------------------------
        ; 【スタックフレームの構築】
        ;---------------------------------------
                                                ; ------|--------
                                                ;    +24| フラグ
                                                ;    +20| 基数
                                                ;    +16| バッファサイズ
                                                ;    +12| バッファアドレス
                                                ;    + 8| 数値
                                                ; ------|--------
                                                ;    + 4| EIP（戻り番地）
        push    ebp                             ; EBP+ 0| EBP（元の値）
        mov     ebp, esp                        ; ------+--------

        ;---------------------------------------
        ; 【レジスタの保存】
        ;---------------------------------------
        push    eax
        push    ebx
        push    ecx
        push    edx
        push    esi
        push    edi

        ;---------------------------------------
        ; 引数を取得
        ;---------------------------------------
        mov     eax, [ebp + 8]                  ; val  = 数値;
        mov     esi, [ebp +12]                  ; dst  = バッファアドレス;
        mov     ecx, [ebp +16]                  ; size = 残りバッファサイズ;

        mov     edi, esi                        ; // バッファの最後尾
        add     edi, ecx                        ; dst  = &dst[size - 1];
        dec     edi                             ;

        mov     ebx, [ebp +24]                  ; flags = オプション;

        ;---------------------------------------
        ; 符号付き判定
        ;---------------------------------------
        test    ebx, 0b0001                     ; if (flags & 0x01)// 符号付き
.10Q:   je      .10E                            ; {
        cmp     eax, 0                          ;   if (val < 0)
.12Q:   jge     .12E                            ;   {
        or      ebx, 0b0010                     ;     flags |=  2; // 符号表示
.12E:                                           ;   }
.10E:                                           ; }

        ;---------------------------------------
        ; 符号出力判定
        ;---------------------------------------
        test    ebx, 0b0010                     ; if (flags & 0x02)// 符号出力判定
.20Q:   je      .20E                            ; {
        cmp     eax, 0                          ;   if (val < 0)
.22Q:   jge     .22F                            ;   {
        neg     eax                             ;     val *= -1;    // 符号反転
        mov     [esi], byte '-'                 ;     *dst = '-';   // 符号表示
        jmp     .22E                            ;   }
.22F:                                           ;   else
                                                ;   {
        mov     [esi], byte '+'                 ;     *dst = '+';   // 符号表示
.22E:                                           ;   }
```

```
        dec     ecx                             ;   size--;         // 残りバッファサイズの減算
.20E:                                           ; }

        ;---------------------------------------
        ; ASCII変換
        ;---------------------------------------
        mov     ebx, [ebp +20]                  ; BX = 基数;
.30L:                                           ; do
                                                ; {
        mov     edx, 0                          ;
        div     ebx                             ;   DX = DX:AX % 基数;
                                                ;   AX = DX:AX / 基数;
                                                ;
        mov     esi, edx                        ;   // テーブル参照
        mov     dl, byte [.ascii + esi]         ;   DL = ASCII[DX];
                                                ;
        mov     [edi], dl                       ;   *dst = DL;
        dec     edi                             ;   dst--;
                                                ;
        cmp     eax, 0                          ;
        loopnz  .30L                            ; } while (AX);
.30E:

        ;---------------------------------------
        ; 空欄を埋める
        ;---------------------------------------
        cmp     ecx, 0                          ; if (size)
.40Q:   je      .40E                            ; {
        mov     al, ' '                         ;   AL = ' ';  // ' 'で埋める(デフォルト値)
        cmp     [ebp +24], word 0b0100          ;   if (flags & 0x04)
.42Q:   jne     .42E                            ;   {
        mov     al, '0'                         ;     AL = '0'; // '0'で埋める
.42E:                                           ;   }
        std                                     ;   // DF = 1(-方向)
        rep stosb                               ;   while (--CX) *DI-- = ' ';
.40E:                                           ; }

        ;---------------------------------------
        ; 【レジスタの復帰】
        ;---------------------------------------
        pop     edi
        pop     esi
        pop     edx
        pop     ecx
        pop     ebx
        pop     eax

        ;---------------------------------------
        ; 【スタックフレームの破棄】
        ;---------------------------------------
        mov     esp, ebp
        pop     ebp

        ret

.ascii  db      "0123456789ABCDEF"              ; 変換テーブル
```

このファイルは、protectディレクトリに保存します。

17.3 現在時刻を表示する

取得した時刻を表示するためには、すでに作成してある画面表示用の関数と、プロテクトモード用に修正したitoa関数を使用します。時刻を表示する関数の書式は、次のとおりです。

draw_time(col, row, color, time);	
戻り値	なし
col	列
row	行
color	描画色
time	時刻データ

まずは、引数として渡された時刻データをEAXレジスタに取得し、最下位バイトの秒データをitoa関数で文字に変換します。

prog/src/modules/protect/**draw_time.s**

```
        mov     eax, [ebp +20]                    ; EAX = 時刻データ;
                                                  ;
        movzx   ebx, al                           ; EBX = 秒;
        cdecl   itoa, ebx, .sec, 2, 16, 0b0100    ; // 文字に変換
        ...

.hour:  db  "ZZ:"
.min:   db  "ZZ:"
.sec:   db  "ZZ", 0
```

同様に、時間と分データを文字に変換します。

prog/src/modules/protect/**draw_time.s**

```
        mov     bl, ah                            ; EBX = 分;
        cdecl   itoa, ebx, .min, 2, 16, 0b0100    ; // 文字に変換
                                                  ;
        shr     eax, 16                           ; EBX = 時;
        cdecl   itoa, eax, .hour, 2, 16, 0b0100   ; // 文字に変換
                                                  ;
                                                  ; // 時刻を表示

        ...

.hour:  db  "ZZ:"
.min:   db  "ZZ:"
.sec:   db  "ZZ", 0
```

最後に、作成した文字列を引数で指定された位置に描画します。ここでは、時刻の表示関数に渡された引数を、そのまま文字列表示関数に渡しています。

prog/src/modules/protect/**draw_time.s**

```
        cdecl   draw_str,    dword [ebp + 8],
                             dword [ebp +12],
                             dword [ebp +16],
                             .hour
```

時刻の取得と表示関数の使用例は次のとおりです。

prog/src/25_draw_time/**kernel.s**

```
        ;---------------------------------------
        ; 文字列の表示
        ;---------------------------------------
        cdecl   draw_str, 25, 14, 0x010F, .s0   ; draw_str();

        ;---------------------------------------
        ; 時刻の表示
        ;---------------------------------------
.10L:                                           ; do
                                                ; {
        cdecl   rtc_get_time, RTC_TIME          ;   EAX = get_time(&RTC_TIME);
        cdecl   draw_time, 72, 0, 0x0700,       ¥
                            dword [RTC_TIME]
        jmp     .10L                            ; } while (1);
        ...

ALIGN 4, db 0
FONT_ADR:   dd  0
RTC_TIME:   dd  0
```

インクルードするファイルは、次の3つです。

prog/src/25_draw_time/**kernel.s**

```
%include    "../modules/protect/itoa.s"
%include    "../modules/protect/rtc.s"
%include    "../modules/protect/draw_time.s"
```

プログラムの実行結果は、次のとおりです。画面右上に、時刻が表示されます。

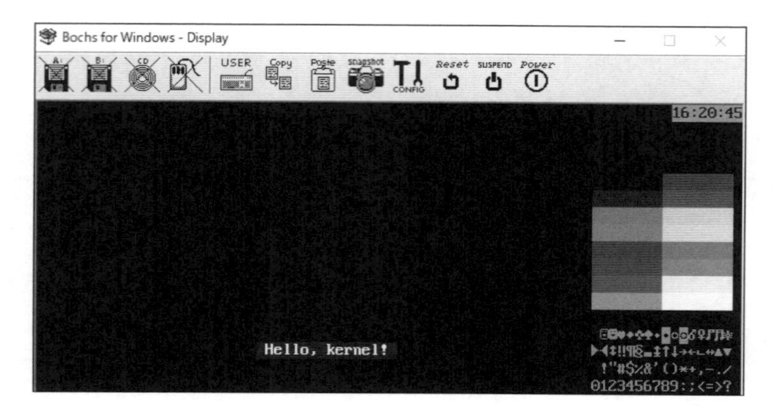

プログラムを実行してみると、時刻の変化が実際とは異なることが分かります。Bochsは、仮想環境を実現しているので、その実行速度を調整することができます。この設定は、envディレクトリにあるbochsrc.bxrcで行います。

実行速度を変更する方法は、メモ帳でbochsrc.bxrcファイルを開き、「cpu:」と記載された行を検索します。

```
bochsrc.bxrc - メモ帳
ファイル(F)  編集(E)  書式(O)  表示(V)  ヘルプ(H)
# configuration file generated by Bochs
plugin_ctrl: unmapped=1, biosdev=1, speaker=1, extfpuirq=1, parallel=1, serial=1, gameport=1, iod
config_interface: win32config
display_library: win32
memory: host=32, guest=32
romimage: file="C:¥Program Files (x86)¥Bochs-2.6.9/BIOS-bochs-latest", address=0x0, options=none
vgaromimage: file="C:¥Program Files (x86)¥Bochs-2.6.9/VGABIOS-lgpl-latest"
boot: disk
floppy_bootsig_check: disabled=0
# no floppya
# no floppyb
ata0: enabled=1, ioaddr1=0x1f0, ioaddr2=0x3f0, irq=14
ata0-master: type=disk, path="boot.img", mode=flat, cylinders=20, heads=2, spt=16, model="Generic
ata0-slave: type=none
ata1: enabled=1, ioaddr1=0x170, ioaddr2=0x370, irq=15
ata1-master: type=none
ata1-slave: type=none
ata2: enabled=0
ata3: enabled=0
optromimage1: file=none
optromimage2: file=none
optromimage3: file=none
optromimage4: file=none
optramimage1: file=none
optramimage2: file=none
optramimage3: file=none
optramimage4: file=none
pci: enabled=1, chipset=i440fx
vga: extension=vbe, update_freq=5, realtime=1
cpu: count=1, ips=4000000, model=bx_generic, reset_on_triple_fault=1, cpuid_limit_winnt=0, ignore
cpuid: level=6, stepping=3, model=3, family=6, vendor_string="GenuineIntel", brand_string="
cpuid: mmx=1, apic=xapic, simd=sse2, sse4a=0, misaligned_sse=0, sep=1, movbe=0, adx=0
Windows (CRLF)    30行、4列    100%
```

そして、検索した行にある「ips」の値を編集します。この値を大きく設定すれば、Bochsの動作は遅くなります。

17.4 RTCへのアクセスタイミングを制御する

作成した時刻表示プログラムを実機で動かしてみると、秒が更新されるタイミングで表示がちらついたり、データが正しく表示されない瞬間があることに気づきます。これは、RTCがデータを更新している最中に、未確定の時刻データを読み込んでしまったために起こる現象です。

RTCのデータ更新タイミングと内蔵RAMへのアクセスタイミングがぶつからないように、RTCでは2つの調整方法が用意されています。1つは、データが更新されたことを割り込みで知る方法です。この割り込みは、データが更新された直後に発生するので、割り込み処理内で内蔵RAMを読み込めば、書き換え中のデータを読み込むことがありません。

もう1つは、内蔵RAMの更新状況をフラグで確認する方法です。具体的には、RTCの内部レジスタAのUIP (Update In Progress) ビットを確認します。このビットがセットされているときは、時刻データの更新中またはまもなく更新予定であることを示しています。このため、内蔵RAMをアクセスする前にこのビットを検査し、セットされていた場合は時刻データの読み込みを行いません。

今はまだ、割り込み処理を実装していないので、後者の方法で対応することにします。修正する関数は、時刻の取得関数(rtc_get_time)関数です。この修正により、時刻を取得できたときは0、できなかったときは0以外の値を戻り値としてEAXレジスタに設定します。

prog/src/modules/protect/**rtc.s**

```
        mov     al, 0x0A                        ; // レジスタA
        out     0x70, al                        ; outp(0x70, AL);
        in      al, 0x71                        ; AL = レジスタA;
        test    al, 0x80                        ; if (UIP)   // 更新中
        je      .10F                            ; {
        mov     eax, 1                          ;   ret = 1; // データ更新中
        jmp     .10E                            ; }
.10F:                                           ; else
                                                ; {
        ...                                     ;   【時刻取得処理】
                                                ;
        mov     eax, 0                          ;   ret = 0; // 正常終了
.10E:                                           ; }
```

この処理を追加すると、バッファ内に間違った時刻データが保存されなくなるので、実機での時刻表示が乱れることはなくなります。

第18章 プロテクトモードでの割り込みを実現する

作業内容
- 割り込み処理の作成と登録
- 割り込みの制御方法
- データの受け渡し　など

割り込み ➡P.176参照 とは、PC（プログラムカウンタ）レジスタの値を変更することで、ソフトウェア割り込みとハードウェア割り込みに分けることができます。ソフトウェア割り込みは、INT命令またはCPU内部でイベントが検出されたときに発生し、無効にすることはできません。これに対してハードウェア割込みは、CPUに接続された周辺機器から生成され、CPU命令により割り込み発生の有効／無効を切り替えることができます。

リアルモードでは、すべてのタスクがすべてのメモリ空間に直接アクセスできるので、PCに割り込み処理のアドレスを設定するだけで十分でした。しかし、プロテクトモードでは、割り込み処理自体も許可されたメモリ空間にしかアクセスすることができません。

割り込み処理がアクセスするメモリ空間は、カーネルがアクセスするメモリ空間と同様、セグメントディスクリプタで定義します。具体的には、割り込み処理用のセグメントディスクリプタを新たに定義し、セグメントディスクリプタテーブルに追加後、セグメントディスクリプタのインデックスをセグメントレジスタに設定します。ですが、ここでは、すでに作成してあるカーネル用メモリ空間に割り込み処理を記載することで、割り込み処理がアクセスするメモリ空間の作成を省略することにします。

18.1 デフォルトの割り込み処理を作成する

割り込み処理は優先度の高い処理なので、割り込みが発生すると実行中の処理を中断することになります。80386では、割り込み処理終了後、中断していた処理を再開できるようにEFLAGS、CS、EIPレジスタの順でスタックに保存し、割り込み処理を開始します。

図18-1 割り込み発生時のスタック

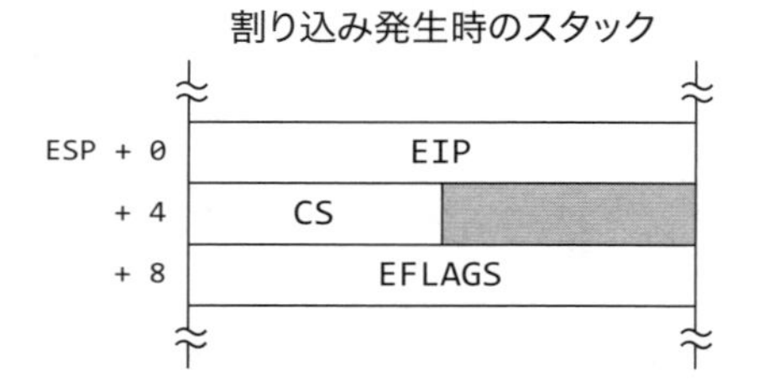

80386は、最大256の割り込み要因を区別することが可能です。これらの割り込み要因は、ベクタ番号と呼ばれる、0から255までの番号で識別されます。このなかで、ベクタ番号0から31までの割り込み要因はCPUによって用途が決められているので、決められた目的以外の割り込みを使用したいのであれば、32番以降のベクタ番号を使用しなくてはなりません。

ここでは、個別の割り込み処理を作成する前に、デフォルトの割り込み処理を作成します。デフォルトの割り込み処理では、割り込みが発生したアドレスとそのときのフラグを表示して無限ループに入り、復帰することはありません。この処理をすべての割り込み要因の初期値として設定し、必要となる割り込み処理は、その都度、作成することにします。

まずは、スタックに積まれた値を表示して、無限ループに入る処理を作成します。

prog/src/26_int_default/modules/**interrupt.s**

```
int_stop:
        ;---------------------------------------
        ; EAXで示される文字列を表示
        ;---------------------------------------
        cdecl   draw_str, 25, 15, 0x060F, eax   ; draw_str(EAX);

        ;---------------------------------------
        ; スタックのデータを文字列に変換
        ;---------------------------------------
        mov     eax, [esp + 0]                  ; EAX = ESP[ 0];
        cdecl   itoa, eax, .p1, 8, 16, 0b0100   ; itoa(EAX, 8, 16, 0b0100);

        mov     eax, [esp + 4]                  ; EAX = ESP[ 4];
        cdecl   itoa, eax, .p2, 8, 16, 0b0100   ; itoa(EAX, 8, 16, 0b0100);

        mov     eax, [esp + 8]                  ; EAX = ESP[ 8];
        cdecl   itoa, eax, .p3, 8, 16, 0b0100   ; itoa(EAX, 8, 16, 0b0100);

        mov     eax, [esp +12]                  ; EAX = ESP[12];
        cdecl   itoa, eax, .p4, 8, 16, 0b0100   ; itoa(EAX, 8, 16, 0b0100);

        ;---------------------------------------
        ; 文字列の表示
        ;---------------------------------------
        cdecl   draw_str, 25, 16, 0x0F04, .s1   ; draw_str("ESP+ 0:-------- ");
        cdecl   draw_str, 25, 17, 0x0F04, .s2   ; draw_str("   + 4:-------- ");
        cdecl   draw_str, 25, 18, 0x0F04, .s3   ; draw_str("   + 8:-------- ");
        cdecl   draw_str, 25, 19, 0x0F04, .s4   ; draw_str("   +12:-------- ");

        ;---------------------------------------
        ; 無限ループ
        ;---------------------------------------
```

```
        jmp     $                               ; while (1) ; // 無限ループ

.s1     db  "ESP+ 0:"
.p1     db  "________ ", 0
.s2     db  "   + 4:"
.p2     db  "________ ", 0
.s3     db  "   + 8:"
.p3     db  "________ ", 0
.s4     db  "   +12:"
.p4     db  "________ ", 0
```


この関数は、一時的なテストのために使用するので、ソースファイルを保存してあるディレクトリ内にmodulesディレクトリを作成し、そのなかにinterrupt.sというファイル名で保存します。

図18-2 割り込み処理の配置

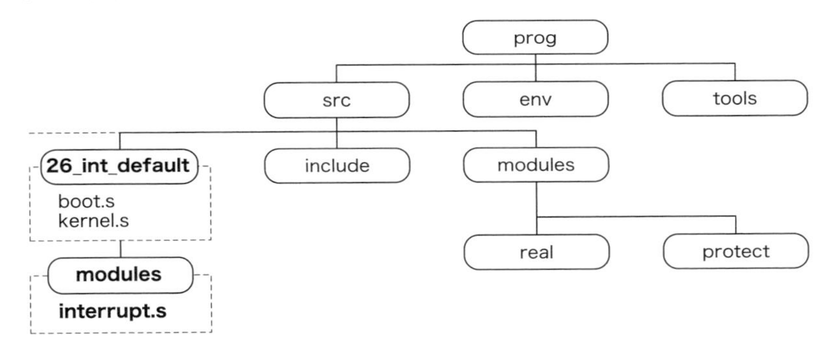

この処理は、呼び出し元に戻ることがないので、レジスタの保存処理を行っていません。また、先頭のスタックを表示する前に、EAXレジスタで示された文字列を表示して割り込み種別を表示します。このときに表示する文字列は、関数を呼び出す側で設定します。その後、スタックに積まれている4つの値を表示して無限ループに入ります。割り込み発生時、スタックに積み込まれる値が3つであるにもかかわらず4つの値を表示するのは、割り込み要因によっては、付加的な情報がスタック上に積み込まれるためです。具体的な例として、無効なメモリ空間へアクセスしたときに生成されるページフォルトでは、3つの情報に加え、4バイトのエラーコードがスタック上に積まれます。

図18-3 割り込み要因によって異なるスタック

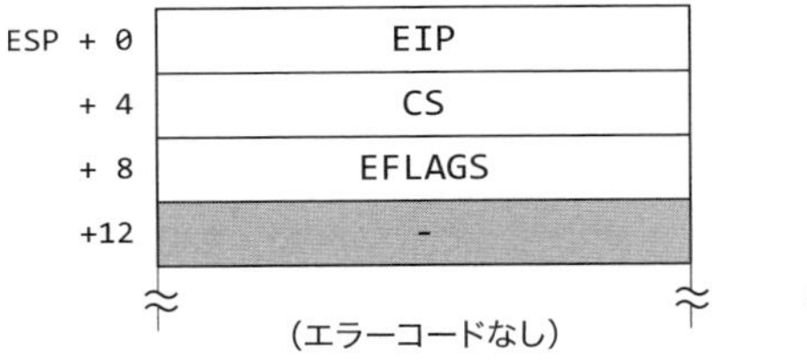

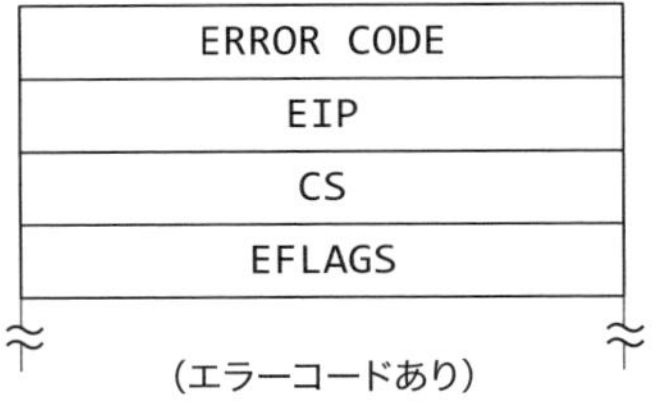

　しかし、スタックの値を表示するだけであれば、割り込み処理内で行う必要がありません。割り込み処理から復帰してから画面表示を行いたいのですが、IRET命令でそのまま復帰すると、スタックの値が破棄されてしまいます。このため、割り込みが発生したときと同じ形式のスタックを新たに作成し、割り込みから復帰します。このとき、最後にPUSHする割り込み処理からの復帰アドレスに、スタックの値を表示する関数を設定します。

図18-4 割り込み発生時のスタックを作成

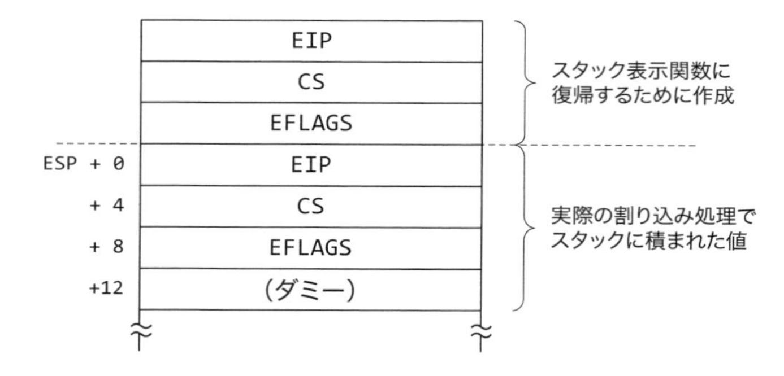

prog/src/26_int_default/modules/**interrupt.s**

```
int_default:
        pushf                                   ; // EFLAGS
        push    cs                              ; // CS
        push    int_stop                        ; // スタック表示処理
```

　スタック表示処理に復帰するためには、割り込み種別を表す文字列をEAXレジスタに設定した後、IRET命令を実行します。

prog/src/26_int_default/modules/**interrupt.s**

```
int_default:
        pushf                                   ; // EFLAGS
        push    cs                              ; // CS
        push    int_stop                        ; // スタック表示処理

        mov     eax, .s0                        ; // 割り込み種別
        iret

.s0     db " <    STOP    > ", 0
```

　ここで作成した関数も、先ほどと同じinterrupt.sファイルに保存します。ソースファイルからは次のように指定して取り込みます。

prog/src/26_int_default/**kernel.s**

```
%include    "modules/interrupt.s"
```

　ここで作成した割り込み処理は、まだCPUに設定していないので、実際に割り込みが発生

しても呼び出されることはありません。しかし、関数として呼び出すことは可能なので、割り込み発生時の動作を確認することができます。次のプログラムは、作成したデフォルトの割り込み処理を関数として呼び出すものです

prog/src/26_int_default/**kernel.s**

```
        push    0x11223344                      ; (ダミー)
        pushf                                   ; EFLAGSの保存
        call    0x0008:int_default              ; デフォルト割り込み処理の呼び出し
```

割り込みが発生したときにスタックに積まれる値にはCSレジスタも含まれるので、関数呼び出しにはセグメント間ジャンプ命令を使用します。このときのセグメントセレクタ値には、カーネル用コードセグメントディスクリプタを示す0x0008を指定します。また、デフォルトの割り込み処理内では、スタックに積まれた値を4つ表示するので、フラグの前に32ビットのデータを積み込んでいます。

プログラムの実行結果は、次のとおりです。

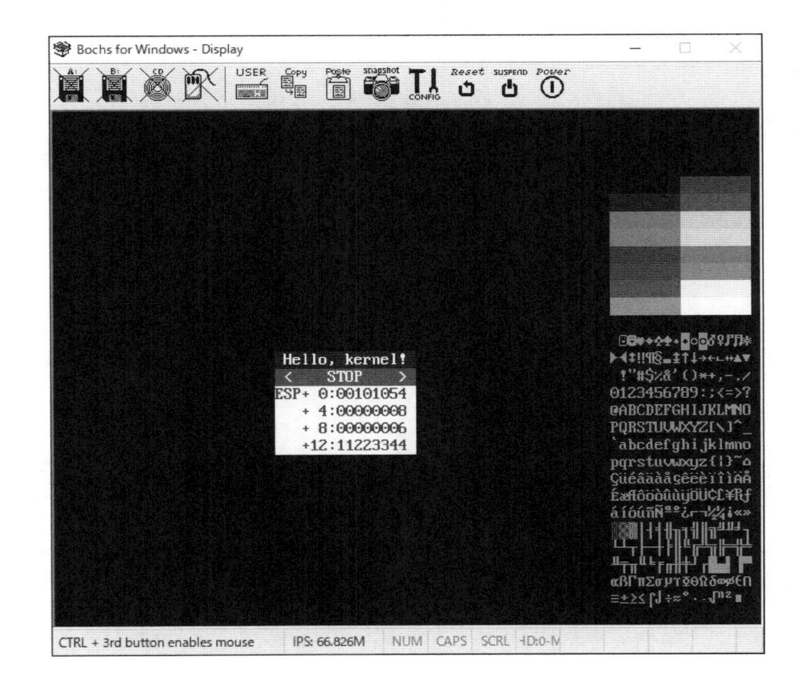

18.2 割り込みゲートディスクリプタを作成する

ここでは、割り込み処理の初期化関数を作成します。作成する初期化関数は、引数を取らず、戻り値もありません。

init_int(void);	
戻り値	無し
引数	無し

割り込み処理が通常の関数呼び出しと異なるのは、呼び出しタイミングが特定できないことにあります。そのため、割り込み処理のアドレスは、割り込みゲートディスクリプタ ➡P.245参照 で事前に登録しておく必要があります。割り込みゲートディスクリプタには、割り込み処理のアドレス以外にも、アドレスが存在するメモリ空間を選択するためのセレクタなどを設定します。次の表に、今回使用する、デフォルトの割り込み処理を登録するために必要となる設定値を示します。

表18-1 デフォルトの割り込みゲートディスクリプタの設定

設定項目	設定値	意味
オフセット	**int_default**	割り込み処理のアドレス（ラベル名）
セグメントセレクタ	**0x0008**	カーネルのコード用セグメントセレクタ
P	**1**	プレゼンス（メモリ上に存在）
DPL	**0**	特権レベル（0=最高）
DT	**0**	ゲートディスクリプタ
TYPE	**0xE**	386割り込みゲート

オフセットは、上位16ビットと下位16ビットに分けて設定します。セグメントセレクタには、カーネルコード用セグメントのインデックスを表す0x0008を設定し、Pビットには、割り込み処理がメモリ上に存在することを示す1を設定します。DPLには、カーネルと同じ、最高特権レベルの0を設定します。DTビットには、ディスクリプタタイプを設定しますが、割り込みゲートディスクリプタはゲートディスクリプタに分類されるので0を設定します。タイプには、386割り込みゲートであることを示す0xEを設定します。

割り込みゲートディスクリプタは、メモリ空間を設定するディスクリプタと同様、8バイトのディスクリプタとして定義します。割り込みゲートディスクリプタの定義とは、この書式に合わせて割り込み処理に関する情報を設定することです。次に、割り込みゲートディスクリプタの形式を再掲します。

図18-5 割り込みゲートディスクリプタ

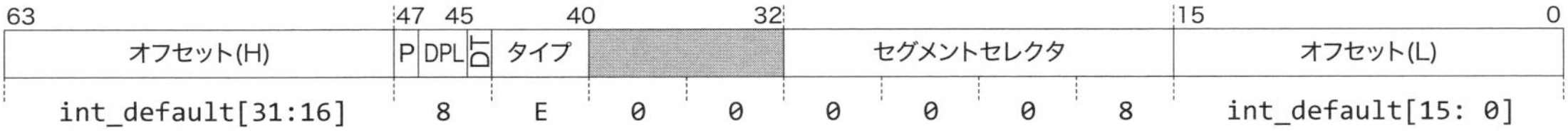

63	47		45		40	32	15	0
オフセット(H)	P	DPL	DT	タイプ			セグメントセレクタ	オフセット(L)

int_default[31:16]　8　E　0　0　0　0　0　8　int_default[15: 0]

割り込みゲートディスクリプタは、プログラムの初期化処理内で作成します。次のコードは、EAXとEBXレジスタを1つの64ビットレジスタに見立てて、直前の図に示した、デフォルト割り込みゲートディスクリプタを設定する例です。

prog/src/27_int_div_zero/modules/**interrupt.s**

```
init_int:
        ...
        lea     eax, [int_default]             ; EAX   = 割り込み処理アドレス;
        mov     ebx, 0x0008_8E00               ; EBX   = セグメントセレクタ;
        xchg    ax, bx                         ; // 下位ワードを交換
```

割り込みディスクリプタテーブルは、セグメントディスクリプタテーブルと同じ形式で作成します。

図18-6 割り込みディスクリプタテーブル

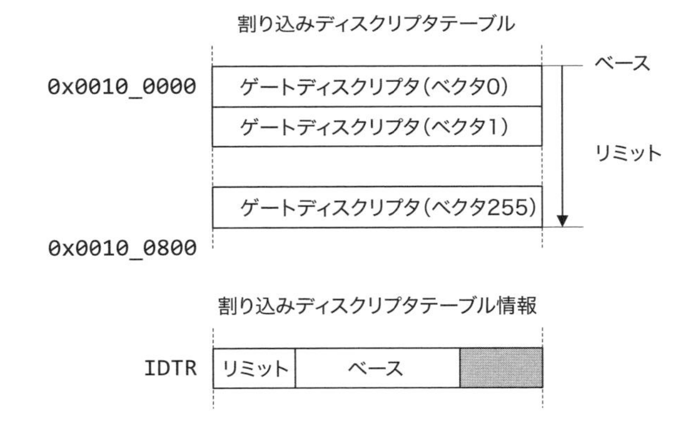

今回、割り込みディスクリプタテーブルは、0x0010_0000番地に256ベクタ分配置します。1つの割り込みゲートディスクリプタは8バイトで構成されるので、0x0010_07FFまでの2Kバイトが割り込みディスクリプタテーブルで占有されます。初期化処理では、すでに設定したEAXとEBXレジスタの値を0x0010_0000番地からループ処理で8バイトごとに設定していきます。

prog/src/27_int_div_zero/modules/**interrupt.s**

```
        ...
        mov     ecx, 256                        ; ECX   = 割り込みベクタ数
        mov     edi, VECT_BASE                  ; EDI   = 割り込みベクタテーブル
.10L:                                           ; do
                                                ; {
        mov     [edi + 0], ebx                  ;   [EDI + 0] = 割り込みディスクリプタ(下位)
        mov     [edi + 4], eax                  ;   [EDI + 4] = 割り込みディスクリプタ(上位)
        add     edi, 8                          ;   EDI += 8;
        loop    .10L                            ; } while (ECX--);
```

初期化プログラム内で使用しているVECT_BASEマクロは、次のように定義します。

prog/src/include/**define.s**

```
        VECT_BASE       equu    0x0010_0000 ;    0010_0000:0010_07FF
```

最後に、リアルモードからプロテクトモードへの移行時にも行った、割り込みディスクリプタテーブルの登録を再度行います。割り込みディスクリプタテーブルをCPUに設定するためには、専用のLIDT命令を使用します。

prog/src/27_int_div_zero/modules/**interrupt.s**

```
        lidt    [IDTR]                          ; // 割り込みディスクリプタテーブルをロード
```

ここで指定する割り込みゲートディスクリプタの情報は、グローバルディスクリプタテーブルを登録したときと同様、2バイトのリミットとテーブルのアドレスで構成されます。

```
ALIGN 4
IDTR:   dw      8 * 256 - 1                     ; idt_limit
        dd      VECT_BASE                       ; idt location
```

ここで作成した割り込み初期化処理も、interrupt.sファイルに保存します。次に、割り込みディスクリプタテーブルの初期化部分を示します。

prog/src/27_int_div_zero/modules/**interrupt.s**

```
;************************************************************************
;   割り込みベクタの初期化
;************************************************************************
ALIGN 4
IDTR:   dw      8 * 256 - 1                     ; idt_limit
        dd      VECT_BASE                       ; idt location

;************************************************************************
;   割り込みテーブルを初期化
;************************************************************************
init_int:
        ;---------------------------------------
        ; 【レジスタの保存】
        ;---------------------------------------
        push    eax
```

```
        push    ebx
        push    ecx
        push    edi

        ;---------------------------------------
        ; すべての割り込みにデフォルト処理を設定
        ;---------------------------------------
        lea     eax, [int_default]              ; EAX    = 割り込み処理アドレス;
        mov     ebx, 0x0008_8E00                ; EBX    = セグメントセレクタ;
        xchg    ax, bx                          ; // 下位ワードを交換

        mov     ecx, 256                        ; ECX    = 割り込みベクタ数
        mov     edi, VECT_BASE                  ; EDI    = 割り込みベクタテーブル

.10L:                                           ; do
                                                ; {
        mov     [edi + 0], ebx                  ;   [EDI + 0] = 割り込みディスクリプタ(下位)
        mov     [edi + 4], eax                  ;   [EDI + 4] = 割り込みディスクリプタ(上位)
        add     edi, 8                          ;   EDI += 8;
        loop    .10L                            ; } while (ECX--);

        ;---------------------------------------
        ; 割り込みディスクリプタの設定
        ;---------------------------------------
        lidt    [IDTR]                          ; // 割り込みディスクリプタテーブルをロード

        ;---------------------------------------
        ; 【レジスタの復帰】
        ;---------------------------------------
        pop     edi
        pop     ecx
        pop     ebx
        pop     eax

        ret
```

18.3 ゼロ除算割り込みを実装する

ゼロ除算とは、任意の数値を0で割ることです。とても簡単なことに思えますが、コンピュータはこの計算ができません。そこで、コンピュータは割り込みを生成して人間に助けを求めますが、人間にも答えを出すことができません。そもそも、数値を0で割ること自体が問題なのです。

ゼロ除算による割り込みが発生したときは、その答えを出すのではなく、振る舞いを決めます。ここでは、一般的なOSで実装されているように、ゼロ除算を行ったタスクを強制終了します。ゼロ除算による割り込みがデフォルトの割り込み処理と異なるのは、割り込み種別を表す文字列だけです。

prog/src/27_int_div_zero/modules/**interrupt.s**

```
int_zero_div:
        pushf                                   ; // EFLAGS
        push    cs                              ; // CS
        push    int_stop                        ; // スタック表示処理
```

```
        mov     eax, .s0                            ; // 割り込み種別
        iret

.s0     db  " <  ZERO DIV  > ", 0
```

この関数も、interrupt.sファイルに保存します。

次に、作成した割り込み処理を登録するマクロを作成します。このマクロは2つまたは3つの引数を取り、1番目の引数で指定されたベクタ番号のディスクリプタに2番目の引数で指定された割り込み処理アドレスを設定します。もし3番目の引数が指定されたときはゲートディスクリプタの属性として設定します。

prog/src/include/**macro.s**

```
%macro  set_vect 1-*
        push    eax
        push    edi

        mov     edi, VECT_BASE + (%1 * 8)       ; ベクタアドレス;
        mov     eax, %2

    %if 3 == %0
        mov     [edi + 4], %3                   ; フラグ
    %endif

        mov     [edi + 0], ax                   ; 例外アドレス[15: 0]
        shr     eax, 16                         ;
        mov     [edi + 6], ax                   ; 例外アドレス[31:16]

        pop     edi
        pop     eax
%endmacro
```

ゼロ除算割り込みは、作成したマクロを使用して、ベクタ番号0に設定します。

prog/src/27_int_div_zero/**kernel.s**

```
        cdecl   init_int                        ; // 割り込みベクタの初期化

        set_vect    0x00, int_zero_div          ; // 割り込み処理の登録：0除算
```

実際にゼロ除算割り込みを確認するために、次のコードを実行します。

prog/src/27_int_div_zero/**kernel.s**

```
        cdecl   draw_str, 25, 14, 0x010F, .s0   ; draw_str();

        ;---------------------------------------
        ; 0除算による割り込みを生成
        ;---------------------------------------
        mov     al, 0                           ; AL = 0;
        div     al                              ; ** 0除算 **
```

前述のコードを実行すると、期待したとおりの表示が行われ、先頭スタックの値は0x00101066と表示されました。

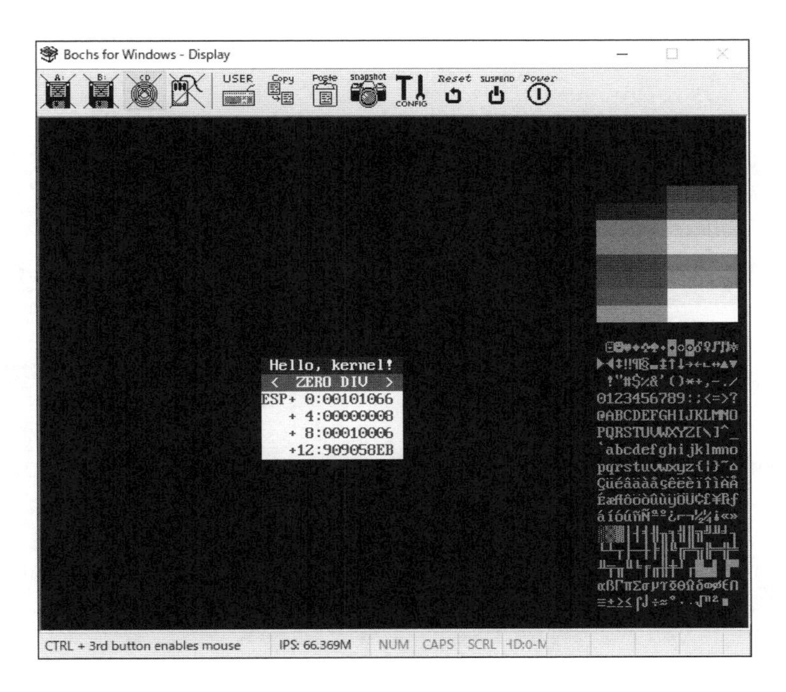

これは、KERNEL_LOADが0x0010_1000と定義されていることから、カーネルのオフセット0x0066番地のコードでゼロ除算が発生したことを示しています。このことは、リスティングファイルからも確認できます。実際に、前述のソースファイルをアセンブルしたときに生成されるリスティングファイルには、次に示すアセンブル結果が出力されています。

prog/src/27_int_div_zero/**kernel.lst** ※アセンブルすると生成されるファイルです

```
  254                        ;---------------------------------------
  255                        ; 0除算による割り込みを生成
  256                        ;---------------------------------------
  252 00000064 B000          mov     al, 0                                  ; AL = 0;
  253 00000066 F6F0          div     al                                     ; ** 0除算 **
```

18.4 割り込みと例外の違いを確認する

次に、ソフトウェア割り込みを使って、ベクタ番号0の処理を呼び出してみます。

prog/src/27_int_div_zero/**kernel.s**

```
        ;---------------------------------------
        ; 0除算による割り込みを呼び出し
        ;---------------------------------------
        int     0                               ; // 割り込み処理の呼び出し
```

```
;-----------------------------------------
; 0除算による割り込みを生成
;-----------------------------------------
mov     al, 0                           ; AL = 0;
div     al                              ; ** 0除算 **
```

このプログラムを実行してみると、期待どおりの表示が行われ、先頭のスタックの値は0x00101066と表示されました。この値が正しいかどうかは、アセンブル時に生成されるリスティングファイルで確認することができます。

prog/src/27_int_div_zero/**kernel.lst** ※アセンブルすると生成されるファイルです

```
249                            ;-----------------------------------------
250                            ; 0除算による割り込みを呼び出し
251                            ;-----------------------------------------
252 00000064 CD00              int     0                       ; // 割り込み処理の呼び出し
253
254                            ;-----------------------------------------
255                            ; 0除算による割り込みを生成
256                            ;-----------------------------------------
257 00000066 B000              mov     al, 0                   ; AL = 0;
258 00000068 F6F0              div     al                      ; ** 0除算 **
```

リスティングファイルの内容から、スタックの先頭の値は、INT命令を実行したアドレスではなく、INT命令を実行した次のCPU命令のアドレスであることが分かります。本来、ソフトウェア割り込み終了時には、次の処理が継続して行われるためです。また、ベクタ番号0の割り込みは、CPUが0除算を検出したときに発生する割り込みで、直接呼び出すものではありません。

特に、ベクタ番号0から31までの割り込みは、CPUによって用途が決められています。これらの割り込みが発生したときはCPUの内部状態も変化しているので、関数呼び出しやINT命令で割り込み処理を実行することとは、本質的に意味が異なります。このため、CPUがプログラム実行中に生成する割り込みは「例外」と呼ばれ、ベクタ番号32以降で使用される割り込みとは区別されています。

18.5 割り込みコントローラを再設定する

割り込みには、ソフトウェア割り込みとハードウェア割り込みがあります。ハードウェア割り込みでも、ソフトウェア割り込みと同様、256本の割り込み要因を生成することができますが、CPUに256本もの割り込み入力信号が用意されている訳ではなく、1本の割り込み入力信号と割り込みベクタ番号を読み取る仕組みが備わっているのです。次の図に、PIC ➡P.297参照 の接続図を再掲します。

図18-7 割り込み信号の接続

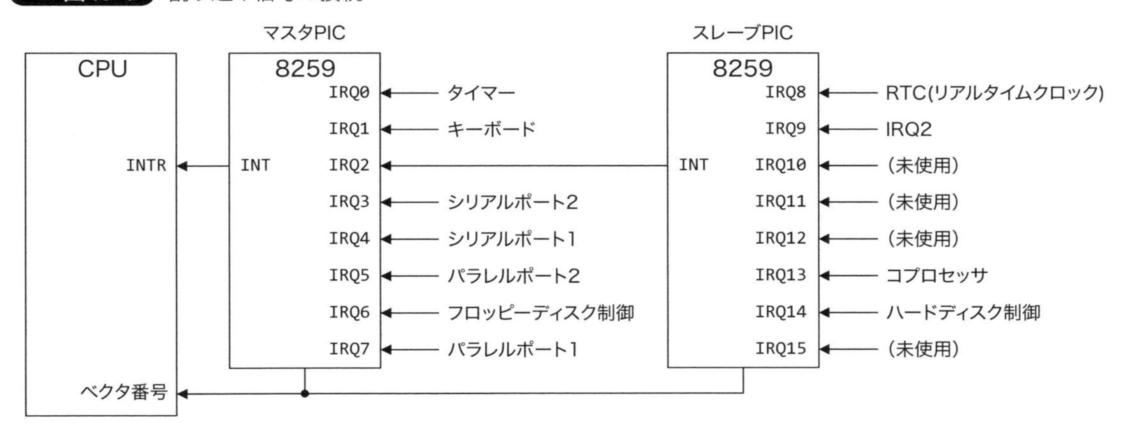

CPUのINTR入力信号に接続された外部割り込み入力は、CPU命令で有効／無効を切り替えることが可能です。これは、CLI命令またはSTI命令を使用して、フラグレジスタにある割り込み許可フラグを操作して行います。

PIC（割り込みコントローラ）の初期化

マルチタスクプログラムでも、割り込みコントローラを使用して、割り込み処理を管理します。まずは、割り込みコントローラの初期化を行い、すべての割り込みを無効とします。その後、個別の割り込み処理を作成した段階で、必要な割り込みだけを有効にしていきます。

PCには2つのPICが接続されており、CPUに近い側からマスタPIC、スレーブPICと呼ばれます。割り込み入力信号の検出方法は、ともにエッジに設定します。これは、信号が変化したタイミングで割り込みが発生するように設定するもので、1回の割り込みにつき1回、出力信号が変化する周辺回路などで使用されます。

マスタPICには、ベースとなる割り込みベクタを0x20に設定します。31までの割り込みベクタはCPUによって予約されているので、32番からの割り込みベクタ番号が生成されるように設定するわけです。これにより、マスタPICのIRQ0からIRQ7までの割り込みが発生すると、32から39までの割り込みベクタがCPUに通知されます。同様に、スレーブPICの割り込みベクタには0x28を設定します。これにより、スレーブPICのIRQ0からIRQ7までの割り込みが発生すると、40から47までの割り込みベクタがCPUに通知されます。

PICは、各割り込み入力信号ごとに、割り込み状態を保持しています。PICが一度割り込みを受け付けると、CPUからの割り込み処理終了コマンドを受けるまで、次の割り込みを保留します。

各割り込みコントローラに設定する内容は次のとおりです。

表18-2 割り込みコントローラ(PIC)の設定内容

設定項目	設定内容	
	マスタPIC	スレーブPIC
割り込み検出方法	エッジ	
接続方式	カスケード	
ICW4の設定	あり	
割り込みベクタ	0x20(32)	0x28(40)
マスタスレーブ設定	マスタ	スレーブ
スレーブ接続位置	0x02	0(設定なし)
スレーブID	0(設定なし)	2
EOI自動出力	しない	

これらの値を各割り込みコントローラのレジスタに設定し、すべての割り込みを無効(マスク)とする具体的なプログラム例は次のとおりです。この関数は、pic.sというファイル名でprotectディレクトリに保存します。

prog/src/modules/protect/**pic.s**

```
init_pic:
        ;---------------------------------------
        ; 【レジスタの保存】
        ;---------------------------------------
        push    eax

        ;---------------------------------------
        ; マスタの設定
        ;---------------------------------------
        outp    0x20, 0x11                      ; // MASTER.ICW1 = 0x11;
        outp    0x21, 0x20                      ; // MASTER.ICW2 = 0x20;
        outp    0x21, 0x04                      ; // MASTER.ICW3 = 0x04;
        outp    0x21, 0x05                      ; // MASTER.ICW4 = 0x05;
        outp    0x21, 0xFF                      ; // マスタ割り込みマスク

        ;---------------------------------------
        ; スレーブの設定
        ;---------------------------------------
        outp    0xA0, 0x11                      ; // SLAVE.ICW1  = 0x11;
        outp    0xA1, 0x28                      ; // SLAVE.ICW2  = 0x28;
        outp    0xA1, 0x02                      ; // SLAVE.ICW3  = 0x02;
        outp    0xA1, 0x01                      ; // SLAVE.ICW4  = 0x01;
        outp    0xA1, 0xFF                      ; // スレーブ割り込みマスク

        ;---------------------------------------
        ; 【レジスタの復帰】
        ;---------------------------------------
        pop     eax

        ret
```

ここで使用されているポート出力命令は、次のように定義したマクロを使用しています。

```
                                               prog/src/include/macro.s
%macro  outp 2
        mov     al, %2
        out     %1, al
%endmacro
```

一度、割り込みコントローラの設定を行えば、後は、必要な割り込みを許可するだけです。次の例は、マスタPICに接続されたIRQ1のキーボード割り込みを有効とするものです。

```
        outp    0x21, 0b_1111_1101          ; //割り込み有効:KBC(キーボード割り込み)
```

2つのPICはカスケード接続されているので、EOIの設定方法が変則的です。マスタPICが割り込みを生成した場合は、マスタPICにのみEOIコマンドを送信すればよいのですが、スレーブPICが割り込みを生成した場合は、マスタPIC経由でCPUに割り込みを掛けているので、マスタPICとスレーブPICの両方にEOIコマンドを送信する必要があります。

図18-8 EOIコマンドの送信

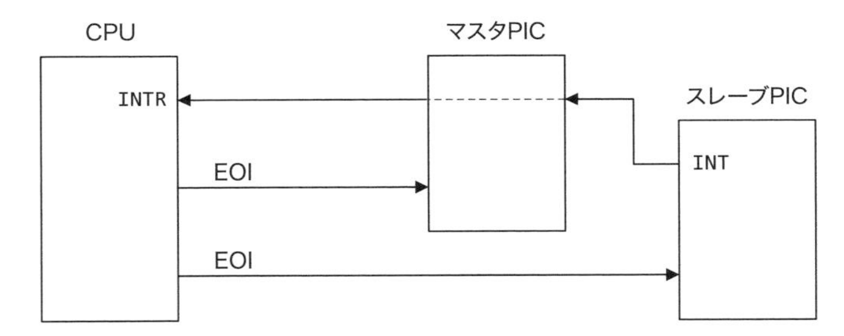

18.6 RTC割り込みを実装する

RTC(リアルタイムクロック)のポートにアクセスし、時刻を取得する処理は、すでに一度作成しました➡P.519参照。そのときに作成した関数には、ポーリング➡P.090参照で使用することを前提としていたので、内部レジスタが更新されるタイミングでポートを読み出すことを避ける処理が組み込まれていました。

RTCがデータを更新するのは、1秒に1回だけですが、ポーリングにより時刻データを取得すると、1秒間に数十回ものポートアクセスが発生することになります。また、得られた時刻データも、その多くは同じデータであるため、大半が無駄なアクセスとなってしまいます。このようなことを回避するために、RTCには、時刻データの書き換えが終了したときや設定した日時と一致したときに割り込み信号を出力する機能が備わっています。ここでは、時刻データの取得タイミングを、RTCからの割り込みで行うように修正します。時刻データの取得タイミングを割り込み処理に変えることで、RTCの時刻データが更新されるタイミングでデータを読み取ってしまうことを防ぐことができるばかりでなく、ポーリング時に行っていた無駄なポートアクセスも不要とすることができます。

RTCの割り込み信号は、CPUに直接つながっているわけではないので、関連する周辺機器それぞれに対して適切な設定を行う必要があります。これらの設定が正しく行われて初めてRTC割り込み処理が呼び出されることになります。

図18-9 RTC割り込み信号の接続

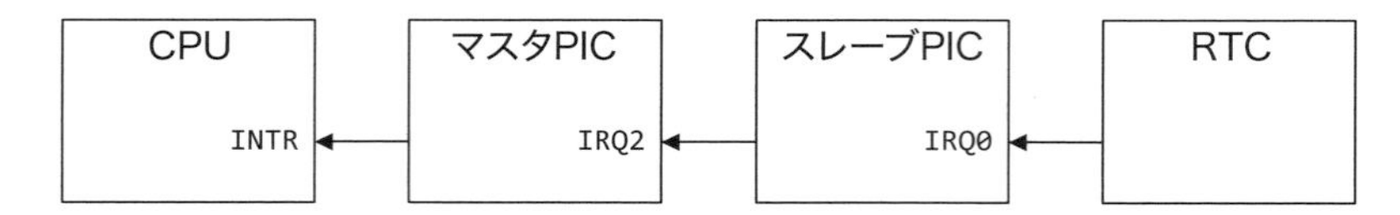

RTC割り込みを実現するために行う処理は次のとおりです。

1. 割り込み処理の作成
2. 割り込み処理の登録
3. RTC（リアルタイムクロック）の割り込み設定
4. PIC（割り込みコントローラ）の割り込みマスク設定
5. CPUの割り込み許可

割り込み処理の作成

タイマー割り込み処理では、時刻を取得した後は本来の処理に復帰するので、使用するレジスタの保存と復帰を行います。

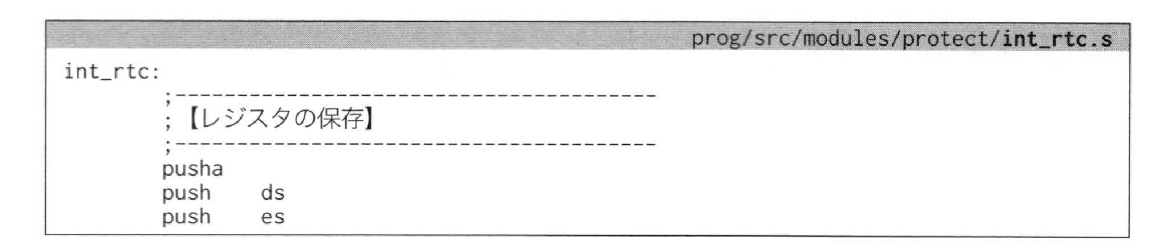
prog/src/modules/protect/**int_rtc.s**

```
int_rtc:
        ;---------------------------------------
        ; 【レジスタの保存】
        ;---------------------------------------
        pusha
        push    ds
        push    es
```

その後、データ用セグメントセレクタであるDSレジスタとESレジスタを、カーネル用データセグメントを示すオフセット値に変更します。この値（0x0010）は、GDT（グローバルディスクリプタテーブル）の先頭からのバイト数に相当し、8バイトで構成される要素の2番目であることを示しています。

```
                                        prog/src/modules/protect/int_rtc.s
        ;---------------------------------------
        ; データ用セグメントセレクタの設定
        ;---------------------------------------
        mov     ax, 0x0010                  ;
        mov     ds, ax                      ;
        mov     es, ax                      ;
```


割り込み処理では、RTCから時刻データを取得するだけなので、すでに作成したプログラムを流用して、時刻データをRTC_TIMEに保存します。割り込み処理内では、時刻データを1命令で書き換えるので、非割り込み処理内で同期処理を行う必要はなく、任意のタイミングで時刻データを読み出して使用することができます。

```
                                        prog/src/modules/protect/int_rtc.s
        ;---------------------------------------
        ; RTCから時刻を取得
        ;---------------------------------------
        cdecl   rtc_get_time, RTC_TIME      ;   EAX = get_time(&RTC_TIME);
```

割り込み発生時の処理が終了したら、割り込み発生要因を取り除きます。対象となる周辺機器は、RTCとマスタおよびスレーブ割り込みコントローラです。RTCの割り込み要因は、RTCの内部レジスタCを読み出すとクリアされます。

```
                                        prog/src/modules/protect/int_rtc.s
        ;---------------------------------------
        ; RTCの割り込み要因を取得
        ;---------------------------------------
        outp    0x70, 0x0C                  ; outp(0x70, 0x0C); // レジスタCを選択
        in      al, 0x71                    ; AL    = port(0x71);
```

RTCの内部レジスタCを読み出すと、RTCが割り込みを発生した要因を取得することができると同時に、割り込み発生要因がクリアされます。今回は、割り込み要因を区別する必要がないので、読み取った値を使用することはありません。

割り込みコントローラには、割り込みが終了したことを示すEOI (End Of Interrupt) コマンドを送信します。タイマー割り込みはスレーブPICからマスターPICを経由して発生しているので、両PICに対してEOIコマンドを送信します。なお、割り込み要因のクリアは、どれか1つでも欠けると、2回目以降の割り込みが発生しなくなってしまいます。

```
                                        prog/src/modules/protect/int_rtc.s
        ;---------------------------------------
        ; 割り込みフラグをクリア(EOI)
        ;---------------------------------------
        mov     al, 0x20                    ; AL = EOIコマンド;
        out     0xA0, al                    ; outp(0xA0, AL); // スレーブPIC
        out     0x20, al                    ; outp(0x20, AL); // マスタPIC
```

割り込み発生時には、タスクの実行状態を正しく復元できるように、フラグレジスタもスタックに保存されています。そのため、割り込み処理からの復帰は、一般的な関数の復帰処理とは異なり、フラグレジスタも含めて復帰するIRET命令を使用します。

prog/src/modules/protect/**int_rtc.s**

```
        ;---------------------------------------
        ; 【レジスタの復帰】
        ;---------------------------------------
        pop     es                              ;
        pop     ds                              ;
        popa

        iret                                    ; 割り込み処理の終了
```

作成した関数は、int_rtc.sというファイル名でprotectディレクトリに保存します。

割り込み処理の登録

作成した割り込み処理は、割り込みディスクリプタテーブルに登録しなければ呼び出されることはありません。スレーブPICの割り込みベクタ番号は0x28から開始するように設定したので、RTCが接続されているスレーブPICのIRQ0は、割り込みベクタ番号0x28を生成します。このため、RTC割り込み処理はベクタ番号0x28に登録します。割り込み処理の登録は、ゼロ除算の割り込みを登録したときと同じです。割り込みディスクリプタテーブルの初期設定ではデフォルトの割り込み処理が設定されているので、このアドレスをRTC割り込み処理に変更します。

prog/src/28_int_rtc/**kernel.s**

```
        set_vect    0x00, int_zero_div          ; // 割り込み処理の登録：0除算
        set_vect    0x28, int_rtc               ; // 割り込み処理の登録：RTC
```

RTC（リアルタイムクロック）の割り込み設定

RTCは、1秒に1回時刻データを更新しており、その処理が終了したときに割り込み信号を生成することができます。この割り込みは、RTCの内部レジスタBのUIE（更新終了割り込み許可：Update-ended Interrupt Enable）ビットをセットすると生成されます。次の関数は、レジスタBに値を設定して、RTC自体の割り込みを有効化するものです。

prog/src/modules/protect/**int_rtc.s**

```
rtc_int_en:
        ...
        ;---------------------------------------
        ; 割り込み許可設定
        ;---------------------------------------
        outp    0x70, 0x0B                      ; outp(0x70, AL);   // レジスタBを選択

        in      al, 0x71                        ; AL  = port(0x71); // レジスタBの
        or      al, [ebp + 8]                   ; AL |= ビット;     // 指定されたビットをセット

        out     0x71, al                        ; outp(0x71, AL);   // レジスタBに書き込み
```

この関数を使用してRTCからの割り込みを許可するときは、次のように呼び出します。

prog/src/28_int_rtc/**kernel.s**

```
        set_vect    0x28, int_rtc               ; // 割り込み処理の登録：RTC

        ;----------------------------------------
        ; デバイスの割り込み許可
        ;----------------------------------------
        cdecl   rtc_int_en, 0x10                ; rtc_int_en(UIE); // 更新サイクル終了割り込み許可
```


PIC（割り込みコントローラ）の割り込みマスク設定

RTCはスレーブPICのIRQ0に接続されているので、まずは、この割り込みを有効にします。RTC割り込みは、割り込みマスクレジスタのIRQに該当するビットを0にすると許可されます。

prog/src/28_int_rtc/**kernel.s**

```
        cdecl   rtc_int_en, 0x10                ; rtc_int_en(UIE); // 更新サイクル終了割り込み許可

        ;----------------------------------------
        ; IMR(割り込みマスクレジスタ)の設定
        ;----------------------------------------
        outp    0xA1, 0b1111_1110               ; // 割り込み有効：RTC
```

次に、スレーブPICが接続されているマスタPICのIRQ2の割り込みも許可します。スレーブPICの割り込み出力信号は、マスタPICのIRQ2に接続されているので、ここでも、該当するビットを0に設定します。

prog/src/28_int_rtc/**kernel.s**

```
        ;----------------------------------------
        ; IMR(割り込みマスクレジスタ)の設定
        ;----------------------------------------
        outp    0x21, 0b1111_1011               ; // 割り込み有効：スレーブPIC
        outp    0xA1, 0b1111_1110               ; // 割り込み有効：RTC
```

CPUの割り込み許可

割り込みコントローラとRTCの割り込み設定がすべて終了したので、STI命令によりCPUの外部割込みを許可します。これにより、INTR信号に接続されているマスタPICからの割り込みが有効になります。

prog/src/28_int_rtc/**kernel.s**

```
        sti                                     ; // 割り込み許可
```

RTC割り込み処理では、定期的に時刻データを更新してくれるので、通常のタスクからポートにアクセスする必要はなく、バッファに保存された時刻データを読み込んで表示するだけです。

```
                                              prog/src/28_int_rtc/kernel.s
.10L:                                         ; do
                                              ; {
        mov     eax, [RTC_TIME]               ;   // 時刻の取得
        cdecl   draw_time, 72, 0, 0x0700, eax ;   // 時刻の表示
                                              ;
        jmp     .10L                          ; } while (1);
```

ここで作成したファイルは、すべてprotectディレクトリ内に保存します。また、一時的に使用していたinterrupt.sファイルもprotectディレクトリに移動します。ここで、ファイルの保存場所を確認しておきます。

図18-10 割り込みに関するファイルの配置

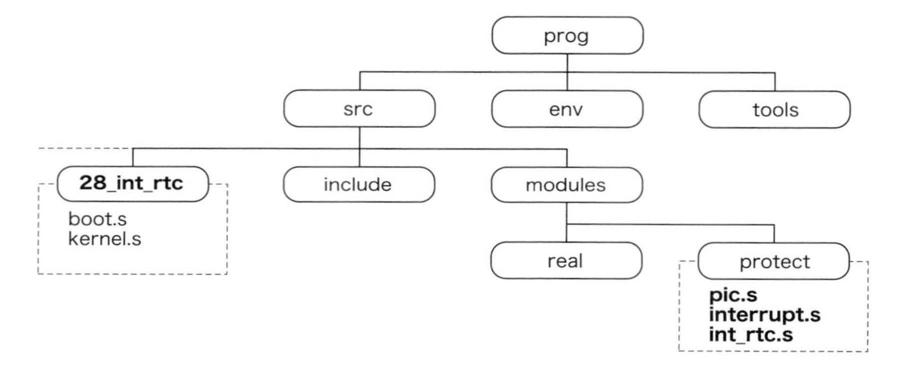

次に、カーネルのソース全体を示します。

```
                                              prog/src/28_int_rtc/kernel.s
;************************************************************************
;   マクロ
;************************************************************************
%include    "../include/define.s"
%include    "../include/macro.s"

        ORG     KERNEL_LOAD                         ; カーネルのロードアドレス

[BITS 32]
;************************************************************************
;   エントリポイント
;************************************************************************
kernel:
        ;---------------------------------------
        ; フォントアドレスを取得
        ;---------------------------------------
        mov     esi, BOOT_LOAD + SECT_SIZE          ; ESI   = 0x7C00 + 512
        movzx   eax, word [esi + 0]                 ; EAX   = [ESI + 0] // セグメント
        movzx   ebx, word [esi + 2]                 ; EBX   = [ESI + 2] // オフセット
        shl     eax, 4                              ; EAX <<= 4;
        add     eax, ebx                            ; EAX  += EBX;
        mov     [FONT_ADR], eax                     ; FONT_ADR[0] = EAX;
```

```
        ;---------------------------------------
        ; 初期化
        ;---------------------------------------
        cdecl   init_int                        ; // 割り込みベクタの初期化
        cdecl   init_pic                        ; // 割り込みコントローラの初期化

        set_vect    0x00, int_zero_div          ; // 割り込み処理の登録：0除算
        set_vect    0x28, int_rtc               ; // 割り込み処理の登録：RTC

        ;---------------------------------------
        ; デバイスの割り込み許可
        ;---------------------------------------
        cdecl   rtc_int_en, 0x10                ; rtc_int_en(UIE); // 更新サイクル終了割り込み許可

        ;---------------------------------------
        ; IMR(割り込みマスクレジスタ)の設定
        ;---------------------------------------
        outp    0x21, 0b_1111_1011              ; // 割り込み有効：スレーブPIC
        outp    0xA1, 0b_1111_1110              ; // 割り込み有効：RTC

        ;---------------------------------------
        ; CPUの割り込み許可
        ;---------------------------------------
        sti                                     ; // 割り込み許可

        ;---------------------------------------
        ; フォントの一覧表示
        ;---------------------------------------
        cdecl   draw_font, 63, 13               ; // フォントの一覧表示
        cdecl   draw_color_bar, 63, 4           ; // カラーバーの表示

        ;---------------------------------------
        ; 文字列の表示
        ;---------------------------------------
        cdecl   draw_str, 25, 14, 0x010F, .s0   ; draw_str();

        ;---------------------------------------
        ; 時刻の表示
        ;---------------------------------------
.10L:                                           ; do
                                                ; {
        mov     eax, [RTC_TIME]                 ;   // 時刻の取得
        cdecl   draw_time, 72, 0, 0x0700, eax   ;   // 時刻の表示
                                                ;
        jmp     .10L                            ; } while (1);

        ;---------------------------------------
        ; 処理の終了
        ;---------------------------------------
        jmp     $                               ; while (1) ; // 無限ループ

.s0:    db  " Hello, kernel! ", 0

ALIGN 4, db 0
FONT_ADR:   dd  0
RTC_TIME:   dd  0

;************************************************************************
;   モジュール
;************************************************************************
%include    "../modules/protect/vga.s"
%include    "../modules/protect/draw_char.s"
%include    "../modules/protect/draw_font.s"
%include    "../modules/protect/draw_str.s"
```

```
%include    "../modules/protect/draw_color_bar.s"
%include    "../modules/protect/draw_pixel.s"
%include    "../modules/protect/draw_line.s"
%include    "../modules/protect/draw_rect.s"
%include    "../modules/protect/itoa.s"
%include    "../modules/protect/rtc.s"
%include    "../modules/protect/draw_time.s"
%include    "../modules/protect/interrupt.s"
%include    "../modules/protect/pic.s"
%include    "../modules/protect/int_rtc.s"

;************************************************************************
;   パディング
;************************************************************************
        times KERNEL_SIZE - ($ - $$) db 0x00    ; パディング
```

プログラムの実行結果は、次のとおりです。画面表示上は、以前のプログラムと変わりはありません。

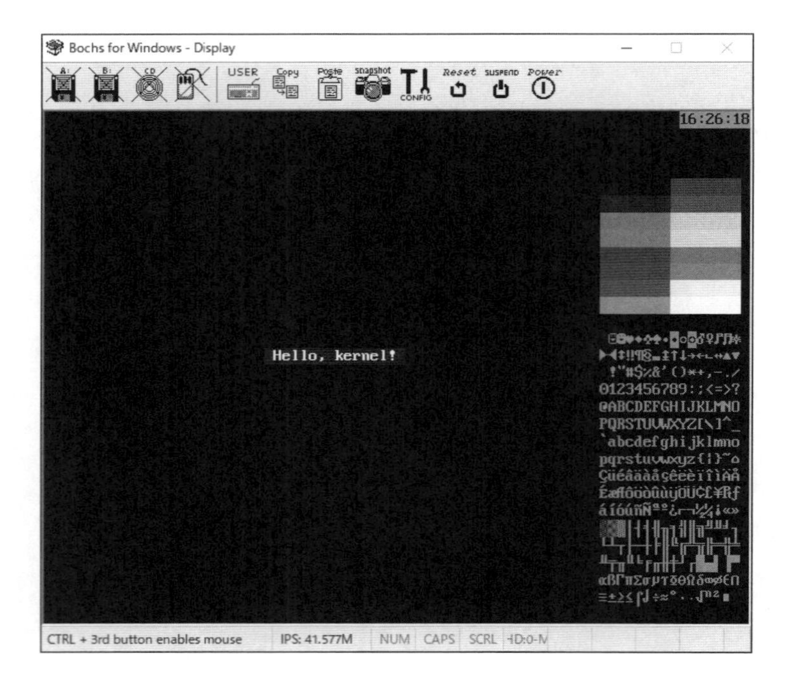

18.7 デフォルトの割り込み処理を修正する

デフォルト割り込み発生時には、スタックに積まれた値を表示する関数を呼び出していますが、割り込み処理から復帰した状態で呼び出していました。このとき、スタックに積まれるフラグのIFビット(割り込み許可フラグ)は、割り込み処理中にプッシュしたので、必ず0にな

ります。このため、IRET命令でスタック表示処理に復帰した後も割り込み禁止状態のままとなり、他の割り込みが発生しなくなってしまいます。

```
                                               prog/src/modules/protect/interrupt.s
int_default:
        pushf                                  ; // EFLAGS(IF==0)
        push    cs                             ; // CS
        push    int_stop                       ; // スタック表示処理
```

IFビットをセットするために、スタックのフラグを書き換える方法もありますが、今回は、スタック表示処理(int_stop)内でSTI命令を実行し、割り込み許可フラグをセットするように修正します。

```
                                               prog/src/modules/protect/interrupt.s
int_stop:
        sti                                    ; // 割り込み許可

        ;--------------------------------------
        ; EAXで示される文字列を表示
        ;--------------------------------------
        cdecl   draw_str, 25, 15, 0x060F, eax  ; draw_str(EAX);
```


18.8 キーボード割り込みを実装する

キーボードも、ユーザーによる入力装置であるため、キーが押されるタイミングをポーリングで監視していたのでは効率的とはいえません。キーが押されたことを検出する処理も、割り込みで行うのが妥当です。RTCとのハードウェア的な違いは、PCに接続されているキーボードが、PC内部のKBC(キーボードコントローラ)により制御されることと、キーボードコントローラはマスタPICのIRQ1に接続されていることくらいです。

図18-11 キーボード割り込み信号の接続

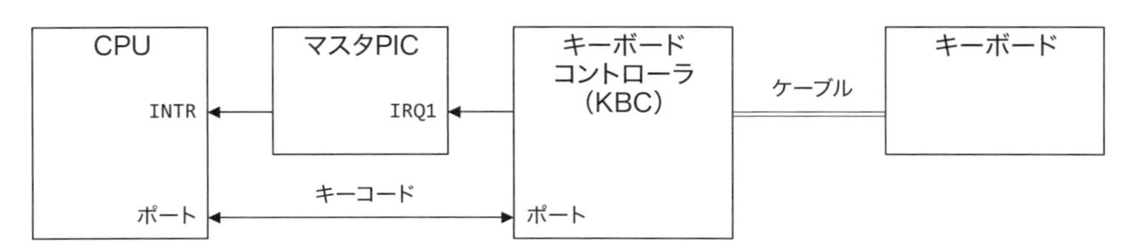

キーボード割り込みを実現するために行う処理は次のとおりです。RTC割り込み作成時に行った作業手順と大きな違いはありません。

1. 割り込み処理の作成
2. 割り込み処理の登録
3. KBC（キーボードコントローラ）の割り込み設定
4. PIC（割り込みコントローラ）の割り込みマスク設定
5. CPUの割り込み許可

このなかで、3番目に挙げた、KBCの割り込み設定は、すでにBIOSにより行われているので、改めて設定を行う必要はありません。また、PICのマスク設定などもRTCの処理時に行った内容とそれほど変わりはありません。しかし、キーボード割り込み処理で得られるキーコードは、RTCの更新頻度とは異なり、1秒間に十数バイトのデータが入力されることがあります。同じデータ領域に書き込んでいたのでは、データを読み出す前に次のデータが上書きされてしまい、データが失われることになってしまいます。このため、キーボードコントローラから得られたキーコードは、リングバッファに保存することにします。

リングバッファの作成

リングバッファは、バッファ内の書き込み位置と読み込み位置により、保存されたデータを管理するものです。初期状態では、データの読み込み位置と書き込み位置が等しく設定されますが、これは、リングバッファ内にデータが存在しないことを示しています。

図18-12 リングバッファの概念

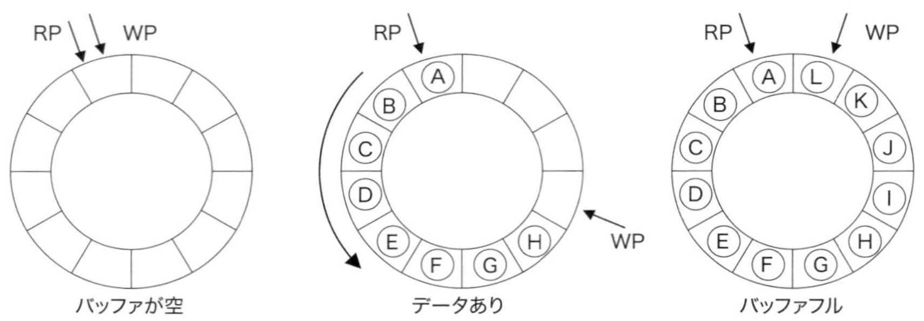

リングバッファにデータを保存するときは、書き込み位置（WP：Write Position）にデータを保存した後、書き込み位置を1つ移動します。ただし、すべてのバッファにデータが保存されると、書き込み位置と読み込み位置（RP：Read Position）が同じ位置を示すことになり、バッファが空の初期状態と区別がつかなくなってしまいます。そのため、データを保存する前に書き込み位置を更新してみて、読み込み位置と同じ位置を示したときは、バッファがいっぱいになった（バッファフル）と判断して書き込みを行いません。

リングバッファにデータがあるかどうかは、書き込み位置と読み込み位置が同じか否かで判断します。2つの値が異なれば、読み込み位置からデータを取得した後、読み込み位置を1つ移動します。

実際のリングバッファは、次の図のような配列で構成されます。このため、書き込みまたは読み込み位置の更新時にバッファの要素数を超えた場合は、先頭の要素を示すようにしなければなりません。

図 18-13 リングバッファの構成

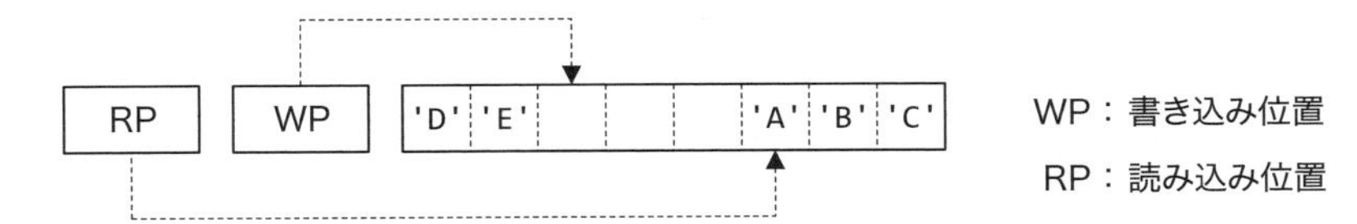

リングバッファの名前の由来にもなっているこの動作を実現するためには、比較による分岐処理が必要になります。要素数を16とした場合、次のようなプログラムになります。

```
        inc     ebx                         ; EBX++;           // 次の書き込み位置
        cmp     ebx, 16                     ; if (EBX >= 16)   // 同じか？
        jb      .10E                        ; {
        mov     ebx, 0                      ;   EBX = 0;
.10E:                                       ; }
```

このコードは汎用的なので問題になることはありませんが、今回は、要素の数を工夫して、分岐処理を削除してみます。具体的には、次のようなプログラムになります。

```
        inc     ebx                         ; EBX++;        // 次の書き込み位置
        and     ebx, 0x0000_000F            ; EBX &= 0x0F; // サイズの制限
```

上記のコードは、更新された位置と0x0FのAND演算を行っています。これにより、下位4ビットのみが有効となり、最大値である15を超えて加算されたときには0が設定されることになります。このコードは分岐処理を削減することができるのですが、バッファサイズが2のべき乗であることが条件となります。これにより、「バッファサイズ-1」を有効なインデックス範囲に収めるためのマスクとして利用することができるのです。今回は、インクルードファイルを次のように設定し、すべてのリングバッファのバッファサイズを同じ値としています。

prog/src/include/**macro.s**

```
%define     RING_ITEM_SIZE      (1 << 4)
%define     RING_INDEX_MASK     (RING_ITEM_SIZE - 1)
```

ここでは、リングバッファ専用のデータ構造を、NASMアセンブラの構造体であるstrucマクロを使用して定義します。

```
                                                   prog/src/include/macro.s
struc ring_buff
        .rp             resd    1               ; RP:書き込み位置
        .wp             resd    1               ; WP:読み込み位置
        .item           resb    RING_ITEM_SIZE  ; バッファ
endstruc
```

これらの定義を使用して、リングバッファからデータを読み出す関数を作成します。

ring_rd(buff, data);	
戻り値	データあり(0以外)、データなし(0)
buff	リングバッファ
data	読み込んだデータの保存先アドレス

この関数は、第1引数に対象となるリングバッファを設定し、第2引数に読み込んだデータを保存するためのアドレスを指定します。

```
                                         prog/src/modules/protect/ring_buff.s
ring_rd:
        ...
        ;---------------------------------------
        ; 引数を取得
        ;---------------------------------------
        mov     esi, [ebp + 8]                  ; ESI = リングバッファ;
        mov     edi, [ebp +12]                  ; EDI = データアドレス;
```

リングバッファは要素を1バイトで構成しているので、データは1バイトごとに読み出されます。この関数は、バッファ内にデータが存在した場合、EAXレジスタに0以外の値を、データが存在しなければ0を設定します。

```
                                         prog/src/modules/protect/ring_buff.s
ring_rd:
        ...
        ;---------------------------------------
        ; 読み込み位置を確認
        ;---------------------------------------
        mov     eax, 0                          ; EAX = 0;          // データなし
        mov     ebx, [esi + ring_buff.rp]       ; EBX = rp;         // 読み込み位置
        cmp     ebx, [esi + ring_buff.wp]       ; if (EBX != wp)    // 書き込み位置と異なる
        je      .10E                            ; {
                                                ;
        mov     al, [esi + ring_buff.item + ebx] ;   AL = BUFF[rp]; // キーコードを保存
                                                ;
        mov     [edi], al                       ;   [EDI] = AL;     // データを保存
                                                ;
        inc     ebx                             ;   EBX++;          // 次の読み込み位置
        and     ebx, RING_INDEX_MASK            ;   EBX &= 0x0F     // サイズの制限
        mov     [esi + ring_buff.rp], ebx       ;   wp = EBX;       // 読み込み位置を保存
                                                ;
        mov     eax, 1                          ;   EAX = 1;        // データあり
.10E:                                           ; }
```

同様に、リングバッファにデータを書き込む関数を作成します。

ring_wr(buff, data);	
戻り値	成功(0以外)、失敗(0)
buff	リングバッファ
data	書き込むデータ

書き込み時も、読み込み時と同様に、第1引数に対象となるリングバッファを指定します。第2引数には書き込みデータを指定しますが、保存されるのは最下位の1バイトのみです。

prog/src/modules/protect/**ring_buff.s**

```
ring_wr:
        ...
        mov     esi, [ebp + 8]                  ; ESI = リングバッファ

        ;---------------------------------------
        ; 書き込み位置を確認
        ;---------------------------------------
        mov     eax, 0                          ; EAX  = 0;         // 失敗
        mov     ebx, [esi + ring_buff.wp]       ; EBX  = wp;        // 書き込み位置
        mov     ecx, ebx                        ; ECX  = EBX;
        inc     ecx                             ; ECX++;            // 次の書き込み位置
        and     ecx, RING_INDEX_MASK            ; ECX &= 0x0F       // サイズの制限
                                                ;
        cmp     ecx, [esi + ring_buff.rp]       ; if (ECX != rp)  // 読み込み位置と異なる
        je      .10E                            ; {
                                                ;
        mov     al, [ebp +12]                   ;   AL = データ;
                                                ;
        mov     [esi + ring_buff.item + ebx], al ;   BUFF[wp] = AL; // キーコードを保存
        mov     [esi + ring_buff.wp], ecx       ;   wp = ECX;        // 書き込み位置を保存
        mov     eax, 1                          ;   EAX = 1;         // 成功
.10E:                                           ; }
```

これら2つの関数は、最初の引数にリングバッファを指定するので複数のリングバッファを扱うことができますが、そのすべてが同じ要素数に限定されます。

割り込み処理の作成

割り込み処理では、KBCのバッファから読み込んだキーコードをリングバッファに保存するだけです。

prog/src/modules/protect/**int_keyboard.s**

```
        ;---------------------------------------
        ; KBCのバッファ読み取り
        ;---------------------------------------
        in      al, 0x60                        ; AL = キーコードの取得

        ;---------------------------------------
        ; キーコードの保存
        ;---------------------------------------
        cdecl   ring_wr, _KEY_BUFF, eax         ; ring_wr(_KEY_BUFF, EAX); // キーコードの保存
```

キーコードを保存するリングバッファは次のように定義しています。このコードに記載されている「ring_buff_size」は、NASMアセンブラにより、「ring_buff」構造体が占めるバイト数に置き換えられます。

prog/src/modules/protect/**int_keyboard.s**

```
ALIGN 4, db 0
_KEY_BUFF:  times ring_buff_size db 0
```

キーコードをバッファに保存したら、割り込み終了処理を行います。具体的には、マスタPICに割り込み終了命令を送信し、IRET命令で割り込み処理から復帰します。

prog/src/modules/protect/**int_keyboard.s**

```
        ;---------------------------------------
        ; 割り込み終了コマンド送信
        ;---------------------------------------
        outp    0x20, 0x20                      ; outp(); // マスタPIC:EOIコマンド

        ;---------------------------------------
        ; 【レジスタの復帰】
        ;---------------------------------------
        pop     es                              ;
        pop     ds                              ;
        popa                                    ; レジスタの復帰

        iret                                    ; 割り込みからの復帰
```

次に、キーボード割り込み処理全体を示します。

prog/src/modules/protect/**int_keyboard.s**

```
int_keyboard:
        ;---------------------------------------
        ; 【レジスタの保存】
        ;---------------------------------------
        pusha
        push    ds
        push    es

        ;---------------------------------------
        ; データ用セグメントの設定
        ;---------------------------------------
        mov     ax, 0x0010                      ;
        mov     ds, ax                          ;
        mov     es, ax                          ;

        ;---------------------------------------
        ; KBCのバッファ読み取り
        ;---------------------------------------
        in      al, 0x60                        ; AL = キーコードの取得

        ;---------------------------------------
        ; キーコードの保存
        ;---------------------------------------
        cdecl   ring_wr, _KEY_BUFF, eax         ; ring_wr(_KEY_BUFF, EAX); // キーコードの保存
```

```
        ;---------------------------------------
        ; 割り込み終了コマンド送信
        ;---------------------------------------
        outp    0x20, 0x20                      ; outp(); // マスタPIC:EOIコマンド

        ;---------------------------------------
        ; 【レジスタの復帰】
        ;---------------------------------------
        pop     es                              ;
        pop     ds                              ;
        popa

        iret                                    ; 割り込みからの復帰

ALIGN 4, db 0
_KEY_BUFF:  times ring_buff_size db 0
```


割り込み処理の登録

キーボード割り込み信号は、マスタPICのIRQ1に接続されているので、ベクタ番号0x21に登録します。割り込みディスクリプタテーブルへの登録処理は、すでに作成してあるマクロを使用して、次のように呼び出します。

prog/src/29_int_keyboard/**kernel.s**

```
        set_vect    0x00, int_zero_div          ; // 割り込み処理の登録：0除算
        set_vect    0x21, int_keyboard          ; // 割り込み処理の登録：KBC
        set_vect    0x28, int_rtc               ; // 割り込み処理の登録：RTC
```

PIC（割り込みコントローラ）の割り込みマスク設定

KBCはマスタPICのIRQ1に接続されているので、割り込みを有効とするためには、割り込みマスクレジスタのBIT1を0に設定します。すでに、RTC割り込みも有効にしているので、結果的に、マスタPICの割り込みマスクレジスタは、BIT2とBIT1を0に設定することになります。

prog/src/29_int_keyboard/**kernel.s**

```
        outp    0x21, 0b_1111_1001              ; // 割り込み有効：スレーブPIC/KBC
        outp    0xA1, 0b_1111_1110              ; // 割り込み有効：RTC
```

すべての割り込み設定が終了したら、CPUの外部割込みを許可します。

prog/src/29_int_keyboard/**kernel.s**

```
        sti                                     ; // 割り込み許可
```

キーコード履歴の表示

ここでは、リングバッファ内のキーコードをすべて表示する関数を作成します。リングバッファの書き込み位置は、常に次のデータを保存する位置を示しているので、バッファ内の最新データは、現在の書き込み位置の1つ前から、インデックスを減算しながらたどっていくこと

ができます。このとき表示するデータの数は、バッファサイズと同じです。

prog/src/modules/protect/**ring_buff.s**

```
draw_key:
        ...
        mov     edx, [ebp + 8]                  ; EDX = X（列）;
        mov     edi, [ebp +12]                  ; EDI = Y（行）;
        mov     esi, [ebp +16]                  ; ESI = リングバッファ;

        ;---------------------------------------
        ; リングバッファの情報を取得
        ;---------------------------------------
        mov     ebx, [esi + ring_buff.rp]       ; EBX = wp;               // 書き込み位置
        lea     esi, [esi + ring_buff.item]     ; ESI = &KEY_BUFF[EBX];
        mov     ecx, RING_ITEM_SIZE             ; ECX = RING_ITEM_SIZE; // 要素数
                                                ;
.10L:                                           ; do
                                                ; {
        ...                                     ;   【バッファ内要素の表示】
        loop    .10L                            ;
.10E:                                           ; } while (ECX--);
```

データの取得位置は、書き込み位置を減算した値をマスクすることで得られます。得られたインデックスからバッファ内のデータを読み取り、16進数で表示します。

prog/src/modules/protect/**ring_buff.s**

```
.10L:                                           ; do
                                                ; {
        dec     ebx                             ;   EBX--; // 読み込み位置
        and     ebx, RING_INDEX_MASK            ;   EBX &= RING_INDEX_MASK;
        mov     al, [esi + ebx]                 ;   EAX  = KEY_BUFF[EBX];
                                                ;
        cdecl   itoa, eax, .tmp, 2, 16, 0b0100  ;   // キーコードを文字列に変換
        cdecl   draw_str, edx, edi, 0x02, .tmp  ;   // 変換した文字列を表示
                                                ;
        add     edx, 3                          ;   // 表示位置を更新（3文字分）
                                                ;
        loop    .10L                            ;
.10E:                                           ; } while (ECX--);

.tmp    db "-- ", 0
```

キーコードの表示関数は、キーバッファ内にデータが保存されたことを契機に行います。これは、バッファ内のデータを読み取る関数の戻り値から判断することができます。

prog/src/29_int_keyboard/**kernel.s**

```
        cdecl   ring_rd, _KEY_BUFF, .int_key    ;   EAX = ring_rd(buff, &int_key);
        cmp     eax, 0                          ;   if (EAX == 0)
        je      .10E                            ;   {
                                                ;
        cdecl   draw_key, 2, 29, _KEY_BUFF      ;     ring_show(key_buff); // 全要素を表示
.10E:                                           ;   }

ALIGN 4, db 0
.int_key:   dd  0
```

プログラムの実行結果は、次のとおりです。このプログラムでは、何らかのキーを押下するたびに、画面下部にその履歴が表示されます。

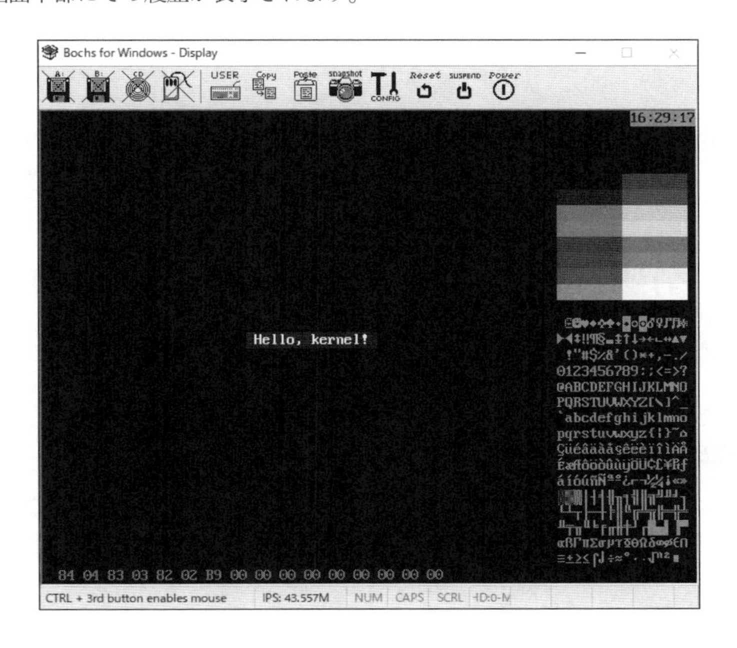

18.9 タイマー割り込みを実装する

PCには、周期的な動作を行うために、タイマーICが実装されています。RTC（リアルタイムクロック）は長い周期、タイマーICは短い周期で定期的な処理を行うために用いられます。タイマーICには、カウンタ0から2までの、3つのカウンタが内蔵されていますが、CPUに割り込みをかけられるのはカウンタ0だけで、カウンタ1はDRAMのリフレッシュ信号、カウンタ2はスピーカーの源振として用途が定められています。タイマーIC内の3つのカウンタには、それぞれ独立した動作モードを設定することができますが、入力されているクロック周波数はすべて同じ値です。

図18-14 タイマー割り込み信号の接続

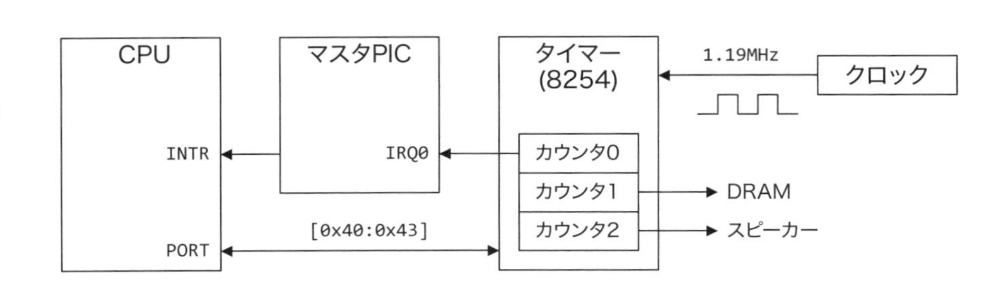

今回は、カウンタ0のタイマー割り込みを10msに設定し、タスクのコンテキストを切り替える周期として使用します。タイマー割り込みを実現するための手順は次のとおりです。

1. 割り込み処理の作成
2. 割り込み処理の登録
3. 8254（タイマーIC）の割り込み設定
4. PIC（割り込みコントローラ）の割り込みマスク設定
5. CPUの割り込み許可

割り込み処理の作成

作成する割り込み処理は、ソースファイルを保存しているディレクトリ内に、modulesディレクトリを作成し、int_timer.sというファイル名で保存します。このファイルは、タスクが追加されるたびに修正するので、各ディレクトリに保持します。

図18-15 タイマー割り込み処理の配置

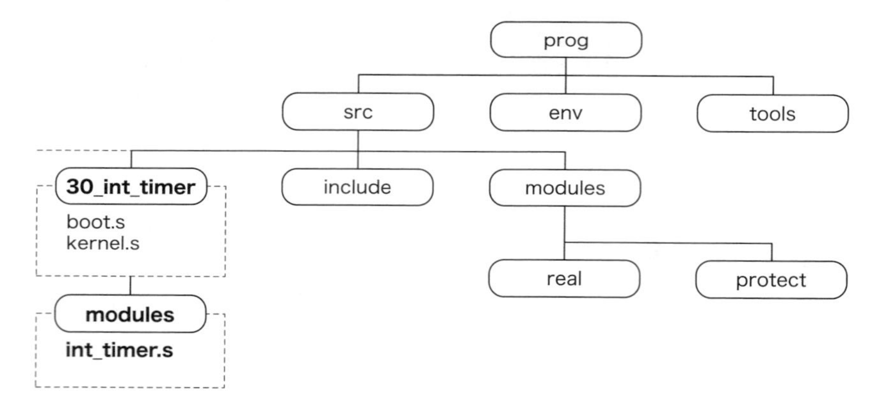

タイマー割り込みは、タスクの切り替えが主な目的ですが、まだ、タスクの作成を行っていません。まずは、グローバル変数を更新するだけの処理を実装することにします。また、割り込み処理が終了したら、割り込み終了コマンドをマスタPICに送信して割り込み要求フラグをクリアします。割り込み処理全体のプログラム例を次に示します。

prog/src/30_int_timer/modules/**int_timer.s**

```
int_timer:
        ;---------------------------------------
        ; 【レジスタの保存】
        ;---------------------------------------
        pushad
        push    ds
        push    es
```

```
        ;-----------------------------------------
        ; データ用セグメントの設定
        ;-----------------------------------------
        mov     ax, 0x0010                      ;
        mov     ds, ax                          ;
        mov     es, ax                          ;

        ;-----------------------------------------
        ; TICK
        ;-----------------------------------------
        inc     dword [TIMER_COUNT]             ; TIMER_COUNT++; // 割り込み回数の更新

        ;-----------------------------------------
        ; 割り込みフラグをクリア(EOI)
        ;-----------------------------------------
        outp    0x20, 0x20                      ; // マスタPIC:EOIコマンド

        ;-----------------------------------------
        ; 【レジスタの復帰】
        ;-----------------------------------------
        pop     es                              ;
        pop     ds                              ;
        popad

        iret

ALIGN 4, db 0
TIMER_COUNT:    dq  0
```

非割り込み処理内では、グローバル変数が変化したことで、タイマー割り込みが発生したことを知ることができるので、大雑把ではあるものの周期的なイベントを作成することができます。

割り込み処理の登録

タイマー割り込み信号は、マスタPICのIRQ0に接続されています。次のプログラムでは、すでに作成してある、割り込みベクタの登録用マクロを使用して、ベクタ番号0x20にタイマー割り込み処理を登録する例です。

prog/src/30_int_timer/**kernel.s**

```
        set_vect    0x00, int_zero_div      ; // 割り込み処理の登録：0除算
        set_vect    0x20, int_timer         ; // 割り込み処理の登録：タイマー
        set_vect    0x21, int_keyboard      ; // 割り込み処理の登録：KBC
        set_vect    0x28, int_rtc           ; // 割り込み処理の登録：RTC
```

8254(タイマーIC)の割り込み設定

タイマーIC(8254)には、1,193,182Hz(約1.19MHz)のクロックが入力されています。タイマーICの内部カウンタはこの周期でカウントダウンするので、仮に、1秒をカウントするのであれば、1,193,182をカウンタにセットすればよいことになります。今回は、10msごとにタイマー割り込みが発生するように設定するので、カウンタには、この1/100である11,932を16進数で表現した0x2e9cを設定します。タイマーICの制御ワードレジスタに設定する値

を次の表に示します。

表18-3 タイマーICの設定値

設定項目	設定値	意味
アクセス対象カウンタ	00	カウンタ0を指定
カウンタへのアクセス方法	11	下位、上位の順でアクセス
動作モード	010	モード2
BCD	0	16ビットバイナリカウンタ

タイマーICのカウンタ0を設定するプログラム例を次に示します。最初に、カウンタの選択と動作モードを制御ワードレジスタに書き込み、続けて、カウンタに設定する16ビットの値を下位、上位の順で2回に分けて書き込みます。

prog/src/modules/protect/**timer.s**

```
int_en_timer0:
        ...
        outp    0x43, 0b_00_11_010_0            ; // カウンタ0, 下位/上位で書き込み, モード2, バイナリ
        outp    0x40, 0x9C                      ; // 下位バイト
        outp    0x40, 0x2E                      ; // 上位バイト
```

PIC（割り込みコントローラ）の割り込みマスク設定

タイマーICからの割り込み信号は、マスタPICのIRQ0に接続されているので、割り込みマスクレジスタのBIT0を0にクリアして割り込みを有効にします。すでに、キーボードとスレーブPICからの割り込みが有効になっているので、マスタPICの割り込みマスクレジスタは、下位3ビットを0に設定することになります。

prog/src/30_int_timer/**kernel.s**

```
        cdecl   rtc_int_en, 0x10                ; rtc_int_en(UIE); // 更新サイクル終了割り込み許可
        cdecl   int_en_timer0                   ; // タイマー（カウンタ0）割り込み許可

        outp    0x21, 0b_1111_1000              ; // 割り込み有効：スレーブPIC/KBC/タイマー
        outp    0xA1, 0b_1111_1110              ; // 割り込み有効：RTC
```

非割り込み処理内での周期動作

非割り込み処理内では、タイマー割り込みにより更新された値を確認することで、周期的な動作を行うことができます。ここでは、タイマー割り込み内で更新された値を確認し、定期的に文字を変更する処理を実装します。この処理は、draw_rotation_bar.sというファイル名でprotectディレクトリに作成します。

文字の更新周期は、タイマー割り込みで更新されるカウンタ値を16分周して使用します。具体的には、タイマー割り込みカウンタの値を読み取り、右4ビットシフトして得られた値が

前回の値と異なれば、更新周期と判断します。タイマー割り込み処理では10msごとにカウンタの値を更新するので、約160ms周期で文字を更新することになります。

prog/src/modules/protect/**draw_rotation_bar.s**

```
        mov     eax, [TIMER_COUNT]              ; EAX  = タイマー割り込みカウンタ
        shr     eax, 4                          ; EAX /= 4;    // 16で除算
        cmp     eax, [.index]                   ; if (EAX != 前回値)
        je      .10E                            ; {
                                                ;   【160[ms]ごとの処理】
.10E:                                           ; }
        ...

ALIGN 4, db 0
.index:     dd 0                                ; 前回値
```

160msごとの処理では、画面左下に回転する棒を表示します。棒を表す文字は「|／─＼」の4つで、これらの文字を順に表示することで、棒が回転しているように見せます。日本語のフォントでは、「＼」は「¥」と表示されますが、BIOSのフォントでは、期待した文字が表示されます。

prog/src/modules/protect/**draw_rotation_bar.s**

```
.index:     dd 0                                ; 前回値
.table:     db  "|/-¥"                          ; 表示キャラクタ
```

表示する文字は4つのなかから選ばれるので、文字を選択するためのインデックス値を0x03でAND演算を行い、0から3までの値に制限しています。インデックスで得られた値は、文字表示関数で画面左下に表示しています。

prog/src/modules/protect/**draw_rotation_bar.s**

```
        cmp     eax, [.index]                   ; if (EAX != 前回値)
        je      .10E                            ; {
                                                ;
        mov     [.index], eax                   ;   前回値 = EAX;
        and     eax, 0x03                       ;   EAX &= 0x03; // 0～3に限定
                                                ;
        mov     al, [.table + eax]              ;   AL = table[index];
        cdecl   draw_char, 0, 29, 0x000F, eax   ;   draw_char(); // 文字を表示
                                                ;
.10E:                                           ; }
```

非割り込みタスク内で回転する棒を表示するためには、以下のように、作成した関数を呼び出します。

prog/src/30_int_timer/**kernel.s**

```
.10L:                                           ; while (;;)
                                                ; {
        ...                                     ;
        cdecl   draw_rotation_bar               ;   // 回転する棒を表示
        ...                                     ;
        jmp     .10L                            ; }
```

プログラムの実行結果は、次のとおりです。画面左下で棒が回転します。

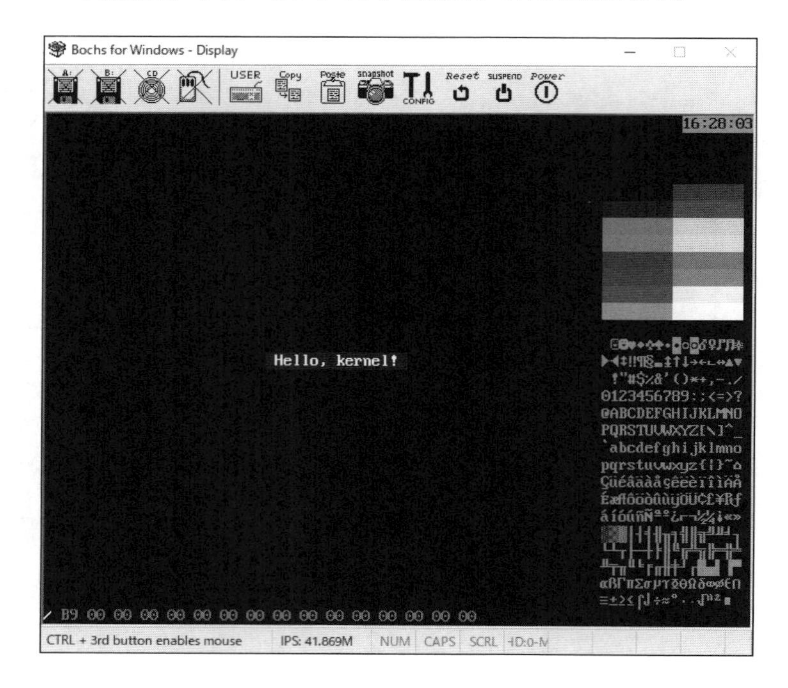

第19章 マルチタスクを実現する

作業内容
- タスクの作り方
- タスクごとの実行状態を管理する
- タスクを実行する方法　など

今回ターゲットとしている80386は、マルチタスクをサポートしたCPUです。ここでは、80386の機能を利用して、マルチタスクを実現することにします。

19.1 タスクの生成とTSSの関係を確認する

最初に実現するマルチタスクでは、2つのタスクだけを実行することにします。ですが、実際には、新しく作成するタスクは1つだけで、それまで実行していたカーネル自身がもう1つのタスクに置き換わります。いずれにせよ、2つのタスクが実行されることに変わりはないので、タスクの実行状態を表すTSS ➡P.247参照 は2つ必要となります。

図19-1 2つのタスクの実行

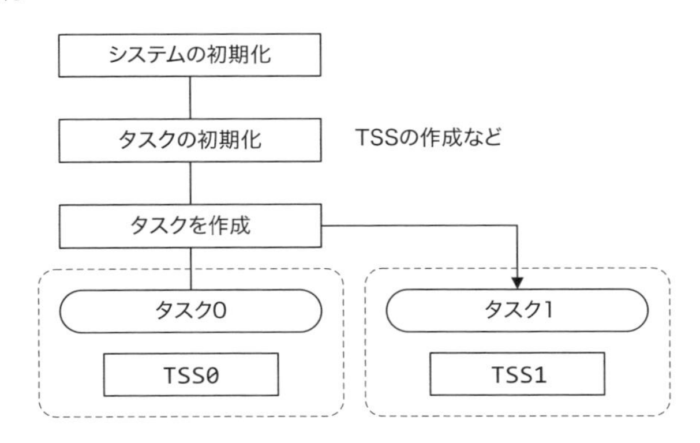

80386の機能を利用してマルチタスクを動作させるためには、カーネルが管理するTSSに加え、タスク自身がアクセスするコードとデータ用のセグメントも必要です。ここでは、TSSを定義する前に、タスクがアクセスするメモリ空間の定義から始めることにします。

19.2 タスクごとのメモリ空間を定義する

新しく作成するセグメントディスクリプタの定義は、各ディレクトリにdescriptor.sというファイル名で作成します。また、これから作成するタスクは、tasksディレクトリ内に保存することにします。

図19-2 新しく作成するタスクの配置

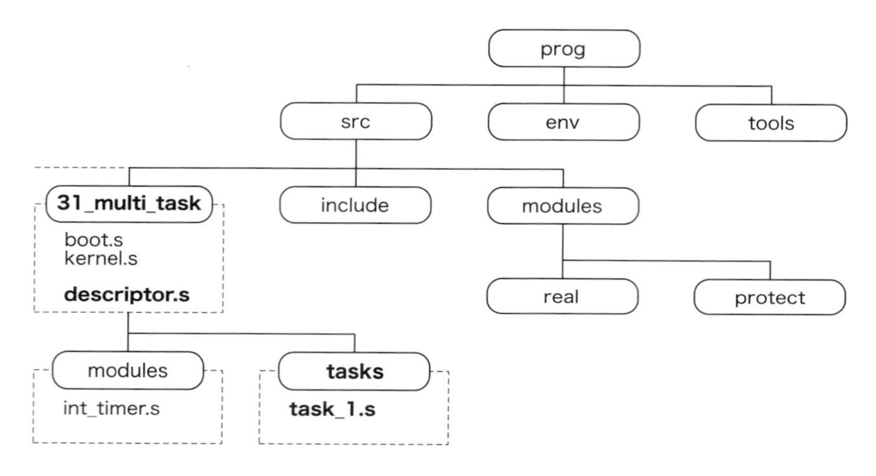

新しく作成するタスクは、特権レベルもアクセス可能なメモリ空間も、カーネルとまったく同じとします。このため、カーネル用に作成したセグメントディスクリプタの定義は、そのままタスクのセグメントディスクリプタとして流用することができます。ただし、タスク用のセグメントディスクリプタは、GDT（グローバルセグメントディスクリプタテーブル）ではなく、LDT（ローカルディスクリプタテーブル）に設定します。これは、タスクの切り替えにより入れ替えられるコンテキストに、LDTR（ローカルディスクリプタテーブルレジスタ）も含まれているためです。

prog/src/31_multi_task/**descriptor.s**

```
LDT:            dq  0x0000000000000000      ; NULL
.cs_task_0:     dq  0x00CF9A000000FFFF      ; CODE 4G
.ds_task_0:     dq  0x00CF92000000FFFF      ; DATA 4G
```

タスクが使用するセグメントセレクタはディスクリプタテーブルのインデックスであることに変わりはありませんが、LDTを参照する場合は、セグメントセレクタのTI（Table Indicator：テーブル指定）ビット（BIT2）をセットする必要があります。次の図は、セグメントセレクタの内部構成を再掲したものです。

図19-3 セグメントセレクタ

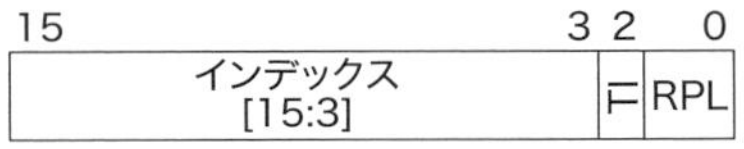

実際に、タスク用のセレクタは、BIT2を1にセットして、次のように定義します。

prog/src/31_multi_task/**descriptor.s**

```
CS_TASK_0       equ (.cs_task_0 - LDT) | 4      ; タスク0用CSセレクタ
DS_TASK_0       equ (.ds_task_0 - LDT) | 4      ; タスク0用DSセレクタ
```

これでカーネルが移行するタスク0用のローカルディスクリプタとセレクタの定義が終わりました。同じように、新しく作成するタスク1用のローカルディスクリプタとセレクタの定義を行います。

prog/src/31_multi_task/**descriptor.s**

```
LDT:            dq  0x0000000000000000          ; NULL
.cs_task_0:     dq  0x00CF9A000000FFFF          ; CODE 4G
.ds_task_0:     dq  0x00CF92000000FFFF          ; DATA 4G
.cs_task_1:     dq  0x00CF9A000000FFFF          ; CODE 4G
.ds_task_1:     dq  0x00CF92000000FFFF          ; DATA 4G
.end:

CS_TASK_0       equ (.cs_task_0 - LDT) | 4      ; タスク0用CSセレクタ
DS_TASK_0       equ (.ds_task_0 - LDT) | 4      ; タスク0用DSセレクタ
CS_TASK_1       equ (.cs_task_1 - LDT) | 4      ; タスク1用CSセレクタ
DS_TASK_1       equ (.ds_task_1 - LDT) | 4      ; タスク1用DSセレクタ

LDT_LIMIT       equ .end        - LDT - 1
```

これで、各タスクがアクセスするセグメントの定義とLDTの作成が終了したのですが、LDTも保護されたメモリ空間に存在しなくてはいけません。そのため、LDTがメモリ空間のどこにあるのかも、セグメントディスクリプタで定義する必要があります。

セグメントディスクリプタについて、簡単に整理してみます。次の図には、これまでに定義したディスクリプタがどのテーブルに含まれているかを表しています。ここに記載したすべてのディスクリプタは、保護されたメモリ空間である、セグメントに関する情報を保持しています。カーネルがアクセスするセグメントもLDTを保存するセグメントも、種類は異なるものの、セグメントを表すことに違いはありません。また、タスク切り替えでカーネルが参照するTSSはGDTに含まれますが、タスク自身が参照するセグメントはLDTに含まれます。

図19-4 タスクが使用するセレクタ

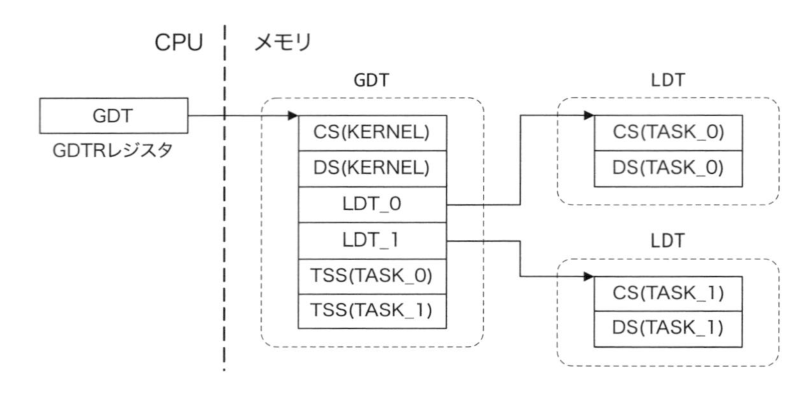

今回新たに作成する、LDTディスクリプタに設定する値は、次のとおりです。

表19-1 LDTの設定値

	設定値	意味
ベース	**LDTのアドレス**	ベースアドレス
リミット	**LDTのサイズ**	リミット
G	**0**	リミットは1バイト単位
AVL	**0**	(任意)
P	**1**	プレゼンス(メモリ上に存在)
DPL	**00**	特権レベル(00=最高)
タイプ	**0010**	LDT

LDTディスクリプタの書式は次のようになっています。

図19-5 LDTの定義

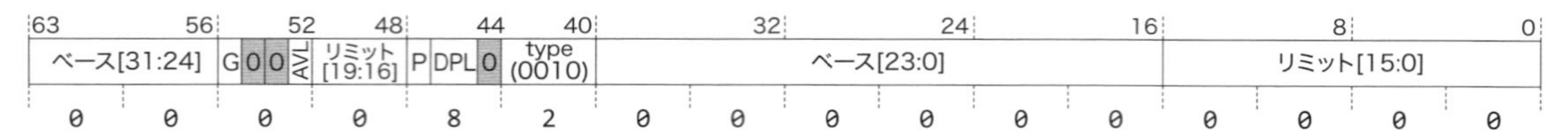

この設定をGDTに追加するのですが、ベースとリミットはプログラムの初期化時に設定するので、それ以外の設定を先に書き込んでおきます。具体的には、次のようになります。

prog/src/31_multi_task/**descriptor.s**

```
GDT:            dq  0x0000000000000000      ; NULL
.cs_kernel:     dq  0x00CF9A000000FFFF      ; CODE 4G
.ds_kernel:     dq  0x00CF92000000FFFF      ; DATA 4G
.ldt            dq  0x0000820000000000      ; LDTディスクリプタ
```

ディスクリプタのベースとリミットを設定する処理は、NASMのマクロを使用して定義します。最初の引数はディスクリプタのアドレスを設定し、第2引数にベースアドレスを設定します。仮に第3引数が指定されていたら、リミットとして設定します。

prog/src/include/**macro.s**

```
%macro  set_desc 2-*
        push    eax
        push    edi

        mov     edi, %1                         ; ディスクリプタアドレス
        mov     eax, %2                         ; ベースアドレス

    %if 3 == %0
        mov     [edi + 0], %3                   ; リミット
    %endif

        mov     [edi + 2], ax                   ; ベース([15: 0])
        shr     eax, 16                         ;
        mov     [edi + 4], al                   ; ベース([23:16])
        mov     [edi + 7], ah                   ; ベース([31:24])

        pop     edi
        pop     eax
%endmacro
```

このマクロを使用して、LDTのベースアドレスとリミットを設定します。先ほど作成したLDTのベースアドレスは、アセンブラのラベル名「LDT」で、リミット値は「LDT_LIMIT」で参照することができます。

prog/src/31_multi_task/**kernel.s**

```
        ;---------------------------------------
        ; LDTの設定
        ;---------------------------------------
        set_desc    GDT.ldt, LDT, word LDT_LIMIT
```

次に、各タスクが使用するスタック領域とそのサイズを定義します。今回は、各タスクが使用するスタックサイズを1K(0x400)バイトとし、0x0010_3000番地から順に割り当てていくことにします。

図19-6 各タスクのスタック領域

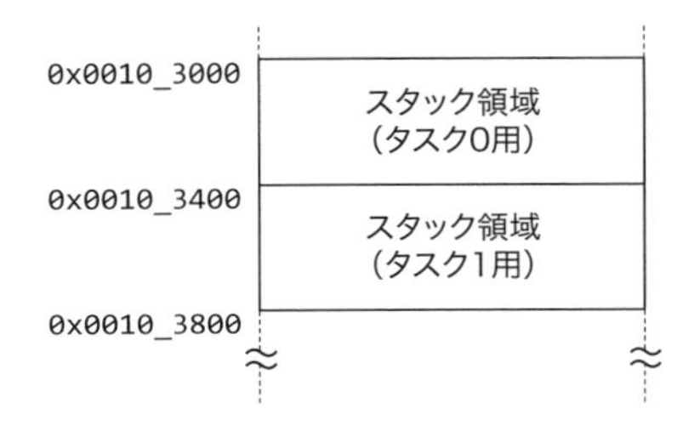

これにより、タスク0のスタック領域は0x0010_3000から0x0010_33FFまで、タスク1のスタック領域は0x0010_3400から0x0010_37FFまでとなります。タスク0のスタックポインタの初期値は0x0010_3400、タスク1のスタックポインタの初期値は0x0010_3800となりますが、これらの値は定義ファイルで設定しておきます。

prog/src/include/**define.s**

```
        STACK_BASE      equ     0x0010_3000     ; タスク用スタックエリア
        STACK_SIZE      equ     1024            ; スタックサイズ

        SP_TASK_0       equ     STACK_BASE + (STACK_SIZE * 1)
        SP_TASK_1       equ     STACK_BASE + (STACK_SIZE * 2)
```

今後、タスクが増えたときにも、この後に各タスク用の設定値を追加していきます。

TSS（Task State Segment）の定義

次に、タスクのコンテキストを保存するTSS➡P.247参照を定義します。TSSは、タスクの実行状態を保存するメモリ領域ですが、タスクが使用するすべてのレジスタに加えて、より高い特権レベルのプログラムが実行されたときに使用するスタック領域を設定しておく必要があります。そして、この領域は、各タスクに用意する必要があります。これは、タスク0の実行時に特権レベル0に移行した場合とタスク1の実行時に特権レベル0に移行した場合では、異なるスタックを必要とするためです。今回は、各タスクに用意したスタック領域の前半を特権レベル0に移行したときのスタック領域とします。また、特権レベル1と2は使用しないので、対応する値には0を設定します。

図19-7 タスク用スタック領域の構成

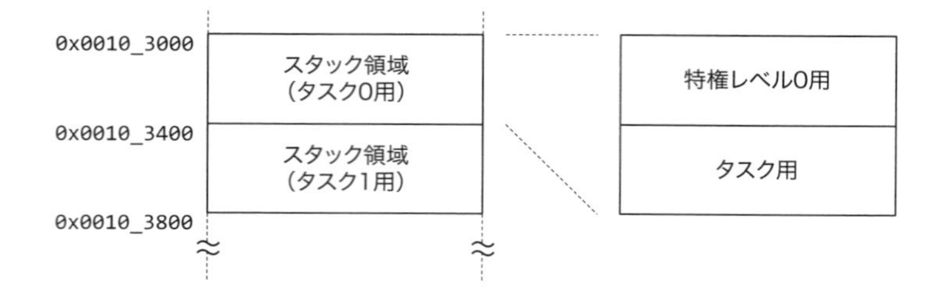

TSSには、タスクに許可されたI/Oマップを定義することが可能ですが、今回はどのタスクにもポートアクセスを許可しないので、I/Oマップのサイズには0を設定します。これにより、TSSのサイズは、80386で設定可能な最小値である、104バイトになります。

まずは、カーネルが移行することになる、タスク0用のTSSを定義します。ですが、すでに実行中のカーネルがタスク0として動作するので、タスク切り替えが発生すると、実行中のコンテキストがTSS_0に保存されます。このため、TSS_0のタスク用レジスタには初期値を設定しておく必要はありません。ただし、高い特権レベルで動作するプログラムのスタックセグメントは設定しておかなくてはいけないので、特権レベル0のスタック情報のみを設定しています。

prog/src/31_multi_task/**descriptor.s**

```
TSS_0:
.link:          dd  0                   ;   0:前のタスクへのリンク
.esp0:          dd  SP_TASK_0 - 512     ;*  4:ESP0
.ss0:           dd  DS_KERNEL           ;*  8:
.esp1:          dd  0                   ;* 12:ESP1
.ss1:           dd  0                   ;* 16:
.esp2:          dd  0                   ;* 20:ESP2
.ss2:           dd  0                   ;* 24:
.cr3:           dd  0                   ;  28:CR3(PDBR)
.eip:           dd  0                   ;  32:EIP
.eflags:        dd  0                   ;  36:EFLAGS
.eax:           dd  0                   ;  40:EAX
.ecx:           dd  0                   ;  44:ECX
.edx:           dd  0                   ;  48:EDX
.ebx:           dd  0                   ;  52:EBX
.esp:           dd  0                   ;  56:ESP
.ebp:           dd  0                   ;  60:EBP
.esi:           dd  0                   ;  64:ESI
.edi:           dd  0                   ;  68:EDI
.es:            dd  0                   ;  72:ES
.cs:            dd  0                   ;  76:CS
.ss:            dd  0                   ;  80:SS
.ds:            dd  0                   ;  84:DS
.fs:            dd  0                   ;  88:FS
.gs:            dd  0                   ;  92:GS
.ldt:           dd  0                   ;* 96:LDTセグメントセレクタ
.io:            dd  0                   ; 100:I/Oマップベースアドレス
```

次に、新しく作成するタスク用に、もう1つのTSSを定義します。このTSSは、最初のTSSとは異なり、新しく生成されるタスクなのでレジスタの初期値を設定しておきます。ここで設定した初期値がCPUのレジスタに書き込まれ、タスクが動き出します。今回作成するタスクの初期値を次の表に示します。

表19-2 TSSの初期値

設定項目	値	意味
EIP	**task_1**	タスクの開始アドレス
ESP	**SP_TASK_1**	初期スタックポインタ
EFLAGS	**0x0202**	EFLAGの初期値
CS	**CS_TASK_1**	タスク1用のコードセグメントセレクタ
DS/ES/SS/FS/GS	**DS_TASK_1**	タスク1用のデータセグメントセレクタ
LDT	**SS_LDT**	LDTセグメントセレクタ

これらの設定を反映したTSSの定義は、次のようになります。

prog/src/31_multi_task/**descriptor.s**

```
TSS_1:
.link:          dd  0                           ;   0:前のタスクへのリンク
.esp0:          dd  SP_TASK_1 - 512             ;*  4:ESP0
.ss0:           dd  DS_KERNEL                   ;*  8:
.esp1:          dd  0                           ;* 12:ESP1
.ss1:           dd  0                           ;* 16:
.esp2:          dd  0                           ;* 20:ESP2
.ss2:           dd  0                           ;* 24:
.cr3:           dd  0                           ;  28:CR3(PDBR)
.eip:           dd  task_1                      ;  32:EIP
.eflags:        dd  0x0202                      ;  36:EFLAGS
.eax:           dd  0                           ;  40:EAX
.ecx:           dd  0                           ;  44:ECX
.edx:           dd  0                           ;  48:EDX
.ebx:           dd  0                           ;  52:EBX
.esp:           dd  SP_TASK_1                   ;  56:ESP
.ebp:           dd  0                           ;  60:EBP
.esi:           dd  0                           ;  64:ESI
.edi:           dd  0                           ;  68:EDI
.es:            dd  DS_TASK_1                   ;  72:ES
.cs:            dd  CS_TASK_1                   ;  76:CS
.ss:            dd  DS_TASK_1                   ;  80:SS
.ds:            dd  DS_TASK_1                   ;  84:DS
.fs:            dd  DS_TASK_1                   ;  88:FS
.gs:            dd  DS_TASK_1                   ;  92:GS
.ldt:           dd  SS_LDT_1                    ;* 96:LDTセグメントセレクタ
.io:            dd  0                           ; 100:I/Oマップベースアドレス
```

このままでは、104バイトのデータを定義したにすぎません。次は、この領域がコンテキストを保存するための特別なメモリ領域であることをCPUに知らせなくてはなりません。

TSSディスクリプタ

タスクの実行状態を表すTSSは、保護されたメモリ空間に存在するので、ディスクリプタで定義します。ただし、タスクのコンテキストを保存する特別なディスクリプタである、TSSディスクリプタとして定義します。TSSディスクリプタに設定する値を、次に示します。

表19-3 TSSディスクリプタの設定値

	設定値	意味
ベース	**0**	ベースアドレス
リミット	**103(0x67)**	リミット（TSSバイト数ー1）
G	**0**	リミットは1バイト単位
AVL	**0**	（任意）
P	**1**	プレゼンス（メモリ上に存在）
DPL	**00**	特権レベル（00=最高）
タイプ	**1001**	386TSS（利用可能）

TSSのリミット値は、80386でのTSSの最小値である103バイト（104から1引いた値）を16進数で記載してあります。TSSのリミット値は、これ以上の値を設定しても構いませんが、これ未満の値を設定してはいけません。ベース以外の値を設定したときのTSSディスクリプ

タの定義は次のようになります。

図 19-8　TSSディスクリプタの定義

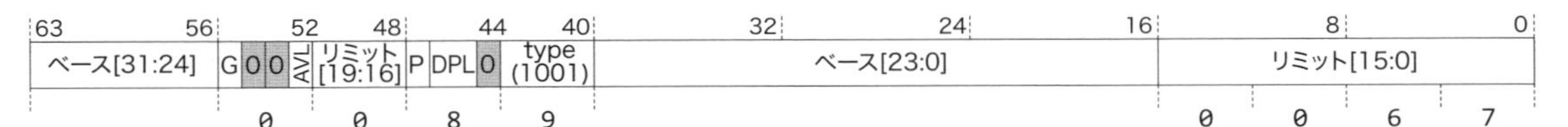

ベースアドレスの設定は、プログラム初期化時に行います。新たに設定するGDTと使用するセレクタの定義は次のようになります。

prog/src/31_multi_task/**descriptor.s**

```
GDT:            dq  0x0000000000000000          ; NULL
.cs_kernel:     dq  0x00CF9A000000FFFF          ; CODE 4G
.ds_kernel:     dq  0x00CF92000000FFFF          ; DATA 4G
.ldt            dq  0x0000820000000000          ; LDTディスクリプタ
.tss_0:         dq  0x0000890000000067          ; TSSディスクリプタ
.tss_1:         dq  0x0000890000000067          ; TSSディスクリプタ
.end:

CS_KERNEL       equ .cs_kernel  - GDT
DS_KERNEL       equ .ds_kernel  - GDT
SS_LDT          equ .ldt        - GDT
SS_TASK_0       equ .tss_0      - GDT
SS_TASK_1       equ .tss_1      - GDT

GDTR:   dw      GDT.end - GDT - 1
        dd      GDT
```

TSSディスクリプタのベースアドレスは、すでに作成したset_descマクロを使用して設定します。

prog/src/31_multi_task/**kernel.s**

```
        set_desc    GDT.tss_0, TSS_0
        set_desc    GDT.tss_1, TSS_1
```

これらの設定がすべて終了したら、LGDT命令を実行して、CPUにGDTの再読み込みを行わせます。

prog/src/31_multi_task/**kernel.s**

```
        lgdt    [GDTR]
```

次に、descriptor.sの全体を示します。

prog/src/31_multi_task/**descriptor.s**

```
;************************************************************************
;   TSS
;************************************************************************
TSS_0:
.link:          dd  0                       ;   0:前のタスクへのリンク
.esp0:          dd  SP_TASK_0 - 512         ;*  4:ESP0
.ss0:           dd  DS_KERNEL               ;*  8:
.esp1:          dd  0                       ;* 12:ESP1
.ss1:           dd  0                       ;* 16:
.esp2:          dd  0                       ;* 20:ESP2
.ss2:           dd  0                       ;* 24:
.cr3:           dd  0                       ;  28:CR3(PDBR)
.eip:           dd  0                       ;  32:EIP
.eflags:        dd  0                       ;  36:EFLAGS
.eax:           dd  0                       ;  40:EAX
.ecx:           dd  0                       ;  44:ECX
.edx:           dd  0                       ;  48:EDX
.ebx:           dd  0                       ;  52:EBX
.esp:           dd  0                       ;  56:ESP
.ebp:           dd  0                       ;  60:EBP
.esi:           dd  0                       ;  64:ESI
.edi:           dd  0                       ;  68:EDI
.es:            dd  0                       ;  72:ES
.cs:            dd  0                       ;  76:CS
.ss:            dd  0                       ;  80:SS
.ds:            dd  0                       ;  84:DS
.fs:            dd  0                       ;  88:FS
.gs:            dd  0                       ;  92:GS
.ldt:           dd  0                       ;* 96:LDTセグメントセレクタ
.io:            dd  0                       ; 100:I/Oマップベースアドレス

TSS_1:
.link:          dd  0                       ;   0:前のタスクへのリンク
.esp0:          dd  SP_TASK_1 - 512         ;*  4:ESP0
.ss0:           dd  DS_KERNEL               ;*  8:
.esp1:          dd  0                       ;* 12:ESP1
.ss1:           dd  0                       ;* 16:
.esp2:          dd  0                       ;* 20:ESP2
.ss2:           dd  0                       ;* 24:
.cr3:           dd  0                       ;  28:CR3(PDBR)
.eip:           dd  task_1                  ;  32:EIP
.eflags:        dd  0x0202                  ;  36:EFLAGS
.eax:           dd  0                       ;  40:EAX
.ecx:           dd  0                       ;  44:ECX
.edx:           dd  0                       ;  48:EDX
.ebx:           dd  0                       ;  52:EBX
.esp:           dd  SP_TASK_1               ;  56:ESP
.ebp:           dd  0                       ;  60:EBP
.esi:           dd  0                       ;  64:ESI
.edi:           dd  0                       ;  68:EDI
.es:            dd  DS_TASK_1               ;  72:ES
.cs:            dd  CS_TASK_1               ;  76:CS
.ss:            dd  DS_TASK_1               ;  80:SS
.ds:            dd  DS_TASK_1               ;  84:DS
.fs:            dd  DS_TASK_1               ;  88:FS
.gs:            dd  DS_TASK_1               ;  92:GS
.ldt:           dd  SS_LDT                  ;* 96:LDTセグメントセレクタ
.io:            dd  0                       ; 100:I/Oマップベースアドレス


;************************************************************************
;   グローバルディスクリプタテーブル
;************************************************************************
```

```
GDT:            dq  0x0000000000000000          ; NULL
.cs_kernel:     dq  0x00CF9A000000FFFF          ; CODE 4G
.ds_kernel:     dq  0x00CF92000000FFFF          ; DATA 4G
.ldt            dq  0x0000820000000000          ; LDTディスクリプタ
.tss_0:         dq  0x0000890000000067          ; TSSディスクリプタ
.tss_1:         dq  0x0000890000000067          ; TSSディスクリプタ
.end:

CS_KERNEL       equ .cs_kernel  - GDT
DS_KERNEL       equ .ds_kernel  - GDT
SS_LDT          equ .ldt        - GDT
SS_TASK_0       equ .tss_0      - GDT
SS_TASK_1       equ .tss_1      - GDT

GDTR:   dw      GDT.end - GDT - 1
        dd      GDT


;************************************************************************
;   ローカルディスクリプタテーブル
;************************************************************************
LDT:            dq  0x0000000000000000          ; NULL
.cs_task_0:     dq  0x00CF9A000000FFFF          ; CODE 4G
.ds_task_0:     dq  0x00CF92000000FFFF          ; DATA 4G
.cs_task_1:     dq  0x00CF9A000000FFFF          ; CODE 4G
.ds_task_1:     dq  0x00CF92000000FFFF          ; DATA 4G
.end:

CS_TASK_0       equ (.cs_task_0 - LDT) | 4      ; タスク0用CSセレクタ
DS_TASK_0       equ (.ds_task_0 - LDT) | 4      ; タスク0用DSセレクタ
CS_TASK_1       equ (.cs_task_1 - LDT) | 4      ; タスク1用CSセレクタ
DS_TASK_1       equ (.ds_task_1 - LDT) | 4      ; タスク1用DSセレクタ

LDT_LIMIT       equ .end        - LDT - 1
```

タスクの呼び出し

これまでの作業で、マルチタスクを実現するための設定がすべて終わりました。複数のタスクを実行する前に、まずは、カーネル自身をタスク0に移行させます。具体的には、LTR(ロードタスクレジスタ)命令を使ってTR(タスクレジスタ)にTSS_0を設定します。これにより、CPUは、タスク0が実行中であると認識し、次回タスク切り替えが発生すると、実行中のコンテキストをTSS_0に保存します。

prog/src/31_multi_task/**kernel.s**

```
        mov     ax, SS_TASK_0                   ; // これからタスク0として動作する
        ltr     ax                              ; // タスクレジスタの設定
```

次に、タスク0が使用するスタックポインタの変更を行います。

prog/src/31_multi_task/**kernel.s**

```
        mov     esp, SP_TASK_0                  ; // タスク0用のスタックを設定
```

そして、新しく作成したタスクを実行するために、タスク1のTSSを指定して、セグメント間コール命令を実行します。設定に間違いがなければ、タスク切り替えが発生し、タスク1が

実行されます。このとき、オフセットアドレスを指定する必要はありません。実行アドレスはTSS_1のEIPから取得するためです。

prog/src/31_multi_task/**kernel.s**

```
        call    SS_TSS_1:0                          ; // タスクの呼び出し
```

このセグメント間CALL命令は、マルチタスクを実現するものではありますが、タスク1が実行を終えるまで戻って来ることはありません。また、タスクをCALL命令で呼び出したので、TSS_1の「前のタスクへのリンク」フィールドにはタスク0のTSSが設定され、EFLAGSレジスタのNTビットがセットされます。タスク1は、処理が終了したらIRET命令を実行し、タスクを終了します。これは、戻り番地をスタックから得るのではなく、TSS_1の「前のタスクへのリンク」を参照するようにするために必要な処理です。

次に、タスク0(カーネル側)のソース全体を示します。

prog/src/31_multi_task/**kernel.s**

```
;************************************************************************
;   マクロ
;************************************************************************
%include    "../include/define.s"
%include    "../include/macro.s"

        ORG     KERNEL_LOAD                         ; カーネルのロードアドレス

[BITS 32]
;************************************************************************
;   エントリポイント
;************************************************************************
kernel:
        ;---------------------------------------
        ; フォントアドレスを取得
        ;---------------------------------------
        mov     esi, BOOT_LOAD + SECT_SIZE      ; ESI   = 0x7C00 + 512
        movzx   eax, word [esi + 0]             ; EAX   = [ESI + 0] // セグメント
        movzx   ebx, word [esi + 2]             ; EBX   = [ESI + 2] // オフセット
        shl     eax, 4                          ; EAX <<= 4;
        add     eax, ebx                        ; EAX  += EBX;
        mov     [FONT_ADR], eax                 ; FONT_ADR[0] = EAX;

        ;---------------------------------------
        ; TSSディスクリプタの設定
        ;---------------------------------------
        set_desc    GDT.tss_0, TSS_0            ; // タスク0用TSSの設定
        set_desc    GDT.tss_1, TSS_1            ; // タスク1用TSSの設定

        ;---------------------------------------
        ; LDTの設定
        ;---------------------------------------
        set_desc    GDT.ldt, LDT, word LDT_LIMIT

        ;---------------------------------------
        ; GDTをロード(再設定)
        ;---------------------------------------
        lgdt    [GDTR]                          ; // グローバルディスクリプタテーブルをロード
```

```
        ;---------------------------------------
        ; スタックの設定
        ;---------------------------------------
        mov     esp, SP_TASK_0                  ; // タスク0用のスタックを設定

        ;---------------------------------------
        ; タスクレジスタの初期化
        ;---------------------------------------
        mov     ax, SS_TASK_0
        ltr     ax                              ; // タスクレジスタの設定

        ;---------------------------------------
        ; 初期化
        ;---------------------------------------
        cdecl   init_int                        ; // 割り込みベクタの初期化
        cdecl   init_pic                        ; // 割り込みコントローラの初期化

        set_vect    0x00, int_zero_div          ; // 割り込み処理の登録：0除算
        set_vect    0x20, int_timer             ; // 割り込み処理の登録：タイマー
        set_vect    0x21, int_keyboard          ; // 割り込み処理の登録：KBC
        set_vect    0x28, int_rtc               ; // 割り込み処理の登録：RTC

        ;---------------------------------------
        ; デバイスの割り込み許可
        ;---------------------------------------
        cdecl   rtc_int_en, 0x10                ; rtc_int_en(UIE); // 更新サイクル終了割り込み許可
        cdecl   int_en_timer0                   ; // タイマー(カウンタ0)割り込み許可

        ;---------------------------------------
        ; IMR(割り込みマスクレジスタ)の設定
        ;---------------------------------------
        outp    0x21, 0b_1111_1000              ; // 割り込み有効：スレーブPIC/KBC/タイマー
        outp    0xA1, 0b_1111_1110              ; // 割り込み有効：RTC

        ;---------------------------------------
        ; CPUの割り込み許可
        ;---------------------------------------
        sti                                     ; // 割り込み許可

        ;---------------------------------------
        ; フォントの一覧表示
        ;---------------------------------------
        cdecl   draw_font, 63, 13               ; // フォントの一覧表示
        cdecl   draw_color_bar, 63, 4           ; // カラーバーの表示

        ;---------------------------------------
        ; 文字列の表示
        ;---------------------------------------
        cdecl   draw_str, 25, 14, 0x010F, .s0   ; draw_str();

        ;---------------------------------------
        ; タスクの呼び出し
        ;---------------------------------------
        call    SS_TASK_1:0                     ; // タスクの呼び出し

.10L:                                           ; while (;;)
                                                ; {
        ;---------------------------------------
        ; 時刻の表示
        ;---------------------------------------
        mov     eax, [RTC_TIME]                 ;   // 時刻の取得
        cdecl   draw_time, 72, 0, 0x0700, eax   ;   // 時刻の表示

        ;---------------------------------------
        ; 回転する棒を表示
```

```
        ;---------------------------------------
        cdecl   draw_rotation_bar               ;   // 回転する棒を表示

        ;---------------------------------------
        ; キーコードの取得
        ;---------------------------------------
        cdecl   ring_rd, _KEY_BUFF, .int_key    ;   EAX = ring_rd(buff, &int_key);
        cmp     eax, 0                          ;   if (EAX == 0)
        je      .10E                            ;   {
                                                ;
        ;---------------------------------------
        ; キーコードの表示
        ;---------------------------------------
        cdecl   draw_key, 2, 29, _KEY_BUFF      ;     ring_show(key_buff); // 全要素を表示
.10E:                                           ;   }
        jmp     .10L                            ; }

.s0:    db  " Hello, kernel! ", 0

ALIGN 4, db 0
.int_key:   dd  0

ALIGN 4, db 0
FONT_ADR:   dd  0
RTC_TIME:   dd  0

;************************************************************************
;   タスク
;************************************************************************
%include    "descriptor.s"
%include    "modules/int_timer.s"
%include    "tasks/task_1.s"

;************************************************************************
;   モジュール
;************************************************************************
%include    "../modules/protect/vga.s"
%include    "../modules/protect/draw_char.s"
%include    "../modules/protect/draw_font.s"
%include    "../modules/protect/draw_str.s"
%include    "../modules/protect/draw_color_bar.s"
%include    "../modules/protect/draw_pixel.s"
%include    "../modules/protect/draw_line.s"
%include    "../modules/protect/draw_rect.s"
%include    "../modules/protect/itoa.s"
%include    "../modules/protect/rtc.s"
%include    "../modules/protect/draw_time.s"
%include    "../modules/protect/interrupt.s"
%include    "../modules/protect/pic.s"
%include    "../modules/protect/int_rtc.s"
%include    "../modules/protect/int_keyboard.s"
%include    "../modules/protect/ring_buff.s"
%include    "../modules/protect/timer.s"
%include    "../modules/protect/draw_rotation_bar.s"

;************************************************************************
;   パディング
;************************************************************************
        times KERNEL_SIZE - ($ - $$) db 0x00    ; パディング
```

タスク1が行っている処理自体は、画面に文字列を表示して終了するだけの、簡単なものです。このタスクが実行されると、画面右上にタスク1の起動メッセージが表示されます。このタスクは、srcディレクトリ内のtasksディレクトリにtask_1.sというファイル名で保存します。

prog/src/31_multi_task/tasks/**task_1.s**

```
task_1:
        ;---------------------------------------
        ; 文字列の表示
        ;---------------------------------------
        cdecl   draw_str, 63, 0, 0x07, .s0      ; draw_str();

        ;---------------------------------------
        ; タスクの終了
        ;---------------------------------------
        iret

        ;---------------------------------------
        ; データ
        ;---------------------------------------
.s0     db  "Task-1", 0
```


この例では、新しく作成したタスクをセグメント間コールで呼び出しただけなので、結果だけを見ると、通常の関数呼び出しとの違いはありません。しかし、この2つのタスクは、完全に独立したコンテキストを保持しているので、任意の時点でのコンテキストを保存・復帰することができます。これは、関数単位で処理を分割するのではなく、時間による分割が可能であることを意味しています。

プログラムの実行結果は、次のとおりです。画面右上には、タスク1が出力した文字列が表示されています。

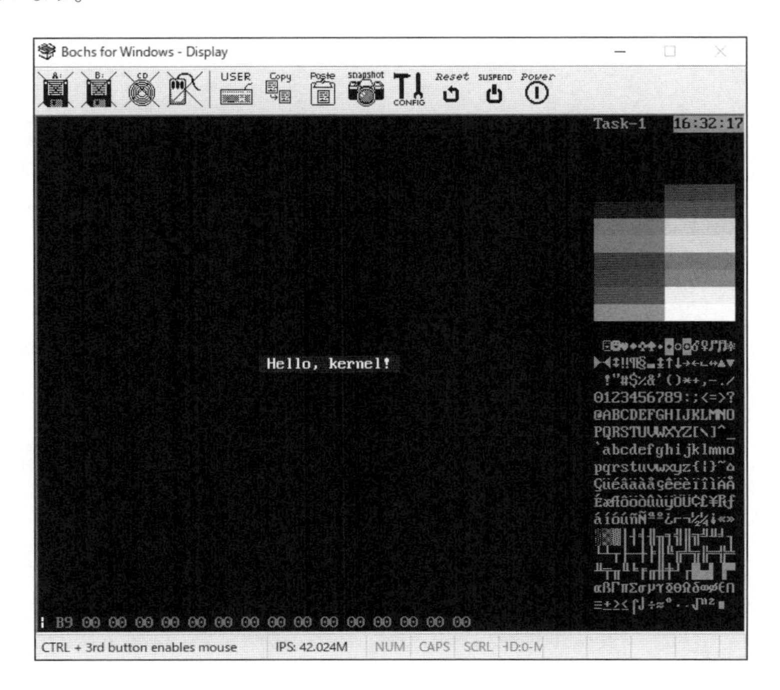

19.3 協調型マルチタスクの動作を確認する

タスクの切り替えは、セグメント間CALL命令の他に、セグメント間ジャンプ命令でも行うことができます。それぞれのタスクがもう一方のタスクへジャンプすることで、タスクが交互に切り替わるマルチタスクを実現することができます。

図19-9 協調型マルチタスクの例(2つのタスク)

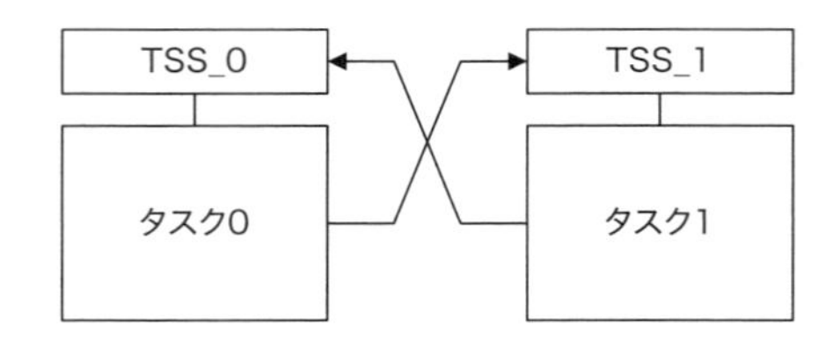

今回の例では、タスク0はTSS_1へのセグメント間ジャンプを行います。タスク0は、タスク1がどのアドレスから実行されるかを気にする必要はありません。タスク1のコンテキストはTSS_1に保存されており、CPUがコンテキストの入れ替えを行うためです。同様に、タスク1もTSS_0へのセグメント間ジャンプを行うことで、ジャンプ命令を実行した直後の命令から、タスク0の処理を再開することができます。これを実現するためのプログラム例を次に示します。

prog/src/32_task_non_pre/tasks/**task_1.s**

```
.10L:                                           ; while (;;)
                                                ; {
        ...
        jmp     SS_TASK_0:0                     ;   // タスク0へのジャンプ
        ...
        jmp     .10L                            ; }
```

この例のように、協調型マルチタスク ➡P.082参照 は、明示的に制御権を手放すことで実現されます。次の例は、時刻の表示をタスク1が行うように修正したものです。

prog/src/32_task_non_pre/tasks/**task_1.s**

```
        ...
.10L:                                           ; while (;;)
                                                ; {
        ;---------------------------------------
        ; 時刻の表示
        ;---------------------------------------
        mov     eax, [RTC_TIME]                 ;   // 時刻の取得
        cdecl   draw_time, 72, 0, 0x0700, eax   ;   // 時刻の表示

        ;---------------------------------------
        ; タスクの呼び出し
        ;---------------------------------------
```

```
        jmp     SS_TASK_0:0                     ;   // タスク1へのジャンプ
                                                ;
        jmp     .10L                            ; }
```

タスク0では、時刻を表示する代わりに、タスク1へのジャンプ命令を実行します。

prog/src/32_task_non_pre/tasks/**task_1.s**

```
.10L:                                           ; while (;;)
                                                ; {
        ...
        jmp     SS_TASK_1:0                     ;   // タスク1へのジャンプ
        ...
        jmp     .10L                            ; }
```

次に、タスク1のソースを示します。

prog/src/32_task_non_pre/tasks/**task_1.s**

```
task_1:
        ;---------------------------------------
        ; 文字列の表示
        ;---------------------------------------
        cdecl   draw_str, 63, 0, 0x07, .s0      ; draw_str();

.10L:                                           ; while (;;)
                                                ; {
        ;---------------------------------------
        ; 時刻の表示
        ;---------------------------------------
        mov     eax, [RTC_TIME]                 ;   // 時刻の取得
        cdecl   draw_time, 72, 0, 0x0700, eax   ;   // 時刻の表示

        ;---------------------------------------
        ; タスクの呼び出し
        ;---------------------------------------
        jmp     SS_TASK_0:0                     ;   // タスク0へのジャンプ

        jmp     .10L                            ; }

        ;---------------------------------------
        ; データ
        ;---------------------------------------
.s0     db  "Task-1", 0
```

次に、タスク0(カーネル側)のソースを示します。

prog/src/32_task_non_pre/**kernel.s**

```
        ;---------------------------------------
        ; 文字列の表示
        ;---------------------------------------
        cdecl   draw_str, 25, 14, 0x010F, .s0   ; draw_str();

.10L:                                           ; while (;;)
                                                ; {
        ;---------------------------------------
        ; タスクの呼び出し
        ;---------------------------------------
```

```
        jmp     SS_TASK_1:0                     ;   // タスク1へのジャンプ

        ;---------------------------------------
        ; 回転する棒を表示
        ;---------------------------------------
        cdecl   draw_rotation_bar               ;   // 回転する棒を表示

        ;---------------------------------------
        ; キーコードの取得
        ;---------------------------------------
        cdecl   ring_rd, _KEY_BUFF, .int_key    ;   EAX = ring_rd(buff, &int_key);
        cmp     eax, 0                          ;   if (EAX == 0)
        je      .10E                            ;   {
                                                ;
        ;---------------------------------------
        ; キーコードの表示
        ;---------------------------------------
        cdecl   draw_key, 2, 29, _KEY_BUFF      ;     ring_show(key_buff); // 全要素を表示
.10E:                                           ;   }
        jmp     .10L                            ; }
```

協調型マルチタスクでは、任意のタスクが長時間CPUを占有することができてしまいます。CPU時間の占有は、意図して行わずとも、プログラムの不具合やリソースの取得要求などで発生することもあります。このようなタスクを含め、数多くのタスクを効率よく実行するためには、タスクから制御権を奪い取ることが可能でなくてはなりません。これを実現するのが、プリエンプティブなマルチタスク➡P.106参照です。

19.4 プリエンプティブなマルチタスクを実現する

協調型マルチタスクでは、1つのタスクがCPU時間を占有することが可能でした。これを防ぐために、割り込みを利用して、強引にタスクの制御権を奪うことにします。具体的には、割り込み処理内から他のタスクへ復帰することで、プリエンプティブなマルチタスクを実現します。

図19-10 プリエンプティブなマルチタスクの例（2つのタスク）

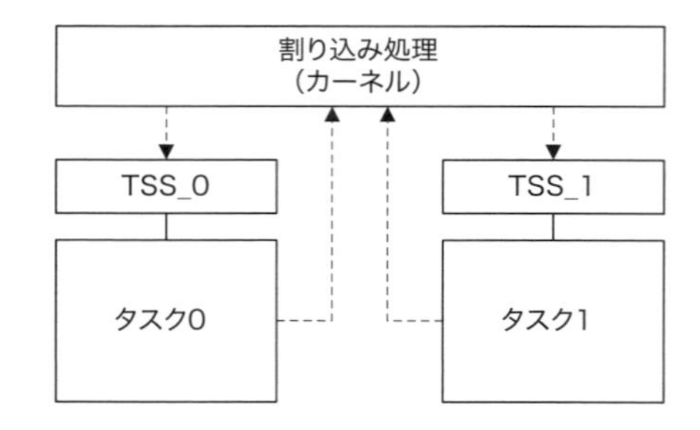

タスクの切り替えは、タイマー割り込みを使用して、一定周期で行います。すでに10ms周

期のタイマー割り込みを実現しているので、タイマー割り込み処理のなかに、タスクの切り替え処理を追加します。

割り込み内でタスクを切り替えるためには、現在実行中のタスクを知る必要があります。これには、TRレジスタに設定されたTSSセレクタで判断します。このレジスタの値は、タスク切り替えが発生するたびにCPUが設定するので、TRレジスタの値を取得し、タスク0のTSSであればタスク1に、タスク1のTSSであればタスク0にセグメント間ジャンプして、タスクを切り替えます。

prog/src/33_task_pre_emptive/modules/**int_timer.s**

```
int_timer:
        ...
        ;---------------------------------------
        ; 割り込みフラグをクリア(EOI)
        ;---------------------------------------
        outp    0x20, 0x20                      ; // マスタPIC:EOIコマンド

        ;---------------------------------------
        ; タスクの切り替え
        ;---------------------------------------
        str     ax                              ; AX = TR; // 現在のタスクレジスタ
        cmp     ax, SS_TASK_1                   ; case (AX)
        je      .11L                            ; {
                                                ;   default:
        jmp     SS_TASK_1:0                     ;     // タスク1に切り替え
        jmp     .10E                            ;     break;
.11L:                                           ;   case SS_TASK_1:
        jmp     SS_TASK_0:0                     ;     // タスク0に切り替え
        jmp     .10E                            ;     break;
.10E:                                           ; }
```

タイマー割り込み処理内で行う割り込み要因のクリアは、異なるタイミングで呼ばれることがないように、タスク切り替えの前に行っておきます。割り込み処理内でタスクの切り替えを行うように修正した後は、それぞれのタスクで行っていた、他のタスクへのセグメント間ジャンプ命令は削除します。

第20章 特権状態を管理する

- タスクの特権レベルを制限する
- システムコールの実現方法
- 同期処理　など

例えば、画面出力を行うVGAハードウェアやキーボードは、明らかに、個別のタスクが制御したり占有したりすべきではありません。かといって、これらのリソースはすべてのプロセスが利用可能でなければいけません。このため、OSは、低い特権レベルで動作するタスクのために、リソースへの適切なアクセス方法を提供します。ここでは、タスクの特権レベルを制御する方法と、リソースへのアクセス方法となるシステムコールの実現方法を確認します。

20.1 タスクの特権レベルを制限する

マルチタスクをサポートする80386では、特権レベル ➡P.237参照 によるアクセス制限が可能です。前述の例で作成した2つのタスクは、ともに最高特権レベルで動作するものでしたが、より現実的な動作に近づけるために、タスク1の特権レベルを最低特権レベルの3に設定します。この設定は、セグメントセレクタで行います。

prog/src/34_call_gate/**descriptor.s**

```
CS_TASK_0       equ (.cs_task_0 - LDT) | 4       ; タスク0用CSセレクタ
DS_TASK_0       equ (.ds_task_0 - LDT) | 4       ; タスク0用DSセレクタ
CS_TASK_1       equ (.cs_task_1 - LDT) | 4 | 3   ; タスク1用CSセレクタ
DS_TASK_1       equ (.ds_task_1 - LDT) | 4 | 3   ; タスク1用DSセレクタ
```

タスク1の特権レベルが下がったので、アクセス可能なセグメントの特権レベルも下げなければ、タスク自体が動作することができなくなってしまいます。タスク1がアクセス可能なコードセグメントディスクリプタの定義は次のようになっていました。

図 20-1 セグメントディスクリプタの定義（特権レベル0）

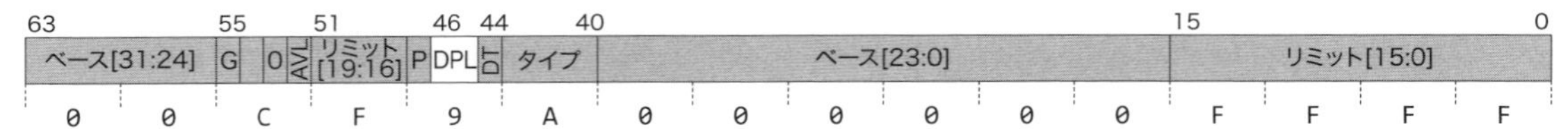

```
prog/src/34_call_gate/descriptor.s
LDT:            dq  0x0000000000000000         ; NULL
.cs_task_0:     dq  0x00CF9A000000FFFF         ; CODE 4G
.ds_task_0:     dq  0x00CF92000000FFFF         ; DATA 4G
.cs_task_1:     dq  0x00CF9A000000FFFF         ; CODE 4G
.ds_task_1:     dq  0x00CF92000000FFFF         ; DATA 4G
.end:
```

この設定の特権レベルだけを変更し、次のように定義します。

図 20-2 セグメントディスクリプタの定義（特権レベル3）

63	55			51		46	44	40	15	0
ベース[31:24]	G	0	AVL	リミット[19:16]	P	DPL	DT	タイプ	ベース[23:0]	リミット[15:0]

0 0 C F F A 0 0 0 0 0 0 F F F F

```
prog/src/34_call_gate/descriptor.s
LDT:            dq  0x0000000000000000         ; NULL
.cs_task_0:     dq  0x00CF9A000000FFFF         ; CODE 4G
.ds_task_0:     dq  0x00CF92000000FFFF         ; DATA 4G
.cs_task_1:     dq  0x00CFFA000000FFFF         ; CODE 4G
.ds_task_1:     dq  0x00CFF2000000FFFF         ; DATA 4G
.end:
```

この2つの修正により、タスク1の特権レベルが3に変更されます。実際に、アセンブルして動作を確認することができますが、一般保護例外が発生しプログラムが停止してしまうことでしょう。

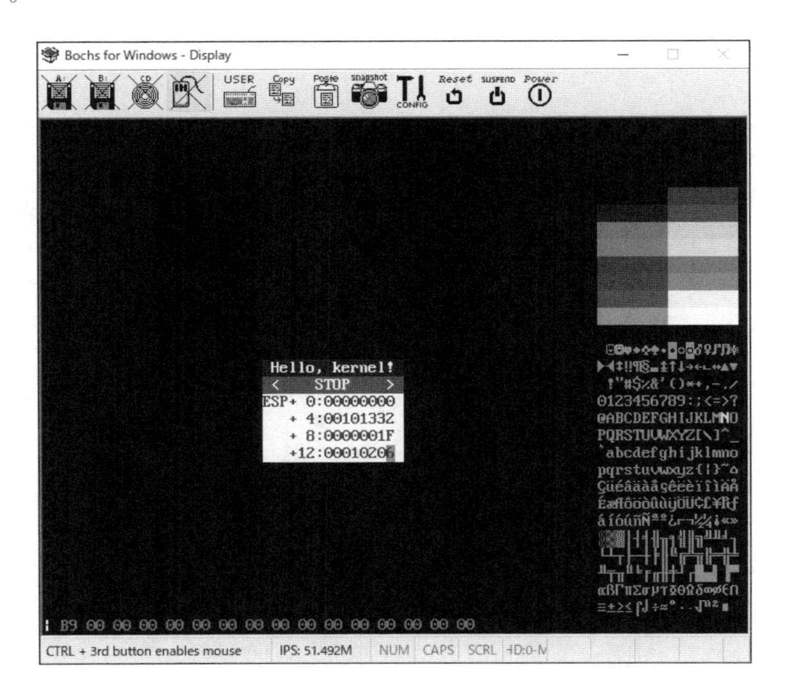

これは、タスク1の特権レベルを0から3に変更したことで、タスク1が画面表示時に行っていたI/Oポートへのアクセスができなくなったことが直接の原因です。タスクがI/Oポートにアクセスするためには、許可されたI/OポートをTSSに設定する必要がありますが、今回は、低い特権レベルのタスクにI/Oポートへのアクセスを許可しません。

低い特権レベルのタスクが画面に文字を表示するために、特定のI/Oポートへのアクセスを許可することもできますが、画面制御のためにポートへのアクセスを許可することは適切ではありません。このような状況に対応するために、80386では、コールゲート➡P.246参照が用意されています。

20.2 コールゲートを実装する

タスクがI/Oポートへのアクセスを制限されることは理解できるのですが、もともと、タスクはI/Oポートにアクセスしたい訳ではありません。タスクは画面上に文字を表示したいだけなので、画面上に文字を表示する処理をOS側が用意すれば、タスクは表示したい文字を渡すだけで良いことになります。そして、80386では、このような動作を実現するための仕組みがコールゲートとして用意されています。

図20-3 コールゲートの動作

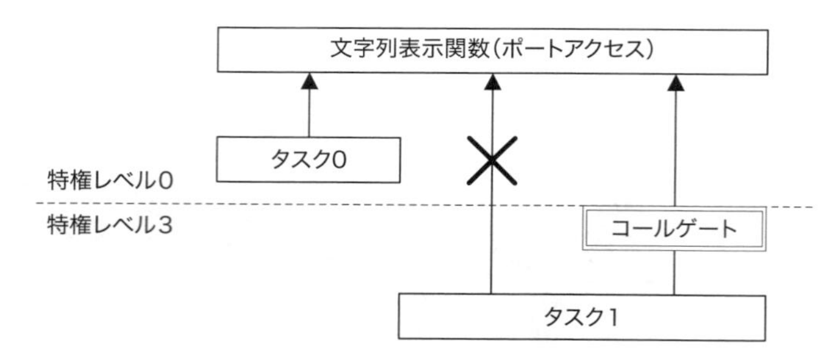

コールゲートには、低い特権レベルからでも呼び出すことができる、カーネル内部の関数を登録します。この関数は、カーネルの一部なので、不必要なポートアクセスを行わないことが分かっています。低い特権レベルのタスクは、コールゲートを通じてのみ、画面出力機能を利用することが可能となります。

実際に、コールゲートを使って関数を呼び出すプログラム例を次に示します。

```
        cdecl   SS_GATE_0:0, 63, 0, 0x07, .s0   ; draw_str();
```

コールゲートを使用する側から見ると、タスクのセグメント間コールと同じ形式で呼び出し、具体的な関数名やアドレスを指定する必要はありません。実際に呼び出される関数と引数の数は、カーネル側がコールゲートディスクリプタで定義します。

次の表に、コールゲートディスクリプタに文字列表示関数を登録するときの設定値を示します。文字列を表示する関数には、4つの32ビット値を引数として渡します。また、セレクタには、カーネルのコードセグメント用セレクタである0x0008を設定します。

表 20-1 コールゲートディスクリプタの設定値

	設定値	意味
オフセット	任意	コードのアドレス
セレクタ	8	コードのセグメントセレクタ
P	1	プレゼンス(メモリ上に存在)
DPL	11	特権レベル(3=最低)
タイプ	01100	386コールゲート
ワード数	4	引数の数(4バイト単位)

ここで指定した値を、コールゲートディスクリプタの書式に合わせると次の図のようになります。

図 20-4 コールゲートディスクリプタの定義

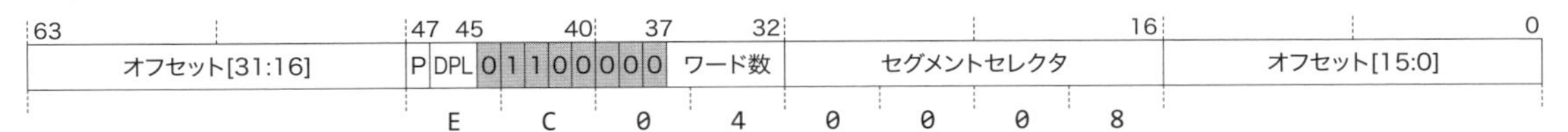

コールゲートディスクリプタは、すべてのタスクから参照されるので、GDTに登録します。

prog/src/34_call_gate/**descriptor.s**

```
GDT:            dq  0x0000000000000000          ; NULL
.cs_kernel:     dq  0x00CF9A000000FFFF          ; コードセグメント
.ds_kernel:     dq  0x00CF92000000FFFF          ; データセグメント
.ldt            dq  0x0000820000000000          ; LDTディスクリプタ
.tss_0:         dq  0x0000890000000067          ; TSS_0ディスクリプタ
.tss_1:         dq  0x0000890000000067          ; TSS_1ディスクリプタ
.call_gate:     dq  0x0000EC0400080000          ; 386コールゲート(DPL=3, count=4, SEL=8)
.end:

CS_KERNEL       equ .cs_kernel  - GDT
DS_KERNEL       equ .ds_kernel  - GDT
SS_LDT          equ .ldt        - GDT
SS_TSS_0        equ .tss_0      - GDT
SS_TSS_1        equ .tss_1      - GDT
SS_GATE_0       equ .call_gate  - GDT
```

いくつかのセグメントディスクリプタと同様、オフセットの定義はプログラムの初期化時に行います。次のマクロは第2引数に渡された関数のアドレスを、第1引数に指定されたゲートディスクリプタのベースアドレスに設定するものです。

```
                                              prog/src/include/macro.s
%macro  set_gate 2-*
        push    eax
        push    edi

        mov     edi, %1                         ; ディスクリプタアドレス
        mov     eax, %2                         ; ベースアドレス

        mov     [edi + 0], ax                   ; ベース([15: 0])
        shr     eax, 16                         ;
        mov     [edi + 6], ax                   ; ベース([31:16])

        pop     edi
        pop     eax
%endmacro
```

このマクロを使用して、コールゲートに関数を登録する具体的なコード例を次に示します。

```
                                              prog/src/34_call_gate/kernel.s
        ;---------------------------------------
        ; TSSディスクリプタの設定
        ;---------------------------------------
        set_desc    GDT.tss_0, TSS_0            ; // タスク0用TSSの設定
        set_desc    GDT.tss_1, TSS_1            ; // タスク1用TSSの設定

        ;---------------------------------------
        ; コールゲートの設定
        ;---------------------------------------
        set_gate    GDT.call_gate, call_gate    ; // コールゲートの設定
```

特権レベル3で動作することになったタスク1は、コールゲートを呼び出して文字列の表示を行うように変更します。また、時刻の表示関数内でも文字列表示関数を使用しているので、実行されないようにします。コードが実行されないようにするためには、コード自体を削除するのが最も確実ですが、再利用することを考慮して、コードの記述は残しておきたい場合があります。今回の例でも、時刻の表示は後で有効とするので、コメントであることを示す「;」を行頭に追記し、行全体がアセンブルされないように修正します。このような、簡易的なソースコードの除外方法は、コメントアウトと呼ばれています。

```
                                      prog/src/34_call_gate/tasks/task_1.s
task_1:
        cdecl   SS_GATE_0:0, 63, 0, 0x07, .s0   ; draw_str();

.10L:                                           ; while (;;)
                                                ; {
;       mov     eax, [RTC_TIME]                 ;   // 時刻の取得
;       cdecl   draw_time, 72, 0, 0x0700, eax   ;   // 時刻の表示

        jmp     .10L                            ; }

.s0     db  "Task-1", 0
```

次に、コールゲートディスクリプタに登録する、コールゲート関数を示します。

prog/src/modules/protect/**call_gate.s**

```
call_gate:
        ;---------------------------------------
        ; 【スタックフレームの構築】
        ;---------------------------------------
                                                ; ------|--------
                                                ; EBP+12| X(列)
                                                ; EBP+16| Y(行)
                                                ; EBP+20| 色
                                                ; EBP+24| 文字
                                                ; ---------------
                                                ; EBP+ 8| CS(コードセグメント)
        push    ebp                             ; EBP+ 4| EIP(戻り番地)
        mov     ebp, esp                        ; EBP+ 0| EBP(元の値)
                                                ; ---------------
        ;---------------------------------------
        ; 【レジスタの保存】
        ;---------------------------------------
        pusha
        push    ds
        push    es

        ;---------------------------------------
        ; データ用セグメントの設定
        ;---------------------------------------
        mov     ax, 0x0010                      ;
        mov     ds, ax                          ;
        mov     es, ax                          ;

        ;---------------------------------------
        ; 文字を表示
        ;---------------------------------------
        mov     eax, dword [ebp +12]            ; EAX = X(列);
        mov     ebx, dword [ebp +16]            ; EBX = Y(行);
        mov     ecx, dword [ebp +20]            ; ECX = 色;
        mov     edx, dword [ebp +24]            ; EDX = 文字;
        cdecl   draw_str, eax, ebx , ecx, edx   ; draw_str();

        ;---------------------------------------
        ; 【レジスタの復帰】
        ;---------------------------------------
        pop     es                              ;
        pop     ds                              ;
        popa                                    ;

        ;---------------------------------------
        ; 【スタックフレームの破棄】
        ;---------------------------------------
        mov     esp, ebp
        pop     ebp

        retf 4 * 4
```

コールゲートディスクリプタに登録する関数は、文字列表示関数を呼び出すだけのラッパー関数です。ラッパー関数とは、同じ機能を異なる仕様に書き換えた関数です。ラッパー関数が必要となる理由は、文字列表示関数がセグメント間コール命令で呼ばれることを想定していないので、スタックに積んだ引数の位置がずれてしまうためです。

図 20-5 スタックに積まれる情報の違い

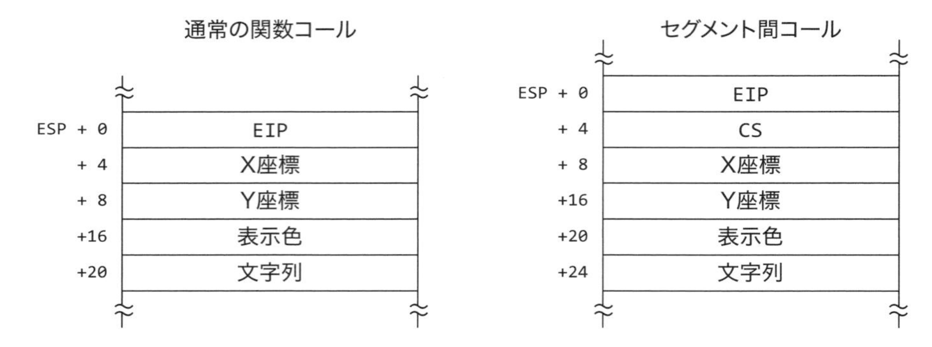

同じ理由により、コールゲート関数終了時にはコードセグメントセレクタを復帰するRETF命令を使用する必要があります。

ラッパー関数を使用するもう1つの理由は、異なる特権レベルへの移行により、それぞれのスタックにデータが積み込まれるためです。高い特権レベルのプログラムは、低い特権レベルのスタックを直接参照することはありません。CPUは、コールゲートディスクリプタに設定した分だけのスタックを、高い特権レベルのスタックにコピーしてくれます。このときに使用される、特権レベル0のスタックは、各タスク用TSSのESP0に設定された値が使用されます。

図 20-6 割り込み発生時のスタック

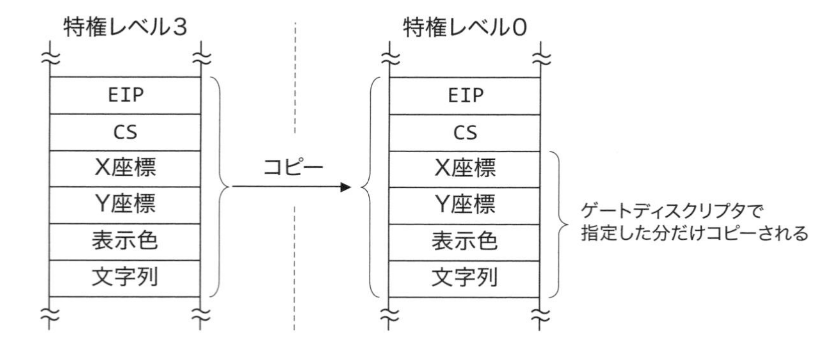

コールゲートが呼び出されたとき、CPUは、高い特権レベルのスタックを引数に積んだにもかかわらず、自動的に復帰してはくれません。このため、スタックポインタの調整は、コールゲート関数内でを行う必要があります。今回の例では、32ビットの値が4つスタックに積まれるので、次の命令で関数からの復帰と同時に、引数の調整を行います。

```
        retf 4 * 4
```

20.3 トラップゲートを実装する

トラップゲートは、低い特権レベルのタスクが高い特権レベルのプログラムを実行する、もう1つの方法です。トラップゲートはINT命令により例外を発生させるので、ソフトウェア割り込みとしても知られています。トラップゲートは割り込みゲートと同様、IDT（割り込みディスクリプタテーブル）に登録します。しかし、割り込みゲートがIF（割り込みフラグ）をクリアしてINTR割り込みを無効とすることに対して、トラップゲートはIFを変更しません。また、1つのトラップゲートは、1つの割り込みベクタを使用します。

トラップゲートを呼び出す具体的なコード例は、次のようになります。

```
        int     0x81                            ; トラップゲート
```

コールゲートと同様、トラップゲートを呼び出すときは、具体的な処理が行われる関数を指定することはありません。トラップゲートは、割り込み処理が行われる関数を割り込みゲートディスクリプタに記載したときと同じように、トラップゲートディスクリプタに設定します。

次の表に、トラップゲートディスクリプタに文字列表示関数を登録するときの設定値を示します。

表20-2 トラップゲートディスクリプタの設定値

	設定値	意味
オフセット	任意	関数のアドレス
セレクタ	**8**	カーネルのセグメントセレクタ
P	**1**	プレゼンス（メモリ上に存在）
DPL	**3**	特権レベル（3=最低）
TYPE	**1111**	386トラップゲート

この値を反映したトラップゲートディスクリプタは次のように定義されます。

図20-7 トラップゲートディスクリプタの定義

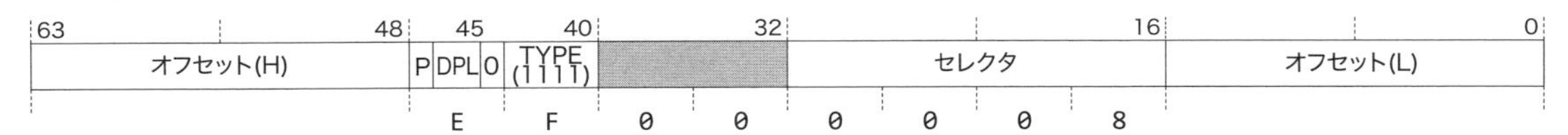

ここで定義したトラップゲートディスクリプタを、割り込みオフセット設定用マクロを使用して、割り込みベクタ番号の0x81番に登録します。このとき、第3引数のタイプで、トラップゲートディスクリプタであることを指定します。

```
                                          prog/src/35_trap_gate/kernel.s
        set_vect    0x28, int_rtc               ; // 割り込み処理の登録：RTC
        set_vect    0x81, trap_gate_81, word 0xEF00 ; // トラップゲートの登録
```

トラップゲートは、コールゲートと異なり、高い特権レベルに移行しても低い特権レベルのスタックをコピーしてくれません。このため、トラップゲートを呼び出すときに必要となる引数は、スタックではなく、レジスタに設定します。

トラップゲートの具体的な使用例は、次のシステムコールで確認することにします。

20.4 システムコールを実装する

システムコール ➡P.110参照 とは、カーネルがタスクに提供するサービスプログラムの集まりです。このなかには、文字列の表示処理のように、タスクの特権レベルでは実行できない処理が多く含まれています。システムコールは、前述のコールゲートまたはトラップゲートにより実現しますが、コールゲートは、引数をスタックに積み込んで呼び出すことを想定していることに対し、トラップゲートは、引数をレジスタに設定して呼び出すことを想定しています。ここでは、トラップゲートを利用した、システムコールを作成します。

作成するシステムコールは、1文字出力関数と1ドット出力関数の2つです。すべての画面表示処理が、この2つの関数で実現されているためです。まずは、システムコールで使用する引数とレジスタの関係を、次のように定義します。

表 20-3 システムコールの引数

システムコール	INT命令	EAX	EBX	ECX	EDX
1文字出力	**0x81**	文字コード	表示色	列	行
1ドット出力	**0x82**	（なし）		X座標	Y座標

表示位置は、1文字出力では文字単位、1ドット出力ではドット単位で設定するので、それぞれの設定範囲は次のようになります。

表 20-4 画面出力の範囲

システムコール	ECX	EDX
1文字出力	0 ～ 79	0 ～ 29
1ドット出力	0 ～ 639	0 ～ 479

システムコールを実現するために行う作業は次のとおりで、割り込み処理の作成と似ています。

- ゲート関数の作成
- ゲート関数の登録
- 文字列表示関数の修正

ゲート関数の作成

作成するシステムコールは、特権レベルの変更を目的としていますが、ゲート関数が呼び出された時点で特権レベルの変更は終了しています。ゲート関数内では、既存の文字列表示関数を呼び出すだけです。

prog/src/modules/protect/**trap_gate.s**

```
trap_gate_81:
        ;---------------------------------------
        ; 1文字出力
        ;---------------------------------------
        cdecl   draw_char, ecx, edx, ebx, eax   ; // 1文字出力

        iret
```

もう1つのシステムコールである1ドット出力処理も、同じ理由により、既存の処理を呼び出すだけになります。

prog/src/modules/protect/**trap_gate.s**

```
trap_gate_82:
        ;---------------------------------------
        ; 点の描画
        ;---------------------------------------
        cdecl   draw_pixel, ecx, edx, ebx       ; // 点の描画

        iret
```

システムコールはINT命令で呼び出されるので、復帰するときにはIRET命令を使用します。

ゲート関数の登録

トラップゲートディスクリプタには、作成したトラップゲート関数を登録します。これには、割り込み処理を登録するときに作成したマクロを使用しますが、第3引数には、トラップゲートであることを示すタイプを設定しています。

prog/src/35_trap_gate/**kernel.s**

```
        set_vect    0x21, int_keyboard              ; // 割り込み処理の登録：KBC
        set_vect    0x28, int_rtc                   ; // 割り込み処理の登録：RTC
        set_vect    0x81, trap_gate_81, word 0xEF00 ; // トラップゲートの登録：1文字出力
        set_vect    0x82, trap_gate_82, word 0xEF00 ; // トラップゲートの登録：点の描画
```

20 特権状態を管理する

文字列表示関数の修正

文字列表示関数は、1文字表示関数を繰り返し呼び出すことで、その機能を実現しています。しかし、このままでは、低い特権レベルのタスクが文字列表示関数を利用することができません。そのため、文字列表示関数内での文字表示処理は、システムコールを呼び出すように修正します。

文字列表示関数の修正は、1文字表示処理の呼び出し方法を変更するだけです。古い関数呼び出しを置き換えても良いのですが、今回は、アセンブラの%ifdefディレクティブを使用してアセンブル時に切り替えるようにします。具体的には、USE_SYSTEM_CALLが定義されているときのみ、システムコールによる1文字表示関数を呼び出します。

prog/src/modules/protect/**draw_str.s**

```
draw_str:
        ...
%ifdef  USE_SYSTEM_CALL
        int     0x81                                ;   sys_call(1, X, Y, 色, 文字);
%else
        cdecl   draw_char, ecx, edx, ebx, eax       ;   draw_char();
%endif
```

カーネルの先頭では、%defineマクロでUSE_SYSTEM_CALLを定義し、システムコールを利用した1文字出力関数を使用することを明示します。

prog/src/35_trap_gate/**kernel.s**

```
%define  USE_SYSTEM_CALL

%include    "../include/define.s"
%include    "../include/macro.s"
```

この修正は、文字列表示関数だけに行います。修正した文字列表示関数は、低い特権レベルのタスクからも利用することができるので、タスク自体を修正する必要はありません。これで、低い特権レベルのタスク1でも、文字列表示関数を利用することができるようになったので、時刻の表示関数も呼び出すことができるようになります。

prog/src/35_trap_gate/tasks/**task_1.s**

```
task_1:
        ;---------------------------------------
        ; 文字列の表示
        ;---------------------------------------
        cdecl   draw_str, 63, 0, 0x07, .s0      ; draw_str();

.10L:                                           ; while (;;)
                                                ; {
        ;---------------------------------------
        ; 時刻の表示
        ;---------------------------------------
        mov     eax, [RTC_TIME]                 ;   // 時刻の取得
        cdecl   draw_time, 72, 0, 0x0700, eax   ;   // 時刻の表示

        jmp     .10L                            ; }

        ;---------------------------------------
```

```
        ; データ
        ;-------------------------------------
.s0     db  "Task-1", 0
```

同様の修正は、線の描画関数(draw_line)にも行います。

20.5 同期処理を実現する

画面に文字を表示する処理は、システムコールを利用するように修正しました。システムコールでは、特権レベルの変更が行われはしますが、重複した呼び出しを禁止している訳ではないので、複数のタスクから同一のシステムコールを呼び出すことが可能となっています。たとえば、1つのタスクが文字を表示している最中にもタスク切り替えが発生し、同じシステムコールを呼び出すことが有り得るのです。

1文字表示関数内では、複数のVGAポートに対して連続したアクセスを行います。この一連のアクセスが行われている間に他のタスクがVGAポートにアクセスすると意図しない表示となってしまいます。例えば、タスクAが文字色をポートに設定した直後にタスク切り替えが発生し、タスクBにより異なる文字色が設定されると、タスクAが設定した表示色では描画されません。このため、描画に関連するVGAポートは、共有できないリソースとして扱わなくてはいけません。

図 20-8 1つのリソースにアクセスする複数のタスク

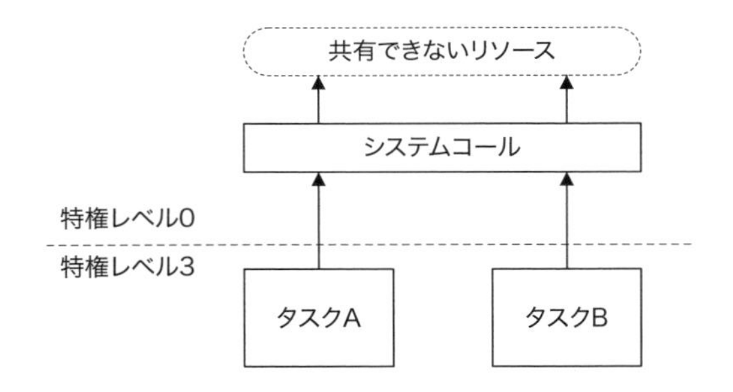

マルチタスクでは、共有できないリソースへのアクセスに、同期処理が必要です。今回の例では、1つのタスクが文字を表示するためにシステムコールを呼び出してポートアクセスを開始した後は、一連の処理が終了するまで、他のタスクがポートにアクセスすることを制限しなくてはいけません。

同期処理にはいくつかの手法がありますが、今回は、グローバル変数を使用することにします。約束事として、すべてのタスクから参照可能なグローバル変数の値が0ならば、どのタスクもリソースにアクセスしてはいません。リソースにアクセスしたいタスクは、グローバル変数の値が0であることを確認した後で1にセットし、リソースへのアクセスを行います。グローバル変数の値が1のときは、他のタスクがリソースを使用しているので、リソースが解放されるまで、つまり、グローバル変数が0になるまで、待たなくてはいけません。

図 20-9 グローバル変数を使った同期処理

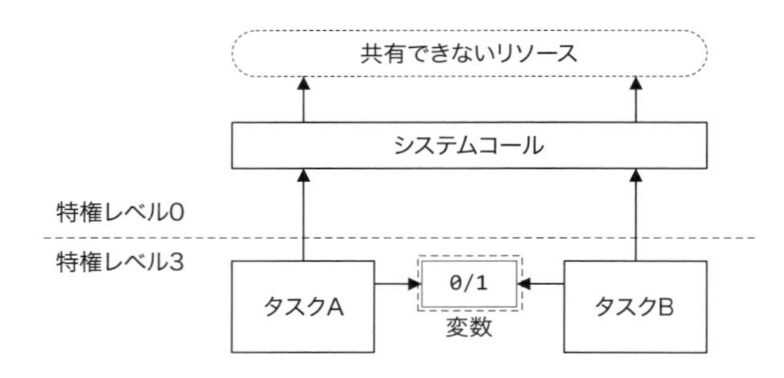

グローバル変数を使用した同期処理は、それぞれのタスクが共有するグローバル変数の値を読み込み、値が0であれば1をセットしてリソースの使用を開始するだけの簡単な処理ではありますが、変数へのアクセスには排他制御が必要です。今回は、テストアンドセット ➡P.117参照 で排他制御を行います。

テストアンドセットは、値のテストとセットをアトミックに行います。80386では、テストのための読み込みとセットのための書き込みで実質的に2回行われるメモリアクセスを、分割できない処理とするためのLOCKプレフィクスを使用することができます。次に、BTS（ビットのテストとセット）命令を使用したLOCKプレフィクスの使用例を示します。

```
        mov     eax, 0                          ; local = 0;
        lock bts [IN_USE], eax                  ; CF = TEST_AND_SET(IN_USE, 1);
```

この例でのBTS命令は、グローバル変数IN_USEのB0（最下位ビット）の値を読み込んだ後、同ビットを1にセットします。ただし、BTS命令にはLOCKプレフィクスが付加されているので、読み込みと書き込みが分割されることはありません。そのため、CFが0であれば自タスクが変数の値を1にセットしたことになりますが、CFが1であればすでに他のタスクにより変数が設定された後であることを示しています。テストアンドセットを実現する、具体的なプログラム例を次に示します。

prog/src/modules/protect/**test_and_set.s**

```
test_and_set:
        ;---------------------------------------
        ; 【スタックフレームの構築】
        ;---------------------------------------
                                                ; EBP+ 8| ローカル変数のアドレス
                                                ; ------+----------------
        push    ebp                             ; EBP+ 4| EIP（戻り番地）
        mov     ebp, esp                        ; EBP+ 0| EBP（元の値）
```

```
                                                  ; ------+----------------

        ;---------------------------------------
        ; 【レジスタの保存】
        ;---------------------------------------
        push    eax
        push    ebx

        ;---------------------------------------
        ; テストアンドセット
        ;---------------------------------------
        mov     eax, 0                            ; local  = 0;
        mov     ebx, [ebp + 8]                    ; global = アドレス;

.10L:                                             ; for ( ; ; )
                                                  ; {
        lock bts [ebx], eax                       ;   CF = TEST_AND_SET(IN_USE, 1);
        jnc     .10E                              ;   if (0 == CF)
                                                  ;     break;
                                                  ;
.12L:                                             ;   for ( ; ; )
                                                  ;   {
        bt      [ebx], eax                        ;     CF = TEST(IN_USE, 1);
        jc      .12L                              ;     if (0 == CF)
                                                  ;       break;
        jmp     .10L                              ;   }
.10E:                                             ; }

        ;---------------------------------------
        ; 【レジスタの復帰】
        ;---------------------------------------
        pop     ebx
        pop     eax

        ;---------------------------------------
        ; 【スタックフレームの破棄】
        ;---------------------------------------
        mov     esp, ebp
        pop     ebp

        ret
```

LOCKプレフィクスにより生成されるLOCK信号は、他のタスクのメモリアクセスを制限するので、最小限の使用に留めるようにします。具体的には、一度、リソースの使用が確認されたら、次回以降の変数確認でLOCKプレフィクスを使用しません。その後、リソースの解放が確認されたら、改めてLOCKプレフィクスを使用して変数の検査を行います。次に、テストアンドセットを使用した文字表示関数を示します。

prog/src/modules/protect/**draw_char.s**

```
draw_char:
        ...
%ifdef USE_TEST_AND_SET
        cdecl   test_and_set, IN_USE          ; TEST_AND_SET(IN_USE); // リソースの空き待ち
%endif
        ...                                   ; 【フォント出力処理】
%ifdef USE_TEST_AND_SET
        mov     [IN_USE], dword 0             ; 変数のクリア
%endif
```

```
ALIGN 4, db 0
IN_USE: dd  0
```

文字表示関数では、システムコールを実行する前にテストアンドセット関数を呼び出します。この関数は、リソースが利用可能となるまで戻ってくることはありません。この関数が終了したときには、リソースが利用可能な状態です。リソースを使い終わった後は、グローバル変数に0を書き込みますが、このときの排他制御は不要です。また、テストアンドセットは、USE_TEST_AND_SETマクロが設定されたときのみ有効となるようにしています。これは、次のように%defineディレクティブを使用して定義します。

prog/src/36_test_and_set/**kernel.s**

```
%define USE_SYSTEM_CALL
%define USE_TEST_AND_SET

%include    "../include/define.s"
%include    "../include/macro.s"
```

テストアンドセットは、リソースの獲得に失敗したタスクが、他のタスクが保持するリソースの解放を待ち続けるだけの、ビジーウェイト ➡P.114参照 を構成します。本来であれば、リソースの獲得に失敗したタスクは、待ち状態に移行し、他のタスクが実行されるべきですが、そのためには、タスク管理やスケジューラを作成しなければなりません。

第21章 小数演算を行う

・FPUの使い方
・複数のタスクで小数演算を実現する方法
・バラ曲線を描画する　など

レジスタの構成を見ても分かるとおり、80386を含めた多くのCPUでは、小数を直接扱うことができません。そのため、小数演算を行うためには小数演算ライブラリーなどのソフトウェアを利用するか、専用の周辺機器を利用することになります。ここでは、CPUに専用の周辺機器が接続されていることを前提として、複数のタスクで小数演算を行うための環境を作成します。

21.1 FPUの動作を確認する

まずは、FPU ➡P.307参照 を利用して小数演算を行うタスクを1つだけ作成します。FPUとは、CPUに接続される周辺機器の1つで、浮動小数点演算を専門に行う演算装置です。FPUは、その名が示すとおり、小数を浮動小数点で表す方式で、この他に、固定小数点演算方式があります。

FPUは、一般的な周辺機器と同様、使用する前に初期化処理を行う必要がありますが、浮動小数点演算を行う多くのタスクはFPUが実装されているかどうかを気にすることはなく、明示的な初期化処理を行ってくれるわけでもありません。ではありますが、カーネルは「デバイス使用不可」例外を捕捉することで、FPUの初期化処理を実装することができます。

「デバイス利用不可例外」処理の作成

デバイス利用不可例外は、FPUを搭載していないシステムが、小数演算をソフトウェアでサポートするために使用することができます。しかし、ここではFPUがシステムに実装されていることを前提として、この例外を2つの目的で使用します。1つは、FPUの初期化を行うため、もう1つはタスクごとのFPUコンテキストを入れ替える契機とするためです。

デバイス利用不可例外は、CR0レジスタのTSビットがセットされている状態でFPU命令を実行すると発生します。TSビットはタスクスイッチが発生したときにCPUがセットするフラグで、タスク切り替え後に行われた最初のFPU命令を検出することに利用できます。カーネルは、前回FPUを使用したタスクと今回例外を生成したタスクを比較し、異なるタスクであればFPUコンテキストの入れ替えを行います。また、前回FPUを使用したタスクが存在しない場合や、はじめてFPU命令を実行するタスクの場合は、入れ替えるFPUコンテキストが存在しないので、FPUの初期化命令を実行します。

図 21-1 デバイス利用不可例外での処理

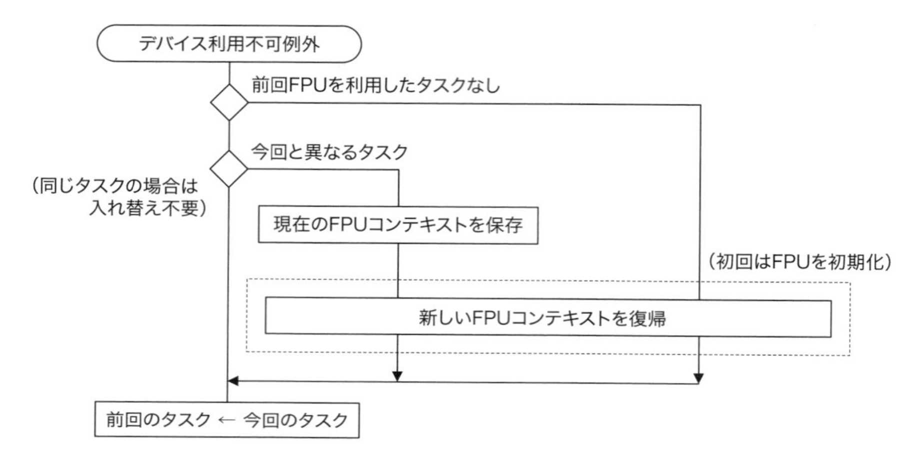

例外処理内で行われるタスクのチェックは、FPU命令が使用されるまでFPUコンテキストの入れ替えを先延ばししようとするものです。実際に、すべてのタスクがFPU命令を実行するわけではありませんし、常にFPU命令を実行しているわけでもありません。短時間で処理を終えることが要求される割り込み処理では、100バイトを超えるデータ転送を削減できるので、とても効果的です。

タスクごとに保存する必要があるFPUコンテキストは、タスクコンテキストを保存するTSS（タスクステートセグメント）の直後に配置することにします。これは、デバイス利用不可例外が発生したときのTRレジスタにはFPU命令を実行したタスクのTSSセレクタが設定されているので、TSSベースアドレスを簡単に取得することができるためです。

図 21-2 FPUコンテキストの保存場所

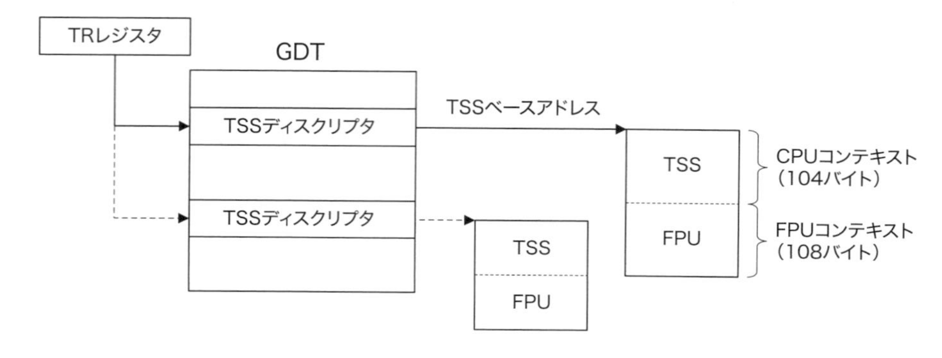

TSSディスクリプタの書式は次のとおりです。このなかから4バイトのTSSベースアドレスを取得します。

図 21-3 TSSディスクリプタに保存されているベースアドレス

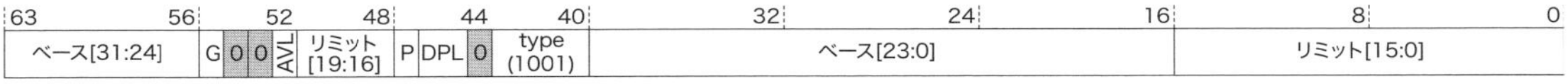

63–56	55	54	53	52	51–48	47	46–45	44	43–40	39–16	15–0
ベース[31:24]	G	0	0	AVL	リミット[19:16]	P	DPL	0	type (1001)	ベース[23:0]	リミット[15:0]

次に、EBXレジスタに設定されたTSSセレクタから、TSSベースアドレスを取得する具体的なプログラム例を示します。

prog/src/modules/protect/**int_nm.s**

```
get_tss_base:
        mov     eax, [GDT + ebx + 2]            ; EAX   = TSS[23: 0];
        shl     eax, 8                          ; EAX <<= 8;
        mov     al,  [GDT + ebx + 7]            ;  AL   = TSS[31:24];
        ror     eax, 8                          ; EAX >>= 8;

        ret
```

この関数は、今までの関数とは異なり、引数をスタックで渡しません。この関数に渡される引数は、EBXレジスタに設定されたTSSセレクタ1つだけです。この関数は、EBXレジスタに設定されたTSSセレクタをインデックスとして、GDT（グローバルディスクリプタテーブル）にあるTSSディスクリプタのベースアドレスをEAXレジスタに設定して終了します。

FPUコンテキストの保存先アドレスが特定できれば、後はFPU命令を使ってFPUコンテキストを保存又は復帰することができます。FPUコンテキストを保存するためには、FNSAVE命令を使用します。次に、EAXレジスタに設定されたTSSディスクリプタのベースアドレスを参照して、FPUコンテキストを保存する例を示します。

prog/src/modules/protect/**int_nm.s**

```
save_fpu_context:
        fnsave  [eax + 104]                     ; // FPUコンテキストを保存
        mov     [eax + 104 + 108], dword 1      ; saved = 1;

        ret
```

EAXレジスタで示されるTSSベースアドレスには、CPUコンテキストが104バイト分保存されいるので、FPUコンテキストはその後方に保存します。保存されるFPUコンテキストは108バイトありますが、その後方には、FPUコンテキストが保存されていることを示すフラグも設定しておきます。

図21-4 FPUコンテキストの保存フラグ

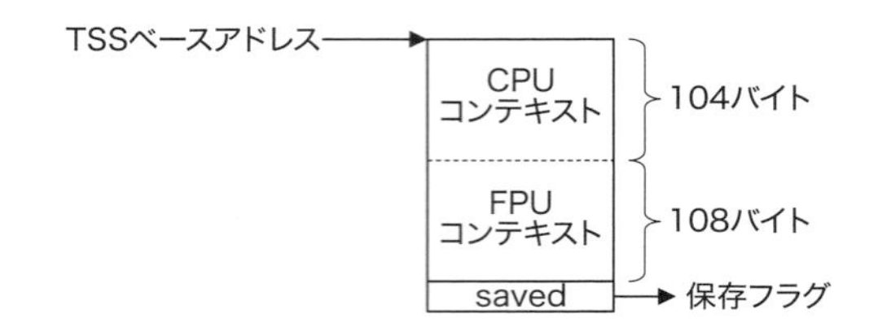

保存されているFPUコンテキストをFPUに復帰するときは、まず、保存フラグを確認します。保存フラグがセットされていれば、FRSTOR命令でFPUコンテキストを復帰しますが、保存フラグがセットされていなければ、このタスクがはじめてFPU命令を実行したことを意味しているので、FNINIT命令でFPUを初期化します。

prog/src/modules/protect/**int_nm.s**

```
load_fpu_context:
        cmp     [eax + 104 + 108], dword 0      ; if (0 == saved)
        jne     .10F                            ; {
        fninit                                  ;    // FPUの初期化
        jmp     .10E                            ; }
.10F:                                           ; else
                                                ; {
        frstor  [eax + 104]                     ;   // FPUコンテキストを復帰
.10E:                                           ; }
        ret
```

次に、デバイス使用不可例外が発生したときの割り込み処理を確認します。タスク切り替えが行われたかどうかは、CR0レジスタのTSビットで判別します。このフラグは、CPUが設定しますが自動的にクリアされることはありません。そのため、次回も同じ条件での割り込みが発生するように、CLTS命令でをクリアしておきます。

prog/src/modules/protect/**int_nm.s**

```
int_nm:
        ...
        ;---------------------------------------
        ; タスクスイッチフラグをクリア
        ;---------------------------------------
        clts                                    ; CR0.TS = 0;
```

FPUコンテキストの入れ替えが必要かどうかを判断するには、今回FPU命令を実行したタスクと前回FPUを使用したタスクを特定しなければいけません。今回FPU命令を実行したタスクはTRレジスタのTSSセレクタで確認することができます。ただし、セレクタの下位3ビットは、特権レベルとディスクリプタテーブルの種別に使用されているので、下位3ビットをマスクして使用します。

図 21-5 セグメントセレクタ

15 … 3	2	1 … 0
インデックス [15:3]	TI	RPL

TRレジスタの値はSTR命令を使って取得しています。得られたTSSセレクタは、前回FPU命令を実行したTSSセレクタと比較します。

```
                                    prog/src/modules/protect/int_nm.s
int_nm:
        ...
        ;---------------------------------------
        ; 前回/今回FPUを使用するタスク
        ;---------------------------------------
        mov     edi, [.last_tss]            ; EDI = 前回FPUを使用したタスクのTSS
        str     esi                         ; ESI = 今回FPUを使用したタスクのTSS
        and     esi, ~0x0007                ; // 特権レベルをマスク
```

前回と今回のタスクが同じタスクであれば、FPUコンテキストの保存と復帰処理は必要ありません。異なるタスクであるときのみFPUコンテキストの復帰処理を行います。

```
                                    prog/src/modules/protect/int_nm.s
int_nm:
        ...
        ;---------------------------------------
        ; FPUの初回利用をチェック
        ;---------------------------------------
        cmp     edi, 0                      ; if (0 != EDI)     // 前回使用したタスク
        je      .10F                        ; {
                                            ;
        cmp     esi, edi                    ;   if (ESI != EDI) // 異なるタスク
        je      .12E                        ;   {
        ...                                 ;     【前回のFPUコンテキストを保存】
        ...                                 ;     【今回のFPUコンテキストを復帰】
.12E:                                       ;   }
        jmp     .10E                        ; }
.10F:                                       ; else
                                            ; {
        ...                                 ;     【今回のFPUコンテキストを復帰】
.10E:                                       ; }
```

FPUコンテキストを保存するときは、TSSセレクタのベースアドレスが必要です。TSSセレクタからベースアドレスを取得する関数はすでに作成しているので、具体的な使用例を次に示します。

```
                                    prog/src/modules/protect/int_nm.s
int_nm:
        ...
        cmp     edi, 0                      ; if (0 != EDI)     // 前回使用したタスク
        je      .10F                        ; {
                                            ;
        cmp     esi, edi                    ;   if (ESI != EDI) // 異なるタスク
```

```
        je      .12E                            ;   {
                                                ;
        ;---------------------------------------
        ; 前回のFPUコンテキストを保存
        ;---------------------------------------
        mov     ebx, edi                        ;       // 前回のタスク
        call    get_tss_base                    ;       // TSSアドレスを取得
        call    save_fpu_context                ;       // FPUのコンテキストを保存

        ;---------------------------------------
        ; 今回のFPUコンテキストを復帰
        ;---------------------------------------
        mov     ebx, esi                        ;       // 今回のタスク
        call    get_tss_base                    ;       // TSSアドレスを取得
        call    load_fpu_context                ;       // FPUのコンテキストを復帰
.12E:                                           ;   }
        jmp     .10E                            ; }
.10F:                                           ; else
                                                ; {
                                                ;
        cli                                     ;   // 割り込み禁止

        ;---------------------------------------
        ; 今回のFPUコンテキストを復帰
        ;---------------------------------------
        mov     ebx, esi                        ;   // 今回のタスク
        call    get_tss_base                    ;   // 現在のタスクのTSSアドレスを取得
        call    load_fpu_context                ;   // FPUのコンテキストを復帰
.10E:                                           ; }
```

最後に、今回FPU命令を実行したTSSセレクタを保存して、割り込み処理を終了します。

prog/src/modules/protect/**int_nm.s**

```
int_nm:
        ...
        mov     [.last_tss], esi                ; // FPUを使用したタスクを保存
        ...
.last_tss:  dd      0
```

次に、デバイス利用不可例外時の処理全体を示します。

prog/src/modules/protect/**int_nm.s**

```
int_nm:
        ;---------------------------------------
        ; 【レジスタの保存】
        ;---------------------------------------
        pusha
        push    ds
        push    es

        ;---------------------------------------
        ; カーネル用セレクタを設定
        ;---------------------------------------
        mov     ax, DS_KERNEL                   ;
        mov     ds, ax                          ;
        mov     es, ax                          ;

        ;---------------------------------------
        ; タスクスイッチフラグをクリア
```

```
        ;---------------------------------------
        clts                                    ; CR0.TS = 0;

        ;---------------------------------------
        ; 前回/今回FPUを使用するタスク
        ;---------------------------------------
        mov     edi, [.last_tss]                ; EDI = 前回FPUを使用したタスクのTSS
        str     esi                             ; ESI = 今回FPUを使用したタスクのTSS
        and     esi, ~0x0007                    ; // 特権レベルをマスク

        ;---------------------------------------
        ; FPUの初回利用をチェック
        ;---------------------------------------
        cmp     edi, 0                          ; if (0 != EDI)     // 前回使用したタスク
        je      .10F                            ; {
                                                ;
        cmp     esi, edi                        ;   if (ESI != EDI) // 異なるタスク
        je      .12E                            ;   {
                                                ;
        cli                                     ;     // 割り込み禁止

        ;---------------------------------------
        ; 前回のFPUコンテキストを保存
        ;---------------------------------------
        mov     ebx, edi                        ;     // 前回のタスク
        call    get_tss_base                    ;     // TSSアドレスを取得
        call    save_fpu_context                ;     // FPUのコンテキストを保存

        ;---------------------------------------
        ; 今回のFPUコンテキストを復帰
        ;---------------------------------------
        mov     ebx, esi                        ;     // 今回のタスク
        call    get_tss_base                    ;     // TSSアドレスを取得
        call    load_fpu_context                ;     // FPUのコンテキストを復帰
                                                ;
        sti                                     ;     // 割り込み許可
.12E:                                           ;   }
        jmp     .10E                            ; }
.10F:                                           ; else
                                                ; {
                                                ;
        cli                                     ;   // 割り込み禁止

        ;---------------------------------------
        ; 今回のFPUコンテキストを復帰
        ;---------------------------------------
        mov     ebx, esi                        ;   // 今回のタスク
        call    get_tss_base                    ;   // 現在のタスクのTSSアドレスを取得
        call    load_fpu_context                ;   // FPUのコンテキストを復帰
                                                ;
        sti                                     ;   // 割り込み許可
.10E:                                           ; }
                                                ;
        mov     [.last_tss], esi                ; // FPUを使用したタスクを保存

        ;---------------------------------------
        ; 【レジスタの復帰】
        ;---------------------------------------
        pop     es
        pop     ds
        popa

        iret

ALIGN 4, db 0
```

```
.last_tss:  dd      0
```

デバイス利用不可例外は、ベクタ番号0x07番に割り当てられています。作成した割り込み処理は、set_vectマクロを使用して登録します。

prog/src/37_fpu/**kernel.s**

```
        set_vect    0x00, int_zero_div          ; // 割り込み処理の登録：0除算
        set_vect    0x07, int_nm                ; // 割り込み処理の登録：デバイス使用不可
        set_vect    0x20, int_timer             ; // 割り込み処理の登録：タイマー
        set_vect    0x21, int_keyboard          ; // 割り込み処理の登録：KBC
```

小数演算を行うタスクの作成

新しく作成する3つ目のタスクは、sin(θ)の計算を行いその結果を表示するものです。計算にはFPUを使用し、結果は小数点以下3桁まで表示します。FPU命令で使用される角度θはラディアンで表されますが、プログラムでは整数しか扱うことができません。そこで、1°をラディアンに変換し、その値を増分として角度θに積算します。もちろん度数からラディアンへの変換もFPUに計算させます。まずは前処理として、FPUのスタックを以下のように設定します。

図 21-6 FPUスタックの設定例

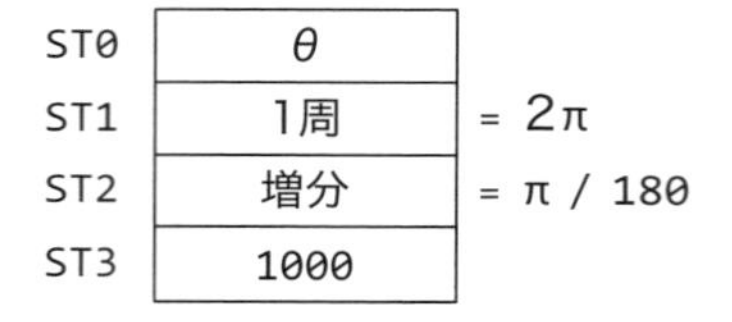

FPUの先頭スタックST0には、角度θを設定します。角度θは初期値を0に設定し、sin(θ)の計算を行うたびにST2に設定してある増分を加算します。そのため、ST2には1°をラディアンに変換した角度を設定します。加算した角度θは1周を超えないようにします。このため、ST1には1周を表す2πラディアンを設定し、最大値として使用します。ST3に設定された1000は、小数点以下を整数で表示するためにかける乗数として使用します。

FPUスタックを前述のように配置するためには、まず、スタックの一番下に位置する定数1000を設定します。整数をFPUのスタックに設定するためにはFILD命令を使用します。

prog/src/37_fpu/tasks/**task_2.s**

```
task_2:
        ...
                                ; ---------+---------+---------|---------|---------|---------|
                                ;       ST0|      ST1|      ST2|      ST3|      ST4|      ST5|
                                ; ---------+---------+---------|---------|---------|---------|
    fild    dword [.c1000]      ;     1000 |xxxxxxxxx|xxxxxxxxx|xxxxxxxxx|xxxxxxxxx|xxxxxxxxx|
```

```
                                ; ---------+---------+---------|---------|---------|---------|
        ...
ALIGN 4, db 0
.c1000:     dd  1000
```

次に増分の1°をラジアンで設定します。度数とラジアンは次の式で表されます。

$$180° = \pi \text{ ラディアン}$$

$$1° = \frac{\pi}{180} \text{ラディアン}$$

FPUスタックに定数πを設定するにはFLDPI命令を実行します。この命令は、FPUにいくつか用意されている、定数を設定する命令のうちの1つです。その後、FIDIV命令を使ってST0を180で除算し、増分の1°をラジアンに変換します。もし角度の増分を0.1°にするのであれば、1800で除算します。

prog/src/37_fpu/tasks/**task_2.s**

```
task_2:
        ...
                                ; ---------+---------+---------|---------|---------|---------|
                                ;       ST0|      ST1|      ST2|      ST3|      ST4|      ST5|
                                ; ---------+---------+---------|---------|---------|---------|
    fild    dword [.c1000]      ;     1000 |xxxxxxxxx|xxxxxxxxx|xxxxxxxxx|xxxxxxxxx|xxxxxxxxx|
    fldpi                       ;       pi |     1000 |xxxxxxxxx|xxxxxxxxx|xxxxxxxxx|xxxxxxxxx|
    fidiv   dword [.c180]       ;   pi/180 |     1000 |xxxxxxxxx|xxxxxxxxx|xxxxxxxxx|xxxxxxxxx|
                                ; ---------+---------+---------|---------|---------|---------|
        ...
ALIGN 4, db 0
.c1000:     dd  1000
.c180:      dd  180
```

次に、角度θを360°未満とするための比較値として使用される、1周分の角度をFPUスタックに設定します。この値もラジアンで表されるので2πを設定します。この値は、先ほどと同様にFLDPI命令で定数πを設定した後、FADD命令で同じ値を加算して計算します。

prog/src/37_fpu/tasks/**task_2.s**

```
task_2:
        ...
                                ; ---------+---------+---------|---------|---------|---------|
                                ;       ST0|      ST1|      ST2|      ST3|      ST4|      ST5|
                                ; ---------+---------+---------|---------|---------|---------|
    fild    dword [.c1000]      ;     1000 |xxxxxxxxx|xxxxxxxxx|xxxxxxxxx|xxxxxxxxx|xxxxxxxxx|
    fldpi                       ;       pi |     1000 |xxxxxxxxx|xxxxxxxxx|xxxxxxxxx|xxxxxxxxx|
    fidiv   dword [.c180]       ;   pi/180 |     1000 |xxxxxxxxx|xxxxxxxxx|xxxxxxxxx|xxxxxxxxx|
    fldpi                       ;       pi |  pi/180 |     1000 |xxxxxxxxx|xxxxxxxxx|xxxxxxxxx|
    fadd    st0, st0            ;     2*pi |  pi/180 |     1000 |xxxxxxxxx|xxxxxxxxx|xxxxxxxxx|
                                ; ---------+---------+---------|---------|---------|---------|
```

最後に、FLDZ命令で角度θに初期値となる0を設定して、準備完了となります。

```
                                                                      prog/src/37_fpu/tasks/task_2.s
task_2:
        ...
                                ; ---------+---------+---------|---------|---------|---------|
                                ;       ST0|      ST1|      ST2|      ST3|      ST4|      ST5|
                                ; ---------+---------+---------|---------|---------|---------|
    fild    dword [.c1000]      ;     1000 |xxxxxxxxx|xxxxxxxxx|xxxxxxxxx|xxxxxxxxx|xxxxxxxxx|
    fldpi                       ;       pi |     1000 |xxxxxxxxx|xxxxxxxxx|xxxxxxxxx|xxxxxxxxx|
    fidiv   dword [.c180]       ;   pi/180 |     1000 |xxxxxxxxx|xxxxxxxxx|xxxxxxxxx|xxxxxxxxx|
    fldpi                       ;       pi |   pi/180 |     1000 |xxxxxxxxx|xxxxxxxxx|xxxxxxxxx|
    fadd    st0, st0            ;     2*pi |   pi/180 |     1000 |xxxxxxxxx|xxxxxxxxx|xxxxxxxxx|
    fldz                        ;    θ = 0 |    2*pi |   pi/180 |     1000 |xxxxxxxxx|xxxxxxxxx|
                                ; ---------+---------+---------|---------|---------|---------|
                                ;    θ = 0 |    2*pi |        d |     1000 |xxxxxxxxx|xxxxxxxxx|
                                ; ---------+---------+---------|---------|---------|---------|
```

sin(θ)を計算する繰り返し処理内では、ST2に設定されている増分をST0に加算します。その後、角度θを2π未満とするために、2πで除算した残りを新たな角度θとして使用します。増分の加算はFADD命令で、剰余はFPREM命令で計算します。FPREM命令は、ST0の値をST1の値で割った残りでST0を書き換える命令です。

```
                                                                      prog/src/37_fpu/tasks/task_2.s
task_2:
        ...
                                ; ---------+---------+---------|---------|---------|---------|
                                ;       ST0|      ST1|      ST2|      ST3|      ST4|      ST5|
                                ; ---------+---------+---------|---------|---------|---------|
.10L:                           ;        θ |    2*pi |        d |     1000 |xxxxxxxxx|xxxxxxxxx|
                                ; ---------+---------+---------|---------|---------|---------|
    fadd    st0, st2            ;    θ + d |    2*pi |        d |     1000 |xxxxxxxxx|xxxxxxxxx|
    fprem                       ;    MOD(θ)|    2*pi |        d |     1000 |xxxxxxxxx|xxxxxxxxx|
                                ; ---------+---------+---------|---------|---------|---------|
                                ;        θ |    2*pi |        d |     1000 |xxxxxxxxx|xxxxxxxxx|
                                ; ---------+---------+---------|---------|---------|---------|
```

ここで得られた角度θは、sin(θ)を計算するために使用されますが、FSIN命令はST0の値を演算結果で書き換えてしまいます。角度θは後の計算でも使用する積算値なので、FLD命令を使って事前にコピーしておきます。

```
                                                                      prog/src/37_fpu/tasks/task_2.s
task_2:
        ...
                                ; ---------+---------+---------|---------|---------|---------|
                                ;       ST0|      ST1|      ST2|      ST3|      ST4|      ST5|
                                ; ---------+---------+---------|---------|---------|---------|
                                ;        θ |    2*pi |        d |     1000 |xxxxxxxxx|xxxxxxxxx|
                                ; ---------+---------+---------|---------|---------|---------|
    fadd    st0, st2            ;    θ + d |    2*pi |        d |     1000 |xxxxxxxxx|xxxxxxxxx|
    fprem                       ;    MOD(θ)|        θ |    2*pi |        d |     1000 |xxxxxxxxx|
    fld     st0                 ;        θ |        θ |    2*pi |        d |     1000 |xxxxxxxxx|
    fsin                        ;    sin(θ)|        θ |    2*pi |        d |     1000 |xxxxxxxxx|
                                ; ---------+---------+---------|---------|---------|---------|
```

sin(θ)の計算はこれで終了ですが、値を取り出すために、結果を1000倍します。プログラムでは整数部のみを扱うためです。ここでは、FMUL命令を使ってST4に格納されている1000との乗算を行っています。その後、1000倍した結果はFBSTP命令を使用して、整数部のみをバッファに格納します。末尾にPがついているこの命令は、命令実行後にスタックの値をポップするので、ST0の値が取り除かれます。これにより、FPUスタックの状態を、繰り返し処理開始前の状態まで戻すことができます。

prog/src/37_fpu/tasks/**task_2.s**

```
task_2:
        ...
                                ; ---------+---------+---------|---------|---------|---------|
                                ;       ST0|      ST1|      ST2|      ST3|      ST4|      ST5|
                                ; ---------+---------+---------|---------|---------|---------|
                                ;        θ |  2*pi   |       d |    1000 |xxxxxxxxx|xxxxxxxxx|
                                ; ---------+---------+---------|---------|---------|---------|
    fadd    st0, st2            ;    θ + d |   2*pi  |       d |    1000 |xxxxxxxxx|xxxxxxxxx|
    fprem                       ;    MOD(θ)|       θ |  2*pi   |       d |    1000 |xxxxxxxxx|
    fld     st0                 ;        θ |       θ |  2*pi   |       d |    1000 |xxxxxxxxx|
    fsin                        ;    sin(θ)|       θ |  2*pi   |       d |    1000 |xxxxxxxxx|
    fmul    st0, st4            ; ST4sin(θ)|       θ |  2*pi   |       d |    1000 |xxxxxxxxx|
    fbstp   [.bcd]              ;        θ |  2*pi   |       d |    1000 |xxxxxxxxx|xxxxxxxxx|
                                ; ---------+---------+---------|---------|---------|---------|
        ...
.bcd:   times 10 db 0x00
```

値の表示

FPUから演算結果を取得するために使用したFBSTP命令は、ST0の値を80ビットのBCD形式でバッファに保存します。このとき、最上位ビットは符号として扱われます。仮に、スタックの整数部が-12345678であれば、次のように、リトルエンディアンでメモリに格納されます。

図 21-7 FBSTP命令後のバッファ

+0	+1	+2	+3	+4	+5	+6	+7	+8	+9
0x78	0x56	0x34	0x12	0x00	0x00	0x00	0x00	0x00	0x80

計算結果は小数点以下3桁までとしたので、バッファの先頭4バイトのみをASCIIコードに変換します。具体的には、先頭の4バイトを4ビットごとに分割し、文字コードに変換するために各桁の上位4ビットに0x3を設定します。

図 21-8 ASCIIコードへの変換

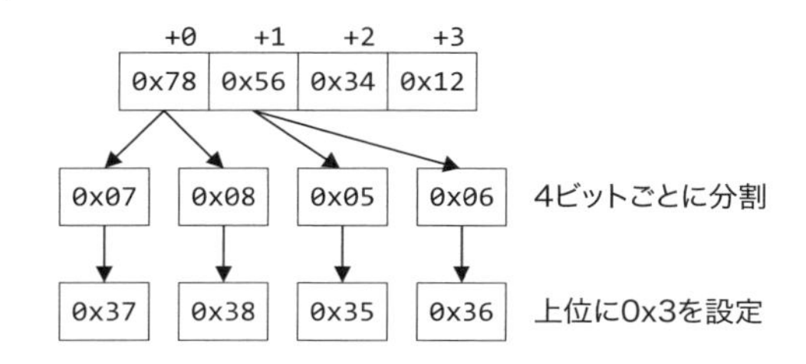

この処理を行うプログラム例を次に示します。

prog/src/37_fpu/tasks/**task_2.s**

```
task_2:
        ...
        mov     eax, [.bcd]                 ;   EAX = 1000 * sin(t);
        mov     ebx, eax                    ;   EBX = EAX;

        and     eax, 0x0F0F                 ;   // 上位4ビットをマスク
        or      eax, 0x3030                 ;   // 上位4ビットに0x3を設定

        shr     ebx, 4                      ;   EBX >>= 4;
        and     ebx, 0x0F0F                 ;   // 上位4ビットをマスク
        or      ebx, 0x3030                 ;   // 上位4ビットに0x3を設定
```

これでEAXとEBXの2つのレジスタには演算結果の上位4桁が格納されたことになります。結果は画面表示用のバッファに1バイトごとに設定します。

prog/src/37_fpu/tasks/**task_2.s**

```
task_2:
        cdecl   draw_str, 63, 1, 0x07, .s0    ; draw_str(.s0);
        ...
        mov     [.s2 + 0], bh               ;   // 1桁目
        mov     [.s3 + 0], ah               ;   // 小数1桁目
        mov     [.s3 + 1], bl               ;   // 小数2桁目
        mov     [.s3 + 2], al               ;   // 小数3桁目

        ...
.s0     db  "Task-2", 0
.s1:    db  "-"
.s2:    db  "0."
.s3:    db  "000", 0
```

符号は、最上位ビットのMSBに設定されます。このビットを参照し、符号を設定するプログラム例を次に示します。バッファの内容が確定したら、文字列表示関数で値を表示します。

prog/src/37_fpu/tasks/**task_2.s**

```
task_2:
        ...
        mov     eax, 7                      ;   // 符号の表示
        bt      [.bcd + 9], eax             ;   CF = bcd[9] & 0x80;
        jc      .10F                        ;   if (CF)
                                            ;   {
        mov     [.s1 + 0], byte '+'         ;     *s1 = '+';
        jmp     .10E                        ;   }
.10F:                                       ;   else
                                            ;   {
        mov     [.s1 + 0], byte '-'         ;     *s1 = '-';
.10E:                                       ;   }

        cdecl   draw_str, 72, 1, 0x07, .s1    ; draw_str(.s1);
```

画面表示が終了したら、再度、角度の計算から行いますが、表示の更新が速すぎるので、少しの間ウェイトを入れることにします。ここでは、10msごとの割り込み処理内で更新されるグローバル変数TIMER_COUNTを参照し、一定回数割り込みが発生するまでウェイトする関

数を作成します。次に、作成する関数の仕様を示します。

wait_tick(tick);	
戻り値	なし
tick	システム割り込み回数

この関数の具体的な実装例を、次に示します。

prog/src/modules/protect/**wait_tick.s**

```
wait_tick:
        ;---------------------------------------
        ; 【スタックフレームの構築】
        ;---------------------------------------
                                                ; ---------------
                                                ; EBP+ 8| ウェイト
                                                ; ---------------
        push    ebp                             ; EBP+ 4| EIP(戻り番地)
        mov     ebp, esp                        ; EBP+ 0| EBP(元の値)
                                                ; ------|--------

        ;---------------------------------------
        ; 【レジスタの保存】
        ;---------------------------------------
        push    eax
        push    ecx

        ;---------------------------------------
        ; ウェイト
        ;---------------------------------------
        mov     ecx, [ebp +  8]                 ; ECX = ウェイト回数
        mov     eax, [TIMER_COUNT]              ; EAX = TIMER;
                                                ; do
                                                ; {
.10L:   cmp     [TIMER_COUNT], eax              ;   while (TIMER != EAX)
        je      .10L                            ;       ;
        inc     eax                             ;   EAX++;
        loop    .10L                            ; } while (--ECX);

        ;---------------------------------------
        ; レジスタの復帰
        ;---------------------------------------
        pop     ecx
        pop     eax

        ;---------------------------------------
        ; スタックフレームの破棄
        ;---------------------------------------
        mov     esp, ebp
        pop     ebp

        ret
```

このウェイト処理では、メモリから読み込んだカウンタ値を同じメモリの値と比較しているので、TIMER_COUNTの値が割り込み処理内で書き換えられることを知らなければ、一見すると無意味なコードのように思われます。

prog/src/modules/protect/**wait_tick.s**

```
wait_tick:
        ...                                     ;
.10L:   cmp     [TIMER_COUNT], eax              ;   while (TIMER != EAX)
        je      .10L                            ;     ;
```

実際、高級言語を機械語に翻訳するコンパイラなどでは、最適化により、削除またはメモリを参照しない無限ループに変換されることがあります。このような、自分以外のタスクやプログラムなどにより変化する可能性があるメモリのことを、揮発性メモリといいます。これはソフトウェア的な概念なので、状態の変化が一方向に定まりません。つまり、0が1になることもあれば1が0になることもあります。このため、一部の変数や特定のアドレス範囲を共有していることを意味するキーワードとして使用されることが一般的です。

次に、タスク内で100msのウェイトを実行する例を示します。

prog/src/37_fpu/tasks/**task_2.s**

```
task_2:
        ...
        ;---------------------------------------
        ; ウェイト
        ;---------------------------------------
        cdecl   wait_tick, 10                   ;   wait_tick(10);

        jmp     .10L                            ; }
```

ディスクリプタの設定

新しく作成したタスク2を実行するために、TSSを作成します。タスク2のメモリ空間は、タスク1と同じ設定とし、タスク用のセグメントディスクリプタは同じLDT内に作成します。同時に、セグメントを選択するためのセレクタも定義しておきます。

prog/src/37_fpu/**descriptor.s**

```
LDT:            dq  0x0000000000000000          ; NULL
.cs_task_0:     dq  0x00CF9A000000FFFF          ; CODE 4G
.ds_task_0:     dq  0x00CF92000000FFFF          ; DATA 4G
.cs_task_1:     dq  0x00CFFA000000FFFF          ; CODE 4G
.ds_task_1:     dq  0x00CFF2000000FFFF          ; DATA 4G
.cs_task_2:     dq  0x00CFFA000000FFFF          ; CODE 4G
.ds_task_2:     dq  0x00CFF2000000FFFF          ; DATA 4G
.end:

CS_TASK_0       equ (.cs_task_0 - LDT) | 4      ; タスク0用CSセレクタ
DS_TASK_0       equ (.ds_task_0 - LDT) | 4      ; タスク0用DSセレクタ
CS_TASK_1       equ (.cs_task_1 - LDT) | 4 | 3  ; タスク1用CSセレクタ
DS_TASK_1       equ (.ds_task_1 - LDT) | 4 | 3  ; タスク1用DSセレクタ
CS_TASK_2       equ (.cs_task_2 - LDT) | 4 | 3  ; タスク2用CSセレクタ
DS_TASK_2       equ (.ds_task_2 - LDT) | 4 | 3  ; タスク2用DSセレクタ
```

GDTには、新しく作成するタスクのTSSを登録し、そのTSSへのセレクタも定義しておきます。

```
                                                          prog/src/37_fpu/descriptor.s
GDT:            dq  0x0000000000000000          ; NULL
.cs_kernel:     dq  0x00CF9A000000FFFF          ; CODE 4G
.ds_kernel:     dq  0x00CF92000000FFFF          ; DATA 4G
.ldt            dq  0x0000820000000000          ; LDTディスクリプタ
.tss_0:         dq  0x0000890000000067          ; TSSディスクリプタ
.tss_1:         dq  0x0000890000000067          ; TSSディスクリプタ
.tss_2:         dq  0x0000890000000067          ; TSSディスクリプタ
.call_gate:     dq  0x0000EC0400080000          ; 386コールゲート(DPL=3, count=4, SEL=8)
.end:

CS_KERNEL       equ .cs_kernel  - GDT
DS_KERNEL       equ .ds_kernel  - GDT
SS_LDT          equ .ldt        - GDT
SS_TASK_0       equ .tss_0      - GDT
SS_TASK_1       equ .tss_1      - GDT
SS_TASK_2       equ .tss_2      - GDT
SS_GATE_0       equ .call_gate  - GDT
```

そして、プログラムの初期化時にタスク2用TSSディスクリプタを設定します。

```
                                                          prog/src/37_fpu/kernel.s
        set_desc    GDT.tss_0, TSS_0            ; // タスク0用TSSの設定
        set_desc    GDT.tss_1, TSS_1            ; // タスク1用TSSの設定
        set_desc    GDT.tss_2, TSS_2            ; // タスク2用TSSの設定
```

新しく作成するタスクのTSSには、FPUコンテキストを保存するための領域が必要です。今回は、すべてのタスクにFPUコンテキストを保存するための領域を用意します。

```
                                                          prog/src/37_fpu/descriptor.s
TSS_0:
            ...
.io:            dd  0                           ; 100:I/Oマップベースアドレス
.fp_save:   times 108 + 4 db 0                  ; FPUコンテキスト保存領域

TSS_1:
            ...
.io:            dd  0                           ; 100:I/Oマップベースアドレス
.fp_save:   times 108 + 4 db 0                  ; FPUコンテキスト保存領域

TSS_2:
.link:          dd  0                           ;   0:前のタスクへのリンク
.esp0:          dd  SP_TASK_2 - 512             ;*  4:ESP0
.ss0:           dd  DS_KERNEL                   ;*  8:
.esp1:          dd  0                           ;* 12:ESP1
.ss1:           dd  0                           ;* 16:
.esp2:          dd  0                           ;* 20:ESP2
.ss2:           dd  0                           ;* 24:
.cr3:           dd  0                           ;  28:CR3(PDBR)
.eip:           dd  task_2                      ;  32:EIP
.eflags:        dd  0x0202                      ;  36:EFLAGS
.eax:           dd  0                           ;  40:EAX
.ecx:           dd  0                           ;  44:ECX
.edx:           dd  0                           ;  48:EDX
.ebx:           dd  0                           ;  52:EBX
.esp:           dd  SP_TASK_2                   ;  56:ESP
.ebp:           dd  0                           ;  60:EBP
.esi:           dd  0                           ;  64:ESI
```

```
.edi:           dd  0                           ;  68:EDI
.es:            dd  DS_TASK_2                   ;  72:ES
.cs:            dd  CS_TASK_2                   ;  76:CS
.ss:            dd  DS_TASK_2                   ;  80:SS
.ds:            dd  DS_TASK_2                   ;  84:DS
.fs:            dd  DS_TASK_2                   ;  88:FS
.gs:            dd  DS_TASK_2                   ;  92:GS
.ldt:           dd  SS_LDT                      ;* 96:LDTセグメントセレクタ
.io:            dd  0                           ; 100:I/Oマップベースアドレス
.fp_save:   times 108 + 4 db 0                  ; FPUコンテキスト保存領域
```

スタックの定義は、定義ファイルに記載します。

prog/src/include/**define.s**

```
        SP_TASK_0       equ     STACK_BASE + (STACK_SIZE * 1)
        SP_TASK_1       equ     STACK_BASE + (STACK_SIZE * 2)
        SP_TASK_2       equ     STACK_BASE + (STACK_SIZE * 3)
```

カーネル本体には、作成したタスクをインクルードします。

prog/src/37_fpu/**kernel.s**

```
%include        "tasks/task_1.s"
%include        "tasks/task_2.s"
```

タイマー割り込みの修正

新しく作成したタスクが呼び出されるように、タイマー割り込みを修正します。タイマー割り込み処理内では、STR命令で現在のTSSセレクタを取得し、次のタスクを指定してJMP命令を実行します。すでに、2つのタスクが動作しているので、分岐条件を増やすだけで対応することができます。タイマー割り込み処理全体のプログラム例を次に示します。

prog/src/37_fpu/modules/**int_timer.s**

```
int_timer:
        ...
        ;---------------------------------------
        ; タスクの切り替え
        ;---------------------------------------
        str     ax                              ; AX = TR; // 現在のタスクレジスタ
        cmp     ax, SS_TASK_0                   ; case (AX)
        je      .11L                            ; {
        cmp     ax, SS_TASK_1                   ;
        je      .12L                            ;
                                                ;   default:
        jmp     SS_TASK_0:0                     ;     // タスク0に切り替え
        jmp     .10E                            ;     break;
                                                ;
.11L:                                           ;   case SS_TASK_0:
        jmp     SS_TASK_1:0                     ;     // タスク1に切り替え
        jmp     .10E                            ;     break;
                                                ;
.12L:                                           ;   case SS_TASK_1:
        jmp     SS_TASK_2:0                     ;     // タスク2に切り替え
```

```
        jmp     .10E                            ;       break;
.10E:                                           ; }
```

プログラムの実行結果は、次のとおりです。画面右上に、タスク2が演算したsin(θ)の計算結果が表示されています。

21.2 複数のタスクで小数演算を行う

1つのタスクでFPUを使った小数演算が確認できたので、複数のタスクでも同様に小数演算ができることを確認します。新しく作成するタスクは、cos(θ)の計算を行いその結果を画面に表示するものです。すでに作成したタスクとほとんど同じように思われるかもしれませんが、そのとおりで、タスク2をコピーしてタスク3を新たに作成します。具体的な作業は次のとおりです。

- セグメントディスクリプタの作成と登録
- TSSの作成と登録
- タスクの作成
- タイマー処理の修正

やることが多く感じるかも知れませんが、すでに行ったことがあるものばかりなので心配ありません。1つずつ確認していきます。

新しく作成するタスクは、今までと同様、LDTにセグメントディスクリプタを定義します。同時に、セグメントセレクタも定義しておきます。

```
                                                    prog/src/38_fpu_multi/descriptor.s
LDT:            dq  0x0000000000000000          ; NULL
                ...
.cs_task_2:     dq  0x00CFFA000000FFFF          ; CODE 4G
.ds_task_2:     dq  0x00CFF2000000FFFF          ; DATA 4G
.cs_task_3:     dq  0x00CFFA000000FFFF          ; CODE 4G
.ds_task_3:     dq  0x00CFF2000000FFFF          ; DATA 4G

                ...
CS_TASK_2       equ (.cs_task_2 - LDT) | 4 | 3  ; タスク2用CSセレクタ
DS_TASK_2       equ (.ds_task_2 - LDT) | 4 | 3  ; タスク2用DSセレクタ
CS_TASK_3       equ (.cs_task_3 - LDT) | 4 | 3  ; タスク3用CSセレクタ
DS_TASK_3       equ (.ds_task_3 - LDT) | 4 | 3  ; タスク3用DSセレクタ
```

GDTには、新しく作成するタスクのTSSを登録し、そのTSSへのセレクタも定義しておきます。

```
                                                    prog/src/38_fpu_multi/descriptor.s
GDT:            dq  0x0000000000000000          ; NULL
                ...
.tss_1:         dq  0x0000890000000067          ; TSSディスクリプタ
.tss_2:         dq  0x0000890000000067          ; TSSディスクリプタ
.tss_3:         dq  0x0000890000000067          ; TSSディスクリプタ

                ...
SS_TASK_1       equ .tss_1      - GDT
SS_TASK_2       equ .tss_2      - GDT
SS_TASK_3       equ .tss_3      - GDT
```

TSSも他のタスクと同様に定義します。このとき、FPUコンテキストを保存する領域も用意しておきます。

```
                                                    prog/src/38_fpu_multi/descriptor.s
TSS_3:
.link:          dd  0                           ;   0:前のタスクへのリンク
.esp0:          dd  SP_TASK_3 - 512             ;*  4:ESP0
.ss0:           dd  DS_KERNEL                   ;*  8:
.esp1:          dd  0                           ;* 12:ESP1
.ss1:           dd  0                           ;* 16:
.esp2:          dd  0                           ;* 20:ESP2
.ss2:           dd  0                           ;* 24:
.cr3:           dd  0                           ;  28:CR3(PDBR)
.eip:           dd  task_3                      ;  32:EIP
.eflags:        dd  0x0202                      ;  36:EFLAGS
.eax:           dd  0                           ;  40:EAX
.ecx:           dd  0                           ;  44:ECX
.edx:           dd  0                           ;  48:EDX
.ebx:           dd  0                           ;  52:EBX
```

```
.esp:          dd  SP_TASK_3                   ;  56:ESP
.ebp:          dd  0                           ;  60:EBP
.esi:          dd  0                           ;  64:ESI
.edi:          dd  0                           ;  68:EDI
.es:           dd  DS_TASK_3                   ;  72:ES
.cs:           dd  CS_TASK_3                   ;  76:CS
.ss:           dd  DS_TASK_3                   ;  80:SS
.ds:           dd  DS_TASK_3                   ;  84:DS
.fs:           dd  DS_TASK_3                   ;  88:FS
.gs:           dd  DS_TASK_3                   ;  92:GS
.ldt:          dd  SS_LDT                      ;* 96:LDTセグメントセレクタ
.io:           dd  0                           ; 100:I/Oマップベースアドレス
.fp_save:  times 108 + 4 db 0                  ;
```

スタックの定義は、定義ファイルに記載します。

```
prog/src/include/define.s

        SP_TASK_2       equ     STACK_BASE + (STACK_SIZE * 3)
        SP_TASK_3       equ     STACK_BASE + (STACK_SIZE * 4)
```

TSSの登録は、プログラムの初期化時に行います。

```
prog/src/38_fpu_multi/kernel.s

        set_desc    GDT.tss_2, TSS_2            ; // タスク2用TSSの設定
        set_desc    GDT.tss_3, TSS_3            ; // タスク3用TSSの設定
```

新しく作成するタスク自体は、タスク2をコピーして使用します。ただし、画面に表示する情報は、タスク2と重ならないように、ずらして表示します。

```
prog/src/38_fpu_multi/tasks/task_3.s

task_3:
        ...
        cdecl   draw_str, 63, 2, 0x07, .s0      ; draw_str(.s0);
        ...
        cdecl   draw_str, 72, 2, 0x07, .s1      ; draw_str(.s1);
        ...
.s0     db  "Task-3", 0
```

また、FPU命令も、FSIN命令からFCOS命令に変更します。

```
prog/src/38_fpu_multi/tasks/task_3.s

task_3:
        ...
        fcos                        ;   cos(θ)|       θ |     2*pi |        d |      1000 |xxxxxxxxx|
```

カーネル本体には、作成したタスクもインクルードします。

prog/src/38_fpu_multi/**kernel.s**

```
%include"tasks/task_2.s"
%include"tasks/task_3.s"
```

最後に、タイマー割り込み処理内に、新しいタスクへのセグメント間ジャンプ命令を追記します。

prog/src/38_fpu_multi/modules/**int_timer.s**

```
int_timer:
        ...
        ;---------------------------------------
        ; タスクの切り替え
        ;---------------------------------------
        str     ax                              ; AX = TR; // 現在のタスクレジスタ
        cmp     ax, SS_TASK_0                   ; case (AX)
        je      .11L                            ; {
        cmp     ax, SS_TASK_1                   ;
        je      .12L                            ;
        cmp     ax, SS_TASK_2                   ;
        je      .13L                            ;
                                                ;   default:
        jmp     SS_TASK_0:0                     ;     // タスク0に切り替え
        jmp     .10E                            ;     break;
                                                ;
.11L:                                           ;   case SS_TASK_0:
        jmp     SS_TASK_1:0                     ;     // タスク1に切り替え
        jmp     .10E                            ;     break;
                                                ;
.12L:                                           ;   case SS_TASK_1:
        jmp     SS_TASK_2:0                     ;     // タスク2に切り替え
        jmp     .10E                            ;     break;
                                                ;
.13L:                                           ;   case SS_TASK_2:
        jmp     SS_TASK_3:0                     ;     // タスク3に切り替え
        jmp     .10E                            ;     break;
.10E:                                           ; }
```

プログラムを実行すると、画面右上の表示から、タスク3が小数演算を行っていることが確認できます。

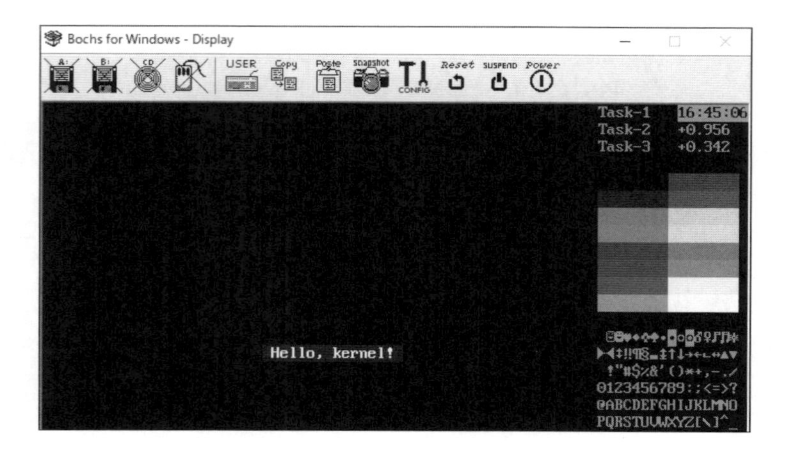

数値が変化するだけのプログラムでは面白みに欠けるので、次はグラフを描画します。

21.3 バラ曲線を描画する

FPUを使った描画プログラムの例として、バラ曲線を描画するタスクを作成します。ここではすでに作成してあるタスク3をバラ曲線の描画タスクに書き換えるので、ディスクリプタの作成を含めた、タスクの新規作成に関わる処理は不要です。

FPU処理ルーチンの作成

バラ曲線とは、その名のとおりバラのような曲線を描画することができる方程式で、次の式で定義されています。

$$Z = A \cdot \sin(k\theta)$$

バラ曲線は、パラメータkの値を変えることでいろいろな曲線を描画させることができますが、その値は2つの変数nとdで表されます。

$$Z = A \cdot \sin\left(\frac{n}{d}\theta\right)$$

この式は極座標で定義されているので、プログラムでは直交座標に変換して描画します。具体的には、次の式を使ってX、Y座標を計算します。

$$X = Z \cdot \cos(\theta) = A \cdot \sin\left(\frac{n}{d}\theta\right)\cos(\theta)$$
$$Y = Z \cdot \sin(\theta) = A \cdot \sin\left(\frac{n}{d}\theta\right)\sin(\theta)$$

この式でも、角度θの単位はラディアンです。小数を直接扱えないプログラムでは、角度を度数で設定するのでラディアンに変換する必要があります。すでに見てきたとおり180°=πラディアンなのでπ/180を度数に乗算して、単位を変換します。度数で表される角度をtとした場合、各座標は、次の式で計算されます。

$$X = A \cdot \sin\left(\frac{n}{d} \cdot \frac{\pi}{180}t\right)\cos\left(\frac{\pi}{180}t\right)$$
$$Y = A \cdot \sin\left(\frac{n}{d} \cdot \frac{\pi}{180}t\right)\sin\left(\frac{\pi}{180}t\right)$$

この式に現れるn/dとπ/180は角度tに影響されないので、事前に計算しておくことができます。これらの値をそれぞれkおよびrとおくと、角度を変化させるたびに計算すべき式は次のようになります。

$$
\begin{aligned}
X &= A \cdot \sin(krt)\cos(rt) \\
Y &= A \cdot \sin(krt)\sin(rt)
\end{aligned}
$$

座標を計算する処理は、次の図のように、事前に計算できるものと角度が変更された後に行われる計算に分けて行います。前処理では、前述の式のA、k、rを計算します。

図 21-9 座標計算の手順

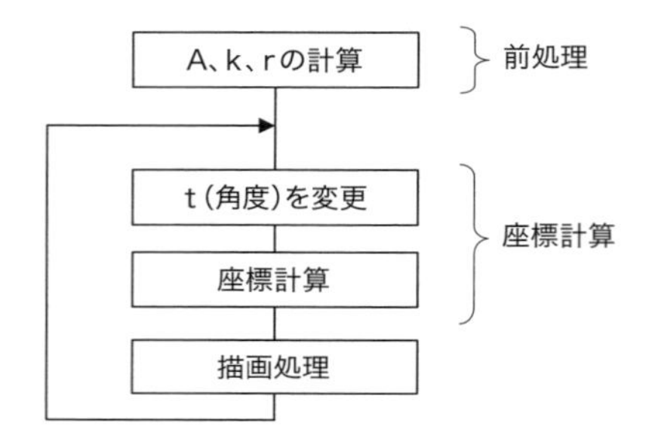

前処理

バラ曲線を描画する前処理として、FPUのスタックを次のように設定します。

図 21-10 バラ曲線の前処理

ST0	A	
ST1	k	= n / d
ST2	r	= π / 180

まずは、スタックの一番下に配置されるr(π/180)を計算するために、FLDPI命令とFIDIV命令を使用します。FLDPI命令は、定数 π をスタックにプッシュします。FIDIV命令は、ST0(スタックの先頭)の値をパラメータで指定された値で除算し、結果をST0に設定します。この値をrとします。

```
                                  ; ---------+---------+---------|---------|---------|---------|
                                  ;       ST0|      ST1|      ST2|      ST3|      ST4|      ST5|
                                  ; ---------+---------+---------|---------|---------|---------|
    fldpi                         ;   pi     |xxxxxxxxx|xxxxxxxxx|xxxxxxxxx|xxxxxxxxx|xxxxxxxxx|
    fidiv   dword [.c180]         ;   pi/180 |xxxxxxxxx|xxxxxxxxx|xxxxxxxxx|xxxxxxxxx|xxxxxxxxx|
                                  ; ---------+---------+---------|---------|---------|---------|
.c180:  dd 180                    ;         r|xxxxxxxxx|xxxxxxxxx|xxxxxxxxx|xxxxxxxxx|xxxxxxxxx|
                                  ; ---------+---------+---------|---------|---------|---------|
```

次に、kを計算するために、定数nをスタックにプッシュします。FILD命令は、パラメータで指定された値をスタックにプッシュするので、ST0にはnが格納されます。この状態で、先ほどと同じようにFIDIV命令を使ってST0の値をdで除算します。次の例では、nの値を5、dの値を3に設定したときの例を示しています。

```
                                    ; ---------+---------+---------|---------|---------|---------|
                                    ;       ST0|      ST1|      ST2|      ST3|      ST4|      ST5|
                                    ; ---------+---------+---------|---------|---------|---------|
                                    ;       r  |xxxxxxxxx|xxxxxxxxx|xxxxxxxxx|xxxxxxxxx|xxxxxxxxx|
                                    ; ---------+---------+---------|---------|---------|---------|
    fild    dword [.n]              ;       n  |       r |xxxxxxxxx|xxxxxxxxx|xxxxxxxxx|xxxxxxxxx|
    fidiv   dword [.d]              ;     n/d  |         |xxxxxxxxx|xxxxxxxxx|xxxxxxxxx|xxxxxxxxx|
                                    ; ---------+---------+---------|---------|---------|---------|
.n: dd 5                            ;       k  |       r |xxxxxxxxx|xxxxxxxxx|xxxxxxxxx|xxxxxxxxx|
.d: dd 3                            ; ---------+---------+---------|---------|---------|---------|
```

最後に、FILD命令を使ってAをスタックにプッシュすれば、事前に計算しておくべき3つの値がFPUのスタックに用意されたことになります。

```
                                    ; ---------+---------+---------|---------|---------|---------|
                                    ;       ST0|      ST1|      ST2|      ST3|      ST4|      ST5|
                                    ; ---------+---------+---------|---------|---------|---------|
                                    ;       k  |       r |xxxxxxxxx|xxxxxxxxx|xxxxxxxxx|xxxxxxxxx|
                                    ; ---------+---------+---------|---------|---------|---------|
    fild    dword [.A]              ;       A  |       k |       r |xxxxxxxxx|xxxxxxxxx|xxxxxxxxx|
                                    ; ---------+---------+---------|---------|---------|---------|
.A: dd  90
```

ここでは、これまでの前処理を関数化することにします。作成する関数は、3つの引数A、n、dを取り、FPUのスタックを設定するものです。

prog/src/39_rose/tasks/**task_3.s**

```
fpu_rose_init:
    ...
                                    ; ------|--------
                                    ;    +16| d
                                    ;    +12| n
                                    ;    + 8| A
                                    ; ---------------
    push    ebp                     ; EBP+ 4| EIP(戻り番地)
    mov     ebp, esp                ; EBP+ 0| EBP(元の値)
                                    ; ---------------
    push    dword 180               ;    - 4| dword i = 180;

                                    ; ---------+---------+---------|---------|---------|---------|
                                    ;       ST0|      ST1|      ST2|      ST3|      ST4|      ST5|
                                    ; ---------+---------+---------|---------|---------|---------|
    fldpi                           ;   pi     |xxxxxxxxx|xxxxxxxxx|xxxxxxxxx|xxxxxxxxx|xxxxxxxxx|
    fidiv   dword [ebp - 4]         ;   pi/180 |xxxxxxxxx|xxxxxxxxx|xxxxxxxxx|xxxxxxxxx|xxxxxxxxx|
    fild    dword [ebp +12]         ;       n  |  pi/180 |xxxxxxxxx|xxxxxxxxx|xxxxxxxxx|xxxxxxxxx|
    fidiv   dword [ebp +16]         ;     n/d  |         |xxxxxxxxx|xxxxxxxxx|xxxxxxxxx|xxxxxxxxx|
    fild    dword [ebp + 8]         ;       A  |     n/d |  pi/180 |xxxxxxxxx|xxxxxxxxx|xxxxxxxxx|
                                    ; ---------+---------+---------|---------|---------|---------|
                                    ;       A  |       k |       r |xxxxxxxxx|xxxxxxxxx|xxxxxxxxx|
                                    ; ---------+---------+---------|---------|---------|---------|
```

■座標計算処理

座標計算処理も関数として作成します。この関数は、前処理で行ったとおりにFPUスタックが設定してあることを前提として、引数として渡された角度からX座標とY座標を計算する関数です。

fpu_rose_update(px, py, t);	
戻り値	なし
px	計算したX座標を格納するアドレス
py	計算したY座標を格納するアドレス
t	角度

この関数も、最初に、スタックフレームを構築し、関数内部で使用するレジスタを保存します。

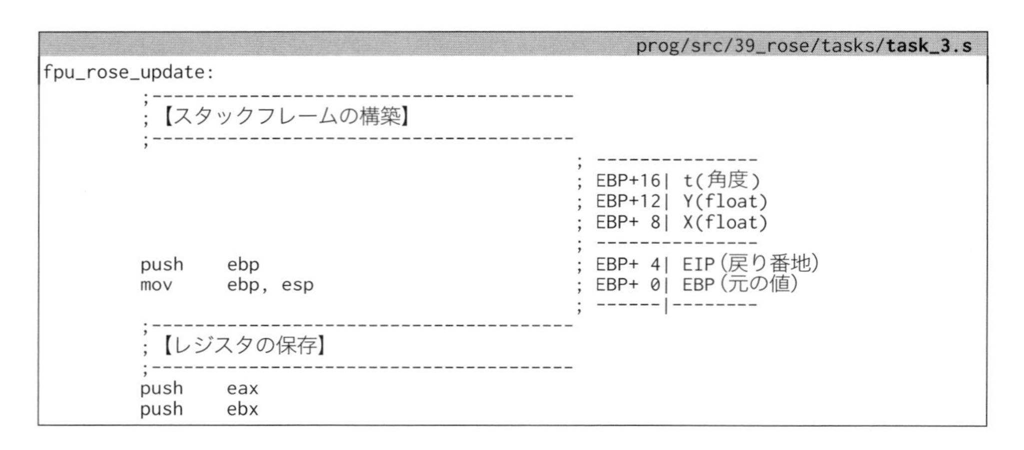

prog/src/39_rose/tasks/**task_3.s**

```
fpu_rose_update:
        ;---------------------------------------
        ; 【スタックフレームの構築】
        ;---------------------------------------
                                                ; ---------------
                                                ; EBP+16| t(角度)
                                                ; EBP+12| Y(float)
                                                ; EBP+ 8| X(float)
                                                ; ---------------
        push    ebp                             ; EBP+ 4| EIP(戻り番地)
        mov     ebp, esp                        ; EBP+ 0| EBP(元の値)
                                                ; ------|--------
        ;---------------------------------------
        ; 【レジスタの保存】
        ;---------------------------------------
        push    eax
        push    ebx
```

そして、引数として渡された、計算結果を保存するアドレスは、レジスタに設定しておきます。

prog/src/39_rose/tasks/**task_3.s**

```
fpu_rose_update:
        ...
        ;---------------------------------------
        ; X/Y座標の保存先を設定
        ;---------------------------------------
        mov     eax, [ebp +  8]                 ; EAX = pX; // X座標へのポインタ
        mov     ebx, [ebp + 12]                 ; EBX = pY; // Y座標へのポインタ
```

バラ曲線を描画するための座標は、角度tから計算します。ですが、座標計算で使用する角度θは、小数を含む、ラディアンで指定します。タスクは直接小数を扱うことができないので、角度tからθへの変換を行わなくてはなりませんが、この変換もFPUで行います。具体的には、タスクが指定する角度tにr（$=\pi/180$）を乗算して単位をラディアンに変換します。計算された角度θ（= r t）は、複数の演算で使用するので、スタックに2つ用意します。具体的には、スタックを次の図のように設定します。

図 21-11 FPUスタックに角度を設定した状態

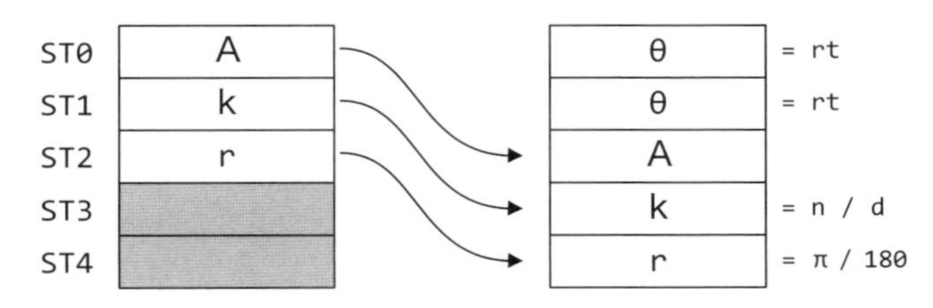

このようなスタックを実現する例を次に示します。

prog/src/39_rose/tasks/**task_3.s**

```
fpu_rose_update:
    ...
                                ; ---------+---------+---------|---------|---------|---------|
                                ;       ST0|      ST1|      ST2|      ST3|      ST4|      ST5|
                                ; ---------+---------+---------|---------|---------|---------|
    fild    dword [ebp +16]     ;        t |       A |       k |       r |xxxxxxxxx|xxxxxxxxx|
    fmul    st0, st3            ;       rt |         |         |         |         |         |
    fld     st0                 ;       rt |      rt |       A |       k |       r |xxxxxxxxx|
                                ; ---------+---------+---------|---------|---------|---------|
                                ;   θ=(rt)|  θ=(rt)|       A |       k |       r |xxxxxxxxx|
                                ; ---------+---------+---------|---------|---------|---------|
```

この例では、まず、FILD命令で角度tをST0にプッシュします。その後、ST0とST3の値rをFMUL命令で乗算します。ここで得られたST0の値は、再度、FLD命令でST0にプッシュします。これは、rtの値をコピーすることに相当します。ここまでの処理で、度数をラディアンに変換した値θを計算することができました。この値は、次の式で座標を計算するときに使用されます。

$$X = A \cdot \sin(k\theta)\cos(\theta)$$
$$Y = A \cdot \sin(k\theta)\sin(\theta)$$

先に、2つの演算sin(θ)とcos(θ)を計算しておきます。というのも、FPUにはST0のSINとCOS演算を一度に行うFSINCOS命令が用意されているためです。

prog/src/39_rose/tasks/**task_3.s**

```
fpu_rose_update:
    ...
                                ; ---------+---------+---------|---------|---------|---------|
                                ;       ST0|      ST1|      ST2|      ST3|      ST4|      ST5|
                                ; ---------+---------+---------|---------|---------|---------|
                                ;        θ |       θ |       A |       k |       r |xxxxxxxxx|
                                ; ---------+---------+---------|---------|---------|---------|
    fsincos                     ;   cos(θ)|  sin(θ)|       θ |       A |       k |       r |
                                ; ---------+---------+---------|---------|---------|---------|
```

FSINCOS命令により、スタックは1つ増えて、次の図のように設定されます。

図 21-12 FSINCOS命令によるFPUスタックの変化

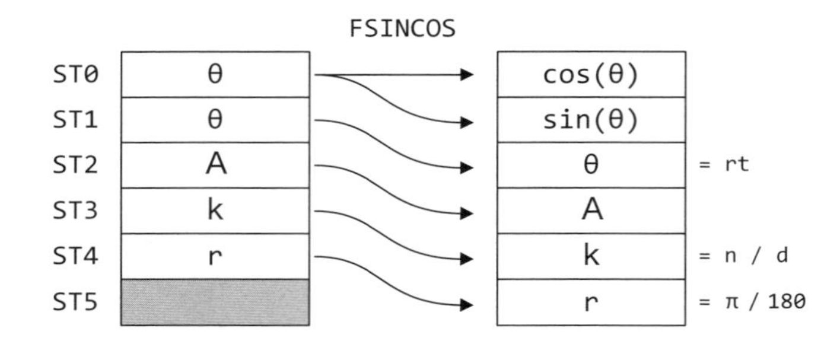

この状態から、2つの算式で共通して現れるA･sin(kθ)を計算する過程を、次の図に示します。FPUで使用するFSIN命令はST0を対象とするので、先に、FXCH命令を使ってST0とST2の値を入れ替えておきます。ST0に移動した角度θにはkを乗算し、得られた結果にFSIN命令を実行します。その後、FMUL命令でST3に設定してある振幅AをST0に乗算します。

図 21-13 共通項目の計算手順

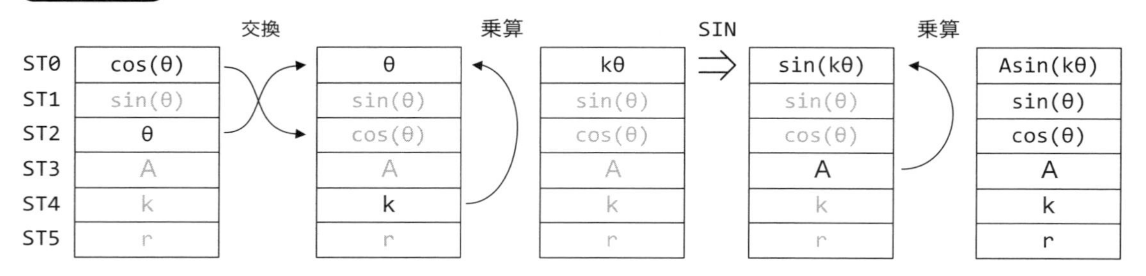

具体的なプログラム例は、次のとおりです。

prog/src/39_rose/tasks/**task_3.s**

```
fpu_rose_update:
    ...
                                      ; ---------+---------+---------|---------|---------|---------|
                                      ;       ST0|      ST1|      ST2|      ST3|      ST4|      ST5|
                                      ; ---------+---------+---------|---------|---------|---------|
                                      ;    cos(θ)|   sin(θ)|       θ |       A |       k |       r |
                                      ; ---------+---------+---------|---------|---------|---------|
    fxch    st2                       ;        θ |   sin(θ)|   cos(θ)|       A |       k |       r |
    fmul    st0, st4                  ;       kθ |         |         |         |         |         |
    fsin                              ;   sin(kθ)|         |         |         |         |         |
    fmul    st0, st3                  ;  Asin(kθ)|         |         |         |         |         |
                                      ; ---------+---------+---------|---------|---------|---------|
```

後は、X座標とY座標の値を個別に計算するだけです。X座標は、次の式で計算します。

$$X = A \cdot \sin(k\theta)\cos(\theta)$$

この計算を、FPUスタックを使って行う過程を、次の図に示します。

図 21-14 X座標の計算手順

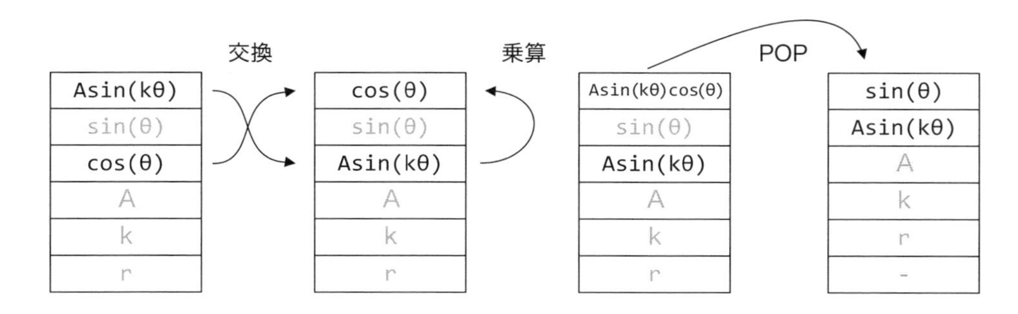

この値を計算するプログラム例は、次のとおりです。

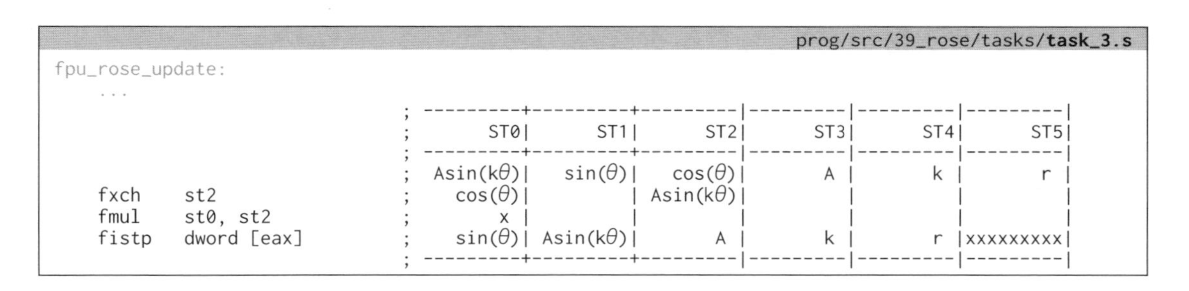

prog/src/39_rose/tasks/**task_3.s**

```
fpu_rose_update:
    ...
                                        ; ---------+---------+---------|---------|---------|---------|
                                        ;       ST0|      ST1|      ST2|      ST3|      ST4|      ST5|
                                        ; ---------+---------+---------|---------|---------|---------|
                                        ;  Asin(kθ)|   sin(θ)|   cos(θ)|       A |       k |       r |
    fxch    st2                         ;    cos(θ)|         | Asin(kθ)|         |         |         |
    fmul    st0, st2                    ;       x  |         |         |         |         |         |
    fistp   dword [eax]                 ;    sin(θ)| Asin(kθ)|       A |       k |       r |xxxxxxxxx|
                                        ; ---------+---------+---------|---------|---------|---------|
```

X座標の計算で得られた値は、FISTP命令で32ビット整数としてメモリに保存すると同時にFPUのスタックから取り除いています。X座標と同様に、Y座標は次の式で計算します。

$$X = A \cdot \sin(k\theta)\sin(\theta)$$

この計算を、FPUスタックを使って行う過程を、次の図に示します。

図 21-15 Y座標の計算手順

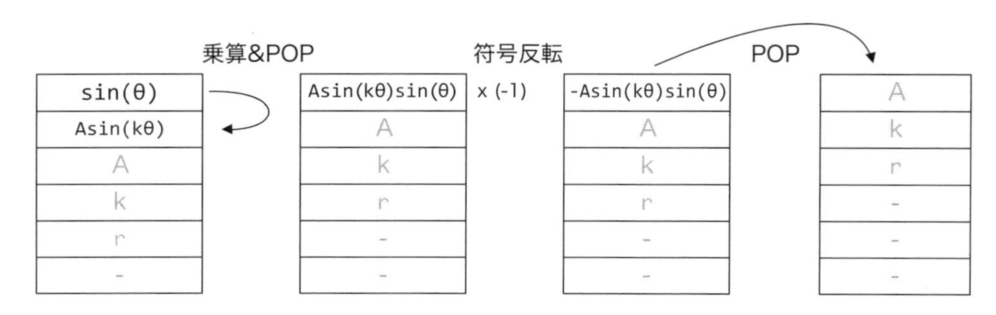

この値を計算するプログラム例は、次のとおりです。Y座標の計算式には表れていませんが、プログラム例では、FPUのFCHS命令を使用してY座標の符号を反転しています。これは、画面に表示されている座標系はY座標が増加すると画面下方向に向かうためです。

prog/src/39_rose/tasks/**task_3.s**

```
fpu_rose_update:
    ...
                                        ; ---------+---------+---------|---------|---------|---------|
                                        ;       ST0|      ST1|      ST2|      ST3|      ST4|      ST5|
                                        ; ---------+---------+---------|---------|---------|---------|
                                        ;    sin(θ)| Asin(kθ)|        A |       k |       r |xxxxxxxxx|
    fmulp   st1, st0                    ;        y |        A |       k |       r |xxxxxxxxx|xxxxxxxxx|
    fchs                                ;       -y |          |         |         |xxxxxxxxx|xxxxxxxxx|
    fistp   dword [ebx]                 ;        A |        k |       r |xxxxxxxxx|xxxxxxxxx|xxxxxxxxx|
                                        ; ---------+---------+---------|---------|---------|---------|
```

Y座標の計算で得られた値は、X座標と同様、メモリに保存すると同時にスタックから取り除きます。これで、FPUのスタックは、角度の計算を行う前の状態に戻りました。

バラ曲線を描画するタスクの作成

ここでは、バラ曲線を計算する2つの関数を使用して、実際にバラ曲線を描画するタスクを作成します。バラ曲線を描画するタスクは、次の流れで処理を行います。

図21-16 バラ曲線を描画するタスクの処理概要

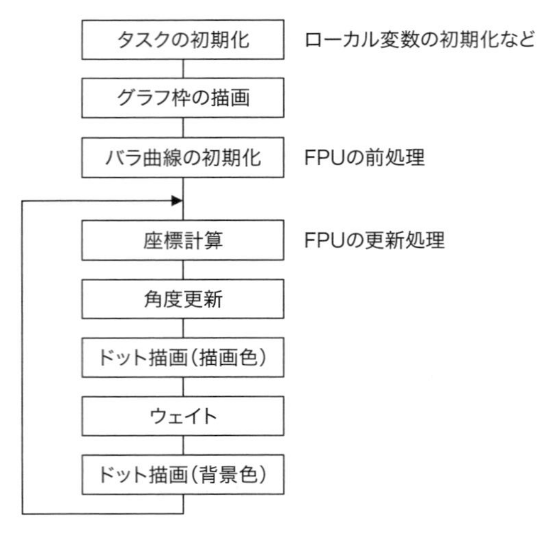

タスクの初期化

タスクの初期化処理では、ローカル変数の初期化を行います。描画処理中に使用する変数などは、スタック領域に確保しておきます。

prog/src/39_rose/tasks/**task_3.s**

```
task_3:
        ;---------------------------------------
        ; 【スタックフレームの構築】
        ;---------------------------------------
        mov     ebp, esp                        ; EBP+ 0| EBP（元の値）
                                                ; ---------------
        push    dword 0                         ;    - 4| x0 = 0; // X座標原点
        push    dword 0                         ;    - 8| y0 = 0; // Y座標原点
        push    dword 0                         ;    -12| x  = 0; // X座標描画
        push    dword 0                         ;    -16| y  = 0; // Y座標描画
        push    dword 0                         ;    -20| r  = 0; // 角度
```

バラ曲線を描画するためには、多数の描画パラメータを必要とします。これらの値は、構造体を使って、次のように定義しています。

prog/src/include/**macro.s**

```
struc rose
        .x0             resd    1               ; 左上座標：X0
        .y0             resd    1               ; 左上座標：Y0
        .x1             resd    1               ; 右下座標：X1
        .y1             resd    1               ; 右下座標：Y1

        .n              resd    1               ; 変数：n
        .d              resd    1               ; 変数：d

        .color_x        resd    1               ; 描画色：X軸
        .color_y        resd    1               ; 描画色：Y軸
        .color_z        resd    1               ; 描画色：枠
        .color_s        resd    1               ; 描画色：文字
        .color_f        resd    1               ; 描画色：グラフ描画色
        .color_b        resd    1               ; 描画色：グラフ消去色

        .title          resb    16              ; タイトル
endstruc
```

実際の設定値は、次のように定義しています。

prog/src/39_rose/tasks/**task_3.s**

```
DRAW_PARAM:                                     ; 描画パラメータ
    istruc  rose
        at  rose.x0,        dd      16          ; 左上座標：X0
        at  rose.y0,        dd      32          ; 左上座標：Y0
        at  rose.x1,        dd     416          ; 右下座標：X1
        at  rose.y1,        dd     432          ; 右下座標：Y1

        at  rose.n,         dd      2           ; 変数：n
        at  rose.d,         dd      1           ; 変数：d

        at  rose.color_x,   dd      0x0007      ; 描画色：X軸
        at  rose.color_y,   dd      0x0007      ; 描画色：Y軸
        at  rose.color_z,   dd      0x000F      ; 描画色：枠
        at  rose.color_s,   dd      0x030F      ; 描画色：文字
        at  rose.color_f,   dd      0x000F      ; 描画色：グラフ描画色
        at  rose.color_b,   dd      0x0003      ; 描画色：グラフ消去色

        at  rose.title,     db      "Task-3", 0 ; タイトル
    iend
```

タスク内では、ESIレジスタを経由して描画パラメータにアクセスします。

prog/src/39_rose/tasks/**task_3.s**

```
task_3:
    ...
        mov     esi, DRAW_PARAM                 ; ESI = 描画パラメータ
```

バラ曲線の初期化処理では、描画パラメータの設定とFPUの事前処理を行います。FPUの事前処理では、振幅Aや描画パラメータなどをFPUのスタックにプッシュします。

タスクのループ処理では、バラ曲線の座標計算と描画処理を行います。座標計算後は角度を1°ずつ加算しますが、36000°未満の値に制限しています。ドットは前景色と背景色で計2回描画します。最初に前景色で描画を行った後に一定期間のウェイトを設け、背景色で描画します。2回目の描画は、背景色と同じ色で描画すると直前の描画を消去することになり、異なる色で描画すると軌跡を描くことになります。

■グラフ枠の描画

はじめに、タイトルを描画します。タイトルには、描画パラメータで指定された文字列を表示します。表示位置は、グラフ表示位置の左上とします。このとき、ドットで指定されているグラフの描画座標を文字単位の位置に変換するため、X座標を8で、Y座標を16で除算しています。また、タイトル文字をグラフの枠の上部に表示するために、Y座標を1文字分減算しています。

prog/src/39_rose/tasks/**task_3.s**

```
task_3:
    ...
        ;---------------------------------------
        ; タイトル表示
        ;---------------------------------------
        mov     eax, [esi + rose.x0]            ; X0座標
        mov     ebx, [esi + rose.y0]            ; Y0座標

        shr     eax, 3                          ; EAX = EAX /  8; // X座標を文字位置に変換
        shr     ebx, 4                          ; EBX = EBX / 16; // Y座標を文字位置に変換
        dec     ebx                             ; // 1文字分上に移動
        mov     ecx, [esi + rose.color_s]       ; 文字色
        lea     edx, [esi + rose.title]         ; タイトル

        cdecl   draw_str, eax, ebx, ecx, edx    ; draw_str();
```

グラフの枠と座標軸を表示する前に、描画パラメータから座標原点を計算します。座標原点は、グラフの描画幅の中点を描画開始位置に加算することで計算します。次のプログラムは、X座標の原点を計算する例です。同様に、Y座標の原点も計算しておきます。

prog/src/39_rose/tasks/**task_3.s**

```
;---------------------------------------
; X軸の中点
;---------------------------------------
mov     eax, [esi + rose.x0]            ; EAX  = X0座標
mov     ebx, [esi + rose.x1]            ; EBX  = X1座標
sub     ebx, eax                        ; EBX  = (X1 - X0);
shr     ebx, 1                          ; EBX /= 2;
add     ebx, eax                        ; EBX += X0
mov     [ebp - 4], ebx                  ; x0 = EBX; // X座標原点;
```

座標原点が計算できたら、X軸とY軸を描画します。

prog/src/39_rose/tasks/**task_3.s**

```
;---------------------------------------
; X軸の描画
;---------------------------------------
mov     eax, [esi + rose.x0]            ; EAX = X0座標;
mov     ebx, [ebp - 8]                  ; EBX = Y軸の中点;
mov     ecx, [esi + rose.x1]            ; ECX = X1座標;

cdecl   draw_line, eax, ebx, ecx, ebx, dword [esi + rose.color_x]   ; X軸
```

最後に、描画パラメータで指定された座標に枠を描画します。

prog/src/39_rose/tasks/**task_3.s**

```
;---------------------------------------
; 枠の描画
;---------------------------------------
mov     eax, [esi + rose.x0]            ; X0座標
mov     ebx, [esi + rose.y0]            ; Y0座標
mov     ecx, [esi + rose.x1]            ; X1座標
mov     edx, [esi + rose.y1]            ; Y1座標

cdecl   draw_rect, eax, ebx, ecx, edx, dword [esi + rose.color_z]   ; 枠
```

バラ曲線は、座標領域のおおよそ95%のサイズで描画します。この値はX座標の描画幅の半分を100%として、4回右SHIFTして得られた値（1/16=0.0625）を減算することで計算しています。

prog/src/39_rose/tasks/**task_3.s**

```
;---------------------------------------
; 振幅をX軸の約95%とする
;---------------------------------------
mov     eax, [esi + rose.x1]            ; EAX  = X1座標;
sub     eax, [esi + rose.x0]            ; EAX -= X0座標;
shr     eax, 1                          ; EAX /= 2;       // 半分
mov     ebx, eax                        ; EBX  = EAX;
shr     ebx, 4                          ; EBX /= 16;
sub     eax, ebx                        ; EAX -= EBX;
```

■バラ曲線の初期化

バラ曲線の初期化は、すでに作成してある、初期化関数を呼ぶだけです。この関数は、バラ曲線を描画するときの座標を計算する前処理として、FPUのスタックに初期値を設定します。

prog/src/39_rose/tasks/**task_3.s**

```
task_3:
    ...
        ;---------------------------------------
        ; FPUの初期化(バラ曲線の初期化)
        ;---------------------------------------
        cdecl   fpu_rose_init                   ¥
                    , eax                       ¥
                    , dword [esi + rose.n]      ¥
                    , dword [esi + rose.d]
```

■座標計算

バラ曲線を描画する座標は、角度から計算します。関数に渡す計算結果の保存先アドレスは、スタック上に確保したローカル変数のアドレスを設定します。

prog/src/39_rose/tasks/**task_3.s**

```
task_3:
    ...
        ;---------------------------------------
        ; 座標計算
        ;---------------------------------------
        lea     ebx, [ebp -12]                  ;   EBX = &x;
        lea     ecx, [ebp -16]                  ;   ECX = &y;
        mov     eax, [ebp -20]                  ;   EAX = r;

        cdecl   fpu_rose_update                 ¥
                    , ebx                       ¥
                    , ecx                       ¥
                    , eax
```

■角度更新

描画座標の計算が終了したら、次の計算に備え、角度を1°加算しておきます。このとき、加算結果が36000を超えないように、剰余演算を行います。

prog/src/39_rose/tasks/**task_3.s**

```
task_3:
    ...
        ;---------------------------------------
        ; 角度更新(r = r % 36000)
        ;---------------------------------------
        mov     edx, 0                          ;   EDX = 0;
        inc     eax                             ;   EAX++;
        mov     ebx, 360 * 100                  ;   DBX = 36000
        div     ebx                             ;   EDX = EDX:EAX % EBX;
        mov     [ebp -20], edx
```

ドット描画処理

ドット描画処理では、角度から計算された座標を、各座標の原点に加算し、ドット描画用のシステムコールを呼び出しています。

```
                                        prog/src/39_rose/tasks/task_3.s
task_3:
    ...
        ;---------------------------------------
        ; ドット描画
        ;---------------------------------------
        mov     ecx, [ebp -12]                  ;   ECX = X座標
        mov     edx, [ebp -16]                  ;   ECX = Y座標

        add     ecx, [ebp - 4]                  ;   ECX += X座標原点;
        add     edx, [ebp - 8]                  ;   EDX += Y座標原点;

        mov     ebx, [esi + rose.color_f]       ;   EBX = 表示色;
        int     0x82                            ;   sys_call_82(表示色, X, Y);
```

前景色での描画後は、少しの間ウェイトを入れることにします。そして、ウェイトが終了した後は背景色で軌跡を描画し、描画処理の先頭にジャンプします。

```
                                        prog/src/39_rose/tasks/task_3.s
task_3:
    ...
        ;---------------------------------------
        ; ウェイト
        ;---------------------------------------
        cdecl   wait_tick, 2                    ;   wait_tick(2);

        ;---------------------------------------
        ; ドット描画(消去)
        ;---------------------------------------
        mov     ebx, [esi + rose.color_b]       ;   EBX = 背景色;
        int     0x82                            ;   sys_call_82(背景色, X, Y);

        jmp     .10L                            ; }
```

次に、バラ曲線描画タスクの全体を示します。

prog/src/39_rose/tasks/**task_3.s**

```
task_3:
        ;---------------------------------------
        ; 【スタックフレームの構築】
        ;---------------------------------------
        mov     ebp, esp                        ; EBP+ 0| EBP(元の値)
                                                ; ---------------
        push    dword 0                         ;    - 4| x0 = 0; // X座標原点
        push    dword 0                         ;    - 8| y0 = 0; // Y座標原点
        push    dword 0                         ;    -12| x  = 0; // X座標描画
        push    dword 0                         ;    -16| y  = 0; // Y座標描画
        push    dword 0                         ;    -20| r  = 0; // 角度

        ;---------------------------------------
        ; 初期化
        ;---------------------------------------
        mov     esi, DRAW_PARAM                 ; ESI = 描画パラメータ

        ;---------------------------------------
        ; タイトル表示
        ;---------------------------------------
        mov     eax, [esi + rose.x0]            ; X0座標
        mov     ebx, [esi + rose.y0]            ; Y0座標

        shr     eax, 3                          ; ESI = EAX /  8; // X座標を文字位置に変換
        shr     ebx, 4                          ; EDI = EBX / 16; // Y座標を文字位置に変換
        dec     ebx                             ; // 1文字分上に移動
        mov     ecx, [esi + rose.color_s]       ; 文字色
        lea     edx, [esi + rose.title]         ; タイトル

        cdecl   draw_str, eax, ebx, ecx, edx    ; draw_str();

        ;---------------------------------------
        ; X軸の中点
        ;---------------------------------------
        mov     eax, [esi + rose.x0]            ; EAX  = X0座標
        mov     ebx, [esi + rose.x1]            ; EBX  = X1座標
        sub     ebx, eax                        ; EBX  = (X1 - X0);
        shr     ebx, 1                          ; EBX /= 2;
        add     ebx, eax                        ; EBX += X0
        mov     [ebp - 4], ebx                  ; x0 = EBX; // X座標原点;

        ;---------------------------------------
        ; Y軸の中点
        ;---------------------------------------
        mov     eax, [esi + rose.y0]            ; EAX  = Y0座標
        mov     ebx, [esi + rose.y1]            ; EBX  = Y1座標
        sub     ebx, eax                        ; EBX  = (Y1 - Y0);
        shr     ebx, 1                          ; EBX /= 2;
        add     ebx, eax                        ; EBX += Y0
        mov     [ebp - 8], ebx                  ; y0 = EBX; // Y座標原点;

        ;---------------------------------------
        ; X軸の描画
        ;---------------------------------------
        mov     eax, [esi + rose.x0]            ; EAX = X0座標;
        mov     ebx, [ebp - 8]                  ; EBX = Y軸の中点;
        mov     ecx, [esi + rose.x1]            ; ECX = X1座標;

        cdecl   draw_line, eax, ebx, ecx, ebx, dword [esi + rose.color_x]   ; X軸

        ;---------------------------------------
        ; Y軸の描画
        ;---------------------------------------
```

```
        mov     eax, [esi + rose.y0]            ; Y0座標
        mov     ebx, [ebp - 4]                  ; EBX = X軸の中点;
        mov     ecx, [esi + rose.y1]            ; Y1座標

        cdecl   draw_line, ebx, eax, ebx, ecx, dword [esi + rose.color_y]   ; Y軸

        ;---------------------------------------
        ; 枠の描画
        ;---------------------------------------
        mov     eax, [esi + rose.x0]            ; X0座標
        mov     ebx, [esi + rose.y0]            ; Y0座標
        mov     ecx, [esi + rose.x1]            ; X1座標
        mov     edx, [esi + rose.y1]            ; Y1座標

        cdecl   draw_rect, eax, ebx, ecx, edx, dword [esi + rose.color_z]   ; 枠

        ;---------------------------------------
        ; 振幅をX軸の約95%とする
        ;---------------------------------------
        mov     eax, [esi + rose.x1]            ; EAX  = X1座標;
        sub     eax, [esi + rose.x0]            ; EAX -= X0座標;
        shr     eax, 1                          ; EAX /= 2;      // 半分
        mov     ebx, eax                        ; EBX  = EAX;
        shr     ebx, 4                          ; EBX /= 16;
        sub     eax, ebx                        ; EAX -= EBX;

        ;---------------------------------------
        ; FPUの初期化(バラ曲線の初期化)
        ;---------------------------------------
        cdecl   fpu_rose_init                   ¥
                    , eax                       ¥
                    , dword [esi + rose.n]      ¥
                    , dword [esi + rose.d]

        ;---------------------------------------
        ; メインループ
        ;---------------------------------------
.10L:                                           ; for ( ; ; )
                                                ; {
        ;---------------------------------------
        ; 座標計算
        ;---------------------------------------
        lea     ebx, [ebp -12]                  ;   EBX = &x;
        lea     ecx, [ebp -16]                  ;   ECX = &y;
        mov     eax, [ebp -20]                  ;   EAX = r;

        cdecl   fpu_rose_update                 ¥
                    , ebx                       ¥
                    , ecx                       ¥
                    , eax

        ;---------------------------------------
        ; 角度更新(r = r % 36000)
        ;---------------------------------------
        mov     edx, 0                          ;   EDX = 0;
        inc     eax                             ;   EAX++;
        mov     ebx, 360 * 100                  ;   DBX = 36000
        div     ebx                             ;   EDX = EDX:EAX % EBX;
        mov     [ebp -20], edx

        ;---------------------------------------
        ; ドット描画
        ;---------------------------------------
        mov     ecx, [ebp -12]                  ;   ECX = X座標
        mov     edx, [ebp -16]                  ;   ECX = Y座標
```

```
        add     ecx, [ebp - 4]                  ;   ECX += X座標原点；
        add     edx, [ebp - 8]                  ;   EDX += Y座標原点；

        mov     ebx, [esi + rose.color_f]       ;   EBX = 表示色；
        int     0x82                            ;   sys_call_82(表示色，X, Y);

        ;---------------------------------------
        ; ウェイト
        ;---------------------------------------
        cdecl   wait_tick, 2                    ;   wait_tick(2);

        ;---------------------------------------
        ; ドット描画（消去）
        ;---------------------------------------
        mov     ebx, [esi + rose.color_b]       ;   EBX = 背景色；
        int     0x82                            ;   sys_call_82(背景色，X, Y);

        jmp     .10L                            ; }
```

プログラムの実行結果は、次のとおりです。

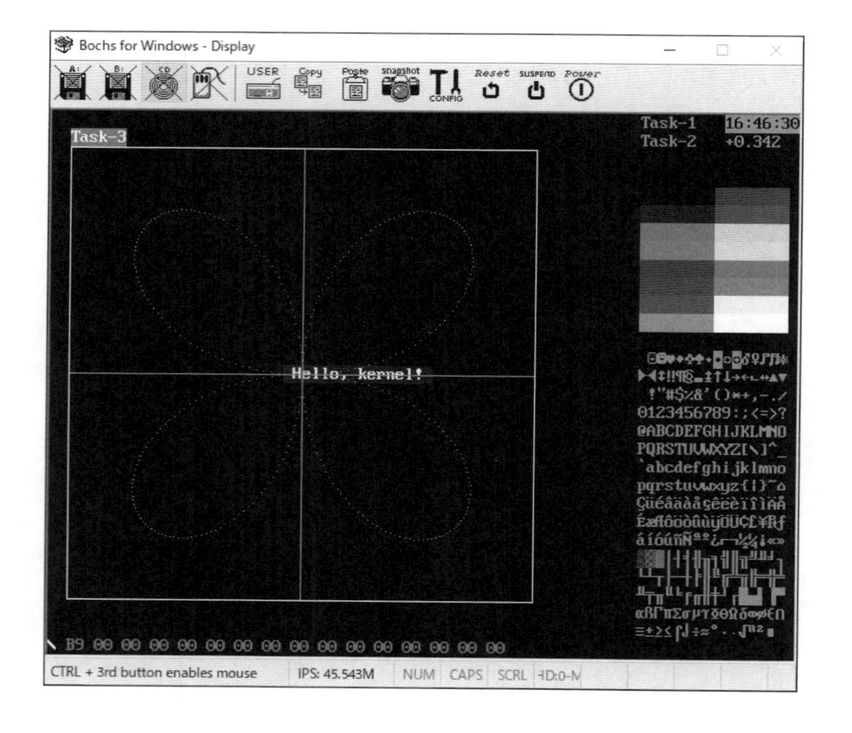

第22章 ページング機能を利用する

- 変換テーブルの構成と作り方
- タスクごとにメモリ空間を割り当てる
- ページフォルト例外とページ割り当て　など

初期状態では無効化されている80386のページング機能は、一部のタスクやメモリ空間にのみ適用することができません。ページング機能を有効にするとすべてのプログラムとメモリ空間がその対象となるので、事前にカーネル自体のアクセス設定を済ませる必要があります。

ページング機能は、論理アドレスから物理アドレスへのページ変換を行います。本書では単にページ変換テーブルと称していますが、その実際は、ページディレクトリとページテーブルと呼ばれる2つの情報配列で構成されます。ここでは、すべてのタスクが共通で使用するページ変換テーブルを作成し、その動作を確認することにします。

22.1 ページ変換テーブルを作成する

本書のサンプルプログラムでは、カーネルを含めたすべてのプログラムで、物理アドレスを22ビットに制限します。このため、4Mバイト以上の論理アドレスにアクセスしたプログラムは、ページフォルト例外で捕捉されることになります。

図 22-1 ページングの設定例

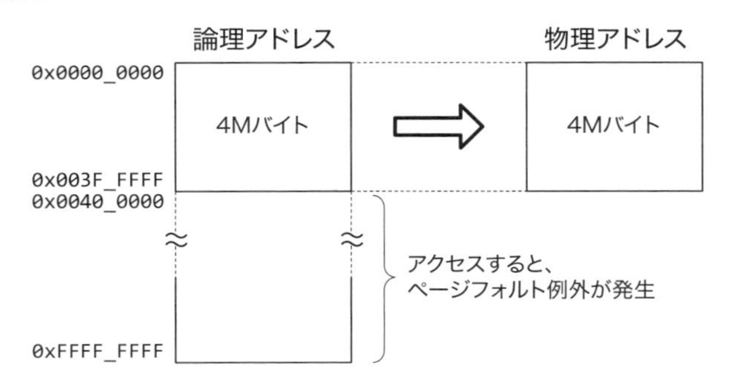

ページディレクトリ内の1つのエントリは4バイトで構成され、Pビットが1にセットされたものだけが有効です。仮に、Pビットが0のエントリを参照したときは、ページフォルト例

外が発生します。

図22-2 ページディレクトリ／テーブルのエントリ構成

32〜12	9	7	6	5		3	2	1	0
ページ／フレームアドレス	AVL	0	0	D	A	0	0	U/S	R/W	P

ページングで行われる最初の処理では、論理アドレスの上位10ビット(B[31:22])が変換されるので、1024のエントリが必要です。今回の設定では、論理アドレスの上位10ビットを0に固定して、先頭のエントリのみが有効で、残りの1023のエントリがすべて無効となるページディレクトリを作成します。

図22-3 ページディレクトリの設定例

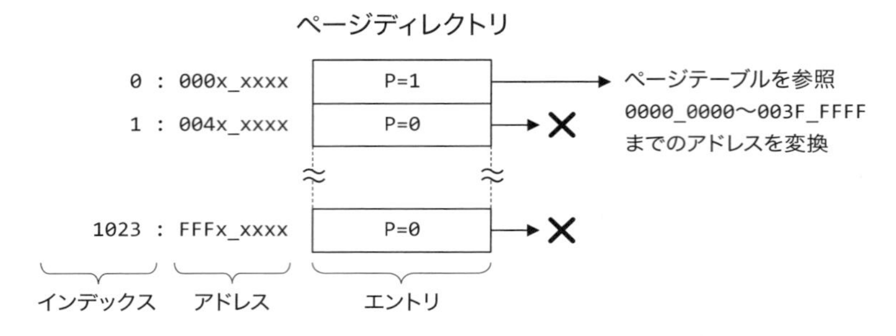

ページディレクトリから参照されるページテーブルは、論理アドレスの次の10ビット(B[21:12])を変換します。このため、1つのページテーブルには、ページディレクトリと同様、1024のエントリが必要です。今回はすべてのエントリに連続したアドレスを設定し、先頭から4Mバイトまでの論理アドレスが同じ物理アドレスに1対1で変換されるように設定します。

図22-4 ページテーブルの設定例

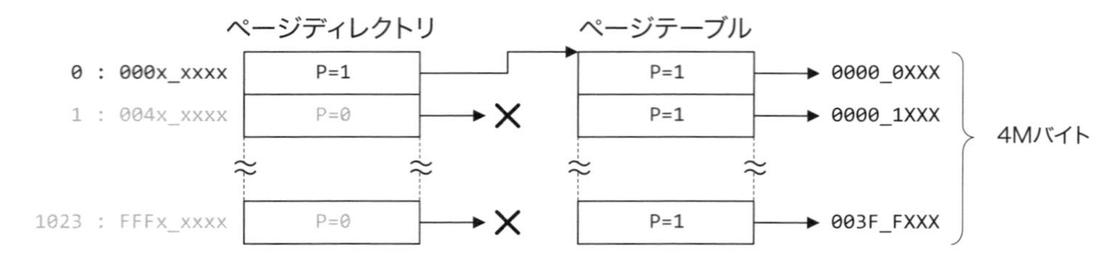

ページディレクトリとページテーブルに記載される4バイトのエントリは同じ書式で、両テーブル共に1024のエントリを保持するので、それぞれ4Kバイトの領域を占有します。ここでは、前述の4Mバイトの変換を行うためのページディレクトリとページテーブルの設定を行う関数を作成します。この関数では、連続した領域に2つの変換テーブルを作成します。

図 22-5 ページディレクトリとページテーブルの配置

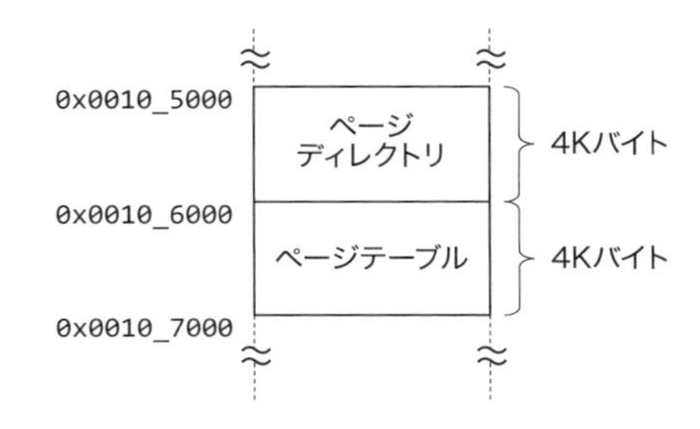

はじめに、ページディレクトリの初期値として、Pビットが0に設定されたページディレクトリを作成します。

prog/src/40_paging/modules/**paging.s**

```
page_set_4m:
        ...
                ;---------------------------------------
                ; ページディレクトリの作成(P=0)
                ;---------------------------------------
                mov     edi, [ebp + 8]                  ; EDI = ページディレクトリの先頭;
                mov     eax, 0x00000000                 ; EAX = 0 ; // P = 0
                mov     ecx, 1024                       ; count = 1024;
                rep stosd                               ; whlie (count--) *dst++ = 属性;
```

そして、作成したページディレクトリの先頭に、有効なページテーブルのアドレスを設定します。ページテーブルはページディレクトリの直後に作成するので、コピー終了時のEDIレジスタの値にPビットを設定してページディレクトリの先頭エントリとしています。

prog/src/40_paging/modules/**paging.s**

```
page_set_4m:
        ...
                ;---------------------------------------
                ; 先頭のエントリを設定
                ;---------------------------------------
                mov     eax, edi                        ; EAX  = EDI;    // ページディレクトリの直後
                and     eax, ~0x0000_0FFF               ; EAX &= ~0FFF; // 物理アドレスの指定
                or      eax,  7                         ; EAX |=  7;     // RWの許可
                mov     [edi - (1024 * 4)], eax         ; // 先頭のエントリを設定
```

ページテーブルのエントリには、物理アドレスの0番地から連続したページを割り当てるので、エントリのアドレスは4Kバイト(0x0100)単位で加算した値を設定します。

prog/src/40_paging/modules/**paging.s**

```
page_set_4m:
        ...
                ;---------------------------------------
                ; ページテーブルの設定(リニア)
                ;---------------------------------------
                mov     eax, 0x00000007                 ; // 物理アドレスの指定とRWの許可
```

```
        mov     ecx, 1024                       ; count = 1024;
                                                ; do
.10L:                                           ; {
        stosd                                   ;   *dst++  = 属性;
        add     eax, 0x00001000                 ;    adr    += 0x1000;
        loop    .10L                            ; } while (--count);
```

次に、ページ変換テーブルを作成する関数の全体を示します。

```
prog/src/40_paging/modules/paging.s
page_set_4m:
        ;---------------------------------------
        ; 【スタックフレームの構築】
        ;---------------------------------------
                                                ; ------|--------
        push    ebp                             ; EBP+ 0| EBP(元の値)
        mov     ebp, esp                        ; EBP+ 4| EIP(戻り番地)
                                                ; ------|--------
                                                ;    + 8| ページテーブル作成位置
                                                ; ------|--------
        ;---------------------------------------
        ; 【レジスタの保存】
        ;---------------------------------------
        pusha

        ;---------------------------------------
        ; ページディレクトリの作成(P=0)
        ;---------------------------------------
        cld                                     ; // DFクリア(+方向)
        mov     edi, [ebp + 8]                  ; EDI = ページディレクトリの先頭;
        mov     eax, 0x00000000                 ; EAX = 0 ; // P = 0
        mov     ecx, 1024                       ; count = 1024;
        rep stosd                               ; whlie (count--) *dst++ = 属性;

        ;---------------------------------------
        ; 先頭のエントリを設定
        ;---------------------------------------
        mov     eax, edi                        ; EAX   = EDI;    // ページディレクトリの直後
        and     eax, ~0x0000_0FFF               ; EAX &= ~0FFF; // 物理アドレスの指定
        or      eax,  7                         ; EAX |=   7;     // RWの許可
        mov     [edi - (1024 * 4)], eax         ; // 先頭のエントリを設定

        ;---------------------------------------
        ; ページテーブルの設定(リニア)
        ;---------------------------------------
        mov     eax, 0x00000007                 ; // 物理アドレスの指定とRWの許可
        mov     ecx, 1024                       ; count = 1024;
                                                ; do
.10L:                                           ; {
        stosd                                   ;   *dst++  = 属性;
        add     eax, 0x00001000                 ;    adr    += 0x1000;
        loop    .10L                            ; } while (--count);

        ;---------------------------------------
        ; 【レジスタの復帰】
        ;---------------------------------------
        popa

        ;---------------------------------------
        ; 【スタックフレームの破棄】
        ;---------------------------------------
        mov     esp, ebp
```

```
        pop     ebp

        ret
```

これで、0x0000_0000～0x003F_FFFFまでの連続した論理アドレスが、同じ物理アドレスに変換されることになります。次のプログラムは、作成した関数を使用して、0x0010_5000から4Kバイトの位置にページディレクトリを、直後の4Kバイトの位置にページテーブルを作成する例です。

prog/src/40_paging/modules/**paging.s**

```
init_page:
        ;---------------------------------------
        ; 【レジスタの保存】
        ;---------------------------------------
        pusha

        ;---------------------------------------
        ; ページ変換テーブルの作成
        ;---------------------------------------
        cdecl   page_set_4m, CR3_BASE           ; // ページ変換テーブルの作成：タスク3用

        ;---------------------------------------
        ; 【レジスタの復帰】
        ;---------------------------------------
        popa

        ret
```

ページ変換テーブルはプログラムごとに異なるので、ソースファイルが保存してあるディレクトリ内のmodulesディレクトリに保存します。

図 22-6 ページ設定ファイルの配置

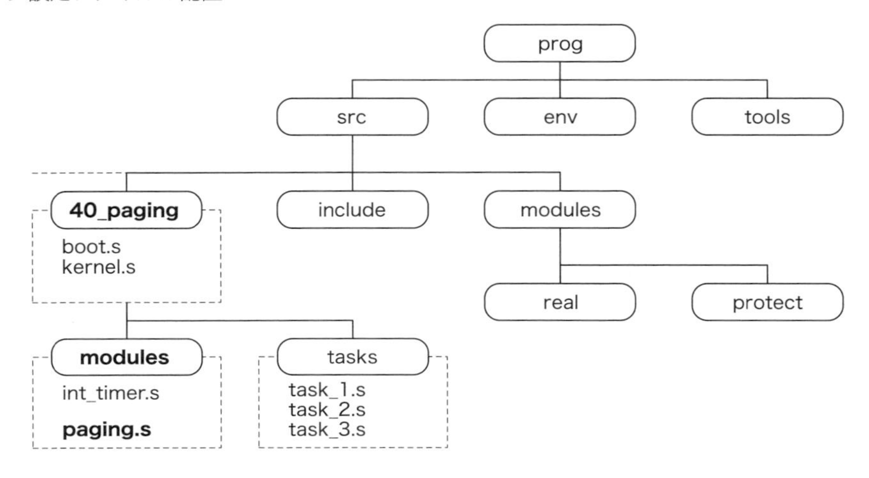

ページングで使用する、ページディレクトリのアドレスは、定義ファイルに設定しておきます。

```
                                                    prog/src/include/define.s
        CR3_BASE        equ     0x0010_5000     ; ページ変換テーブル：タスク3用
```

ページングの初期化処理は、他の初期化処理と同じタイミングで行います。

```
                                                    prog/src/40_paging/kernel.s
        cdecl   init_pic                        ; // 割り込みコントローラの初期化
        cdecl   init_page                       ; // ページングの初期化
```

ページングの設定が完了したら、ページング機能を有効にします。ページングで参照するページディレクトリのアドレスは、CR3レジスタに設定します。

```
                                                    prog/src/40_paging/kernel.s
        mov     eax, CR3_BASE                   ;
        mov     cr3, eax                        ; // ページテーブルの登録
```

しかし、CR3レジスタの値は、コンテキスト切り替えで書き換えられてしまうので、すべてのTSSのCR3にも同じ値を設定します。

```
                                                prog/src/40_paging/descriptor.s
TSS_0:
.cr3:           dd  CR3_BASE                    ;   28:CR3(PDBR)
    ...
TSS_1:
.cr3:           dd  CR3_BASE                    ;   28:CR3(PDBR)
    ...
TSS_2:
.cr3:           dd  CR3_BASE                    ;   28:CR3(PDBR)
    ...
TSS_3:
.cr3:           dd  CR3_BASE                    ;   28:CR3(PDBR)
```

最後に、CR0レジスタのPEビットを1に設定して、ページングの有効化は終了です。このとき、内部にキャッシュされた命令を破棄するために、JMP命令を実行します。

```
                                                    prog/src/40_paging/kernel.s
        mov     eax, cr0                        ; // PGビットをセット
        or      eax, (1 << 31)                  ; CR0 |= PG;
        mov     cr0, eax                        ;
        jmp     $ + 2                           ; FLUSH();

        ;----------------------------------------
        ; CPUの割り込み許可
        ;----------------------------------------
        sti                                     ; // 割り込み許可
```

プログラムを実行すると、以前と同様、バラ曲線を描画します。このプログラムでは、すべてのタスクが許可された範囲内での実メモリアクセスを行っているので、ページフォルト例外が発生することはありません。

22.2 ページフォルト例外の動作を確認する

ページングを有効にしてプログラムを実行しても、特に変わった様子は見られませんでした。これまでの設定では、許可されたメモリ空間のすべてがメモリに実在しているので、ページフォルト例外が発生することはないのです。ここでは、意図的に不在ページを作成し、ページフォルト例外の動作を確認することにします。

具体的な例として、バラ曲線を描画するタスク3の描画パラメータを、論理アドレスの0x0010_7000番地から取得するように変更します。

prog/src/41_page_fault/tasks/**task_3.s**

```
        mov     esi, 0x0010_7000                ; ESI = 描画パラメータ
```

しかし、ページ初期化処理では、描画パラメータを設定するどころか、Pビットを0に設定し、意図的にページ不在として設定します。

prog/src/41_page_fault/modules/**paging.s**

```
init_page:
    ...
        cdecl   page_set_4m, 0x0010_5000        ; // ページテーブルの作成：タスク3用
        mov     [0x00106000 + 0x107 * 4], dword 0 ; // 0x0010_7000をページ不在に設定
```

このため、タスク3が描画パラメータを参照するために0x0010_7000番地にアクセスすると、ページフォルト例外が発生します。

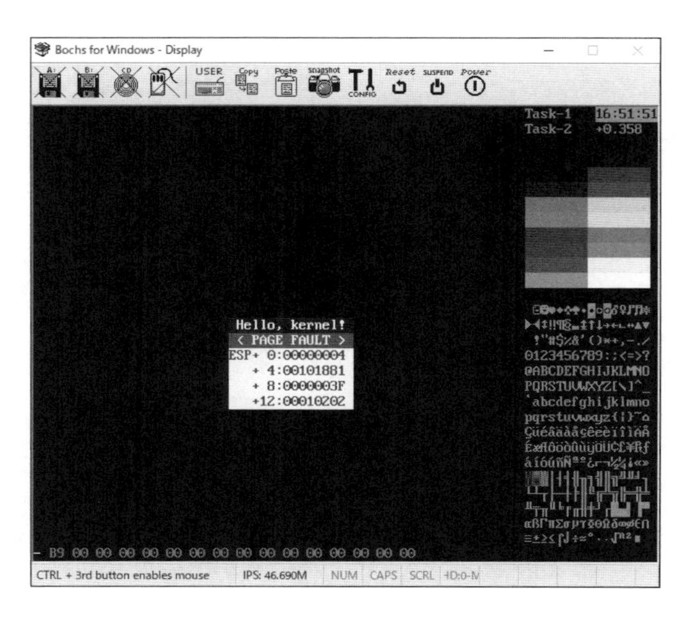

次の図は、ページフォルト例外が発生したときのスタックを表しています。エラーコードには、ページフォルト例外が発生した要因がセットされますが、今回は、この値を参照しません。

図22-7 ページフォルト例外発生時のスタック

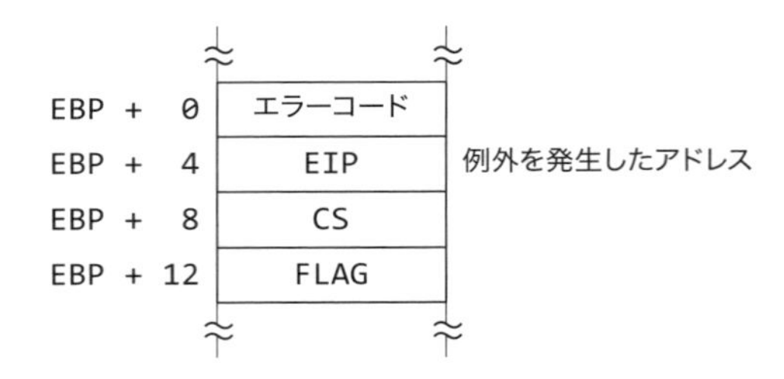

ページフォルト例外が発生したときの対応は、大きく2つに分けられます。1つは、許可されないメモリ空間へのアクセスを行ったタスクを強制終了させる、もう1つは、タスクがアクセスしたメモリ空間に1ページ分のメモリ空間を割り当てるものです。後者の場合、ページフォルト例外から復帰したタスクは、例外を発生したときと同じアドレスへのメモリアクセスから再開します。この場合、再度アクセスすることになるアドレスは、例外処理内でアクセス可能なメモリ空間として割り当てられているので、タスクは、何事もなかったように処理を継続することができます。

実際に、ページフォルト例外では、例外の要因となったアドレスをCR2レジスタから知ることができます。今回のページング設定では、1ページを4Kバイトとしているので、CR2レジスタから取得したアドレスの下位12ビットをマスクして、ページ不在と設定したアドレス0x0010_7000と比較します。

prog/src/41_page_fault/modules/**int_pf.s**

```
int_pf:
        ...
        ;---------------------------------------
        ; 例外を生成したアドレスの確認
        ;---------------------------------------
        mov     eax, cr2                        ; // CR2
        and     eax, ~0x0FFF                    ; // 4Kバイト以内のアクセス
        cmp     eax, 0x0010_7000                ; ptr = アクセスアドレス;
        jne     .10F                            ; if (0x0010_7000 == ptr)
                                                ; {
        ...                                     ;   // 【ページの有効化処理】
                                                ; }
        jmp     .10E                            ; else
.10F:                                           ; {
        ...                                     ;   // 【タスクの終了処理】
.10E:                                           ; }
```

アドレスを検査した結果、ページ不在と設定したアドレスと一致すれば、当該のアドレスに描画パラメータをコピーして、ページの有効化を行います。ページの有効化は、使用可能なメモリ空間を用意して、そのアドレスをページテーブルのエントリに設定するだけです。今回は、

アドレスの変換は行わず、同じアドレスを有効化するだけとし、有効となったメモリ空間にバラ曲線の描画パラメータをコピーします。

prog/src/41_page_fault/modules/**int_pf.s**

```
int_pf:
        ...
        jne     .10F                            ; if (0x0010_7000 == ptr)
                                                ; {
        mov     [0x00106000 + 0x107 * 4], dword 0x00107007  ; // ページの有効化
        cdecl   memcpy, 0x0010_7000, DRAW_PARAM, rose_size  ; 描画パラメータ：タスク3用
                                                ; }
        jmp     .10E                            ; else
```

ページフォルト例外はエラーコードをスタックに積み込むので、エラーコードを取り除いた後に、IRET命令で例外処理を終了します。

prog/src/41_page_fault/modules/**int_pf.s**

```
int_pf:
        ...
        add     esp, 4                          ; // エラーコードの破棄
        iret
```

例外を発生したアドレスが、意図したアドレスと異なれば、そのタスクを強制終了します。タスクの終了は、ページフォルト例外処理の先頭で確保したスタックを解放した後、デフォルトの割り込みの処理で作成した、スタックの表示処理にIRET命令で「復帰」します。

prog/src/41_page_fault/modules/**int_pf.s**

```
int_pf:
        ...
        jmp     .10E                            ; else
.10F:                                           ; {
        ;---------------------------------------
        ; スタックの調整
        ;---------------------------------------
        add     esp, 4                          ; pop es
        add     esp, 4                          ; pop ds
        popa                                    ;
        pop     ebp                             ;

        ;---------------------------------------
        ; タスク終了処理
        ;---------------------------------------
        pushf                                   ; // EFLAGS
        push    cs                              ; // CS
        push    int_stop                        ; // スタック表示処理

        mov     eax, .s0                        ; // 割り込み種別
        iret
.10E:                                           ; }

        ...
.s0     db  " < PAGE FAULT > ", 0
```

ページフォルト例外処理は、ソースファイルが保存してあるディレクトリ内のmodulesディレクトリに保存します。

図 22-8 ページフォルト例外処理の配置

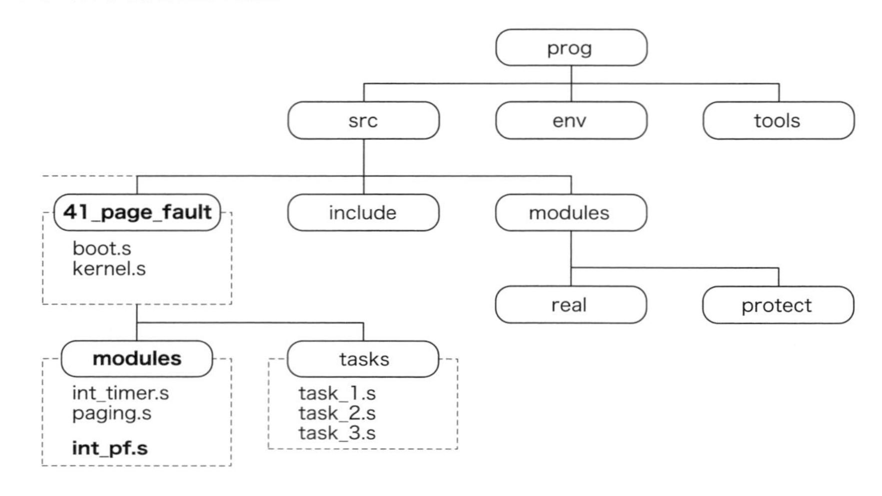

作成した例外処理は、ベクタ番号14 (0x0E) 番に登録します。

prog/src/41_page_fault/**kernel.s**

```
        set_vect    0x07, int_nm                ; // 割り込み処理の登録：デバイス使用不可
        set_vect    0x0E, int_pf                ; // 割り込み処理の登録：ページフォルト
```

プログラムを実行すると、また以前と同じように動作しますが、ページフォルト例外によるページ割り当てが行われています。

第23章 コードを共有する

- コードを共有するタスクの作成方法
- 各タスクのページ変換テーブルを作成
- 各タスクのTSSを設定　など

バラ曲線を描画するタスクは、設定されたパラメータの曲線を1つだけ描画するものでした。仮に、複数の曲線を描画したい場合、ローカル変数を増やして対応することも可能ですが、処理が煩雑になってしまいます。ここでは、1つのバラ曲線を描画する、複数のタスクを生成することにします。バラ曲線を描画するアルゴリズムは同じなので、コードを変更する必要はありません。ただし、各タスクのローカル変数はすべてスタックに確保し、TSS➡P.247参照とスタック領域もタスクごとに用意する必要があります。

図23-1　1つのコードと複数のデータ

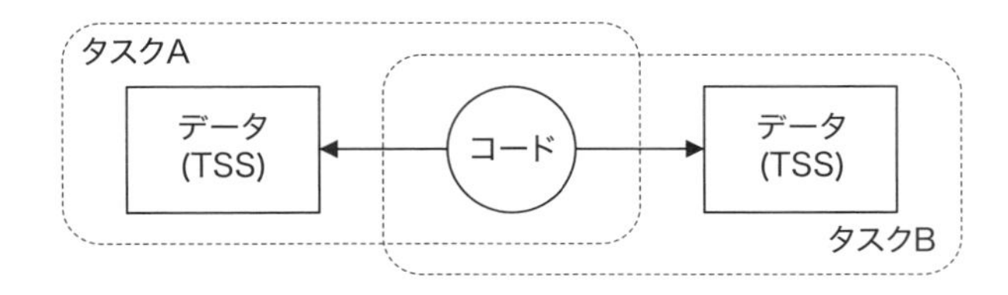

ここでは、バラ曲線を描画するタスク3のコードを共有しながらも異なるTSSを保持する、新しいタスクを3つ作成することにします。コード用セグメントを共有した、新しいタスクを作成する手順は以下のとおりです。

- TSSの作成
- TSSの登録
- タスクの修正
- ページ設定
- タイマー処理の修正

23.1 TSSを作成する

まずは、新しく作成するタスクのスタックを定義します。

```
                                              prog/src/include/define.s
SP_TASK_3        equ      STACK_BASE + (STACK_SIZE * 4)
SP_TASK_4        equ      STACK_BASE + (STACK_SIZE * 5)
SP_TASK_5        equ      STACK_BASE + (STACK_SIZE * 6)
SP_TASK_6        equ      STACK_BASE + (STACK_SIZE * 7)
```

すべての描画タスクは同じコードを共有するので、同一アドレス0x0010_7000にある描画パラメータを参照しますが、各タスクが参照する実際のアドレスは、ページング機能により、異なるアドレスに変換します。具体的には、タスク4は0x0010_7000番地にアクセスしているつもりが実際には0x0010_8000番地に、タスク5とタスク6も0x0010_7000番地にアクセスしているつもりが実際には0x0010_9000番地と0x0010_A000番地にアクセスするように設定します。これらの値は、次のように定義します。

```
                                              prog/src/include/define.s
PARAM_TASK_4     equ      0x0010_8000     ; 描画パラメータ：タスク4用
PARAM_TASK_5     equ      0x0010_9000     ; 描画パラメータ：タスク5用
PARAM_TASK_6     equ      0x0010_A000     ; 描画パラメータ：タスク6用
```

アドレス変換を実現するための、各タスクごとの変換テーブルは、次のアドレスに配置します。

```
                                              prog/src/include/define.s
CR3_TASK_4       equ      0x0020_0000     ; ページ変換テーブル：タスク4用
CR3_TASK_5       equ      0x0020_2000     ; ページ変換テーブル：タスク5用
CR3_TASK_6       equ      0x0020_4000     ; ページ変換テーブル：タスク6用
```

各タスクのアドレス変換の対応は、次の図のようになります。

図23-2 タスクごとに異なるページ変換テーブル

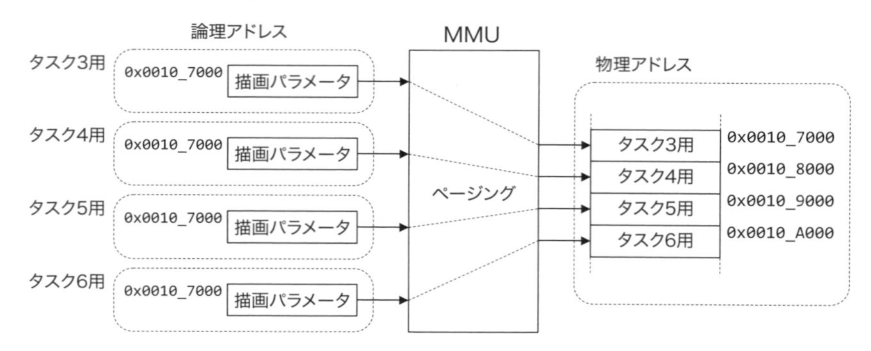

次にタスク4〜6のTSS設定を示します。タスク3と異なる値を設定する箇所は、スタックポインタ、データ用セグメントセレクタ、CR3レジスタです。CR3レジスタは、タスク実行時に、他のタスクと異なる描画パラメータを参照するためのページ変換テーブルです。コードは共有するので、CSやEIPにはタスク3と同じ値を設定します。

prog/src/42_rose_multi/**descriptor.s**

```
TSS_4:
.link:          dd  0                          ;   0:前のタスクへのリンク
.esp0:          dd  SP_TASK_4 - 512            ;*  4:ESP0
.ss0:           dd  DS_KERNEL                  ;*  8:
                ...
.cr3:           dd  CR3_TASK_4                 ;  28:CR3(PDBR)
.eip:           dd  task_3                     ;  32:EIP
.eflags:        dd  0x0202                     ;  36:EFLAGS
                ...
.esp:           dd  SP_TASK_4                  ;  56:ESP
                ...
.es:            dd  DS_TASK_4                  ;  72:ES
.cs:            dd  CS_TASK_3                  ;  76:CS
.ss:            dd  DS_TASK_4                  ;  80:SS
.ds:            dd  DS_TASK_4                  ;  84:DS
.fs:            dd  DS_TASK_4                  ;  88:FS
.gs:            dd  DS_TASK_4                  ;  92:GS
.ldt:           dd  SS_LDT                     ;* 96:LDTセグメントセレクタ
                ...

TSS_5:
                ...
.esp0:          dd  SP_TASK_5 - 512            ;*  4:ESP0
                ...
.cr3:           dd  CR3_TASK_5                 ;  28:CR3(PDBR)
.eip:           dd  task_3                     ;  32:EIP
                ...
.esp:           dd  SP_TASK_5                  ;  56:ESP
                ...
.es:            dd  DS_TASK_5                  ;  72:ES
                ...
.ss:            dd  DS_TASK_5                  ;  80:SS
.ds:            dd  DS_TASK_5                  ;  84:DS
.fs:            dd  DS_TASK_5                  ;  88:FS
.gs:            dd  DS_TASK_5                  ;  92:GS
                ...

TSS_6:
                ...
.esp0:          dd  SP_TASK_6 - 512            ;*  4:ESP0
                ...
.cr3:           dd  CR3_TASK_6                 ;  28:CR3(PDBR)
                ...
.esp:           dd  SP_TASK_6                  ;  56:ESP
                ...
.es:            dd  DS_TASK_6                  ;  72:ES
                ...
.ss:            dd  DS_TASK_6                  ;  80:SS
.ds:            dd  DS_TASK_6                  ;  84:DS
.fs:            dd  DS_TASK_6                  ;  88:FS
.gs:            dd  DS_TASK_6                  ;  92:GS
                ...
```

各タスクが使用するセグメントディスクリプタをLDTに登録し、データ用セグメントセレクタを定義します。

```
prog/src/42_rose_multi/descriptor.s
LDT:            dq  0x0000000000000000          ; NULL
～～～～
.ds_task_4:     dq  0x00CFF2000000FFFF          ; DATA 4G
.ds_task_5:     dq  0x00CFF2000000FFFF          ; DATA 4G
.ds_task_6:     dq  0x00CFF2000000FFFF          ; DATA 4G
.end:

～～～～
DS_TASK_4       equ (.ds_task_4 - LDT) | 4 | 3  ; タスク4用DSセレクタ
DS_TASK_5       equ (.ds_task_5 - LDT) | 4 | 3  ; タスク5用DSセレクタ
DS_TASK_6       equ (.ds_task_6 - LDT) | 4 | 3  ; タスク6用DSセレクタ
```

23.2 TSSをGDTに登録する

各タスクのTSSが定義できたので、TSSディスクリプタを作成してGDTに登録します。このとき、セレクタの値もマクロを使用して定義しておきます。

```
prog/src/42_rose_multi/descriptor.s
GDT:            dq  0x0000000000000000          ; NULL
～～～～
.tss_3:         dq  0x0000890000000067          ; TSS_3ディスクリプタ
.tss_4:         dq  0x0000890000000067          ; TSS_4ディスクリプタ
.tss_5:         dq  0x0000890000000067          ; TSS_5ディスクリプタ
.tss_6:         dq  0x0000890000000067          ; TSS_6ディスクリプタ
.call_gate:     dq  0x0000EC0400080000          ; 386コールゲート(DPL=3, count=4, SEL=8)
.end:

～～～～
SS_TASK_3       equ .tss_3      - GDT
SS_TASK_4       equ .tss_4      - GDT
SS_TASK_5       equ .tss_5      - GDT
SS_TASK_6       equ .tss_6      - GDT
SS_GATE_0       equ .call_gate  - GDT
```

各タスクのTSSには、プログラムの初期化時に、ベースアドレスを設定します。これも、すでに定義してあるマクロを使用して行います。

```
prog/src/42_rose_multi/kernel.s
        ;---------------------------------------
        ; TSSディスクリプタの設定
        ;---------------------------------------
        set_desc    GDT.tss_0, TSS_0            ; // タスク0用TSSの設定
        set_desc    GDT.tss_1, TSS_1            ; // タスク1用TSSの設定
        set_desc    GDT.tss_2, TSS_2            ; // タスク2用TSSの設定
        set_desc    GDT.tss_3, TSS_3            ; // タスク3用TSSの設定
        set_desc    GDT.tss_4, TSS_4            ; // タスク4用TSSの設定
        set_desc    GDT.tss_5, TSS_5            ; // タスク5用TSSの設定
        set_desc    GDT.tss_6, TSS_6            ; // タスク6用TSSの設定
```

23.3 タスクごとのパラメータを設定する

バラ曲線描画タスクの、コードに対する修正はありません。ただし、新しく追加するタスク分の描画パラメータは新しく作成します。そして、この設定値は、各タスクが0x0010_7000番地にアクセスしたときのアドレス変換先にコピーされることになります。

prog/src/42_rose_multi/tasks/**task_3.s**

```
ALIGN 4, db 0
DRAW_PARAM:                                     ; 描画パラメータ
.t3:
    istruc  rose
        at  rose.x0,        dd       32         ; 左上座標：X0
        at  rose.y0,        dd       32         ; 左上座標：Y0
        at  rose.x1,        dd      208         ; 右下座標：X1
        at  rose.y1,        dd      208         ; 右下座標：Y1

        at  rose.n,         dd      2           ; 変数：n
        at  rose.d,         dd      1           ; 変数：d

        at  rose.color_x,   dd      0x0007      ; 描画色：X軸
        at  rose.color_y,   dd      0x0007      ; 描画色：Y軸
        at  rose.color_z,   dd      0x000F      ; 描画色：枠
        at  rose.color_s,   dd      0x030F      ; 描画色：文字
        at  rose.color_f,   dd      0x000F      ; 描画色：グラフ描画色
        at  rose.color_b,   dd      0x0003      ; 描画色：グラフ消去色

        at  rose.title,     db      "Task-3", 0 ; タイトル
    iend

.t4:
    istruc  rose
        at  rose.x0,        dd      248         ; 左上座標：X0
        at  rose.y0,        dd       32         ; 左上座標：Y0
        at  rose.x1,        dd      424         ; 右下座標：X1
        at  rose.y1,        dd      208         ; 右下座標：Y1

        at  rose.n,         dd      3           ; 変数：n
        at  rose.d,         dd      1           ; 変数：d

        at  rose.color_x,   dd      0x0007      ; 描画色：X軸
        at  rose.color_y,   dd      0x0007      ; 描画色：Y軸
        at  rose.color_z,   dd      0x000F      ; 描画色：枠
        at  rose.color_s,   dd      0x040F      ; 描画色：文字
        at  rose.color_f,   dd      0x000F      ; 描画色：グラフ描画色
        at  rose.color_b,   dd      0x0004      ; 描画色：グラフ消去色

        at  rose.title,     db      "Task-4", 0 ; タイトル
    iend

.t5:
    istruc  rose
        at  rose.x0,        dd       32         ; 左上座標：X0
        at  rose.y0,        dd      272         ; 左上座標：Y0
        at  rose.x1,        dd      208         ; 右下座標：X1
        at  rose.y1,        dd      448         ; 右下座標：Y1

        at  rose.n,         dd      2           ; 変数：n
        at  rose.d,         dd      6           ; 変数：d
```

```
        at  rose.color_x,   dd      0x0007      ; 描画色：X軸
        at  rose.color_y,   dd      0x0007      ; 描画色：Y軸
        at  rose.color_z,   dd      0x000F      ; 描画色：枠
        at  rose.color_s,   dd      0x050F      ; 描画色：文字
        at  rose.color_f,   dd      0x000F      ; 描画色：グラフ描画色
        at  rose.color_b,   dd      0x0005      ; 描画色：グラフ消去色

        at  rose.title,     db      "Task-5", 0 ; タイトル
    iend

.t6:
    istruc  rose
        at  rose.x0,        dd      248         ; 左上座標：X0
        at  rose.y0,        dd      272         ; 左上座標：Y0
        at  rose.x1,        dd      424         ; 右下座標：X1
        at  rose.y1,        dd      448         ; 右下座標：Y1

        at  rose.n,         dd      4           ; 変数：n
        at  rose.d,         dd      6           ; 変数：d

        at  rose.color_x,   dd      0x0007      ; 描画色：X軸
        at  rose.color_y,   dd      0x0007      ; 描画色：Y軸
        at  rose.color_z,   dd      0x000F      ; 描画色：枠
        at  rose.color_s,   dd      0x060F      ; 描画色：文字
        at  rose.color_f,   dd      0x000F      ; 描画色：グラフ描画色
        at  rose.color_b,   dd      0x0006      ; 描画色：グラフ消去色

        at  rose.title,     db      "Task-6", 0 ; タイトル
    iend
```

23.4 タスクごとのページ変換テーブルを作成する

バラ曲線描画タスクは、固定アドレスの0x0010_7000番地にある描画パラメータを参照します。しかし、すべてのタスクが同じ描画パラメータを参照したのでは意味がありません。それぞれのタスクが異なる描画パラメータを参照する方法として、ページングのアドレス変換機能を利用します。具体的には、各タスクに、異なるページ変換テーブルを作成します。

prog/src/42_rose_multi/modules/**paging.s**

```
init_page:
        ...

        ;---------------------------------------
        ; ページ変換テーブルの作成
        ;---------------------------------------
        cdecl   page_set_4m, CR3_BASE           ; // ページ変換テーブルの作成：タスク3用
        cdecl   page_set_4m, CR3_TASK_4         ; // ページ変換テーブルの作成：タスク4用
        cdecl   page_set_4m, CR3_TASK_5         ; // ページ変換テーブルの作成：タスク5用
        cdecl   page_set_4m, CR3_TASK_6         ; // ページ変換テーブルの作成：タスク6用
```

その後、各ページ変換テーブルの0x0010_7000番地を、それぞれ異なるアドレスに設定します。

prog/src/42_rose_multi/modules/**paging.s**

```
init_page:
        ...

        ;---------------------------------------
        ; ページテーブルの設定（不在）
        ;---------------------------------------
        mov     [0x0010_6000 + 0x107 * 4], dword 0   ; // 0x0010_7000をページ不在に設定

        ;---------------------------------------
        ; アドレス変換設定
        ;---------------------------------------
        mov     [0x0020_1000 + 0x107 * 4], dword PARAM_TASK_4 + 7 ; // アドレス変換：タスク4用
        mov     [0x0020_3000 + 0x107 * 4], dword PARAM_TASK_5 + 7 ; // アドレス変換：タスク5用
        mov     [0x0020_5000 + 0x107 * 4], dword PARAM_TASK_6 + 7 ; // アドレス変換：タスク6用
```

そして、変換先の領域には、各タスクが参照する描画パラメータをコピーしておきます。

prog/src/42_rose_multi/modules/**paging.s**

```
init_page:
        ...

        ;---------------------------------------
        ; 描画パラメータの設定
        ;---------------------------------------
        cdecl   memcpy, PARAM_TASK_4, DRAW_PARAM.t4, rose_size  ; 描画パラメータ：タスク4用
        cdecl   memcpy, PARAM_TASK_5, DRAW_PARAM.t5, rose_size  ; 描画パラメータ：タスク5用
        cdecl   memcpy, PARAM_TASK_6, DRAW_PARAM.t6, rose_size  ; 描画パラメータ：タスク6用
```


23.5 タイマー処理を修正する

最後に、タイマー割り込み処理内で、新しく作成したタスク4、タスク5、タスク6が呼び出されるように修正すれば作業終了です。

prog/src/42_rose_multi/modules/**int_timer.s**

```
        ;---------------------------------------
        ; タスクの切り替え
        ;---------------------------------------
        str     ax                              ; AX = TR; // 現在のタスクレジスタ
        cmp     ax, SS_TASK_0                   ; case (AX)
        je      .11L                            ; {
        cmp     ax, SS_TASK_1                   ;
        je      .12L                            ;
        cmp     ax, SS_TASK_2                   ;
        je      .13L                            ;
        cmp     ax, SS_TASK_3                   ;
        je      .14L                            ;
        cmp     ax, SS_TASK_4                   ;
        je      .15L                            ;
        cmp     ax, SS_TASK_5                   ;
        je      .16L                            ;
                                                ;   default:
        jmp     SS_TASK_0:0                     ;     // タスク0に切り替え
        jmp     .10E                            ;     break;
```

```
.11L:                                           ;   case SS_TASK_0:
        jmp     SS_TASK_1:0                     ;     // タスク2に切り替え
        jmp     .10E                            ;     break;
.12L:                                           ;   case SS_TASK_1:
        jmp     SS_TASK_2:0                     ;     // タスク2に切り替え
        jmp     .10E                            ;     break;
.13L:                                           ;   case SS_TASK_2:
        jmp     SS_TASK_3:0                     ;     // タスク3に切り替え
        jmp     .10E                            ;     break;
.14L:                                           ;   case SS_TASK_3:
        jmp     SS_TASK_4:0                     ;     // タスク4に切り替え
        jmp     .10E                            ;     break;
.15L:                                           ;   case SS_TASK_4:
        jmp     SS_TASK_5:0                     ;     // タスク5に切り替え
        jmp     .10E                            ;     break;
.16L:                                           ;   case SS_TASK_5:
        jmp     SS_TASK_6:0                     ;     // タスク6に切り替え
        jmp     .10E                            ;     break;
.10E:                                           ; }
```

プログラムの実行結果は、次のとおりです。

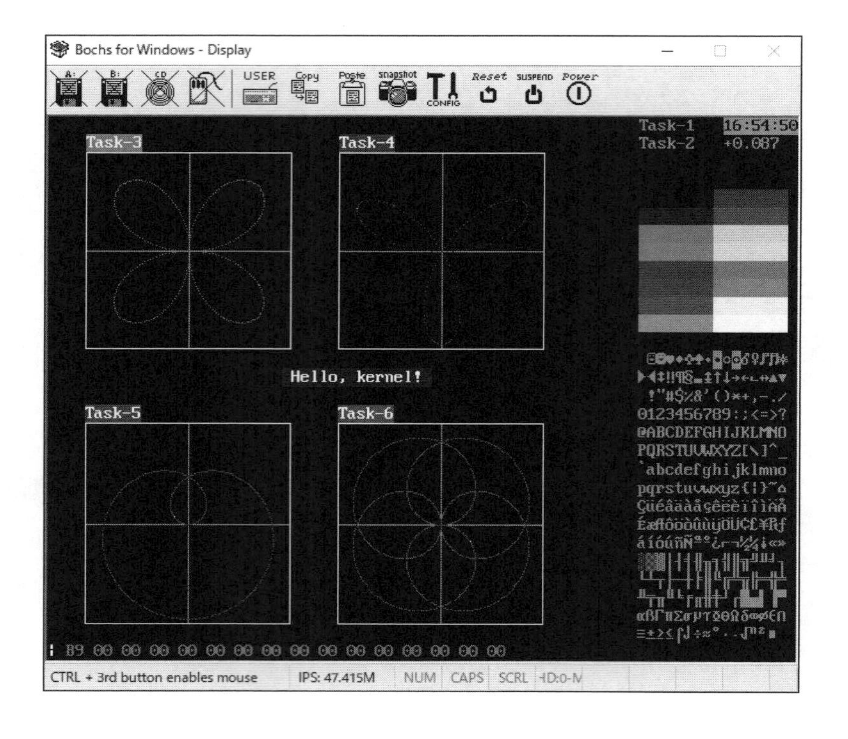

第24章 ファイルシステムを利用する

- BPBを作成する
- FAT領域を作成する
- データ領域を作成する　など

ここでは、ブートプログラムを書き込んだデバイスにFAT ➡P.323参照 を実装します。また、これまでに作成してきたブートプログラムから、FAT上のファイルにアクセスする例を紹介します。FATは、扱うことができる容量の違いからいくつかの種類に分けられますが、今回は32Mバイト以上の記憶容量を持つ外部記憶装置にFAT16を実装します。

24.1 BPBを作成する

外部記憶装置にファイルシステムが存在するのであれば、その情報はブートセクタに書き込まれます。ですが、ブートセクタにはブートプログラムが書き込まれることもあって、その書式がFATの種類ごとに決められています。この領域はBPB ➡P.394参照 と呼ばれ、外部記憶装置のフォーマット（初期化）時に作成されます。次の表は、今回作成するFAT16での設定値を示しています。

表24-1 BPBの設定値

オフセット	サイズ	設定値	意味
0x00(0)	3	jmp ipl	ブートコードへのジャンプ命令
0x03(3)	8	"OEM-NAME"	OEM名
0x0B(11)	2	512	セクタのバイト数
0x0D(13)	1	1	クラスタのセクタ数
0x0E(14)	2	32	予約セクタ数
0x10(16)	1	2	FAT領域の数
0x11(17)	2	512	ルートエントリ数
0x13(19)	2	0xFFF0	総セクタ数16
0x15(21)	1	0xF8	メディアタイプ
0x16(22)	2	256	FAT領域のセクタ数
0x18(24)	2	0x10	トラックのセクタ数
0x1A(26)	2	2	ヘッド数

0x1C(28)	4	0	隠されたセクタ数
0x20(32)	4	0	総セクタ数32
0x24(36)	1	0x80	ドライブ番号
0x25(37)	1	0	(予約)
0x26(38)	1	0x29	ブートフラグ
0x27(39)	4	0xbeef	シリアルナンバー
0x2B(43)	11	"BOOTABLE "	ボリュームラベル
0x36(54)	8	"FAT16 "	FATタイプ

BPBの先頭「ブートコードへのジャンプ命令(オフセット0x00)」には、2バイトまたは3バイトのJMP命令が記載されます。もし2バイトコードの場合は残りをNOP命令(0x90)で埋めます。「OEM名(0x03)」には8バイト固定で好きな文字を設定して構いません。

「セクタのバイト数(0x0B)」は512バイトとしますが、デバイスに依存する値であることは覚えておいてください。「クラスタのセクタ数(0x0D)」には1を設定し、セクタと同じサイズとしています。「予約セクタ数(0x0E)」には、FAT領域までのセクタ数を記載します。FATはこの領域を関知しないので、ブートコードを保存する領域として使用することができます。今回作成したブートコードは、カーネル部も含めると、全体で16Kバイトになるので0x4000番地までの32セクタを予約セクタとします。このため、外部記憶装置全体の構成は次の図のようになります。

図24-1 FAT領域とデータ領域

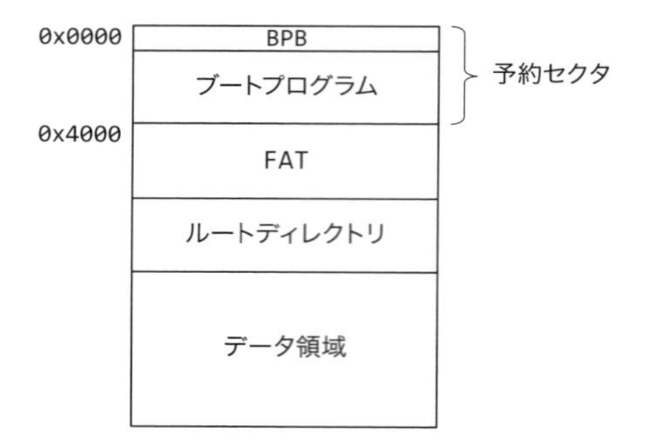

FAT領域は、冗長性を持たせるために2つ用意することが一般的です。今回もこの作法にしたがうので「FAT領域数(0x10)」には2を設定します。「ルートエントリ数(0x11)」には、仕様書に記載された推奨値である512を設定します。

セクタ数は「総セクタ数16(0x13)」または「総セクタ数32(0x20)」のどちらかに設定します。セクタ数が0x10000未満であれば「総セクタ数16(0x13)」に2バイトで設定し「総セクタ数32(0x20)」には0を、0x10000以上であれば「総セクタ数16(0x13)」には0を設定し「総セクタ数32(0x20)」に4バイトで設定します。今回は「総セクタ数16(0x13)」に0xFFF0 (65520)を設定し、「総セクタ数32(0x20)」には0を設定します。この値はFAT16のクラスタ数が

4085以上65525未満であることから選んだ値です。これにより全体の容量は65520×512バイトでおおよそ32Mバイトになります。

「メディアタイプ(0x15)」には、リムーバブルメディアであれば0xF0、動的な取り外しができない固定ハードディスクなどでは0xF8を設定します。今回は、一般的なハードディスクとして0xF8を設定しています。「FAT領域のセクタ数(0x16)」の値は大きいほど多くのインデックスを作成することができるのですが、十分な大きさとして256セクタと設定します。

「トラックのセクタ数(0x18)」および「ヘッド数(0x1A)」はジオメトリ情報(CHSでセクタを指定する方法)を参照するBIOSコールのINT 0x13で使用されます。これらの情報は、起動時のドライブパラメータ取得時に得られた値を記載します。ここでは、それぞれ0x10と2を設定しています。

「隠されたセクタ数(0x1C)」には1つの外部記憶装置を複数のパーティションに分割して使用する際に、各パーティションの先頭に記録されているBPBまでのセクタ数を記載します。今回はメディアの先頭にBPBを配置するので0を設定します。

「ドライブ番号(0x24)」にはハードディスクであることを示す0x80を設定しています。もし、フロッピーディスクに作成するのであれば、0x00を設定します。

「ブートフラグ(0x26)」に設定された値が0x29の時は、後続の3つの項目「シリアルナンバー(0x27)」、「ボリュームラベル(0x2B)」、「FATタイプ(0x36)」が存在することを示しています。この値に0x28を設定することで「シリアルナンバー(0x27)」だけが有効とすることもできますが、一般的と思われる0x29を設定しておきます。「シリアルナンバー(0x27)」には、FATのフォーマット時刻や固有の管理番号を設定します。「ボリュームラベル(0x2B)」は、空白を含めて11文字で記載します。最後の「FATタイプ(0x36)」には、一般的に期待されている値("FAT16")を、空白を含めて8文字で書き込んでおきます。

次に、この設定を行ったBPBの設定例を示します。これらの値は、BPB用に空けておいた領域に記載します。

prog/src/43_fat/**boot.s**

```
;************************************************************************
;    エントリポイント
;************************************************************************
entry:
        ;---------------------------------------
        ; BPB(BIOS Parameter Block)
        ;---------------------------------------
        jmp     ipl                             ; 0x00( 3) ブートコードへのジャンプ命令
        times   3 - ($ - $$) db 0x90            ;
        db      'OEM-NAME'                      ; 0x03( 8) OEM名
                                                ; -------- --------------------------------
        dw      512                             ; 0x0B( 2) セクタのバイト数
        db      1                               ; 0x0D( 1) クラスタのセクタ数
        dw      32                              ; 0x0E( 2) 予約セクタ数
        db      2                               ; 0x10( 1) FAT数
        dw      512                             ; 0x11( 2) ルートエントリ数
        dw      0xFFF0                          ; 0x13( 2) 総セクタ数16
        db      0xF8                            ; 0x15( 1) メディアタイプ
        dw      256                             ; 0x16( 2) FATのセクタ数
        dw      0x10                            ; 0x18( 2) トラックのセクタ数
```

```
        dw      2                       ; 0x1A( 2) ヘッド数
        dd      0                       ; 0x1C( 4) 隠されたセクタ数
                                        ; -------- ------------------------------
        dd      0                       ; 0x20( 4) 総セクタ数32
        db      0x80                    ; 0x24( 1) ドライブ番号
        db      0                       ; 0x25( 1)(予約)
        db      0x29                    ; 0x26( 1) ブートフラグ
        dd      0xbeef                  ; 0x27( 4) シリアルナンバー
        db      'BOOTABLE   '           ; 0x2B(11) ボリュームラベル
        db      'FAT16   '              ; 0x36( 8) FATタイプ

        ;--------------------------------------
        ; IPL(Initial Program Loader)
        ;--------------------------------------
ipl:
```

24.2 ディレクトリエントリを確認する

FATは、32バイトで構成されるディレクトリエントリにファイル属性を保存しています。以下にディレクトリエントリの書式を示します。

図24-2 ディレクトリエントリ

00	08	0B	0C	0D	0E
ファイル名	拡張子	属性	0x00	TS	作成時刻

10	12	14	16	18	1A	1C
作成日	アクセス日	0x0000	更新時刻	更新日	先頭クラスタ	ファイルサイズ

ディレクトリエントリの「ファイル名」には8文字、「拡張子」には3文字まで登録することができますが、この文字数に満たない場合はスペースで埋められます。このことからも分かるとおり、FATはファイル名にスペースを使用することができないファイルシステムです。同様に「"*+,./:;<=>?[¥]|」の文字をファイル名に含めることもできません。また、「ファイル名」の先頭1バイト目が0x05で始まるディレクトリエントリは削除されたファイルであることを、0x00のときは後続のディレクトリエントリが存在しないことを示しています。

ディレクトリエントリの「属性」はビットで定義されています。

表24-2 ディレクトリエントリの属性

ビット	意味
B[7:6]	予約
B5	アーカイブ
B4	ディレクトリ
B3	ボリュームラベル
B2	システム
B1	非表示
B0	読み取り専用

ディレクトリエントリの属性は、ビットごとに意味を持ちます。「アーカイブ(B5)」はファイルへの変更があったときにファイルシステムがセットします。このビットは、バックアップツールなどで使用されることを想定したもので、更新されたファイルを識別するためにあります。「ディレクトリ(B4)」は、ファイルではなく、ディレクトリが保存されていることを示しています。同様に、「ボリュームラベル(B3)」もボリュームの情報であることを示すものですが、ルートディレクトリに1つだけ存在することが許されている特別なディレクトリエントリです。「システム(B2)」はOSが使用するファイルであることを、「非表示(B1)」は通常は表示する必要がないファイルであることを示していますが、OSが参照する値で、ファイルシステムとしての動作には影響しません。「読み取り専用(B0)」はファイルが読み込み専用で、書き込み操作は失敗することを示しています。

ディレクトリエントリの「TS(Tenths of a Second)」にはファイル作成時刻の秒数が1/100秒単位で、0〜199までの値が設定されます。最大2秒までを表すこの値は、「作成時刻」の秒を補完するために使用されます。「作成時刻」と「更新時刻」にはファイルが作成/更新された時刻が2バイトで記録されています。時刻を表す2バイトのビットフォーマットは次のとおりです。

図24-3 時刻の書式

15 時	10 分	4 秒 0
MSB		LSB

表24-3 時刻を表す各ビットの定義

ビット	意味	備考
B[15:11]	時	0〜23
B[10:5]	分	0〜59
B[4:0]	秒	0〜29(分解能が2秒なので、0〜58秒を表現する。)

「秒」は5ビットで定義されているので最大32秒までしか表現することができません。そのため、分解能を2秒として記録しています。ただし、作成時刻だけは「TS」の値を秒に加算す

ることで1/100秒までの時刻を記録することができます。

「作成日」、「アクセス日」、「更新日」にはファイルが作成・更新された日付が2バイトで記録されています。日付を表す2バイトのビットフォーマットは次のとおりです。

図24-4 日付の書式

表24-4 日付を表す各ビットの定義

ビット	意味	備考
B[15:9]	年	0～127(1980年を0とする。)
B[8:5]	月	1～12
B[4:0]	日	1～31

「先頭クラスタ」にはデータが保存されている先頭クラスタ番号が、「ファイルサイズ」にはデータの総バイト数が記録されています。「ファイルサイズ」は最終クラスタに含まれる、有効なバイト数を知るためにも必要な情報です。

24.3 メディアをフォーマットする

ここではBPBで設定したとおりの配置でFAT領域、ルートディレクトリ領域、データ領域を作成していきます。簡易的なディスクのフォーマットに相当する作業です。

FAT領域の作成

まずは2つのFAT領域を定義しますが、両方とも同じ値で初期化します。また、2つのFAT領域の2つのインデックス番号0と1に対応するクラスタは存在しません。この2つの値はインデックスとして使用されるわけではなく、値そのものが意味を持っています。

図24-5 FAT領域の先頭インデックス

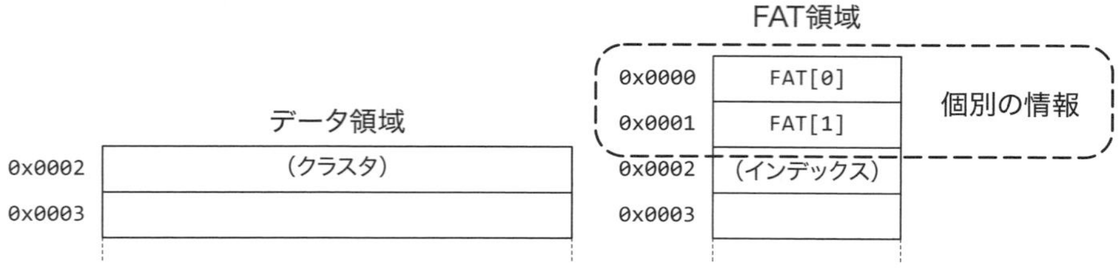

FAT[0]の16ビットは下位バイトにメディアタイプ、上位バイトには0xFFが設定されます。この位置にメディアタイプを設定するのは、BPBが規定される以前はFATの先頭バイトにメディアタイプを保存していたときの名残です。今では使用されていないので0xFFを設定しておきます。

FAT[1]は、16ビット中の上位2ビットだけを使用しています。最上位ビットのB15は、適切な方法でメディアを取り出さなかったときなどに0が設定されます。B14はディスクアクセス時にエラーが発生すると0が設定されます。どちらの場合も、データが正しく保存されていない可能性があることを示しており、メディアのチェックが推奨されます。

次のコードは、先頭の3つのインデックス(FAT[0:2])を0xFFFFに設定した2つのFAT領域を定義するものです。このなかで、本来のインデックスとしての役割を果たすのはインデックスの2番(FAT[2])だけで、このクラスタには最終データが保存されていることを示しています。

prog/src/43_fat/**fat.s**

```
;************************************************************************
;   FAT:FAT-1
;************************************************************************
        times (FAT1_START) - ($ - $$)   db  0x00
;------------------------------------------------------------------------
FAT1:
        db      0xFF, 0xFF                                  ; クラスタ:0
        dw      0xFFFF                                      ; クラスタ:1
        dw      0xFFFF                                      ; クラスタ:2

;************************************************************************
;   FAT:FAT-2
;************************************************************************
        times (FAT2_START) - ($ - $$)   db  0x00
;------------------------------------------------------------------------
FAT2:
        db      0xFF, 0xFF                                  ; クラスタ:0
        dw      0xFFFF                                      ; クラスタ:1
        dw      0xFFFF                                      ; クラスタ:2
```

FAT情報を含めたファイルは、ソースファイルと同じディレクトリにfat.sという名前で保存します。

図24-6 FATの配置

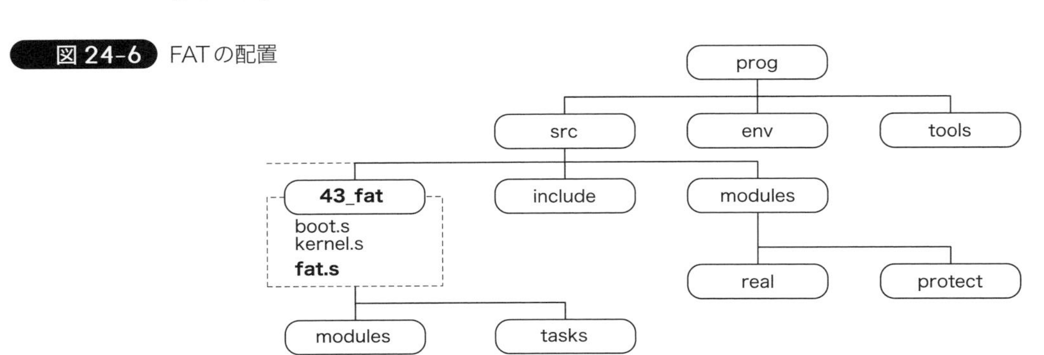

ルートディレクトリ領域の作成

FAT領域の次にはルートディレクトリ領域を配置します。そして、ルートディレクトリには2つのディレクトリエントリを作成します。1つはボリュームラベルで、もう1つは通常ファイルです。ボリュームラベルの名前は、ファイル名と同じ、全11バイトで設定します。このとき、ボリュームラベルであることを示すために属性を0x28(ATTR_ARCHIVE | ATTR_VOLUME_ID)に設定しています。作成日時は月と日だけを1に設定し、それ以外はすべて0に設定しています。これで、作成日時は1980年1月1日0時0分0秒になります。

prog/src/43_fat/**fat.s**

```
;************************************************************************
;    FAT:ルートディレクトリ領域
;************************************************************************
        times (ROOT_START) - ($ - $$)   db  0x00
;------------------------------------------------------------------------
FAT_ROOT:
        db      'BOOTABLE', 'DSK'                          ; + 0:ボリュームラベル
        db      ATTR_ARCHIVE | ATTR_VOLUME_ID              ; +11:属性
        db      0x00                                       ; +12:(予約)
        db      0x00                                       ; +13:TS
        dw      ( 0 << 11) | ( 0 << 5) | (0 / 2)           ; +14:作成時刻
        dw      ( 0 <<  9) | ( 0 << 5) | ( 1)              ; +16:作成日
        dw      ( 0 <<  9) | ( 0 << 5) | ( 1)              ; +18:アクセス日
        dw      0x0000                                     ; +20:(予約)
        dw      ( 0 << 11) | ( 0 << 5) | (0 / 2)           ; +22:更新時刻
        dw      ( 0 <<  9) | ( 0 << 5) | ( 1)              ; +24:更新日
        dw      0                                          ; +26:先頭クラスタ
        dd      0                                          ; +28:ファイルサイズ
```

通常ファイルのディレクトリエントリにはOSから読み取ることが可能なファイルを指定します。ファイル属性は通常ファイルを示す0x20(ATTR_ARCHIVE)を設定し、作成日時はボリュームラベルと同じ値を設定しておきます。ファイルの中身はデータ領域の先頭に配置するので、先頭クラスタ番号には2を設定しています。ファイルサイズはデータ領域に定義した文字数を設定しています。

prog/src/43_fat/**fat.s**

```
        db      'SPECIAL ', 'TXT'                          ; + 0:ボリュームラベル
        db      ATTR_ARCHIVE                               ; +11:属性
        db      0x00                                       ; +12:(予約)
        db      0                                          ; +13:TS
        dw      ( 0 << 11) | ( 0 << 5) | (0 / 2)           ; +14:作成時刻
        dw      ( 0 <<  9) | ( 1 << 5) | ( 1)              ; +16:作成日
        dw      ( 0 <<  9) | ( 1 << 5) | ( 1)              ; +18:アクセス日
        dw      0x0000                                     ; +20:(予約)
        dw      ( 0 << 11) | ( 0 << 5) | (0 / 2)           ; +22:更新時刻
        dw      ( 0 <<  9) | ( 1 << 5) | ( 1)              ; +24:更新日
        dw      2                                          ; +26:先頭クラスタ
        dd      FILE.end - FILE                            ; +28:ファイルサイズ
```

ここで使用したファイル属性は、次のように定義しています。

prog/src/include/**define.s**
```
        ATTR_VOLUME_ID  equ     0x08
        ATTR_DIRECTORY  equ     0x10
        ATTR_ARCHIVE    equ     0x20
```

データ領域の作成

データ領域には、クラスタに分割されたファイルデータが保存されます。今回は、1つのクラスタに収まるサイズの通常ファイルを1つ作成するだけなので、先頭のクラスタに512バイト未満の文字列を書き込んでいます。その後、ブートイメージ全体のサイズを320Kバイトに調整するために0x00でパディングを行っています。

prog/src/43_fat/**fat.s**
```
;************************************************************************
;   FAT:データ領域
;************************************************************************
        times FILE_START - ($ - $$) db  0x00
;------------------------------------------------------------------------
FILE:   db      'hello, FAT!'
.end:   db      0

ALIGN 512, db 0x00

        times (512 * 63)    db  0x00
```

作成したファイルはカーネルの末尾にインクルードして使います。

prog/src/43_fat/**kernel.s**
```
;************************************************************************
;    パディング
;************************************************************************
        times KERNEL_SIZE - ($ - $$) db 0x00    ; パディング

;************************************************************************
;    FAT
;************************************************************************
%include    "fat.s"
```

これまでに作成したディスクイメージは、次の図のように配置されています。

図 24-7 FATとデータ領域

0x0000_0000	BOOT(8K)
0x0000_2000	KERNEL(8K)
0x0000_4000	FAT[0]
	FAT[1]
0x0004_4000	ルートディレクトリ
0x0004_8000	データ領域
0x0005_0000	

作成したディスクイメージを、PCに接続された外部HDD（ハードディスク）やUSBに書き込むと、FATファイルシステムをサポートするOSで認識されます。

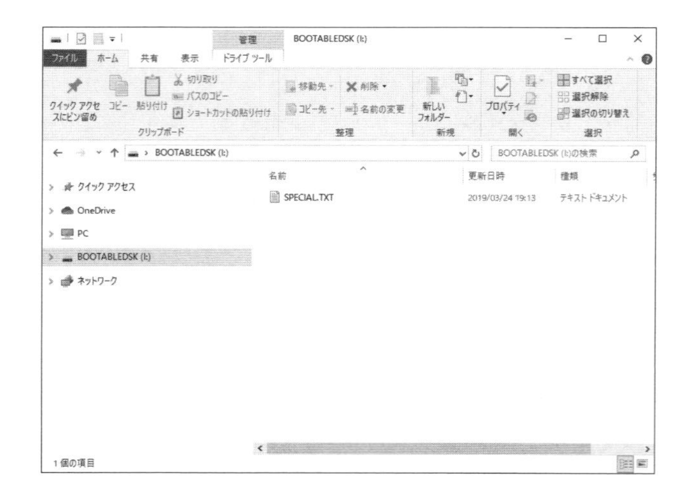

このテキストファイルは、メモ帳で開くことができますし、内容を編集することも可能です。

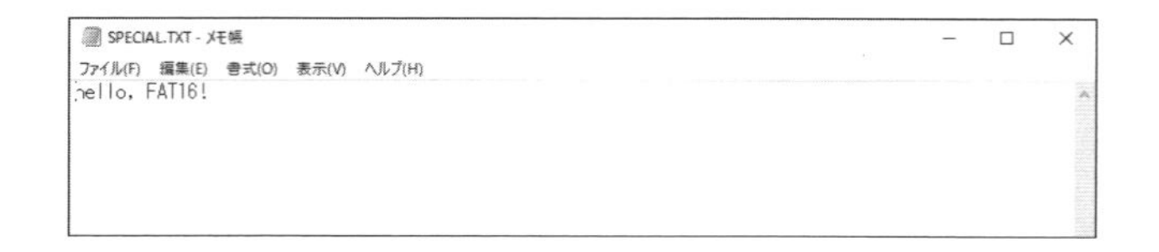

ブートプログラムをUSBメモリへ書き込む具体的な方法については、付録を参照してください➡P.717参照。

第25章 モード移行を実現する

- 16ビット用セグメントディスクリプタの作成
- リアルモードへ移行する
- プロテクトモードへ復帰する　など

前回までに作成したディスク上のファイルには、FATファイルシステムをサポートするOSからアクセスすることができますが、作成中のプログラムからはアクセスすることができません。これを実現するためにはファイルアクセスとディスクアクセスを実装する必要があります。

ファイルアクセスはファイルシステムが提供する機能です。FATの内部構造を理解し、実用に耐えうるファイルシステムを作成することはとても大変な作業です。しかし、すでにルートディレクトリの構成とクラスタの配置を知っているので、指定されたファイル名の先頭クラスタを読み込むことくらいなら十分に可能です。今回は、指定されたファイル名をルートディレクトリから検索し、保存されているデータの先頭部分を表示することを目標とします。

もう1つは、ディスクアクセスです。プロテクトモードで動作するカーネルは、BIOSコールを利用することができません。BIOSが利用できないので、セクタを読み込むことができず、FATのディレクトリエントリを読み込むこともできません。カーネル内に、外部記憶装置からセクタを読み込むプログラムを作成することも考えられますが、数多くのドライブに対応するコードを作成することは、現実的ではありません。今回は、BIOSコールを利用するために、プロテクトモードからリアルモードへ移行することにします。その後、BIOSコールを利用したディスクアクセスを行い、ファイルの内容をメモリに書き込みます。作業が終了したら、再度プロテクトモードに戻ってメモリに書き込まれたファイルの内容を画面に表示します。

図25-1 BIOSを利用したセクタ読み出し

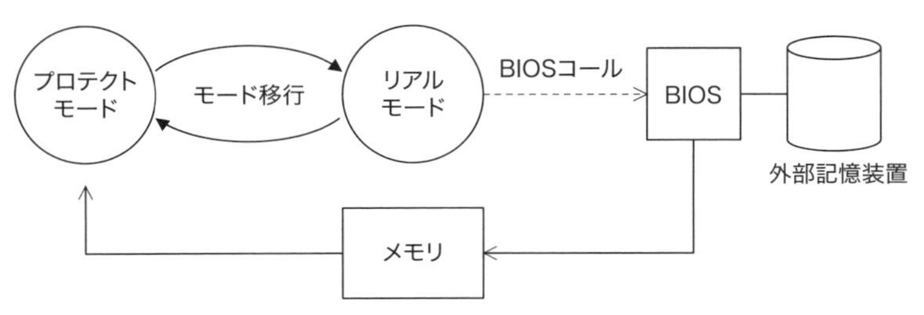

ここでは、BIOSコールを利用するための前提条件となる、リアルモードへの移行とプロテクトモードへの復帰を実現します。ディレクトリエントリからファイル名を検索する作業などは、もう少し後の章で行います➡P.673参照。

25.1 リアルモードへ移行する

プロテクトモードからリアルモードに移行するための具体的な手順は次のとおりです。

- 16ビット用セグメントディスクリプタの作成
- 16ビットのプロテクトモードに移行
- リアルモードに移行
- ページングの無効化

ここでの目的は、モードの移行だけです。プロテクトモードからリアルモードに移行した後は、0x7800番地に文字列を書き込んで、プロテクトモードに復帰します。同アドレスには、実際にBIOSコールを利用したディスクアクセス処理を作成した後で、ファイルの内容を書き込むことにします。

16ビット用セグメントディスクリプタの作成

80386では、リアルモードに移行するときであってもセグメンテーションは有効で、32ビットのプロテクトモードから16ビットのリアルモードに直接移行することはできません。32ビットのリアルモードは存在しないので、一度、16ビットのプロテクトモードに移行する必要があります。このときに必要となるのが、16ビット用のセグメントディスクリプタです。

図 25-2 モード移行の概要

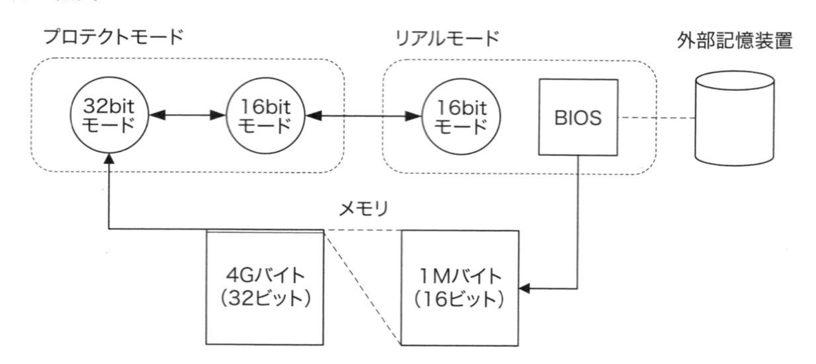

次の表に、16ビット用セグメントディスクリプタの設定値を示します。

表 25-1 16ビットコード用セグメントディスクリプタの設定値

設定項目	設定値	意味
ベース	**0x0000_0000**	0x0000_0000から
リミット	**0xF_FFFF**	0x000F_FFFFまで
G	**0**	リミットは1バイト単位
D/B	**0**	16ビットセグメント
AVL	**0**	(任意)
P	**1**	プレゼンス(メモリ上に存在)
DPL	**0**	特権レベル0
DT	**1**	メモリセグメント
タイプ	**0xA**	実行/リード可

32ビット用セグメントディスクリプタとの違いは、GビットとD/Bビットの2箇所です。Gビットには0を設定し、リミットが1バイト単位であることを示します。また、D/Bビットには0を設定し、セグメントが16ビットであることを示します。この設定値を、セグメントディスクリプタの書式にあわせて定義します。

図 25-3 16ビットコード用セグメントディスクリプタの定義

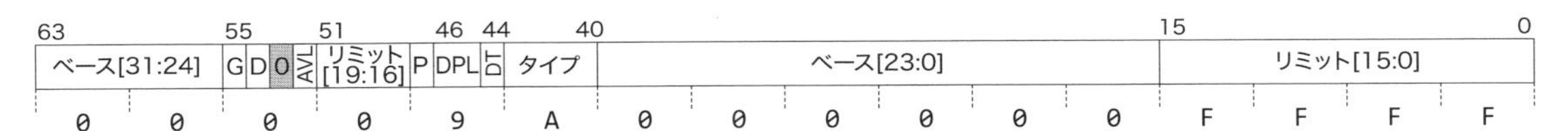

16ビットモードに移行するためには、16ビットコード用セグメントディスクリプタだけではなく、16ビットデータ用セグメントディスクリプタの定義も必要です。コード用セグメントディスクリプタとはタイプが異なるだけなので、タイプに0x2(リード/ライト可)を設定したデータ用セグメントディスクリプタを新たに定義します。新しく定義した2つのセグメントディスクリプタは、GDTに追記します。

prog/src/44_to_real_mode/**descriptor.s**

```
GDT:            dq  0x0000000000000000      ; NULL
.cs_kernel:     dq  0x00CF9A000000FFFF      ; CODE 4G
.ds_kernel:     dq  0x00CF92000000FFFF      ; DATA 4G
.cs_bit16:      dq  0x000F9A000000FFFF      ; コードセグメント(16ビットセグメント)
.ds_bit16:      dq  0x000F92000000FFFF      ; データセグメント(16ビットセグメント)
.ldt            dq  0x0000820000000000      ; LDTディスクリプタ
```

この例の場合、16ビットのコード用セグメントはGDTの3番目に存在するので、セグメントセレクタにはオフセット値として0x18(8×3)を設定します。同様に、16ビットのデータ用セグメントは4番目に存在するので、セグメントセレクタには0x20(8×4)を設定します。

16ビットプロテクトモードへの移行

リアルモード時は、1Mバイトのアドレス空間で動作します。コード領域もデータ領域も16ビットのセグメントレジスタと16ビットのオフセットが使用されるので、リアルモードへの移行プログラム自体も1Mバイトのアドレス空間に存在しなくてはいけません。このため、リアルモードへの移行プログラムも、カーネル部（kernel.s）ではなく、ブート部（boots）の後半に記載します。

prog/src/44_to_real_mode/**boot.s**

```
;************************************************************************
;    32ビットコード開始
;************************************************************************
CODE_32:
        ...

        ;---------------------------------------
        ; カーネル処理に移行
        ;---------------------------------------
        jmp     KERNEL_LOAD                     ; カーネルの先頭にジャンプ

;************************************************************************
;    リアルモードへの移行プログラム
;************************************************************************
TO_REAL_MODE:
```

プロテクトモードからリアルモードへ移行する方法はCR0レジスタのPEビット（B0）をクリアするだけですが、プロテクトモードに復帰したときのために、現在の設定値を保存しておきます。また、リアルモードでは、スタックポインタの値も16ビットに制限されるので、ESPレジスタも保存しておきます。この処理は、割り込み禁止状態で行います。

prog/src/44_to_real_mode/**boot.s**

```
TO_REAL_MODE:
        ...
        cli                                     ; // 割り込み禁止

        mov     eax, cr0                        ;
        mov     [.cr0_saved], eax               ; // CR0レジスタを保存
        mov     [.esp_saved], esp               ; // ESPレジスタを保存
        sidt    [.idtr_save]                    ; // IDTRを保存
        lidt    [.idtr_real]                    ; // リアルモードの割り込み設定
        ...

.idtr_real:
        dw      0x3FF                           ; 8 * 256 - 1           ; idt_limit
        dd      0                               ; VECT_BASE             ; idt location

.idtr_save:
        dw      0                               ; リミット
        dd      0                               ; ベース

.cr0_saved:
        dd      0

.esp_saved:
        dd      0
```

この例では、割り込みベクタを設定するIDTR（インタラプトディスクリプタテーブルレジスタ）は保存しておくと同時にリアルモードで使用されるデフォルト値に設定しています。

現在の設定を保存したら、16ビットのプロテクトモードに移行します。すでに、新たに作成した2つの16ビット用セグメントディスクリプタを、GDTの3番目と4番目に配置してあります。16ビットのコード用セグメントセレクタは0x18なので、セグメント間ジャンプ命令を使ってCSレジスタを設定します。その後、16ビットのデータ用セグメントセレクタのオフセット値0x20をデータ用のセグメントセレクタに設定します。

prog/src/44_to_real_mode/**boot.s**

```
        jmp     0x0018:.bit16               ; CS = 0x18（コードセグメントセレクタ）
[BITS 16]
.bit16: mov     ax, 0x0020                  ; DS = 0x20（データセグメントセレクタ）
        mov     ds, ax                      ;
        mov     es, ax                      ;
        mov     ss, ax                      ;
```

「BITS 16」ディレクティブは、16ビット用コードの生成をアセンブラに指示するものです。CPUは、CSレジスタの値を変更した直後から16ビットのプロテクトモードで動作するので、このディレクティブが必要です。

16ビットのプロテクトモードに移行した後は、CR0レジスタのPEビットをクリアすると、リアルモードへ移行することができます。次の例ではPGビットのクリア（ページングの無効化）も同時に行っています。

prog/src/44_to_real_mode/**boot.s**

```
        mov     eax, cr0                    ; // PG/PEビットをクリア
        and     eax,  0x7FFF_FFFE           ; CR0 &= ~(PG | PE);
        mov     cr0, eax                    ;
        jmp     $ + 2                       ; Flush();
```

CR0レジスタの設定後、JMP命令で内部キャッシュをクリアしたら、リアルモードへの移行完了です。ですが、プロテクトモードとリアルモードではセグメントレジスタの役割が異なっています。リアルモードに移行した時点で、セグメントレジスタに設定されている値はセグメントセレクタではなく、セグメントの開始アドレスとして扱われます。このため、すべてのセグメントレジスタの値を0で初期化します。

prog/src/44_to_real_mode/**boot.s**

```
        jmp     0:.real                     ; CS = 0x0000;
.real:  mov     ax, 0x0000                  ;
        mov     ds, ax                      ; DS = 0x0000;
        mov     es, ax                      ; ES = 0x0000;
        mov     ss, ax                      ; SS = 0x0000;
```

これで本来の目的である、ファイルへのアクセスを実現できます。

prog/src/44_to_real_mode/**boot.s**

```
        ;---------------------------------------
        ; ファイル読み込み
        ;---------------------------------------
        cdecl   read_file                       ; read_file();
```

ここでは、モード移行が目的なので、実際のBIOSコールは行いません。そのため、ファイル読み込み関数では、ファイルが見つからなかったことを示すメッセージを0x7800番地にコピーするだけとしています。

prog/src/44_to_real_mode/**boot.s**

```
;************************************************************************
;   ファイル読み込み
;************************************************************************
read_file:

        cdecl   memcpy, 0x7800, .s0, .s1 - .s0

        ret

.s0:    db      'File not found.', 0
.s1:
```

このコードも、リアルモードで実行されるので、[BITS 16]ディレクティブの後に記載します。

25.2 プロテクトモードへ復帰する

プロテクトモードへの復帰は、リアルモードへの移行と逆の動作を行います。プロテクトモードに復帰するための具体的な手順は以下のとおりです。

- 16ビットのプロテクトモードに移行
- 32ビットのプロテクトモードに移行
- レジスタの再設定

16ビットのプロテクトモードに移行する方法は、CR0レジスタのPEビットをセットするだけです。ここではまだ、ページングの有効化を行いません。ページングの有効化は、プロテクトモードに移行した後で、状態を復帰する処理内で行います。

prog/src/44_to_real_mode/**boot.s**

```
        mov     eax, cr0                        ; // PEビットをセット
        or      eax, 1                          ; CR0 |= PE;
        mov     cr0, eax                        ;
        jmp     $ + 2                           ; 先読みをクリア
```

16ビットのプロテクトモードから32ビットのプロテクトモードに移行するためには、32ビット命令を使用するためのオーバーライドプレフィクス(0x66)を使用して、32ビットのセ

グメント間ジャンプ命令を実行します。また、これ以降は、32ビットでアセンブルすることをアセンブラに指示する、[BITS 32]プレフィクスを設定しています。

```
                                                prog/src/44_to_real_mode/boot.s
        DB      0x66                            ; 32bit オーバーライド
[BITS 32]
        jmp     0x0008:.bit32                   ; CS = 32ビットCS;
.bit32: mov     ax, 0x0010                      ; DS = 32ビットDS;
        mov     ds, ax                          ;
        mov     es, ax                          ;
        mov     ss, ax                          ;
```

最後に、保存してあったレジスタの値を再設定したら、プロテクトモードへの復帰完了です。

```
                                                prog/src/44_to_real_mode/boot.s
        mov     esp, [.esp_saved]               ; // ESPレジスタを復帰
        mov     eax, [.cr0_saved]               ; // CR0レジスタを復帰
        mov     cr0, eax                        ;
        lidt    [.idtr_save]                    ; // IDTRを復帰
```

次に、モード移行関数全体を示します。

```
                                                prog/src/44_to_real_mode/boot.s
TO_REAL_MODE:
        ;----------------------------------------
        ; 【スタックフレームの構築】
        ;----------------------------------------
                                                ; ------|--------
                                                ; EBP+ 8| col（列）
                                                ; EBP+12| row（行）
                                                ; EBP+16| color（色）
                                                ; EBP+20| *p（文字列へのアドレス）
                                                ; ---------------
        push    ebp                             ; EBP+ 4| EIP（戻り番地）
        mov     ebp, esp                        ; EBP+ 0| EBP（元の値）
                                                ; ---------------

        ;----------------------------------------
        ; 【レジスタの保存】
        ;----------------------------------------
        pusha

        cli                                     ; // 割り込み禁止

        ;----------------------------------------
        ; 現在の設定値を保存
        ;----------------------------------------
        mov     eax, cr0                        ;
        mov     [.cr0_saved], eax               ; // CR0レジスタを保存
        mov     [.esp_saved], esp               ; // ESPレジスタを保存
        sidt    [.idtr_save]                    ; // IDTRを保存
        lidt    [.idtr_real]                    ; // リアルモードの割り込み設定

        ;----------------------------------------
        ; 16ビットのプロテクトモードに移行
        ;----------------------------------------
        jmp     0x0018:.bit16                   ; CS = 0x18（コードセグメントセレクタ）
```

```
[BITS 16]
.bit16: mov     ax, 0x0020                          ; DS = 0x20（データセグメントセレクタ）
        mov     ds, ax                              ;
        mov     es, ax                              ;
        mov     ss, ax                              ;

        ;---------------------------------------
        ; リアルモードへ移行（ページング無効化）
        ;---------------------------------------
        mov     eax, cr0                            ; // PG/PEビットをクリア
        and     eax,  0x7FFF_FFFE                   ; CR0 &= ~(PG | PE);
        mov     cr0, eax                            ;
        jmp     $ + 2                               ;

        ;---------------------------------------
        ; セグメント設定（リアルモード）
        ;---------------------------------------
        jmp     0:.real                             ; CS = 0x0000;
.real:  mov     ax, 0x0000                          ;
        mov     ds, ax                              ; DS = 0x0000;
        mov     es, ax                              ; ES = 0x0000;
        mov     ss, ax                              ; SS = 0x0000;
        mov     sp, 0x7C00                          ;

        ;---------------------------------------
        ; ファイル読み込み
        ;---------------------------------------
        cdecl   read_file                           ; read_file();

        ;---------------------------------------
        ; 16ビットプロテクトモードに移行
        ;---------------------------------------
        mov     eax, cr0                            ; // PEビットをセット
        or      eax, 1                              ; CR0 |= PE;
        mov     cr0, eax                            ;

        jmp     $ + 2                               ; 先読みをクリア

        ;---------------------------------------
        ; 32ビットプロテクトモードに移行
        ;---------------------------------------
        DB      0x66                                ; 32bit オーバーライド
[BITS 32]
        jmp     0x0008:.bit32                       ; CS = 32ビットCS;
.bit32: mov     ax, 0x0010                          ; DS = 32ビットDS;
        mov     ds, ax                              ;
        mov     es, ax                              ;
        mov     ss, ax                              ;

        ;---------------------------------------
        ; レジスタ設定の復帰
        ;---------------------------------------
        mov     esp, [.esp_saved]                   ; // ESPレジスタを復帰
        mov     eax, [.cr0_saved]                   ; // CR0レジスタを復帰
        mov     cr0, eax                            ;
        lidt    [.idtr_save]                        ; // IDTRを復帰

        sti                                         ; // 割り込み許可

        ;---------------------------------------
        ; 【レジスタの復帰】
        ;---------------------------------------
        popa

        ;---------------------------------------
```

```
        ; 【スタックフレームの破棄】
        ;---------------------------------------
        mov     esp, ebp
        pop     ebp

        ret

.idtr_real:
        dw      0x3FF                   ; 8 * 256 - 1       ; idt_limit
        dd      0                       ; VECT_BASE         ; idt location

.idtr_save:
        dw      0                       ; リミット
        dd      0                       ; ベース

.cr0_saved:
        dd      0

.esp_saved:
        dd      0
```

25.3 リアルモードへの移行関数を呼び出す

作成したリアルモードへの移行プログラムは、ブート部に記載されていますが、呼び出しはカーネル部で行います。しかし、2つのソースコードは、別々にアセンブルされるので、ラベルを使用したアドレス解決を行うことができません。ここでは、リアルモードへの移行プログラムのアドレスを固定位置に書き込み、カーネルでは、固定位置に書き込まれたアドレスを呼び出す方法で対応します。

図25-4 モード移行プログラムへのアクセス方法

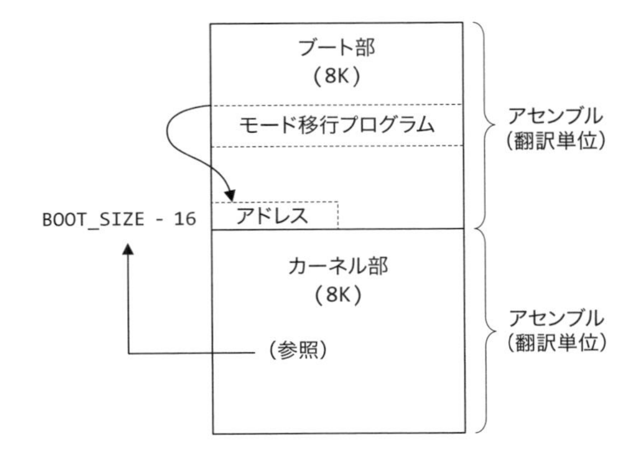

リアルモードへの移行プログラムの開始アドレスは、ブートプログラムの終端から16バイト手前に配置します。

```
                                          prog/src/44_to_real_mode/boot.s
;************************************************************************
;	パディング
;************************************************************************
		times BOOT_SIZE - ($ - $$) - 16 db	0	; パディング

		dd		TO_REAL_MODE				; リアルモード移行プログラム

;************************************************************************
;	パディング
;************************************************************************
		times BOOT_SIZE - ($ - $$)		db	0	; パディング
```

カーネルからは、アドレスを指定した関数呼び出しを行います。

```
                                          prog/src/44_to_real_mode/kernel.s
		;-----------------------------------------
		; ファイル読み込み
		;-----------------------------------------
		call	[BOOT_LOAD + BOOT_SIZE - 16]	;		// ファイル読み込み
```

処理が終了してプロテクトモードに復帰したときには、0x7800番地にデータが書き込まれているので、最大32文字分を画面に表示します。

```
                                          prog/src/44_to_real_mode/kernel.s
		;-----------------------------------------
		; ファイルの内容を表示
		;-----------------------------------------
		mov		esi, 0x7800						;		ESI	  = 読み込み先アドレス;
		mov		[esi + 32], byte 0				;		[ESI +32] = 0; // 最大32文字
		cdecl	draw_str, 0, 0, 0x0F04, esi		;		draw_str();    // 文字列の表示
```

このコードを呼び出す契機は、キーボードの[1]が押されたときとします。

```
                                          prog/src/44_to_real_mode/kernel.s
		;-----------------------------------------
		; キーコードの表示
		;-----------------------------------------
		cdecl	draw_key, 2, 29, _KEY_BUFF		;	ring_show(key_buff); // 全要素を表示

		;-----------------------------------------
		; キー押下時の処理
		;-----------------------------------------
		mov		al, [.int_key]					;	AL = [.int_key]; // キーコード
		cmp		al, 0x02						;	if ('1' == AL)
		jne		.12E							;	{

		;-----------------------------------------
		; ファイル読み込み
		;-----------------------------------------
		call	[BOOT_LOAD + BOOT_SIZE - 16]	;		// ファイル読み込み

		;-----------------------------------------
		; ファイルの内容を表示
```

```
        ;---------------------------------------
        mov     esi, 0x7800                     ;       ESI        = 読み込み先アドレス;
        mov     [esi + 32], byte 0              ;       [ESI +32] = 0; // 最大32文字
        cdecl   draw_str, 0, 0, 0x0F04, esi     ;       draw_str();    // 文字列の表示
.12E:                                           ;     }
```

また、必要となるメモリアクセス関数も、16ビット空間にインクルードしておきます。

prog/src/44_to_real_mode/**boot.s**

```
%include    "../modules/real/read_lba.s"
%include    "../modules/real/memcpy.s"
%include    "../modules/real/memcmp.s"
```

プログラムの実行結果は、次のとおりです。キーボードの1を押下すると、画面左上にファイルが見つからなかった旨を示すメッセージが表示されます。

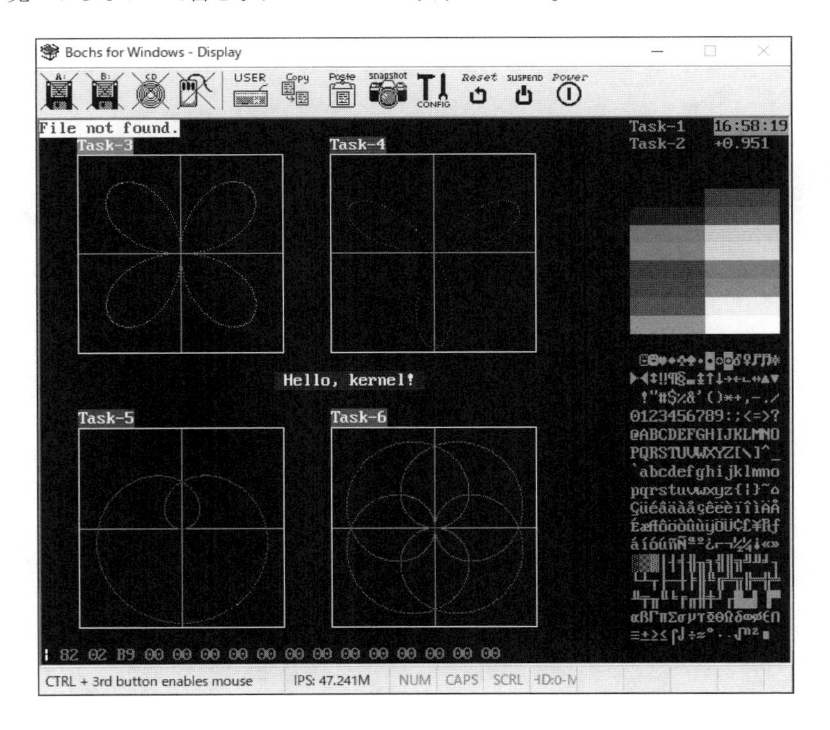

次は、ファイルの検索処理などを作成します。

第26章 ファイルの読み出しを実現する

- BIOSの動作環境を整える
- ファイルシステムとセクタの対応
- ファイルの検索　など

プロテクトモードからリアルモードに移行することができたのでBIOSコールを実行することができるかというと、そうではありません。実際にBOISコールを呼び出したとしても、意図したとおりには動作しません。その理由は、プロテクトモード移行時に、BIOSが行った割り込みコントローラの設定を変更したためです。

26.1 起動時の割り込み設定を復元する

今回対象とする割り込みコントローラは、設定値を書き込むことはできますが、読み出すことはできません。そのため、PC起動時にBIOSが設定した値を知ることはできませんが、必要であろう設定に変更することなら可能です。リアルモード時の割り込み処理やベクタテーブルの内容は変更していないので、変更する内容は、割り込みベクタのオフセットと割り込みマスクの設定だけです。

まずは、リアルモードでの割り込みベクタ番号のオフセットを、マスタPICは8（0x08）番に、スレーブPICは16（0x10）番に設定します。

prog/src/45_fat_bios/**boot.s**

```
;-----------------------------------------
; 割り込みマスクの設定（リアルモード用）
;-----------------------------------------
outp    0x20, 0x11                      ; out(0x20, 0x11); // MASTER.ICW1 = 0x11;
outp    0x21, 0x08                      ; out(0x21, 0x20); // MASTER.ICW2 = 0x08;
outp    0x21, 0x04                      ; out(0x21, 0x04); // MASTER.ICW3 = 0x04;
outp    0x21, 0x01                      ; out(0x21, 0x05); // MASTER.ICW4 = 0x01;

outp    0xA0, 0x11                      ; out(0xA0, 0x11); // SLAVE.ICW1  = 0x11;
outp    0xA1, 0x10                      ; out(0xA1, 0x28); // SLAVE.ICW2  = 0x10;
outp    0xA1, 0x02                      ; out(0xA1, 0x02); // SLAVE.ICW3  = 0x02;
outp    0xA1, 0x01                      ; out(0xA1, 0x01); // SLAVE.ICW4  = 0x01;
```

マスタPICの割り込みマスクは、フロッピーディスク制御（B6）、スレーブ割り込み（B2）、キーボード（B1）、タイマー（B0）を有効にします。スレーブPICの割り込みマスクはハードディスク制御（B6）のみを有効とします。具体的なプログラム例を次に示します。

prog/src/45_fat_bios/**boot.s**

```
        outp    0x21, 0b_1011_1000          ; // 割り込み有効：FDD/スレーブPIC/KBC/タイマー
        outp    0xA1, 0b_1011_1111          ; // 割り込み有効：HDD
```

割り込みマスクの設定が終了したら、割り込み許可状態で、ファイルの読み込み関数を実行します。

prog/src/45_fat_bios/**boot.s**

```
        sti                                         ; // 割り込み許可

        ;---------------------------------------
        ; ファイル読み込み
        ;---------------------------------------
        cdecl   read_file                           ; read_file();
```

プロテクトモードへの復帰処理は、すでに作成してありますが、その前に、リアルモード用に設定した割り込みベクタのオフセットを再設定します。プロテクトモードでは、マスタPICは32（0x20）番に、スレーブPICは40（0x28）番に設定します。この処理は、割り込み禁止状態で行います。

prog/src/45_fat_bios/**boot.s**

```
        ;---------------------------------------
        ; 割り込みマスクの設定（プロテクトモード用）
        ;---------------------------------------
        cli                                         ; // 割り込み禁止

        outp    0x20, 0x11                          ; // MASTER.ICW1 = 0x11;
        outp    0x21, 0x20                          ; // MASTER.ICW2 = 0x20;
        outp    0x21, 0x04                          ; // MASTER.ICW3 = 0x04;
        outp    0x21, 0x01                          ; // MASTER.ICW4 = 0x01;

        outp    0xA0, 0x11                          ; // SLAVE.ICW1  = 0x11;
        outp    0xA1, 0x28                          ; // SLAVE.ICW2  = 0x28;
        outp    0xA1, 0x02                          ; // SLAVE.ICW3  = 0x02;
        outp    0xA1, 0x01                          ; // SLAVE.ICW4  = 0x01;
```

同様に、割り込みマスクの再設定を行い、KBC、タイマ、RTCの割り込みを許可します。

prog/src/45_fat_bios/**boot.s**

```
        outp    0x21, 0b_1111_1000          ; // 割り込み有効：スレーブPIC/KBC/タイマ
        outp    0xA1, 0b_1111_1110          ; // 割り込み有効：RTC
```

26.2 ファイルを検索する

ファイルの内容を読み込む処理は、ファイルの検索から始めます。FATのディレクトリエントリには32バイトごとにファイル属性が保存されています。

図 26-1 ディレクトリエントリ

00	08	0B	0C	0D	0E
ファイル名	拡張子	属性	0x00	TS	作成時刻

10	12	14	16	18	1A	1C
作成日	アクセス日	0x0000	更新時刻	更新日	先頭クラスタ	ファイルサイズ

ファイル名の検索は、ディレクトリエントリの先頭11バイトに記録されているファイル名と比較していけばよいのですが、1つのセクタには32のディレクトリエントリしか含まれていません。このため、ルートディレクトリをセクタごとに読み込んで、読み込んだセクタ中にあるディレクトリエントリとファイル名との比較を繰り返さなくてはいけません。

図 26-2 ディレクトリエントリの配置

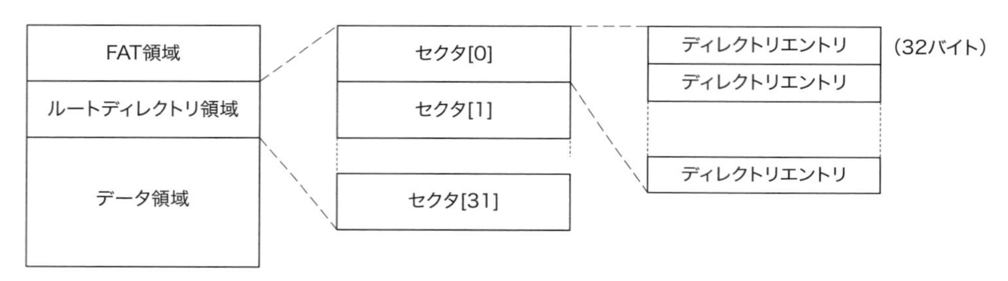

今回は、BPB (BIOS Parameter Block) のルートディレクトリのエントリ数に512を設定しているので、最大32セクタを読み込んで、ファイル検索を行います。ディレクトリエントリは、予約セクタ数 (32セクタ) と2つのFAT領域 (各256セクタ) の後に配置されています。

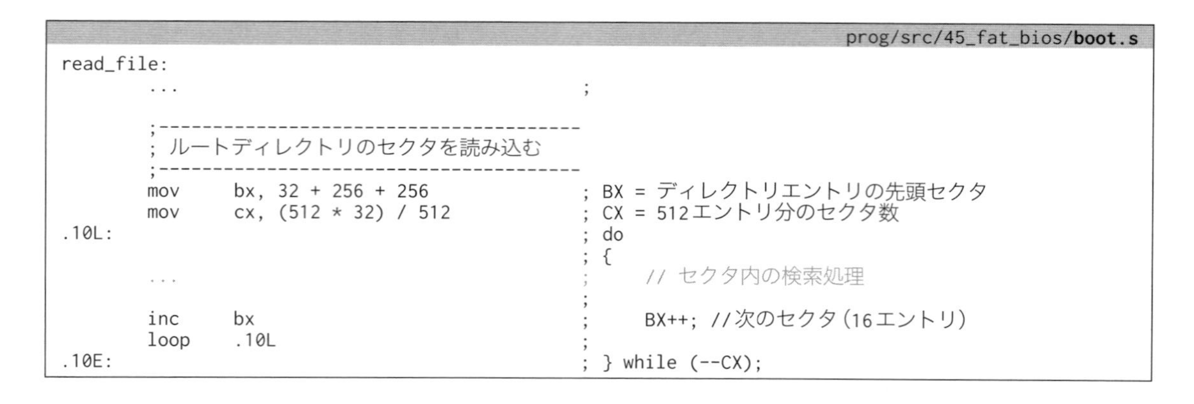

prog/src/45_fat_bios/**boot.s**

```
read_file:
        ...                                     ;

        ;---------------------------------------
        ; ルートディレクトリのセクタを読み込む
        ;---------------------------------------
        mov     bx, 32 + 256 + 256              ; BX = ディレクトリエントリの先頭セクタ
        mov     cx, (512 * 32) / 512            ; CX = 512エントリ分のセクタ数
.10L:                                           ; do
                                                ; {
        ...                                     ;     // セクタ内の検索処理
                                                ;
        inc     bx                              ;     BX++; //次のセクタ(16エントリ)
        loop    .10L                            ;
.10E:                                           ; } while (--CX);
```

ループ内で行われる最初の処理は、ルートディレクトリのセクタを読み込むことです。これは、すでに作成してあるセクタ読み込み関数を使用して、アドレスの0x7600番地に読み込みます。セクタの読み込みに失敗した場合は、処理を中断します。

prog/src/45_fat_bios/**boot.s**

```
        ;-----------------------------------------
        ; ルートディレクトリのセクタを読み込む
        ;-----------------------------------------
        mov     bx, 32 + 256 + 256              ; BX = ディレクトリエントリの先頭セクタ
        mov     cx, (512 * 32) / 512            ; CX = 512エントリ分のセクタ数
.10L:                                           ; do
                                                ; {
        ;-----------------------------------------
        ; 1セクタ(16エントリ)分を読み込む
        ;-----------------------------------------
        cdecl   read_lba, BOOT, bx, 1, 0x7600   ;   AX = read_lba();
        cmp     ax, 0                           ;   if (AX)
        je      .10E                            ;     break;
                                                ;
        ...                                     ;     // ファイルの検索処理
                                                ;
        loop    .10L                            ;
.10E:                                           ; } while (--CX);
```

ディレクトリエントリを1セクタ分読み込んだら、セクタ内のファイル検索処理を呼び出します。この関数は、ファイルが見つかったら、ファイルの先頭のセクタをAXレジスタに返すので、0x7800番地にファイルの内容を読み込み、処理を終了します。

prog/src/45_fat_bios/**boot.s**

```
        ;-----------------------------------------
        ; 1セクタ(16エントリ)分を読み込む
        ;-----------------------------------------
        cdecl   read_lba, BOOT, bx, 1, 0x7600   ;   AX = read_lba();
        cmp     ax, 0                           ;   if (0 == AX)
        je      .10E                            ;     break;

        ;-----------------------------------------
        ; ディレクトリエントリからファイル名を検索
        ;-----------------------------------------
        cdecl   fat_find_file                   ;     AX = ファイルの検索
        cmp     ax, 0                           ;     if (AX)
        je      .12E                            ;     {
                                                ;
        add     ax, 32 + 256 + 256 + 32 - 2     ;       // セクタ位置にオフセットを加算
        cdecl   read_lba, BOOT, ax, 1, 0x7800   ;       read_lba() // ファイルの読み込み
                                                ;
        jmp     .10E                            ;       break;
.12E:                                           ;     }
        inc     bx                              ;     BX++; //次のセクタ(16エントリ)
        loop    .10L                            ;
.10E:                                           ; } while (--CX);
```

セクタ内のファイル名を検索する処理では、1セクタに収まる最大エントリ数分繰り返します。この処理では、指定したファイルが存在した場合、初期値として0を設定しておいたBXレジスタにファイルの先頭セクタ番号を設定します。そして、この関数を終了するときに、戻り値としてBXレジスタの値をAXレジスタに設定します。

prog/src/45_fat_bios/**boot.s**

```
fat_find_file:
        ...

        ;---------------------------------------
        ; ファイル名検索
        ;---------------------------------------
        cld                                     ; // DFクリア(+方向)
        mov     bx, 0                           ; BX = ファイルの先頭セクタ; // 初期値
        mov     cx, 512 / 32                    ; CX = エントリ数;           // 1セクタ/32バイト
        mov     si, 0x7600                      ; SI = 読み込んだセクタのアドレス;
                                                ; do
.10L:                                           ; {
        ...                                     ;   ファイル名の比較
                                                ;
        add     si, 32                          ;   SI += 32; // 次のエントリ
        loop    .10L                            ;
.10E:                                           ; } while (--CX);
        mov     ax, bx                          ; ret = 見つかったファイルの先頭セクタ;
```

繰り返し処理内では、ファイルの属性がディレクトリまたはボリュームラベルでないことを確認した後、拡張子を含めたファイル名の比較を行い、同じであればオフセットの0x1Aにあるファイルの先頭クラスタ（セクタ）をBXレジスタに設定し、ループを抜けます。

prog/src/45_fat_bios/**boot.s**

```
fat_find_file:
        ...                                     ;

        ;---------------------------------------
        ; ファイル名検索
        ;---------------------------------------
        cld                                     ; // DFクリア(+方向)
        mov     bx, 0                           ; BX = ファイルの先頭セクタ; // 初期値
        mov     cx, 512 / 32                    ; CX = エントリ数;           // 1セクタ/32バイト
        mov     si, 0x7600                      ; SI = セクタのアドレス;     // 読み込みアドレス
                                                ; do
.10L:                                           ; {
        and     [si + 11], byte 0x18            ;   // ファイル属性のチェック
        jnz     .12E                            ;   if (ディレクトリ/ボリュームラベル以外)
                                                ;   {
        cdecl   memcmp, si, .s0, 8 + 3          ;     AX = memcmp(ファイル名を比較);
        cmp     ax, 0                           ;     if (同一ファイル名)
        jne     .12E                            ;     {
                                                ;
        mov     bx, word [si + 0x1A]            ;       BX = ファイルの先頭セクタ;
        jmp     .10E                            ;       break;
                                                ;     }
.12E:                                           ;   }
        add     si, 32                          ;   SI += 32; // 次のエントリ
        loop    .10L                            ;
.10E:                                           ; } while (--CX);

        ...                                     ;
.s0:    db      'SPECIAL TXT', 0
```

プログラムの実行結果は、次のとおりです。キーボードの[1]を押下すると、ファイルに保存されている内容が画面左上に表示されます。

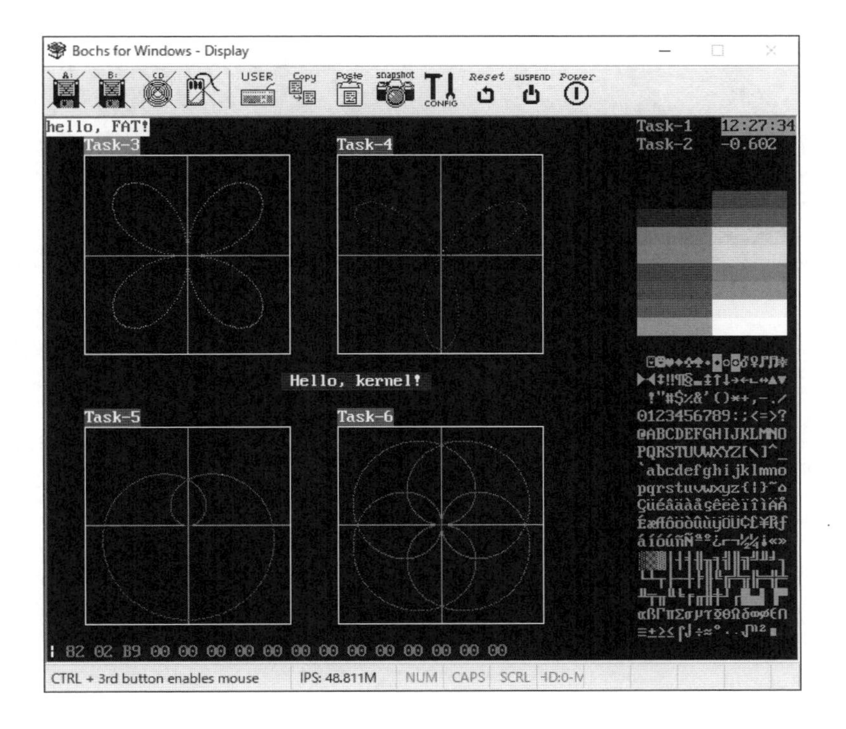
Bochs for Windows - Display
hello, FAT!
Task-1
12:27:34
Task-2
-0.602
Task-3
Task-4
Hello, kernel!
Task-5
Task-6
CTRL + 3rd button enables mouse
IPS: 48.811M
NUM
CAPS
SCRL

第27章 PCの電源を切る

- ACPIテーブルの検索
- S5パッケージの取得
- システム状態の設定　など

ソフトウェアでパワーオフ（電断処理）を実現するには、システム状態をS5状態に遷移させます。システム状態の遷移は、FADT（固定ACPIディスクリプタテーブル）に記載された2つのレジスタPM1a_CNT_BLKとPM1b_CNT_BLKに、S5状態を表す設定値を書き込むことで実現できます。

```
        mov     dx, <PM1a_CNT_BLK>              ; DX = レジスタ;
        mov     ax, <S5>                        ; AX = 設定値;
        out     dx, ax                          ; // 設定値の書き込み
```

S5状態を表す設定値は、DSDT（差分システムディスクリプタテーブル）➡P.336参照のS5名前空間にあるパッケージから取得します。ですが、数多くの情報が記録される定義ブロックのなかから必要な情報を得るためには、AML形式のバイトコードを解析しなくてはなりません。すべてのバイトコードを正しく処理するには、ある程度の時間と労力を必要とします。ここでは、システム状態を変更するために必要となる最低限の情報のみを、簡易的な方法で取得することにします。

電断処理を実現するために必要となる手順は、以下のとおりです。

- 電断契機の取得
- FADTからACPIレジスタを取得
- DSDTからS5に遷移するための設定値を取得
- ACPIレジスタにシステム状態を表す設定値を書き込む

27.1 電断契機を検出する

電断契機は、キーボード上の3つのキー Ctrl + Alt + End が同時に押されたときとし、この状態を検出する関数を作成します。

ctrl_alt_end(key);	
戻り値	Ctrl + Alt + End キーの同時押下が検出されたとき、0以外の値
key	入力されたキーコード

この関数には、押下されたキーコードを引数として渡します。関数内では、キーコードのB7を検査し、0であればBTS命令で対応するビットをセット、1であればBTC命令で対応するビットをクリアします。これらのビット操作命令は、第1オペランドにメモリを指定して、256ビット（32バイト）の配列としてアクセスすることが可能です。キーの押下状態は「.key_state」に保持します。

prog/src/modules/protect/**ctrl_alt_end.s**

```
ctrl_alt_end:
        ...
        ;---------------------------------------
        ; キー状態保存
        ;---------------------------------------
        mov     eax, [ebp + 8]                  ; EAX = key;
        btr     eax, 7                          ; CF  = EAX & 0x80;
        jc      .10F                            ; if (0 == CF)
        bts     [.key_state], eax               ; {
        jmp     .10E                            ;   // フラグセット
.10F:                                           ; } else {
        btc     [.key_state], eax               ;   // フラグクリア
.10E:                                           ; }
        ...

.key_state: times 32 db 0
```

電断契機となるキー押下状態の判定は、キーコードに対応するビットがすべてセットされたときとします。この関数は、対応するキーが押されたときに0以外の値を返します。

prog/src/modules/protect/**ctrl_alt_end.s**

```
ctrl_alt_end:
        ...
        ;---------------------------------------
        ; キー押下判定
        ;---------------------------------------
                                                ; do
                                                ; {
        mov     eax, 0x1D                       ;   // [Ctrl]キーが押されているか？
        bt      [.key_state], eax               ;   if (0 == key)
        jnc     .20E                            ;     break;
                                                ;
        mov     eax, 0x38                       ;   // [Alt]キーが押されているか？
        bt      [.key_state], eax               ;   if ('ALT' != key)
        jnc     .20E                            ;     break;
                                                ;
        mov     eax, 0x4F                       ;   // [End]キーが押されているか？
        bt      [.key_state], eax               ;   if ('End' != key)
        jnc     .20E                            ;     break;
                                                ;
        mov     eax, -1                         ;   ret = -1;
                                                ;
.20E:                                           ; } while (0);
```

```
        sar     eax, 8                          ; ret >>= 8;
```

これから作成する電断処理は、戻ってくることはありません。電断処理関数が終了したということは、電断処理に失敗したことを意味するので、フラグ(.once)を設定し、電断処理を何度も呼び出さないようにします。

prog/src/46_acpi/**kernel.s**

```
        ;---------------------------------------
        ; CTRL+ALD+END キー
        ;---------------------------------------
        mov     al, [.int_key]                  ;     AL  = [.int_key]; // キーコード
        cdecl   ctrl_alt_end, eax               ;     EAX = ctrl_alt_end(キーコード);
        cmp     eax, 0                          ;     if (0 != EAX)
        je      .14E                            ;     {
                                                ;
        mov     eax, 0                          ;       // 電断処理は一度だけ行う
        bts     [.once], eax                    ;       if (0 == bts(.once))
        jc      .14E                            ;       {
        cdecl   power_off                       ;         power_off(); // 電断処理
                                                ;       }
.14E:                                           ;     }
        ...
.int_key:   dd  0
.once:      dd  0
```

27.2 電断処理を実装する

ACPIハードウェアが利用可能かどうかは、ブート時に取得したシステムメモリマップにACPIデータ領域含まれているかどうかで判断します。ブート処理では、ACPIデータの領域とサイズを0x7E04(0x7C00 + 512 + 4)番地に保存しました。

prog/src/46_acpi/**boot.s**

```
;************************************************************************
;   ブートフラグ(先頭512バイトの終了)
;************************************************************************
        times   510 - ($ - $$) db 0x00
        db  0x55, 0xAA

;************************************************************************
;   リアルモード時に取得した情報
;************************************************************************
FONT:                                           ; フォント
.seg:   dw  0
.off:   dw  0
ACPI_DATA:                                      ; ACPI data
.adr:   dd  0                                   ; ACPI data address
.len:   dd  0                                   ; ACPI data length
```

システムメモリマップ➡P.332参照では、ACPIテーブルが存在する、ACPIデータ領域を

知ることはできますが、各テーブルが存在する具体的なアドレスは明示されません。そのため、必要なACPIテーブルはACPIデータ領域から探し出さなくてはいけません。

また、作成したプログラムではページングが有効となっているので、ページングで設定した範囲外である、4Mバイト以上の領域にACPIデータ領域が存在した場合、その領域に対するページテーブルなども作成しなくてはいけません。ですが、ここでは最も簡単な方法として、ACPIデータ領域にアクセスしている間はページング機能自体を無効化することで対応します。

prog/src/modules/protect/**power_off.s**

```
power_off:
        ...
        ;---------------------------------------
        ; ページングを無効化
        ;---------------------------------------
        mov     eax, cr0                        ; // PGビットをクリア
        and     eax, 0x7FFF_FFFF                ; CR0 &= ~PG;
        mov     cr0, eax                        ;
        jmp     $ + 2                           ; FLUSH();
```

ページングを無効化した後は、すべてのメモリ空間へのアクセスが可能です。まずは、ブート処理中にACPIデータ領域が検出されたことを確認します。もし、ACPIデータ領域のアドレスが0のときは、ブート処理時にACPIデータ領域を検出できなかったものと判断し、処理を中断します。

prog/src/modules/protect/**power_off.s**

```
power_off:
        ...
                                                ; do
                                                ; {
        ;---------------------------------------
        ; ACPIデータの確認
        ;---------------------------------------
        mov     eax, [0x7C00 + 512 + 4]         ;   EAX = ACPIアドレス;
        mov     ebx, [0x7C00 + 512 + 8]         ;   EBX = 長さ;
        cmp     eax, 0                          ;   if (0 == EAX)
        je      .10E                            ;     break;

        ...
.10E:                                           ; } while (0);
```

ACPIデータ領域が存在するのであれば、その領域内に存在するACPIテーブルの1つである、RSDT (Root System Description Table) ➡P.336参照 を検索します。RSDTからすべての情報を取得するので、このテーブルが見つからなければ、処理を中断します。

prog/src/modules/protect/**power_off.s**

```
power_off:
        ...
        ;---------------------------------------
        ; RSDTテーブルの検索
        ;---------------------------------------
        cdecl   acpi_find, eax, ebx, 'RSDT'     ;   EAX = acpi_find('RSDT');
```

```
        cmp     eax, 0                              ;   if (0 == EAX)
        je      .10E                                ;     break;
```

このコードに記載されているacpi_find関数（ACPIテーブルを検索する処理）は、後ほど作成することにします。RSDTからはFADTのアドレスを取得することができます。また、FADTのオフセット40には、ACPIレジスタへの設定値が保存されている、DSDT（差分システムディスクリプタテーブル）のアドレスが保存されています。もし、これらの値が0のときは、処理を中断します。

prog/src/modules/protect/**power_off.s**

```
power_off:
        ...
        ;---------------------------------------
        ; FACPテーブルの検索
        ;---------------------------------------
        cdecl   find_rsdt_entry, eax, 'FACP'        ;   EAX = find_rsdt_entry('FACP')
        cmp     eax, 0                              ;   if (0 == EAX)
        je      .10E                                ;     break;

        mov     ebx, [eax + 40]                     ;   // DSDTアドレスの取得
        cmp     ebx, 0                              ;   if (0 == DSDT)
        je      .10E                                ;     break;
```

このコードに記載されているfind_rsdt_entry関数（RSDTテーブルのエントリからFACPテーブルのアドレスを検索する処理）は、後ほど作成することにします。また、FADTからは、システム状態を設定する2つのACPIレジスタであるPM1a_CNT_BLKとPM1b_CNT_BLKを取得することができます。実際には、ポート入出力命令で使用されるアドレスが格納されています。

prog/src/modules/protect/**power_off.s**

```
power_off:
        ...
        ;---------------------------------------
        ; ACPIレジスタの保存
        ;---------------------------------------
        mov     ecx, [eax + 64]                     ;   // ACPIレジスタの取得
        mov     [PM1a_CNT_BLK], ecx                 ;   PM1a_CNT_BLK = FACP.PM1a_CNT_BLK;

        mov     ecx, [eax + 68]                     ;   // ACPIレジスタの取得
        mov     [PM1b_CNT_BLK], ecx                 ;   PM1b_CNT_BLK = FACP.PM1b_CNT_BLK;
        ...

ALIGN 4, db 0
PM1a_CNT_BLK:   dd  0
PM1b_CNT_BLK:   dd  0
```

システム状態を変更するための設定値は、S5名前空間にあるパッケージに保存されているので、DSDTからS5名前空間を検索します。このとき、ACPIテーブルは、36バイトのヘッダから始まるので、検索範囲からは除外します。もし、S5名前空間の定義が見つからなければ、処理を中断します。

prog/src/modules/protect/**power_off.s**

```
power_off:
        ...
        ;---------------------------------------
        ; S5名前空間の検索
        ;---------------------------------------
        mov     ecx, [ebx + 4]              ;   ECX  = DSDT.Length; // データ長;
        sub     ecx, 36                     ;   ECX -= 36;          // テーブルヘッダ分減算
        add     ebx, 36                     ;   EBX += 36;          // テーブルヘッダ分加算
        cdecl   acpi_find, ebx, ecx, '_S5_' ;   EAX = acpi_find('_S5_');
        cmp     eax, 0                      ;   if (0 == EAX)
        je      .10E                        ;     break;
        ...
```

ここでは、検索されたS5名前空間の先頭にはパッケージが存在すると決め込んで、パッケージの内容を簡易的に取得する関数を呼び出します。この関数は、パッケージ内の下位2バイトデータをAXレジスタに設定するので、S5_PACKAGEラベルで指定される領域に保存します。

prog/src/modules/protect/**power_off.s**

```
power_off:
        ...
        ;---------------------------------------
        ; パッケージデータの取得
        ;---------------------------------------
        add     eax, 4                      ;   EAX  = 先頭の要素;
        cdecl   acpi_package_value, eax     ;   EAX = パッケージデータ;
        mov     [S5_PACKAGE], eax           ;   S5_PACKAGE = EAX;
        ...

ALIGN 4, db 0
PM1a_CNT_BLK:   dd  0
PM1b_CNT_BLK:   dd  0
S5_PACKAGE:
.0:             db  0
.1:             db  0
.2:             db  0
.3:             db  0
```

このコードに記載されているacpi_package_value関数（パッケージの値を取得する処理）は、後ほど作成することにします。これで、システム状態を変更するためのすべての情報が揃いました。これらの情報を検索するためにページング機能を無効化していましたが、ここで、再度有効化しておきます。

prog/src/modules/protect/**power_off.s**

```
power_off:
        ...
.10E:                                       ; } while (0);

        ;---------------------------------------
        ; ページングを有効化
        ;---------------------------------------
        mov     eax, cr0                    ; // PGビットをセット
        or      eax, (1 << 31)              ; CR0 |= PG;
        mov     cr0, eax                    ;
        jmp     $ + 2                       ; FLUSH();
```

後は、2つのACPIレジスタにシステム状態を設定するだけです。まずは、PM1a_CNT_BLKレジスタのアドレスが取得できたことを確認します。もし、PM1a_CNT_BLKレジスタのアドレスが0のときは、正しいレジスタのアドレスを取得できなかったものとして、処理を中断します。

prog/src/modules/protect/**power_off.s**

```
power_off:
        ...
                                                ; do
                                                ; {
        ;---------------------------------------
        ; ACPIレジスタの取得
        ;---------------------------------------
        mov     edx, [PM1a_CNT_BLK]             ;   EDX = FACP.PM1a_CNT_BLK
        cmp     edx, 0                          ;   if (0 == EDX)
        je      .20E                            ;     break;

        ...
.20E:                                           ; } while (0);
```

PM1a_CNT_BLKレジスタのアドレスが確認できたら、値を設定するだけですが、いきなり電源を落とすことになるので、カウントダウン表示を行います。

prog/src/modules/protect/**power_off.s**

```
power_off:
        ...
        ;---------------------------------------
        ; カウントダウンの表示
        ;---------------------------------------
        cdecl   draw_str, 38, 14, 0x020F, .s3   ;   draw_str();  // カウントダウン...3
        cdecl   wait_tick, 100
        cdecl   draw_str, 38, 14, 0x020F, .s2   ;   draw_str();  // カウントダウン...2
        cdecl   wait_tick, 100
        cdecl   draw_str, 38, 14, 0x020F, .s1   ;   draw_str();  // カウントダウン...1
        cdecl   wait_tick, 100

        ...
.s0:    db  " Power off...   ", 0
.s1:    db  " 1", 0
.s2:    db  " 2", 0
.s3:    db  " 3", 0
.s4:    db  "NG", 0
```

カウントダウンが終了したら、取得したシステム状態を、PM1a_CNT_BLKレジスタのビットフィールドにあわせて設定します。このとき、SLP_ENビットも同時にセットします。

図27-1 PM1制御レジスタの書式

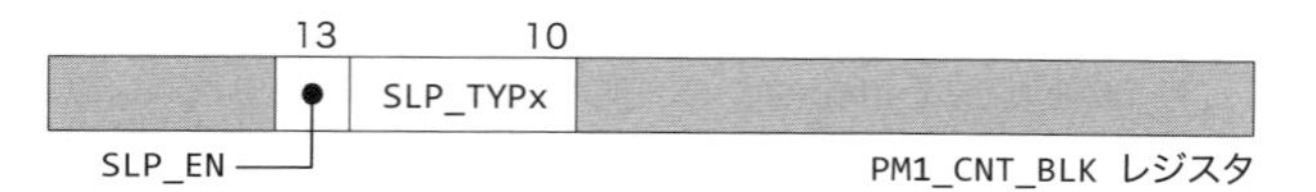

```
                                                  prog/src/modules/protect/power_off.s
power_off:
        ...
        ;----------------------------------------
        ; PM1a_CNT_BLKの設定
        ;----------------------------------------
        movzx   ax, [S5_PACKAGE.0]              ;   // PM1a_CNT_BLK
        shl     ax, 10                          ;   AX  = SLP_TYPx;
        or      ax, 1 << 13                     ;   AX |= SLP_EN;
        out     dx, ax                          ;   out(PM1a_CNT_BLK, AX);
```

もう1つのACPIレジスタであるPM1b_CNT_BLKには、設定が不要な場合、0が設定されている可能性があります。PM1b_CNT_BLKレジスタのアドレスが0以外のときのみ、S5システム状態を表すパッケージの下位1バイト目を設定します。

```
                                                  prog/src/modules/protect/power_off.s
power_off:
        ...
        ;----------------------------------------
        ; PM1b_CNT_BLKの確認
        ;----------------------------------------
        mov     edx, [PM1b_CNT_BLK]             ;   EDX = FACP.PM1b_CNT_BLK
        cmp     edx, 0                          ;   if (0 == EDX)
        je      .20E                            ;     break;

        ;----------------------------------------
        ; PM1b_CNT_BLKの設定
        ;----------------------------------------
        movzx   ax, [S5_PACKAGE.1]              ;   // PM1b_CNT_BLK
        shl     ax, 10                          ;   AX  = SLP_TYPx;
        or      ax, 1 << 13                     ;   AX |= SLP_EN;
        out     dx, ax                          ;   out(PM1b_CNT_BLK, AX);

.20E:                                           ; } while (0);
```

電断処理はこれで終了ですが、実際に電源が切れるまで、少しの間ウェイトを入れておきます。もし、その間にも電断することなくプログラムが動作していたのであれば、電断処理が正常に行われなかったものとして、電断処理に失敗したことを表示して関数を終了します。

```
                                                  prog/src/modules/protect/power_off.s
power_off:
        ...
.20E:                                           ; } while (0);

        ;----------------------------------------
        ; 電断待ち
        ;----------------------------------------
        cdecl   wait_tick, 100                  ;   // 100[ms]ウェイト

        ;----------------------------------------
        ; 電断失敗メッセージ
        ;----------------------------------------
        cdecl   draw_str, 38, 14, 0x020F, .s4   ;       draw_str();  // 電断失敗メッセージ

        ...
.s0:    db  " Power off...   ", 0
.s1:    db  " 1", 0
```

```
.s2:    db  " 2", 0
.s3:    db  " 3", 0
.s4:    db  "NG", 0
```

プログラムの動作確認は、起動後に[Ctrl]+[Alt]+[End]キーを同時に押下します。カウントダウン終了時にACPIレジスタに設定値が書き込まれ、電断となります。同時にBochsも終了します。

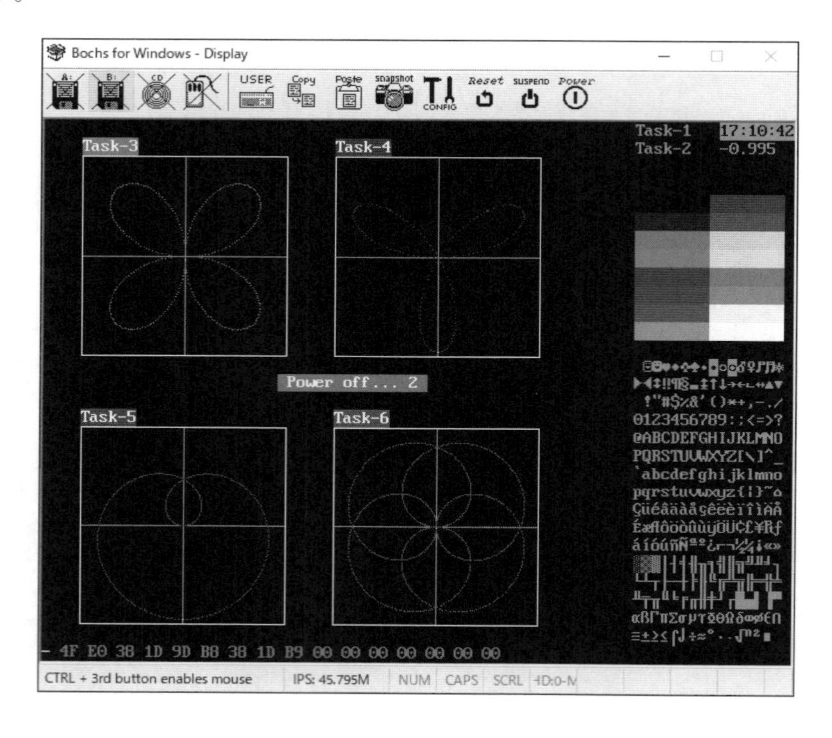

もし、カウントダウンの表示が速いようであれば、RTCでの設定と同様に、envディレクトリにあるBochsの設定ファイル、bochsrc.bxrcを編集します。

QEMU環境では、ACPIデータを取得することができなかったので、ソフトウェアによる電断処理を実現することができません。次に、QEMUでの実行結果を示します。

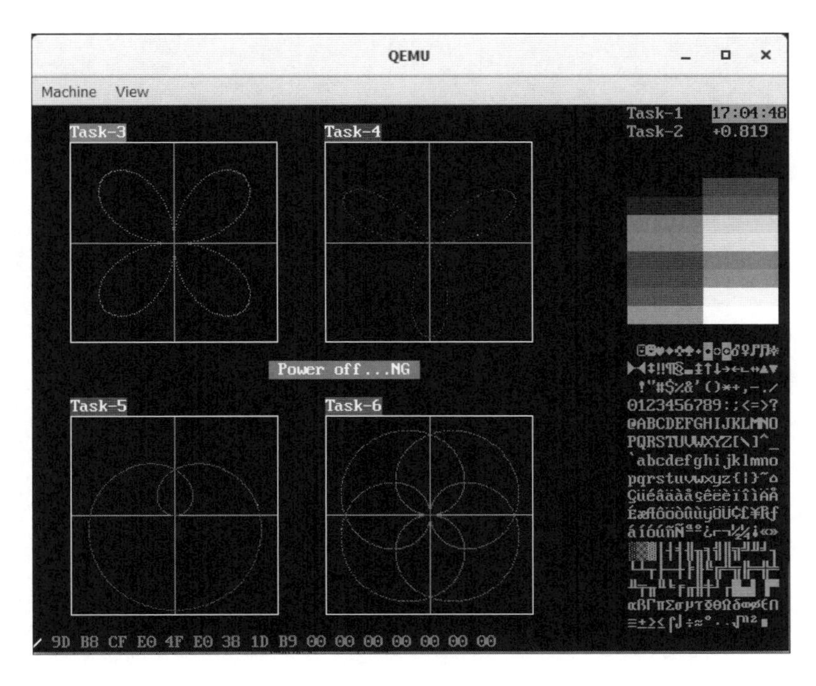

次に、電断処理内で使用している関数の処理概要を確認します。

ACPIテーブルの検索

ここでは、電断処理で使用した関数を作成します。次に示すのは、ACPIテーブルを検索する関数です。

acpi_find(address, size, word);	
戻り値	見つかったアドレス、見つからなかった場合は0
address	アドレス
size	サイズ
word	検索データ

ACPIデータ領域に存在するACPIテーブルは、4バイトの識別子で始まります。このため、ACPIテーブルの検索処理では、指定された領域内で4バイトのデータが一致するアドレスを検索する処理となります。

prog/src/modules/protect/**acpi_find.s**

```
acpi_find:
        ...
        ;-----------------------------------------
        ; 引数を取得
        ;-----------------------------------------
        mov     edi, [ebp + 8]                  ; EDI  = アドレス;
```

```
        mov     ecx, [ebp +12]                  ; ECX  = サイズ;
        mov     eax, [ebp +16]                  ; EAX  = 検索データ;
```

まずは、REPNEプレフィクス付きでSCASB命令を実行し、最初の1バイトが一致するアドレスを検索します。

prog/src/modules/protect/**acpi_find.s**

```
acpi_find:
        ...
        ;---------------------------------------
        ; 名前の検索
        ;---------------------------------------
        cld                                     ; // DFクリア(+方向)
.10L:                                           ; for ( ; ; )
                                                ; {
        repne   scasb                           ;   while (AL != *EDI) EDI++;
                                                ;
        ...
.10E:                                           ; } while (1);
```

もし、一致するデータが見つからなければ、EAXレジスタに0を設定して、関数を終了します。

prog/src/modules/protect/**acpi_find.s**

```
acpi_find:
        ...
        repne   scasb                           ;   while (AL != *EDI) EDI++;
                                                ;
        cmp     ecx, 0                          ;   if (0 == ECX)
        jnz     .11E                            ;   {
        mov     eax, 0                          ;     EAX = 0; // 見つからない
        jmp     .10E                            ;     break;
.11E:                                           ;   }
        ...
.10E:                                           ; }
```

最初の1バイトが見つかったら、改めて4バイト分のデータを比較し、不一致であれば、1バイト検索処理を繰り返します。

prog/src/modules/protect/**acpi_find.s**

```
acpi_find:
        ...
.10L:                                           ; for ( ; ; )
                                                ; {
        repne   scasb                           ;   while (AL != *EDI) EDI++;
        ...
        cmp     eax, [es:edi - 1]               ;   if (EAX != *EDI) // 4文字分一致？
        jne     .10L                            ;     continue;      // (不一致)
```

4バイト分のデータを比較して、一致した場合は、EAXレジスタに検索位置のアドレスを設定し、関数を終了します。

```
                                         prog/src/modules/protect/acpi_find.s
acpi_find:
        ...
        dec     edi                               ;   EAX = EDI - 1;
        mov     eax, edi                          ;
.10E:                                             ; }
```

この関数は、ACPIテーブルを検索する以外に、4バイトの名前空間を検索するときにも使用することができます。

FADTの検索

RSDTが保持する情報は、4バイトのアドレス配列で構成されます。関連するACPIテーブルの検索は、このなかから必要なACPIテーブルのアドレスを取得することになります。RSDTからACPIテーブルを検索する処理は、各エントリに記載されたACPIテーブルの識別子が一致するかどうかで判定します。

図27-2 RSDTエントリの検索

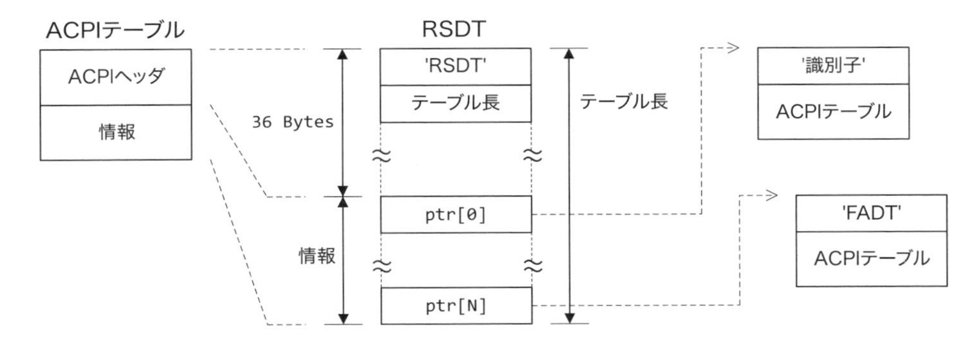

次に示すのは、RSDTから、識別子に対応したテーブルを検索する関数です。

find_rsdt_entry(facp, word);	
戻り値	見つかったアドレス、見つからなかった場合は0
facp	RSDTテーブルのアドレス
word	テーブル識別子

関数の処理開始時には、EBXレジスタに0を設定しておき、検索処理内でACPIテーブルが見つかったら、そのアドレスをEBXレジスタに設定します。そして、関数の終了時に、EBXレジスタをEAXレジスタにコピーして関数の戻り値とします。

```
                                    prog/src/modules/protect/find_rsdt_entry.s
find_rsdt_entry:
        ...
        mov     ebx, 0                              ; adr = 0;

        ;---------------------------------------
        ; ACPIテーブル検索処理
        ;---------------------------------------
        ...                                         ; ACPIテーブル検索処理

        mov     eax, ebx                            ; return adr;
```

検索処理内では、ACPIテーブルのヘッダ部分を除いたエントリを検索します。そのため、検索開始アドレスには36を加算しています。

```
                                    prog/src/modules/protect/find_rsdt_entry.s
find_rsdt_entry:
        ...
        ;---------------------------------------
        ; 引数を取得
        ;---------------------------------------
        mov     esi, [ebp + 8]                      ; EDI  = RSDT;
        mov     ecx, [ebp +12]                      ; ECX  = 名前;

        mov     ebx, 0                              ; adr = 0;

        ;---------------------------------------
        ; ACPIテーブル検索処理
        ;---------------------------------------
        mov     edi, esi                            ;
        add     edi, [esi + 4]                      ; EDI = &ENTRY[MAX];
        add     esi, 36                             ; ESI = &ENTRY[0];
.10L:                                               ;
        cmp     esi, edi                            ; while (ESI < EDI)
        jge     .10E                                ; {
        ...                                         ;   【検索処理】
.10E:                                               ; }
```

検索時のループ処理内では、LODSD命令で4バイト分のデータをEAXレジスタに読み込み、ECXレジスタで指定された識別子と比較します。

```
                                    prog/src/modules/protect/find_rsdt_entry.s
find_rsdt_entry:
        ...
        lodsd                                       ;   EAX = [ESI++];   // エントリ
                                                    ;
        cmp     [eax], ecx                          ;   if (ECX == *EAX) // テーブル名と比較
        jne     .12E                                ;   {
        mov     ebx, eax                            ;     adr = EAX;     // FACPのアドレス
        jmp     .10E                                ;     break;
.12E:   jmp     .10L                                ;   }
.10E:                                               ; }
```

ACPIテーブルの識別子と一致した場合は、EBXレジスタに設定し、ループ処理を抜けます。もし、見つからなかった場合、EBXレジスタは0のままなので、関数終了時にEAXレジスタ

にコピーされ、見つからなかったことを示す0が返されることになります。

パッケージデータの取得

パッケージ内のデータを解析する処理は、簡単ではありません。ここでは、パッケージ内の先頭要素からオフセット0と1の2バイトを取得することに限定した、簡易的な方法で値を取得する関数を作成します。そのため、引数で渡されたアドレスにはパッケージが定義されていると決め込んで、パッケージのヘッダ部にあたる、パッケージオプション (PackageOp)、パッケージ長 (PkgLength)、要素数 (NumElements) を各1バイトとして読み飛ばします。

prog/src/modules/protect/**acpi_package_value.s**

```
acpi_package_value:
        ...
        ;---------------------------------------
        ; 引数を取得
        ;---------------------------------------
        mov     esi, [ebp + 8]                  ; ESI = パッケージへのアドレス;

        ;---------------------------------------
        ; パケットのヘッダをスキップ
        ;---------------------------------------
        inc     esi                             ; ESI++; // Skip 'PackageOp'
        inc     esi                             ; ESI++; // Skip 'PkgLength'
        inc     esi                             ; ESI++; // Skip 'NumElements'
                                                ; ESI = PackageElamantList;
```

後は、データオブジェクト (DataObject) を解析するだけです。最初に読み込んだ1バイトのデータがワード定数 (WordConst) またはダブルワード定数 (DWordConst) であれば、続く2バイトデータをAXレジスタに取り込みます。

prog/src/modules/protect/**acpi_package_value.s**

```
acpi_package_value:
        ...
        ;---------------------------------------
        ; 2バイトのみを取得
        ;---------------------------------------
        mov     al, [esi]                       ; AL = *ESI;
        cmp     al, 0x0B                        ; switch (AL)
        je      .C0B                            ; {
        cmp     al, 0x0C                        ;
        je      .C0C                            ;
        cmp     al, 0x0E                        ;
        je      .C0E                            ;
        jmp     .C0A                            ;
.C0B:                                           ; case 0x0B: // 'WordPrefix'
.C0C:                                           ; case 0x0C: // 'DWordPrefix'
.C0E:                                           ; case 0x0E: // 'QWordPrefix'
        mov     al, [esi + 1]                   ;   AL = ESI[1];
        mov     ah, [esi + 2]                   ;   AH = ESI[2];
        jmp     .10E                            ;   break;
```

上記以外の場合、バイト定数 (ByteConst) であれば、後続の1バイトを、そうでなければ、比較した値そのものを定数オブジェクト (ConstObj) として取り込みます。この処理は、2バイト分のデータを取得するので、2回行います。

prog/src/modules/protect/**acpi_package_value.s**

```
acpi_package_value:
        ...
.C0A:                                           ; default:   // 'BytePrefix' | 'ConstObj'
                                                ;   // 最初の1バイト
        cmp     al, 0x0A                        ;   if (0x0A == AL)
        jne     .11E                            ;   {
        mov     al, [esi + 1]                   ;     AL = *ESI;
        inc     esi                             ;     ESI++;
.11E:                                           ;   }
                                                ;
                                                ;   // 次のの1バイト
        inc     esi                             ;   ESI++;
                                                ;
        mov     ah, [esi]                       ;   AH = *ESI;
        cmp     ah, 0x0A                        ;   if (0x0A == AL)
        jne     .12E                            ;   {
        mov     ah, [esi + 1]                   ;     AH = ESI[1];
.12E:                                           ;   }
.10E:                                           ; }
```

これで、S5名前空間にあるパッケージデータの下位2バイトを、AXレジスタに取得することができます。

付　録

仮想環境を構築する方法

作成したプログラムは、仮想環境またはx86系CPUを搭載したPC（実機）で実行することができます。仮想環境を使用するとx86系CPUを実装していないPCでも、プログラムの動作を確認することができます。

本書では、x86系PCの動作環境を提供する仮想環境として、QEMUとBochsを使用します。数多くのCPUや動作環境を提供するエミュレータには、いくつかの設定項目があります。ここでは各エミュレータのインストールから、環境設定および本書で作成したサンプルプログラムを実行するまでの手順を解説します。

A.1 QEMUの利用方法

仮想環境を提供するプログラムには、QEMUを使用することができます。QEMUはCPUの動作をエミュレートするばかりでなく、CPUに接続された周辺機器をも含めたシステム環境をエミュレートする、システムエミュレータです。QEMUが提供する仮想環境には、これまでに説明してきたすべての周辺機器が含まれています。

QEMUのインストール

QEMUは、ホストOS（仮想環境を実行するOS）ごとに、事前にコンパイルされたプログラムが公開されています。インストールするQEMUは、現在使用している環境に合わせて選択します。今回は、Windows PC用にコンパイルされたプログラムをインストールします。

QEMUは、以下のホームページからダウンロードします。

URL **https://www.qemu.org/**

まずは、上部にあるメニューのなかから[DOWNLOAD]をクリックしてダウンロード用のページに移行します。

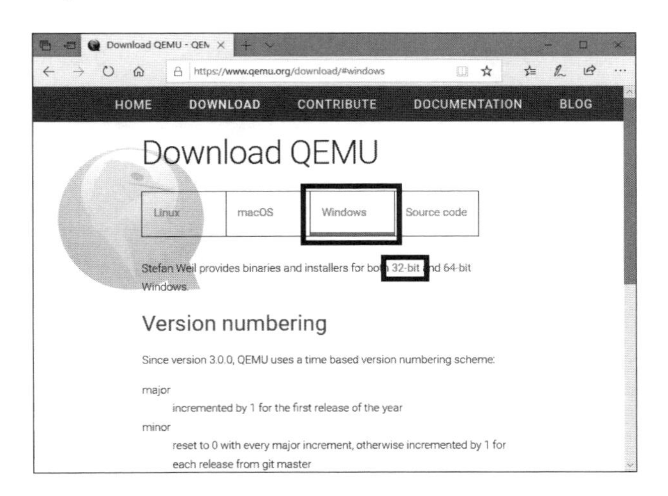

QEMUは、使用するOSごとに異なるプログラムが提供されています。今回は、Windowsの32ビット版を選択します。

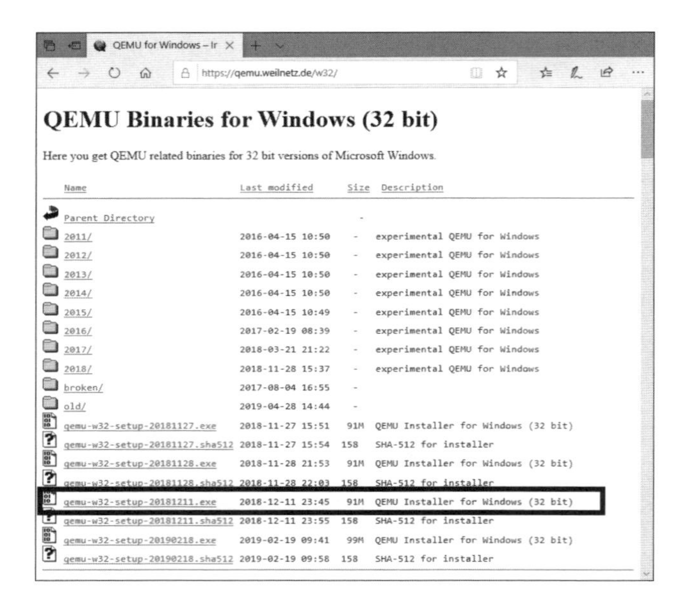

今回ダウンロードするファイルは、バージョン3.1.0の「qemu-w32-setup-20181211.exe」としました。

インストールは、ダウンロードしたファイルを実行することで開始されます。

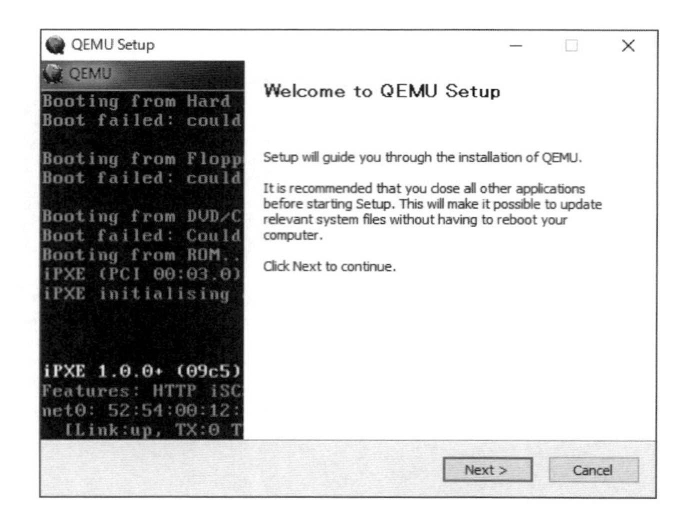

QEMUのインストール開始画面が表示されるので[Next]ボタンを押下します。

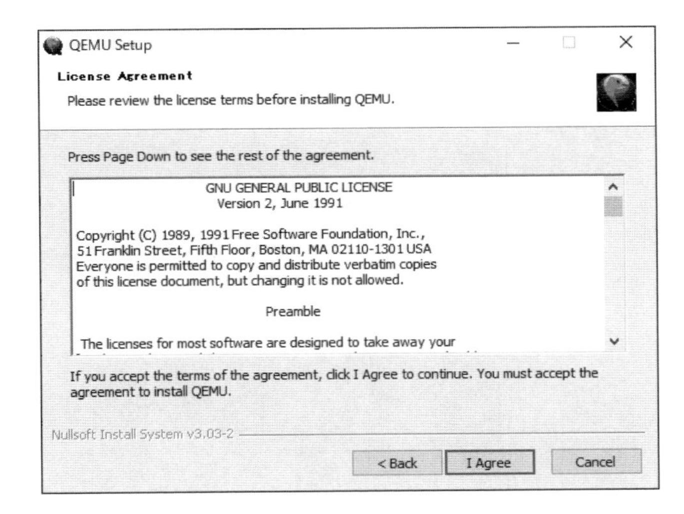

次に、ライセンスの確認があるので、合意する場合のみ[I Agree]ボタンを押下して継続します。

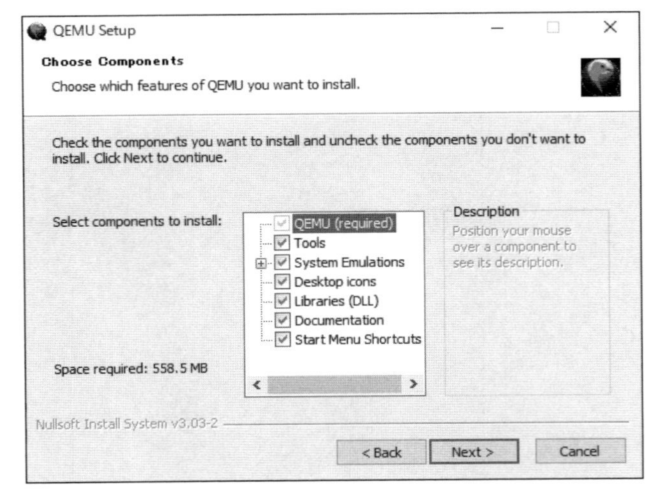

インストールオプションでは、インストールするファイルを選択することができます。「System Emulations」では、必要なCPUのみを選択することができますが、デフォルトのままでも問題ありません。

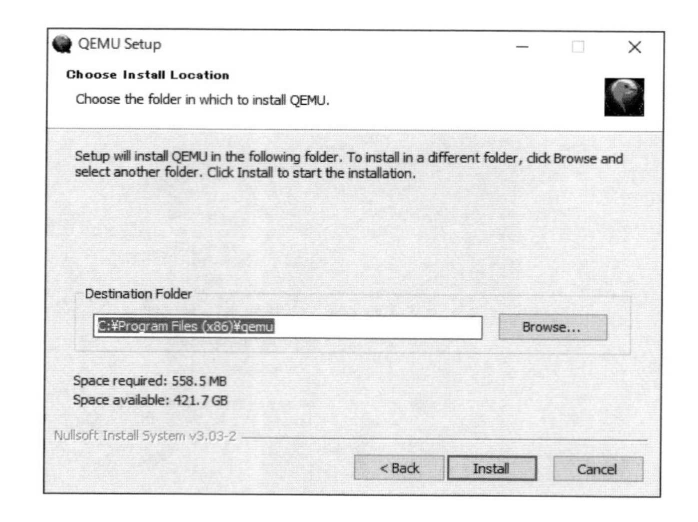

次に、インストール先ディレクトリを問い合わせるダイアログが表示されます。インストール先は変更することができますが、以降の説明では、デフォルトのディレクトリにインストールされることを前提としています。確認後、[Install] ボタンを押下するとプログラムのインストールが開始されます。

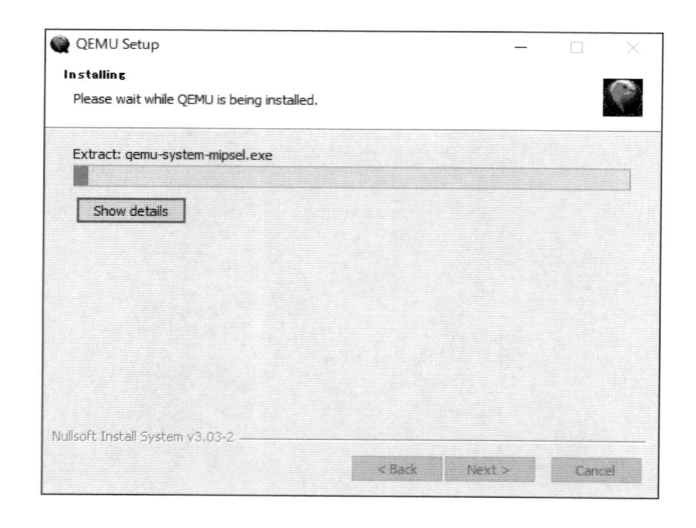

インストールが正常に終了するとダイアログが表示されるので、[Finish] ボタンを押下して終了します。

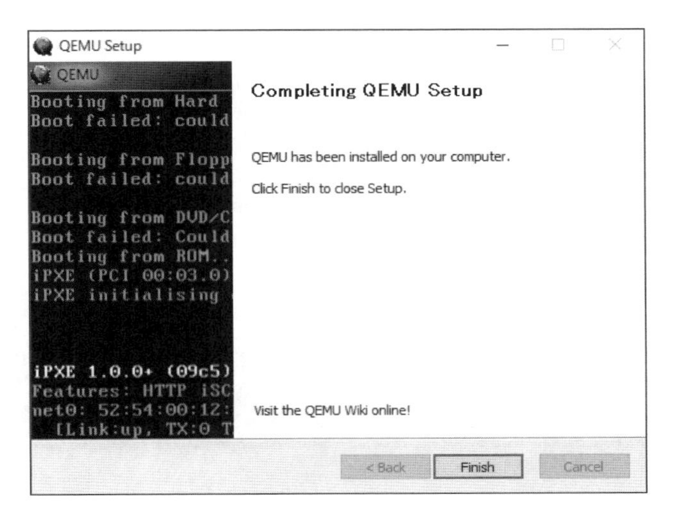

QEMUの実行

QEMUのインストールが終了したら、すぐにプログラムの動作を確認することができます。仮に、QEMUのインストール先が「c:¥Program Files (x86)¥qemu」であれば、コマンドプロンプトからブートプログラムが保存してあるディレクトリに移動し、「"c:¥Program Files (x86)¥qemu¥qemu-system-i386.exe" boot.img」と入力するだけで仮想環境上での動作を確認することができます。

コマンドプロンプト
```
C:¥Windows¥System32>cd C:¥prog¥src¥46_acpi
C:¥prog¥src¥46_acpi>"c:¥Program Files (x86)¥qemu¥qemu-system-i386.exe"
boot.img
```

または、バッチ処理などでパスを指定しておけば、入力コマンドを短くすることができます。

コマンドプロンプト
```
C:¥prog¥src¥46_acpi>set PATH=%PATH%;"c:¥Program Files (x86)¥qemu"
C:¥prog¥src¥46_acpi>qemu-system-i386.exe boot.img
```

ブートプログラムの動作を確認するだけであれば、このままでも問題はありませんが、いくつか気になる点があります。1つは、プログラム実行中に表示される時刻が9時間ずれていることです。もう1つは、QEMU実行時に、指定されたファイルのフォーマットが不明であることを示すメッセージが表示されることです。これらは無視しても問題ありませんが、QEMU起動時のオプション設定で、調整することができます。

QEMUのオプションは、起動時のコマンドラインで設定します。オプションは「-」の直後にオプション名を指定し、設定項目と設定値を「=」で結びます。1つのオプションに複数の項目を設定する場合は「,」で区切って列挙します。具体的な例として、起動時のメモリサイズを指定する場合は、次のように設定します。

-m size=256

この例では、「m」がメモリに関するオプション名、設定項目は「size」で設定値は「256」となります。コマンドプロンプトで指定するときは、次のように入力します。

コマンドプロンプト
```
C:¥prog¥src¥46_acpi>"c:¥Program Files (x86)¥qemu¥qemu-system-i386.exe" -m
size=256 boot.img
```

今回紹介する、最低限のオプション設定は次のとおりです。

表 A-1 QEMUで使用できるオプションの例

オプション名	内容
m	メモリに関する設定
boot	ブートに関する設定
drive	ドライブに関する設定
rtc	RTCに関する設定

・メモリ（「m」オプション）

メモリオプションでは、仮想環境上のPCに実装するメモリサイズを指定することができます。設定値に数値のみを記載したときに使用される単位はMバイトですが、明示的に「M（メガバイト）」または「G（ギガバイト）」を使用することができます。このオプションが設定されなければ、デフォルト値として32Mバイトが設定されます。

表 A-2 メモリオプションの設定項目

オプション名	項目	設定値	設定値
m	size	数値	メモリサイズ

・ブート（「boot」オプション）

ブートオプションでは、ブートデバイスとして使用するドライブを設定します。ブートデバイスの指定はデバイスを表す1文字を、次のなかから選択します。

表A-3 ブートオプションの設定項目

オプション名	項目	設定値	備考
boot	order	a	floppy0
		b	floppy1
		c	hdd
		d	cd-rom

・ドライブ（「drive」オプション）

ドライブオプションでは、ドライブの設定を行います。今回の環境では、ハードディスクのかわりに、作成したブートファイルを指定します。このとき、QEMUがフォーマットの検査を行わないように、ファイルフォーマットには「raw」を設定します。

表A-4 ドライブオプションの設定項目

オプション名	項目	設定値	備考
drive	file	ファイル名	ディスクイメージファイル
	format	raw	フォーマットを検査しない

・RTC（「rtc」オプション）

RTCオプションでは、仮想環境上のPCに実装する、RTCの時刻を設定します。デフォルトではUTCが使用されますが、実行環境にあわせる場合は「localtime」を設定します。

表A-5 RTCオプションの設定項目

オプション名	項目	設定値	備考
rtc	base	utc	協定世界時
		localtime	ホストPC
		2006-06-17T16:01:21	時刻を指定

これまで説明したオプションを指定してプログラムを起動する場合、次のように入力します。

コマンドプロンプト

```
qemu-system-i386.exe -rtc base=localtime -drive file=boot.img,format=raw
-boot order=c
```

最後に、QEMUの画面上でマウスが効かなくなったり表示されなくなったときは、Ctrl+Alt+Gキーでマウス表示を復帰させることができます。

A.2 Bochsの利用方法

Bochsは、x86系PC用のシステムエミュレータです。そして、その最大の特徴が、このソフトウェア単体で、プログラムのデバッグが行えることです。まずは、システムエミュレータとして起動することを確認し、その後でプログラムのデバッグ手順を説明します。

Bochsのインストール

Bochsは、以下のホームページからダウンロードします。

URL **http://bochs.sourceforge.net/**

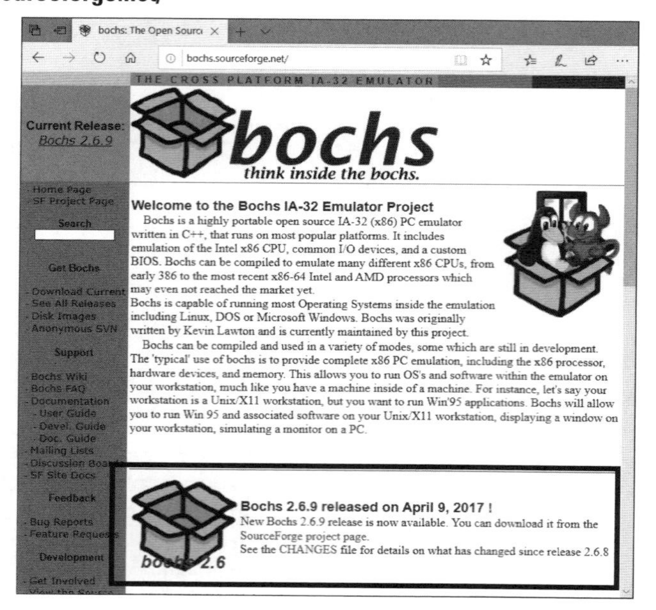

ホームページのやや下にある「Bochs 2.6.9 released on April 9, 2017 !」に表示されている[SourceForge project page]をクリックすると、ダウンロード用のページに移動します。

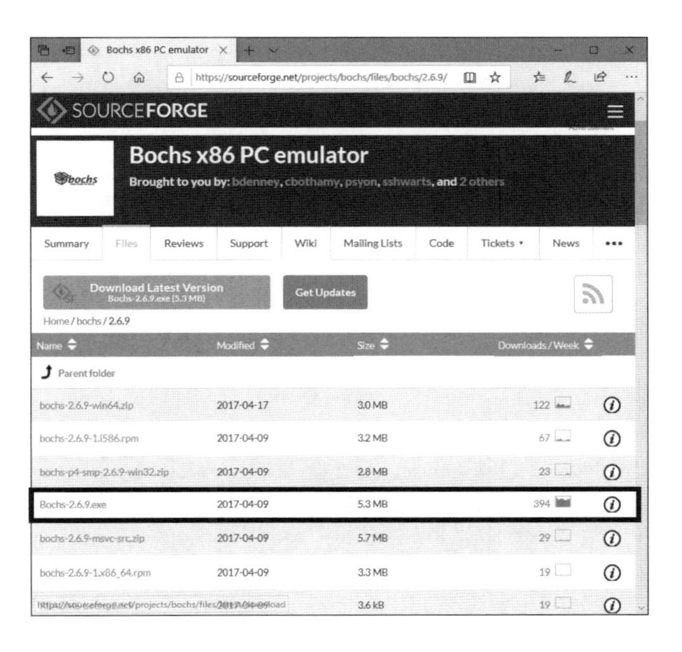

ダウンロード用ページでは、ホストごとに異なるファイルが提供されています。ここでは、32ビットのWindowsで利用可能な「Bochs-2.6.9.exe」をダウンロードしましたが、使用しているコンピュータにあわせて選択します。

インストールは、ダウンロードしたファイルを実行することで開始されます。

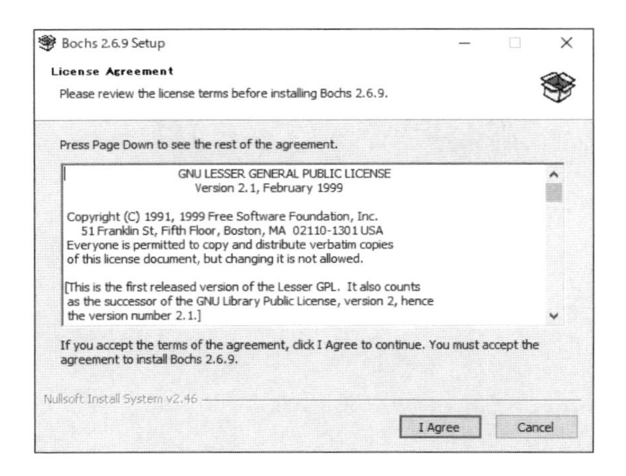

インストールが始まる前に、ライセンスの確認があるので、合意する場合のみ[I Agree]ボタンを押下して継続します。

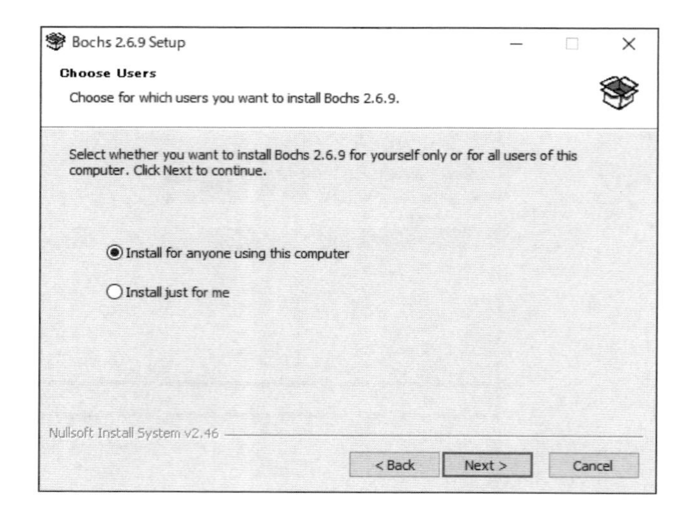

次に、プログラムの使用者を限定するかどうかを尋ねるダイアログが表示されます。インストールしたコンピュータのすべてのユーザーが使用可能とするのであれば[Install for anyone using this computer]を、インストールしたユーザーのみが使用するのであれば[Install just for me]を選択します。今回は、デフォルトの設定値である[Install for anyone using this computer]が選択されたままの状態としました。

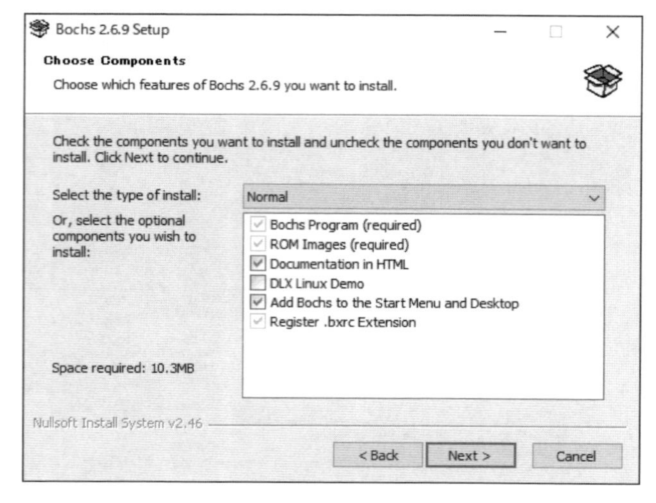

次に、インストールオプションを設定するダイアログが表示されます。特に変更する必要もないので、デフォルト設定値のままとしましたが、不要であればチェックをはずすこともでき

ます。

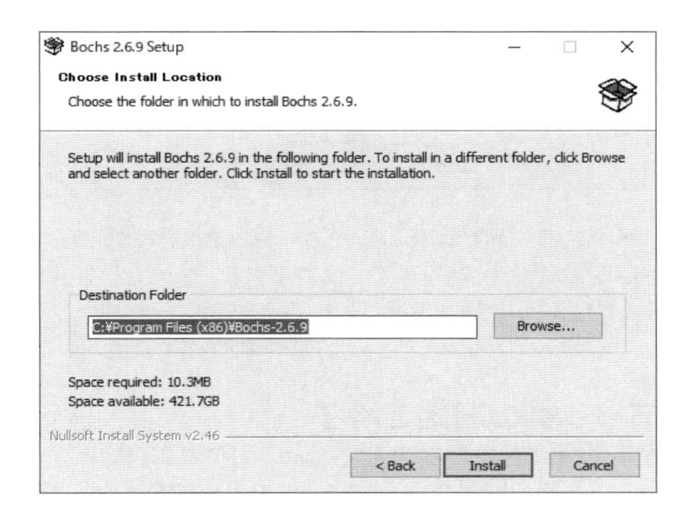

次に、インストール先ディレクトリを問い合わせるダイアログが表示されます。インストール先は変更することができますが、以降の説明では、デフォルトのディレクトリにインストールされることを前提としています。確認後、[Install] ボタンを押下するとプログラムのインストールが開始されます。

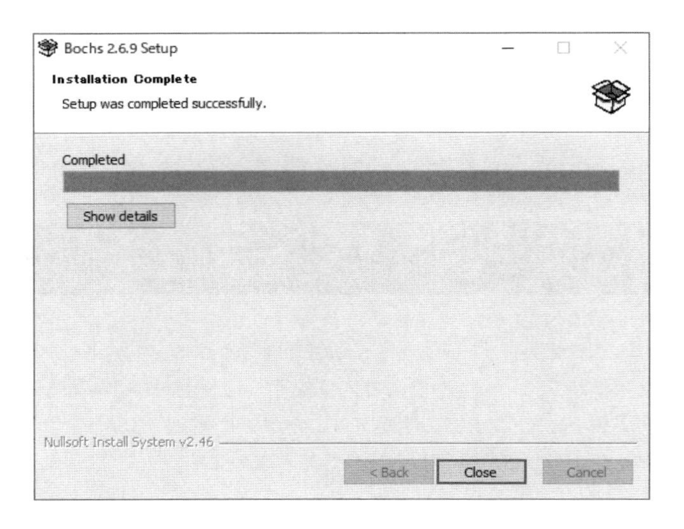

プログラムのコピーが終了したら、[Close] ボタンを押下してダイアログを閉じます。

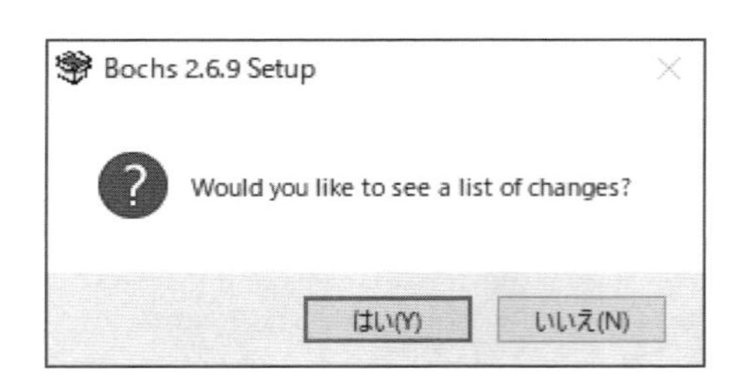

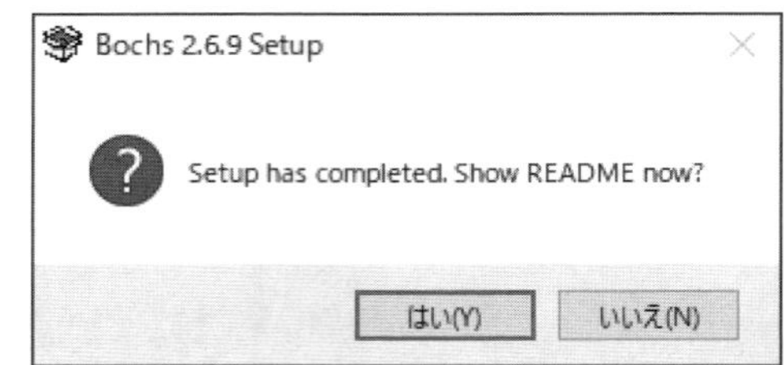

その後、変更履歴やREADMEファイル(追加情報を記載したファイル)を開くかどうかの問い合わせが行われます。[はい]を押下するとファイルの内容を確認することができます。不要であれば[いいえ]を選択します。

インストールが正常に終了したら、ダイアログが表示されるので[OK]ボタンを押下します。

デバッグの開始と終了

Bochsを使ったプログラムの実行および環境設定については、第3部を参照してください。ここでは、Bochs起動時のオプション設定およびプログラムのデバッグ方法について説明します。

Bochsでデバッグを行う場合、エミュレーションのみのときとは異なるプログラムを起動します。

表 A-6 2つの実行ファイル

目的	アプリケーション名
エミュレーションのみ	**bochs.exe**
プログラムのデバッグ	**bochsdbg.exe**

このため、プログラムをデバッグするときには、次のようにBochsを起動します。

コマンドプロンプト
```
C:¥prog¥src¥46_acpi>"c:¥Program Files (x86)¥Bochs-2.6.9¥bochsdbg.exe"
```

Bochsを実行すると、通常起動時と同じように、メニューダイアログが表示されます。デバッグ起動時でも、ディレクトリ内に保存した設定内容は有効なので、そのまま[Start]ボタンを押下すると、デバッグを開始することができます。しかし、コマンドプロンプトには何やらメッセージが表示され、実行が停止してしまいます。

コマンドプロンプト
```
...
00000000000i[PLUGIN] reset of 'usb_uhci' plugin device by virtual method
00000000000i[      ] set SIGINT handler to bx_debug_ctrlc_handler
Next at t=0
(0) [0x0000fffffff0] f000:fff0 (unk. ctxt): jmpf 0xf000:e05b          ; ea5be000f0
<bochs:1>
```

この画面は、Bochsが、デバッグコマンドを待っている状態です。プログラムの実行を継続する場合は、「c」(Continue：継続)コマンドを入力し、Enterキーを押下します。

コマンドプロンプト
```
...
 (0) [0x0000fffffff0] f000:fff0 (unk. ctxt): jmpf 0xf000:e05b          ; ea5be000f0
<bochs:1>c
...
00001879084i[BIOS  ] ata0-0: PCHS=5/8/16 translation=none LCHS=5/8/16
00005756258i[BIOS  ] IDE time out
00017844208i[BIOS  ] Booting from 0000:7c00
```

デバッグ実行中のプログラムは、コマンドプロンプト画面でCtrl+Cキーで中断することができます。停止したプログラムは「c」コマンドでデバッグを再開、「q」(Quit：終了)コマンドでデバッグを終了することができます。

コマンドプロンプト
```
...
 (0) [0x000000007d2e] 0000:7d2e (unk. ctxt): jmp .-2 (0x00007d2e)      ; ebfe
<bochs:3> q
00237342864i[      ] dbg: Quit
...
00237342864i[SIM   ] quit_sim called with exit code 0

Bochs is exiting. Press ENTER when you're ready to close this window.
```

起動時のオプション設定

Bochs起動時に設定できるいくつかのオプションを以下に示します。

表A-7 起動時に使用できるオプションの例

オプション	目的
-q	メニューダイアログを表示しない
-f	設定ファイルの指定
-rc	デバッグコマンド用ファイルの指定

「-q」オプションでは、Bochs起動時に表示されるメニューダイアログの表示をスキップす

ることができます。ただし、このオプションを設定するときは、事前に設定ファイルの作成を行っておかなければなりません。設定ファイルは、「-f」オプションで指定されない場合、カレントディレクトリから検索されます。

```
コマンドプロンプト
C:¥prog¥src¥46_acpi>"c:¥Program Files (x86)¥Bochs-2.6.9¥bochsdbg.exe" -q
```

「-f」オプションでは、設定ファイルを指定することができます。設定ファイルを切り替えて実行するときなどに使用されます。設定ファイルは、「-f」オプションの後に指定します。

```
コマンドプロンプト
C:¥prog¥src¥46_acpi>"c:¥Program Files (x86)¥Bochs-2.6.9¥bochsdbg.exe" -q -f
..¥..¥env¥bochsrc.bxrc
```

「-rc」オプションでは、Bochsの起動時に、デバッグコマンドを自動入力させることが可能です。このオプションが設定されていない場合、Bochsでプログラムをデバッグすると、必ずコマンド入力待ち状態となります。ある程度プログラムのデバッグが進むと、プログラムが実行した状態から始めたいときや、事前に指定したアドレスでプログラムを停止させたい場合があります。このような場合は、起動時にファイルからデバッグコマンドを読み取り、実行させることができます。デバッグコマンドを記載したファイル名は、「-rc」オプションの後に指定します。

```
コマンドプロンプト
C:¥prog¥src¥46_acpi>"c:¥Program Files (x86)¥Bochs-2.6.9¥bochsdbg.exe" -q
-rc ..¥..¥env¥cmd.init
```

デバッグコマンドは、テキストファイルに記載します。次に、0x7C00番地にブレークポイントを設定しプログラムを再開するときの例を示します。ブレークポイントとは、プログラムが停止するアドレスを示しています。この例の場合、0x7C00番地を実行する直前にプログラムが停止するので、ブートプログラムがロードされた直後からデバッグを開始することができます。

prog/env/**cmd.init**

```
b 0x7c00
c
```

デバッグの始め方

ブレークポイントの設定

Ctrl+Cキーでプログラムを停止した場合、プログラムがどこで停止するかは分かりません。しかし、デバッグ時には、特定の位置でプログラムを停止させ、そのときの状況を確認するといったことが行われます。このような目的で使用されるのが、ブレークポイントです。次の表に、ブレークポイントを操作するときに使用するデバッグコマンドを示します。引数に指定されている「<>」内には、具体的なアドレスや番号を記載します。

表 A-8 ブレークポイントを操作するデバッグコマンド

デバッグコマンド	使用例	用途
b <アドレス>	b 0x7c00	ブレークポイントの設定
blist	blist	ブレークポイントの一覧表示
d <番号>	d 1	ブレークポイントの削除
bpe <番号>	bpe 1	ブレークポイントの有効設定
bpd <番号>	bpd 1	ブレークポイントの無効設定

次の例は、アドレスの0x7C00番地にブレークポイントを設定し、その内容を確認したものです。

コマンドプロンプト
```
<bochs:6> b 0x7c00
<bochs:7> blist
Num Type           Disp Enb Address
  1 pbreakpoint    keep y   0x000000007c00
```

ブレークポイントを設定した後、cコマンドでプログラムの実行を継続すると、ブレークポイントに設定した0x7C00番地の命令を実行する直前でプログラムが停止します。

コマンドプロンプト
```
00017844208i[BIOS  ] Booting from 0000:7c00
(0) Breakpoint 1, 0x0000000000007c00 in ?? ()
Next at t=17844263
(0) [0x000000007c00] 0000:7c00 (unk. ctxt): jmp .+60 (0x00007c3e)      ; eb3c
<bochs:19>
```

メモリ内容の表示

プログラムが停止したアドレス0x7C00番地は、ブートプログラムが実行を開始するアドレスを示しています。このアドレスでプログラムが停止したということは、BIOSによるブートプログラムのロードが終了したことを意味しています。実際に、ロードされたデータは「x」(Examine：検査) コマンドで確認することができます。xコマンドは、「/」の後にオプションを設定し、表示形式を選択することができます。

表 A-9 メモリの内容を表示するデバッグコマンド

デバッグコマンド	使用例	用途
x [/nuf <アドレス>]	**x /32bx 0x7c00**	メモリ内容の表示
	n 要素数	数値
	u サイズ	**b**:1バイト、**h**:2バイト、**w**:4バイト、
	f 書式	**t**:2進数、**d/u**:符号付き/なし10進、**x**:16進、**c**:ASCII、**m**:ダンプ

以下に、いくつかの表示例を示します。

コマンドプロンプト
```
<bochs:50> x /8bx 0x7c00
[bochs]:
0x0000000000007c00 <bogus+       0>:    0xeb    0x3c    0x90    0x4f    0x45
0x4d    0x2d    0x4e
<bochs:51> x /8wx 0x7c00
[bochs]:
0x0000000000007c00 <bogus+       0>:    0x4f903ceb      0x4e2d4d45      0x00454d41
0x00200102
0x0000000000007c10 <bogus+      16>:    0xf0020002      0x0100f8ff      0x00020010
0x00000000
<bochs:52> x /8wd 0x7c00
[bochs]:
0x0000000000007c00 <bogus+       0>:    1334852843      1311591749      45417612097410
0x0000000000007c10 <bogus+      16>:    -268304382      16840959        1310880
<bochs:53> x /32bm 0x7c00
[bochs]:
0x0000000000007c00:EB 3C 90 4F 45 4D 2D 4E  41 4D 45 00 02 01 20 00
0x0000000000007c10:02 00 02 F0 FF F8 00 01  10 00 02 00 00 00 00 00
```

メモリの内容を、データとしてではなく、プログラムコードとして表示させたい場合は「disasm」または「u」コマンドを使用します。両コマンドとも、オプションの指定方法は同じです。

表 A-10 CPU命令を表示するデバッグコマンド

デバッグコマンド	使用例	用途
u [/count <アドレス>]	**u /5 0x7c00**	逆アセンブル表示
	count	命令数

uコマンドでは、引数にアドレスが指定されていなければ、PCレジスタの値が使用されます。次に、実際にロードされたブートプログラムの先頭5つの命令を表示させてみます。

コマンドプロンプト

```
<bochs:72> u /5
00007c00: (                    ): jmp .+60              ; eb3c
00007c02: (                    ): nop                   ; 90
00007c03: (                    ): dec di                ; 4f
00007c04: (                    ): inc bp                ; 45
00007c05: (                    ): dec bp                ; 4d
```

アセンブル時に生成されたリスティングファイル(boot.lst)と比較しても、プログラムが正しくロードされていることが分かると思います。ただし、ロードされるのは先頭の512バイトだけです。

prog/src/46_acpi/**boot.lst** ※リスティングすると生成されるファイルです

```
    ...
308                                 entry:
309                                         ;----------------------------------------
310                                         ; BPB(BIOS Parameter Block)
311                                         ;----------------------------------------
312 00000000 EB3C                           jmp     ipl                             ; 0x00( 3) ...
313 00000002 90                             times   3 - ($ - $$) db 0x90            ;
314 00000003 4F454D2D4E414D45               db      'OEM-NAME'                      ; 0x03( 8) OEM名
```

■プログラムのステップ実行

プログラムを1行ずつ実行することを、ステップ実行といいます。Bochsでは、「s」(Step：ステップ)コマンドでステップ実行を行います。sコマンドでは、プログラムのステップ回数を指定することができます。

表A-11 プログラムを実行するデバッグコマンド

デバッグコマンド	使用例	用途
s [count]	s 3	ステップ実行
	count ステップ数	

次の例は、最初のジャンプ命令を、ステップ命令で実行したときの例です。

コマンドプロンプト

```
<bochs:80> s
Next at t=17844264
(0) [0x000000007c3e] 0000:7c3e (unk. ctxt): cli                    ; fa
<bochs:81>
```

表示内容から、最初のジャンプ命令が実行され、次に実行するプログラムのアドレスが0x7C3Eに変更されたことが分かります。プログラムを逆アセンブルすると、次に実行されるプログラムをより広範囲で確認することができます。

コマンドプロンプト
```
<bochs:5> u /7
00007c3e: (                    ): cli                        ; fa
00007c3f: (                    ): mov ax, 0x0000             ; b80000
00007c42: (                    ): mov ds, ax                 ; 8ed8
00007c44: (                    ): mov es, ax                 ; 8ec0
00007c46: (                    ): mov ss, ax                 ; 8ed0
00007c48: (                    ): mov sp, 0x7c00             ; bc007c
00007c4b: (                    ): sti                        ; fb
```

次に、ステップ実行を6回繰り返してみます。

コマンドプロンプト
```
<bochs:7> s 6
Next at t=17844270
(0) [0x000000007c4b] 0000:7c4b (unk. ctxt): sti                       ; fb
```

次に実行されるプログラムのアドレスが0x7C4Bに変更されたことを確認することができます。

■レジスタの値を確認する

これまでの手順をそのまま実行したのであれば、AXレジスタとセグメントレジスタには0x0000が、SPレジスタには0x7C00が設定されているはずです。レジスタの値を確認するには、「reg」(Register：レジスタ)または「r」コマンドを使用します。

コマンドプロンプト
```
<bochs:30> r
rax: 00000000_00000000 rcx: 00000000_00090000
rdx: 00000000_00000080 rbx: 00000000_00000000
rsp: 00000000_00007c00 rbp: 00000000_00000000
rsi: 00000000_000e0000 rdi: 00000000_0000ffac
r8 : 00000000_00000000 r9 : 00000000_00000000
r10: 00000000_00000000 r11: 00000000_00000000
r12: 00000000_00000000 r13: 00000000_00000000
r14: 00000000_00000000 r15: 00000000_00000000
rip: 00000000_00007c4b
eflags 0x00000082: id vip vif ac vm rf nt IOPL=0 of df if tf SF zf af pf cf
```

rコマンドで表示されたレジスタの内容から、レジスタの値は意図したとおりであることが分かります。最終行に表示されているフラグレジスタの内容は16進数で表示されていますが、フラグ名でも表示されています。表示されている文字が小文字の場合はフラグがクリアされていること、大文字の場合はセットされていることを示しています。

たとえば、「if」と表示されている割り込み制御フラグは、フラグレジスタのB9の位置にあります。フラグレジスタの値が0x0000082であること、またフラグの表示が小文字であることから、現在の割り込み許可フラグの値は0であることが分かります。割り込み許可フラグは、STI命令でセットすることができます。次の実行がSTI命令なので、ステップ実行により割り込み制御フラグがセットされることを確認することができます。

コマンドプロンプト
```
eflags 0x00000082: id vip vif ac vm rf nt IOPL=0 of df if tf SF zf af pf cf
<bochs:34> u
00007c4b: (                    ): sti                       ; fb
<bochs:35> s
Next at t=17844271
(0) [0x000000007c4c] 0000:7c4c (unk. ctxt): mov byte ptr ds:0x7c9c, dl ; 88169c7c
<bochs:36> r
rax: 00000000_00000000 rcx: 00000000_00090000
rdx: 00000000_00000080 rbx: 00000000_00000000
rsp: 00000000_00007c00 rbp: 00000000_00000000
rsi: 00000000_000e0000 rdi: 00000000_0000ffac
r8 : 00000000_00000000 r9 : 00000000_00000000
r10: 00000000_00000000 r11: 00000000_00000000
r12: 00000000_00000000 r13: 00000000_00000000
r14: 00000000_00000000 r15: 00000000_00000000
rip: 00000000_00007c4c
eflags 0x00000282: id vip vif ac vm rf nt IOPL=0 of df IF tf SF zf af pf cf
```

ステップ実行後のフラグレジスタを確認してみると、レジスタの値が0x00000282に変更されたこと、ifの表示が大文字に変化したことから、割り込み制御フラグに1がセットされたことを確認できます。

次に、レジスタの内容を表示するためのデバッグコマンドを示します。

表 A-12 レジスタの内容を表示するデバッグコマンド

デバッグコマンド	使用例	用途
r	r	汎用レジスタの内容を表示
sreg	sreg	セグメントレジスタの内容を表示
creg	creg	制御レジスタの内容を表示
fpu	fpu	FPUレジスタの内容を表示

レジスタの値を変更する

Bochsでは、レジスタおよびメモリの値を書き換えることができます。使用するデバッグコマンドは次のとおりです。

表 A-13 値を編集するデバッグコマンド

デバッグコマンド	使用例		用途
set <regname> = <expr>	set ax = 0x1234		レジスタの内容を変更
setpmem <addr> <datasize> <val>	setpmem 0x7c00 2 0x1234		メモリの内容を変更
	addr	アドレス	書き込みアドレス
	datasize	データサイズ	1、2または4を指定
	val	書式	値

次に、レジスタの値を変更する例を示しますが、すべてのレジスタを書き換えることができる訳ではありません。

コマンドプロンプト

```
<bochs:12> set eax = 0x12345678
<bochs:13> set ecx = 0x12345678
<bochs:14> set  cx = 0x0000
<bochs:15> set  cl = 0x9a
<bochs:16> r
rax: 00000000_12345678 rcx: 00000000_1234009a
rdx: 00000000_00000080 rbx: 00000000_00000000
rsp: 00000000_00007c00 rbp: 00000000_00000000
rsi: 00000000_000e0000 rdi: 00000000_0000ffac
r8 : 00000000_00000000 r9 : 00000000_00000000
r10: 00000000_00000000 r11: 00000000_00000000
r12: 00000000_00000000 r13: 00000000_00000000
r14: 00000000_00000000 r15: 00000000_00000000
rip: 00000000_00007c4b
eflags 0x00000082: id vip vif ac vm rf nt IOPL=0 of df if tf SF zf af pf cf
```

次に、メモリの編集例を示します。

コマンドプロンプト

```
<bochs:20> x /8xm 0x7c00
[bochs]:
0x0000000000007c00:EB 3C 90 4F 45 4D 2D 4E
<bochs:21> setpmem 0x7c00 4 0x12345678
<bochs:22> x /8xm 0x7c00
[bochs]:
0x0000000000007c00:78 56 34 12 45 4D 2D 4E
<bochs:23>
```

この例から、x86系CPUがリトルエンディアン ➡P.194参照 であることも分かります。

スタックの内容を表示する

プログラム実行時には、データ保存先としてスタックが使用されることがあります。Bochsには、スタックの内容を表示する、専用のコマンドが用意されています。

表 A-14 スタックを表示するデバッグコマンド

デバッグコマンド	使用例	用途
print-stack [num_words]	**print-stack 16**	スタックの内容を表示
num_words	表示数	値

ですが、メモリの内容を表示する「x」コマンドでも、引数にアドレスまたはレジスタを設定することができるので、同等の表示を実現することができます。次に、実際の使用例を示します。

```
コマンドプロンプト
<bochs:30> print-stack 4
Stack address size 2
 | STACK 0x7c00 [0x3ceb]
 | STACK 0x7c02 [0x4f90]
 | STACK 0x7c04 [0x4d45]
 | STACK 0x7c06 [0x4e2d]
<bochs:31> x /4hx sp
[bochs]:
0x0000000000007c00 <bogus+       0>:    0x3ceb  0x4f90  0x4d45  0x4e2d
```

プログラムコードにブレークポイントを設定する方法

Bochsでは、特定のCPU命令実行後に、プログラムを中断させることが可能です。この機能を、マジックブレークポイントといいます。アドレスに設定するブレークポイントとは異なり、CPU命令自体がブレークポイントとして使用されるので、アセンブルのたびに変化するアドレスを設定する手間が省けます。

ブレークポイントとして使用されるのは、「xchg bx, bx」命令です。この命令は、同じレジスタの値を入れ替えるだけの、実質的に意味のない命令です。マジックブレークポイントでは、これを、ブレークポイントとして使用します。次のコードは、カーネルの開始位置にマジックブレークポイントを設定した例です。

```
prog/src/46_acpi/kernel.s
[BITS 32]
;************************************************************************
;   エントリポイント
;************************************************************************
kernel:
        xchg    bx, bx                          ; マジックブレークポイントの設定

        ;---------------------------------------
        ; フォントアドレスを取得
        ;---------------------------------------
        mov     esi, BOOT_LOAD + SECT_SIZE      ; ESI   = 0x7C00 + 512
        movzx   eax, word [esi + 0]             ; EAX   = [ESI + 0] // セグメント
        movzx   ebx, word [esi + 2]             ; EBX   = [ESI + 2] // オフセット
        shl     eax, 4                          ; EAX <<= 4;
        add     eax, ebx                        ; EAX  += EBX;
        mov     [FONT_ADR], eax                 ; FONT_ADR[0] = EAX;
```

Bochsでは、「xchg bx, bx」命令をブレークポイントとして利用することが可能ですが、プログラマが意図してこの命令を使用する可能性もあるので、マジックブレークポイント機能の有効／無効を設定ファイルで切り替えるようになっています。

prog/env/**bochsrc.bxrc**

```
magic_break: enabled=0
```

設定ファイルに「magic_break: enabled=0」の行が存在しないまたは設定値が0のとき、マジックブレークポイントは無効です。この値を1にすると、同機能が有効になります。この設定を有効にしたときの、動作例を次に示します。

コマンドプロンプト

```
00017404778i[BIOS  ] Booting from 0000:7c00
00070915807i[CPU0  ] [70915807] Stopped on MAGIC BREAKPOINT
00070915807i[WINGUI] dimension update x=640 y=480 fontheight=0 fontwidth=0 bpp=8

(0) Magic breakpoint
Next at t=70915807
(0) [0x000000101003] 0008:0000000000101003 (unk. ctxt): mov esi, 0x00007e00   ;
be007e0000
<bochs:1>
```

実機での確認方法

作成したブートプログラムを実機で動作させるには、既存のOSがインストールされているハードディスクとは別のハードディスクを用意する必要があります。作成したブートプログラムは、ハードディスクの先頭セクタに書き込む必要があるので、既存のOSが使用している領域を破壊してしまうためです。ですが、別のハードディスクを用意するとなると、コストが高く付きます。一昔前であればフロッピーディスクからブートさせることもできましたが、今では、フロッピーディスクが使用できるコンピュータを見かけることもなくなりました。そのかわり、現在では、可搬性の高い記憶メディアとしてUSB (Universal Serial Bus) で接続可能な外部記憶装置（以下、USBメモリ）が広く利用されています。

USBは現在の標準的な通信インターフェイスですし、USBメモリは安価に入手することができます。また、多くのPCでは、USBメモリからのブートが可能であるため、今回のようなブートプログラムの実行環境として適しています。そのため、作成したブートプログラムをUSBメモリに書き込んで実機での動作確認を行います。ここでは、USBメモリの先頭領域にデータを書き込むことができるツールのなかからRufusを紹介します。

B.1 Rufusの利用方法

Rufusのインストール

Rufusは、次のサイトからダウンロードできます。

URL https://rufus.ie/

ダウンロードは、ホームページを少し下がったところにある、[ダウンロード]から行います。

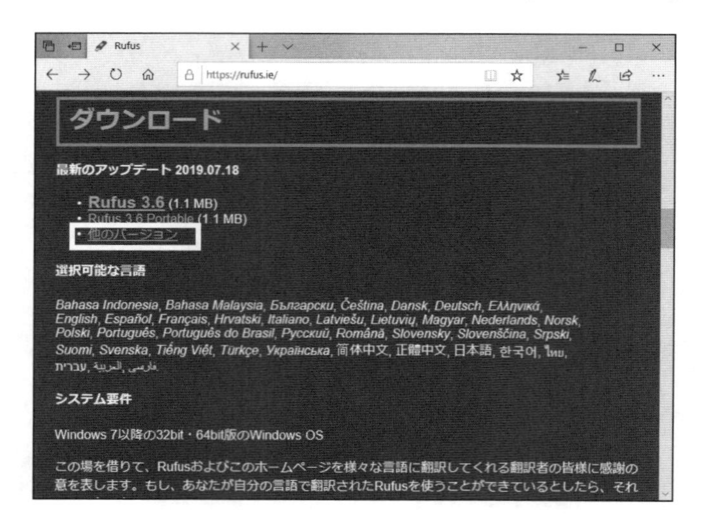

本書では、バージョン3.5を使用して動作を確認しましたが、すでに新しいバージョンが提供されています。本書と同じバージョンをダウンロードするためには、[他のバージョン]を選択します。

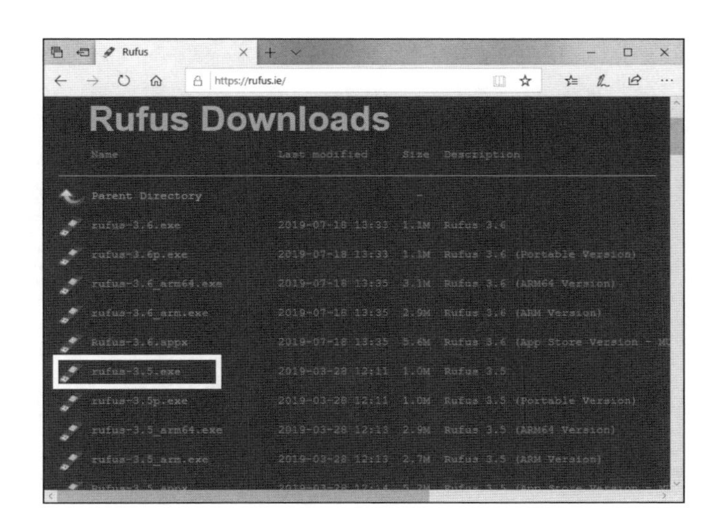

表示されたプログラムのなかから、[rufus-3.5.exe]をダウンロードします。

ダウンロードしたファイルは、インストールが不要です。そのまま、開発環境下にあるtoolsディレクトリ内にrufusディレクトリを作成し、そのなかにダウンロードしたファイルを保存します。

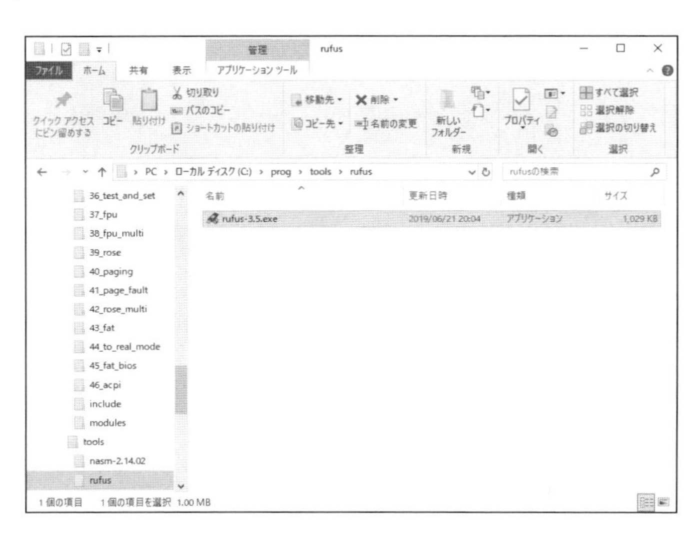

以下に、USB書き込みツールを配置したときのディレクトリ構成を示します。

図 B-1 USB書き込みツールの配置

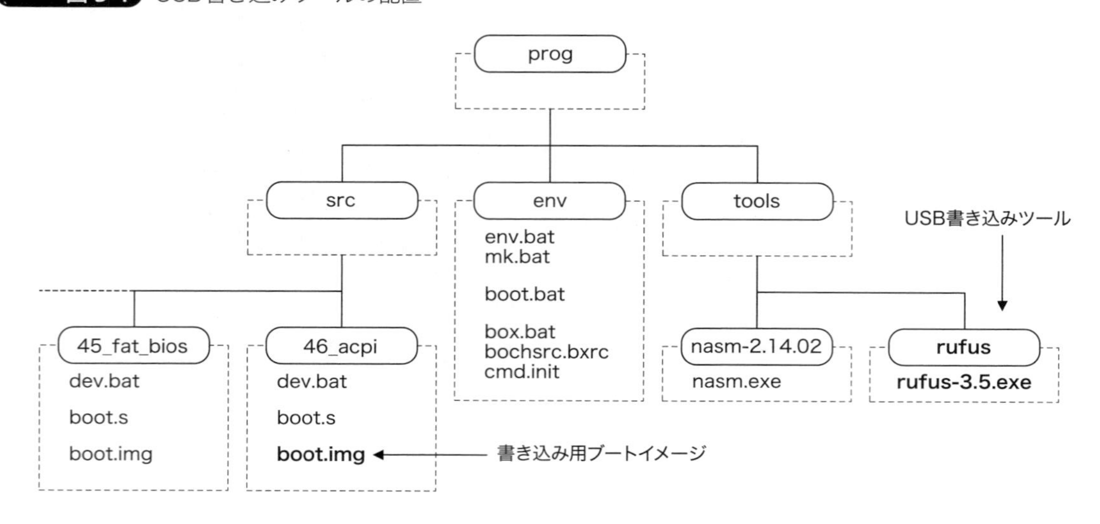

USBメモリへの書き込み方法

Rufusは、インストールが不要なので、ダウンロードしたファイルをダブルクリックすれば実行することができます。

初回起動時には、「Rufusの更新ポリシー」ダイアログが表示されるので、詳細情報を確認し[はい]または[いいえ]を押下します。

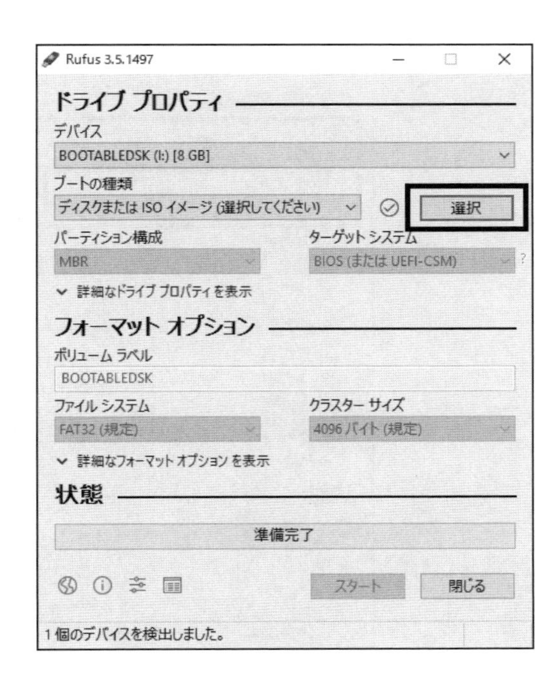

ここでは、書き込み対象となるUSBデバイスとブートイメージを選択します。まず、[選択]ボタンを押下して、USBメモリに書き込むブートファイルを選択します。

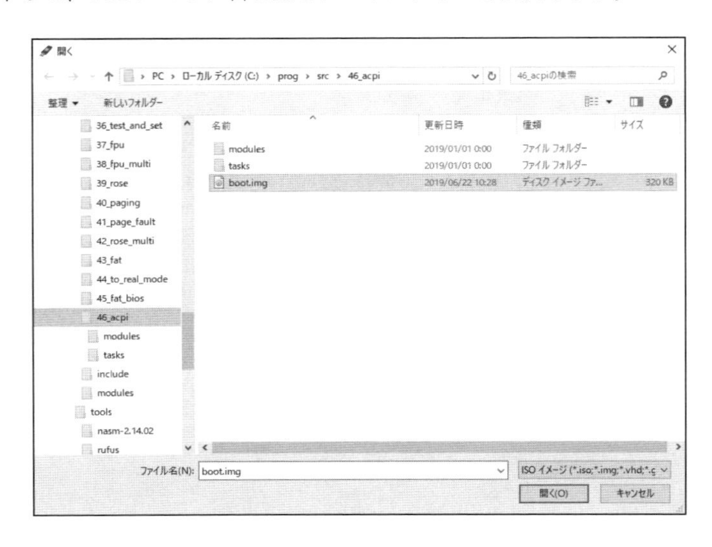

書き込むファイルとして「boot.img」を選択し、[開く]ボタンを押下します。

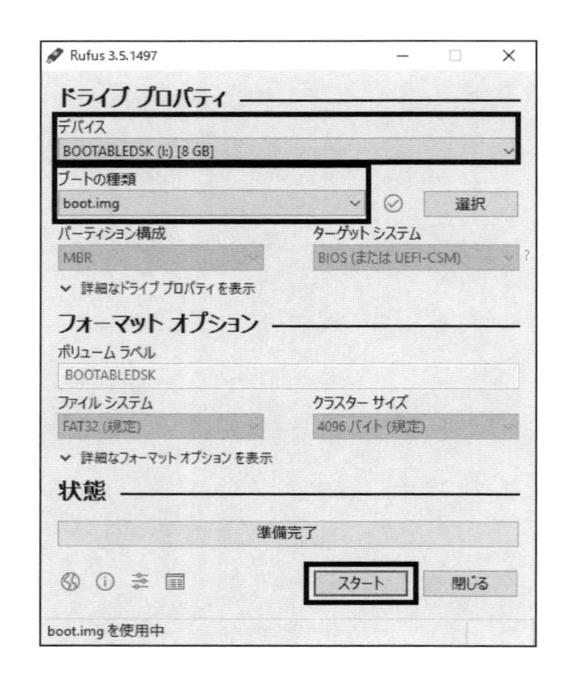

必ず、「デバイス」に表示されているUSBメモリが書き込み対象であることと、「ブートの種類」にブートプログラムが選択されていることを確認します。それ以外の項目を変更する必要はありません。これらのことが確認できたら、[スタート]ボタンを押下します。

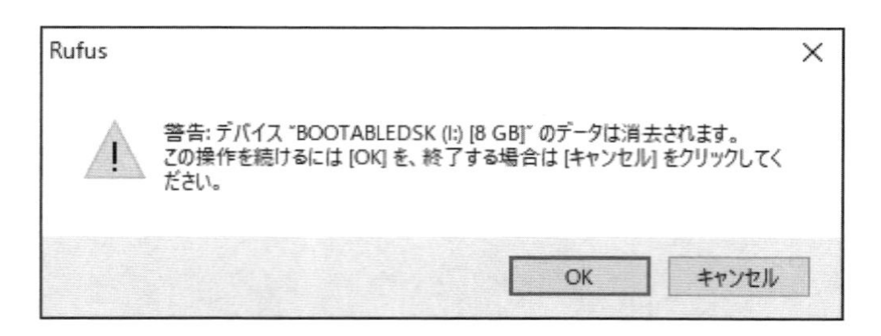

再度、USBメモリの内容が消去されることを警告するダイアログが表示されます。確認後、間違いがなければ[OK]ボタンを押下します。

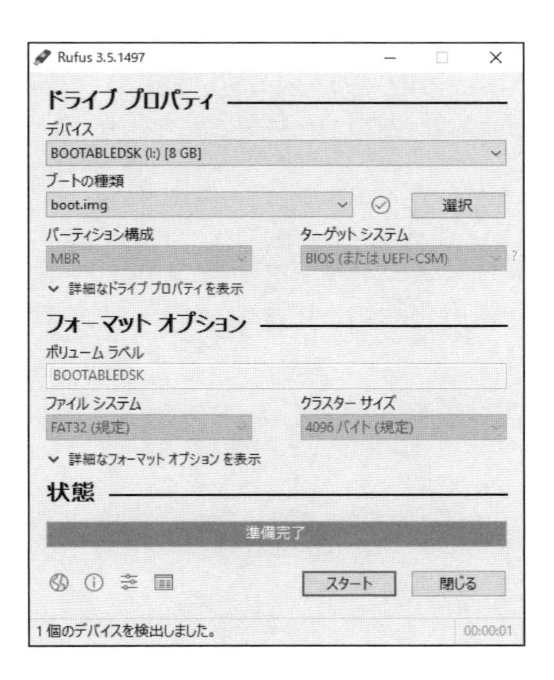

プログラムが正常に書き込まれると、ダイアログの「状態」が緑色に変化します。ブートプログラムの書き込みに成功すると、Windowsのエクスプローラからは、FATを実装したUSBメモリとして認識されます。

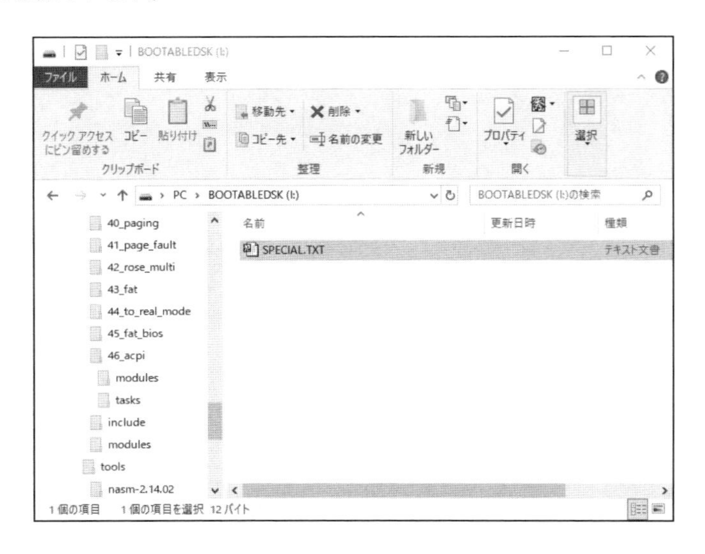

ブートプログラムを書き込んだUSBメモリは、USBからのブートが可能なPCで試してみることができます。具体的な手順はBIOSの説明書にしたがうのですが、大まかな流れとしては、

B 実機での確認方法

USBメモリを挿入した状態でPCを再起動し、既存のOSが立ち上がる前にBIOSのセットアップ画面で起動デバイスをUSBメモリに変更します。動作確認が終了したらPCをリセットし、同様の手順で起動デバイスを本来のデバイスに戻します。

参考文献

■「オペレーティングシステム　設計と理論およびMINIXによる実装」
（A.S.タネンバウム，A.S.ウッドハル著　千輝順子訳　今泉貴史監修　ピアソン・エデュケーション）

■「80386プログラミング」
（John H. Crawford, Patrick P. Gelsinger著　岩谷宏訳　工学社）

■「DOS/V プログラミングガイド」
（最上晃著　アスキー出版局）

■「IA-32 インテルR アーキテクチャソフトウェア・デベロッパーズ・マニュアル」

- 上巻：基本アーキテクチャ
（https://www.intel.co.jp/content/dam/www/public/ijkk/jp/ja/documents/developer/IA32_Arh_Dev_Man_Vol1_Online_i.pdf）
- 中巻A：命令セット・リファレンスA-M
（https://www.intel.co.jp/content/dam/www/public/ijkk/jp/ja/documents/developer/IA32_Arh_Dev_Man_Vol2A_i.pdf）
- 中巻B：命令セット・リファレンスN-Z
（https://www.intel.co.jp/content/dam/www/public/ijkk/jp/ja/documents/developer/IA32_Arh_Dev_Man_Vol2B_i.pdf）
- 下巻：システム・プログラミング・ガイド
（https://www.intel.co.jp/content/dam/www/public/ijkk/jp/ja/documents/developer/IA32_Arh_Dev_Man_Vol3_i.pdf）

■「Advanced Configuration and Power Interface Specification」
（https://www.intel.com/content/dam/www/public/us/en/documents/articles/acpi-config-power-interface-spec.pdf）

索引

記号・数字

A

B

C

D

E

F

W・X・Z

あ

い

え・お

か

き

く

せ

そ

た

ち

つ・て

と

に・の

は

ひ

ふ

へ

ほ

ま

む・め

も

ゆ

よ

ら

り

る

れ

ろ

わ

■ 著者紹介

林高勲（はやし たかのり）

1967年生まれ。北海道出身。都内の大学を卒業後、秋葉原にあるシステムハウスに就職する。当時のエンジニアの常として、回路の設計をしながらテストプログラムの作成とデバッグに明け暮れる。Windows PCの普及とともに広がるネットワーク関連の業務を通して、サーバの構築からデータベース、ウェブアプリの作成までを一通りこなすようになる。主に、組み込み機器の制御など、ハードウェアに近い位置での作業を好むエンジニア。

■ 監修者紹介

川合秀実（かわい ひでみ）

一般社団法人未踏理事。SecHack365トレーナー。1975年生まれ。小学4年生のときにファミコンの代わりに8ビットのパソコンを与えられ、しかしソフトが買えなかったのでプログラムを作って遊ぶ。そのままプログラミングの専門教育をほとんど受けずに来てしまったので、普通のプログラマにできることができないが、普通のプログラマにはできないことができる。要するに変人プログラマ。若い人にプログラミングを教える機会が多く、教育にもかなり関心を持っている。単著に「30日でできる！OS自作入門」（マイナビ出版）。

本文デザイン・DTP ———— 田中望（Hope Company）
カバーデザイン・イラスト ———— 平塚兼右（PiDEZA Inc.）
編集 ———— 藤本広大・神山真紀

作って理解するOS
x86系コンピュータを動かす理論と実装

2019年10月9日 初版 第1刷発行
2020年3月12日 初版 第3刷発行

著 者 林 高勲
監 修 川合 秀実
発行者 片岡 巌
発行所 株式会社技術評論社
東京都新宿区市谷左内町21-13
電話 03-3513-6150 販売促進部
03-3513-6166 書籍編集部
印刷／製本 図書印刷株式会社

定価はカバーに表示してあります。

ISBN978-4-297-10847-2 C3055

Printed in Japan

■ お問い合わせに関しまして

本書に関するご質問については、本書に記載されている内容に関するもののみとさせていただきます。本書の内容を超えるものや、本書の内容と関係のないご質問につきましては、一切お答えできませんので、あらかじめご了承ください。また、電話でのご質問は受け付けておりませんので、ウェブの質問フォームにてお送りください。FAXまたは書面でも受け付けております。

本書に掲載されている内容に関して、各種の変更などの開発・カスタマイズは必ずご自身で行ってください。弊社および著者は、開発・カスタマイズは代行いたしません。

ご質問の際に記載いただいた個人情報は、質問の返答以外の目的には使用いたしません。また、質問の返答後は速やかに削除させていただきます。

■ 質問フォームのURL

https://gihyo.jp/book/2019/978-4-297-10847-2

※ 本書内容の訂正・補足についても上記URLにて行います。あわせてご活用ください。

■ FAXまたは書面の宛先

〒162-0846
東京都新宿区市谷左内町21-13
株式会社技術評論社 書籍編集部
「作って理解するOS」係
FAX番号 ：03-3513-6183